ERPÉTOLOGIE

GÉNÉRALE

OU

HISTOIRE NATURELLE

COMPLÈTE

DES REPTILES.

TOME HUITIÈME.

Le neuvième et dernier volume de cet ouvrage contiendra :

La description des genres et des espèces du troisième sous-ordre des Batraciens : les Urodèles, qui ont une queue et des membres;

Un supplément pour les découvertes qui auront été faites pendant la publication de l'ouvrage ;

Une table alphabétique générale ;

Plus un catalogue méthodique, ou répertoire systématique et descriptif de tous les genres et de toutes les espèces de Reptiles.

Ces dernières parties de l'erpétologie générale, pour être complètes, ne pourront paraître qu'après la publication des VIe et VIIe volumes.

PARIS. — IMPRIMERIE DE FAIN ET THUNOT,
IMPRIMEURS DE L'UNIVERSITÉ ROYALE DE FRANCE,
Rue Racine, n° 28, près de l'Odéon.

ERPÉTOLOGIE
GÉNÉRALE
OU
HISTOIRE NATURELLE
COMPLÈTE
DES REPTILES,

PAR A.-M.-C. DUMÉRIL,
MEMBRE DE L'INSTITUT, PROFESSEUR A LA FACULTÉ DE MÉDECINE,
PROFESSEUR ET ADMINISTRATEUR DU MUSÉUM D'HISTOIRE NATURELLE, ETC.

ET PAR G. BIBRON,
MEMBRE DE LA SOCIÉTÉ PHILOMATHIQUE;
AIDE-NATURALISTE AU MUSÉUM D'HISTOIRE NATURELLE,
PROFESSEUR D'HISTOIRE NATURELLE A L'ÉCOLE PRIMAIRE SUPÉRIEURE
DE LA VILLE DE PARIS.

TOME HUITIÈME,

COMPRENANT L'HISTOIRE GÉNÉRALE DES BATRACIENS, ET LA DESCRIPTION
DES CINQUANTE-DEUX GENRES ET DES CENT SOIXANTE-TROIS ESPÈCES
DES DEUX PREMIERS SOUS-ORDRES :
LES PÉROMÈLES QUI N'ONT PAS DE MEMBRES,
ET LES ANOURES QUI SONT PRIVÉS DE LA QUEUE.

OUVRAGE ACCOMPAGNÉ DE PLANCHES.

PARIS.
LIBRAIRIE ENCYCLOPÉDIQUE DE RORET,
RUE HAUTEFEUILLE, N° 10 BIS.

1841.

AVERTISSEMENT.

Les connaissances acquises jusqu'ici sur l'ordre des Reptiles Batraciens nous avaient fait croire qu'il nous serait facile de les exposer dans un seul volume : déjà, dans cette pensée, nous avions rédigé depuis longtemps et livré à l'impression les considérations générales qui devaient précéder l'Histoire de ces animaux, et qui forment en effet les dix-huit premières feuilles de cette partie de l'ouvrage. Mais lorsque nous sommes entrés dans les détails descriptifs, en étudiant, sur les objets mêmes, les genres et le grand nombre d'espèces réunies dans les galeries du Muséum confiées à nos soins, nous avons été convaincus qu'il était nécessaire de reprendre tout ce qui était relatif à la classification ou à l'arrangement méthodique, et qu'il nous fallait reconstituer, pour ainsi dire, l'état de la science sur des bases tout à fait nouvelles.

Ce volume a pris tant d'extension, puisqu'il renferme près de huit cents pages et la description de plus de cent soixante espèces, qu'il nous a été impossible d'y joindre l'histoire des Batraciens Urodèles. Leur description méthodique, qui était toute préparée, ne pourra cependant être livrée à l'impression qu'avec les suppléments, les tables générales et une sorte de système abrégé de classification des Reptiles, dans lequel nous rappellerons les caractères essentiels de tous les genres et de toutes les espèces qui auront été décrits, lorsque l'ouvrage sera entièrement terminé, c'est-à-dire, après la publication des VIe et VIIe volumes, qui comprendront l'Histoire des Serpents.

Nous ne terminerons pas ce court avertissement sans témoigner notre gratitude aux propagateurs de la science et aux zélés voyageurs qui ont généreusement offert au Muséum d'histoire naturelle beaucoup de Reptiles, depuis la publication du cinquième volume de cette Erpétologie générale. Nous citerons en particulier :

M. GUYON, chirurgien en chef de notre armée d'Afrique.

MM. Eydoux et Souleyet, chirurgiens de la marine, embarqués à bord de la corvette *la Bonite*, dans un voyage de circumnavigation exécuté par ordre du gouvernement, sous le commandement de M. le capitaine de vaisseau Delaplace.

M. Le Prieur, pharmacien de la marine, résidant à Cayenne.

M. Henri Delaroche, jeune négociant du Havre, neveu de l'un de nous, qui a recueilli, pour nous être utile, plusieurs Reptiles, et surtout des Batraciens, soit à la Havane, soit dans l'Amérique du nord.

Au Muséum d'histoire naturelle,
le 25 décembre 1840.

HISTOIRE NATURELLE

DES

REPTILES.

LIVRE SIXIÈME.

DE L'ORDRE DES GRENOUILLES OU DES BATRACIENS.

CHAPITRE PREMIER.

DES CARACTÈRES DES REPTILES BATRACIENS ET DE LEUR DISTRIBUTION EN FAMILLES NATURELLES ET EN GENRES.

LE quatrième ordre de la classe des Reptiles, celui qu'on est convenu de désigner sous le nom de BATRACIENS, depuis la classification proposée par M. Alexandre Brongniart, est tellement distinct et si différent des trois autres, que plusieurs auteurs ont proposé d'en faire une classe séparée sous un nom particulier (1). Linné cependant n'avait isolé que le

(1) MERREM (*Voyez* tom. 1er du présent ouvrage, pag. 264.) fait deux classes des amphibies, les *Pholidotes* et les *Batraciens*.

LATREILLE. (*Ibid.*, pag. 249.) Amphibies, *caduci*, *et Perennibranches*.

DE BLAINVILLE. (*Ibid.*, pag. 267.) *Amphibiens Ichthyodes nudipellifères*.

GRAY. FITZINGER. (*Ibid.*, pag. 272 et 282.) *Reptilia dipnoa*.

genre *Rana* ou Grenouille ; car il avait placé celui des Cécilies avec les Serpens, et les Salamandres avec les Lézards. Aujourd'hui cet ordre est devenu tellement nombreux, par les découvertes que l'on a faites et les modifications observées dans les formes et les habitudes des espèces, que leur histoire exige une étude particulière qui offre aux naturalistes et surtout aux physiologistes, un très grand intérêt. Aussi les détails dans lesquels nous allons entrer, formeront-ils la totalité de ce huitième volume.

Nous avons déja indiqué les caractères essentiels de cet ordre ; mais nous allons de nouveau les énumérer d'abord simplement, pour les développer ensuite et les comparer avec ceux qui les distinguent des autres Reptiles.

Les Batraciens ont :

1° *Le tronc déprimé, trapu ; ou arrondi, allongé ; avec ou sans queue. La peau nue, molle, sans carapace et le plus souvent sans écailles bien apparentes.*

2° *Les pattes variables par leur présence, leur nombre et leur proportion ; à doigts non garnis d'ongles crochus, très-rarement protégés par des étuis simples ou de petits sabots de matière cornée.*

3° *Le cou nul, ou non distinct de la tête et du tronc ; deux condyles occipitaux joignant le crâne aux vertèbres.*

4° *Le plus souvent des paupières mobiles ; pas de conduit auditif externe.*

5° *Un sternum distinct dans le plus grand nombre ; mais non uni aux côtes qui sont alors très-courtes ou nulles.*

6° *Le cœur à une seule cavité ventriculaire ; à oreillette simple et unique en apparence.*

7° *Organes génitaux externes nuls chez les mâles; œufs à coque membraneuse, pondus le plus souvent avant la fécondation et grossissant après la ponte; petits subissant des transformations.*

On pourrait croire d'après cette énumération des caractères, dont plusieurs présentent une sorte d'incertitude, qu'aucun d'eux n'est absolument essentiel, et cela semblerait être vrai pour la plupart, si on les considérait isolément; cependant, d'après les observations qui vont suivre, on verra que toutes ces notes sont véritablement propres à faire distinguer les Reptiles Batraciens de tous ceux qui ont été rapportés aux trois autres divisions précédemment étudiées. En suivant effectivement la série des numéros indiqués ci-dessus, et en comparant les particularités qu'ils énoncent, nous verrons que toutes présentent des différences notables, sur lesquelles nous devons insister.

1° Toutes les espèces de Batraciens, les Céciloïdes exceptés, ont la peau nue, sans aucune apparence d'écailles et sans test complet. Cette circonstance suffira pour les faire distinguer d'abord de la plupart des Sauriens et des Ophidiens, dont les tégumens sont protégés par des lames cornées, le plus souvent placées en recouvrement les unes sur les autres, ou comme enchâssées dans l'épaisseur de tubercules correspondans. Nous devons rappeler cependant que les Caméléoniens et les Geckotiens ont, par cette circonstance même de la privation des écailles, quelque ressemblance avec les Batraciens munis d'une queue, et d'une autre part, que si les Cécilies se rapprochent des Amphisbènes et des Chirotes, parce qu'elles offrent quelques apparences d'écailles; le mode d'insertion de

1.

leur langue, ainsi que la forme, l'articulation de leur tête et la disposition de leurs vertèbres, sont tout à fait différentes. Les Potamites seules parmi les Chéloniens ayant leur carapace revêtue d'une peau molle, et le corps aplati, plus large que haut, se rapprocheraient un peu de la forme de certains Crapauds; mais leurs pattes, leurs ongles, leurs mâchoires, enfin toute l'organisation de leur charpente osseuse, les en ferait aussitôt distinguer. Enfin l'absence de la queue dans les Cécilies et dans la nombreuse famille des Anoures, parmi les Batraciens, est un caractère des plus évidens, dont aucun autre Reptile n'a offert d'exemple jusqu'à ce jour.

2° Les pattes qui manquent entièrement dans le seul genre des Cécilies, celles des Sirènes qui n'existent qu'en devant, celles des Protées et des Amphiumes, qui sont incomplètes et comme ébauchées, ces mêmes pattes qui varient par leur proportion et leur longueur respectives dans les Urodèles et les Anoures, suffiraient seules, si elles étaient considérées isolément, pour faire reconnaître un Batracien d'avec toute espèce de Reptiles d'un autre ordre. En effet, à l'exception de quelques genres très rares observés jusqu'ici, l'un parmi les Anoures (G. Dactylèthre), l'autre parmi les Urodèles (*G. Onycopus Sieboldii*), jamais l'extrémité des doigts ne se trouve revêtue d'un ongle chez les Batraciens; or, chez tous les Sauriens, il y a des ongles aux dernières phalanges, ainsi que chez les Chéloniens. Il est vrai que chez les Thalassites, qui ont les doigts aplatis et réunis en une palette, et chez les Chersites, qui les ont confondus en une sorte de moignon, il n'y a réellement que des sabots qui enveloppent et terminent les phalanges;

mais les deux genres dont nous venons de parler ont les doigts distincts et séparés, et d'ailleurs leurs mâchoires, leurs vertèbres et toute leur structure sont essentiellement différentes de celles des Tortues.

3° Les Batraciens ont la tête portée directement sur l'échine, à peu près comme les Ophidiens, mais chez tous les autres Reptiles, tels que les Chéloniens et les Sauriens, les vertèbres qui forment le cou et qui suivent la tête, sont différentes de celles qui reçoivent des côtes. Ces deux circonstances distinguent les Batraciens ; car ils sont les seuls qui aient la tête articulée avec la première vertèbre sur les parties latérales de l'occiput et non par un condyle unique et inférieur, comme dans les Serpens et les deux autres ordres qui comprennent les Tortues et les Lézards, chez lesquels il y a, comme nous venons de le dire, un véritable cou rétréci, formé par des vertèbres dont le nombre est plus ou moins considérable.

4° Les paupières caractérisent par leur présence le plus grand nombre des Anoures qui ont des pattes et les principaux genres des Urodèles ; ces membranes protectrices de l'œil les font différer par cela même des Ophidiens qui en sont toujours privés. Cependant les espèces d'Urodèles qui, avec les Cécilies, offrent une sorte de transition à la classe des Poissons, ont aussi le globe oculaire recouvert par la peau. Il en est à peu près de même du conduit auditif qui se voit sur les parties latérales et postérieure de la tête, dans la plupart des genres de Sauriens. Le tympan est quelquefois apparent dans les Chéloniens, comme on le distingue chez quelques Batraciens Anoures ; mais il ne se voit pas davantage dans le plus grand nombre des Urodèles que chez les Poissons et dans la totalité des vrais Serpens.

5° Le sternum, généralement très développé, excepté dans les Céciloïdes, est en grande partie cartilagineux; il s'étend en même temps sous la gorge pour soutenir l'appareil styloïdien, et sous l'abdomen pour protéger les viscères qui y sont renfermés. Cette pièce moyenne et inférieure du tronc devient un caractère absolument propre à séparer cet ordre de celui des Ophidiens, qui n'ont jamais de sternum, de même que les côtes qui sont ou nulles ou à peine développées, serviraient encore à les faire distinguer de ces mêmes Serpens, chez lesquels les côtes sont toujours fort longues, arquées et très nombreuses. D'un autre côté, ce même sternum, qui n'a aucune connexion avec les côtes, les éloigne par cela même des Chéloniens et des Sauriens, chez lesquels le sternum est presque constamment destiné à recevoir au moins quelques-unes des côtes qui s'y joignent d'une manière plus ou moins solide.

6° Le cœur des Batraciens diffère, comme nous le verrons avec plus de détails par la suite, de celui de tous les autres Reptiles, par cette circonstance que son ventricule charnu n'a réellement qu'une seule cavité intérieure. Cette disposition est en rapport avec le mode de la circulation générale, qui n'éprouve qu'une légère modification à l'époque de la transformation, dans la manière dont s'opère le changement de la fonction respiratoire uniquement branchiale, analogue à celle des poissons, en une respiration aérienne ou pulmonaire partielle. Quant à l'absence apparente de l'une des oreillettes, elle dépend, comme on le sait mieux aujourd'hui, de l'adossement des deux sinus, séparés entre eux par une cloison très mince et transparente, dont on n'avait point d'abord reconnu l'existence.

7° L'absence des organes génitaux externes apparens et propres à l'intromission pour féconder la femelle, éloigne les Batraciens des trois autres ordres de Reptiles ; car chez les Chéloniens et les Crocodiles parmi les Sauriens, le pénis existe : il est simple et semblable à celui dont on retrouve les analogues dans certains Oiseaux, en particulier dans les Autruches et les Canards ; ou bien il est double ou fourchu, comme dans les autres Sauriens et dans tous les Ophidiens. Cette non-existence des organes mâles se trouve liée avec la disposition de la coque des œufs qui n'est pas calcaire, comme dans les Tortues et les Lézards, et qui n'est jamais coriace et crétacée, comme dans les Ophidiens, quand leurs œufs n'éclosent pas dans l'intérieur du corps de la femelle. C'est qu'en effet la plupart des femelles de Batraciens abandonnent leurs germes avant qu'ils soient fécondés, et c'est à travers la coque muqueuse que s'opère l'absorption de l'humeur vivifiante des mâles, à peu près comme cela a lieu chez les Poissons. Enfin chez la plupart des Batraciens, les petits, en sortant de la coque dans laquelle s'est opéré leur premier développement, paraissent sous une forme et avec une organisation extérieure et interne, souvent tout à fait différente de celles qu'ils prendront par la suite, soit dans les organes du mouvement et des sens pour la vie extérieure, soit dans leur mode de nutrition, de digestion, de circulation et de respiration, ainsi que l'histoire plus détaillée de ces animaux nous donnera occasion de le faire connaître par la suite.

On voit donc par ces détails que les Batraciens

devaient former un ordre naturel tout à fait distinct dans la classe des Reptiles.

L'ordre des Batraciens ne paraît avoir aucun rapport avec les animaux des deux premières classes des vertébrés ; mais il présente des liaisons évidentes avec les Poissons, et surtout avec plusieurs individus de quelques-uns des genres des trois autres ordres des Reptiles, ainsi que nous allons le faire connaître en comparant ou en rapprochant entre elles quelques espèces.

Quant aux Poissons, il y a certainement entre les têtards des Anoures, tels que ceux des Crapauds et des Grenouilles, une très grande analogie de formes et de mœurs avec certains Poissons, tels que le *Séchot*, (*Cottus gobio*), le genre *Batrachus* et plusieurs Lépadogastères et Chironectes. D'une autre part les derniers des genres parmi les Urodèles, tels que les Amphiumes, les Protées, ainsi que les Cécilies, ont dans leurs formes générales, dans leur manière de nager, dans la disposition de la queue, dans le mode d'articulation de leurs vertèbres, une ressemblance notable avec les *Aptérichthes*, les *Gastrobranches*, les *Murénophis*.

Les espèces de Batraciens qui semblent lier cet ordre avec celui des Chéloniens sont d'abord les Pipas avec les espèces du genre Chélyde; puis les Crapauds en général, en particulier les Cératophrys, les Brachycéphales ou Éphippifères, qui ont la peau molle de leur dos soutenue sur des pièces osseuses dépendantes du développement de leurs vertèbres, comme dans les Tortues molles ou Potamites du genre Trionyx, et dans les Tortues à cuir ou Sphargis. Cette ressemblance se fait surtout remarquer dans la forme des mâchoires cornées qui garnissent les lèvres des tétards des Anoures et dans la manière dont s'ouvre le cloaque chez ces mêmes espèces sans queue, car cet orifice est arrondi, tandis qu'il est transversal dans la plupart des Sauriens et chez tous les Ophidiens.

Les espèces de Batraciens qui se rapprochent des Sauriens sont en grand nombre : d'abord presque tous les Urodèles avec leur corps allongé, arrondi ; les pattes courtes et éloignées de manière à soulever difficilement le tronc, représentent tellement les Lézards que Linné les avait inscrits comme des espèces dans le genre *Lacerta*. Mais c'est surtout avec certaines espèces de Geckotiens et d'Iguaniens que le passage paraît évident, par l'intermède des Salamandres, des Tritons et autres genres voisins; parmi les Geckotiens, en effet, plusieurs ont les pattes de devant aussi longues que celles de derrière, les doigts élargis, épatés et quelquefois sans ongles. Enfin, parmi les Iguaniens, il en est dont la tête large est à peine distincte, d'un tronc élargi. Ils ont de plus la queue excessivement courte, la peau à peu près nue, et les mâchoires tellement fendues au delà des yeux, qu'on leur a donné les noms de Phrynocéphale et de Phrynosome, qui indiquent leur ressemblance avec les Crapauds.

Il y a aussi quelques points de rapprochement à établir entre plusieurs espèces de Batraciens et d'Ophidiens. C'est ainsi que les Sirènes, les Amphiumes et surtout les Cécilies semblent lier cet ordre par les Amphisbènes, les Chirotes et quelques Chalcides.

A peine est-il nécessaire d'indiquer les caractères principaux qui distinguent l'ordre des Batraciens de ceux que nous avons précédemment étudiés. Nous nous contenterons de les rappeler brièvement. Ainsi ils diffèrent 1° des Chéloniens par le défaut d'ongles aux pattes ; par l'absence ou le peu de développement des côtes, par le défaut d'accouplement réel, par leurs œufs à coque muqueuse dont proviennent des fœtus qui doivent subir des métamorphoses ; 2° des Sauriens par la plupart des mêmes caractères et de plus par la forme de leur cloaque, qui est toujours arrondi et terminal, ou disposé en longueur quand il est situé sous l'origine de la queue ; 3° enfin des Ophidiens par la présence des pattes dans le plus grand nombre des espèces, ainsi que par les paupières ; la présence d'un sternum, l'absence d'un pénis double, etc.

Pour procéder à l'examen de cet ordre, nous allons suivre la même marche que celle précédemment employée. Avant de présenter le tableau méthodique de l'arrangement des familles et des genres, nous ferons connaître les diverses classifications proposées jusqu'ici par les auteurs. Quoique l'histoire générale et systématique de l'ordre des Batraciens ait été en grande partie tracée dans le livre second de notre premier volume, et que nous ayons indiqué les ouvrages généraux relatifs à l'histoire des Reptiles, nous devons la reproduire ici séparément et avec plus de détails, afin de faire mieux connaître les sources dans lesquelles nous avons puisé nous-mêmes, et pour bien établir la marche de la science et les progrès qu'elle a faits dans ces dernières années. Ce sera encore dans l'ordre chronologique que nous ferons mention des auteurs, et que nous nous permettrons de porter un jugement sur leurs écrits.

1768. Nous devons mentionner LAURENTI (1)

(1) *Voyez* dans le présent ouvrage, tom. Ier, pag. 238 et suiv., *Synopsis Reptilium.*

comme le premier des auteurs systématiques qui ait étudié méthodiquement et classé les Reptiles qui font le sujet de l'ordre dont nous nous occupons. Il distribuait nos Batraciens dans deux ordres différens, les SAUTEURS (*Salientia*) et les MARCHEURS (*Gradientia*). Les caractères du premier ordre étaient très-bien tracés (1); il y rangeait quatre genres : les Pipas, les Crapauds, les Grenouilles et les Rainettes dont les caractères sont nettement exprimés; mais il y a inséré à tort comme un Protée, la Grenouille Jackie de Mlle de Mérian, *Rana paradoxa*, d'après la mauvaise figure de Séba. C'est à la tête du second ordre, qu'il nomma les Marcheurs et parmi lesquels il plaça tous les Sauriens, que se sont trouvés d'abord rangés, les Tritons et les Salamandres terrestres, dont il fit avec raison, et le premier, deux genres distincts, et un autre avec le *Protée anguillaire*.

1778. LACÉPÈDE (2), dans son Histoire naturelle des quadrupèdes ovipares, partage ceux-ci en espèces ou en genres qui ont une queue et en ceux qui n'en ont pas; puis en Reptiles bipèdes. On conçoit alors qu'il a dû placer les Salamandres avec les Lézards, séparer les trois genres Grenouille, Crapaud et Raine : et enfin les espèces bipèdes.

1788. LINNÉ, dans les éditions du *Systema naturæ* publiées pendant sa vie, n'avait d'abord indiqué que le genre *Rana*, car il rangeait les Salamandres dans le genre *Lacerta;* mais Gmelin subdivisa le genre *Rana* en trois sous-genres, *Bufones*, *Ranæ*, *Hylæ*, d'après Laurenti, et il plaça les Salamandres dans la troisième section ou sous-genre des *Lacertæ*.

---

(1) *Voyez* dans le présent ouvrage tom. 1er, 2e alinea de la pag. 240.
(2) *Ibid.*, pag. 243.

1799. C'est, comme nous l'avons dit, M. ALEXANDRE BRONGNIART (1) qui eut l'heureuse idée de partager la classe des Reptiles en quatre ordres, auxquels il assigna les noms que la plupart des naturalistes ont maintenant adoptés. Dans son mémoire, l'ordre des Batraciens, dont les caractères étaient alors fort bien établis, formait le quatrième de la classe : il n'y ajoutait aucun nouveau genre ; seulement il rapprochait les Salamandres des Grenouilles ; idée qui avait déjà été émise par Roësel et par Hermann.

Dans la même année, SCHNEIDER (2), en publiant en latin ses deux Fascicules sur l'histoire naturelle et littéraire des amphibies, donna dans le premier l'histoire détaillée de toutes les espèces sur lesquelles il s'était procuré quelques renseignemens, d'abord pour les genres *Rana*, *Calamita*, *Bufo* et *Salamandra* ; et dans le second Fascicule, sur le genre *Cœcilia*. Mais on ne trouve dans cet ouvrage, d'ailleurs très savant, et qui nous a été fort utile par ses recherches érudites, que des détails relatifs aux espèces, sans considérations générales sur leurs rapports naturels.

1801. LATREILLE (3) et peut-être DAUDIN, lorsqu'ils publièrent, dans la petite édition du Buffon de Déterville, les volumes relatifs aux Reptiles, n'adoptèrent pas la classification de M. Brongniart. Ils séparèrent des quadrupèdes ovipares les espèces dont la peau était sans écailles et les pattes sans ongles, pour en former une section, et ils placèrent dans une troisième division, sous le nom de *Pneumobranchiens*, les Protées,

---

(1) *Voyez* tome I.er, pag. 244.
(2) *Ibid.* pag. 338.
(3) *Ibid.* pag. 247 et 250.

l'Ichthyosaure qui est une larve, et la Sirène. Plus tard, en 1825, comme nous le dirons par la suite, l'auteur a suivi un autre mode de classification.

1803. DAUDIN (1), dans son grand ouvrage sur les Reptiles, en adoptant la classification et les dénominations de Brongniart pour les ordres, a décrit toutes les espèces; il les a distribuées en genres à peu près comme ses prédécesseurs. Le tome VIII comprend en particulier les Batraciens, car les Cécilies terminent l'ordre des Serpens, quoiqu'il eût recueilli les observations anatomiques faites par Schneider, qui donnaient des motifs si positifs de les rapprocher des Batraciens. Il a particulièrement fait connaître les Batraciens sans queue, dont il a publié d'ailleurs l'histoire à part en un volume in-4°, en avertissant que c'était lui qui avait décrit les espèces dans l'ouvrage de Latreille que nous venons de citer, et en les indiquant par une étoile qui suit leur nom spécifique latin. Enfin il fait observer que ces descriptions sont augmentées et corrigées. Ce dernier ouvrage contient 38 planches gravées. La plupart de ses dessins étaient exacts et faits d'après nature; mais ils ont été mal gravés et surtout très-mal enluminés.

1805. DUMÉRIL. Déjà dans l'ouvrage que j'avais publié en 1804, sous le titre d'*Élémens de l'Histoire naturelle*, j'avais indiqué, sans leur donner des noms, les deux sections ou familles des Batraciens; mais en 1806 dans la zoologie analytique, sur les trois tableaux qui suivent le numéro 54, j'en précisai et détaillai beaucoup mieux les caractères en les désignant sous les noms, 1° d'ANOURES; 2° d'URODÈLES, dénominations

---

(1) *Voyez* dans le présent ouvrage tom. 1er, pag. 250.

qui ont été adoptées depuis par presque tous les naturalistes. Enfin, en 1807, je lus à l'Institut un mémoire sur la division de *Reptiles batraciens* en deux familles naturelles (1). Comme l'édition de l'ouvrage est depuis longtemps épuisée, et qu'il est impossible de se le procurer, je crois devoir en reproduire ici les bases principales.

Après avoir rappelé l'historique abrégé de la classification des Reptiles et établi une comparaison détaillée de chacun des quatre ordres, afin d'en séparer celui des Batraciens, voici ce que je disais en parlant des Cécilies que je laissais parmi les Ophidiens (2) : « Le squelette des Cécilies, genre de Reptiles rangé » jusqu'ici avec les Serpens, montre la plus grande » analogie avec les Batraciens. Nous citions en preuve, » 1° l'existence des deux condyles de l'occipital; » 2° l'absence des côtes; 3° l'articulation du corps des » vertèbres, qui se fait comme dans les Crapauds et » dans les Poissons; 4° l'absence absolue de la queue; » 5° l'orifice du cloaque placé à l'extrémité du corps » présentant une ouverture arrondie et non transver- » sale. »

Nous verrons par la suite que c'est d'après cette idée que les auteurs, et parmi eux Oppel d'abord, ont rangé les Cécilies avec les Batraciens Anoures.

Nous allons donner maintenant et littéralement la partie de ce mémoire relative à la division des Batraciens. Nous supposerons ici que la distinction des trois autres ordres y était bien établie, et nous disions :

(1) Ce mémoire a été imprimé à la page 37 de mes mémoires de zoologie et d'anatomie comparée. In-8°, Paris, 1807, et dans le *Magasin encyclopédique*.

(2) *Ibid.*, pag. 46, note 16.

« Quoique tous ces caractères soient bien déterminés et de nature à exiger la séparation des animaux que renferme cet ordre d'avec ceux de la même classe, j'ai cru devoir cependant distinguer en deux familles les espèces qu'il réunit, ayant observé dix particularités très importantes dans l'organisation et dans les mœurs qui permettent de généraliser tout ce que l'on sait de plus intéressant sur l'histoire des Batraciens.

Mettons d'abord en un groupe les espèces qui ont entre elles le plus de rapports par la forme générale du corps, qui est trapu, large et sans queue, et dont les pattes sont d'inégale longueur; nous réunirons ainsi les Pipas, les Crapauds, les Grenouilles et les Rainettes, et nous leur donnerons le nom d'ANOURES (*Ecaudati*).

Plaçons dans un autre groupe les espèces à corps allongé, avec une queue et les pattes de longueur égale, comme les Tritons, les Salamandres, les Protées et les Sirènes, que nous appellerons URODÈLES (*Caudati*); et comparons ces deux groupes ou familles sous les points de vue suivans.

§ I. LA FORME GÉNÉRALE DU CORPS, ce que les naturalistes nomment le *facies*, indique, comme nous venons de le dire, la séparation que je propose. Les Urodèles ressemblent aux Sauriens d'une manière si complète, que la plupart des auteurs, et même Linné, ont rangé les Salamandres avec les Lézards. Quelques-uns, à la vérité, en ont fait un genre à part, et ils l'ont placé dans le même ordre; et quoique HERMANN (1) ait indi-

(1) *Salamandræ non inepte peculiare genus facere posse videntur; differunt enim ab aliis lacertis corpore nudo squamis non vestito; aurium apertura nulla; lingua non bifida aut exertili; brachiis femoribusque*

qué positivement leur analogie avec les Grenouilles; c'est seulement depuis le beau travail de M. Brongniart qu'on les regardés comme appartenant à l'ordre des Batraciens.

Si la structure et l'organisation intérieure ont montré une très grande analogie entre les Grenouilles et les Salamandres, il faut avouer aussi, que la configuration extérieure indiquait en apparence une très grande différence. Nous voyons ici une sorte de cou, ou un espace libre rétréci entre les pattes et la tête, un corps étroit, presque cylindrique, très prolongé au delà des membres postérieurs et se terminant à peu près comme celui des Serpens et des Poissons; au lieu que la tête des autres espèces de Batraciens semble être implantée sur les épaules, qui reposent elles-mêmes sur un corps large, aplati, et comme tronqué à l'origine des cuisses, exemple fort rare dans la nature.

§ II°. La peau. Les Anoures ont les tégumens libres, tout à fait isolés des muscles et adhérens seulement autour des principales articulations des membres dans la ligne médiane, auprès de la bouche et des oreilles; de sorte que leur corps est comme renfermé dans un sac que l'on peut isoler en produisant chez eux un emphysème artificiel. C'est un rapport qu'ils ont avec

---

non torosis, sed linearibus; extremitatibus potius anteriore parte, quam basi crassioribus; palmis tetradactylis, digitis brevibus, æqualibus absque unguibus; vita aquatica aut in uvidis, saltem primo a nativitatis tempore in aquosis acta. Affinitates animalium. Pag. 251.

Et alibi pag. 258 *ad finem. Nuda cutis, pedes anteriores tetradactyli, subæquales salamandris bufonibusque communes eademque generationis ratio uti in universum subsimilis partium evolutio in Salamandris et fimbriatæ appendices externarum branchiarum quales fere in Ranis generatim ut adeo ex hac parte etiam conjunctissimæ ranis Salamandræ sint.*

quelques poissons, et en particulier avec les véritables Baudroies et les Batrachoïdes, ainsi nommés par M. de Lacépède. Les Urodèles, au contraire, ont une peau tellement unie ou adhérente au tissu cellulaire destiné à former les gaînes des faisceaux de leurs muscles, qu'il est difficile de les dépouiller, sans déchirer ces organes actifs du mouvement, qui s'y insèrent même dans beaucoup de parties, surtout vers la région de la queue.

§ III. La proportion respective des membres et de leurs parties, devient encore un caractère très important pour distinguer ces deux familles. Chez les Urodèles, quand les pattes de derrière existent, car les Sirènes en sont constamment privées, ces membres sont absolument de même longueur que ceux de devant; jamais leurs cuisses n'offrent plus de volume dans la région supérieure. Leur métatarse n'est pas allongé de manière à présenter trois articulations principales avant le pied. De là, résultent la lenteur et l'uniformité de la marche de ces Batraciens à queue, lorsqu'ils sont sur terre; leurs pattes n'étant pas assez longues pour supporter le corps, au moins momentanément, et l'empêcher de traîner sur le sol; d'une autre part, la grande distance qui existe entre les membres, dont les extrémités libres peuvent à peine se joindre, donne à leur progression ces mouvemens sinueux qui les rapprochent des serpens. Dans les Anoures il en est tout autrement; les pattes de derrière sont toujours plus allongées que les antérieures; elles atteignent au moins, et le plus souvent elles dépassent en proportions, toute la longueur du corps; leurs cuisses sont garnies de muscles très forts qui en augmentent beaucoup l'épaisseur; leurs tarses sont constamment allongés et fournissent à un très grand nombre la faculté de quitter la surface de la terre. Ils font des sauts, plus ou moins élevés, à l'aide des muscles des gras de jambe, fortement développés dans les espèces dont les mouvemens sont lestes et rapides, ce qui leur donne en même temps la faculté de marcher, de grimper, de sauter et de nager.

§ IV. La présence de la queue influe d'une manière évidente sur la forme générale ; elle semble être un attribut de la vie essentiellement aquatique de la plupart des genres de la famille des *Urodèles*, car les Tritons, les Protées, les Sirènes sont habituellement dans l'eau. Ils y nagent à l'aide de la queue comprimée, à double tranchant et semblable à celle des poissons ; aussi, tous les jeunes *Anoures* dans leur premier âge et avant leur entier développement, ont-ils le corps terminé de la même manière que les Urodèles ; car ils ne perdent leur queue que par une sorte d'absorption ou de gangrène naturelle, dont on aperçoit toujours l'effet dans le squelette et même sur la peau des individus adultes.

§ V. La langue présente dans sa forme et dans ses mouvemens des différences très notables. Chez les *Anoures* qui, sous l'état parfait, saisissent le plus ordinairement leur nourriture hors de l'eau, la langue, lorsqu'elle existe, offre un caractère qu'on n'a pas encore observé jusqu'ici chez d'autres animaux vertébrés. Sa base est attachée en avant, dans la concavité et vers la symphyse mobile de la mâchoire inférieure, et son extrémité libre est dirigée en arrière vers le pharynx. Cette partie entièrement charnue, toujours muqueuse et le plus souvent fendue à son extrémité, peut sortir de la bouche par un mouvement d'expuition protractile, mais de manière que sa face inférieure paraît alors en-dessus, et toutes les fois qu'elle est au dehors; c'est même à ce mécanisme qu'est dû en partie, le mode particulier de la respiration dans la région de la bouche. Chez les *Urodèles*, au contraire, qui trouvent leur nourriture plus habituellement dans l'eau, la langue est à peu près semblable à celle des poissons. Elle est adhérente à la gorge dans toute son étendue, souvent sur ses bords comme vers sa pointe; elle ne peut ni sortir hors de la bouche, ni se courber vers le gosier. Aussi, le mécanisme à l'aide duquel l'air est forcé d'entrer dans les poumons par l'acte de la déglutition, est-il un peu différent, ainsi que nous avons eu occasion de le prouver dans un autre mémoire.

§ VI. L'OREILLE EXTERNE OU LE TYMPAN est généralement distinct dans les *Anoures;* il occupe les parties latérales postérieures de la tête, où il se fait remarquer par la surface unie de la peau qui le recouvre, laquelle est en général plus tendue, plus lisse, souvent d'une autre couleur que celle du reste du corps. Cette conformation paraît dépendre de la manière de vivre de ces animaux, qui ont le plus habituellement la tête plongée dans l'eau; elle correspond aussi, sans doute, à l'existence de la caisse et à la perception des coassements que l'un des sexes au moins peut produire. Chez les *Urodèles*, qui n'ont pas de voix du tout, qui séjournent presque tous uniquement dans l'eau, qui n'ont pas de caisse du tympan, il n'y a pas non plus d'oreilles extérieures ni aucune sorte de membrane du tambour. Cette disposition les rapproche de la plupart des animaux aquatiques, et essentiellement des poissons qui sont privés des mêmes parties.

§ VII. L'orifice destiné à la sortie du résidu des alimens, ou l'ouverture du CLOAQUE, présente par sa disposition et par sa forme, des caractères très frappans pour distinguer les *Urodèles* des autres Batraciens et même de tous les reptiles, à l'exception des Crocodiles. Quoique chez tous, cette ouverture serve en même temps aux organes générateurs et à la sortie des matières excrémentitielles, elle offre ordinairement un orifice arrondi comme dans les Chéloniens, les Cécilies et les Anoures; ou elle est transversale, comme dans le plus grand nombre des Ophidiens et chez tous les Sauriens; mais les *Urodèles* ont toujours une fente longitudinale, semblable dans les deux sexes, et dont les lèvres ou les bords se gonflent considérablement et se colorent ordinairement de teintes très vives à l'époque de la fécondation (1).

§ VIII. Le mode de fécondation n'est pas moins remarquable dans l'une que dans l'autre famille. Tous les Batraciens à la vérité sont privés d'organes mâles, propres à l'intromission; leurs œufs sont fécondés le plus souvent après la ponte, comme ceux de la plupart des poissons; ils grossissent après avoir été vivifiés. Cependant chez tous les *Anoures* le mâle aide sa femelle à se débarrasser de ses œufs. Il les féconde en les spermatisant ou en les arrosant de sa laitance à l'instant même où ils sortent du corps, soit qu'il doive s'en charger aussitôt et les porter sur les cuisses, comme le Crapaud accoucheur, observé par Demours; soit que,

(1) C'est ce qui a donné lieu à l'observation faite par Margrave, copiée par Nuremberg, *Histor. nat. maxime peregrinæ*, pag. 249; puis par Ruysch, *Theatrum animalium*, tom. 1er, pag. 149. *Vulvam habet mulieri simillimam.* Phrase que quelques auteurs comme Lachesnais-Desbois et autres, en parlant de l'Axotlotl, traduit ainsi: « Il a une matrice semblable à celle des femmes. Il a des règles comme les femmes. On a fait à son sujet des contes qui ne méritent pas d'être rapportés, etc. »

comme le Pipa d'Amérique, il les place sur le dos de sa femelle; soit enfin qu'il les abandonne en masses agglomérées ou réunis en chapelets, comme le plus grand nombre des autres espèces. Mais les *Urodèles* nous offrent le premier exemple parmi les animaux vertébrés, d'une fécondation extérieure sans intromission et semblable à celle des plantes, car les Salamandres d'après les observations de plusieurs auteurs, observations que j'ai eu occasion de vérifier en partie sur des individus vivans, apportés au Muséum d'histoire naturelle, paraissent absorber la liqueur séminale que souvent le mâle abandonne dans l'eau, avant que la femelle soit venue s'y plonger elle-même. De ce simple bain, résulte la fécondation comme dans les plantes dont le stigmate arrête le pollen sorti des anthères, et l'enlève à l'atmosphère qui lui a servi de véhicule. Le mâle des autres Urodèles ne se rapproche pas intimement de la femelle; il se place à distance, il l'excite à la ponte, et il féconde ses œufs à de longs intervalles et chacun isolément à mesure qu'elle s'en délivre.

§ IX. Les ŒUFS des *Anoures* sont toujours pondus en un seul temps; ils sont sphériques, accolés, réunis en masse plus ou moins considérable, et groupés diversement selon les espèces; les embryons qu'ils renferment se développent presque tous à la même époque. Dans les *Urodèles*, au moins chez les Salamandres et les Tritons, dont j'ai eu occasion de suivre la ponte et le développement, j'ai remarqué, comme l'avait d'ailleurs très bien observé Spallanzani, que les œufs lorsqu'ils sont fécondés (1), sont toujours distincts, isolés, de

(1) Ceux des Salamandres terrestres éclosent dans l'intérieur du corps, comme ceux de la Vipère, de la Couleuvre lisse, etc.

forme elliptique, et que le développement varie dans les œufs d'une même ponte, suivant l'époque de la fécondation.

§ X. Enfin la FORME ET L'ORGANISATION DES TÉTARDS sont tout à fait différentes dans les deux familles. Les *Urodèles* ont en naissant le corps allongé, conique, un peu comprimé surtout en arrière, et semblable à celui des poissons. Leurs branchies sont alors toujours extérieures; elles flottent, comme des panaches, sur les côtés du cou qui présente trois ou quatre fentes semblables à celles des ouïes des Squales et des Raies, qui ont, d'après les intéressantes observations de M. Ratke, au moment où le fœtus sort de l'œuf, des feuillets branchiaux tout à fait visibles ou étalés au dehors des fentes branchiales. Leurs quatre pattes se développent en même temps, et leurs formes générales n'ont pas changé sensiblement lorsqu'ils sont adultes. Les *Anoures* au moment où ils éclosent (1) ont le ventre et la tête réunis en une masse arrondie, terminée par une queue de poisson. Leurs branchies d'abord libres sont ensuite recouvertes par les tégumens, et elles communiquent le plus souvent par une seule fente pour la sortie de

(1) A moins que, comme le Pipa, ils ne subissent leurs métamorphoses dans l'intérieur de la coque, ou de la cellule particulière qui renferme chacun des œufs. Il est maintenant avéré que le petit animal est complétement formé, lorsqu'il sort de l'espèce d'alvéole qui le contenait, comme nous le prouvent quelques femelles conservées au Muséum, sur le dos desquelles on voit des coques, les unes ouvertes, les autres vides, et quelques-unes dans lesquelles sont encore contenus de petits Pipas. Au reste, plusieurs auteurs en ont donné des figures, tels sont;

CAMPER, Mém. de la Soc. de Gottingue. Vol. IX, pag. 129.
BLUMENBACH, Manuel d'hist. nat., pl. XIX.

l'eau, comme dans les Sphagébranches; leurs pattes postérieures se développent avant celles de devant; ils perdent la queue en subissant leurs métamorphoses, ce qui change tout à coup leurs proportions (1) et leurs formes extérieures.

Tels étaient les dix caractères par lesquels je distinguais il y a déjà trente années, les reptiles Batraciens en deux familles, les Anoures et les Urodèles. Mais aussi déjà comme nous l'avons dit, nous avions cru devoir distinguer les Cécilies de l'ordre des Serpens, dans un mémoire particulier sur les rapports, ou l'analogie de structure qu'on peut observer entre les os et les muscles du tronc chez tous les animaux (2).

Ce sont ces divisions naturelles que nous avions proposées aux naturalistes, en leur en offrant le résumé en latin dans le tableau qui va suivre.

---

(1) C'est à cette disproportion singulière entre le Têtard et l'animal adulte qu'il faut attribuer l'erreur dans laquelle on a été entraîné par la Jackie de mademoiselle de Mérian, ou la Grenouille qui se change en poisson (*Rana Paradoxa*). Le Crapaud qui porte l'odeur d'ail (*Bufo Scorodosma*) de Roësel, pl. 23, dont on trouve beaucoup de Têtards au printemps dans les mares du bois de Vincennes, près Paris, offre un exemple analogue.

(2) *Mém. d'anatomie comparée*, pag. 76, note 3. Ce genre, ainsi que j'ai eu occasion de le démontrer dans mes leçons au Muséum, fait le passage évident des Batraciens anoures aux Serpens. Sa queue est nue, visqueuse; il n'a pas de côtes; sa tête s'articule par deux condyles; son anus est rond et non transversal, situé à l'extrémité du corps; il n'a pas de queue.

BATRACII.

Corpore nudo, pedato, absque squamis seu testa, pene, unguibus; pulmonibus arbitrariis; corde uniaurito; ovis membranaceis, sine coitu; pullis sæpius larvatis, pisciformibus.

FAMILIA 1ª. ECAUDATI.	FAMILIA 2ª. CAUDATI.
1. *Corpore Ranæformi, lato, brevi, depresso.*	1. *Corpore Lacertiformi, tereti, elongato.*
2. *Cute plicatili, sejuncta, sacculiformi.*	2. *Cute musculis infixa, adhærente.*
3. *Pedibus anticis brevioribus; femoribus torosis, metatarsisque elongatis.*	3. *Pedibus æqualibus; posticorum femoribus tibiisque teretibus; palmis plantisque brevibus.*
4. *Cauda nulla.*	4. *Cauda elongata, ut plurimum ancipite.*
5. *Lingua carnosa, bifida, exertili, basi antice infixa.*	5. *Lingua ossea, integra, immobili, undique gulæ infixa.*
6. *Aurium tympano distincto; voceque coaxante.*	6. *Aurium tympano, voceque nullis.*
7. *Ano postico, rotundato.*	7. *Ano medio, longitudinali.*
8. *Ovatione cum marium adjumento.*	8. *Ovorum exitu absque marium adjutorio.*
9. *Ovis concatenatis, sphœricis.*	9. *Ovis distinctis, ovatis.*
10. *Metamorphosi distinctissima; gyrinorum branchiis primo externis, secundo internis, tunc apertura unica subgulari; pedum posticorum evolutione primitiva.*	10. *Metamorphosi fere indistincta; pullorum branchiis semper externis fimbriatis; aperturis collaribus ternis seu quaternis; pedum anteriorum evolutione sœpiùs primitiva seu unica.*

1811. OPPEL (Michel). En parlant des auteurs généraux dans l'Histoire littéraire de l'Erpétologie, nous avons indiqué le travail que nous allons analyser brièvement. L'auteur adopte le troisième ordre des reptiles nus de Klein ou Batraciens de Brongniart ; il les caractérise ainsi : corps nu, sans écailles, ni test, ni ongles, ni organes génitaux saillants chez les mâles ; des poumons arbitraires ; des œufs à coque membraneuse, sans intromission pour la fécondation ; petits le plus souvent larvés, pisciformes, pas de côtes proprement dites.

Cet ordre est divisé en trois familles, d'après les pattes et la queue.

I. Les Apodes, *Apoda,* qui n'ont pas de pattes, dont le corps est nu, glutineux, serpentiforme.

II. Les Anoures, *Ecaudata*, qui ont des pattes, le corps ramassé, pas de queue ; les pattes antérieures plus courtes que les postérieures ; le cloaque arrondi.

III. Les Urodèles, *Caudata*, dont le corps est allongé, terminé par une queue ; des pattes ; le cloaque oblong.

La première famille ne comprend que le genre *Cæcilia ;*

La seconde renferme les genres, *Bufo*, *Pipa*, *Rana*, *Hyla* ;

Et la troisième les genres *Siren*, *Proteus*, *Triton* et *Salamandra.*

On voit d'après cette courte analyse, que l'auteur a suivi à peu près la marche que nous avions tracée soit dans la zoologie analytique, soit dans le mémoire particulier que nous avions publié il y a trente ans, en 1807, dans le *Magasin encyclopédique.*

Nous n'avions pas encore introduit les Cécilies dans

l'ordre des Batraciens parce que nous n'étions pas plus instruits que nous ne le sommes aujourd'hui, il est vrai, sur le mode de leur reproduction, et c'était ce qui nous avait arrêté. Cependant dans nos cours, ainsi qu'on peut le voir même dans la citation que nous avons faite plus haut page 14, nous faisions connaître les raisons anatomiques qui nous portaient à éloigner ce genre Cécilie de l'ordre des Serpens, pour montrer, d'une part, sa grande analogie de structure avec les Batraciens privés de la queue comme les Anoures, et de plus ayant le corps arrondi et allongé comme le plus grand nombre des derniers genres parmi les Urodèles.

MERREM (Blasius), a, comme nous l'avons indiqué tome Ier, pag. 262, partagé les reptiles qu'il nomme les Amphibies, en deux grandes classes, les écailleux ou PHOLIDOTES, et les espèces à peau molle, lisse ou verruqueuse qu'il nomme BATRACIENS. Il partage, d'après Oppel, cette seconde classe en trois ordres, ainsi que nous l'avons fait connaître à cette occasion, page 265.

I. Les APODES, qui ont le corps allongé, arrondi, sans pattes, presque sans queue ; les autres caractères sont tirés de l'organisation. Cette division a été empruntée à Oppel, qui lui-même en avait pris l'idée dans le mémoire que nous avons publié sur la division de cette famille des Batraciens ; il n'y rapporte que le genre CÉCILIE, sous le n° 1.

II. Les SAUTEURS. *Salientia*, dont le tronc est court, trapu ; les pattes qui n'existent pas au moment où le petit sort de l'œuf, sont ensuite au nombre de quatre et allongées. La queue qui était longue avant la métamorphose, disparaît ensuite.

Les autres caractères sont aussi tirés de l'organisation. Voici ceux qu'il assigne aux six genres de ce second ordre avec l'inversion des numéros.

6. Pipa. Le doigt du milieu des pattes postérieures est le plus long. Les doigts antérieurs sont grêles, distincts et coniques; il n'y a pas de parotides; le corps est très déprimé.

2. Calamita. *Hyla.* Le dernier article de chaque doigt est dilaté, arrondi. Le quatrième doigt des pattes postérieures est plus long que celui du milieu.

7. Crapaud. *Bufo.* De grosses parotides poreuses en coussinet: dos convexe. Doigts plus grêles à leur pointe, le quatrième doigt des pattes postérieures plus long que le troisième.

5. Bombinator. Point de parotides: dos voûté, ouverture de la bouche très grande; pas de dents: la plupart des doigts amincis à l'extrémité; le quatrième des doigts postérieurs est le plus long.

4. Breviceps. Fente de la bouche très petite, des dents grêles; dos convexe; pas de parotides; bouts des doigts grêles, le cinquième doigt des pattes postérieures est le plus long.

3. Grenouille. *Rana.* Bouts des doigts amincis; dos anguleux; pas de parotides; des dents à la mâchoire et au palais.

III. Les Marcheurs. *Gradientia.* A corps grêle, allongé; deux ou quatre pattes courtes pendant toute la vie, ainsi qu'une queue longue.

Cet ordre est partagé en deux tribus.

§. I. Les Changeants. *Mutabilia*, qui subissent une

métamorphose parce qu'ils respirent d'abord par des branchies et ensuite par des poumons, et dont les yeux sont munis de paupières.

§ II. Ceux à double mode de respiration, *amphipneusta*, n'ont point de métamorphoses : ils respirent pendant toute leur vie dans l'eau, à l'aide des branchies et dans l'air par des poumons ; ils n'ont pas de paupières.

La première tribu ne comprend que deux genres, les *Salamandres* et les *Molges*, qui sont les Tritons de Laurenti, nom que l'auteur n'a pas voulu adopter parce qu'il a été donné à un genre de Mollusques.

La seconde tribu ne renferme aussi que deux genres : les *Protées* qu'il nomme *Hypochthon*, et la *Sirène*, à chacun desquels il ne rapporte qu'une espèce.

1825. LATREILLE. C'est pour ne point laisser de lacunes dans l'énumération des auteurs généraux, que nous citons ici à regret cette compilation du célèbre entomologiste, qu'il publia sous le titre de *Familles naturelles du règne animal*. C'est un arrangement qu'il indique comme nouveau ; mais dans lequel on retrouve, sous d'autres dénominations, la plupart des divisions et des groupes établis par les auteurs qui l'avaient précédé. Ainsi, quant à ce qui est relatif à l'ordre des Batraciens, nous avons déja dit, tome Ier, page 249, que l'auteur ne l'adopte pas ; il en fait deux classes, les REPTILES et les AMPHIBIES, qu'il range dans la seconde race des Vertébrés ou Spinicérébraux, nommés par lui HÉMACRYMES, ou à sang froid, appartenant à la première branche qu'il appelle PULMONÉS.

Voici comment il place le genre *Cécilie* qu'il distingue de ses amphibies, et qu'il range comme Oppel et comme Merrem, parmi les reptiles écailleux ophidiens sous le nom de *Batrachophides*, *Gymnophides*. Or ces prétendus ophidiens ont la mâchoire inférieure d'une seule pièce; deux poumons égaux; leurs côtes ne ceignent pas le tronc; leur crâne n'offre pas de sutures distinctes; leurs vertèbres s'articulent tout autrement: en un mot, M. Latreille ne connaissait pas ce qui avait été décrit avant lui, car il a inscrit tous ces caractères comme positifs, et par conséquent en sens inverse, à la suite du genre unique qu'il y a placé.

Il partage les amphibies, qui correspondent aux véritables Batraciens, en deux ordres, les Caducibranches, qui ont quatre pattes, et dont les branchies (*munies d'un opercule !*) disparaissent quand l'animal devient adulte. Ici deux familles : les Anoures et les Urodèles. Le second ordre, sous le nom de Pérennibranches *ichthyoides*, comprend les espèces dont les branchies (*quelquefois sans opercule !*) sont persistantes pendant toute la durée de la vie; et il rapporte à cet ordre les genres *Protée* et *Sirène*.

1826. FITZINGER, dans sa nouvelle classification des Reptiles, que nous avons analysée dans le présent ouvrage, tome I, page 281, place dans ce qu'il nomme la première classe des Reptiles qui n'ont qu'une manière de respirer, et à la suite, des Serpens, dans la quatrième tribu des Monopnés à peau nue, les Céciloïdes qu'il divise en deux genres. Puis il range, comme nous l'avons vu, l'ordre qui nous occupe dans ce qu'il nomme, d'après Leuckart, des Dipnés, ou à deux modes de respiration. Il partage cette classe en deux tribus : ceux qui subissent des métamorphoses qu'il nomme *Mutabilia*, et ceux qui ne changent pas de formes, ce sont les immuables, *Immutabilia*. Nous en avons présenté le tableau synoptique, page 282, mais nous devons ici entrer dans plus de détails à ce sujet.

La première tribu qui comprend toutes les espèces subissant des transformations, se divise en cinq familles. Les quatre premières comprennent nos Batraciens Anoures qui, dans leur premier âge seulement, ont une queue. La cinquième famille qu'il nomme *Salamandroïdes*, renferme les espèces qui gardent la queue pendant toute la durée de leur vie. Les Anoures, ou n'ont pas de langue, tels sont ceux de la quatrième famille qu'il désigne sous le nom de *Pipoïdes*. Toutes les autres espèces ont une langue, mais tantôt elles n'ont pas de tympan visible : c'est la troisième famille, celle des *Bombinatoroïdes*; ou elles offrent un tympan distinct, telles sont celles de la première famille, les *Ranoïdes*, qui ont des dents, et enfin celles de la deuxième qui n'en ont pas, et qu'il nomme *Bufonoïdes*.

I. Les RANOÏDES se divisent en six genres.

Dans les trois premiers, les doigts sont dilatés et leur corps est tantôt trapu (*torosi*), comme les genres *Hyla* qui n'a que quatre doigts devant et cinq derrière, et celui des *Calamita*, qui n'ont que quatre doigts à toutes les pattes. Le troisième genre de cette division qu'il nomme *Hylode*, a le corps grêle, effilé. Dans les trois autres genres, les doigts ne sont pas dilatés, ils se divisent de même d'après la forme générale; deux sont trapus, et se distinguent par la forme des paupières, qui sont simples et basses dans le genre *Rana* et élevées ou comme dressées dans celui du *Cératophrys*, et dans le sixième genre le corps est grêle, il le nomme *Leptodactylus*.

II. La seconde famille ou celle des Bufonoïdes ne comprend que deux genres, celui des Crapauds, *Bufo*, dont le museau est court, et celui des *Rhinelles* chez lesquelles le museau ou la face est prolongée en avant.

III. La troisième famille, les Bombinatoroïdes, comprend cinq genres subdivisés d'après l'ouverture de la bouche, qui est très-ample dans les trois premiers, qui sont tantôt avec les doigts courts et trapus tels que les *Bombinator* dont les paupières sont simples, tandis qu'elles sont élevées dans le genre *Stombus;* troisièmement les doigts sont grêles dans le genre qu'il nomme *Physalœmus.* Les deux autres genres ont la bouche étroite, tels sont le quatrième, *Engystoma*, à quatre doigts devant, cinq derrière; tandis qu'il n'y en a que quatre à toutes les pattes dans le genre *Brachycephalus.*

IV. La quatrième famille, celle des Pipoïdes, est formée d'un seul genre, celui du *Pipa.*

V. La cinquième, ou Salamandroïdes, se partage en deux grandes subdivisions suivant que la queue est arrondie, comme dans les genres *Salamandre*, qui ont quatre doigts en avant et cinq en arrière, et les *Salamandrines* qui n'en ont que quatre à chaque patte. Enfin le genre *Triton* dont la queue est comprimée.

La seconde tribu, celle des non changeans, *Immutabilia*, se compose de deux familles, suivant que les branchies sont en grande partie cachées dans un enfoncement du cou et il nomme celle-ci Cryptobranchioïdes; ou que, comme dans les Phanérobranchioïdes, ces branchies sont tout à fait libres et flottantes.

La première famille de cette tribu ne réunit que deux genres, suivant que les yeux sont apparens ou visibles, c'est celui des *Cryptobranches*, et suivant que les yeux sont cachés ou couverts par la peau, comme dans les *Amphiumes*.

La seconde famille se compose de quatre genres subdivisés ou groupés deux à deux, d'après le nombre des pattes. Ceux qui en ont quatre sont les *Phanérobranches* qui ont quatre doigts à chaque patte et les *Hypochtons* qui ont trois doigts devant et deux seulement en arrière. Les genres qui n'ont que deux pattes sont d'abord la *Sirène*, qui a cinq doigts à ses pattes de devant et le *Pseudobranchus* qui en a trois.

Nous verrons plus tard que la plupart de ces genres avaient été indiqués par les auteurs, à l'époque où Fitzinger a publié cette sorte d'introduction au catalogue du musée de Vienne, pour la partie des Amphibies ou des Reptiles.

1829. Nous allons faire connaître la classification que G. CUVIER adopte dans le second volume de la seconde édition du Règne animal, publiée en 1829 (1).

Il range les Batraciens dans le quatrième ordre de la classe des Reptiles, après en avoir rappelé les caractères essentiels. Quoiqu'il n'adopte pas les noms sous lesquels nous les avions indiqués, il reconnaît par le fait les deux sous-ordres des espèces sans queue ou ANOURES, et de celles qui en ont une, ou des URODÈLES, car il les divise de la même manière.

Les GRENOUILLES, ainsi qu'il les nomme, ont quatre pattes et pas de queue dans leur état parfait, et tous les autres caractères que nous avons précédemment exposés, mais présentés dans un autre ordre et d'une

---

(1) Nous ne faisons que mentionner ici la première édition, celle de 1817, car dans ce livre l'auteur n'avait apporté aucun changement malgré nos publications et celle d'Oppel, qui présentait l'analyse de nos leçons au Muséum.

manière fort abrégée, il en fait connaître l'organisation et les métamorphoses, ainsi que les principales habitudes. Il subdivise ce groupe en genres auxquels il n'assigne pas des caractères bien précis, tels sont : 1° les *Grenouilles* proprement dites; 2° les *Cératophrys* de Boié ; 3° les *Dactylèthres* qu'il ne fait qu'indiquer par une note ; 4° Les *Rainettes ;* 5° les *Crapauds ;* 6° les *Bombinateurs* de Merrem ; 7° les *Rhinelles* de Fitzinger, ou *Oxyrhinques* de Spix ; 8° les *Otilophes* tel que le Crapaud perlé ; 9° les *Breviceps* de Merrem, ou *Engystomes* de Fitzinger ; et 10° les *Pipas* de Laurenti.

Parmi les Batraciens qui ont une queue, et qui correspondent à nos *Urodèles,* viennent : 1° les *Salamandres* proprement dites, ou espèces terrestres, et les aquatiques ou *Tritons* de Laurenti; 2° les *Ménopomes* de Harlan ; 3° les *Amphiumes* de Garden ; 4° les *Axolotls* ou Protées du Mexique; 5° les *Ménobranches* de Harlan, ou *Nectures* de Rafinesque ; 6° les *Protées* de Laurenti, dits Hypochton, par Merrem; 7° enfin les *Sirènes* de Linné.

Nous devons ajouter que Cuvier avait placé les *Cécilies* tout à fait à la fin de l'ordre des Ophidiens, sous le nom de Serpens nus, comme faisant le passage aux Batraciens, parce qu'on ignore encore, dit-il, si ces animaux sont soumis à des métamorphoses.

Nous allons présenter une analyse figurée de cet arrangement proposé par Cuvier, quoiqu'il ne l'ait pas offert sous cette forme synoptique; mais nous avons cru devoir mettre en opposition les caractères les plus saillans des genres qui s'y rapportent. Nous partageons ce tableau en deux parties, d'après la présence ou l'absence de la queue.

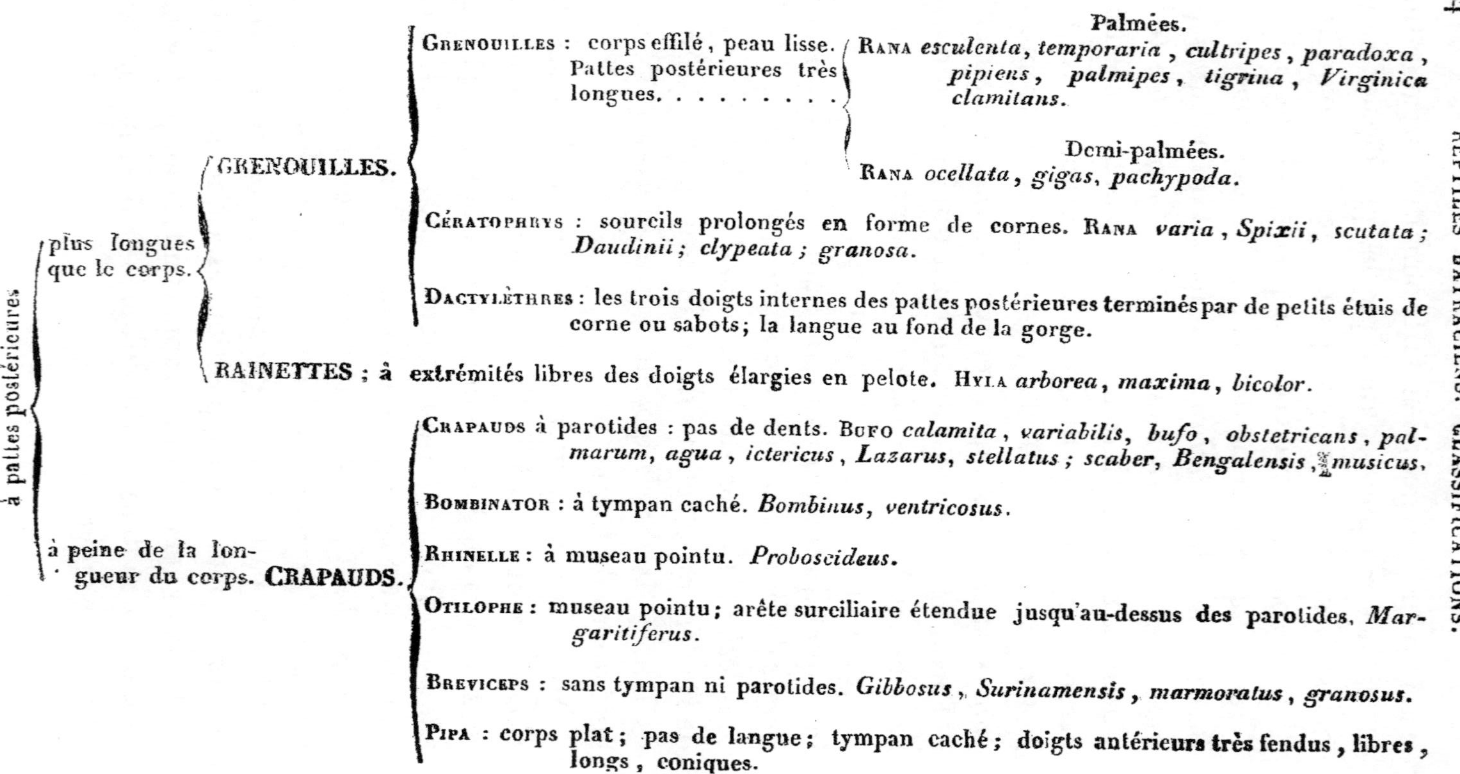

I. BATRACIENS SANS QUEUE

à pattes postérieures

- plus longues que le corps. **GRENOUILLES.**
  - GRENOUILLES : corps effilé, peau lisse. Pattes postérieures très longues. . . . .
    - Palmées. RANA *esculenta*, *temporaria*, *cultripes*, *paradoxa*, *pipiens*, *palmipes*, *tigrina*, *Virginica clamitans*.
    - Demi-palmées. RANA *ocellata*, *gigas*, *pachypoda*.
  - CÉRATOPHRYS : sourcils prolongés en forme de cornes. RANA *varia*, *Spixii*, *scutata*; *Daudinii*; *clypeata*; *granosa*.
  - DACTYLÈTHRES : les trois doigts internes des pattes postérieures terminés par de petits étuis de corne ou sabots; la langue au fond de la gorge.
- **RAINETTES** ; à extrémités libres des doigts élargies en pelote. HYLA *arborea*, *maxima*, *bicolor*.
- à peine de la longueur du corps. **CRAPAUDS.**
  - CRAPAUDS à parotides : pas de dents. BUFO *calamita*, *variabilis*, *bufo*, *obstetricans*, *palmarum*, *agua*, *ictericus*, *Lazarus*, *stellatus*; *scaber*, *Bengalensis*, *musicus*.
  - BOMBINATOR : à tympan caché. *Bombinus*, *ventricosus*.
  - RHINELLE : à museau pointu. *Proboscideus*.
  - OTILOPHE : museau pointu; arête surciliaire étendue jusqu'au-dessus des parotides. *Margaritiferus*.
  - BREVICEPS : sans tympan ni parotides. *Gibbosus*, *Surinamensis*, *marmoratus*, *granosus*.
  - PIPA : corps plat; pas de langue; tympan caché; doigts antérieurs très fendus, libres, longs, coniques.

II. BATRACIENS A QUEUE

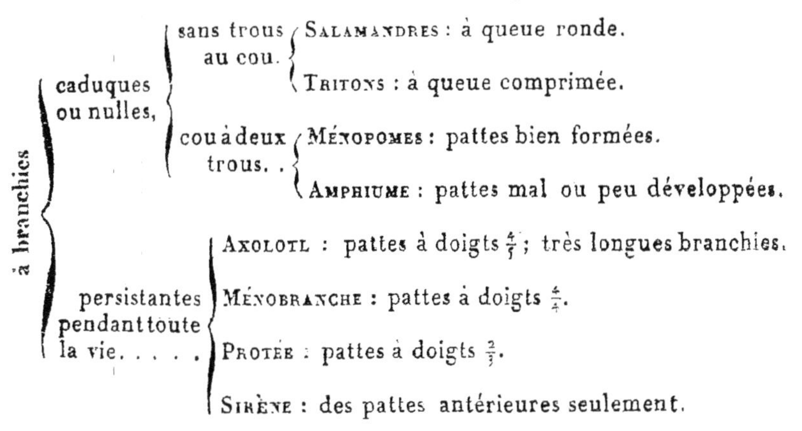

1830. WAGLER (Jean). En faisant connaître l'histoire littéraire de la classe des Reptiles, nous avons indiqué déjà avec quelques détails, parmi les ouvrages généraux (tome I, pag. 286 et suivantes) l'important travail dont nous allons présenter ici une analyse plus détaillée. Nous devons rappeler d'abord que dans ce système l'ordre des Batraciens se trouve subdivisé en trois autres, les CÉCILIES, les GRENOUILLES et les ICHTHYODES.

Ordre VIe. Les CÉCILIES, qu'il caractérise ainsi : corps sans queue, l'os carré, intra maxillaire, soudé au crâne; le condyle occipital double; l'orifice du cloaque arrondi, situé à l'extrémité du corps. Il n'y a qu'une seule famille dans cet ordre ; et comme la langue est adhérente de toutes parts, il la désigne sous le nom d'HÉDRÆOGLOSSES. Il y inscrit trois genres.

I. SIPHONOPS, auquel il assigne pour caractères : corps épais, cylindrique, obtus à ses deux extrémités, marqué d'impressions annulaires ; yeux petits, précédés d'un léger enfoncement. Il n'indique que l'espèce déjà décrite sous le nom de Cécilie annelée.

3.

II. Cécilie, dont le corps est semblable à celui du Siphonops, mais très allongé, très grêle et très lisse. Elle n'a pas d'yeux, et ses narines sont séparées par un enfoncement ; telle est la Cécilie lumbricoïde de Daudin, seule espèce inscrite dans ce genre.

III. Epicrium, dont l'ensemble est le même que celui des précédens, si ce n'est que le tronc est élargi en fuseau et un tant soit peu plus large que la tête ; que ses impressions annulaires sont plus serrées, interrompues obliquement sous le ventre par une sorte de suture. La tête est très lisse, déprimée, et porte de chaque côté, au-devant de l'orbite et sur le bord de la mâchoire, un petit tentacule ; les yeux sont petits, comme effacés. Cette espèce est indiquée comme originaire de l'Asie, tandis que celles des deux autres genres sont américaines.

Cet ordre précède les deux autres, parce qu'il semble se lier à celui des Serpens.

Ordre VIIe. Les Grenouilles (*Ranæ*). Caractérisées par cette simple note : pas d'organe mâle apparent, une métamorphose. L'auteur divise cet ordre en deux familles, les genres qui n'ont pas de langue (*Aglossæ*), et ceux chez lesquels elle est visible (*Phaneroglossæ*), et il subdivise cette dernière d'après l'absence ou la présence de la queue.

Ire Famille. Les Aglosses. Un seul genre ; c'est celui qu'il nomme G. I. Astérodactyle, et dont voici le caractère : doigts des pattes antérieures allongés, libres, se terminant chacun par quatre petites pointes (*quadricuspides*) ; les doigts des pattes postérieures largement palmés jusqu'à leur extrémité libre, qui est simple ; yeux très petits, situés sur le bord de la mâchoire; oreilles cachées; corps large, très déprimé; pas de dents. Tel est le *Pipa* ou *Tédon* d'Amérique.

IIe Famille. Phanéroglosses. A langue charnue, adhérente au plancher de la bouche, ou plus ou moins libre en arrière.

§ I. Division sans queue. Ecaudata.

II. Genre Xenope, correspondant au Dactylèthre de Cuvier : semblable, presqu'en tout, à l'Astérodactyle; mais les doigts des pattes antérieures très coniques sont simples à leur extrémité libre. Aux pattes de derrière les trois doigts internes sont enveloppés à leur pointe par un petit étui de corne qui fait l'office d'un sabot; la langue, adhérente profondément au gosier, est grosse et oblongue : les tympans sont cachés. Il n'y a de dents ni à l'une ni à l'autre mâchoire. C'est une espèce d'Afrique et non d'Amérique comme l'Astérodactyle.

III. Genre Microps. Yeux très petits; doigts des pattes antérieures très courts et simples, ainsi que ceux des postérieures, à l'exception du troisième doigt, qui à sa base est uni au quatrième par une membrane; la tête est petite, beaucoup plus étroite que le tronc; elle est déprimée et arrondie sur les côtés; mais en avant elle est prolongée en pointe triangulaire. Il n'y a pas de parotides; la bouche est très petite : pas de dents aux mâchoires; la langue est plate, arrondie en avant et légèrement échancrée en arrière; le corps très lisse, comme enflé. Wagler n'y rapporte qu'une espèce qui serait la *Rana Ovalis* de Schneider.

IV. Genre Calamites, d'après Fitzinger. A tête semblable à celle de l'Astérodactyle. A bouche très large, pointue; les doigts terminés en un disque plan en dessous, convexe en dessus; les antérieurs libres;

ceux des pattes postérieures palmés, réunis par une membrane. C'est une espèce de la Nouvelle-Hollande, décrite sous le nom de Rainette bleue.

V. Hypsiboas. Tête large, en ovale triangulaire : yeux latéraux, ordinaires, à pupille circulaire ; tympan visible ; pas de dents du tout ; doigts du genre Calamite, à disque très large, un peu déprimé, palmés aux quatre membres ; dans le mâle une vessie aérienne, située de chaque côté près de l'angle de la bouche. Les espèces, en grand nombre, ont été considérées comme des Rainettes, elles proviennent de l'Asie et de l'Amérique.

VI. Auletris ou Fluteuse. Semblables aux espèces du genre précédent, dont elles diffèrent parce que les doigts des pattes antérieures sont tout à fait libres, tandis qu'aux postérieurs ils sont réunis par une membrane. Ce sont encore des espèces d'Asie et d'Amérique qu'on avait rangées avec les Rainettes.

VII. Hyas. Différerait du genre précédent parce que dans le mâle la gorge se renfle en un goître. Telle est la Rainette de notre pays, *Hyla arborea*.

VIII. Phyllomédυse. Se distinguant du genre ci-dessus par la grosseur des doigts, qui sont plats et tout à fait libres aux quatre membres, et dont l'extrémité est élargie en un disque plat. Le tympan est caché sous la peau. Telle est la Rainette bicolore de Daudin, qui se trouve en Amérique.

IX. Scynax. Semblable au précédent, mais à corps plus allongé ; tête pointue, prolongée en un bec ; doigts grêles, arrondis, terminés par un disque globuleux ; les antérieurs libres, les postérieurs à demi palmés, excepté le premier qui est libre. On a rapporté à ce genre trois espèces Américaines, dont les mâles n'ont pas de goître extensible.

X. Dendrobate. Beaucoup plus semblable aux précédentes, mais les doigts sont libres aux deux paires de pattes, et se terminent en un petit disque globuleux; ce sont encore deux espèces d'Amérique, dont l'une est la Rainette dite à tapirer (*H. tinctoria*).

XI. Phyllodyte. Encore analogue aux espèces ci-dessus indiquées, dont elles diffèrent, parce qu'aux pattes de devant les doigts sont un peu palmés, tandis qu'ils sont tout à fait fendus et distincts en arrière.

Wagler n'y a inscrit qu'une espèce d'Amérique, *Hyla luteola*, du Brésil.

XII. Enydrobie. Tête oblongue, ovale, déprimée, dilatée considérablement après les yeux, et plus large que le tronc; bouche allongée; tous les doigts des membres très grêles, les postérieurs fort allongés, tous tuberculeux en dessous, élargis à l'extrémité libre par un petit tubercule. Ce sont deux espèces du Brésil, décrites et figurées par Spix.

XIII. Cystignathe. Tête grande, ovale, à museau convexe; doigts des pattes simples, arrondis, libres et courts en devant, où le second est le plus petit; en arrière une courte membrane unit ces doigts. On distingue le tympan. Il y a des dents à la mâchoire et au palais. La langue libre, fourchue en arrière, tout à fait adhérente en devant, peut-être lancée hors de la bouche. Le corps est court et trapu (le mâle a une vessie aérienne qui provient ou sort de chaque angle de la bouche). Ce sont des espèces d'Amérique, la plupart décrites aussi par Spix.

XIV. Grenouille (*Rana*). Semblable au genre précédent, mais à pattes postérieures tout à fait palmées. On en a trouvé dans toutes les parties du monde.

XV. Pseudis. Caractères du genre Grenouille,

mais le tronc plus court ; les pattes antérieures petites, les postérieures très longues et très fortes ; la langue attachée au plancher de la bouche, circulaire, entière, libre seulement par ses bords ; dents des Grenouilles ; pas de paupière inférieure, la supérieure en rudiment. Tympan caché ; mains étroites, à doigts allongés, arrondis, pointus, entièrement libres, à pouce opposable ; doigts des pattes postérieures réunis entr'eux par une membrane lâche, étendue jusqu'à la fin de la dernière phalange, à bord tronqué droit, les trois extérieurs égaux en longueur, les deux intérieurs sensiblement plus courts. C'est une espèce d'Amérique (la Jackie), *Rana paradoxa*.

XVI. Cératophrys. Tête énorme, élevée, plus large que le tronc ; à front obliquement incliné ; bouche excessivement grande à mâchoire de même longueur ; narines élevées ; dents des grenouilles ; tympan caché ; pas de paupière inférieure, la supérieure dressée, conique ; langue épaisse, arrondie en cœur, en grande partie adhérente au plancher de la bouche, et libre en arrière ; doigts antérieurs libres, les postérieurs à peine palmés. Espèces d'Amérique caractérisées et ainsi réunies par Boié.

XVII. Mégalophrys, de Kuhl. Diffère du genre qui précède par la tête très déprimée, à front plat, à museau aigu, droit ; narines situées sous la pointe du bec prolongé et s'élevant au-dessus de la mâchoire inférieure. C'est une espèce d'Asie, observée à Java. Wagler l'a décrite.

XVIII. Hémiphracte. Caractérisé par une grosse tête, de près de la moitié de la longueur du corps, et comme formée par un seul os très dur ; occiput festonné, profondément échancré sur les côtés où il reçoit le tympan dans un angle ; des dents implantées sur le bord des gencives de l'une et l'autre mâchoire, les premières de chaque côté de la mâchoire plus longues que les autres; dents du palais à trois angles; langue arrondie, très entière, adhérente de toute part à la base; narines situées en dessus, sur une petite éminence osseuse; la paupière supérieure dressée, conique. C'est une espèce d'Amérique décrite par Spix, sous le nom de *Rana scutata*.

XIX. Systome. Tête très courte, à peine distincte d'un tronc oblong, globuleux, couvert, et dont on ne voit presque que l'ouverture de la bouche, qui est très petite; les tympans entièrement cachés; point de dents? langue oblongue, très entière, presque libre en arrière; tous les doigts distincts aux pattes postérieures; un osselet ovale, plat, libre par un de ses bords, représentant une sorte de pouce; cuisses, jambes et bras recouverts par la peau générale. C'est une espèce unique jusqu'ici décrite par Schneider, sous le nom de *Rana systoma*, et par Merrem comme *Breviceps gibbosus*.

XX. Chaunus. Tête étroite, très courte, relativement à la grosseur du corps (cette tête représente un peu celle d'une tortue), à vertex enfoncé; museau proéminent, un peu comprimé; parotides peu marquées; narines en dessus et petites; langue oblongue, libre, entière, attachée au dedans du menton; paupière supérieure très grande, demi-circulaire, recouvrant l'œil comme une soupape, l'inférieure comme en rudiment; tympan distinct, étroit; pas de dents, excepté au palais où elles sont peu marquées; tronc comme enflé, subglobuleux; pattes enveloppées à la base par la peau; doigts antérieurs tout à fait libres, les postérieurs réunis à leur base par une membrane. C'est encore une espèce d'Amérique que Spix avait nommée *Bufo globosus*.

XXI. PALUDICOLE. Port d'une grenouille; pas de dents; tympan caché; langue oblongue, entière, à peine libre en arrière; tous les doigts libres; deux osselets plats, ovales, dont un des bords est libre sous le métatarse. Espèce unique d'Amérique, que Spix a décrite et figurée sous le nom de *Bufo albifrons*.

XXII. PÉLOBATE. Port et dents de l'espèce précédente; mais pupille linéaire, dilatable en ellipse verticale; langue arrondie en cœur, libre et un peu échancrée en arrière; doigts antérieurs libres; les postérieurs largement palmés; l'osselet représentant le pouce des pattes postérieures, comme dans le genre *Systoma*. C'est le *Bufo fuscus* de Laurenti, figuré par Roesel, planches 17 et 18.

XXIII. ALYTES. Port et dents du cystignathe; tympan visible; pupille triangulaire; langue entière, adhérente de toute part; doigts postérieurs à demi palmés, les antérieurs libres. C'est le Crapaud accoucheur d'Europe (*Bufo obstetricans*).

XXIV. BOMBINATEUR. Semblable au précédent pour le port, les dents, la langue, la pupille; mais pas de tympan distinct; corps couvert de verrues nombreuses. C'est la *Rana bombina* de Linné.

XXV. CRAPAUD. *Bufo*. Semblable aux précédens dont il se distingue par de grosses parotides; une pupille oblongue, elliptique, dilatable; la langue allongée, très entière, libre en arrière; les pattes postérieures à peine palmées; tympan distinct; pas de dents du tout; un osselet obtus sous le métatarse. C'est un genre très nombreux en espèces, qui ont été observées dans toutes les parties du monde.

XXVI. Brachycéphale de Fitzinger. Tête et tronc plats, déprimés, larges; tympans cachés; langue oblongue, entière; pas de parotides, pas de dents? (Bouche et yeux proportionnés à la grosseur du corps.) trois doigts seulement aux pattes. C'est le petit Crapaud du Brésil que Spix a appelé *Bufo ephippium*.

§ II. Division. Espèces qui ont une queue, Caudata. Deux genres seulement y sont rapportés, ce sont :

XXVII. Salamandre. Le caractère de ce genre consiste dans la forme arrondie de la queue. Espèces terrestres, avec ou sans parotides, qui se trouvent en Asie, en Europe et en Amérique.

XXVIII. Triton. Ils ont la queue comprimée ;les espèces en sont nombreuses et varient par les doigts postérieurs, qui sont tantôt libres, tantôt palmés complétement ou à demi.

Ordre VIIIe. Les Icthyodes sont caractérisés par une fente pratiquée de chaque côté du cou et par des branchies caduques ou persistantes : ils forment deux familles, les Hédraeoglosses qui se partagent en deux tribus et en six genres.

1re tribu. Pas de branchies persistantes.

G. 1. Salamandrops. Port d'un triton ; le quatrième et le cinquième doigt palmés aux pattes postérieures ; les dents palatines formant une série continue et arquée : telle est la Salamandre gigantesque de Barton. Espèce Américaine.

G. II. Amphiuma. Tronc allongé d'une Anguille ; doigts libres ; les dents palatines formant deux séries longitudinales. Ce sont encore des espèces d'Amérique.

2e tribu. Des branchies persistantes.

G. III. Siredon. Port d'un triton ; la peau du cou libre, pendant en forme de collet; des dents maxillaires et palatines; ces dernières nombreuses, serrées, disposées par rangées en arcs. On n'y a encore rapporté que l'Axolotl du Mexique.

G. IV. Hypochthon ou Protée. Tronc d'un Amphiume, mais quatre pattes; cou lisse; les dents de la mâchoire supérieure et du palais formant une seule rangée; deux doigts derrière, trois en devant. C'est le protée de la Carniole. *Proteus anguinus* de Laurenti.

G. V. Necture de Rafinesque. Tronc de la Salamandre, mais plus allongé et aussi à quatre pattes; les dents en série continue; quatre doigts à chaque patte. Espèce de l'Amérique du Nord.

G. VI. Siren. Tronc de l'Amphiume, mais à deux pattes antérieures seulement ; pas de dents à la mâchoire inférieure; des dents palatines nombreuses disposées en lignes obliques. C'est encore un animal Américain.

1831. M. BONAPARTE (Charles-Lucien), prince de Musignano, a publié en langue italienne, comme nous l'avons dit, un essai pour l'arrangement méthodique des animaux à vertèbres. On y trouve l'aperçu d'un système général d'Erpétologie, dont nous allons présenter le résumé, en insistant plus particulièrement sur la classification proposée pour ceux des Reptiles dont nous écrivons l'histoire dans ce volume.

L'auteur divise les Amphibies, comme Oppel, Merrem et Fitzinger, en deux sous-classes : les Reptiles et les Batraciens. Les Reptiles sont rangés dans quatre sections, 1° les *Testudinés;* 2° les *Cuirassés;* 3° les *Écailleux;* 4° enfin les *Nus*. C'est à cette dernière section qu'il rapporte les Cécilies et genres voisins sous le nom de *Batrachophides*, proposé par Latreille.

La seconde sous-classe, celle de ses Batraciens, comprend deux sections : les espèces qui subissent deux métamorphoses bien distinctes, qu'il appelle, d'après M. Fitzinger, *Mutabilia*, et celles qui n'en ont pas, et qu'il nomme *Immutabilia*. Les genres de la première section ont primitivement des branchies ; mais elles tombent : il les désigne, avec Latreille, sous le nom de *Caducibranches*, qu'il partage en deux familles, les *Ranines* et les *Salamandrines*. La seconde section, celle des Immutabilia ou Amphipneustes de Merrem, comprend deux ordres, les *Cryptobranches*, qui ont les branchies cachées, ainsi que leur nom semble l'indiquer, et les *Pérennibranches* de Latreille, qui les conservent pendant toute la durée de leur vie.

Chacune de ces divisions, sous-classes, sections, ordres, familles, sont brièvement caractérisés, et les genres qui se rapportent à ces familles sont simplement indiqués par leurs noms. Nous allons en donner une idée, après quoi nous présenterons d'un coup d'œil, dans un tableau analytique, l'ensemble de ces divisions.

La section des Batrachophides, que M. Bonaparte a placée entre les Serpens et les Batraciens comme une quatrième section, sous le nom de Reptiles nus, se présente donc ainsi que dans le Règne animal de Cuvier, et comme dans les ouvrages de Merrem, de Wagler, d'une manière un peu plus isolée, mais avec l'indication de tous les caractères reconnus propres à ces trois petits genres qui y avaient été rapportés par Wagler.

La seconde sous-classe comprend les vrais Batraciens.

La famille des Ranides se subdivise en Pipines pour le genre Pipa et Ranines, avec l'indication de la plupart des genres et sous-genres proposés par les auteurs, en faisant connaître le pays dont ils proviennent et le nombre des espèces qu'on y a rapportées. Il en est de même de la famille des Salamandrines.

Les Amphiumides, qui constituent une famille, appartiennent à l'ordre des Cryptobranches dans la section des Amphipneustes. Deux genres la composent, les Protonopsis de Barton et les Amphiumes de Garden.

Enfin, dans la famille des Sirénides, que l'auteur indique comme formant le passage avec la classe des Poissons, se trouvent indiqués les genres *Siredon*, *Hypochton*, *Necturus* et *Siren*, ainsi que nous aurons soin de le faire connaître quand nous décrirons les genres et les espèces.

Tableau de cette classification.

Subclasses.	*Sectiones.*	*Ordines.*	*Familiæ.*
REPTILIA NUDA		Batrachophidia.	19. CÆCILIDÆ.
BATRACHIA	MUTABILIA. .	Caducibranchia.	20. RANIDÆ.
			21. SALAMANDRIDÆ.
	IMMUTABILIA.	Cryptobranchia.	22. AMPHIUMIDÆ.
		Perennibranchia.	23. SIRENIDÆ.

1831. Nous voyons, d'après la savante dissertation publiée par Windischmann, sur la structure de l'oreille interne des Reptiles que le professeur John MULLER de Bonn avait proposé de partager la classe des Amphibies nus, comme il les appelle, en cinq ordres ou sections. Nous nous contenterons de les indiquer par leurs noms. Ce sont : 1° Les Cécilies ; 2° les Dérotrèmes (*Derotremata*, cous troués), auxquels ils rapporte les genres Amphiume et Ménopome ; 3° les Protéides, tels que les Sirènes, les Protées, les Axolotls ; 4° Les Salamandrines ; 5° enfin, les Batraciens Anoures, ou les espèces à quatre pattes et sans queue.

Pour terminer ce chapitre, il nous reste à indiquer la méthode que nous avons adoptée et l'ordre suivant lequel nous nous proposons d'exposer l'histoire complète des genres et des espèces. Nous présentons une idée abrégée de cet arrangement général, sous la forme d'un système synoptique, dans un tableau, qui, d'après la marche de l'analyse dichotomique, offre un résumé de la classification que nous suivrons dans le reste de cet ouvrage. Les caractères essentiels des principales divisions qui composent l'ordre des Batraciens, y sont exposés aussi brièvement que nous l'avons pu pour en faire saisir l'ensemble par un simple coup d'œil.

Nous partageons les Reptiles composant l'ordre des Batraciens en trois sous-ordres, fondés sur trois des principales différences apparentes d'organisation externe, d'une importance moins grande que celle qui existe à l'intérieur, mais par cela même plus facile à saisir. Nous voulons parler de la privation complète des membres chez les uns, et de l'absence et de l'existence de la queue chez les autres. De là, les dénominations de Péromèles (1), d'Anoures (2) et d'Urodèles (3),

(1) Péromèles, de πηρομελὴς, *privatus pedibus. Corpore mutilato*, de πηροῶ, *mutilo*, et de μελη, *membra*.

(2) Anoures, de ανουρος, privé de la queue, *ecaudatus*.

(3) Urodèles, de ουρα, et de δηλος, manifeste.

qui traduisent, à peu près exactement, les caractères de chacun des groupes qu'elles servent à désigner.

Le premier sous-ordre, celui des Péromèles, quoique présenté sous un nom nouveau, avait été établi d'après les indications de Schneider et de nous-mêmes, par Oppel, Merrem, Cuvier, Fitzinger; mais il nous avait laissés dans une grande hésitation, car ces Reptiles, ainsi que nous l'avons fait connaître plus haut, sont d'une forme tout à fait anomale et tiennent une sorte de milieu entre les Serpens et les Batraciens d'une part, et de l'autre, ils semblent faire le passage de la classe des Reptiles à celle des Poissons.

Quant aux deux autres sous-ordres, leur établissement dans la science est déjà fort ancien, puisqu'il date au moins de l'année 1804, époque à laquelle nous proposâmes pour la première fois dans la zoologie analytique, de partager les Batraciens en espèces qui perdent la queue à une certaine époque de leur vie, et en espèces qui, au contraire, conservent toujours cette partie de leur échine. Nous avions même désigné ces deux groupes sous les deux noms précédemment indiqués; noms que la plupart des naturalistes et des anatomistes ont adoptés dans leur langue, presque dans tous les pays.

Les Péromèles étant peu nombreux ont été aisément et assez naturellement répartis, d'après la forme des dents, la structure et le tissu papillaire de la langue et la situation relative d'une paire de fossettes creusées sur les parties latérales ou inférieures du museau, dans quatre genres qui ne constituent qu'une seule et même famille, appelée celles des *Céciloïdes*.

Quant aux Anoures, dont on compte aujourd'hui plus de trois cents espèces, nous nous sommes vus forcés de les partager d'abord en deux sections principales, puis de subdiviser celles-ci en plusieurs familles dans lesquelles il a fallu établir un très-grand nombre de genres réellement fort distincts. Les deux grandes sections de ce sous-ordre des Anoures comprennent, savoir : la première les espèces qui ont une langue charnue et bien distincte, ce que nous avons voulu exprimer par le nom de PHANÉROGLOSSES (1) ; la seconde réunit les espèces qui sont privées de cet organe et que nous avons dû désigner, par opposition, sous un nom qui pourrait signifier Crapauds sans langue, PHRYNAGLOSSES (2).

Dans la section des Phrynaglosses on n'a rangé jusqu'ici que les genres Pipa et Xénope ou Dactylèthre, constituant à eux seuls la famille des PIPÆFORMES. Les Pipas n'offrent aucune sorte de dents, les conduits gutturaux de leur oreille sont à peine distincts, et les doigts de leurs pattes antérieures sont divisés à leur extrémité libre en plusieurs petites pointes (3). Les Xénopes ont la mâchoire supérieure garnie de dents ; une grande fosse au milieu de la portion postérieure du palais dans laquelle aboutissent les deux trompes d'Eustachi ou conduits internes de l'oreille ; les doigts des pattes de devant sont coniques, allongés, pointus et simples à leur extrémité libre.

L'absence ou la présence des dents fixées dans les

---

(1) De φανερος, évident, et de γλῶσση, langue. Nom donné par Wagler.

(2) De φρυνος, crapaud, de α privatif, et de γλῶσση, langue, que Wagler avait désigné sous le nom d'*Aglosses*, mot employé par de Géer pour un sous-ordre des insectes.

(3) Ce qui a fait désigner ce genre par le nom d'*Astérodactyle*, doigts en étoiles. Wagler.

os de la mâchoire supérieure et la forme des doigts ont permis de distribuer les Phanéroglosses en trois familles auxquelles nous avons laissé des noms propres à rappeler les genres principaux que chacune d'elles avait en quelque sorte pour type. Ainsi les Raniformes correspondent aux Grenouilles. Genre *Rana*. Les Hylæformes aux genres voisins des Rainettes. Genre *Hyla*. Enfin le nom de Bufoniformes rappelle celui du Crapaud, en latin *Bufo*. Les Raniformes ont la mâchoire supérieure garnie de dents, et l'extrémité des doigts simple ou bien peu renflée en dessous; mais jamais dilatée en un disque aplati comme dans la famille suivante. Les Hylæformes ne se distinguent effectivement des Grenouilles, que par la singulière conformation qui se voit à la face inférieure et terminale de leurs doigts. Les Bufoniformes comprennent toutes les espèces qui sont privées de dents à la mâchoire supérieure, comme à l'inférieure. Ils ont bien aussi le bout des doigts dilatés, mais ce n'est pas de la même manière que dans les Rainettes dont ils se distinguent suffisamment par la privation complète des dents sur l'une et l'autre mâchoire.

Ces trois familles renferment chacune un nombre considérable d'espèces dont la distribution en genres nous a parfois présenté quelques difficultés. Néanmoins les résultats auxquels nous sommes parvenus nous paraissent assez satisfaisants. Les caractères principaux sur lesquels repose l'établissement de nos genres ont été tirés d'abord de la forme de la langue; puis de la disposition du palais qui est garni ou non de dents, et dans le premier cas, de la situation des dents palatines et vomériènes par rapport aux orifices internes des narines. Nous avons aussi tenu compte, et généralement avec avantage, de l'état visible ou non apparent à l'extérieur de la membrane du tympan, ainsi que du degré d'ouverture des trompes d'Eustachi ; de la disposition palmée ou non palmée des pattes de derrière et quelquefois de celle des membres antérieurs. La présence ou l'absence des parotides ou encore des plis et des renflements glanduleux sur telle ou telle partie du corps, nous ont aussi parfois fourni d'excellents caractères secondaires.

Il nous a paru utile et fort naturel de comprendre, à l'exemple de Wagler, dans des genres séparés, quelques espèces anomales qui, comme les Pélobates, s'isolent et se distinguent de suite à cause de la structure de leur tête, dont les os de la face sont tellement élargis, qu'on ne peut leur refuser quelque analogie avec ceux de la tête de certaines Tortues marines. Enfin, nous avons pensé, comme plusieurs Erpétologistes modernes, que d'autres espèces de Batraciens Anoures devaient être rangées dans des genres particuliers, parce que leur échine présente une conformation des plus singulières et l'on peut dire presque anomale dans cet ordre de Reptiles. Elle résulte de la dilatation plus ou moins prononcée que prennent transversalement plusieurs de leurs vertèbres dorsales, pour former une sorte de petit bouclier osseux, qui représente en quelque façon le rudiment de la carapace des Chéloniens. Les espèces qui se trouvent dans ce cas sont les Brachycéphales, les Cératophrys et les Phrynocéros.

Quant aux Urodèles ou Batraciens qui conservent la queue, ils forment d'abord deux groupes principaux ou deux tribus distinctes, en ce que les unes réunissent les espèces qui, sous leur dernière forme, ne con-

4.

servent pas la moindre trace des branchies, ni même celle des trous placés sur les parties latérales du cou. En effet ces trous par lesquels passait l'eau avalée pour servir à la respiration ont tout à fait disparu; ils ne laissent plus aucune trace apparente, de sorte que le cou de ces Urodèles n'étant pas percé, nous avons pu les désigner par cette particularité, en les nommant Atrétodères (1) ou Salamandroïdes, pour indiquer leur analogie avec les véritables Salamandres. Chez les autres, les fentes latérales, qui servaient à la sortie de l'eau dans l'acte de la respiration persistent pendant toute la vie. Mais chez les uns il ne reste plus le moindre vestige des branchies extérieures lorsque le Reptile est parvenu à l'état adulte, ce sont les Pérobranches (2), ou, d'après le nom de l'un des genres, les Amphiumoïdes. Enfin les espèces chez lesquelles les branchies sont toujours apparentes ont reçu, d'après cette particularité, le nom d'Exobranches (3), par opposition à celui qui précède ou à cause de l'une des espèces qui a été le plus étudiée, et dont on a fait un genre, les Protéïdes.

Pour diviser ou répartir en genres ces trois familles de Batraciens Urodèles, nous avons employé les mêmes procédés que pour la subdivision des Anoures. Nous avons cherché à mettre en opposition les différences que présentent d'une part la forme et la structure de la langue, et de l'autre la disposition des dents palatines dans ces animaux. Il est vrai de dire toutefois que ces éléments de classification nous ont été plus particulièrement fournis par les Salamandroïdes; car pour les

(1) Ατρητος, *sine foramine*, sans trous, et de δέρη, cou.
(2) Πηρος, manquantes, et de βραγχια, branchies.
(3) Εξω, en dehors, et de βραγχια, branchies.

QUATRIÈME ORDRE DE LA CLASSE DES REPTILES.

LES BATRACIENS.

Caractères :
- corps de forme variée ; à peau nue ; sans carapace ni écailles le plus souvent.
- tête à deux condyles occipitaux, non portée sur un cou plus étroit.
- pattes variables par leur présence, leur nombre, leur proportion ; à doigts le plus souvent sans ongles.
- sternum distinct le plus souvent, jamais uni aux côtes, qui sont courtes ou nulles.
- pas d'organes génitaux mâles saillants ; œufs à coques molles non calcaires ; petits sujets à métamorphose.

Membres		*Sous-ordres.*		*Groupes.*			*Familles.*	*Pages.*
nuls : corps serpentiforme.		PÉROMÈLES		OPHIOSOMES			1. Cæciloïdes.	259
quatre ou deux :	pas de queue.	ANOURES, à langue	distincte.	PHANÉROGLOSSES : à mâchoire supérieure	dentée : à bouts des doigts	peu ou non dilatés.	2. Raniformes.	317
						très-dilatés.	3. Hylæformes.	491
					sans dents.		4. Bufoniformes.	640
			nulle.	PHRYNAGLOSSES.			5. Pipæformes.	761
	une queue.	URODÈLES, à cou	sans trous ni branchies.	ATRÈTODÈRES.			6. Salamandrides.	Tome IX.
			à fentes ou trous distincts.	TRÈMATODÈRES : à branchies	nulles tout à fait.		7. Amphiumides.	Tome IX.
					visibles persistantes.		8. Protéides.	Tome IX.

(En regard de la page 53.)

autres c'est plutôt le nombre variable de leurs doigts et même celui de leurs pattes qui nous les ont fait partager en genres dans les deux petites familles des Amphiumoïdes et des Protéïdes. Voulant donner une idée complète de l'arrangement que nous proposons, et pour le faire concevoir par un simple aperçu, nous avons rédigé le tableau que nous faisons placer en regard de cette page. On y trouvera indiqués brièvement, d'abord les caractères principaux et essentiels de l'ordre des Batraciens, et ceux des trois sous-ordres que nous avons nommés Péromèles, Anoures et Urodèles; puis les cinq sections ou tribus qui partagent ces groupes; et enfin les noms des huit familles qui seront ensuite étudiées plus particulièrement, et successivement subdivisées en genres et ceux-ci en espèces.

Cependant pour faciliter et généraliser nos études, et afin de n'être pas obligés de revenir plusieurs fois sur les particularités que pourraient présenter les diverses espèces, nous suivrons la marche adoptée jusqu'ici, en traitant d'abord de l'organisation et des mœurs dans les Batraciens, et en indiquant, dans la partie historique et littéraire, les noms des auteurs et les titres des ouvrages dans lesquels ils ont consigné leurs recherches sur les Reptiles de cet ordre.

CHAPITRE II.

De l'organisation et des moeurs dans les reptiles batraciens.

Si les Reptiles Batraciens peuvent être distribués, comme nous l'avons vu, dans trois familles naturelles qu'il est facile de distinguer les unes des autres, il n'est pas aussi aisé d'exprimer d'une manière générale les caractères naturels de l'Ordre même auquel ils appartiennent. Après avoir indiqué au commencement du chapitre qui précède, les particularités qui font différer essentiellement les Batraciens des trois autres ordres de la même classe, par un assez grand nombre de modifications dans les formes extérieures et dans la structure des principaux organes internes, nous avons dû reconnaître que leur étude exigeait, de la part des naturalistes, un examen spécial sous le rapport de leur organisation, qui a changé les mœurs; et nous allons nous y livrer.

Dès la première inspection, on reconnaît un air de famille d'une part entre tous les Chéloniens, dans leurs formes générales, celle de la tête, des mâchoires, du cou, du test, des pattes toujours au nombre de quatre et fort éloignées du centre de leur tronc, etc. De même toutes les espèces d'Ophidiens ont entre elles la plus grande ressemblance, par la mobilité et l'excessif prolongement de leur tronc, toujours sans pattes; par la structure et la mobilité de leurs mâchoires; enfin par toute leur organisation. L'analogie est si évidente, qu'il serait réellement impossible de les séparer. Cette similitude, il est vrai, est moins réelle parmi les Sauriens; mais dans cet ordre les dernières familles seulement nous offrent des genres limitrophes; les uns qui semblent les rapprocher des Serpents par les Cyclosaures et les Lépidosomes; et d'autres tels que ceux de la famille des Ascalabotes ou Geckotiens qui paraissent les lier à quelques Salamandres de la famille des Urodèles parmi les Batraciens. C'est qu'en effet il y a parmi ces derniers des espèces que les plus grands naturalistes, au nombre desquels nous pouvons citer Linné, ont cru devoir ranger dans des ordres tout à fait différents de ceux auxquels on sait maintenant qu'ils appartiennent réellement. C'est ainsi que dans leurs ouvrages on voit les Cécilies placées parmi les Serpents; que les Salamandres et beaucoup de Tritons ont été rapprochés des Geckos ou inscrits dans le genre Lézard. Nous verrons aussi quelques genres véritablement Batraciens Anoures, nouvellement découverts, ayant une sorte de carapace plus ou moins osseuse, qui auraient pu être comparés à certaines Tortues molles ou Potamites, et surtout par la tête, à celle du genre Chélyde.

On doit reconnaître cependant qu'il existe véritablement des caractères naturels propres aux Batraciens; mais ils ne peuvent être exprimés d'une manière générale et constante, car la plupart sont quelquefois en contraste ou opposés dans les deux groupes principaux, ainsi que nous allons le faire connaître. Ainsi cette circonstance des téguments tout à fait à nu, c'est-à-dire privés d'écailles enchâssées ou entuilées, est une note positive et différentielle absolue jusqu'ici pour la plupart des espèces; cependant la peau varie dans sa texture et ses adhérences. Parmi les Anoures qui ont des pattes et dont les genres sont nombreux, les enveloppes cutanées ne sont pas entièrement liées à toutes les parties qu'elles recouvrent et protègent. Elles forment, autour d'un corps trapu et comme tronqué, une sorte de sac libre qui souvent en est séparé par des poches vésiculaires dans lesquelles l'air respiré peut pénétrer ; tandis que dans les Cécilies et dans tous les Urodèles à tronc allongé et arrondi, la peau est intimement adhérente aux parties du corps subjacentes et spécialement aux muscles dont il est très-difficile de la séparer, sans faire usage des instruments tranchants.

Le défaut d'ongles réels ou de petits étuis de corne, armant l'extrémité libre des doigts dans les espèces qui ont des membres, et peu en sont privées, est un caractère qui présente très peu d'exception ; car jusqu'ici on ne connaît réellement que deux espèces dont on a même cru devoir former deux genres, l'une forme parmi les Anoures, le genre Dactylèthre, et l'autre, véritable Urodèle, est la Salamandre onguiculée (*onycopus Sieboldii*), mais par le fait ce sont plutôt des sabots que des ongles ; il se pourrait même que cette sorte d'arme fût une dépendance ou un attribut de l'un des sexes.

L'absence absolue du cou, c'est-à-dire le défaut de vertèbres qui ne portent pas de côtes, éloigne de prime abord les Batraciens de tous les Chéloniens sans exception, et réellement des Sauriens, dont quelques genres cependant, comme les Caméléoniens et beaucoup de Geckotiens, ont véritablement la tête tellement implantée sur l'échine, qu'on ne distingue chez eux aucun rétrécissement entre le crâne et les épaules. Les Ophidiens d'ailleurs n'ont pas de cou ; mais chez ces Reptiles les premières vertèbres, celles qui suivent immédiatement la tête, commencent de suite à supporter des côtes qui, quelquefois même, sont très-longues, comme dans les Serpents à coiffe ou *Najas*.

Il en est à peu près de même de la présence d'un sternum, généralement très-développé, quoique cartilagineux en grande partie; car ce sternum n'est jamais articulé avec les côtes, ni avec leurs prolongements. Or, cette particularité, comme nous avons déjà dû l'indiquer, est un autre caractère naturel important, puisque tous les Chéloniens, tous les Sauriens ont le sternum lié aux côtes, et que chez les Ophidiens on ne trouve jamais cet os, quoique les côtes soient toujours en très-grand nombre.

La présence ou l'absence de la queue, qui servent si bien à la distinction des deux principales familles de l'ordre des Batraciens, nous offrent cependant une anomalie bien bizarre, en ce que les Anoures, qui ont des pattes, ont été d'abord munis d'une queue qui s'est oblitérée à l'époque de leurs métamorphoses, et que tous ont quatre pattes, dont les postérieures sont constamment plus longues que les antérieures, et cependant le genre des Cécilies réunit de véritables Anoures, qui n'ont jamais de pattes et qui se rapprochent d'ailleurs de quelques-uns des derniers genres des Urodèles, tels que les Protées, dont les pattes sont courtes, et des Sirènes qui n'ont que des pattes antérieures.

Il suit de cette conformation que les Anoures munis de pattes, ont une manière de vivre et de se nourrir tout à fait différente. La plupart, sous leur dernière forme, peuvent respirer librement dans l'air et se transporter sur la terre avec une rapidité plus ou moins grande, suivant qu'ils peuvent quitter le sol et se projeter dans l'espace par une suite de sauts, ainsi que le font les Grenouilles et les Rainettes, ou marcher et grimper avec plus ou moins de facilité, tels que les Crapauds et quelques autres genres, dont les pattes postérieures ne dépassent pas de beaucoup la longueur de leur tronc. Au contraire les Urodèles et les espèces du genre Cécilie ne peuvent que ramper sur la terre ou s'y traîner péniblement, parce que leurs membres courts, à peu près égaux en longueur, sont trop espacés et ne peuvent supporter le tronc qui rampe sur le sol, tandis que dans l'eau leur forme arrondie et la queue comprimée chez la plupart, et augmentée en hauteur par des nageoires verticales, aident considérablement à leur mode de natation.

Enfin la forme que prend le cloaque à son orifice externe, et qui distingue si bien les Batraciens Anoures d'avec les Urodèles, ne peut servir de caractère essentiel. Cet orifice commun aux diverses excrétions, qui chez les Sauriens et les Ophidiens est une fente transversale, offre cependant une ouverture arrondie chez les Chéloniens, comme dans les Batraciens Anoures, et une fente longitudinale chez les Crocodiliens, comme dans les Urodèles. L'absence seule des organes génitaux mâles, apparents au dehors, distinguerait les Batraciens des trois autres ordres de Reptiles, ainsi que nous l'avons précédemment indiqué.

De ces considérations préliminaires, il résulte que les divers organes destinés à établir la vie de rapports, et en particulier ceux de la motilité, sont fort différents quant à la forme, la disposition et l'usage dans les trois groupes ou familles qui se trouvent cependant réunis par les naturalistes dans un même ordre, celui des Batraciens. C'est ce qui n'a pas lieu chez les autres Reptiles. Tous les Chéloniens, en effet, se ressemblent par la structure de leur squelette, considéré dans les régions du tronc et des membres. Il en est de même des Sauriens et des Ophidiens, quoiqu'ici les limites des transitions entre les deux derniers ordres soient moins positives, ainsi que nous l'avons vu.

Parmi les Batraciens Anoures, ceux qui sont munis de pattes ont le corps trapu, aplati, généralement déprimé ou plus large qu'épais ; et leurs membres sont toujours inégaux en longueur. Ils semblent avoir le tronc raccourci et comme tronqué, à cause du petit nombre de pièces osseuses qui composent leur échine, et parce qu'ils sont privés de la queue. Leur physiognomonie est ainsi devenue spéciale et caractéristique. Toutes les autres espèces de Batraciens dont le corps est allongé, arrondi, ont le tronc formé par un grand nombre de vertèbres; mais tantôt ce tronc est totalement privé de pattes, et alors l'animal se meut à la manière des Serpents ou des Anguilles. Quand les membres sont au nombre de quatre, ils sont constamment égaux en longueur et peu développés, de sorte que les mouvements qu'ils déterminent sont le plus souvent aidés par la totalité de l'échine ou par la portion du tronc allongé qui forme leur queue.

Ces modifications générales dans la conformation et la structure des trois groupes entraînent nécessairement d'autres changements dans les mœurs, les habitudes et le genre de vie. C'est ce qui nous force d'exposer successivement, dans chacun de ces groupes, les différentes formes que prennent les organes destinés à remplir les principales fonctions que nous allons étudier.

Nous commencerons donc l'étude de la motilité en la faisant connaître chez les Batraciens Anoures munis de quatre pattes, puisqu'ils sont motiles à un plus haut degré, pouvant marcher, grimper, courir, sauter et nager ; puis nous indiquerons les mêmes organes chez les Urodèles, qui ne peuvent que marcher ou nager, et enfin dans les Anguiformes, qui, étant privés de pattes, sont obligés de ramper à la manière des Serpents.

§ I. Des organes du mouvement.

Quoique le squelette ou l'ensemble des pièces solides qui constituent la charpente des Reptiles Batraciens soit essentiellement semblable dans toutes les espèces, le nombre de leurs os, leur configuration, et surtout leurs proportions, varient beaucoup plus que dans aucun des Ordres que nous avons précédemment étudiés, et entraînent les plus grands changements dans le résultat des mouvements qui leur sont imprimés. Il suit de là que les parties osseuses modifient considérablement d'abord les formes générales et le mode de locomotion, puis les mouvements particuliers des régions, dont la base est formée de leviers destinés à transmettre l'action des muscles ou des organes contractiles.

Les Batraciens, sous ce rapport, nous offrent trois types ou sous-ordres principaux.

1° Le sous-ordre le plus nombreux en espèces est celui des *Anoures* qui ont constamment quatre pattes. Il nous présente cette particularité, que parmi tous les animaux à squelette interne ce sont ceux dont l'échine est formée par le moindre nombre de vertèbres ; puis, parmi tous les Reptiles, ce sont les seules espèces dont la pièce osseuse coccygienne unique est, par le fait, la plus longue de toute la colonne et d'une forme absolument différente de toutes les autres vertèbres. Tous ont le corps court, déprimé et quatre membres constamment inégaux, les postérieurs toujours plus longs que le tronc, et pouvant présenter deux ou trois fois l'étendue des pattes antérieures. Les diverses régions de ces membres postérieurs, considérablement développées, donnent à ces animaux des facultés locomotives toutes particulières : aussi peuvent-ils exécuter sur la terre et dans l'air des sauts énormes; et, comme nous aurons occasion de le dire par la suite, ces pattes facilitent et modifient considérablement leur manière de nager.

2° Les *Urodèles*, ou les Batraciens qui ont une queue plus ou moins longue et développée, sont bien autrement conformés; leur corps est au contraire très-allongé, le plus souvent arrondi; leurs membres courts, souvent à peine ébauchés, varient pour le nombre; et quand il y en a quatre, ils sont constamment égaux entre eux. Ces membres sont très-grêles, relativement à la grosseur et au poids de leur tronc, qu'ils peuvent à peine soulever, ce qui rend leur progression lente et tortueuse; ils se traînent avec peine sur la terre. Cependant leur échine, formée d'un plus grand nombre de vertèbres, produit principalement des mouvements latéraux, à l'aide desquels leur corps se meut dans l'eau; et leur queue, le plus souvent comprimée de droite à gauche, devient le principal agent de leur translation.

3° Enfin les espèces sans pattes, ou les *Péromèles*, ont le corps tout à fait cylindrique; leur tronc, par sa structure, le nombre considérable des vertèbres qui le composent, les rapproche, jusqu'à un certain point, de quelques poissons, tels que les Murénophis, les Aptérichthes, et des Ophidiens en général. Leurs vertèbres ont toutes la même forme, et par leurs apophyses elles donnent attache ou insertion à des muscles qui sont les mêmes et se reproduisent régulièrement entre chaque pièce pour produire des mouvements analogues dans toute la longueur du corps, de sorte que la locomotion s'opère par une suite de sinuosités ou d'ondulations à la manière des Serpents, qui s'appuient dans des sens alternativement opposés. C'est encore ainsi que se meuvent les dernières espèces de Batraciens Urodèles, qui, vivent habituellement dans l'eau tels que les Sirènes, les Protées, les Ménopomes, les Amphiumes, dont les pattes incomplètes ou trop courtes, ne peuvent supporter le poids du corps; mais leur queue convertie en une nageoire verticale, élargie dans ce sens, et considérablement comprimée, leur sert de rame ou d'aviron pour diriger leur corps au milieu du liquide qu'ils frappent successivement à droite et à gauche, quand ils veulent se porter en avant.

On conçoit que pour donner une idée exacte de la structure des Batraciens, sous le rapport des organes destinés au mouvement, et avant de faire connaître les divers modes de leurs translations volontaires, il est devenu nécessaire de les examiner successivement dans les trois sous-ordres que nous venons d'indiquer.

1° *Organes du mouvement dans les Anoures.* Nous commencerons donc par celle des Anoures à pattes toujours inégales en longueur, et dont le type sera la Grenouille. Les parties sont d'ailleurs mieux développées dans cette espèce, et elles pourront nous servir comme termes de comparaison. Nous étudierons d'abord la forme de leur squelette, les modifications que ses diverses parties ont dû subir, puisque, par leurs dimensions variables, la plupart ont changé la forme des régions auxquelles elles correspondent, et modifié par cela même leurs mouvements et leurs habitudes. Nous donnerons une idée générale des muscles, et enfin nous ferons connaître la mécanique de leur mode de station, de progression et de natation, dans leur état parfait ou du moins sous leur dernière forme.

Le squelette est formé par le tronc et les membres dont la structure et la composition sont tout à fait différentes de celles des autres Reptiles. On y voit cependant, comme dans tous les vertébrés, une tête, une échine, et une sorte de poitrine incomplète.

L'échine est composée le plus souvent de dix vertèbres, et comme elles sont toutes dans la même direction, on ne peut réellement y distinguer aucune région du cou, du thorax ou des lombes. Nous nommerons donc tout simplement vertèbres, les six ou sept premières pièces qui suivent la tête; mais nous examinerons à part la vertèbre sacrée ou pelviale, celle qui reçoit les os coxaux, et la coccygienne ou caudale qui termine en arrière cette colonne.

Considérées dans leur ensemble, les sept premières vertèbres présentent des caractères particuliers. D'abord aucune ne reçoit de véritables côtes arquées. Quelquefois seulement celles-ci se trouvent plus ou moins prolongées par des appendices articulés ou soudés sur les apophyses transverses, étalées presque horizontalement. L'atlas ou la première vertèbre présente une circonstance unique parmi les Reptiles, c'est qu'elle est creusée antérieurement de deux petites cavités ou fosses articulaires destinées à recevoir la tête par ses condyles occipitaux, à peu près comme dans les mammifères et les poissons cartilagineux plagiostomes. Les autres vertèbres qui suivent ont généralement la partie la plus solide, ou du moins la plus épaisse, celle qu'on nomme le corps, légèrement déprimée au lieu d'être arrondie. Jamais on ne voit sur les côtés les facettes articulaires qui reçoivent les têtes des côtes chez les autres animaux. En outre, ce qui tient lieu de fibrocartilage, dans leur articulation réciproque, est représenté par une sorte de pièce osseuse lenticulaire, qui, le plus souvent, finit par se souder à la partie postérieure de la vertèbre antérieure, et qui, par son autre face, est reçue dans une concavité que présente en avant le corps de la vertèbre qui suit. Dans le Pipa, suivant l'observation et la figure que Schneider nous a laissées, on sait que les deux premières vertèbres sont soudées en une seule. On voit en outre que les deux vertèbres suivantes ont des apophyses transverses excessivement longues, que l'on pourrait regarder comme des côtes droites, mais soudées aux pièces correspondantes. Dans ces mêmes vertèbres, les apophyses épineuses ou dorsales varient; en général, elles sont courtes, inclinées les unes sur les autres, et placées en recouvrement.

Dans quelques espèces, ces éminences sont confondues tout à fait avec les apophyses articulaires et transverses, de manière à former sur la peau une sorte de bouclier ou de test rudimentaire analogue à la carapace de quelques Tortues. C'est ce qu'on peut observer, avec des degrés plus ou moins considérables de développement, chez les espèces de Brachycéphales, de Cératophrys et de Phrynocéros. Les apophyses transverses varient pour la longueur et la direction; d'abord l'atlas n'en a pas, c'est là son caractère, et cette même vertèbre se soude avec la seconde, au moins dans le Pipa adulte. Ensuite, dans les diverses espèces, il y a des modifications; en général c'est dans la troisième et la quatrième vertèbre que ces apophyses transverses sont les plus larges et toujours étendues horizontalement. C'est chez le Pipa qu'elles nous ont paru être plus longues, et d'autant plus qu'elles sont encore augmentées par la présence d'un petit cartilage qui semble en être la continuation. Enfin, chez la plupart des espèces, les apophyses transverses des trois dernières vertèbres qui précèdent les pelviales ou sacrées sont légèrement dirigées en sens inverse, c'est-à-dire portées un peu en avant (1).

La vertèbre pelviale ou sacrée est tout à fait distincte des autres par l'étendue considérable que prennent ses apophyses transverses, destinées à recevoir les os coxaux; mais le mode de cette articulation varie. Tantôt, comme dans les genres qui ont les cuisses postérieures très-longues, ainsi qu'on le voit dans les Grenouilles et la plupart des Rainettes, les os des hanches sont véritablement mobiles sur l'échine en totalité. Alors les apophyses transverses sont allongées, arrondies, légèrement dirigées en arrière, et terminées à leur extrémité en dehors par une facette articulaire qui permet aux os iléons, ou plutôt à l'ensemble du bassin de se mouvoir en totalité et de constituer une sorte de levier double dont le mécanisme, comme

(1) *Voyez* pour l'échine de ces Batraciens Anoures et à quatre pattes :
Roesel, *Hist. Ranar.*, tab. VII, XII, XVI, XIX, XXI et XXIV.
Cuvier, *Ossem. foss.*, tom. V, 2e part., pl. XXIV, fig. 28, 29.
Schneider, *Hist. Amph.* Fasc. I, pl. 1 pour le Pipa.
Dugès, pl. IV, fig. 30.
Van Alténa, *Batrach. anatom.*, tab. I.

nous le verrons par la suite, doit augmenter beaucoup l'étendue du mouvement que l'animal peut opérer dans l'action du saut et dans son mode particulier de natation.

Chez d'autres espèces, au contraire, dont les membres postérieurs sont relativement plus courts, comme dans les Crapauds, les mêmes apophyses transverses du sacrum s'élargissent et s'aplatissent pour recevoir en dessous, par une véritable symphyse, la partie plane et supérieure des iléons, de manière même à ne plus permettre aucun mouvement. C'est ce qu'il est facile de voir dans les squelettes des Pipas et des Dactylèthres (1).

Enfin la dixième pièce de la colonne vertébrale ou le coccyx, a une forme tout à fait différente. C'est le plus long de tous les os de cette région du tronc, car il acquiert en étendue celle de tous les autres os de l'échine, et il égale celle des os du bassin.

Considérée dans son ensemble, cette vertèbre, d'une forme si singulière, paraît être le résultat de la soudure des premières pièces qui formaient la queue du Tétard; et même dans le Pipa, cette pièce unique finit par se souder intimement à la vertèbre pelviale; mais elle devient plus mobile chez la plupart. En avant on y voit deux petites facettes articulaires et les vestiges des apophyses transverses, la terminaison du canal rachidien, et souvent les trous latéraux qui correspondent aux échancrures des autres vertèbres par lesquelles sortent les derniers nerfs de la moelle épinière.

Cet os coccyx, dans sa portion antérieure ou pelvienne, est arrondi; mais ensuite il devient presque

---

(1) *Voyez* dans la fig. citée de SCHNEIDER, les nos 1 et 5, et de même dans celle de CUVIER, XXIV, fig. 29, et dans ROESEL, XIX, et XXIII, fig. 21.

triangulaire, avec une sorte de crête supérieure, et son extrémité libre est le plus souvent cartilagineuse.

Le crâne, considéré ici dans son ensemble, et principalement sous le rapport de ses mouvements, comme partie constituante du tronc est mobile sur la colonne vertébrale. Il présente, comme nous l'avons dit déjà en parlant de l'atlas, une disposition toute particulière en tant qu'il porte en arrière, et sur les côtés du grand occipital, deux condyles distincts, tandis que dans les trois autres ordres de Reptiles la tête s'unit à l'échine par une seule apophyse articulaire arrondie qui offre quelquefois la réunion de trois facettes. Ce mode de jonction, chez les Batraciens, permet de simples mouvements de flexion sur l'épine, mais il s'oppose à la torsion ou à la rotation.

Nous aurons occasion d'étudier par la suite les os du crâne, comme protégeant l'encéphale, et ceux de la face et des mâchoires, parce qu'elles forment les cavités dans lesquelles sont reçus quelques organes des sens, comme les narines et les yeux, et surtout parce que les mâchoires étant destinées à saisir et à livrer passage aux aliments, devront être examinées avec les organes de la digestion. Il nous suffira de dire ici que la plupart des os de la face sont peu solidement fixés au crâne; c'est qu'en effet il n'y a pas de véritable mastication. Aussi les mâchoires elles-mêmes ne sont-elles que de simples arcades, à peine soutenues sur les os du crâne, ainsi qu'on peut le voir dans la tête du Pipa (1).

Cependant nous devons faire remarquer par anticipation, que dans le Bombinateur brun adulte, l'ensemble du crâne pourrait en imposer, car il simule tout

(1) Schneider, *Hist. amph.*, fasc. I, tab. I.

à fait en dessus le vertex d'une Tortue marine ou Chélonée. Ici, en effet, les os pariétaux et les fronto-postérieurs s'unissent sur la région temporale, et forment une sorte de voûte complète, percée latéralement par les fosses orbitaires, et en avant par les orifices des narines (1).

D'après cette première étude de la base du squelette de ces Batraciens, il devient évident que dans les Raniformes la totalité de l'échine est partiellement très-peu mobile, quoiqu'elle soit composée de vertèbres articulées entre elles à peu près comme dans les autres animaux à os intérieurs. Nous pourrions même avancer que ce sont les espèces les moins vertébrées; car ici il n'y a aucune région réellement développée. On ne peut distinguer ni cou, ni queue, et ce qui reste de la colonne centrale ne présente aucune courbure, de sorte que ses mouvements sont à peine perceptibles, soit de devant en arrière ou de haut en bas, soit même sur les parties latérales. Cette circonstance est importante à remarquer, car elle est la cause directe ou une sorte de conséquence de la manière dont la motilité s'exerce chez ces animaux. Nous verrons en effet, par la suite, que les membres postérieurs, en raison de leur longueur, en apparence démesurée, et des muscles puissants qui agissent sur les os, tendent à diriger tous leurs efforts sur la longueur de l'échine, et dans son axe, qui doit être presque inflexible pour produire le mode de natation horizontale, ainsi que dans l'action de sauter, que le plus grand nombre peut exercer avec une grande énergie.

---

(1) Roesel, pl. XIX, fig. 7, et mieux, Dugès, Rech., etc., pl. II, fig. 11, 12, 13 et 14.

Poursuivons maintenant l'examen des différentes parties de cette mécanique animale, qui diffèrent assez de celles qu'on observe dans les autres vertébrés pour mériter toute l'attention des zoologistes, non pas tant pour la structure des pattes de devant, que par l'excessif allongement des diverses régions des extrémités postérieures qui exercent l'action la plus importante dans la vie de rapports de ces animaux.

Les membres antérieurs, qui sont constamment plus courts et moins développés que les postérieurs, sont supportés par une sorte de ceinture osseuse et cartilagineuse, libre en arrière, où elle n'est retenue vers l'épine que par des parties molles. La portion moyenne ou inférieure est composée d'une série de pièces impaires qui constituent un sternum, sur lequel viennent s'articuler les os correspondant à la clavicule et à l'éminence coracoïde ou acromiale, lesquels, avec l'omoplate, forment la véritable épaule.

Le sternum des Batraciens est donc formé, par les pièces médianes, d'une sorte de bassin antérieur. Il fait véritablement partie constituante des membres supérieurs qu'il reçoit, comme le font les os coxaux pour les extrémités postérieures; mais il est modifié considérablement pour l'étendue en longueur et en travers chez les diverses espèces, et il nous serait impossible de faire connaître toutes ces variations. Nous n'indiquerons que les formes principales (1), et, pour en donner une idée, nous l'examinerons d'abord dans la Grenouille (2). C'est la région moyenne qui constitue le

(1) Le sternum est généralement mal ou incomplétement représenté dans les figures de Roesel; et celle qu'en a donnée M. le professeur Geoffroy dans le premier volume de sa Philosophie anatomique, n'est pas exacte.

(2) Dugès, *loco citat.*, pl. III, fig. 22 et 23.

véritable sternum ; car ses parois latérales appartiennent réellement aux clavicules qui sont plus larges en arrière, et aux os coracoïdiens ou acromiaux en avant. Ces deux portions osseuses latérales appuient sur une pièce moyenne cartilagineuse, en forme de T irrégulier. En considérant la portion médiane, on voit en avant un disque cartilagineux en rondache qui se place en arrière de l'échancrure de l'appareil hyoïdien. Ce disque est soutenu par un appendice, qui représente une sorte de stylet osseux, dont l'autre bout se trouve appuyé en arrière sur la partie moyenne de la pièce cartilagineuse en T. En arrière, vers le bassin, on voit un autre disque cartilagineux légèrement échancré dans sa partie moyenne, qui correspond au cartilage xiphoïde. Cette portion est également soutenue par un stylet osseux, lequel est lui-même articulé avec la pièce moyenne qui reçoit les deux os antérieurs de l'épaule. C'est dans le Pipa (1) que ce sternum paraît le plus différent. Toutes ces pièces paraissent confondues en une grande plaque cartilagineuse, très-large et rhomboïdale en arrière, rétrécie et un peu échancrée en avant ou présentant seulement deux espaces libres, un de chaque côté, entre les deux os antérieurs ou internes de l'épaule.

Les trois os de l'épaule se joignent entre eux, et concourent à former la cavité glénoïde qui reçoit la tête de l'os du bras; ils correspondent véritablement par leur disposition aux trois os qui composent le bassin. Le premier qui est un scapulum ou un omo-

---

(1) Breyer, *Observationes anatomicœ circa fab. Ranœ pipœ*, pl. II, fig. 1.

Cuvier, Ossements fossiles, tom. V, part. 2, pag. 401, pl. XXIV, fig. 33 et 34.

plate et qui est l'analogue de l'iléon, se porte vers la colonne vertébrale. Il est constamment composé de deux portions mobiles l'une sur l'autre ; la plus courte est ossifiée et fait partie de la cavité humérale, elle est épaisse et solide; l'autre portion, plus large, plus évasée et fortmince, est en grande partie cartilagineuse et se porte vers la colonne épinière. La seconde pièce dont nous avons déjà fait mention, en parlant du sternum, correspond à l'ischion, mais ici c'est une véritable clavicule, elle se fixe par sa partie large et osseuse au sternum, et par l'autre extrémité elle fait portion de la cavité humérale en bas du côté du bassin. Enfin la troisième pièce de l'épaule est l'acromiale, qui, par sa position en avant, correspondrait au pubis, vient aussi s'appuyer sur les parties latérales du sternum, mais en laissant un espace libre entre elle et la clavicule ; par son autre extrémité, elle aboutit à la partie antérieure de la cavité humérale qu'elle ferme et clot dans ce sens.

Dans la plupart des espèces, l'os du bras ou l'humérus est presque droit; cependant dans les Crapauds il est un peu courbé en S. Cet os n'offre pas de particularités, sinon que la tête ou son extrémité scapulaire reste long-temps cartilagineuse, et qu'elle n'est pas tout à fait arrondie. Dans quelques espèces même, on reconnait qu'elle doit être très-bornée dans son mouvement de rotation. Quelquefois le corps de l'os offre une crête pour l'attache du muscle correspondant au deltoïde, et une rainure pour une sorte de gouttière bicipitale. En bas, les deux condyles sont peu distincts. Cependant la trochlée cartilagineuse est indiquée ainsi que la petite cavité postérieure, destinée à recevoir une petite apophyse olécrane.

Les deux os de l'avant-bras sont constamment réunis et confondus en un seul dans l'adulte ; mais dans le jeune âge ils étaient bien séparés, car quand on les coupe en travers dans la portion carpienne, on y voit les deux cavités médullaires (1). A l'extrémité humérale l'os externe ou le cubitus s'avance en saillie postérieure olécranienne, et le radius est en avant ; de sorte qu'il y a là une échancrure sigmoïde. Comme ces deux os sont soudés il n'y a pas de mouvement possible dans le sens de la supination, la pronation restant constante pour l'avant-bras (2).

Le carpe est composé de six ou sept os formant deux rangées très-mobiles, pouvant se renverser et se mouvoir les uns sur les autres avec une facilité telle, que la main se contourne en tous sens.

Il y a quatre os bien développés au métacarpe et le rudiment d'un cinquième qui correspond au pouce. Celui-ci ne porte qu'une phalange. Le deuxième et le troisième en ont deux, et le quatrième ainsi que le cinquième chacun trois. Ces phalanges varient considérablement pour la longueur, suivant les espèces ; en général la dernière est conique et n'a pas de gaîne cornée ou ne porte pas d'ongle.

De toutes les parties du squelette des Batraciens sans queue et à pattes inégales en longueur, les membres postérieurs sont les plus remarquables ; d'un côté par l'allongement considérable des os qui les consti-

---

(1) Van Alténa, *loc. cit.*, pag. 24.

Cuvier, Ossem. foss., tom. V, part. II, pag. 402, pl. XXIV, fig. 37 et 38.

(2) Troja a le premier fait connaître cette structure. 1779, Neapoli. *Commentatio de structura singulari ossium tibiæ et cubiti in Ranis et Bufonibus.*

Voyez Acad. des Sc. de Paris, tom. IX, pag. 768.

tuent, et de l'autre par la position et la structure des pièces du bassin.

Les *os coxaux* sont constamment très-développés, mais surtout dans la portion correspondante aux véritables iléons, qui sont toujours aptes à se diriger dans un sens parallèle à celui de l'échine, avec laquelle même ils se soudent dans les espèces dont les pattes postérieures excèdent peu la longueur du tronc, comme dans les Crapauds, les Pipas, les Dactylèthres. Dans d'autres, au contraire, comme chez les Rainettes et les Grenouilles, ces mêmes os des iles jouissent d'une très grande mobilité sur l'échine, et ils deviennent ainsi un levier, dont l'action s'observe notablement dans l'action de sauter et de nager. Enfin ce bassin offre une circonstance pour ainsi dire unique dans les animaux vertébrés; c'est qu'on y voit les deux cavités cotyloïdes destinées à recevoir les os des cuisses, situées vers la région la plus postérieure, sur un point commun et central auquel semblent aboutir toutes les forces qui sont imprimées au tronc dans le débandement ou l'extension subite, commune ou alternative, des membres postérieurs.

Une dernière particularité de ce bassin, c'est que les os pubis et ischions sont réunis et pour ainsi dire confondus en une seule masse à ligne médiane verticale saillante, comme une crête bordée d'un cartilage.

Les membres postérieurs sont d'ailleurs composés des mêmes os que chez les autres animaux vertébrés qui ont de véritables pattes; mais ces os ont ici des proportions fort différentes, et leurs articulations varient suivant les facultés motrices des diverses régions. Cependant on y distingue constamment un bassin, un os de la cuisse ou fémur, un os de la jambe formé par la soudure du tibia et du péroné, deux grands os du tarse, également soudés mais plus distincts, une autre série d'os du tarse formant une rangée unique qui supporte les quatre grands os métatarsiens, le plus souvent le rudiment d'un cinquième ; enfin les phalanges, dont le nombre varie, ainsi que les proportions, dans les espèces de certains genres.

Les os coxaux sont, comme nous venons de le dire, fort différents suivant les genres. Chez les espèces qui ont les pattes postérieures très-longues, les iléons sont excessivement allongés et peu larges ; ils présentent cependant des crêtes et des faces destinées à fournir des insertions aux muscles nombreux et fort développés, qui agissent sur les os de la cuisse et sur leur long os caudal.

Chez les espèces qui ont l'os pelvial ou sacré, étalé en deux larges apophyses transverses, les iléons, aplatis eux-mêmes et considérablement élargis, s'y joignent en dessous par une véritable symphyse iléo-sacrée qui ne permet pas de mouvement. C'est ce que l'on peut voir dans les squelettes des Pipas et des Crapauds (1), tandis que dans les Grenouilles et dans la plupart des Rainettes, les iléons, presque cylindriques à leur extrémité libre, s'articulent par une véritable arthrodie sur les portions postérieures et libres de ces mêmes prolongements latéraux du sacrum (2).

Le fémur ou l'os de la cuisse est presque de la même longueur que les os de la jambe ; le plus souvent arrondi, il offre cependant une crête sur le bord externe

---

(1) Cuvier, *loco citat.*, pl. XXIV, fig. 29, et moins bien dans la figure de Schneider, *Hist. amphib.*, fasc. 1, fig. 1 et 5.

(2) Cuvier, *ibid.* fig. 28, et Dugès, Recherches sur les Batraciens, pl. IV, fig. 32.

qui est surtout très-distinct dans le Pipa. Cet os fémur est presque droit dans les Rainettes et les Grenouilles ; mais dans les espèces à pattes postérieures plus courtes, comme chez les Pipas et les Crapauds, il offre une double courbure en sens inverse, convexe en avant du genou, concave vers l'articulation iléo coxale. C'est là que se voit la tête de l'os, portion de sphère supportée sur l'axe même et non sur une sorte de cou, de sorte qu'il n'y a pas de véritables trochanters, ce qui modifie considérablement le mouvement et lui permet une rotation plus étendue. Cette tête est reçue dans la cavité cotyloïde, et embrassée par une capsule fibro-cartilagineuse assez serrée. L'extrémité opposée du fémur offre une poulie avec deux condyles arrondis, séparés en avant par une sorte de gouttière rotulienne qui en forme une véritable trochlée, sur laquelle se meut l'extrémité supérieure des os de la jambe. La rotule n'est qu'une sorte de rudiment cartilagineux enveloppé dans la capsule fibreuse du genou, mais elle fait l'office de l'olécrane, et elle s'oppose au renversement de la jambe sur la cuisse.

La *jambe* est réellement formée par les deux os tibia et péroné, cependant ils se trouvent tellement soudés chez les individus adultes, qu'ils ne sont vraiment indiqués que par des rainures longitudinales, qui dénotent la ligne de leur réunion, à peu près comme pour les os de l'avant-bras; mais ces indices ne se retrouvent que vers les extrémités ; dans ce sens, ils sont légèrement aplatis de devant en arrière. Dans les espèces à très-longues cuisses ces os sont à peu près droits ; mais dans les Crapauds et les Pipas ils sont légèrement courbés. C'est là surtout que se remarque mieux la réunion des deux os que Troja avait si bien fait connaître dans les Crapauds et les Grenouilles (1).

Le *tarse* est composé de deux portions distinctes, une tibiale et une métatarsienne. La première correspond à l'astragale et au calcanéum ; mais ces deux os ont tout à fait changé de formes : ce sont deux pièces allongées, soudées entre elles par leurs extrémités, et représentant ainsi un os unique fenêtré, simulant une sorte d'avant-bras. Les os de la seconde rangée sont petits, et au nombre de quatre ou de cinq. En les considérant sur le bord interne correspondant au gros orteil, il y en a un hors du rang qui porte quelquefois une enveloppe cornée et tranchante, et trois ou quatre autres placés à la base des trois os métatarsiens internes.

Le *métatarse* est composé de cinq os plus ou moins allongés, suivant les espèces des différents genres. Dans celles dont les pattes sont très-longues, ils ont aussi la plus grande étendue, mais toujours proportionnelle à celle des doigts, de sorte que celui du pouce est le plus court, et le plus long correspond au quatrième doigt dans le plus grand nombre. Cependant il est des espèces qui ont tous les orteils de la même longueur.

Les *doigts*, proprement dits, ne sont pas toujours très-distincts les uns des autres, car il en est beaucoup chez lesquels on ne peut les remarquer qu'à travers la membrane palmée qui les enveloppe. Chez d'autres, au contraire, comme les Pipas et les Dactylèthres, qui ont les doigts coniques et arrondis, chez les Rainettes, qui les ont quelquefois tout à fait séparés, on observe

(1) Troja, *de structura singulari ossium tibiæ et cubiti in Ranis et Bufonibus.*

que le nombre des phalanges varie ; ainsi le pouce ou le doigt interne n'a le plus souvent qu'une ou deux phalanges, le second orteil n'en a que deux aussi ; mais il y en a trois pour le troisième et quatre pour le quatrième, le cinquième orteil n'en a que trois.

Telle est la structure osseuse de cette race de Batraciens ; mais la mécanique de ces squelettes dénote d'avance d'assez grandes modifications dans les organes actifs du mouvement. Nous allons indiquer les principales.

Sans entrer pour le moment dans les détails des mouvements particuliers que les diverses parties du corps peuvent exécuter séparément, commençons par soumettre quelques réflexions relatives aux modes généraux de locomotion exercés par ces animaux.

Remarquons d'abord que l'axe auquel aboutissent tous les mouvements, ou l'ensemble de leur échine, est à peine flexible de haut en bas et de droite à gauche ; que la tête et le petit nombre de vertèbres qui la suivent forment un tout tellement consolidé par le mode très-serré des articulations indiquées ci-dessus, qu'en raison de la briéveté du tronc, le léger déplacement réciproque des sept à huit vertèbres qui le supportent devient presque imperceptible ; que par conséquent tous les efforts imprimés au corps, soit de devant en arrière, par les membres antérieurs, dans la progression quadrupède, soit de derrière en devant par les pattes de derrière, dans le saut et dans l'action de nager, se reportent sur cette courte colonne, pour ainsi dire inflexible ; de sorte qu'aucun de ces efforts n'est stérile, ni décomposé dans sa transmission directe. C'est surtout par la mobilité des os des hanches, et par l'adossement insolite de leurs cavités cotyloïdes transportées dans la ligne médiane, parallèlement à l'échine, que sont favorisés les mouvements produits par les os et les muscles de toutes les régions des pattes postérieures, dont le développement est extrême, et en apparence comme démesuré.

Les muscles de la colonne vertébrale sont principalement destinés à agir sur la tête et sur le bassin. Ceux dont les fibres sont les plus longues et les plus distinctes, proviennent du sacrum et de l'os des iles, et viennent se fixer sur les parties latérales du grand os coccyx ; car, dans les espèces dont le bassin est mobile sur l'échine, ils sont destinés à l'en rapprocher et à le maintenir dans une direction à peu près parallèle, comme cela devient nécessaire dans l'action de nager ; mouvement général de translation, pendant lequel l'impulsion doit agir dans l'axe de la colonne centrale du tronc.

La tête est portée en avant, dans le sens du corps des vertèbres, par deux faisceaux de fibres qui correspondent, l'un en dessous, au muscle petit droit antérieur (atloïdo-sous-occipital), et l'autre en dessus à l'oblique supérieur (atloïdo-temporal). Ces deux muscles sont pairs, et quelquefois partagés en deux faisceaux.

Dans les gouttières spinales, ou sur les côtés des apophyses épineuses, on trouve des muscles correspondant aux spinaux ; mais dont les fibres sont peu développées. Il y a aussi des inter-transversaires qui représentent les inter-costaux, et qui forment deux plans minces. Quant aux inter-épineux, ils ne sont pas distincts. Un des muscles importants par ses usages et par son développement chez les Grenouilles et les Rainettes, est celui qui représente le carré des lombes (îléo-lombaire) ; il vient des trois dernières apophyses transverses, et se dirige sur l'os des îles qu'il doit tirer en avant du côté de l'abdomen, quand l'animal veut marcher ou sauter. Car l'os des îles est très-mobile dans son articulation sur les apophyses transverses du sacrum.

Les muscles du bas-ventre n'adhèrent pas à la peau, et on les voit comme disséqués aussitôt que la Grenouille est dépouillée. Le droit s'étend depuis le pubis jusqu'au peaussier guttural, et se fixe ainsi à la mâchoire inférieure. Il présente des intersections aponévrotiques. Le grand oblique, ou oblique externe, enveloppe tout l'abdomen autour duquel il forme une sorte de ceinture qui est fixée en dessus aux apophyses épineuses. Il y a un oblique interne ou ascendant : il provient de l'os des îles, et vient s'attacher à la grande aponévrose abdominale.

M. Dugès (1) a décrit deux autres petits muscles destinés à tendre la peau, l'un venant du pubis et l'autre du coccyx.

En général les muscles du tronc, chez les Batraciens, n'offrent aucune particularité remarquable; il n'en est pas de même des muscles des membres, et surtout de ceux des extrémités postérieures.

On conçoit que l'absence de la région du cou, et surtout celle des côtes, ont dû changer les proportions et le mode d'insertion des muscles de l'épaule, et par cela même apporter quelques modifications dans la nomenclature myologique. Voilà pourquoi les auteurs ne sont pas toujours d'accord sur les dénominations de ces

---

(1) Recherches sur l'ostéologie et la myologie des Batraciens, pag. 128, pl. VII et VIII, nos 56-57.

organes(1). Nous avons préparé nous-mêmes les muscles de cette région, et nous nous en rapportons à la description que nous en avons faite d'après nature dans le premier volume des Leçons d'anatomie de Cuvier.

Il en sera de même pour les muscles destinés à mouvoir les bras, les avant-bras, les mains et les doigts, nous n'avons rien à ajouter à ces descriptions, et nous ne voulons pas ici nous répéter ; mais nous devons donner beaucoup plus de détails sur la myologie des membres postérieurs qui produisent chez les Grenouilles et les Rainettes, les prodigieux effets du saut, et facilitent considérablement l'action du nager chez ces Batraciens.

Nous avons déjà dit que les os coxaux, dans les Raniformes et les Hylœformes étaient allongés, étroits et articulés réellement sur les apophyses transverses de l'os pelvien ou sacrum. Cette mobilité est exercée par des muscles qui sont, jusqu'à un certain point, les analogues de ceux qui meuvent les os de l'épaule.

Il y a des faisceaux de fibres destinés à porter en avant les iléons ; ils correspondent au carré des lombes, iléo-lombaire, et à un iléo-coccygien, qui portent le bassin en arrière pour le replacer dans une direction à peu près parallèle à celle de l'échine. On conçoit d'ailleurs que le grand droit du bas-ventre et les autres muscles larges de l'abdomen portent aussi les pubis en avant ou du côté de la tête. Cette disposition, qui permet la mobilité du bassin, est importante à noter,

---

(1) *Voyez* Meckel, trad. franç., tom. V, pag. 295, § 90-93.
Van Alténa, *Batrachiorum anat.*, pag. 35, § 3.
Dugès, Recherch. sur l'ostéologie et la myologie des Batraciens, pag. 128, nº 11.
Zenker, *Batrachomyologia*.

car elle a la plus grande influence sur les actes de la locomotion chez ces animaux.

Ensuite il faut remarquer deux autres circonstances principales : la première est la situation toute particulière des deux cavités fémoro-coxales ou cotyloïdiennes, qui sont accolées et réunies dans la ligne médiane et la plus postérieure du tronc, de manière que les efforts des deux cuisses à la fois, ou de l'une d'elles en particulier, sont toujours dirigés dans l'axe du corps. La seconde, c'est la similitude complète des cuisses de ces Batraciens avec celles de l'homme ; elles sont arrondies, coniques, et semblent véritablement construites sur le même modèle et certainement dans le même but. On y compte à peu près les mêmes muscles, au moins pour ceux qui se portent du bassin et de l'os fémur sur la jambe ; car les fessiers sont beaucoup moins développés.

Quant aux muscles de la jambe, du tarse, du métatarse et des doigts, ils correspondent aussi, sauf les proportions des os, à peu près à ceux de l'homme et des Quadrumanes. Ils ont été parfaitement décrits par les auteurs, et surtout par M. Dugès, qui les a aussi très-bien représentés (1).

Nous allons faire connaître successivement le mécanisme du saut et celui du nager dans la Grenouille et dans les autres espèces voisines ; nous indiquerons aussi leur manière de marcher et de grimper d'après certaines conformations propres à quelques genres.

---

(1) *Loco citato*, pl. VI, VI *bis*, VII, VII *bis*, IX, X, XI, fig. 42 à 58.

1° Du saut.

Parmi les Reptiles, quelques Serpents et les Batraciens Anoures, dont les pattes postérieures sont très-allongées, peuvent subitement s'élancer d'un lieu vers un autre, se transporter à quelque distance, en projetant leur corps dans l'espace, et en quittant momentanément la place sur laquelle ils étaient précédemment en repos.

C'est ce mode de translation qu'on nomme le *saut*. Sous le rapport de la mécanique, cette action dépend toujours d'une même cause, qui est le rétablissement d'un ressort tendu, courbé ou plié dans un sens, et puis ramené rapidement en sens contraire ou dans sa direction primitive. Ce mouvement diffère cependant par la forme et par l'action combinée des parties qui le produisent et le transmettent. Sans entrer ici dans l'exposé des modifications de ce mouvement chez les diverses classes d'animaux qui peuvent l'exécuter, nous croyons devoir le décrire plus particulièrement chez les Grenouilles et dans les autres genres analogues, parce qu'il nous offre là une disposition toute particulière et telle, qu'aucun être vertébré n'a, peut-être, la faculté de produire une action plus remarquable par son étendue, en proportion du poids, du volume et du peu de longueur du tronc de l'animal.

On sait, d'après l'explication si savante donnée par Borelli, du mécanisme du saut chez l'homme (1), que ce mouvement ne peut s'opérer qu'autant que les membres inférieurs, dans les diverses régions qui les con-

(1) Borelli, *de motu Animalium*, cap. XXI, prop. 170-181.

stituent, sont préliminairement fléchis, et que toutes les articulations viennent à se débander tout à coup. Alors, si les pieds appuient sur une surface solide et résistante, ils tendent à imprimer à ce qui les supporte une force qui serait perdue si elle n'était reportée en sens inverse sur la masse du corps qui s'élance dans des directions déterminées par l'impulsion plus ou moins violente exercée suivant un certain sens. Dans les animaux qui sautent principalement à l'aide des pattes postérieures, plus les leviers brisés qui composent ces membres sont nombreux, étendus en longueur et distribués en sens alternativement opposés, plus l'action est rapide et violente, surtout si les puissances motrices ou les muscles viennent s'insérer sur les os près de leur centre de mouvement. Alors en effet ces leviers, ou ces lignes inflexibles, décrivent, par leur extrémité opposée, des arcs de cercle d'autant plus grands qu'ils ont eux-mêmes plus de longueur ; ce sont justement toutes ces circonstances que nous allons trouver réunies dans les pattes de derrière des Raniformes.

Rappelons d'abord que les os des hanches sont allongés, mobiles à leur extrémité supérieure sur les apophyses transverses de l'os sacrum, de manière à pouvoir changer de situation, tantôt en se portant presque à angle droit sous la colonne vertébrale ; tantôt en passant successivement dans toutes les positions, jusqu'à devenir parallèles à cette échine ou à son prolongement coccygien. Cependant cet os sacrum, ou pelvien, est lui-même fort avancé du côté de la tête, et il occupe à peu près le milieu de la longueur de l'échine, le coccyx étant aussi étendu que les sept autres vertèbres prises ensemble. Il arrive de là que lorsque la Grenouille est en repos et les cuisses ramassées sous le tronc, celui-ci

6.

se trouve élevé sur le plan qui le soutient de toute la hauteur des os des îles qui font alors saillie sur le dos et simulent deux sortes de tubérosités (1). Remarquons encore que les deux cavités cotyloïdes occupent l'autre extrémité du bassin ; qu'elles sont accolées et pour ainsi dire réunies sur un point central et unique. Ce point se trouve placé tantôt sur la ligne médiane du corps et tout à fait en arrière, quand les os des îles sont dans une direction parallèle à celle de l'échine ; tantôt vers la portion moyenne du tronc, quand ces mêmes os coxaux forment avec l'échine un angle presque droit, ou plus ou moins aigu en arrière, ou plus ou moins saillant en devant, mais dont le sommet correspond à l'articulation iléo-coxale.

Cette première disposition anormale des os des îles et de leur articulation mobile sur l'échine, nous permet de concevoir comment les muscles qui proviennent de la colonne vertébrale et même ceux du ventre, font agir ce levier simple ou double, pour porter son action en avant ou en arrière ; et comment ces os du bassin peuvent modifier ainsi la direction du mouvement sur la masse du corps, par les autres régions du membre abdominal, d'abord dans l'action du saut, puis ensuite, comme nous le dirons bientôt, dans l'acte de la natation.

L'os de la cuisse, presque droit et plus long que le bassin, peut se porter en avant et parallèlement à l'échine de manière à atteindre les épaules. Son extrémité coxale étant fixée en arrière vers l'axe du bassin,

(1) Linné avait dit : *Dorsum transverse gibbum : corpus angulatum* et Laurenti : *Spina ad lumbos articulata, tuberibus duobus transverse positis*. Mais ces caractères n'étaient propres qu'à l'individu dans l'état de repos et prêt à sauter.

l'ensemble de la cuisse forme ainsi un angle rentrant du côté de l'abdomen ; puis les deux os de la jambe réunis en un seul, sont articulés avec le fémur de telle sorte qu'ils font un autre angle opposé ou saillant. Enfin, les deux longs os du tarse, s'articulent avec le tibia en sens inverse encore, quoiqu'en faisant une courbure avec le reste de la patte dont le métatarse et les orteils sont excessivement allongés, surtout l'avant-dernier du côté externe.

Voici donc ce qui arrive quand une Grenouille ou une Rainette veut sauter ; son corps est accroupi de telle sorte que, par derrière, ses longues cuisses dépassent à peine le tronc, et qu'elles se portent vers la portion antérieure, soulevée par les pattes de devant. Les diverses articulations du bassin , de la cuisse , de la jambe et du tarse, forment alors quatre grands plis successifs, ou quatre grands leviers qui, s'allongeant ou se débandant à la fois , viennent porter tous leurs efforts sur les doigts de la patte. Ceux-ci s'étant écartés légèrement trouvent sur le sol une résistance suffisante pour reporter la majeure partie de l'effort imprimé, sur la masse du corps qui bondit alors dans l'espace et vient à retomber à une distance plus ou moins considérable, là où se reproduit la même action, par une suite d'élans et de rejaillissements consécutifs.

2° Du nager.

D'après l'exposé que nous venons de faire des particularités de structure que nous présentent les membres postérieurs des Grenouilles et des Rainettes, nous avons vu que ces modifications dépendent essentiellement de la mobilité de leur bassin, de l'énorme développement en longueur des os des îles, de ceux de la cuisse, de la jambe, du tarse et des orteils. C'est en effet ce qui a doué ces animaux de cette faculté portée à un si haut degré, de pouvoir s'élancer rapidement et successivement à une très-grande distance d'un lieu dans un autre. D'après cette disposition des parties, il est facile de se rendre compte de leur manière de nager. Car, en réalité, cette action se réduit à produire une suite de sauts dans une projection plus ou moins horizontale, soit à l'aide des deux membres postérieurs agissant à la fois; soit que l'animal, voulant changer de place dans l'eau, ne fasse agir qu'une seule de ses pattes.

Quand le corps d'une Grenouille est plongé dans l'eau ou émergé incomplétement, et quand l'animal se sert de ses membres postérieurs pour se déplacer, c'est toujours sur le liquide qu'il exerce ses efforts. Dans le mouvement imprimé à l'eau par l'allongement et le débandement subit de ses quatre longs leviers, l'action ou l'effort communiqué est tellement considérable que, malgré la fluidité du liquide, il en résulte un excès de force d'impulsion reportée sur le tronc, qui est poussé dans une direction contraire à celle de l'effort produit.

Rien n'est plus propre à exciter notre curiosité et même notre admiration, que le mécanisme de ce mouvement dans les Grenouilles; car, sous ce rapport seulement, ces Reptiles ont avec l'homme une très-grande analogie de structure, ainsi que nous allons l'indiquer. La configuration des cuisses et des jambes, leur aspect quand elles sont dépouillées de la peau et entourées de leurs muscles, offrent une ressemblance frappante avec les mêmes parties mises à nu dans l'espèce humaine. Les principales différences tiennent uniquement au défaut des muscles qui forment les fesses, et par conséquent, au peu de développement des rotateurs de la cuisse; car, tous les autres faisceaux sont absolument les mêmes et peut-être plus développés en proportion. Aussi les cuisses des Grenouilles sont-elles arrondies et coniques, et les muscles de la jambe offrent-ils, en arrière surtout la représentation exacte des mollets ou de l'appareil charnu destiné à mouvoir le pied. Comme les parties de la patte des Grenouilles sont beaucoup plus développées, l'apparence cesse ici d'être la même; cependant on y retrouve les moyens destinés à produire les mouvements de l'ensemble et de ses diverses parties.

Il est nécessaire de rappeler que, quoique l'homme mette en action pour sauter à peu près les mêmes puissances, en transmettant à son tronc tous les efforts que ses pieds ont tendu à imprimer à un sol résistant, cette force suit une autre direction et trouve à vaincre une plus grande résistance dans le saut vertical. Cela tient à la manière dont les cuisses sont articulées sur le bassin, et à l'immobilité des os des hanches qui font partie continue de son échine. Quand l'homme saute verticalement, il imprime à l'aide des membres abdominaux un mouvement qui est transmis à tout le tronc, et par conséquent à la tête et aux membres supérieurs; mais cette impulsion n'est pas aussi directement transmise que dans les Grenouilles, puisque chez l'homme les cavités cotyloïdes sont très-distantes et que les os fémurs représentent des leviers coudés au-dessus des trochanters.

Maintenant, supposons, comme cela a lieu dans l'action du nager, que les Grenouilles placées dans l'eau reproduisent le mécanisme du saut avec cette différence, que les os des îles au lieu d'être ramenés vers la tête, sont au contraire dirigés vers la pointe du coccyx, l'effet sera absolument le même. La contraction des muscles extenseurs s'opérera simultanément; nous verrons la large patte du Batracien, dont les doigts sont le plus souvent réunis par une membrane, présenter une très-grande surface qui s'appuiera sur l'eau et y trouvera une résistance telle, que l'excès de la force produite sera reportée sur les têtes des fémurs; mais ceux-ci sont arc-boutés sur la ligne médiane du bassin, lequel est alors étendu ou porté en arrière parallèlement à l'échine, et, par conséquent, tout l'effort produit par ces membres se trouvera transmis au sacrum et de là à tout le tronc.

On voit que le nager de la Grenouille se réduit à une suite de sauts horizontaux, le corps étant soutenu par l'eau, transport qui se trouve facilité par la forme générale du corps dont les pattes antérieures se replient ou viennent s'appliquer contre le tronc, pour ne point offrir trop de résistance au liquide ambiant.

3° De l'action de marcher.

La progression s'exécute diversement chez les différentes espèces. Chez celles qui ont les pattes postérieures beaucoup plus longues que les antérieures, et c'est chez le plus grand nombre, la marche est lente et pénible, parce que l'animal doit traîner après lui des membres allongés et pesants, qui lui sont d'ailleurs si utiles dans la double action de sauter et de nager. Chez les autres, comme dans la plupart des Crapauds et chez les Pipas, les membres de derrière gênent moins la progression. Ces espèces, qui sont en général noc turnes, marchent avec beaucoup plus de rapidité qu'on ne pourrait le croire quand on les voit dans le jour. Il est vrai qu'ils font de petits sauts à l'aide desquels ils peuvent courir avec assez de rapidité pour saisir leur proie ou pour échapper aux dangers. D'ailleurs, la nature a fourni à plusieurs des moyens de grimper, de s'accrocher ou d'adhérer aux corps solides, de manière à se soutenir momentanément contre leur propre poids pour s'élever à des hauteurs assez considérables, même sur des plans verticaux et sur des surfaces quelquefois très-lisses, comme le verre ou le marbre poli.

Nous avons déjà dit que la plupart des Anoures n'ont généralement que quatre doigts aux pattes antérieures : le plus souvent ces doigts sont informes, trapus, inégaux en longueur et enveloppés d'une peau plus ou moins lâche qui ne laisse de libre que leur dernière extrémité. Cependant ces bouts des doigts se terminent devant comme derrière, par des parties plus ou moins élargies ou épatées, garnies en dessous de tubercules et de papilles destinées à faciliter la progression ou la station momentanée; quelques espèces ont même cette portion qui devrait porter l'ongle, garnie de tubercules cornés, comme on le voit dans le Crapaud Calamite, ou de petits étuis, comme dans les Dactylèthres.

C'est surtout dans les Rainettes qu'on trouve développée à un haut degré, cette faculté de marcher, de grimper et de se suspendre en sens inverse ou le ventre en haut, sous la face inférieure des feuilles même les plus lisses, sans faire en apparence le moindre effort. L'examen de la forme et de la structure de leurs doigts explique cette particularité, qui est encore plus remarquable que chez les Geckos. En général, ces doigts sont allongés, souvent distincts et séparés, et leur extrémité libre se dilate brusquement en une portion élargie, charnue, le plus souvent figurée en demi-disque convexe en dessus, pouvant devenir concave en dessous, où on la voit garnie de papilles molles, rétractiles, que l'animal applique sur les corps, de manière que le pourtour du disque adhère à la surface circonscrite, tandis que le vide est produit en dessous par la rétraction des papilles qui fait alors agir la pression de l'atmosphère. Il suit de là que chacun des bouts de doigts représente une petite ventouse, sous laquelle l'air ne peut s'introduire. Telle est la cause de cette adhérence que l'animal peut faire cesser à volonté en relâchant la concavité inférieure ; alors, le doigt peut glisser et se détacher de la surface, et c'est ce qui a lieu lorsqu'il veut se déplacer, soit brusquement par un saut, soit lentement quand il n'a besoin que de marcher. Roësel nous a fait connaître une faculté analogue dans le Crapaud Calamite, dont les doigts ne sont cependant pas dilatés (1). Ici, on voit à la paume ou sous le dessous des pattes antérieures, deux tubercules osseux placés en long, qui deviennent comme des supports, en avant desquels on remarque un grand nombre de papilles rétractiles, qui permettent à la main d'adhérer assez fortement sur les corps. Cela ne suffisait pas, puisque ce Crapaud jouit de la faculté de grimper à trois ou quatre pieds de hauteur sur un mur vertical dont les pierres sont lisses et même sur une seule assise, afin de s'introduire dans quelque fente qui devient son domicile. Il commence à s'élever

(1) Roesel, *Historia Ranarum*, etc., § VII, pag. 109, pl. XXIV, fig. 2 et 3.

contre la pierre en se redressant sur les pattes postérieures ; alors, il applique son ventre mou et garni de papilles contre cette surface, il semble s'y aplatir en s'y collant et en opérant par la portion moyenne une sorte de vide. Il profite de ce moment pour porter en avant les pattes antérieures, qui s'accrochent, comme nous l'avons dit, et il répète ainsi le même manége autant de fois que cela est nécessaire pour parcourir l'espace à franchir et afin de parvenir au trou dans lequel on trouve souvent réunis quatre ou cinq individus de la même espèce, circonstance dont nous avons été témoins plusieurs fois.

Il y a bien encore quelques autres particularités relatives aux organes du mouvement dans cette tribu de Batraciens, quant à la forme des membres. C'est ainsi que les pouces de certaines espèces, grossissent et se colorent diversement chez les mâles à l'époque de la reproduction. Chez d'autres, c'est aux pattes postérieures qu'on voit des lames cornées destinées à fouir la terre quand l'animal se creuse un terrier, ou c'est une sorte d'éperon, à l'aide duquel le mâle stimule la femelle pendant la ponte. Nous reviendrons sur ces particularités en traitant des espèces.

2° *Organes du mouvement dans les Urodèles.*

Sous le rapport de la structure générale, qui dépend en grande partie de la forme et de l'étendue des organes du mouvement, la plupart de ces Batraciens diffèrent beaucoup des espèces Anoures. Cependant on y retrouve les modifications que celles-ci ont éprouvées avant de subir leurs métamorphoses, de sorte que le squelette de leurs têtards ressemblerait à peu près à celui des Anoures. Il y a en outre d'assez grandes différences dans les genres de la tribu des Urodèles, pour que nous soyons obligés de les étudier dans chacune des trois familles qui correspondent aux Salamandres, aux Protées et aux Ménopomes.

* A. Dans les *Atrétodères* ou *Salamandroïdes*.

Ce sont les espèces dont le squelette est composé d'un plus grand nombre de parties, et qui, par conséquent, nous offriront des points de comparaison plus faciles à établir.

L'échine varie quant au nombre des vertèbres qui la composent; commençons par celles de la région occipito-coxale. On y voit d'abord un atlas qui ne forme, pour ainsi dire, qu'un anneau, lequel reçoit en avant la tête par ses deux condyles, qui y trouvent deux fossettes correspondantes. En arrière du corps de cette vertèbre, comme dans toutes celles qui suivent, il y a une concavité, ce qui est tout à fait différent du mode d'articulation que nous avons reconnu exister dans les Grenouilles. Ensuite, toutes les apophyses épineuses et articulaires sont peu saillantes, horizontales, entuilées de manière à recouvrir successivement celles qui suivent. Les apophyses transverses occupent les parties latérales de l'échine, toutes portent sur une légère bifurcation tuberculeuse, des petits rudiments de côtes qui conservent la direction première. Cependant, dans le genre des Pleurodèles, ces côtes sont plus longues; mais jamais elles ne se joignent au sternum, qui d'ailleurs, ne se retrouve pour ainsi dire qu'en rudiment. Dans les Tritons et autres genres à queue comprimée, la série des apophyses épineuses est plus haute ou plus élevée, mais tous ne sont pas dans ce cas.

Les vertèbres de la queue varient pour le nombre; pour la forme, elles sont à peu près semblables aux autres, surtout les premières; mais dans les espèces à queue tranchante, elles manquent d'apophyses transverses. Chez les Tritons, par exemple, les apophyses épineuses, tant supérieures qu'inférieures, s'élargissent à la base et s'écartent; les premières pour former le canal médullaire, et les secondes pour protéger la grande artère, prolongement de l'aorte.

Comme les membres sont à peu près égaux en longueur, leurs diverses régions sont aussi dans les mêmes proportions, ce qui est tout à fait différent de ce qu'on voit dans les Anoures. Relativement à l'étendue du tronc, les pattes sont courtes; elles s'articulent à peu près de la même manière et à une assez grande distance, pour ne pouvoir se toucher par leurs extrémités libres.

Toutes les régions des membres antérieurs ne diffèrent de celles des Anoures que par les proportions. Chaque épaule est distincte, toutes deux se croisent en dessous parce qu'il n'y a pas de sternum; les pièces qui forment cette épaule restent en grande partie cartilagineuses, excepté l'omoplate et la région de la cavité glénoïde. L'os du bras ressemble à un fémur, parce qu'au dessous de la tête articulaire, il y a un rétrécissement en forme de col et deux saillies qui représentent des trochanters, et qu'en bas il y a une trochlée ou deux condyles pour recevoir les deux os de l'avant-bras, qui sont tout à fait distincts et non soudés entre eux comme ils le sont dans les Anoures. Les os du carpe du métacarpe et des doigts sont petits, ramassés; ces derniers sont au nombre de quatre, les deux internes n'ont que deux phalanges.

Le bassin diffère beaucoup de celui des Anoures. Il est peu développé et en grande partie cartilagineux. Il est uni à une ou deux des vertèbres, à la seizième ou à la dix-septième, par l'intermède d'un petit os, analogue aux autres côtes, auquel il semble être suspendu. Les pubis sont en avant, mais confondus avec l'ischion qui devient une plaque cartilagineuse prolongée antérieurement, là elle se bifurque, pour former une sorte de sternum abdominal qu'on a comparé aux os marsupiaux de quelques Mammifères.

Le fémur est court; il n'offre rien de particulier, sinon qu'il s'articule avec les deux os de la jambe. Le péroné est courbe, aplati et plus long que le tibia. Les os du tarse sont agglomérés, il n'y en a pas deux plus allongés que les autres, comme dans les Anoures; ils ressemblent à peu près à ceux du carpe. Il y a cinq doigts; les os qui les forment sont moins développés, mais analogues à ceux de la Grenouille.

** B. Dans les *Exobranches* ou *Protéoïdes*.

Ces animaux sont, pour ainsi dire, imparfaits et construits à peu près sur le modèle des Salamandres dans leur premier âge, ou sous la forme de têtards. C'est ce que l'on voit évidemment dans le genre *Sirédon* de Wagler, ou *Axolotl* (1) du Mexique; seulement les troncatures des corps des vertèbres sont concaves des deux côtés, comme dans les Poissons.

Le *Protée anguillard* (2), à l'exception de sa tête que nous ferons connaître par la suite, ne diffère guère pour les diverses parties du squelette que par le nombre et la disposition des parties. Il y a trois vertè-

---

(1) Cuvier, sur les Reptiles douteux, à l'occasion de l'Axolotl, dans le premier volume des Observations zoologiques de M. de Humboldt; 1807, in 4°.

(2) Cuvier, Recherches sur les ossements fossiles, tom. V, 2e partie, pl. XXVII, fig. 14.

Rusconi et Configliachi, *del Proteo anguino*, pl. IV, fig. 5.

bres au-devant des épaules et vingt-huit autres avant le bassin. La queue, qui n'a guère que le tiers de la longueur du tronc, en contient un plus grand nombre, mais elles sont petites, très serrées, et les dernières sont à peu près cartilagineuses. Ces vertèbres n'ont pas les apophyses épineuses saillantes dans la région du tronc; à la queue elles sont comprimées et leur série offre une suite de saillies destinées à soutenir les crêtes membraneuses qui la garnissent en haut et en bas. Le corps de ces vertèbres est concave devant et derrière comme dans les Poissons. Les apophyses transverses sont courtes ; cependant elles portent encore des rudiments de côtes. Les membres sont à l'état rudimentaire. L'épaule est presqu'entièrement cartilagineuse ; il y a trois doigts seulement à la main ; les os qui les supportent sont analogues à ceux des Salamandres ; il en est à peu près de même de la patte postérieure qui n'a que deux doigts.

Dans la *Sirène*, le nombre des vertèbres est beaucoup plus considérable encore, puisqu'on en a trouvé plus de 90 toutes complètes et entièrement ossifiées (1), articulées comme celles des Poissons avec les apophyses supérieures entuilées, mais surmontées d'une crête verticale qui se divise ou se fourche sur les dernières vertèbres. Il n'y a pas de côtes du tout, excepté sur les premières, au nombre de huit seulement ; leurs apophyses transverses sont comme fendues. Les corps de presque toutes les vertèbres portent une crête en dessous. Comme il n'y a qu'une seule paire de membres, qui sont les antérieurs et qui se terminent par quatre doigts,

(1) Cuvier, Ossements fossiles, tom. V, 2e partie, pag. 425, pl. XXVII, fig 1.

on y retrouve les mêmes parties que dans les Salamandres, mais elles y sont peu développées. Il n'existe aucun vestige de bassin ni de membres postérieurs.

*** C. Dans les *Pérobranches* ou *Amphiumoïdes*, les *Ménopomes* et les *Amphiumes* forment un passage entre les Salamandres et la Sirène. Leur squelette est à peu près le même que celui de ce dernier genre ; le nombre des vertèbres varie beaucoup ; on en a compté de 46 à 112, selon les espèces. Les différences dépendent des autres parties de l'organisation, et surtout de la non persistance des branchies, quoique les trous se conservent. D'ailleurs le nombre des pattes varie ainsi que celui des doigts, et ces caractères se retrouvent dans leur squelette.

Nous ferons connaître, d'une manière bien générale, les organes actifs du mouvement ou les muscles des Urodèles, d'après les Salamandres et les Tritons. On trouvera, à cet égard, tous les renseignements désirables dans les ouvrages de Funk et de M. Dugès (1). Ils sont d'ailleurs à peu près analogues dans toutes les espèces, avec des variétés dépendantes essentiellement de la différence des longueurs et du nombre des pièces du squelette. Ce sont principalement les muscles de l'échine qui sont les plus développés. Viennent ensuite ceux de l'abdomen, qui souvent prennent une étendue considérable. On retrouve en rudiments la plupart de ceux de l'épaule, du bras, de l'avant-bras et de la main, de même que ceux de la cuisse, de la jambe et de la patte postérieure, quand elle existe.

---

(1) Funk, *de Salamandræ terrestris, etc. tractatus*, fig. 11, 12, 13.
(3) Dugès, *loco citato*, pag. 181, pl. XVII, nº 125, 126.

3° *Organes du mouvement dans les Péromèles* ou *Céciloïdes.*

Le squelette des Cécilies a beaucoup de rapports avec celui des Ophidiens, et plus encore avec celui des Poissons aptérichthes ; il en diffère par des particularités véritablement caractéristiques. Ainsi leur tête est articulée sur l'atlas par deux condyles ; les vertèbres sont réunies entre elles non par des portions de sphères reçues dans des concavités enduites de cartilages d'incrustation qui permettent des mouvements en genou ; mais par des fibro-cartilages reçus dans des fosses coniques creusées devant et derrière dans le corps même et sur la troncature des vertèbres. Les côtes sont extrêmement courtes et non courbées en arc pour protéger le tronc ou pour servir à l'acte de la respiration. On voit que sous ce rapport le sous-ordre des Anguiformes est tout à fait distinct, d'abord des Anoures qui n'ont que très-peu de vertèbres et des membres constamment inégaux, au nombre de quatre ; puis des Urodèles dont la queue prend son origine dans la portion du tronc où existe l'orifice d'un cloaque allongé. Cependant ces espèces tiennent, jusqu'à un certain point, de la forme et de la structure de la Sirène et des Amphiumes, tandis que d'un autre côté elles semblent pour ainsi dire former un des anneaux de la chaîne qui joint l'ordre des Ophidiens à celui des Batraciens, se trouvant intermédiaires entre les Anoures et les Urodèles qui se rapprochent eux-mêmes beaucoup de la classe des Poissons.

Quant aux mouvements généraux exécutés par ces derniers Batraciens lorsqu'ils veulent changer de lieu, ils se réduisent à l'action de ramper, de marcher lentement et péniblement, ou de nager à la manière des Poissons, en se servant du tronc pour frapper l'eau à droite et à gauche, comme les Murènes, les Lamproies et les Ophichthes. Aucune des espèces n'ayant des pattes et leur corps étant à peu près cylindrique, nous les avions nommés d'abord *Ophiosomes*. On a peu de notions sur leurs mœurs, mais il paraît que les Cécilies sont obligées de ramper sur la terre ou de s'enfouir à la manière des Lombrics et des Arénicoles.

§ II. DES ORGANES DE LA SENSIBILITÉ.

Nous ne rappellerons pas ici les principaux faits qui sont relatifs à la disposition générale des organes destinés à procurer aux Batraciens leurs sensations diverses, ou à diriger vers chacune de leurs parties les ordres de la volition. Sous ce rapport, la structure de ces animaux est en effet la même que celle des autres vertébrés, et d'ailleurs, nous avons donné sur ce sujet, tous les renseignements nécessaires dans le second chapitre du livre premier de cet ouvrage (t. Ier, p. 49). Cependant, comme plusieurs de ces Reptiles, et spécialement les Grenouilles, ont offert aux naturalistes, et surtout aux physiciens, des particularités et des modifications importantes, nous avons cru devoir faire connaître avec quelques détails les phénomènes curieux que la simple observation avait d'abord indiqués, puisqu'on peut produire à volonté la contraction musculaire dans des parties isolées ou entièrement séparées du corps de l'animal. Les Grenouilles, en effet, ont été l'occasion de découvertes réelles sur l'électricité qui se développe, ou qui se manifeste, lorsqu'on met en contact deux métaux de nature diverse, entre lesquels se trouve placée une matière humide. Ces animaux ont ainsi fourni à la physique des faits nouveaux, et par suite des explications ingénieuses et plausibles sur la manière dont paraissent se transmettre par l'intermède des nerfs, et avec la rapidité de l'éclair, d'une part les perceptions venues du dehors, et de l'autre cette sensibilité active qui gouverne et régit comme une puissance unique les rouages si compliqués de la machine animale.

Voici, bien en abrégé, l'historique de cette découverte, dont les Grenouilles ont été la première cause ou l'occasion fortuite. Galvani, anatomiste et physicien, à Bologne, en Italie, découvrit en 1789 un singulier phénomène qu'on peut produire à volonté sur les cuisses d'une Grenouille, séparées du reste de son corps, telles qu'on les prépare pour en extraire par la cuisson dans l'eau, une sorte de bouillon destiné aux malades. Dans certaines circonstances, lorsqu'on venait à toucher les nerfs qui se distribuent dans les muscles, avec deux métaux hétérogènes, mis en contact, il voyait se produire un mouvement rapide de contractilité. En recherchant, dans les circonstances qui donnaient lieu à ce phénomène, les causes auxquelles on pouvait les attribuer, il reconnut bientôt qu'elles dépendaient de l'électricité. En faisant varier les expériences de diverses manières, il vit que les contractions musculaires avaient lieu également lorsqu'on faisait communiquer par le contact un nerf et un muscle. Il crut dès lors qu'il existait chez les animaux une sorte de fluide analogue à celui de l'électricité, mais qui ne devenait apparent ou sensible dans ses effets, qu'autant qu'il se transmettait par deux substances de nature différente. Ses idées, accueillies d'abord, firent donner à ce prétendu fluide ou agent nouveau, le nom

7.

d'électricité animale, de fluide galvanique, ou en un seul mot de *galvanisme*.

VOLTA détruisit cette théorie et démontra, par des expériences positives, que tous les phénomènes observés étaient dus à ce que deux métaux ou deux substances hétérogènes, entre lesquelles on plaçait un corps, prenaient un état électrique différent, et que la substance interposée, et ici en particulier les nerfs, n'étaient réellement qu'une sorte de conducteur ou de moyen de transmission qui offrait un écoulement facile. C'est ce qu'il démontra de la manière la plus évidente en construisant un appareil qu'on a nommé la pile Galvanique ou de Volta. Il superposa des disques ou des rondelles alternativement de cuivre et de zinc, en les séparant, ou plutôt en les mettant en communication par un liquide légèrement acidulé contenu dans des morceaux de drap arrondis, et enfin en établissant dans une auge des cloisons faites avec des lames de ces deux métaux, cuivre et zinc soudés, et en remplissant les intervalles avec de l'eau tenant un peu d'acide en dissolution. Il obtint par ce procédé un appareil électrique dont l'action était continue, et dont l'énergie était d'autant plus grande, que le nombre des plaques et leur surface étaient plus considérables. Cette machine est devenue ainsi l'un des plus puissants instruments de physique et de chimie, à l'aide duquel on est parvenu à découvrir la composition d'un grand nombre de corps dont les éléments ou les principes constituants ont été, pour la première fois, séparés dans la potasse, la soude, la chaux, etc., substances que les chimistes avaient, jusqu'à cette époque, considérées comme des corps simples.

Il résulte de ce récit abrégé, que les Grenouilles

ont été véritablement l'occasion de découvertes physiques et chimiques de la plus grande importance dans les sciences d'observation. Nous verrons par la suite que la structure de leurs poumons et le mécanisme de leur mode de respiration, ont fourni aussi aux anatomistes et aux physiologistes une parfaite démonstration des changements utiles que le sang éprouve, même à travers les parois délicates des vaisseaux qui les contiennent, de la part de l'air, avec lequel il n'est cependant pas mis en contact immédiat. En énonçant la découverte dont nous venons de parler, relativement à la contraction de la fibre musculaire, lorsque les nerfs qui l'animent sont mis en contact avec des métaux hétérogènes, nous ne pouvons résister à la citation que nous nous plaisons à faire dans nos cours, du même fait consigné vers le milieu du seizième siècle, dans un ouvrage important où l'expérience se trouve parfaitement indiquée, et dans lequel on voit même représenté le petit appareil destiné à mettre le résultat en évidence. Cet ouvrage est la Bible de la nature, de Swammerdamm, dans laquelle l'histoire de la métamorphose des Grenouilles et les plus grands détails sur leur anatomie se trouvent consignés avec beaucoup de précision et de clarté (1).

En faisant des recherches sur la nature des mouvements des muscles, Swammerdamm explique pourquoi il a choisi les Grenouilles pour faire ses expériences. Dans ces animaux, dit-il, les nerfs sont très-apparents; il est facile de les découvrir et de les mettre à nu ; en outre, il est aisé de reproduire les mouvements des

(1) *Joannis* SWAMMERDAMMII *Biblia naturæ*, 2 vol. in-fo, tom. 2, pag. 789. *Tractatus singularis de Rana et ejus gyrino usque ad pag.* 860.

muscles en irritant leurs nerfs (1). Il raconte de quelle manière il a rendu évidente la contraction d'un muscle séparé de la cuisse d'une Grenouille, et comment il a fait cette expérience en 1658 devant le grand-duc de Toscane.

Comme on peut reconnaître dans cette narration un véritable fait galvanique, nous croyons devoir le rapporter dans ses détails, et même en faire copier le texte après l'avoir traduit. Nous ferons également reproduire la figure de son petit appareil (2).

« Soit un tube de verre cylindrique dans l'intérieur duquel on voit un muscle, dont sort un nerf isolé qu'on a enveloppé d'un très-petit fil d'argent, pour le soulever sans trop le serrer ou le blesser ; on a fait passer ce premier fil à travers un anneau pratiqué à l'extrémité libre d'un petit support en cuivre, soudé sur une sorte de piston ou de cloison; mais le petit fil d'argent est disposé de manière à ce que le nerf soit attiré vers l'anneau, et touche ainsi le cuivre. On voit aussitôt le muscle se contracter. » L'auteur ajoute que cette expérience est assez délicate et demande beaucoup de soins et d'exactitude, d'autant plus qu'en même temps il cherchait à démontrer le changement

(1) *In Rana potissimum experimenta semper institui. Nervi enim in hisce animalculis admodum sunt conspicui, facili negotio detegi atque denudari possunt... musculorum motui per nervos irritatos resuscitando, aptissimum est animal.*

(2) Ejusdem Swammerdammii Bibl., pag. 849, tabul. XLIX, fig. 8. *Vitreus nimirum siphunculus* (a) *musculum ibi intus* (b) *in cavo suo continet. Nervus autem de musculo pendens tenui quodam filo argenteo* (cc) *in se circumflexo absque læsione aut pressu, comprehenditur : quod filum deinde per foramen fili æneі siphonis embolo ferruminati* (d) *trajicio.... quod si dein filum argenteum , manu suspensa* (f) *prudenter per annulum fili æneі inter embolum et internam siphonis superficiem , eousque protrahitur donec nervus impressus irritatur, musculus ille simili modo contrahere observatur.*

qui s'opérait dans l'espace où le muscle était contenu, à l'aide d'une gouttelette d'eau colorée qui se voit dans un tube capillaire surmontant le cylindre de verre dans lequel l'expérience avait lieu. Il est cependant évident que cet appareil réunissait toutes les conditions requises pour que l'électricité galvanique se manifestât, mais l'auteur attribuait seulement à la compression ce qui était le résultat du contact des métaux par le fil d'argent et le support de cuivre.

Pour mettre quelque ordre dans l'étude du système nerveux chez les Batraciens, nous rappellerons d'abord comment la masse du cerveau est enveloppée par le crâne et la colonne épinière, nous indiquerons sommairement les nerfs qui en proviennent et leur distribution; nous traiterons ensuite de divers organes des sens. C'est à peu près la marche que nous avons déjà suivie dans l'examen général de l'organisation des Reptiles Sauriens.

Le crâne, considéré dans son ensemble, n'est jamais hérissé de crête ou de parties saillantes; il est généralement aplati et par conséquent il a peu de hauteur. Dans quelques espèces il est allongé en une sorte de tube; chez d'autres, comme dans certains genres de Grenouilles et de Crapauds, il a quelque ressemblance avec le crâne des Chéloniens Thalassites. Dans tous les Reptiles de cet ordre, le trou occipital, porté tout à fait en arrière, offre constamment sur ses parties latérales deux condyles qui en font un des caractères essentiels. Les fosses temporales et orbitaires sont confondues en une seule et large ouverture qui n'est pas même fermée, ou qui n'a pas de plancher du côté du palais. On y compte généralement dix os seulement, de sorte que le nombre des pièces est moindre que chez les Sauriens. Ces os sont deux impairs, le sphénoïde et l'ethmoïde; les quatre autres sont latéraux et doubles, ce sont les frontaux, les pariétaux, les occipitaux, et les deux rochers ou temporaux. Ainsi réunis, ils représentent une sorte de parallélipipède, élargi presque toujours en arrière, pour contenir la cavité de chacun des organes de l'ouïe, et afin d'offrir en même temps une articulation, le plus souvent médiate, aux extrémités postérieures des branches de la mâchoire inférieure. Le crâne est le plus ordinairement ouvert en avant, pour aboutir à la cavité des narines; et le bord des mâchoires, surtout de la supérieure, se trouve ainsi éloigné des os du crâne (1).

Chez les Urodèles, le crâne est généralement plus étroit et plus allongé que dans les Anoures qui ont des pattes, cependant il diffère beaucoup selon les genres; dans ceux qui ont le corps très-allongé, comme les Sirènes, les Amphiumes, les Protées et même l'Axolotl, qui se rapprochent des Anguilles, le crâne s'élargit en arrière et se trouve réellement assez semblable à celui de ces Poissons (2).

Le cerveau, relativement à la moelle épinière, est fort petit, car il est étroit et de peu de longueur. Dans une Salamandre du poids de 380 grains, le cerveau et la moelle épinière pesaient trois grains en totalité. L'encéphale en particulier n'était que d'un grain en poids. Sa surface est lisse ou sans circonvolutions apparentes

(1) Ant. Dugès, Recherches sur l'ostéologie des Batraciens, pag. 11 et suiv., pl. 1 et 2.

(2) Cuvier, dans la 2e partie du 6e volume des Ossements fossiles, in-4o, a représenté sur la pl. XXVII, fig. 1 à 6, la tête de la Sirène, fig. 14 et 15, celle du Protée, et fig. 24 et 25, celle de l'Axolotl, et sur la pl. XXVI, fig. 6, 7 et 8, celle du Triton et celle de la Salamandre géante de Barton, fig. 3, 4 et 5.

en dessus. Inférieurement il y a un sillon longitudinal et moyen, le long duquel sont logés les principaux vaisseaux artériels; on y distingue une sorte de membrane vasculaire ou pie-mère, et une autre enveloppe plus particulièrement fixée à la cavité crânienne, c'est la grande méninge ou dure-mère. En général, le cerveau est formé de trois séries de renflements. Les deux antérieurs sont grands et allongés, relativement aux moyens qui correspondent aux couches optiques. Vient enfin le cervelet, qui se continue avec la moelle vertébrale.

Van Alténa et Funk ont donné des descriptions détaillées et des figures du cerveau, ainsi que de la moelle vertébrale(1); ils ont aussi très-bien fait connaître les nerfs qui proviennent du crâne; le premier auteur chez les Grenouilles et le second dans la Salamandre terrestre; mais ces détails purement anatomiques ne nous fournissent aucune observation importante, il en est à peu près de même des nerfs qui proviennent de la moelle épinière. On conçoit que dans la région caudale des Batraciens Anoures, il n'y ait pas de nerfs, puisque le canal vertébral n'existe plus. Cependant nous croyons devoir insister sur cette particularité. En effet, dans les Anoures à quatre pattes, lorsqu'ils ont subi complétement leurs métamorphoses, la moelle épinière semble s'être élargie à mesure que sa longueur a diminué, parce que les têtards ont réellement perdu, avec la nageoire de la queue, la portion de leur canal vertébral dans laquelle ce prolongement était renfermé. Cette diminution de longueur, cette concentration de

(1) Van-Alténa, *loc. cit.*, pag. 47, § 6. Funk, *loc. cit.*, pl. III, fig. 4, 5, 6.

la moelle nerveuse est analogue à ce qui arrive à certaines larves d'insectes, telles que celles des Hydrophiles et des Stratyomides, qui, d'aquatiques qu'elles étaient et devenant aptes à vivre dans l'air, en prenant des ailes, perdent considérablement de l'étendue de leur cordon nerveux central ou en sens inverse des larves du Fourmilion, chez lesquelles la moelle contractée et comme raccourcie, s'allonge considérablement pour occuper toute l'étendue de la cavité de l'abdomen.

Quant aux nerfs brachiaux et pelviens, leur étude n'a également offert aucune particularité, si ce n'est qu'on remarque dans tous les trous de conjugaison des vertèbres, des noyaux de matière calcaire d'une belle couleur blanche, analogue jusqu'à un certain point à la matière amylacée qui se trouve dans le labyrinthe de l'oreille interne. Funk n'a pas suivi la distribution du grand intercostal, ou grand sympathique, ou trisplanchnique; mais Carus les a fait connaître dans sa zootomie (1), ainsi que Weber (2) et Van Alténa qui a compté douze ganglions, dont les deux antérieurs ont des connexions avec les pneumogastriques et les nerfs de la cinquième paire. Ce dernier auteur en particulier en a suivi la distribution.

Nous appliquerons à l'étude du système nerveux des Batraciens, les considérations générales auxquelles nous nous sommes livrés en traitant des Sauriens (tom. II, pag. 621), leurs nerfs crâniens sont plus grêles que les rachidiens, parce que ces derniers fournissent essentiellement aux organes actifs du mouvement qui

---

(1) CARUS, traduct. de Jourdan, tom. 1, pag. 83.

(2) WEBER, *Anatom. comp. nervi symapthici*, pag. 41. *Van* ALTÉNA, *loc. cit.*, pag. 51.

sont plus développés que ceux des sens et des autres parties destinées à la vie végétative. Quoique les Batraciens soient doués de sensibilité, cette faculté chez eux est singulièrement modifiée par la température extérieure ou celle du milieu dans lequel ils sont plongés, et on le conçoit; car dès-lors leur respiration et simultanément les organes de la circulation sont par cela même excités ou ralentis dans leur action vitale. Ils s'engourdissent également par l'effet de la chaleur et du froid, et, comme nous le verrons par la suite, ils jouissent à un très-haut degré du pouvoir de résister à ces deux influences.

Nous ne devons pas oublier de consigner ici quelques faits qui prouvent que chez les Batraciens le cerveau et les nerfs qui en proviennent n'influent pas autant sur l'existence de l'individu, que chez les Mammifères et les Oiseaux. Leur sensibilité générale et passive, fournie très-probablement par les nerfs rachidiens, est beaucoup plus développée; elle persiste pendant un temps plus long que celle dont les agents de transmission paraissent émaner du cerveau, et qui déterminent les perceptions par les sens, d'une part, et de l'autre les phénomènes de la volition. Nous avons eu occasion de voir, dans la forêt d'Eu, un Crapaud dont la tête avait probablement été écrasée par une roue de charrette : cet animal avait tous les os du crâne brisés, écartés, et les chairs en pleine suppuration depuis quelques jours; cependant il paraissait chercher à se traîner, et quand on le touchait il manifestait le désir de fuir dans le sens opposé. Nous avons consigné, tom. Ier, pag, 209, les détails curieux d'une expérience tentée sur un Triton auquel par l'ablation de la tête nous avions enlevé les quatre sens principaux; cependant ses mouvements étaient calculés quoiqu'exécutés avec lenteur, et certainement il avait conservé le sentiment de son existence.

1° DU TOUCHER.

Passons à l'examen des organes des sens, et d'abord du TOUCHER, qui se trouve étalé sur une plus grande surface, puisqu'il réside dans la peau, mais il est là entièrement passif; le véritable toucher actif, le tact, appartient aux membres; il se trouve dans les doigts plus ou moins allongés et distincts, qui peuvent, dans un même moment, séparément ou tous à la fois, s'appliquer sur les différents points de la superficie des corps avec lesquels ils sont mis en contact, pour en apprécier les diverses qualités physiques. Nous indiquerons leur disposition générale à la fin de cet article.

La peau des Batraciens est généralement dépourvue d'écailles ou de tubercules cornés, quoiqu'on ait observé de très-petites lamelles distribuées régulièrement au fond des plis circulaires qu'on remarque autour du corps des Cécilies; mais ce sont les seuls Batraciens qui aient offert cette particularité, car c'est à tort qu'on a décrit sous le nom de *Rana squamigera* (1), une Grenouille conservée dans la liqueur, et sur la peau de laquelle s'étaient collées quelques écailles de Sauriens contenues dans le même bocal. Cependant plusieurs Bufoniformes, comme les Phrynocéros, les Cératophrys et les Brachycéphales ont le dos protégé par un petit bouclier osseux de plusieurs pièces for-

(1) WALBAUM. Schr. der Berl. Naturf. Ges. 5. pag. 221.

mées par les parties élargies de quelques-unes de leurs vertèbres.

Nous avons déjà eu occasion de dire que les Reptiles de l'ordre des Batraciens présentaient une modification singulière dans la disposition de la peau qui les revêt, puisque les Urodèles et les Cécilies ont les téguments intimement collés ou adhérents aux organes subjacents; tandis que dans les Anoures il existe entre la peau et les muscles des espaces libres, formant des sortes de sacs sous lesquels le corps est isolé, ce qui donne à ces animaux la faculté de gonfler considérablement leur enveloppe cutanée qui se prête à une énorme distension (1), et peut revenir sur elle-même et former des replis sur les parties latérales du tronc.

La Peau des Batraciens offre les différentes couches observées chez les autres vertébrés, savoir : 1° l'épiderme toujours muqueux, qui formerait une véritable membrane ; 2° le corps muqueux ou *pigmentum ;* 3° des papilles, des cryptes, des pores, le tout occupant l'épaisseur du derme, dans lequel on voit se subdiviser les nerfs et les vaisseaux de tous genres.

1° L'existence de l'*épiderme*, comme membrane distincte, n'est peut-être jamais plus facile à démontrer que dans les trois derniers ordres de Reptiles; car chez les Ophidiens il se déroule en se retournant en une seule pièce ou étui flexible d'apparence cornée,

---

(1) *Rugosam inflavit pellem.* Phèdre, lib. I, fab. 23, *Rana et Bos.*

Envieuse, s'étend et s'enfle, et se travaille.
. . . . . . La chétive pécore
S'enfla si bien qu'elle creva.
La Fontaine, Fables, liv. I, fab. III.

Cette singulière disposition de la peau sur laquelle nous reviendrons avait été dès longtemps observée par Méry et Duhamel.

qui, par ses impressions en creux, dont le nombre et la forme varient, représentent très-exactement la saillie des écailles sur laquelle cette surpeau était pour ainsi dire moulée et étalée comme une couche d'égale épaisseur. La même disposition se retrouve dans les Sauriens, mais comme le plus souvent elle se déchire, on n'en voit que des lambeaux ou des fragments plus ou moins considérables, que l'animal prend même le soin d'arracher en s'aidant des mâchoires et des ongles. Cette mue, analogue à celle qu'éprouvent les Chenilles et les autres larves d'Insectes aux différentes époques de leur développement, paraît ici dépendre de quelques circonstances atmosphériques, et surtout de la sécheresse et de l'humidité, ainsi que nous avons eu occasion d'en faire l'expérience. Chez les Batraciens cette surpeau est toujours muqueuse et elle paraît ne pouvoir se détacher qu'autant que l'animal est plongé dans l'eau. C'est une sorte de dépouille qui se renouvelle plusieurs fois chez certaines espèces, suivant que l'animal a été plus ou moins longtemps immergé dans une eau très-pure ou altérée, ou qu'il a été exposé à l'air, et alors ses couleurs, de ternes qu'elles étaient, prennent une teinte plus vive et beaucoup plus brillante. Cet épiderme, mou et gluant, forme un tout continu qui commence à se détacher du dessus du crâne et de la peau de la gorge, en se soulevant et en laissant un espace qui s'œdématie ou se remplit de liquide. Cette peau fine quitte le bord du pourtour des mâchoires, bientôt elle se renverse en arrière et se retourne de telle manière que dans les espèces sans queue et à quatre membres, les pattes postérieures paraissent traîner pendant quelque temps après elles cette sorte d'enveloppe ou de simulacre de leur corps qui flotte dans l'eau, et qui le suit dans tous ses mouvements, mais dans un sens opposé. Cette circonstance à la vérité ne peut être observée que rarement et quand on tient les animaux isolés pour connaître leurs habitudes; car dans l'état de liberté, eux-mêmes ou les individus de leur race dévorent avec une sorte d'avidité cette membrane muqueuse. Il en est de même des Urodèles, avec cette différence que c'est à l'extrémité de la queue que cette membrane retournée, comme un doigt de gant, se trouve retenue; souvent on peut l'étaler dans l'eau et la faire adhérer sur une feuille de papier, à la manière des plantes marines, qu'on prépare ainsi pour les développer et les conserver dans les collections. Nous avons soin de montrer ces sortes de silhouettes qui servent à nos démonstrations publiques. C'est une particularité que nous avons déjà fait connaître dans les généralités qui sont à la tête de cet ouvrage (tom. I, p. 72). Quelques auteurs ont même représenté ainsi une grenouille en mue, dont la dépouille n'est pas encore complète, et reste attachée aux pattes postérieures. Cet épiderme est doué d'une propriété d'endosmose bien remarquable, et c'est ainsi, comme nous le verrons par la suite, que les Batraciens résistent d'une part à la chaleur qui fait évaporer l'eau que l'animal laisse exhaler, et que de l'autre, au moyen de l'absorption, il récupère rapidement l'humidité dont il a été privé par la soustraction qui s'est opérée à sa surface.

2° La couche muqueuse ou *pigmentum* est remarquable par les couleurs infiniment variées, distribuées, soit d'une manière générale, soit par teintes, affectées aux différentes régions de la peau. Ces couleurs même varient suivant les sexes et aux diverses époques de l'année, surtout au premier printemps, qui est le moment de la fécondation, au moins dans nos climats. On trouve chez certaines espèces le noir dans ses diverses nances (1); le blanc plus ou moins pur, surtout dans les parties inférieures, ou peu exposées à la lumière, mais quelquefois distribué par taches ou par bandes régulières plus ou moins ondulées (2); le bleu le plus pur ou plus ou moins foncé (3); la couleur verte dans toutes ses nuances les plus pâles et les les plus intenses (4); le rouge (5), le jaune (6), le violet (7), l'aurore ou orangé (8), et pour ainsi dire toutes les dégradations et tous les mélanges possibles des matières colorantes. Une circonstance importante à noter, c'est que, dans certaines espèces, dans la Rainette des arbres, par exemple, ou dans le Triton marbré, on trouve des variétés qui prennent constamment les mêmes teintes; pour la première, par exemple, de la nuance violette ou vert très-pâle, ou d'un vert d'herbe foncé et brillant (ainsi que Roësel les a figurées, planche IX, n°s 3, 4, 5, 6), et pour le Triton la singulière variété que l'on trouve presque toujours réunie par couples sur la mousse ou dans le creux des arbres, dont le corps est d'un vert céladon, avec une crête ou plutôt une ligne dorsale d'un beau rouge

---

(1) La Salamandre noire. Le pouce du mâle de la Grenouille rousse (Roësel, pl. I).

(2) La Rainette des arbres (Roësel, pl. IX).

(3) Le Crapaud sonnant (Roësel, pl. XXII).

(4) La Grenouille verte (Roësel, frontispice).

(5) Le dessus des pattes dans la Salamandrine à lunettes. (Prince Musignano), fasc. 19, n° 3).

(6) La Salamandre terrestre ou tachetée.

(7) Une variété de la Rainette. (Roësel, pl. IX, fig. 5.)

(8) Le Crapaud sonnant.

carmin ou vermillon. Malheureusement toutes ces teintes disparaissent par la dessiccation ou dans les liqueurs conservatrices, de sorte qu'on ne peut les démontrer que sur la nature vivante ou d'après de bons dessins, coloriés à l'instant même où ces animaux s'offrent sous cet aspect.

Ajoutons qu'il est évident que les circonstances extérieures et jusqu'à un certain point les passions ou les volontés de l'animal font changer subitement cette coloration, ce qu'on peut observer chez la Grenouille commune et sur les Rainettes qu'on effraye ou qu'on secoue fortement pour leur inspirer de la crainte, car alors leur teinte devient si foncée qu'elle prend même l'aspect du brun olivâtre.

3° Les *papilles*, les *cryptes* et les *pores* sont des modifications des mêmes organes; des appareils destinés à sécréter des humeurs de nature variable selon les espèces. Ces sortes de glandes, sans conduits excréteurs distincts, sont distribuées ou disséminées sur toute la périphérie du corps des Batraciens. On les voit formant des granulations égales et uniformes sous la peau du ventre dans un grand nombre de Batraciens sans queue, surtout chez la plupart des Rainettes. Quelquefois elles sont groupées sur toute la surface du dos pour former des tubercules dont la figure, la grosseur et les couleurs varient considérablement, comme on le voit dans la plupart des Crapauds. D'autres fois ces cryptes forment de véritables ganglions saillants, disposés régulièrement sur les flancs comme dans les Pleurodèles; ou derrière les oreilles et au-dessus d'elles, comme dans beaucoup de Bufoniformes et des vraies Salamandres : on les nomme parotides. Quelquefois ces cryptes se trouvent recouvrir les diverses régions des membres et même la plante et la paume des pattes, ainsi que le dessous des doigts ou leurs extrémités. Toutes ces saillies sont recouvertes d'une couche d'épiderme ; cependant en les examinant à la loupe, on voit que leur superficie est le plus souvent criblée de pores, ou hérissée soit de plaques membraneuses, soit de matières desséchées, qui peuvent se soulever ou se rompre pour livrer passage à des humeurs de nature et de couleurs différentes. Les unes sont volatiles et odorantes, le plus souvent fétides ou désagréables ; chez d'autres espèces, ces humeurs excrétées sont solubles dans l'eau à laquelle elles donnent des teintes plus ou moins colorées et diverses propriétés acides ou alcalines ; mais en général destinées à dégoûter leurs ennemis qui paraissent en effet éprouver alors une grande répugnance, de sorte que la nature semble avoir doué ces espèces de moyens de conservation dont elles ne font usage que lorsque la nécessité les y oblige.

4° Le derme est la couche fibreuse et la plus profonde des téguments. Nous avons déjà indiqué une de ses principales modifications, qui est la non adhérence par le tissu cellulaire à la couche des muscles qu'elle recouvre. Cependant il y a pour ainsi dire certains compartiments ou sacs disposés régulièrement, et cloisonnés sous cette sorte d'enveloppe, qui n'ont été jusqu'ici reconnus que dans les Batraciens Anoures, qui ont des pattes. Chez tous les autres les téguments sont intimement unis aux muscles, de sorte qu'il est fort difficile de les dépouiller, à moins de rompre les fibres charnues et tendineuses auxquelles la solidité du derme fournit ainsi un moyen d'insertion. Ce derme en lui-même, quant à sa texture et à sa densité, n'offre pas de différences sensibles avec ce que les autres

Reptiles présentent aux anatomistes ; mais il est important de donner une idée du mode de distribution des sacs sous-cutanés ou des espaces qui se trouvent libres sous la peau des Grenouilles. Nous allons emprunter à M. Dugès (1) la description de ces poches que déjà Méry et Duhamel avaient indiquées (2), en même temps qu'ils parlaient d'une communication existante entre les voies pulmonaires et la poche subgulaire pour le passage de l'air.

« Il y a vingt-deux de ces poches, dont quatre impaires qu'il nomme : 1° la dorso-crânienne ; 2° la sous-maxillaire ; 3° la thoracique; 4° l'abdomino-sus-palmaire. Les neuf paires de poches qui sont doubles sont ainsi nommées : 5° la latérale ; 6° l'iliaque ; 7° la brachiale ; 8° la fémorale ; 9° la sus-fémorale ; 10° l'inter-fémorale; 11° la jambière ; 12° la sus-plantaire, et 13° la plantaire.

C'est d'après la Grenouille verte ou commune que M. Dugès a désigné ces poches, et voici leurs limites :

1. En dessus se trouve la plus grande poche impaire ; elle occupe toute la partie supérieure du dos, depuis l'orifice du cloaque jusque sur le front, entre les narines ; sur les côtés elle est limitée par les lignes saillantes latérales.

2. La poche subgulaire s'étend sur tout le dessous de la mâchoire inférieure.

3. La thoracique forme une bande étroite, située en

(1) Recherches sur les Batraciens, in-4°, pag. 120 et suiv. Poches sous-cutanées, pl. V, n° 40 et 41.

(2) Histoire de l'Académie des sciences de Paris, tom. I, pag. 399 ; copié dans la collection académique, partie française, tom. I, pag. 114.

8.

travers sous les aisselles, et à peu près de la largeur du bras.

4. La plus grande poche inférieure correspond aux muscles abdominaux, tourne autour des bras, des avant-bras et de la main.

5. Parmi les poches paires, sont les latérales, situées entre celles du dos et de l'abdomen d'une part, et la suivante en arrière.

6. Sur les parties latérales de l'ilium se trouve l'iliaque.

7. On voit la latérale sur le devant du bras, entre la 3e et la 4e des poches précédemment indiquées.

8. Toute la partie inférieure des cuisses jusqu'au genou, d'une part, entre la 9e, dont l'étendue se borne à la partie moyenne et longitudinale de la cuisse en dessus, et la 10e qui est bornée au petit espace qui se voit au pourtour de l'orifice du cloaque.

11. Celle-ci occupe tout le pourtour de la jambe, comme la 12e paire occupe le tarse en dessous; et la 13e la région supérieure, en se prolongeant jusque sur les doigts.

M. Dugès fait connaître que cette disposition n'est pas exactement la même dans tous les Anoures quadrupèdes; que les principales différences s'observent surtout dans les Crapauds, la Rainette, les Sonneurs et les Accoucheurs se rapprochant davantage des Grenouilles.

Jusqu'ici les détails que nous avons donnés sont relatifs au toucher passif qui réside sur tous les points de la superficie du corps des Batraciens, parce que leur peau est le plus souvent nue ou privée d'écailles; mais dans la plupart des espèces, les membres, quand ils existent, sont toujours terminés par des doigts mousses, sans ongles ou étuis de corne, excepté dans les deux genres suivants, qui sont pour ainsi dire anormaux.

L'un, parmi les Anoures, comprend les Dactylèthres, qui ont aux pattes postérieures trois doigts enveloppés à leur extrémité dans une sorte de sabot qui se détache par sa couleur brune du reste du bord de la palmure; l'autre genre, celui des Onychopes, de la famille des Urodèles Salamandroïdes, dont tous les doigts, les quatre des pattes antérieures et les cinq postérieurs, sont chacun enveloppés d'un petit étui de corne. On conçoit que plus les doigts sont libres, allongés et séparés entre eux, mieux ils peuvent s'appliquer sur les surfaces pour en apprécier les qualités. Or, voici les principales modifications qu'ils nous présentent.

Dans la famille des Rainettes et quelques autres, le bout des doigts est élargi, arrondi, épaté en une sorte de demi-disque; au contraire ils sont distincts, amincis, coniques et très-grêles aux pattes antérieures dans les Pipas et les Dactylèthres; mais dans les premiers leur extrémité libre se partage en trois ou quatre fissures, formant une sorte d'étoile. Le bout de ces doigts est simplement élargi dans les Batrachophiles et les Ranines. Quelques genres, entre autres ceux des Ecténéopodes et des Rhacophores, ont tous les doigts antérieurs réunis par une membrane jusqu'à leur extrémité, tandis qu'ils ne sont qu'à demi palmés dans les Scaphiopes et les Elophiles. Quant aux pattes de derrière, on observe à peu près les mêmes modifications des doigts entièrement libres chez les Cystignathes, les Adénopleures, les Ranines, etc.; complétement palmés dans les Pipas, les Dactylèthres, ou à demi palmés, comme dans les Alytes, les Mégalophrys, les Ranines, les Cératophrys, etc. Au reste, en traitant des organes du mouvement, nous avons déjà indiqué plus haut (page 76) quelques-unes de ces différences, et nous les ferons mieux connaître en parlant des genres.

2° L'OLFACTION, les NARINES et l'organe de l'odoration sont, comme nous l'avons dit, très peu développés dans les Batraciens (1). Chez la plupart, en effet, il n'y a pas de labyrinthe ethmoïdal ou de fosses nasales cloisonnées. Le double canal qui permet à l'air extérieur de s'introduire dans la bouche, et par suite dans les poumons, n'est pour ainsi dire qu'un simple pertuis qui perce presque verticalement, à droite et à gauche, le bout du museau derrière la lèvre supérieure, pour venir aboutir dans la partie antérieure du palais, presque au-dessus de l'attache de la langue, en avant dans les Grenouilles. Cependant cet orifice externe des narines est garni d'un petit appareil cartilagineux et de muscles qui ont été décrits par M. Dugès (2); il représente une sorte de soupape mobile qui s'élève pour ouvrir, et qui s'abaisse pour clore l'entrée de ce canal dont le mécanisme s'aperçoit quand on examine pendant quelque temps le bout du museau, et que l'on voit surtout se fermer brusquement lorsque l'animal entre dans l'eau, ou quand il a le corps immergé.

Par la dissection, on trouve dans l'épaisseur du museau, entre le palais et la peau de la face, une petite cavité, une cupule arrondie ou ovale, enduite d'une membrane muqueuse, lâche, colorée, dans l'épaisseur de laquelle on a pu suivre quelques-unes des distri-

---

(1) Voyez les explications que nous en avons données, tom. I, pag. 82 à 87.

(2) Ant. DUGÈS, *loc. cit.*, § 11, pag. 123.

butions des nerfs olfactifs. Du côté de la bouche, la membrane muqueuse palatine, qui est percée, paraît également douée de la faculté de se resserrer pour en clore l'orifice.

Comme les Batraciens respirent rarement, et que, dans tous les cas, chez eux, l'organe de l'odorat n'est pas destiné à procurer la connaissance anticipée ou l'avant-goût préalable de la proie, que ces animaux découvrent plutôt par la vue que par les émanations qui s'en dégagent, et que d'ailleurs ils l'avalent trop rapidement ; la nature a très-peu développé cet instrument, qui semble même s'oblitérer ou plutôt se transformer en une sorte d'organe du goût dans les Protéoïdes tels que le Protée Anguillard et la Sirène, vivant habituellement dans l'eau, où ils respirent, à la manière des Poissons, avec des branchies persistantes. Dans ces dernières espèces les narines ne livrent même plus passage à l'air, et elles ne communiquent pas avec la bouche ; car, ainsi que nous le ferons mieux connaître par la suite, en traitant de la respiration, les poumons reçoivent et expulsent l'air directement, constamment et uniquement par la bouche.

3° La Langue et l'organe du goût sont, chez les Batraciens, très-peu propres à percevoir la sensation des saveurs. Ce n'est pas que la surface de la langue soit sèche, cornée ou hérissée de dents comme dans beaucoup de Poissons; au contraire, elle est molle et visqueuse, le mucus gluant dont elle est couverte, pourrait même arrêter, faire séjourner ou prolonger le contact des matières sapides, mais nous verrons que presque toutes les espèces avalent leur proie sans la diviser, et que chez le plus grand nombre elle est rapidement entraînée tout d'une pièce dans l'œsophage ou dans l'estomac, de sorte qu'il en est à peu près de ces animaux comme des Oiseaux gallinacés, dont la nourriture n'est pas entamée ou incisée par le bec. Au reste, la plupart des Serpents sont aussi dans la même nécessité, n'ayant aucun moyen de mâcher leur proie, de la diviser par fragments ; ils la couvrent seulement d'une bave gluante, afin qu'elle puisse glisser plus facilement dans le canal digestif.

Dans le plus grand nombre des Anoures Phanéroglosses, la langue, toute charnue, est remarquable par son mode d'insertion, ayant sa base en avant, adhérente à la concavité de la mâchoire inférieure, et l'animal pouvant la lancer ou l'expulser hors de la bouche, en la renversant de manière que l'extrémité postérieure est portée en avant, et que la face inférieure devient ainsi la supérieure. L'animal retire ensuite cette langue, qui a recueilli comme une pelle l'objet sur lequel elle s'est fixée quand il peut être entraîné.

On ne voit pas distinctement la langue sur le plancher de la bouche ou dans l'intervalle des branches de la mâchoire inférieure chez les Phrynaglosses, comme les Pipas et les Dactylèthres, tandis qu'elle existe chez tous les autres Anoures à quatre pattes. Sa forme varie beaucoup, de manière même à présenter d'assez bons caractères, selon les genres ; aussi les avons-nous constamment employés. Nous allons indiquer les principales modifications que présente cette langue dans quelques-uns des genres. Ainsi elle est circulaire, entière dans les Pseudis, Aréthuses et Alytes, les Calyptocéphales ; ou à peu près circulaire dans les Rainettes, les Scaphiopes, Bombinateurs ; oblongue et presque rhomboïdale dans les Rhomboglosses ; oblongue également et libre en arrière, où elle est échancrée, dans les Grenouilles ; en cœur, mais non adhérente en arrière, dans les Leiupères, les Cystignathes ; en poire, à bord postérieur un peu libre dans les Leptohyles ; triangulaire, adhérente dans les Amphiumes ; adhérente et allongée dans les Salamandroïdes ; en forme de champignon dans quelques autres genres de cette famille ; arrondie et libre en avant dans les Ménobranches.

On voit par cette énumération des formes de la langue, combien sont nombreuses les variétés qu'elle présente, mais ces dernières conformations prouvent, en dernier résultat, que la langue chez les Batraciens est plutôt destinée à faciliter la préhension des aliments et l'acte de la déglutition, qu'à fournir un organe propre à la perception des saveurs.

4° De l'OREILLE et de l'AUDITION. Les Batraciens sont, parmi les animaux vertébrés, les derniers qui soient munis d'une oreille aérienne, ou chez lesquels l'organe répétiteur des vibrations communiquées à l'air en reproduise les mouvements comme une image fidèle : c'est une représentation en petit des ébranlements déterminés dans l'atmosphère gazeuse au milieu de laquelle ces animaux sont plongés. Encore verrons-nous que les dernières espèces, celles qui se rapprochent le plus des Poissons par leur manière de vivre habituellement dans l'eau, où elles respirent par des branchies, n'ont réellement pas l'organe de l'ouïe formant un véritable instrument destiné à recevoir une petite quantité d'air, qui pourra vibrer comme celui de l'atmosphère (1).

Nous savons déjà qu'aucune espèce de Reptiles n'est munie à l'extérieur d'une véritable conque ou

(1) Voir ce que nous avons dit sur cet organe dans les consi dé-

pavillon de l'oreille. La plupart n'ont même au dehors du crâne aucun enfoncement apparent, de sorte qu'au premier aperçu, ils sembleraient privés de l'organe de l'ouïe. C'est aussi le cas de presque tous les Urodèles et des Cécilies ; mais dans les Grenouilles et chez le plus grand nombre des autres Anoures à quatre pattes, on distingue par la nature des téguments qui sont plus tendus, plus lisses et quelquefois autrement colorés, la véritable présence du tympan. On voit également chez tous les Batraciens, dans l'intérieur de la gorge, l'orifice souvent élargi des conduits gutturaux de l'oreille ou des trompes d'Eustachi, qui même dans quelques genres, et en particulier dans ceux des Pipas et des Dactylèthres, ne présente qu'une seule ouverture commune.

L'organe de l'ouïe est presque constamment placé dans la portion pierreuse de l'os des tempes, au-dessus de l'articulation des mâchoires ; il y a là une cavité analogue au vestibule ou au labyrinthe. On y distingue les trois canaux semi-circulaires, quelquefois tout à fait à nu, ou creusés dans l'épaisseur de l'os ; mais constamment membraneux et aboutissant à un point commun. Il n'y a ni limaçon, ni conduit spiroïde, ni fenêtre ronde ; mais une fenêtre ovale souvent fermée par une plaque cartilagineuse et par une

---

rations générales, tom. I, pag. 88 et suiv. Consultez aussi les ouvrages suivants :

SCARPA, *De auditu et olfactu.*

CUVIER, Anat. comp., tom. III. 2e édition.

DE BLAINVILLE, de l'Organisation des animaux, tom. I, pag. 544.

Christ. E. POHL, *De Organo auditus per classes animalium*, in-4o. *Vindebonæ*, 1818, pag. 11.

Car. Jos. WINDISCHMANN, *De penitiori auris structura in Amphibiis.* In-4o. *Lipsiæ*, 1831.

MULLER (J). *Isis.* 1832, pag. 536.

lame mobile, qui fait l'office d'un opercule correspondant à la palette de l'os étrier.

Dans toutes les espèces, le limaçon paraît être remplacé, comme chez les Poissons chondroptérigiens, par une substance blanche, pulpeuse, analogue à l'amidon par l'apparence, mais faisant effervescence avec les acides. Cette matière comme amylacée est contenue dans un sac membraneux et l'on voit se terminer là, par une sorte de pulpe, le nerf acoustique. Quelques espèces présentent derrière la membrane du tympan une sorte de tige, en partie osseuse, mais flexible, qu'on a décrite comme le rudiment de l'osselet de l'ouïe, appelé le marteau, et qu'on croit confondu avec une autre pièce nommée l'enclume. Chez les autres animaux, cette pièce est coudée et jointe, ou articulée avec une autre qui vient s'appliquer sur la fenêtre ovale, et qu'on a considérée comme étant l'analogue de l'étrier.

5° Pour l'organe de la VUE, nous avons peu de considérations générales à rappeler. Les Cécilies, les Protées paraissent aveugles, cependant on trouve sous la peau les rudiments de ces organes. Les yeux n'ont pas de paupières dans les Amphiumes. Ils sont extrêmement petits dans les Pipas, les Dactylèthres, ainsi que dans les Engystomes et les Bréviceps ou Systomes. L'orbite, ou l'espace compris entre le crâne et le bord des mâchoires, est considérable, car elle est confondue avec la fosse temporale, et dans une tête dépouillée de ses parties molles, c'est une grande cavité qui n'est pas fermée du côté du palais; de sorte que les mouvements de la déglutition, se communiquent souvent au yeux qui paraissent alors s'élever et s'abaisser. Dans la plupart des espèces, l'œil est muni de paupières, la supérieure est en général plus courte et plus épaisse, moins mobile et moins transparente que l'inférieure, qui peut recouvrir tout le globe en s'insinuant sous celle d'en haut. Il y a quelquefois une troisième paupière nyctitante. Souvent aussi le sourcil ou le bord supérieur de l'orbite est surmonté d'un repli de la peau, qui simule une paire de cornes, comme dans les genres Cératophrys, Phrynocéros Mégalophrys et Hylocéros. Il y a une conjonctive et probablement des larmes. La pupille, qui est arrondie chez la plupart, est au contraire rhomboïdale ou linéaire dans les espèces nocturnes, comme les Crapauds. Les autres détails de structure sont purement anatomiques et indiqués dans les ouvrages spéciaux.

§ III. DES ORGANES DE LA NUTRITION.

Après avoir fait connaître les organes qui établissent la vie de rapport dans les Batraciens, en leur donnant la faculté de se mouvoir et de sentir dont sont doués la plupart des autres animaux, nous devons maintenant étudier les fonctions qui se rapportent à la vie commune de tous les êtres vivants, puisqu'elle leur fournit les moyens de se développer et de se reproduire.

Nous ne croyons pas devoir revenir sur les généralités relatives à la nutrition que nous avons exposées tome I, page 104 et suivantes; nous répéterons seulement que, sous ce titre, nous comprenons tous les organes qui servent : 1° à la digestion ; 2° à la circulation des humeurs; 3° à la respiration; 4° à la formation de la voix et à la résistance à la chaleur comme au froid, et 5° enfin aux secrétions diverses.

Comme les appareils destinés à produire chacun de ces actes secondaires présentent les modifications les plus curieuses à connaître, nous les indiquerons avec assez de détails pour appeler sur elles toute l'attention des physiologistes, car elles fournissent beaucoup de faits nouveaux et les plus propres à donner des idées exactes sur la subordination des fonctions. C'est ce qui rend évidente, pour ainsi dire, la nécessité des transformations des organes dans leur texture et leur emploi, quoique cela paraisse d'abord une sorte d'anomalie.

1° *De la digestion.*

Cette opération, qui est le commencement, le début de la nutrition, consiste dans une série d'actes qui tendent à introduire dans le corps et dans une cavité particulière, ordinairement sous la forme d'un grand canal membraneux, les matières nutritives. Celles-ci alors par leur altération et leur décomposition laissent désagréger les éléments qui les constituaient, afin de se combiner d'une autre manière, de se transformer en chyle, humeur nouvelle, qui sera introduite dans l'économie la plus intime et en deviendra partie intégrante. On comprend, comme nous l'avons déjà dit, sous le nom de digestion, quatre ou cinq opérations qui se succèdent à peu près dans l'ordre qui suit : 1° la préhension des aliments, les actes qui servent à les saisir à l'aide des mouvements de la bouche, ce qui exige l'examen de la forme et du mécanisme des mâchoires et de leurs annexes, tels que les lèvres, les gencives, les dents, la langue, le palais; 2° l'acte de la déglutition favorisé par l'appareil hyoïdien, la disposition de la gorge ou de l'arrière-bouche, et la sécrétion du fluide visqueux qui lubréfie la surface de la proie;

3° le séjour dans l'estomac et le mélange de la matière alimentaire avec la bile, le suc pancréatique; puis son trajet dans le reste du tube intestinal, élaboration pendant laquelle les humeurs ou les sucs nutritifs par excellence sont, en dernière analyse, absorbés et mêlés avec le sang; 4° enfin la défécation ou l'expulsion du résidu des aliments : tel est l'ordre de l'examen auquel nous allons procéder.

Tous les Batraciens, sous leur dernière forme, se nourrissent uniquement de substances animales; il paraît même que tous ne recherchent que des êtres vivants et qui peuvent se mouvoir (1). Cependant comme l'ouverture de leur bouche est toujours limitée par la courbure et la longueur des mâchoires, qui sont en général faibles et peu développées, et qu'en outre les dents, lorsqu'elles existent, ne sont jamais conformées de manière à pouvoir diviser la proie, mais seulement à la retenir, il en résulte que toutes les espèces, sans exception, sont obligées de saisir les petits animaux et de les avaler tout entiers sans pouvoir les partager. Leur mâchoire inférieure privée d'apophyses saillantes destinées à recevoir les muscles propres à la mastication, est souvent articulée très en arrière, ou du moins à peu près au niveau du grand trou occipital. Il s'ensuit que la bouche est très-fendue; et son ouverture est d'une si grande capacité que l'on voit de très-gros individus parmi les Grenouilles, les Rainettes, les Crapauds et les Pipas qui peuvent avaler tout d'un coup de très-petits mammifères, comme des Musaraignes,

(1) En parlant de la Grenouille rousse, Roësel dit : *Prædam vix venatur eamdem potius præstolans, nec ullum unquam devorabit insectum motu destitutum.* Hist. Ranar., pag. 16.

des Taupes, des Souris ou de petits oiseaux; mais la plupart recherchent principalement les mollusques, les larves et les insectes, les petits crustacés, les annelides. C'est surtout le cas de la plupart des Urodèles, qui ont l'ouverture de la bouche tellement rétrécie qu'ils sont obligés de choisir leurs proies parmi celles dont l'étendue en travers se trouve, pour ainsi dire, calibrée ou correspondante au diamètre intérieur de leur arrière-gorge, à moins que le corps mou et peu résistant de la victime, ne puisse être comprimé et assez allongé pour pouvoir passer, en se rétrécissant, par cette sorte de filière. Cependant ces animaux, et surtout parmi eux, les Tritons sont tellement voraces, que si la faim les presse ils avalent même des individus de leur propre espèce. Nous en avons été témoins plusieurs fois; dans une de ces circonstances en particulier, entendant assez de mouvement dans un bocal où nous conservions quelques-uns de ces Tritons pour les observer, nous avons été surpris d'y trouver un animal dont on n'apercevait que deux queues et six pattes. Nous retirâmes avec peine l'individu qui avait été à moitié englouti. Son ventre semblait avoir été passé à la filière. Il continua cependant de vivre ainsi pendant plusieurs jours.

Quant à la manière dont la proie est saisie, elle varie suivant que la langue elle-même est susceptible d'être projetée en dehors, à peu près comme celle du Caméléon, par une sorte d'expuition dépendante probablement de l'expulsion rapide de l'air contenue dans les poumons, qui, en même temps que la bouche s'ouvre, chasse en avant la partie postérieure et échancrée de la langue, laquelle est libre de toute adhérence en arrière. Dans les Grenouilles (1), par exemple, cette langue étant toute charnue, peut s'allonger considérablement : elle est enduite d'une humeur tellement visqueuse, que tout ce qu'elle touche s'y colle et se trouve entraîné avec elle dans la gueule avec la rapidité de l'éclair. Chez les espèces dont la langue n'est pas exertile, la préhension des aliments a lieu directement à l'aide des mâchoires. La proie vivement et fortement serrée est amenée bientôt dans la cavité de la bouche. Lorsqu'elle est entrée, elle se trouve retenue là par les dents de l'une et de l'autre mâchoire, ou uniquement par celles qui garnissent la supérieure ou le palais et à la suite de plusieurs mouvements de déglutition, une partie de la proie est entraînée dans l'œsophage, et successivement amenée dans ce canal, toute vivante et malgré ses efforts et sa résistance. C'est à peu près la manière d'avaler chez les Lézards ; nous l'avons vu souvent chez les Salamandres et les Tritons. Il en est probablement de même dans la plupart des autres Urodèles et chez la Cécilie.

La bouche des Batraciens forme une fente horizontale, qui, dans la plupart des espèces, commence sous la partie inférieure du museau, et s'étend en arrière le plus souvent bien au-delà des yeux et même des oreilles. On trouve aussi deux petits muscles abaisseurs de la mâchoire; ils viennent de l'hyoïde, ce sont les géniohyoïdiens.

L'ouverture de la gueule est énorme dans les Calyptocéphales, les Cératophrys, et très-petite dans les Engystomes, les Systomes ou Bréviceps parmi les Anoures. Les Cécilies, les Protées, les Sirènes, et quelques autres

(1) *Voyez* les figures de Roësel, pl. III, n° 38, et pl. IV, n° 3, *h. ii.*

Urodèles, ont aussi l'orifice bucal très-rétréci par le peu de largeur de la tête, ou plutôt par cette coïncidence. La région supérieure est faite de l'ensemble des os de la tête formant une sorte d'arcade ou de parabole composée en avant, et dans la région médiane, par deux petits os intermaxillaires généralement peu développés qui portent cependant de petites dents chez quelques espèces. L'arcade se continue ensuite au dehors et en arrière par l'os sus-maxillaire uni au zygomatique, nommé par quelques auteurs maxillo-jugal; enfin en arrière, et par continuité, on trouve un petit os de forme variable qui se joint au rocher et à l'apophyse mastoïde appelé os temporo-mastoïdien ; mais la forme et l'étendue de ces pièces varient considérablement dans les Anoures et les Urodèles. La mâchoire inférieure, en apparence formée de deux pièces unies entre elles par une sorte de symphyse ligamenteuse en avant, est cependant le plus souvent composée de quatre portions de chaque côté, savoir : en avant un petit os qui reste très-souvent cartilagineux, puis la branche maxillaire proprement dite, au-dessus et dans l'intérieur de laquelle est tenue une pièce qui sert à recevoir les muscles élévateurs et qui correspond à la branche mouvante ou éminence coronoïde et enfin la portion creusée et articulaire qui reçoit la saillie du rocher, laquelle représente ici l'os carré, soudé au temporal ou à sa portion auriculaire.

Les *muscles* qui meuvent la mâchoire inférieure sont au nombre de cinq de chaque côté : ils sont en général peu développés parce que les Batraciens ne mâchent pas. Ils correspondent au masseter, au crotaphite ou temporal ; aux deux ptérygoïdiens, et le dernier au digastrique, mais celui-ci n'est analogue que par son action qui est d'abaisser la mâchoire, car il s'attache en arrière sur le ligament cervical.

Les *lèvres* et les *gencives* sont intimement adhérentes aux os des mâchoires et semblent, chez le plus grand nombre, leur servir de périoste. Dans quelques espèces cependant, comme dans la Sirène, le Protée, et surtout dans l'Amphiume, on voit autour du museau, en dessus et latéralement, une sorte de renflement charnu, qui cache la mâchoire inférieure. Dans les Pipas, la lèvre supérieure se prolonge en une petite trompe ou museau en groin; mais en général il existe une rainure à la mâchoire supérieure correspondante à la courbure de l'inférieure qui y est reçue et s'y adapte très-exactement, comme la gorge d'une tabatière dans son couvercle.

Les *dents* des Batraciens sont toujours grêles, peu développées et à peu près de même grosseur. Généralement elles sont petites, aiguës, serrées, peu saillantes, et font plutôt l'office d'une râpe, d'une carde ou de crochets destinés à retenir la proie, plutôt qu'à la diviser et à la mâcher. C'est donc à tort qu'on a désigné, sous le nom de *Bufonites* ou dents de Crapauds, des dents fossiles qui, très-probablement, proviennent d'espèces de Poissons, voisines des Spares ou des Anarrhiques, chez lesquels on en trouve d'analogues. Ces dents, par leurs formes, leur mode d'implantation sur les différents os de l'intérieur de la bouche, ont été particulièrement étudiées par les zoologistes, parce qu'elles ont servi à établir les caractères génériques. Nous les ferons donc connaître avec détails par la suite; cependant, nous pouvons dire d'avance, que dans les genres voisins des Crapauds (les Bufoniformes) et les Pipas, il n'y a jamais de dents à la mandibule, tandis qu'il en existe dans les Rainettes, les Grenouilles et les Dactylèthres. Mais ensuite dans les Urodèles, il y a trop de diversités dans la manière dont les dents sont distribuées, surtout à la mâchoire supérieure et au palais, pour que nous entrions ici dans les détails que nous consignerons en énumérant les caractères essentiels des genres de ce sous-ordre. Nous dirons seulement que ces dents sont distinguées en palatines, mandibulaires et maxillaires; que dans la Sirène on voit au palais quatre plaques couvertes ou hérissées de petites pointes distribuées en quinconce. Ces plaques sont régulières et paires; deux plus grandes vers le museau, et deux plus petites en arrière. Enfin dans le Protée anguillard les os incisifs portent huit de ces dents, puis on en distingue deux rangées parallèles à peu près au nombre de quarante-huit.

La membrane muqueuse qui tapisse l'intérieur de la bouche, les gencives, le palais, la langue et l'arrière-bouche, est généralement molle et constamment humide. Elle est lâche et plissée diversement; cependant la bouche n'est humectée que par des pores crypteux, car il n'y a pas de véritables glandes salivaires; et ce qu'on nomme les parotides dans les Crapauds et les Salamandres, sont des cryptes cutanés qui n'ont aucune communication avec la bouche. Des plis se remarquent principalement sur le plancher formé par les muscles compris dans l'intervalle des deux branches de la mâchoire inférieure, car ces parties sont susceptibles d'extension et de contraction et servent principalement, comme nous aurons bientôt occasion de le dire, aux deux actes de la déglutition et de la respiration. On voit dans l'intérieur de la bouche et en avant, les ouvertures des narines. Ces orifices sont petits, distincts et sé-

9.

parés, mais sans cloison mobile en arrière, ce qui est un caractère commun à tous les animaux qui ne peuvent pas sucer comme les mammifères. En arrière du palais et sur les parties latérales le plus ordinairement, on voit les deux orifices gutturaux des trompes d'Eustachi, qui sont cependant réunies ou très-rapprochées dans les Dactylèthres. On y voit aussi la glotte, dont les lèvres laissent une fente longitudinale qui peut s'ouvrir et se fermer.

Dans quelques espèces, et en particulier dans les mâles de la Grenouille commune, on peut observer sur les parties latérales ou en arrière de la commissure des mâchoires, une ouverture qui communique avec les sacs à air qui servent chez d'autres à produire le coassement, comme dans la Grenouille rousse, la Rainette des arbres. Il y a de pareils prolongements de la membrane muqueuse pour le goître ou le sac aérien qui se trouve dans la gorge, et que Roësel a fait connaître, pl. IX, fig. 3.

La *langue* des Batraciens varie beaucoup dans cet ordre de Reptiles; aussi a-t-elle fourni des remarques très-importantes pour la classification naturelle : elle présente même des variations plus nombreuses que dans l'ordre des Sauriens. Malheureusement nous ne connaissons pas assez les mœurs des différents genres, pour indiquer les rapports qui lient les habitudes de ces animaux avec les modifications très-variées que présentent la forme et la structure de la langue; un fait curieux : c'est qu'il est peu d'espèces chez lesquelles l'os hyoïde concoure aux mouvements de cet organe.

On ne peut réellement assigner aucun caractère commun à la langue des Batraciens, même pour les trois sous-ordres. Nous aurons soin de parler de la forme et de la disposition de cet organe, en donnant les caractères des genres, mais nous ne pouvons rien indiquer de général, tant les modifications sont nombreuses. Voici quelques-unes des particularités les plus notables : il n'y a pas de langue du tout dans les espèces des deux genres Pipa et Dactylèthre. C'est même d'après cette circonstance que nous avons proposé de les grouper sous le nom de *Phrynaglosses* ou Crapauds sans langue. Dans les trois autres groupes qui réunissent les Grenouilles, les Rainettes et les Crapauds, il y a toujours une langue ; mais sa forme, ses attaches ou adhérences et ses mouvements varient considérablement. On pourra en prendre une idée générale en parcourant les tableaux synoptiques servant à la classification artificielle, par lesquels nous avons fait précéder l'étude de chacune de ces familles. Ainsi, dans celle des Raniformes, nous voyons la langue oblongue dans le groupe des Grenouilles, Phrynisque, Batrachyle, Dendrobates, Lepthyles ; circulaire dans les Ranines, Pseudis, Alytes, Aréthuses, Batias ; en cœur dans les Upérapales, les Phrynocéros. Parmi les Urodèles la langue est triangulaire dans les Amphiumes, les Protées ; subcirculaire dans les Salamandres, Dactylonyx, Plagiodon ; allongée, ovale, avec quelques plis longitudinaux, adhérente sur la ligne médiane, dans la très-grande Salamandre du Japon ; tout à fait adhérente dans les Tritons. Dans aucune espèce on n'a observé jusqu'ici de dents ou de papilles cornées sur la langue, quoique chez un très-grand nombre on trouve une grande analogie dans la structure de cet organe avec celle des Poissons. Cette ressemblance est même bien notable dans la Sirène, car sa langue est adhérente au plancher de la bouche, et on trouve dans son intérieur une portion dure, cartilagineuse sur les bords; celle-ci est un prolongement antérieur de l'os hyoïde.

La bouche des Batraciens qui, à l'aide des mâchoires, sert évidemment à la préhension des aliments, est en outre conformée de manière à commencer l'acte de la déglutition, et surtout à opérer les deux premiers temps dans les mouvements de l'acte respiratoire, ainsi que nous le dirons par la suite, mais l'opération n'est pas la même chez tous. On peut dire, en général, que chez les Anoures les muscles propres de l'hyoïde ne communiquent pas leurs mouvements à la langue qui est toute charnue, et qui n'a aucune liaison avec cet appareil, dont le rôle était si grand dans la première époque de la vie de ces animaux, sous la forme de têtard. Maintenant ce sont les muscles intrinsèques de la langue qu'il faut indiquer, ainsi que ceux qui forment le plancher sur lequel la langue appuie, et qui se trouve percé en arrière par l'ouverture de la glotte.

La portion charnue de la langue chez les Grenouilles, les Rainettes, est très-contractile et jouit longtemps, même après être séparée du corps, d'un mouvement qui lui est propre; c'est une sorte de tissu érectile que l'on irrite et fait soulever par le contact d'un corps étranger, mais il y a en outre deux paires de muscles longitudinaux, l'un qui vient de la symphyse des branches maxillaires, c'est un génioglosse; et un autre muscle qui, venant du disque hyoïdien, se fixe à cette même base, et qui en occupe toute la longueur, de manière à retirer la langue dans la bouche.

Au-dessous de la peau on trouve une sorte de membrane musculaire, à fibres transverses qui se réunissent sur une ligne moyenne, c'est le muscle guttural ou mylohyoïdien. Souvent au-dessous de celui-ci, et vers la symphyse, on en trouve une autre paire à fibres transverses, ceux-ci sont destinés à agir sur le ligament élastique, qu'on voit entre les os de cette symphyse; c'est le sous-mentonnier qui quelquefois relève les os dentaires antérieurs ou incisifs, pour que leur extrémité mousse vienne s'appliquer, comme une soupape, sur l'ouverture buccale des narines.

La véritable déglutition, l'acte qui force les aliments solides à pénétrer dans l'œsophage, pour être bien conçu dans son mécanisme, exigerait la connaissance détaillée de l'appareil hyoïdien; mais il est des plus compliqués chez les Batraciens, tant pour les portions solides, osseuses et cartilagineuses, que pour les faisceaux musculaires nombreux, destinés à le faire mouvoir en totalité ou en partie. Nous ajouterons qu'il présente trop de variétés pour que nous entreprenions de les faire connaître ici avec toutes ses modifications. D'ailleurs il a été parfaitement décrit et figuré par les auteurs que nous allons indiquer, et auxquels nous emprunterons les considérations générales qui vont suivre. C'est Cuvier (1) qui, dans la deuxième partie du cinquième volume de ses Ossements fossiles, a donné la figure et la description d'un plus grand nombre d'os hyoïdes dans les Anoures et les Urodèles. Puis M. Dugès de Montpellier (2) dans ses Recherches sur l'ostéologie et la myologie des Batraciens, dans

(1) *Loco citato*, pag. 396, pl. XXIV, fig. 8 à 27. Les Raniformes, pl. XXVI, fig. 9. Dans la Salamandre, pl. XXVII, fig. 7. La Sirène et l'Amphiume, Mémoire lu à l'Académie des sciences, 13 novembre 1828.

(2) *Loc. cit.*, pag 54, pl. III, fig. 16 à 25, et pl. XIV, fig. 98-100.

lesquelles il a décrit et figuré les muscles dans les Grenouilles et les Tritons. Funk en 1827 (1) avait fait connaître cet appareil dans la Salamandre terrestre, et en 1819 Rusconi (2) cette même disposition dans le Protée Anguillard.

Voici, bien en abrégé, d'après M. Dugès, quelle est cette structure dans les Batraciens Raniformes : l'hyoïde est formé de pièces moyennes ou impaires, le plus souvent cartilagineuses, et de tiges latérales paires, sortes de cornes le plus souvent recourbées. Les antérieures qui sont liées au crâne et flexibles, représentent les cornes styloïdiennes; deux autres, plus solides et plus larges, fixées à la partie postérieure de la plaque moyenne ou du corps de l'os, viennent entourer le larynx; ce sont les cornes thyroïdiennes. Les principales variétés de ces pièces, pour les Batraciens de notre pays, étudiés par M. Dugès, sont ainsi indiquées : la plaque moyenne est remarquable par sa largeur dans les Grenouilles, par sa longueur dans les Crapauds, par sa brièveté de devant en arrière, et par son échancrure antérieure dans les Rainettes, les Alytes et les Bombinateurs. Sur le trajet des branches styloïdiennes, les Grenouilles offrent deux petits ailerons. Dans le Crapaud brun les cornes thyroïdiennes s'élargissent beaucoup. Dans les Alytes et le Crapaud à ventre couleur de feu, le corps de l'hyoïde est plus solide, et cependant percé à son centre.

M. Dugès a décrit, page 124, § 4, les muscles qui viennent se fixer sur cet appareil : ils proviennent de la mâchoire inférieure, du sternum, du scapulum, du

(1) *Loc. cit.*, pl. II, fig. 17, 21.
(2) *Loc. cit.*, pl. IV, fig. 10.

rocher, de l'os temporal ou de l'apophyse mastoïde.

Quant aux parties correspondantes dans les Urodèles, elles sont le résultat des modifications qu'ont subies les parties destinées à soutenir les branchies. Dans la Salamandre terrestre, l'os moyen, ou plutôt le cartilage impair est soudé aux cornes thyroïdiennes et constitue une sorte de chevron, dont chaque branche laisse un grand espace libre, une sorte de fenêtre. Les branches antérieures sont minces et courtes, et ne tiennent pas au crâne. Dans les Tritons, les cornes thyroïdiennes, après avoir formé le chevron fenêtré, se prolongent en une tige conique, pointue et cartilagineuse. Dans la Sirène l'appareil hyoïdien est beaucoup plus développé ; il l'est aussi d'une autre manière dans le Protée Anguillard, mais véritablement il est alors beaucoup moins destiné par sa conformation à la véritable déglutition, qu'à l'acte de la respiration aquatique. Cette double action est bien remarquable, car elle mène au mode que nous retrouvons dans les Poissons, comme nous l'indiquerons mieux en traitant de l'organisation des branchies.

Nous reviendrons, au reste, sur l'examen de l'os hyoïde, lorsque nous traiterons des têtards, à l'article de la reproduction, et quand il faudra faire connaître leur manière de respirer à cette époque de la vie, qui, chez le plus grand nombre, se trouve tout à fait différente de celle qu'ils doivent employer à l'état parfait. Nous pouvons dire d'avance que dans le premier âge les branchies sont soutenues par les cornes inférieures ou postérieures de l'hyoïde qui en déterminent le nombre et la forme, de sorte que par cela même, et en conservant les mêmes rapports, ces cornes dénotent les transformations que l'on retrouve ensuite dans tous les Poissons, et particulièrement chez ceux que l'on a rangés parmi les Cyclostomes et les Plagiostomes.

Comme nous l'avons déjà dit, on sait qu'il n'y a ni épiglotte, ni voile du palais chez les Batraciens. Dans les espèces qui ont la langue libre en arrière, tout porte cependant à croire que sa portion mobile et allongeable peut s'avancer sur la glotte au moment où la proie franchit cet espace, et évite de pénétrer en partie dans cet orifice qui se trouve ainsi recouvert comme par un pont-levis à bascule.

L'arrière-gorge des Batraciens, dans les espèces à branchies persistantes, conserve de chaque côté les fentes destinées à laisser échapper l'eau avalée, destinée à s'introduire par cette voie entre les lames des branchies suspendues par les arcs pharyngiens de l'os hyoïde; celles-ci sont au nombre de trois dans le Protée et la Sirène, tandis qu'il n'y a qu'une seule fissure dans les Amphiumes.

Dans la plupart des Batraciens l'œsophage est court, à parois épaisses et plissées en longueur; aussi est-il susceptible d'une énorme dilatation toujours subordonnée cependant au diamètre déterminé, ou calibré par les parois de l'isthme du gosier. Il fait partie continue, d'une part, de l'arrière-gorge, et de l'autre de l'orifice cardiaque du ventricule.

L'estomac est une sorte de sac ou de portion très-dilatée du tube intestinal qui fait suite à l'œsophage; mais dont les parois membraneuses sont plus épaisses et souvent plus musculeuses encore (1). Le plus sou-

(1) Roesel, *Hist. Ranar.*, pl, IV, fig 3, pour la Grenouille rousse. Funk, *de Salam. terrest.* pag. 26, pl. 11, fig. 9.

vent cet estomac se rétrécit tout à coup. Cet étranglement représente un pylore. Vient ensuite la continuité du tube intestinal, dont les membranes sont moins épaisses, et laissent distinguer des lignes circulaires qui correspondent à des replis valvulaires internes. Il y a une troisième portion de ce canal alimentaire plus large, cylindrique et conique, qui correspond aux gros intestins. Tout ce canal est généralement court dans les Anoures à quatre pattes, car il acquiert au plus la longueur double du tronc, prise du bout du museau au cloaque ; il est retenu sur l'un de ses bords par un mésentère, dans l'épaisseur duquel on distingue parfaitement les vaisseaux de tous genres, artériels, veineux et lymphatiques ; et sous ce rapport, cette portion de l'animal, examinée au microscope, sert utilement à la démonstration du cours des liquides qui y circulent. Meckel et *Home* (1) ont reconnu, dans le Pipa et le Crapaud, un appendice cœcal ou pylorique provenant du rétrécissement qui se voit entre l'estomac et les intestins grêles. Il y a une véritable valvule circulaire, saillante dans l'intérieur du gros intestin, au lieu où s'insère la portion grêle. La terminaison du tube intestinal est une sorte de réservoir commun, dans lequel aboutissent : 1° le grand canal destiné à la sortie du résidu des aliments ; 2° les orifices des organes générateurs mâles et femelles ; 3° ceux des urétères qui y versent les urines ; 4° de plus un ou deux trous qui aboutissent à la vessie dite urinaire, dont nous parlerons par la suite. Enfin le tube se termine au dehors par l'anus garni de ses muscles, et dont l'ouverture est arrondie dans les

---

(1) Lecture on Comparative anatomie.

Anoures avec et sans pattes; mais allongée, garnie de lèvres mobiles et susceptibles de se gonfler dans les Urodèles.

Cette disposition du cloaque est un véritable caractère qui distingue les deux principaux sous-ordres du grand groupe des Batraciens. Il est en effet remarquable que tous les Ophidiens et la plupart des Sauriens, à l'exception de la famille des Crocodiles, ont cet orifice situé en travers sous la queue; tandis que les Tortues l'ont arrondi comme les Batraciens Anoures, avec lesquels les Chéloniens semblent en effet se lier par les Chélydes et les Potamites, et que les Urodèles ont la même conformation dans la terminaison du tube intestinal que les Crocodiles qui vivent aussi dans l'eau le plus habituellement.

Nous ne pouvons terminer cet examen des organes digestifs sans parler des enveloppes membraneuses, des prétendus épiploons, du pancréas, du foie et de la rate.

La membrane péritonéale se développe dans toute la cavité du tronc, adhérente comme toutes celles qu'on nomme séreuses aux organes contenus dans le même espace, et cependant restant libre par la surface intérieure; on la voit recouvrant les poumons, le cœur, les oviductes, les reins, la vessie dite urinaire, le foie, la rate, et généralement tous les organes. Sa couleur est généralement rosée, cependant quelquefois elle offre de petits points de teinte noire ou brune, assez transparente d'ailleurs pour laisser distinguer à la loupe les nerfs, les vaisseaux de toute nature, surtout dans les portions libres qui forment le mésentère. Ce dernier repli du péritoine se comporte à peu près de la même manière dans toutes les espèces de Batraciens, quelleque soit la forme de leur abdomen. Il lie principalement à l'échine, ou au devant de la colonne vertébrale, la portion postérieure et terminale de l'estomac, avec l'origine du gros intestin, en faisant ainsi former une anse au mésentère qui devient très-lâche, et permet la mobilité à la portion grêle du tube intestinal. Parmi les autres replis que présente cette membrane, on remarque surtout ceux qui sont comme frangés, situés au-dessus des reins dans les deux sexes, et par conséquent vers les testicules et les ovaires. C'est ce qu'on a nommé les corps jaunes ou épiploons. Ce sont des masses graisseuses d'une teinte jaune plus ou moins foncée, qui contiennent des globules d'une matière huileuse. Swammerdam les avait déjà connue ; mais ils ont fourni le sujet de plusieurs dissertations importantes. Roësel, qui les a décrits et figurés dans beaucoup d'espèces (1), pensait qu'ils recevaient une matière mise en dépôt pour aider à l'acte de la génération dans les deux sexes ; car il avait remarqué que cette humeur disparaissait, et que les sacs qui la contenaient s'affaissaient considérablement après la saison de la reproduction. Ratke et Carus ont émis l'opinion que cette substance était analogue à la matière grasse que l'on voit s'accumuler dans l'épaisseur du péritoine chez la plupart des mammifères hybernants.

Funk, dans son bel ouvrage sur l'anatomie de la Salamandre terrestre, ne partage pas cette opinion et cherche à la réfuter ; mais les motifs qu'il allègue ne nous ont pas complétement satisfaits, et nous persis-

---

ROESEL, *Hist. Ranarum*, pl. V, fig. 2, pour la Grenouille rousse, pl XV, fig. 2. Dans la Grenouille commune où l'on voit 15 ou 16 lobes, pl. XXI, fig. 24 et 26. Dans le Crapaud commun, pl. XII, fig. 2. Dans la Rainette, *Hyla arborea*.

tons dans l'opinion que nous avons émise précédemment (1), et qui était celle de M. Ratke.

Le *pancréas* est une sorte de glande formée de petits grains agglomérés qui fournissent un canal commun, par lequel une humeur visqueuse, analogue à la salive, pénètre dans le premier intestin qui suit l'estomac. Il est situé entre le foie et le pylore, ou le rétrécissement qui se voit après le ventricule. Sa teinte est rosée, ou d'un blanc plus ou moins jaune. Il a été décrit par tous les auteurs qui se sont occupés de l'anatomie des Batraciens.

Le *foie* est toujours volumineux, composé d'un seul ou de trois à quatre lobes, quelquefois tout à fait distincts et qui ne tiennent entre eux que par les replis du péritoine, ainsi que Rudolphi l'a indiqué pour le Pipa. Funk l'a décrit et parfaitement représenté (2) dans la Salamandre ; et Roësel (3) dans presque toutes les espèces qu'il a fait connaître. En général il paraît moulé, sur les viscères, quant à son contour, de sorte qu'il semble ou augmenter en largeur, ou diminuer dans ce sens en s'allongeant considérablement, dans les espèces dont le ventre est à peu près cylindrique comme dans les Cécilies, le Protée et la Sirène. La vésicule du fiel est constamment distincte, et placée sous le bord libre et le plus concave du foie. Sa couleur varie du vert plus ou moins foncé, au bleu noirâtre.

La *rate* n'occupe pas la région supérieure et gauche de l'abdomen : elle est presque toujours liée aux intes-

---

(1) Tome Ier de cet ouvrage, pag. 153 et suiv.

(2) Funk, *de Salam. terrest.* tab. 2, fig. 3 et 4.

(3) Roesel, pl. V, fig. 1, *h*; pl. XVI, fig. 1, *f*, etc.

tins par un repli du mésentère, dans lequel les vaisseaux sanguins sont très-nombreux et fort apparents, à cause de la ténuité de la membrane. Sa forme varie dans les Anoures chez lesquels elle est ronde et fort petite. Au contraire, elle est allongée et située vers le cœcum dans la Salamandre.

De cet examen des organes de la digestion chez les Batraciens, il résulte que toutes les espèces sont obligées, dans l'état adulte, d'avaler leurs aliments sans les diviser par parties, puisqu'elles n'ont ni dents incisives ni molaires; mais seulement de petites pointes solidement attachées, principalement aux os de la mâchoire supérieure et au palais. Ces dents courtes en crochet se remarquent aussi, dans un assez grand nombre, à la mâchoire inférieure. Leur principal usage semble se borner à produire l'effet des pointes d'une carde dont les courbures presque constamment dirigées vers l'arrière-bouche présentent des aspérités nombreuses et acérées, destinées à retenir la proie et à l'empêcher de rétrograder malgré ses efforts, lorsqu'une fois elle a été saisie entre les mâchoires ou quand une portion a dépassé la fente de la bouche.

Quoiqu'il n'y ait pas de glandes salivaires dans la gueule de ces animaux, on y voit abonder autour de la proie une humeur visqueuse destinée à en lubréfier la surface. Cette sorte de bave est, à ce qu'il paraît, fournie par des cryptes nombreux; elle suinte de la surface de la langue, des gencives et de toutes les membranes muqueuses.

La proie est poussée bientôt dans l'œsophage qui se dilate considérablement, et qui semble ainsi faire partie continue de la gueule. Arrivée dans l'estomac les matériaux qui entraient dans la composition de cette substance avalée se dissolvent, se changent en un chyme qui entre peu à peu dans le tube intestinal, et là ce suc se mêle aux humeurs biliaire et pancréatique. Une grande partie est absorbée pour pénétrer dans le torrent de la circulation que nous allons bientôt étudier. Le résidu des aliments franchit la valvule circulaire qui garnit le point où s'insère le tube intestinal grêle, dans sa grosse extrémité. La matière poussée par les contractions des fibres qui forment les parois du rectum, avance vers l'orifice extérieur du cloaque, pour être enfin rejetée au dehors, en même temps que les urines, et dans un état de dessiccation tel qu'on voit bien que l'animal en a extrait toutes les parties succulentes ou celles qui ont pu être liquéfiées et momentanément mêlées à la masse du sang dans lequel elles sont introduites pour servir à la nutrition.

Il paraît certain que les Batraciens ne boivent jamais, et que d'après leur organisation ce mode de déglutition des liquides leur serait impossible ; mais, comme nous aurons occasion de l'exposer par la suite, nous verrons que l'absorption des liquides s'opère très-activement chez eux par la peau et par l'intermède de la surpeau ou de la membrane muqueuse qui correspond à l'épiderme, et qui en prend même l'apparence quand elle vient à se dessécher, ce qui arrive assez souvent dans quelques espèces exposées trop longtemps à une chaleur sèche ; circonstance dans laquelle il s'opère chez ces animaux une très-forte exhalation de l'eau qui, en prenant la forme de vapeurs, soustrait l'excès du calorique et combat ainsi l'effet d'une température trop élevée, ainsi que nous aurons par la suite occasion de le faire connaître avec détails.

2° *De la circulation chez les Batraciens adultes.*

On sait que dans tous les animaux chez lesquels les humeurs nutritives, extraites des aliments par l'absorption qui s'en opère dans le tube intestinal, avant d'être tout à fait assimilées et identifiés à l'individu, sont préalablement poussées dans certains organes appropriés pour y être mises en rapport avec le fluide ambiant, liquide ou gazeux. C'est ce qui constitue l'acte de la respiration aquatique ou aérienne. Ces humeurs se mêlent d'abord au sang; puis elles sont dirigées avec lui, dans des canaux dits artério-veineux, où elles reçoivent un mouvement et des directions déterminés par un organe contractile, agent spécial d'impulsion, qu'on nomme le cœur, dont le principal office mécanique est celui d'une pompe aspirante et foulante. Les vaisseaux, les humeurs qu'ils conduisent et l'action qui leur est imprimée, forment l'appareil de la *circulation.*

Nous avons déjà eu occasion d'exposer ces idées générales, en traitant de cette partie de l'organisation des Reptiles (1), et nous avons dû le faire avec assez de détails, parce que les Batraciens en particulier, offrent sous ce rapport des modifications extrêmement importantes pour l'anatomie et la physiologie comparée. Par cela même que nous les avons exposées d'avance, nons nous bornerons à n'en rappeler ici que les principales circonstances.

C'est surtout dans l'ordre des Reptiles Batraciens que deviennent évidentes et propres à la démonstration la plus positive, les liaisons intimes et nécessairement

---

(1) Tom. Ier, pag. 154 de cette Erpétologie générale.

réciproques des deux fonctions secondaires de la vie réparative, que l'on désigne sous les noms de circulation et de respiration. En effet, le même animal, à différentes époques de son existence, sans cesser d'être lui-même, change de manière de respirer. Par cette seule circonstance, il s'opère en lui, pour ainsi dire sous nos yeux, les plus grands changements, non seulement dans ses formes, dans ses mœurs, dans ses mouvements; mais encore, comme il s'en produit un autre non moins remarquable, nécessité par le mode de sa respiration; le Batracien en conservant, pendant le reste de son existence, les traces qu'on retrouve pour ainsi dire inscrites dans quelques-uns de ses organes.

Pour donner une idée exacte de la structure et du mécanisme des organes qui servent à la circulation, et qui, dans un Batracien adulte, sont toujours dépendantes du mode primitif et obligé de sa respiration aquatique, il serait nécessaire d'indiquer préalablement quelles sont les métamorphoses que cet animal doit subir, et c'est ainsi que nous y avons procédé dans l'exposé général de la reproduction des Reptiles, particulièrement pour cet ordre; article assez détaillé et auquel nous renvoyons le lecteur, pour éviter les redites (1).

Il suffira de rappeler que, dans le premier âge des Batraciens, la totalité de leur sang est poussée dans les vaisseaux des branchies; qu'elle y subit les effets respiratoires de l'hématose, de sorte que la circulation est, à cette époque de leur vie, absolument la même que celle des Poissons, et que leur sang, quand il est artérialisé, ne revient plus au cœur. Lorsque les bran-

(1) Tome Ier de cette Erpétologie générale, pag. 217 et suiv.

chies ont disparu, comme nous le dirons plus tard, et quand les poumons se sont développés, il s'est opéré un très-grand changement dans les vaisseaux. Les branches principales des artères veineuses, qui portaient le sang noir dans l'épaisseur des branchies où elles se ramifiaient, éprouvent un changement notable; les unes semblent s'atrophier, s'oblitérer, tandis que d'autres au contraire s'allongent, se dilatent, ou se développent davantage. Parmi ces artères, les unes, qui, par leur direction et leur distribution, représentent les carotides, vont se porter vers la tête; un second tronc, de l'un et de l'autre côté, se distribue dans le membre antérieur; un troisième plus considérable se porte dans les poumons correspondants; et enfin un quatrième s'anastomose bientôt avec celui du côté opposé, pour n'en former qu'un seul qui constitue l'artère impaire principale, située sous la colonne vertébrale. C'est une véritable aorte, laquelle se comporte à peu près comme l'artère désignée sous ce même nom dans les autres animaux vertébrés. Elle se distribue à tous les viscères splanchniques, aux organes du mouvement du tronc et des membres postérieurs.

On conçoit que dans les espèces qui gardent leurs branchies pendant toute la durée de la vie, ce changement et les conséquences qu'il entraîne, n'ont pas lieu. Le mode de circulation chez ces Batraciens conserve à peu près sa disposition primitive. Il conviendra donc mieux d'exposer ces modifications lorsque nous aurons fait connaître celles qu'éprouvent les organes de la respiration dans les différentes familles.

Déjà Leeuwenhoek (1) avait observé le mode de la

(1) *Arcana naturæ detecta. Delphis Batavorum*, 1695. *Epistola* 65, septembre 1688.

circulation dans les branchies du têtard de la Grenouille, et parfaitement indiqué le passage du sang artériel dans les veines, en soumettant au microscope la portion transparente de la queue du têtard. Mais Swammerdamm (1) en a donné une description parfaite ; il a figuré les principales distributions des artères et des veines dans la Grenouille adulte : nous allons extraire de son ouvrage les faits principaux : nous donnerons ensuite quelques détails sur les mêmes organes pour quelques espèces de Batraciens Urodèles.

Dans la Grenouille, le cœur occupe la partie moyenne et antérieure de la grande cavité abdominale. Il repose sur la portion la plus élevée du foie. Il est composé, en apparence, d'une seule oreillette (2), et d'un ventricule unique. Celui-ci produit d'abord un tronc, légèrement renflé, qui se divise bientôt en deux branches principales, lesquelles se portent l'une à droite, l'autre à gauche, de manière à représenter les deux artères sous-clavières. Bientôt ces mêmes branches se subdivisent en trois rameaux. Le plus petit et le plus bas ou l'inférieur se porte au poumon correspondant ; c'est une artère veineuse qui se ramifie dans tout le tissu de cet organe, en offrant cependant en dehors sous la plèvre, la tige principale qui fournit tous les rameaux dont les cellules sont arrosées. La seconde branche est antérieure : c'est la moyenne en grosseur. Elle se porte vers la tête, pour se distribuer dans tous les muscles de la bouche qui sont très-développés, parce qu'ils servent en même temps à la digestion et à la respira-

(1) Swammerdamm, *Bibel der natur*, tom. II, pag. 830, pl. XLIX, fig. 3, 4. Collect. académ. part. étrangère, tom. V, pag. 576.

(2) Davy et Weber ont reconnu depuis que l'oreillette est divisée intérieurement par une cloison percée.

tion. C'est cette branche qui fournissait d'abord à la respiration branchiale. On y voit encore les traces des cicatrices qui ont eu lieu à l'époque de l'oblitération des branchies. On remarque une sorte de dilatation dans les tuniques qui se sont épaissies et qui offrent une teinte d'un gris noirâtre. La troisième branche de ce tronc sous-clavier est la plus considérable. C'est elle qui, par sa continuité et son anastomose avec celle de l'autre côté, doit constituer la grosse artère correspondante à l'aorte. Ces branches se portent derrière le poumon en se recourbant, et presqu'aussitôt elles fournissent des rameaux analogues, par leur distribution, aux artères axillaires, aux carotides, et lorsqu'elles se sont abouchées et confondues, on en voit naître les vertébrales, les troncs cœliaque et mésentérique, les artères testiculaires, ou les ovarines suivant les sexes, les rénales et enfin les iliaques, destinées à fournir le sang aux membres postérieurs.

Ce sang, poussé par le ventricule, est un mélange de sang veineux et artériel; il parvient ainsi du centre à la circonférence, mais il revient à l'oreillette par les veines. Ce mouvement est manifeste; il se voit très-distinctement, à l'aide du miscroscope, parce que les parois des vaisseaux sont transparentes et que les globules du sang, étant alors très-grossis, semblent poussés par une sérosité dans laquelle ils sont suspendus. L'humeur n'étant plus homogène, son cours est par cela même plus facile à suivre et à apprécier et il est d'une rapidité telle dans les veines, qu'aucun ruisseau ne montre la même vitesse dans ses eaux. C'est un spectacle admirable que de suivre le cours de ce fluide dont la marche est fort différente dans les veines où le mouvement est continu; tandis que dans les artères l'impulsion par saccades plus ou moins lentes, produites par les contractions du ventricule, les fait par cela même distinguer.

Le système veineux de la Grenouille adulte diffère beaucoup, par son mode de circulation et par la distribution de ses branches, de celui des vaisseaux artériels. Ainsi, en prenant ces canaux en sens inverse du cours du sang qu'ils renferment, on voit aboutir à l'oreillette, vers sa partie supérieure, deux gros troncs veineux qui retournent des poumons dont ils rapportent le sang artérialisé; mais les veines se joignent 1° à celles qui reviennent de la tête et qu'on pourrait regarder comme les jugulaires; 2° aux axillaires qui proviennent des brachiales et des vaisseaux de la peau; 3° aux thoraciques. Il y a de plus une grosse veine cave inférieure qui revient du foie; mais elle avait reçu auparavant la mésentérique, les rénales, les iliaques. Ces veines ne paraissent pas avoir de valvules intérieures, car on les injecte facilement dans les deux sens. L'histoire complète de cette circulation se trouve parfaitement décrite dans la belle dissertation que Bulow a soutenue à Konisberg, en 1834.

Tel est en abrégé, d'après Swammerdam, la disposition de l'appareil de la circulation du sang, abstraction faite des vaisseaux lymphatiques, et ces détails doivent suffire pour donner une idée de cette structure dans la plupart des Batraciens Anoures sous leur dernier état. Nous allons maintenant faire connaître les modifications du système sanguin dans les Urodèles, lorsqu'ils ont perdu leurs branchies comme chez les Salamandres terrestres d'après Funk (1), et chez les

(1) A. F. Funk, *Salam. terrest.*, pag. 17, pl II, fig. 1, 2, 3, pl. III, fig. 7.

espèces qui conservent les organes de la respiration aquatique pendant toute la durée de leur vie, comme dans la Sirène lacertine d'après M. R. Owen (1).

Le cœur de la Salamandre est renfermé dans une sorte de péricarde; sa forme est arrondie; les parois du ventricule unique ont à l'intérieur des colonnes charnues. L'oreillette, dont les parois sont plus minces en présente également. On voit arriver dans cette oreillette la grande veine cave qui a reçu auparavant les veines qui reviennent du poumon. L'aorte provient du ventricule. Ce cœur conserve longtemps sa faculté contractile, plus de deux heures par exemple, après avoir été séparé du corps. La distribution des artères est à peu près la même que celle des Grenouilles. De l'aorte partent symétriquement à droite et à gauche trois grosses branches; la plus élevée se porte vers l'os hyoïde qu'elle contourne pour se subdiviser dans l'appareil buccal; la seconde branche provient souvent du même tronc que la suivante. Alors la moyenne se joint ou se confond avec la première, et fournit les mêmes rameaux. La troisième branche se dirige en bas, elle fournit aux muscles et donne surtout l'artère pulmonaire de l'un et de l'autre côté, ainsi que les gros vaisseaux qui, en s'anastomosant, produisent le tronc longitudinal qui représente l'aorte. Celle-ci envoie des rameaux vertébraux et toutes les artères abdominales; elle fournit aussi les iliaques. On voit que cette distribution est à peu près la même que celle indiquée dans les Grenouilles. On a reconnu également que la distribution des veines offre la même analogie.

(1) R. Owen, On the structure of the Heart in the perennibranchiate Batrachia. *Trans. Zool. Soc.*, vol. Ier, pag. 213, pl. XXXI, n° 24.

Voici comment Funk décrit la circulation chez la Salamandre. Le sang arrive à l'oreillette par les veines ; de là il est versé dans le ventricule ; celui-ci en se contractant le pousse par tout le corps, et en même temps aux poumons. Ce sang soumis à l'action de l'air revient par les veines, et se confond avec le reste du système noir en retour.

Dans la Sirène Lacertine, la circulation se rapproche beaucoup plus de la distribution qu'on retrouve dans les têtards des Grenouilles. En effet, dans les espèces qui conservent les branchies pendant toute la durée de la vie, telles que les Protées, le Ménopone, l'Amphiume et l'Hypochton de Merrem, on a reconnu que l'oreillette est véritablement divisée en deux loges communiquantes entre elles ; une antérieure plus large, et une en arrière plus petite. Davy (1) l'avait reconnu et indiqué, avant M. Martin Saint-Ange, dans son tableau du système circulatoire. Il y a un sinus veineux ou golfe avant les deux poches distinctes des oreillettes. C'est surtout dans la Sirène Lacertine que la division des deux poches, ou sinus des oreillettes, devient plus évidente ainsi que l'a démontré M. Owen. Meckel a aussi parfaitement observé cette cloison ou voile membraneux, étendu verticalement de la base du ventricule au bord supérieur et postérieur de l'oreillette. Le ventricule est surmonté de l'aorte qui se dilate en un bulbe allongé, avant de se partager en trois principales branches de chaque côté, dont l'une, en particulier, fournit en même temps les pulmonaires et les gros

(1) D. Davy, *Soc. the Zool.*, journal, vol. XI, pag. 546, 22 décembre 1825.

Weher et Burow ont parfaitement confirmé cette observation pour la Grenouille.

rameaux qui, par leur réunion, constituent l'aorte.

Il existe aussi des vaisseaux lymphatiques chez les Batraciens. Muller a fait connaître (1), ainsi que Panizza (2), des sortes de cœurs ou agents d'impulsion situés sur le trajet des veines lymphatiques, et dont les mouvements contractiles sont tout à fait différents de ceux du cœur. A l'aide du microscope, on distingue aussi très-aisément ces vaisseaux lymphatiques à cause de la transparence et de la fluidité constante de l'humeur qu'ils renferment. Comme l'air introduit dans ces vaisseaux pendant la vie de l'animal soumis à l'observation interrompt la colonne du fluide, par les intersections que produisent de petites bulles, en employant ce procédé on peut suivre la marche de la lymphe.

En dernière analyse, on voit que chez les Batraciens adultes il existe un mode de circulation modifié surtout par la respiration qui est arbitraire ou qui peut être suspendue. Jamais la totalité du sang ne passant par le poumon, il en résulte que l'hématose est incomplète; que le sang ne puise pas dans la portion d'atmosphère avec laquelle il se trouve mis en rapport médiat, toute la quantité d'oxygène qui devait agir sur sa coloration et sur le développement de la chaleur animale, de sorte que la température est variable comme celle du milieu dans lequel le Batracien se trouve obligé de vivre. Cependant les vaisseaux sanguins artériels, veineux et lymphatiques sont très-distincts quoique grêles; mais les chairs sont peu colorées par le sang. Plus longtemps les Batraciens conservent leurs

---

(1) MULLER, J. Handbuch der physiologie des Menscken, 1833, t. I, p. 259.

(2) PANIZZA, sopra il sistema linfatico dei Rettili; Pavie, 1833, in-f.

branchies, plus aussi le mode de leur circulation se rapproche de ce qu'on retrouve dans leurs larves ou têtards ; car chez ces derniers la respiration branchiale est absolument la même que dans les Poissons. C'est ce que va nous démontrer l'examen que nous allons faire de cette fonction respiratoire.

Rien n'est plus admirable et plus facile à faire que l'examen de la circulation dans les Grenouilles. Leeuwenhoek qui l'avait si bien aperçue en avait donné une idée très-exacte. Mais aujourd'hui à l'aide d'instruments beaucoup plus parfaits, ses observations sont répétées et vérifiées de bien des manières. La ténuité des membranes natatoires étendues entre les doigts des pattes postérieures de la Grenouille, la transparence du péritoine, celle des vésicules pulmonaires qui sont larges , et qui peuvent rester gonflées hors de la cavité abdominale, ont permis de suivre le cours du sang de la manière la plus exacte et le plus commode. C'est véritablement un spectacle ravissant, et qui transporte d'étonnement que ces observations microscopiques. On ne peut comprendre et trop admirer la rapidité et la régularité du mouvement du sang dans les vaisseaux qu'il parcourt d'un côté dans les veines où le flux est continu et si constant qu'il ne serait point aperçu sans les globules colorés que cette humeur charrie, et qui se laissent distinguer au milieu de la portion plus fluide ; et de même dans les artères par les pulsations et les jets successifs plus ou moins rapprochés ou éloignés, suivant la force d'impulsion qui leur est communiquée par les contractions du ventricule du cœur.

3° *De la respiration chez les Batraciens adultes.*

Nous avons déjà eu occasion d'exposer, dans les généralités sur l'organisation des Reptiles (1), comment les organes respiratoires et cette fonction elle-même se trouvent modifiés, par le genre de vie, chez les animaux de l'ordre que nous étudions. Nous commençons à trouver ici les appareils propres à mettre le sang en rapport avec le fluide ambiant, au moyen des branchies, à peu près comme dans les Poissons, et la structure des organes primitifs se conserve ou persiste plus ou moins longtemps, suivant que le Batracien doit ou non rester constamment dans l'eau, ou que, séjournant sur la terre, il soit devenu tout à fait aérien. Dans l'un comme dans l'autre cas, on voit le premier mode d'organisation se perpétuer par le mécanisme primitif qui appelle et oblige, pour ainsi dire, une quantité déterminée de l'eau ou de l'air dans lesquels l'animal est plongé, à pénétrer forcément à l'intérieur pour se mettre en rapport avec le sang veineux afin de s'y artérialiser, soit à l'extérieur des branchies, soit à l'intérieur des poumons.

Ce premier acte s'opère à l'aide des organes destinés à produire la déglutition, et qui suppléent ainsi au défaut ou à l'absence de ceux qui sont destinés à l'inspiration chez la plupart des animaux vertébrés qui sont constamment à l'air. Cette nécessité devient évidente chez les Batraciens puisqu'ils sont privés des organes qui appellent l'air dans des poumons tels au moins que nous les retrouvons dans les Mammifères et les Oiseaux.

Les Batraciens, en effet, manquent de côtes ou

(1) Tome Ier du présent ouvrage, page 180 et suivantes.

celles qu'ils ont sont trop courtes et ne sont pas liées entre elles de manière à former des cerceaux élastiques autour de la cavité thoracique. Nous ne trouvons plus chez eux cette admirable disposition des parois solides, et cependant expansibles et contractiles, qui remplissent l'office d'un véritable appareil pneumatique. Ne pouvant attirer l'air ou l'eau par le vide qui s'y opérerait, ils en appellent successivement de petites portions dans la plus grande ampleur que puisse prendre la cavité de leur bouche; en abaissant l'hyoïde et tout le plancher qu'ils éloignent ainsi de la voûte palatine. Par ce mouvement d'abaissement l'air ou l'eau du dehors s'insinue par les trous des narines pour remplir le vide de la bouche, alors la langue s'applique sur l'orifice intérieur qui a livré passage au fluide liquide ou gazeux qui se trouve ainsi séquestré. Voilà une véritable inspiration buccale, suit un second temps ou stade pendant lequel l'animal opère l'acte de la déglutition et la petite portion de fluide contenu dans la bouche est forcée de passer soit dans la gorge, s'il est liquide; soit dans la glotte, si c'est de l'air qui doit être avalé.

Chez les Batraciens qui ont une respiration aquatique, le gosier ou l'œsophage offre latéralement trois ou quatre fentes ou trous qui mènent l'eau aux branchies. Chez ceux qui ont des poumons, la petite portion de gaz sur laquelle s'opère le mouvement de la déglutition est forcée de passer par la glotte qui est toujours située dans la bouche, et par une série successive des mêmes actes, cet air est poussé par petites doses dans la cavité de l'un et de l'autre poumon qui se gonflent, et dans lesquels s'établit l'opération chimique et vitale que l'on nomme hématose. On voit donc que le mécanisme qui produit les mouvements analogues à ceux de l'inspiration, reste à peu près le même dans les deux cas où l'animal soumet tantôt à l'air, tantôt à l'eau, soit la totalité, soit une portion de son sang, qui s'y trouve poussé par le cœur ou dans les ramifications des artères veineuses branchiales ou dans les cavités celluleuses des poumons.

Aucune classe d'animaux et à plus forte raison aucune famille parmi les vertébrés, n'offre autant de variétés dans la structure des organes respiratoires que n'en présentent les Batraciens, même à l'état adulte. Quoique ce soit un caractère commun à toutes les espèces d'être munies de deux poumons, ces organes varient constamment par leur volume, leurs formes, et leur disposition anatomique. Dans toutes les espèces qui ont le ventre large et court, comme les Raniformes, les poumons prennent beaucoup plus d'étendue transversale ; ils sont plus gros et plus courts : généralement ils sont transparents, très-vésiculeux et à cellules arrondies ou polygones fort distinctes. C'est même, comme nous l'avons déjà indiqué, une circonstance qui fournit aux physiologistes une occasion facile de démontrer les phénomènes que produit la circulation pulmonaire. En effet, lorsqu'on fait une ouverture au ventre de ces animaux, les poumons sortent par la plaie, et au lieu de s'affaisser sur eux-mêmes, on les voit souvent se gonfler par l'effet de petits mouvements de déglutitions successives de l'air contenu dans la bouche. Alors les cellules se développent, sans pouvoir se vider, parce qu'aucune pression n'est exercée sur elles, et l'observateur, à l'aide d'une forte lentille ou du microscope, peut suivre le cours du sang dans les vaisseaux que cette humeur parcourt, et il peut s'assurer que la teinte bleue foncée que ce sang présentait dans les vaisseaux afférents ou artériels, acquiert bientôt, en revenant par les veines, une couleur d'un rouge plus vif, résultat ordinaire de la fonction respiratoire.

Dans les espèces qui ont le corps très-allongé et la cavité du ventre arrondie, à peu près cylindrique, comme les Salamandres, les Amphiumes, les Sirènes, les poumons ont pris d'autres dimensions : ils sont beaucoup plus étendus en longueur, ce sont des sortes de vessies ou de sacs membraneux, dont les parois offrent seulement à l'intérieur une apparence spongieuse, une sorte de réseau à mailles saillantes, largement ouvertes, plus ou moins multipliées ; ce ne sont plus de véritables cellules vésiculeuses. Ces organes semblent se rapprocher davantage des vessies aériennes des Poissons, destinées peut-être aussi à mettre la masse de leur corps dans un rapport hydrostatique qui facilite leurs mouvements dans l'eau.

Indiquons maintenant les principales différences que présentent les Batraciens, sous le rapport de la respiration. Ceux qui paraissent devoir conserver les branchies pendant toute la durée de leur existence, sont par cela dans les mêmes conditions d'organisation que les Poissons. Chez eux, comme nous l'avons vu, les cornes ou les branches latérales de l'hyoïde supportent les branchies, avec cette différence, qu'au lieu d'être lamellées et soutenues comme les dents solides d'un peigne ; d'être contenues ou renfermées dans une cavité recouverte d'un appareil mobile composé d'un opercule et d'une membrane branchiostège ; ces branchies sont libres, molles et flottantes sur les parties latérales du cou. Cependant on retrouve ici, comme chez les Poissons, dans l'intérieur de la gorge ou à l'origine de l'œsophage, les fentes ou les trous des branchies ; on les voit dans les intervalles ou les espaces que laissent entre elles les cornes de l'os hyoïde qui simulent ainsi les os pharyngiens. Chez ces espèces à branchies persistantes qu'on a nommées *pérennibranches*, les poumons, quoiqu'ils existent, ne sont véritablement que des organes imparfaits et pour ainsi dire des rudiments supplétifs ou d'attente, pour les cas où l'animal serait obligé de vivre quelque temps hors de l'eau ou dans des lieux humides. Il y a, en effet, une glotte qui s'ouvre dans la bouche, une sorte de trachée courte, membraneuse, qui se termine dans la cavité du sac pulmonaire, lequel est même souvent excessivement prolongé. Telle est l'organisation des Sirènes, des Protées, des Ménobranches et même des Amphiumes.

Chez les autres Batraciens qui perdent constamment les branchies, la respiration continue de s'opérer à peu près de la même manière que dans les espèces chez lesquelles ces organes persistent. En subissant leurs métamorphoses, et à mesure qu'ils perdaient leur forme de Poisson avec leur queue et leurs branchies, que leur abdomen diminuait de volume par le raccourcissement du tube intestinal, leurs poumons se développaient peu à peu; ils admettaient successivement une plus grande dose d'air atmosphérique qui était avalé par gorgées, alors aussi les trous dont était percé leur gosier s'oblitéraient peu à peu, et enfin se fermaient complétement; de sorte que l'animal ne pouvait plus respirer que des gaz.

Le mécanisme de ce mode de respiration n'était pas tout à fait ignoré : le gonflement du poumon même, lorsqu'il était hors de la cavité splanchnique, avait été observé, et le fait était consigné dans les ouvrages; mais c'est véritablement au savant physiologiste Robert Townson qu'on en doit la démonstration par les deux dissertations qu'il a publiées à Gottingue en 1794 (1); car c'est lui qui a reconnu et établi, par des expériences positives, le véritable rôle que remplissent les organes de la déglutition buccale dans l'acte qui force l'air de pénétrer dans les poumons, comme le ferait le piston d'une pompe pneumatique aspirante par les narines et foulante à travers la glotte.

Au reste, voici en abrégé l'historique des recherches faites à ce sujet. Malpighi (2), en 1697, et par suite Morgagni (3), en 1719, avaient observé que quand on ouvre le ventre d'une Grenouille, les poumons, qui en sortent affaissés, ne tardent pas à se gonfler, et que les muscles qui meuvent le dessous de la bouche en se dilatant d'abord, puis en se contractant, forçaient l'air d'entrer dans les poumons. Swammerdamm, en 1738, dans son Traité sur la respiration (4), avait parfaitement indiqué ce mécanisme, et il y revient dans sa Bible de la nature, lorsqu'il observe la

---

(1) *Observationes physiologicæ de respiratione et absorptione*, in-4.

(2) *Opera posthuma*, édition de Londres, pag. 8. *Ex oculari inspectione constat Ranas ad libitum, aperto etiam thorace, propriosexinanire folliculos et mox etiam turgidos reddere.*

(3) *Adversaria anatomica*, Animadv. n° 29, pag. 159. *De Ranæ et testudinis respirationis instrumentis. Inspiratio autem efficitur iisdem instrumentis per quæ inferior buccæ pars amplificata et mox contracta aerem in pulmones compellit.*

(4) *Tractatus physico-anatomico medicus de respiratione usuque pulmonum*, pag. 89, § 6. *Nam resectis musculis tum abdominis, tum pectoris, imo denudato corde, respirationem, si ita appellare liceat, musculorum oris ope, quod ipsi præ grande est, adhuc perfici experti sumus.*

respiration de deux Grenouilles accouplées au moment de la ponte, et ainsi que nous l'avons déjà dit (1). Laurenti, en 1768, dans son Synopsis, exprime par deux mots ce mode de respiration lorsqu'en en parlant, il dit : *Vicaria gula.*

Townson a donné une description détaillée des organes de la respiration dans la Grenouille et dans la Salamandre, et M. Martin Saint-Ange les a aussi parfaitement décrits et figurés dans son Mémoire sur les organes transitoires et la métamorphose des Batraciens (2). Il nous suffira donc d'avoir indiqué ces deux mémoires aux anatomistes ; car tous les faits importants relatifs à l'acte de la déglutition de l'air s'y trouvent parfaitement énoncés, et les figures indispensables donnent une idée exacte de leurs descriptions.

L'air est donc avalé, comme l'était l'eau dans le premier âge, par une suite de petits mouvements contractiles des muscles de la gorge : il pénètre dans la cavité des poumons par la glotte, à l'aide d'un procédé, dont le résultat est le même que celui au moyen duquel nous chargeons la crosse d'un fusil à vent, ou le réservoir pneumatique d'une fontaine de compression. Voilà le mécanisme qui remplit le poumon d'air par un nombre variable et successif des mêmes mouvements, de sorte que l'inspiration s'opère uniquement dans la bouche par les narines qui font l'office de courts tuyaux à soupape. L'inspiration, au contraire, ou le rejet de l'air inspiré, lorsqu'il a été épuisé de ses principes actifs, est une véritable éructation opérée par les

(1) Tom. Ier du présent ouvrage, pag. 289, note n° 1.

(2) Annales des sciences naturelles, tom. XXIV, 1831, pag. 366, pl. XVIII à XXVII.

muscles qui forment les parois abdominales dont les contractions compriment les poumons afin d'obliger l'air d'en sortir rapidement, et en un seul temps, en forçant l'ouverture de la glotte pour s'échapper au dehors.

La preuve que la respiration pulmonaire ne peut guère s'opérer que par le mécanisme indiqué ci-dessus, est fournie par l'expérience suivante : si, après avoir placé en travers un petit bâton entre les mâchoires d'une Grenouille, comme une sorte de petit mors retenu à droite et à gauche par des fils passés sous les aisselles, et si à l'aide d'un stylet on entr'ouvre l'orifice de la glotte, les poumons se vident et ne peuvent plus se remplir d'air. L'animal ne peut plus respirer par le poumon. Il ne périt pas très-rapidement, il est vrai, parce que placé dans une atmosphère humide ou dans l'eau, l'asphyxie est combattue par l'oxygénation du sang à travers les vaisseaux de la peau, ou à l'extérieur quand cette hématose ne peut plus s'opérer dans les organes intérieurs.

Au reste, comme nous aimons à le répéter, ce mode de respiration qui s'exerce à l'aide des organes de la déglutition ne doit pas nous étonner, car la nature est féconde dans ses procédés physiologiques. Ne savons-nous pas, en effet, que les Éléphants ne peuvent avaler des liquides qu'en employant le double mouvement exercé par les parois de la poitrine sur les poumons? Dans ce cas, l'extrémité de la trompe plongée dans l'eau aspire le liquide au moyen du vide qui s'y opère par l'action des muscles inspirateurs; puis ce bout de la trompe, porté au delà du larynx dans l'œsophage, y projette la boisson, en poussant fortement par les arrière-narines, l'air de la trachée qui lance ainsi et précipite rapidement l'eau dans l'estomac.

4° *De la voix chez les Batraciens.*

Chez les animaux vertébrés, la respiration à l'aide des poumons ne sert pas seulement à mettre l'air atmosphérique en rapport avec le sang; mais cet air produit aussi la voix en imprimant à ce gaz certains mouvements de vibration, variables chez les espèces diverses. Ces ébranlements sont destinés à faire connaître mutuellement aux individus leurs craintes, leurs plaisirs, leurs besoins, pour établir entre eux les relations de la vie animale. Les Batraciens jouissent aussi de la faculté d'attirer et de repousser à volonté l'air atmosphérique; la nature leur a souvent donné des instruments particuliers qu'on trouve situés à l'orifice ou aux environs des tuyaux qui servent à la respiration pulmonaire. Si ces sortes d'instrumens se rétrécissent ou se dilatent, ils impriment au fluide élastique qu'ils conduisent des ébranlements propres à produire des sons très-différents, et c'est ce qu'on nomme leurs *cris*. Chez la plupart ces sons se trouvent produits hors de la glotte par l'entrée de l'air expulsé rapidement dans la cavité de la bouche, dont ils gonflent les parois mobiles, ou en s'introduisant dans des sacs membraneux médians, qui dans certains mâles, ceux de la Rainette des arbres en particulier, forment de véritables goîtres. Chez d'autres, comme dans celui de la Grenouille verte, ce sont des vessies qui sortent des parties latérales de la bouche vers la commissure des mâchoires. Enfin, chez quelques autres, comme chez les Salamandres, les Tritons, les Urodèles, l'air s'échappe directement et ne fait entendre qu'une sorte de borborygme ou de gargouillement. C'est surtout parmi les Raniformes que la puissance

II.

vocale est portée à un haut degré. Car le même gaz, sans s'échapper réellement du corps, sort des poumons et y rentre avec bruit par l'action des parois contractiles des cavités membraneuses dans lesquelles il est admis ; il résonne sans qu'on puisse distinguer, même dans l'eau, la place qu'occupe l'animal qui produit ce bruit (1).

En général la voix de ces Batraciens consiste dans les répétitions des mêmes sons produits avec plus ou moins de force, de vitesse ou de lenteur, de manière à tromper étonnamment notre ouïe sur la distance réelle où se trouvent ces animaux. Ce sont de véritables ventriloques avec des instruments tellement variés, qu'on ne peut rendre les modifications des bruits qu'ils produisent qu'en les imitant à peu près par des onomatopées qui simulent ces cris (2). Ainsi la plupart *coassent;* mais ce coassement est très-différent dans les diverses espèces de Grenouilles ; les unes beuglent, aboient, grognent ou ricannent ; d'autres sifflent, piaulent ou pipent.

Certains Crapauds produisent les sons flûtés de divers instruments à vent ; ils semblent imiter les cris de quelques oiseaux de nuit ou de jour, comme celui de la Chouette en frouant, ou celui de la Huppe en gloussant par une sorte de souffle intérieur, sourd, rauque et tremblotant. Il en est même qui peuvent imiter un

---

(1) Ovide, dans ses *Métamorphoses*, en parlant des paysans que Latone fit changer en grenouilles, connaissait évidemment cette faculté qu'elles ont de coasser sous l'eau lorsqu'il dit, lib. VI, v. 376 : *Quamvis sint sub aqua, sub aqua maledicere tentant.*

(2) Ceci nous rappelle ce vers imitatif du poëte et foulon Philomède, cité par Athénée : *Garrula limosis Rana coaxat aquis.*

Et Aristophane, en faisant répéter à satiété, dans les chœurs de sa comédie des *Grenouilles* :

Βρεκεκεκὲξ κοὰξ κοάξ.

son métallique qui se prolongerait en allant toujours en augmentant ou en diminuant, comme une sorte de tintement de clochettes ou de grelots qu'on entendrait dans le lointain. C'est à cause de la diversité de ces cris que les naturalistes ont souvent désigné les espèces sous les différents noms de *Boans*, *Grunniens*, *Clamitans*, *Cachinnans*, *Pipiens*, *Bombinans*, *Sonans*, *Tibicen*, *Musica*, *Ridibunda*, etc.

Nous regrettons de ne pouvoir faire des recherches à cet égard sur les animaux vivants; car bien certainement les investigations de ce genre seraient aussi intéressantes pour la physiologie que celles auxquelles la voix des oiseaux a donné lieu, avec cette différence que dans les Batraciens il n'existe jamais de larynx inférieur, et que nous voyons les sons produits au-dessus de la trachée comme chez l'homme; et quoique le larynx supérieur des Batraciens n'offre pas autant de modifications que dans les Mammifères, chez lesquels cet organe n'est réellement jamais situé dans la bouche.

Au reste, c'est principalement et seulement à l'époque de la saison des amours que les mâles, comme nous l'avons dit d'après Plutarque, font entendre ou chantent ces épithalames sans fin, et qui se répètent sur un ton si peu varié, surtout pendant les nuits chaudes de l'année, qu'ils finissent par devenir fort incommodes et même insupportables. « L'ennui naquit » un jour de l'uniformité; » nous ne le savons que trop.

5° *De la résistance à la chaleur et au froid.*

C'est encore à la faculté dont sont doués les Batraciens, de pouvoir à volonté activer ou modérer les mouvements respiratoires, que l'on peut attribuer les moyens qui leur sont donnés par la nature, pour résister jusqu'à un certain point au froid et à la chaleur. En effet, quoique la température de leur corps puisse en général, et même habituellement, s'élever ou s'abaisser peu à peu et successivement à des degrés très-divers, mais correspondant à ceux du milieu liquide ou gazeux, dans lequel ils sont appelés à vivre; ils résistent cependant aux rigueurs de l'hiver, et peut-être aux grandes chaleurs dans certains climats, en se retirant au fond des eaux, ou en s'enfouissant dans la vase. Ils éprouvent là une sorte d'engourdissement, de léthargie volontaire, à laquelle la plupart semblent s'être préparés par avance et par instinct à des époques fixes. Sans perdre évidemment de leur poids, ni d'autre substance que celle qu'ils avaient sécrétée, pour ainsi dire par prévoyance, recueillie et déposée dans certains réservoirs graisseux pour leur sustentation ultérieure.

Ils suspendent ou ralentissent excessivement les mouvements de leur cœur, en abolissant complétement l'acte volontaire de la respiration pulmonaire, qui ne modifie plus le sang dont il ne pénètre qu'une très-petite quantité dans les organes aérophores. Des observations positives et des expériences ingénieuses (1) ont démontré que dans cette circonstance la faible oxygénation du sang, qui pouvait suffire à l'entretien de la vie végétative, s'opérait à la surface de la peau par l'absorption qui avait lieu à travers la membrane muqueuse épidermique, dont est enduite de

---

(1) Townson (Rob). *Voyez* la note, pag. 193 du tom. Ier. Et Edwards (W. F.), de l'influence des agents chimiques sur la vie, 1824.

toutes parts la peau dans l'épaisseur de laquelle se distribuent un grand nombre de vaisseaux ramifiés à sa surface. On voit en particulier que la grande artère axillaire, de l'un et de l'autre côté, est une des branches de celle qui se rend au poumon correspondant. Ce sont ces artères qui se distribuent principalement à la surface de la peau, et qui mettent par conséquent le sang qu'elles renferment dans un rapport médiat avec l'oxygène de l'air ou de l'eau, selon le milieu dans lequel vit l'animal. Au reste, nous avons déjà fait connaître cette particularité de l'organisation des Batraciens dans les généralités qui précèdent l'histoire des Reptiles (tome I, page 189). Les principaux faits sont consignés avec assez de détails dans l'article que nous venons de citer; car en parlant de la chaleur animale chez les Reptiles, nous avons pris les Batraciens pour exemples principaux. Nous prions donc le lecteur d'y recourir.

Les Batraciens ont la faculté de résister à la chaleur jusqu'à un certain degré; et même aussi, jusqu'à certaines limites, ils peuvent s'opposer au refroidissement. On voit souvent des Grenouilles exposées à la plus grande ardeur du soleil dans l'été; cependant leur corps humide fait alors éprouver à la main qui les touche une sensation de froid. Cette circonstance, comme nous allons l'indiquer, se trouve aujourd'hui parfaitement expliquée. Mais aussi les Salamandres auxquelles, par des récits fabuleux, on a longtemps attribué le pouvoir de résister au feu, et que l'on a même souvent représentées, à cause de cette vertu supposée, comme le symbole de l'amour, sont justement ceux de tous les animaux vertébrés qui paraissent doués de la faculté inverse. Plusieurs ont continué de vivre, quoique plongés dans la glace où leur corps avait pris une telle roideur, qu'il paraissait lui-même solidifié, ainsi que Maupertuis en a consigné la remarque dans les mémoires de l'Académie des sciences de Paris.

Les phénomènes de la résistance à la chaleur tiennent à l'état habituel de ces animaux, que l'on a nommés longtemps HÉMACRYMES ou *à sangfroid,* quoique par le fait ils aient une température variable, ou à peu près égale à celle du milieu dans lequel ils sont plongés. On doit attribuer cela au mode de leur respiration, qui, lui-même, est lié à celui de la circulation. Ils peuvent non-seulement développer par eux-mêmes la matière de la chaleur ou s'en laisser pénétrer, comme les autres animaux à température constante ; mais, en général, leur corps se maintient habituellement en équilibre avec l'atmosphère liquide ou gazeuse dans laquelle ils sont plongés. Mais quand cette température s'élève, elle développe chez eux les phénomènes de la vie, et en sens inverse elle les diminue ou les engourdit. C'est ce qu'ont prouvé les expériences de Spallanzani, par lesquelles il a constaté que la chaleur augmente, chez les Grenouilles, l'activité des deux fonctions respiratoire et circulatoire, sous le rapport des phénomènes chimiques et mécaniques. Ensuite il résulte d'un premier mémoire de Delaroche (1), « de l'influence que la température de l'air exerce sur la respiration », que la quantité d'oxygène absorbée par des Grenouilles exposées à une chaleur de 27 degrés a été doublée ou quadruplée de ce qu'elle était lorsque la température extérieure n'était que de 6 ou 7 degrés chez

(1) Thèse soutenue à la Faculté de médecine de Paris, en 1806, sous le nº 1 ; et dans le mémoire, dont le titre est cité dans le texte, lu à l'Institut, le 12 mai 1812, et imprimé dans le Journal physique.

d'autres individus de même taille. Dans un autre mémoire, où F. DELAROCHE (1) avait recherché la cause du refroidissement qu'on observe chez les animaux soumis à l'action d'une forte chaleur, l'auteur a prouvé, par un grand nombre d'expériences, que cet effet était le résultat de l'évaporation qui s'opérait à la surface de la peau chez les Grenouilles, par suite de la transpiration ou de la transsudation de l'eau qui se changeait en vapeurs, en soustrayant le calorique en excès, à peu près comme les liquides qui sont déposés dans des vases poreux et soumis à un courant d'air, et qu'on nomme des *alcarazas*. Il a reconnu dans cet acte conservateur de l'individu une double action 1° des causes vitales par l'accélération dans les mouvements du cœur; et 2° des causes physiques, par le passage du fluide liquide en vapeur que l'air dissout sous cette forme. Déjà Blumenbach, dans son *Essai de physiologie comparée*, avait reconnu que ces Batraciens, qui vivent si longtemps renfermés dans des pierres et des troncs d'arbres, périssent en très-peu de temps, si on les expose à l'ardeur du soleil après les avoir trempés dans l'huile, de manière à couvrir leur peau. Mais cette circonstance même est la conséquence du pouvoir absorbant dont jouissent les téguments de ces animaux, qui a été découvert et démontré par TOWNSON (2) en 1795, et que sont venues confirmer les belles expériences faites par W. EDWARDS (3). Comme le premier de ces deux mémoires sur l'absorption est très-important, nous avons cru devoir en consigner ici l'analyse.

---

(1) Mémoire lu à l'Institut, le 6 novembre 1809.

(2) *De Absorptione amphibiorum fragmentum. Gottingæ*, in-4, pag. 24.

(3) Influence des agents physiques, page 98.

6° *De l'absorption et de l'exhalation de l'eau par la peau.*

Townson, dans ses expériences sur l'absorption, commence par établir que les Batraciens ne boivent jamais, et qu'ils ne le pourraient pas, parce que l'eau entrerait par leur larynx qui est ouvert toutes les fois que le plancher de la bouche est dilaté ou abaissé, et que le fluide aqueux qu'ils peuvent introduire dans leur corps ou en expulser est obligé de passer par la peau. Il avait observé qu'une Grenouille qu'il soignait, venait à diminuer considérablement de volume et à s'affaiblir quand elle manquait d'eau, ou lorsqu'elle restait trop longtemps hors de ce liquide, mais qu'elle reprenait très-rapidement son volume, son poids, ses forces et sa vigueur, quand elle se trouvait replacée dans son élément favori. Telle fut, dit-il, l'occasion de ses premières recherches.

Des Rainettes vertes, qu'il conservait dans une cuvette remplie d'eau, lui offrirent le même phénomène, avec cette différence que si par hasard quelques-unes s'échappaient et restaient hors du vase, on les trouvait, au bout de peu d'heures, tellement exténuées, que, lorsque même on les replaçait dans l'eau elles ne pouvaient se rétablir. Par un temps sec et chaud, elles fuyaient l'ardeur du soleil en cherchant l'ombre ou en entrant dans l'eau; mais lorsque l'air était froid et humide elles n'entraient pas dans l'eau, et même dans ce cas elles pouvaient se passer de ce liquide pendant plusieurs jours. Quelques Grenouilles rousses qui manquaient d'eau allèrent se cacher dans une sablière remplie de sciure de bois, et là elles continuèrent de vivre beaucoup plus longtemps que si elles eussent été exposées à l'air, très-certainement parce que l'évaporation ne s'y faisait plus. Aussi, quand on projetait quelques gouttes d'eau sur ce sable, elles se trouvaient mieux. Quand on plaçait un peu d'eau sur une vitre, contre laquelle se trouvaient accrochées quelques Rainettes vertes, on voyait qu'elles venaient y appliquer leur corps autant qu'elles le pouvaient. Après s'être bien assuré du fait en lui-même, M. Townson entreprit de se livrer à quelques expériences pour apprécier quelle pouvait être la quantité d'eau qui était absorbée dans un temps donné, et celle du liquide évaporé. Il en présente un grand nombre, desquelles il tira la conclusion qui suit :

Souvent les Grenouilles absorbent un poids d'eau égal à celui de la totalité de leur corps ; cette absorption se fait en peu de temps, et seulement par la surface inférieure du corps.

M. Edwards a suivi ces mêmes expériences pour apprécier la perte du poids des Grenouilles dans l'air et dans le vide ; la durée de leur vie, quand on les asphyxie comparativement, dans le vide et dans l'eau. Il a indiqué les fluctuations que ces animaux offrent dans l'absorption et dans la transpiration, examinées d'heure en heure dans l'état de vie ou de mort ; dans l'air sec ou humide, et plus ou moins chaud, sous l'influence des températures de 0 à 30 degrés.

C'est ici que nous devons parler d'un fait très-curieux observé un grand nombre de fois, relativement à des Crapauds trouvés vivants dans des cavités humides où ils paraissaient avoir vécu sans prendre de nourriture. Nous consignons en notes quelques-unes de ces histoires (1), au moins pour leurs dates.

Ces observations avaient été d'abord considérées comme suspectes, non pas de mauvaise foi, mais d'erreurs ou de préjugés dans lesquels s'étaient laissé entraîner des personnes peu éclairées. Lorsque HÉRISSANT, membre de l'Académie des sciences de Paris (2),

(1) En 1565. FULGOSE *de mirabilibus*, cité par Guettard.

En 1579. PARÉ (Ambroise) dans ses œuvres. Edition de Lyon, in-fol., en 1664, page 664. Crapaud trouvé au milieu d'une grosse pierre, sans apparence d'ouvertures.

En 1698. RICHARDSON, dans son Iconographie des fossiles d'Angleterre, lettre 3e, cite l'histoire d'un Crapaud trouvé dans une pierre.

En 1719. Histoire de l'Académie des sciences de Paris; un Crapaud trouvé dans un tronc d'orme, par M. Hubert.

En 1721. BRADLEY (Rich.), a philosophical acount, etc., pag. 9 et 120. Crapaud trouvé dans une pierre; un autre dans un chêne.

En 1731. M. SEIGNE, Histoire de l'Académie des sciences de Paris, page 21. Crapaud dans un chêne.

En 1741. GRABERG. (J.-M.), Analect. transalpina, tom. I, p. 177. *Historia bufonis vivi, lapidi solido insidentis.*

En 1756. Un crapaud trouvé à Cereville, cité par Guettard.

En 1771. Mémoire de GUETTARD. Dans ses Mémoires, tom. IV, no 15, pag. 615, sur les Crapauds trouvés vivants au milieu des corps solides, dans lesquels ils n'avaient aucune communication avec l'air extérieur. Cas particulier d'un individu trouvé au Raincy, dans un massif de plâtre, où l'on suppose qu'il a dû vivre de quarante à cinquante ans. La pièce a été conservée.

En 1777. Les Expériences de HÉRISSANT, que nous allons faire connaître dans la note suivante.

En 1780. Du même. Une lettre écrite de Saint-Maxence. Crapaud trouvé vivant dans un tronc de chêne. Mémoires cités page 684.

En 1782. GÉRHARD. Mémoires de l'Académie de Berlin, p. 13. Crapaud vivant trouvé dans une pierre.

(2) Les Expériences de Hérissant n'ont pas été déposées dans les registres de la science. Ce qu'on en connaît a été publié, avec son Éloge inséré dans l'Histoire de l'Académie des sciences, pour 1777; comme le fait est important, nous allons en extraire ces passages:

renferma, devant plusieurs de ses confrères, trois Crapauds dans des boîtes séparées, qu'il scella avec du plâtre. Ces boîtes restèrent déposées dans le local de l'Académie : dix-huit mois après, elles furent ouvertes en présence de plusieurs de ses confrères. Deux des Crapauds furent trouvés vivants. On s'était assuré auparavant qu'il n'existait aucune ouverture visible. Malheureusement les procès-verbaux relatifs à ces expériences n'offraient pas assez de détails et quelques circonstances importantes n'y étaient même pas mentionnées. En effet, en 1812, et plusieurs années de suite, au mois d'avril, nous essayâmes de reproduire les mêmes faits, en plaçant dans de petites boîtes de bois deux Crapauds de l'espèce dite de Roësel ; et l'année suivante, à la même date du mois, le 12, en ouvrant les boîtes, bien incrustées de plâtre, dans une épaisseur d'un pouce au moins sur toute la circonférence, nous trouvâmes les trois

---

En 1771 on avait trouvé, dans un vieux mur, au Raincy, un Crapaud vivant qui y avait été couvert de plâtre. On parla beaucoup de ce fait. Il trouvait un grand nombre d'incrédules, quoiqu'à cette occasion on en ait reproduit plusieurs tout à fait analogues. Pour le vérifier s'il était possible, M. Hérissant fit en effet une expérience sur les trois Crapauds dont nous venons de parler, et dix-huit mois après les deux individus trouvés vivants furent renfermés de nouveau pour être examinés plus tard. Les boîtes ayant été ouvertes après la mort de M Hérissant, les Crapauds furent trouvés morts et desséchés.

L'auteur de l'Éloge ajoute : D'après tous les faits qu'avait recueillis M. Hérissant, il avait préparé un Mémoire pour prouver que les Crapauds peuvent vivre très-longtemps sans manger, sans boire et presque sans respirer. Il l'a remis lui même, avant sa mort, à M. Guettard (1), qui s'est chargé de le mettre en état d'être publié. La fin de ces recherches est de même date que celle de sa vie, et il aura la gloire d'avoir été académicien, même après sa mort, qui est arrivée en 1773, le 21 août. Il avait cinquante-neuf ans.

(1) Voyez tome IV de ses Mémoires, pages 615, 636, 684.

Crapauds mis en expérience, morts et desséchés, quoique les boîtes qui les contenaient eussent été placées dans des circonstances diverses, l'une à la cave, une seconde au grenier, et la troisième dans une grande armoire bien close et à l'ombre, dans une chambre non chauffée, au second étage.

Probablement notre expérience avait été mal faite, car M. W. Edwards l'a répétée, de son côté, avec un succès complet (1). Il la fit sur quinze Crapauds communs. Il en plaça d'abord cinq dans du plâtre gâché et mou dans une boîte de bois, de manière à ce qu'ils occupassent la partie moyenne à peu près. Il maintint là cet animal avec la main ; et lorsque le premier plâtre fut solidifié ; il le recouvrit d'une couche de ce même plâtre liquide ; enfin, quand le tout eut pris de la consistance, il ferma ces boîtes, et il les ficela avec soin.

Cinq autres de ces Crapauds furent placés également dans du plâtre gâché, avec les mêmes précautions, mais dans des boîtes de cartons. Enfin, les cinq derniers furent jetés dans de l'eau, et retenus au fond. Ces derniers étaient morts le même jour, à minuit.

Le lendemain, l'une des boîtes de carton fut ouverte. On détacha une petite portion du plâtre ; mais l'animal ayant coassé et exécuté quelques petits mouvements qui indiquaient qu'il était en vie, on reboucha le trou avec soin au moyen d'un peu de plâtre, auquel on donna même un peu plus d'épaisseur, et on ne l'ouvrit que le 15 mars suivant, c'est-à-dire dix-neuf jours après, et l'animal fut trouvé en vie. On ne procéda pas alors à l'ouverture des autres, mais on ne le fit que

(1) Ouvrage cité précédemment, chap. Ier, pag. 15, et nous avons assisté à plusieurs de ces expériences.

successivement aux mois d'avril, de mai et de juin ; tous ces animaux étaient morts, mais ils n'avaient succombé, comme M. Edwards a de justes raisons pour le croire, que parce qu'ils s'étaient desséchés, ayant perdu, sans pouvoir la récupérer, l'humidité qui leur était nécessaire, par suite de l'évaporation que leur corps avait subie à travers les pores du plâtre.

Le 6 mars, le même observateur soumit à une épreuve semblable six Tritons à crête. Le 25 avril, on ouvrit les boîtes, c'est-à-dire au bout de dix-neuf jours, l'animal était encore vivant ; mais il avait considérablement perdu de son poids et de son volume. M. Edwards attribue la prolongation de la vie chez les Batraciens, à l'action que le sang éprouve dans le tissu de la peau, au moyen des vaisseaux nombreux qui s'y ramifient, et qui remplissent le rôle des poumons ; cette action s'étant exercée à travers le plâtre, qui est très-perméable. Ces plâtres, en effet, plongés dans l'eau ou sous le mercure avec les êtres vivants qu'ils renfermaient, en eurent les pores tellement obstrués, que les animaux ne tardèrent pas à périr par asphyxie.

Déjà Townson avait reconnu que les Grenouilles qui s'enfouissaient dans le sable ou dans la terre humide y vivaient beaucoup plus longtemps que dans l'air, parce qu'ils ne perdaient pas autant par l'évaporation. M. Edwards a eu occasion de faire une expérience qui prouve que, dans ce cas, la respiration ou plutôt l'artérialisation du sang s'opérait plutôt par la peau que par les poumons. Ayant excisé complétement ces derniers organes à des Grenouilles qu'il laissa s'enfouir dans du sable humide, il vit qu'elles pouvaient continuer de vivre dans les limites de trente-trois à quarante jours. Il a constaté également dans le même but, que des Grenouilles maintenues, au moyen d'un filet, dans un courant d'eau sans pouvoir approcher de la surface, avaient conservé la vie pendant plusieurs mois.

Spallanzani a fait un grand nombre d'expériences relatives à la respiration, à la chaleur animale, et à la résistance au froid sur des Grenouilles et des Salamandres (1). Tous les résultats auxquels il est arrivé confirment les faits observés par Townson ; il a reconnu les causes de leur léthargie, les besoins qu'elles ont de leur humidité, l'absorption de l'oxygène par leur peau, et la formation dans ce cas du gaz acide carbonique, même quand ces animaux sont privés de poumons, ou quand ils sont placés dans des conditions telles, qu'ils ne peuvent y introduire de l'air atmosphérique. Enfin, toutes ses observations viennent entièrement à l'appui des faits indiqués ci-dessus pour la circulation, la respiration et la résistance au froid.

7° *Sécrétions diverses.*

Parmi les séparations naturelles des humeurs qui s'opèrent dans certains organes par suite de la nutrition, nous avons déjà eu occasion de parler de la salive, du suc pancréatique, de la bile et de la graisse qui sont de véritables humeurs secrémentitielles, ou qui sont résorbées pour servir à la réparation des parties du corps ; mais il en est d'autres plus spécialement mises à part pour être expulsées au dehors, telles sont d'abord les urines, puis un autre liquide contenu

(1) Rapports de l'air avec les êtres organisés, tirés des journaux de Lazare Spallanzani, par Jean Sennebier. Genève, 1807, tom. Ier, pag. 256 à 355, sur les Salamandres; et *ibid.*, Mémoire X, pag. 356 à 469, sur les Grenouilles.

dans des organes situés au voisinage du cloaque dont les usages paraissent évidents, quoique le mode de sa sécrétion et de sa distribution n'ait pas encore été découvert. Nous voulons parler de l'humeur incolore que contient la double vessie, regardée longtemps comme destinée à recevoir l'urine sécrétée par les reins; mais qu'on sait être maintenant une sorte de liquide pur comme de l'eau, devant servir à l'évaporation qui se fait à la surface de la peau, ou ce qui revient au même, à maintenir le corps dans un degré à peu près constant de température.

De la sécrétion urinaire.

Roësel, dans son histoire des Grenouilles de notre pays, a décrit les reins, les uretères et tout l'appareil urinaire dans la plupart des espèces qu'il a observées. Funk et presque tous les naturalistes qui ont étudié anatomiquement les Urodèles, nous ont procuré sur ce sujet assez de détails et les renseignements désirables.

Les reins des Batraciens sont situés, comme ceux de tous les autres animaux vertébrés, en dehors du péritoine, sur les parties latérales de la colonne des vertèbres. En général ils sont allongés, et beaucoup plus dans les Urodèles que dans les Anoures. Ces reins ressemblent assez d'ailleurs à ceux des Oiseaux et des Poissons; mais leur uretère est formé primitivement, ou en sortant de l'organe, par un grand nombre de ramuscules creux, qui finissent par se joindre pour former un canal commun fort court, qui se termine dans le cloaque, après s'être réuni cependant avec les conduits qui portent le sperme chez les mâles. Dans la Salamandre terrestre et dans les autres Urodèles, la terminaison des uretères dans le cloaque, est à peu près la même suivant les descriptions que nous avons consultées; telles que celles de Funk, de Rusconi et de Cuvier.

De la poche qu'on a cru être la vessie urinaire.

Tous les auteurs qui avaient précédé Townson avaient cru que les uretères se terminaient dans la poche considérable, le plus souvent à deux lobes, qui occupe la place ordinaire de la vessie urinaire. Il y a là, en effet, un sac membraneux triangulaire (1) dans la Salamandre terrestre, fortement bilobé lorsqu'il est rempli de liquide (2). C'est Townson qui a le premier fait connaître ces organes et présenté des idées nouvelles sur l'usage auquel est destiné le liquide qu'il renferme. Voici la traduction de la description qu'il en a donnée :

Dans tous les animaux dont nous connaissons le mieux l'organisation et qui ont une vessie, les uretères ou les canaux qui proviennent des reins y apportent l'urine. Dans les Batraciens, au contraire, les uretères ne se rendent pas dans cet organe, quoique Roësel les ait ainsi représentés et qu'il ait ajouté : il y a deux autres canaux qui portent dans la vessie, l'urine produite par les reins. Au reste Swammerdamm avait dit aussi : on voit au-devant du rectum une vessie urinaire double dans laquelle se rendent les uretères qui remplissent en même temps l'office des canaux déférents, et il avait ajouté ailleurs : les vésicules séminales et les vaisseaux déférents s'insèrent dans l'intestin rectum très-près du fond de la vessie urinaire. Il y avait là une erreur; car dans les Grenouilles, les uretères

(1) Funk, *loc. cit.*, page 22, § 40, fig. 3, lettre *q*.
(2) Townson, *loc. cit.*, tab. 1, n° 9.

se terminent tout à fait et uniquement dans le rectum.

On voit cependant que Swammerdamm avait quelques doutes à cet égard ; car après avoir dit que les vaisseaux déférents s'insèrent dans le rectum, il ajoute que l'urine passe par ces vaisseaux déférents. Au reste, voici ses propres expressions : il faut bien remarquer que chacun des reins envoie son urine dans le canal déférent destiné à porter la semence dans l'acte du coït, de même que chez l'homme la semence et l'urine sont obligées d'être transmises au dehors par le canal de l'urètre.

Quoique les uretères n'arrivent pas dans la vessie, on voit dans la partie élargie du rectum à l'opposite du point où ils aboutissent, un trou assez grand pour que l'urine puisse s'y introduire, soit par son propre poids, soit par la contraction de l'intestin. Cependant cette explication serait assez singulière, et non applicable à la Rainette des arbres qui se trouve souvent accrochée sous les feuilles, le dos en bas. Au reste, chez les Oiseaux, qui ne rendent jamais d'urine, ne sait-on pas que les uretères se terminent dans le rectum ?

Ce liquide contenu dans la vessie est aussi pur et aussi insipide que l'eau distillée. Townson assure que celui de la vessie des Crapauds est dans le même cas, puisqu'il affirme en avoir très-souvent exploré par le goût, une assez grande quantité, malgré le préjugé commun que cette urine est vénéneuse. Mais, dit-il, les philosophes, comme les vieilles femmes, ont honteusement calomnié le Crapaud, qui est si malheureusement tourmenté, et dont il se propose de prendre ailleurs la défense.

Puisque les Batraciens ne boivent jamais, et qu'ils ont cependant besoin d'une aussi grande quantité d'eau, il lui parut d'abord probable que cette eau absorbée

12.

par la peau était ensuite dirigée dans la vessie, comme dans une sorte de citerne destinée à la conserver et à la distribuer dans le reste de l'économie, à peu près de la même manière que l'eau reçue dans l'estomac des autres animaux, se trouve ensuite employée. Il établit en conséquence que chez les Raniformes, comme dans tous les autres animaux qui n'ont pas de vessie, l'urine sécrétée par les reins, puis déposée dans le rectum, est enfin rejetée avec les autres matières fécales.

Telles sont les observations qui portent l'auteur à conclure que la vessie, qui ne contient que de l'eau, n'est pas réellement destinée à recevoir l'urine ou à la recueillir au fur et à mesure qu'elle est sécrétée; mais comme il a le premier reconnu le véritable usage de cette eau, nous croyons devoir continuer l'extrait de son travail et rapporter les observations qu'il a consignées dans ce mémoire.

C'est un fait très-important pour la physiologie, que la faculté dont jouissent ces animaux d'absorber par la peau une aussi grande quantité de liquides, et que l'existence chez eux d'un vase destiné à les recevoir dans une proportion plus considérable qu'il n'en pourrait entrer dans le système de leur circulation.

Plusieurs passent une grande partie de leur vie sous la terre, ou bien ils peuvent être éloignés longtemps de l'eau, qui est leur élément principal. Ils sont à peu près dans le même cas que les chameaux, qui, lorsqu'ils traversent les déserts en Arabie, trouvent une pareille poche ou réservoir à eau, dans une des divisions de leur estomac. D'autres Batraciens, après l'époque où leur fécondation a lieu, vont chercher une habitation fort éloignée des eaux : ils deviennent alors tout à fait terrestres. Comme tous les animaux nocturnes, ils restent cachés pendant le jour, ce qui fait qu'alors l'évaporation qui s'opère à leur surface est peu abondante, et lorsqu'ils sortent vers le soir, ils viennent appliquer leur corps sur toutes les surfaces humectées par la rosée, ils absorbent tout le liquide qu'ils avaient perdu par l'effet de l'évaporation diurne.

L'auteur a rapporté les procès-verbaux des expériences qu'il a faites à ce sujet, en pesant les animaux dans les diverses circonstances de leur exposition prolongée à l'air chaud et sec et en les plaçant ensuite dans des conditions favorables pour qu'ils exercent la faculté dont ils jouissent d'absorber l'humidité, surtout par la partie inférieure du corps. Au reste, nous n'insisterons pas davantage sur ce point de la physiologie des Batraciens, dont nous avons déjà traité avec détail, en parlant de l'exhalation, de la transpiration et de l'absorption de l'eau (1); car c'est une des particularités les plus curieuses de l'organisation des Batraciens, qui ont donné lieu à de belles recherches expérimentales commencées par Townson, et qui ont été répétées et étudiées avec le plus grand soin par M. W. Edwards (2).

Des sécrétions cutanées.

Déjà nous avons eu occasion, en traitant de l'organisation générale des Reptiles (3), de parler des excrétions que certaines parties de leur peau paraissent destinées à produire ; elles sont surtout fort remarquables dans les différentes espèces de Batraciens. La plupart

---

(1) Voyez plus haut dans ce volume, page 170 ; et tome Ier du présent ouvrage, pages 193 et suivantes.

(2) *Loc. cit.* De l'influence des agents physiques sur les animaux vertébrés.

(3) Tome Ier du présent ouvrage, pag. 204 et suiv.

de ces émanations échappent probablement au sens de notre odorat; mais les chiens qui l'ont plus parfait éprouvent, lorsqu'ils approchent le nez de quelques Anoures et de plusieurs Urodèles, une répugnance telle que leur salive s'écoule en dehors, comme une sorte de bave, ce qui semble indiquer qu'elle est excitée par des effluves qui leur déplaisent. Tout porte à croire que la nature, par ce moyen de défense, a voulu protéger la race de quelques-uns de ces animaux, dont le corps est mou et sans défense, contre la rapacité de certains Mammifères, Oiseaux ou Poissons qui en seraient fort avides, et qui s'en trouvent ainsi dégoûtés; car nous-mêmes, lorsque nous venons à toucher la plupart des espèces de Salamandres ou de Tritons, nous sommes très-désagréablement affectés de l'odeur que leur contact communique aux doigts, et dont nous ne pouvons pas facilement nous débarrasser.

Dans quelques espèces ces excrétions paraissent produites seulement dans la saison où ces animaux éprouvent le besoin impérieux de perpétuer leur race, époque à laquelle nous voyons en effet, chez les Urodèles, l'extrémité libre du cloaque se gonfler considérablement. On voit alors sur les bords d'une fente longitudinale deux lèvres épaisses diversement colorées, qui présentent des pores plus ou moins béants dont sont percés des tubercules variables pour la grosseur et la forme, mais réguliers pour chaque espèce, et même tout à fait différents, et d'une manière constante pour chacun des sexes, ainsi que MM. Ratke et Gravenhorst les ont décrits et figurés (1). Dans les Crapauds et dans

(1) Ratke, *Beitrage zur Geschichte der Thiervalt.* Dantzig, 1820. In-4, pl. III, fig. 11, 12 et 13.

Gravenhorst, *Deliciæ musei Vratislav.*, pl. XI, fig. 3, 4, 5; et pl. XII, fig. 2, 3, 4.

les vraies Salamandres il existe à la partie postérieure de la tête, sur les côtés, des masses glanduleuses composées de cryptes agglomérés, saillants, dont la surface est percée de trous par lesquels suinte une humeur laiteuse plus ou moins jaune. Chez d'autres, comme dans les Pleurodèles, ces groupes de glandes sont distribués par paires symétriques sur les parties latérales du dos. Funk a fait connaître la structure de ces cryptes (1), et les a représentés, dans la Salamandre terrestre, tels qu'ils sont distribués dans l'épaisseur de la peau, et sur la ligne médiane du dos, le long de la colonne vertébrale. C'est à cette humeur laiteuse et visqueuse qui sort des pores de chacun de ces cryptes, lorsqu'on place ces animaux vivants au milieu des charbons incandescents, qu'on a faussement attribué la propriété merveilleuse d'éteindre le feu, ce qui leur a même valu une grande célébrité populaire. C'est à cause de ce préjugé, sans doute, que cet animal a été souvent choisi pour un symbole de l'amour, dont certains chevaliers ornaient leurs panonceaux ; et que François Ier l'avait pris pour emblême, en faisant représenter sur ses écussons une Salamandre au milieu des flammes, avec cette devise : *Nutrisco et extinguo* (je m'en nourris et je l'éteins).

Ces sortes de cryptes se retrouvent d'ailleurs sur les flancs d'un grand nombre d'espèces de Grenouilles et de Rainettes, ou sur la marge du cloaque, ainsi que nous l'avons déjà répété d'après Roësel, et vérifié longtemps avant d'avoir su que ce célèbre observateur en avait fait mention. Il est probable que la plupart des odeurs ambrées, alliacées, sulfureuses, acides, que développent les différentes espèces de Crapauds lorsqu'on

(1) Ouvrage cité, tab. 2, fig. 10, 11, page 23, § 41

les irrite, proviennent de ces glandes, et que les humeurs qui en suintent sont nuisibles à l'eau. En effet, d'après nos observations, d'autres espèces d'animaux, contenus dans les mêmes vases avec ces Crapauds, que nous excitions vivement, paraissaient souffrir beaucoup, et quelques-uns ne tardaient pas à périr lorsque nous les laissions exposés à ces émanations. Nous avons déjà consigné ces faits dans notre premier volume, à la fin de l'article que nous venons de citer en note, tom. I, page 205 et suiv., et que nous croyons devoir rappeler.

8° *De la reproduction des membres.*

Nous avons dû parler, en exposant les généralités sur l'organisation des Reptiles, de la remarquable faculté qui leur a eté donnée par la nature, d'opérer la régénération des parties qui leur avaient été enlevées, ou que ces animaux pouvaient avoir perdues par accidents. Des expérimentations authentiques, faites par d'habiles observateurs, ont démontré la réalité de la reproduction des divers organes, surtout chez les espèces de l'ordre des Batraciens, particulièrement dans les Urodèles, qui semblent avoir été choisis par eux de préférence pour ces sortes d'épreuves.

Il nous a été impossible de ne pas citer d'avance ces expériences physiologiques qui se lient d'une manière si intime à l'acte de la nutrition et au développement organique. Nous avons recueilli à cette occasion la plupart des faits consignés dans les mémoires spéciaux et dans les ouvrages de Spallanzani, de Plateretti, de Murray, et surtout de Bonnet dont nous avons présenté un court extrait. A cette occasion même nous avons consigné une observation des plus curieuses pour la science, et qui nous a été fournie par le hasard ; c'est celle qui est relative à l'ablation complète des quatre cinquièmes de la longueur de la tête dans un Triton qui a continué de vivre, et très-certainement de respirer par la peau pendant plus de trois mois, quoique le moignon de la partie amputée présentât une cicatrice dont la surface lisse prouvait, même à l'œil armé d'une loupe, qu'il y avait une obturation complète de l'œsophage et du larynx.

N'ayant aucun fait important à ajouter à ce que nous avons exposé sur ce sujet, nous prierons le lecteur de vouloir bien consulter cet article ; il se trouve présenté avec détails à la page 206 et suivantes du premier volume de cet ouvrage.

M. de Siebold a eu occasion depuis d'observer plusieurs cas de reproduction incomplète des parties dans les espèces de Triton qui avaient reçu des blessures, ou dont quelques portions des membres perdues s'étaient renouvelées par une sorte de force reproductive à laquelle il a consacré un chapitre dans sa dissertation inaugurale soutenue sous la présidence du célèbre professeur Rudolphi (1).

---

(1) De Siebold, Carol. Theod. Ernest. Ouvrage cité dans le chapitre suivant, caput. IV, *De vi reproductiva Tritonis nigri*.

§ IV. DE LA PROPAGATION ET DES ORGANES GÉNÉRATEURS.

L'histoire de la reproduction chez les Reptiles Batraciens est très-curieuse à connaître. Cette fonction, étudiée dans un ordre d'animaux dont la structure est déjà fort complexe, offre aux naturalistes un grand nombre de circonstances importantes à observer, et des faits, des résultats si extraordinaires, que par leur anomalie même, ils doivent appeler l'examen le plus sérieux et les méditations de tous les physiologistes.

L'excès de la nutrition, la redondance de la vie, ce besoin, cette exigence impérieuse de la nature qui appelle tous les êtres organisés à perpétuer leur race et à communiquer l'existence dont ils sont doués à un certain nombre d'individus destinés à leur succéder, se manifeste ici de la manière la plus évidente. Cette opération occulte, en géneral si profondément intime et si mystérieuse, cesse de l'être; elle s'exécute sous nos yeux, et les germes, presque constamment séparés du corps de leur mère avant d'avoir été fécondés, ne reçoivent réellement la vitalité qu'à l'extérieur des membranes transparentes, à travers lesquelles il nous est loisible d'examiner toutes les évolutions de mouvements, tous les changements qui ont lieu dans les embryons. Cette circonstance fournit ainsi l'occasion de suivre les métamorphoses que ces petits embryons subissent dans leurs organes et dans les diverses fonctions, que les instruments de la vie sont successivement appelés à produire avant d'être parvenus à leur perfection finale. Nous voyons ici, en effet, des êtres dont l'organisation est fort élevée dans l'échelle des animaux, qui, sans cesser d'être eux-mêmes, subissent des transfigurations, prennent successivement des formes diverses, nécessitées par la nature des milieux dans lesquels ils sont appelés à vivre, à se nourrir, à respirer, à se mouvoir. Ils avaient d'abord la figure, les mœurs, et toutes les habitudes des Poissons, puis devenus peu à peu terrestres et aériens, ils éprouvent dès lors, dans la plupart de leurs organes, des changements tels, que les principaux instruments de la vie, destinés à produire les mouvements, la sensibilité, la nutrition, ont dû nécessairement être modifiés. Tels sont les problèmes physiologiques que les recherches les plus hardies de la science auraient inutilement tenté de résoudre, et dont la simple observation des faits naturels qui se passent sous nos yeux chez les Batraciens, nous offre comme une expérimentation absolue, faite d'avance, sans danger, sans effusion de sang, sans souffrances pour l'animal, et dont le résultat évident et positif ne peut raisonnablement être contesté.

Chez ces animaux, les sexes sont toujours distincts et séparés sur deux individus : les mâles sont généralement plus petits que les femelles; leurs formes sont mieux exprimées; leurs couleurs plus vives. Ils ont le tronc moins large et les mouvements moins lents. Sous tous ces rapports ils ressemblent encore aux Poissons, avec lesquels ils offrent plus d'analogie, par le mode de leur génération.

Ainsi que nous avons déjà eu l'occasion de l'indiquer, les Batraciens adultes ne contractent pas une union durable, même pour une seule saison. Il n'y a entre eux qu'une monogamie passagère. Le seul besoin de la reproduction est pour leur couple une sorte de nécessité instinctive, à laquelle ils satisfont. Pour l'un et l'autre sexe, c'est une excrétion à opérer d'une matière, d'une partie de leur corps, sécrétée par un excès de la vie, une cause finale de la création à remplir, un but matériel à atteindre. Aussi cette fonction naturelle ne paraît pas avoir exercé la moindre influence sur l'état social des individus. Il n'y a parmi eux nulle communauté de désirs, ni d'affections ; ni même aucun attachement momentané du mâle pour la femelle, qui n'est jamais la compagne, ni la mère de ses enfants, qu'elle ne peut connaître. Le seul besoin de la passion physique les rapproche ; et quand elle est satisfaite, ils se fuient, s'éloignent, et ne se reconnaissent plus.

Quoique les individus de sexe différent se rapprochent à une époque fixée dans chaque espèce pour le grand œuvre de la reproduction ; cependant, à quelques exceptions près, la fécondation des germes n'a pas lieu dans l'intérieur du corps de la mère ; les rudiments du nouvel être sont formés, sécrétés d'avance dans les ovaires ; ils s'en détachent, et passent dans les oviductes avant d'avoir été vivifiés.

Chez la plupart, ce n'est qu'au moment de leur séjour dans le cloaque, et le plus souvent même après avoir été pondus, que les œufs sont fécondés par la liqueur séminale du mâle, qui n'a pas d'organe destiné à la faire pénétrer dans le corps de la femelle.

Après la ponte et les premiers soins que les œufs exigent pour leur conservation dans quelques espèces, les parents ne s'occupent, en aucune manière, de l'éducation de leur progéniture, dont les formes et les mœurs sont tout à fait différentes des leurs. Ils donnent ainsi naissance à une famille souvent très-nombreuse, qu'ils ne reconnaissent point. Cette prodigieuse lignée n'avait aucun besoin de cette surveillance, de cet instinct maternel qui protége et défend si courageusement la progéniture chez les animaux d'un ordre plus élevé. Cette sollicitude aurait été inutile ici et même superflue, car au moment de leur naissance, lorsqu'ils sortent de l'œuf, et dans les premiers mois de leur existence, ces petits avortons exigent des aliments tout à fait autres que ceux dont leurs parents se nourrissent. Sous cette forme transitoire, le jeune animal ne peut alors respirer, se nourrir et se mouvoir que dans l'eau ; et tous les organes, appelés chez lui à remplir ces trois principales fonctions, ont été subordonnés dans leur structure et leurs usages à cette première manière de vivre. La jeune larve ou le *têtard*, car c'est ainsi qu'on la nomme, n'a pas encore de poumons; elle respire l'eau sur des branchies seulement. Sa bouche est petite, très-étroite, armée de mâchoires de corne, d'une sorte de bec tranchant qui lui permet de diviser les substances végétales qu'elle introduit en grande quantité dans de longs et vastes intestins ; enfin son tronc sans pattes, soutenu par une échine allongée, se termine par une queue comprimée qui lui sert en même temps de rame et de gouvernail.

L'acte de la reproduction s'opère diversement dans les deux principales familles de l'ordre des Batraciens ; chez les Anoures à quatre pattes et sans queue, le mâle, placé sur le corps de la femelle, la saisit et l'étreint fortement au moyen de ses membres antérieurs, dans une sorte de frénésie aveugle et obstinée; tandis qu'avec les pattes de derrière plus allongées, il l'aide de diverses manières à se débarrasser de ses œufs, qui sortent lentement par l'orifice libre de son cloaque, quoiqu'ils soient réunis comme les grains d'un chapelet, ou liés entre eux par une matière gluante, et c'est alors qu'il les féconde, en les arrosant de son humeur spermatique qu'il lance ou qu'il darde par jets successifs et saccadés.

Chez les espèces qui conservent la queue pendant toute la durée de la vie, celles qui composent le sous-ordre des Urodèles, et qui, pour la plupart, restent assez constamment habitants des eaux, le mâle se place en général dans le voisinage de la femelle, lorsqu'elle paraît prête à pondre. A cette époque des amours la nature décore l'un et l'autre sexe de quelques ornements particuliers. Leurs couleurs sont plus vives, distribuées d'une manière toute spéciale; leurs nuances sont plus tranchées, ou insensiblement et très-agréablement dégradées. Des crêtes, des sortes de crinières membraneuses à bords dentelés, festonnés, se développent sur la ligne médiane du cou, du dos et de la queue. Le mâle les agite avec grâce et coquetterie; ses pattes prennent souvent d'autres formes; mais ce sont surtout les parties extérieures de la génération qui éprouvent, chez l'un et l'autre sexe, un développement et une coloration toute particulière. Le mâle prend une activité insolite, il poursuit sa femelle, il l'excite par diverses manœuvres agaçantes; il en épie les moindres mouvements, et dès qu'il s'aperçoit qu'un œuf sort ou qu'il est prêt à sortir du cloaque, il s'en approche vivement, il lance dans l'eau du voisinage la liqueur prolifique à laquelle le liquide sert de véhicule, comme l'air se charge de transmettre à distance sur les pistils le pollen que renfermaient les anthères des végétaux. Chez la plupart de ces espèces, en effet, à cette époque des amours physiques obligées, les organes extérieurs de la génération, à peu près semblables pour la forme dans les deux sexes, se gonflent, se colorent diversement, et prennent un développement extraordinaire, ainsi que nous venons de le dire et que nous aurons occasion de l'exposer avec plus de détails par la suite.

On sait que, dès la plus haute antiquité la simple observation avait fait connaître quelques-unes des singularités que présentent plusieurs espèces de Batraciens dans leur mode de propagation. Cependant les formes bizarres que prend successivement leur progéniture n'avaient été aperçues qu'au dehors; leur structure intérieure n'avait pas été examinée, et réellement les anomalies de mœurs et d'habitudes ne pouvaient être expliquées; aussi donnèrent-elles lieu à beaucoup de préjugés qui subsistent encore aujourd'hui dans le peuple. Les recherches de l'anatomie comparée, dirigées en particulier sur les organes générateurs et sur leurs produits; l'étude approfondie des métamorphoses qui s'opèrent sous nos yeux dans les différentes races de cet ordre d'animaux, ont non-seulement donné l'explication de ces faits extrordinaires; mais la science, en détruisant beaucoup d'erreurs et de fausses idées, a tiré de ces circonstances mêmes, des notions utiles, des inductions importantes qui ont jeté une assez vive lumière et éclairé quelques points encore fort obscurs de cette partie de la physiologie.

Avant de faire connaître les particularités anormales de ce mode de propagation, généralement si extraordinaire dans les Batraciens, et pour faire mieux apprécier encore l'importance de cette étude particulière dans la science de l'économie animale, nous croyons nécessaire de faire précéder nos récits de la simple description des organes générateurs mâles et femelles dans quelques espèces les plus faciles à observer. Nous les choisirons dans les deux sous-ordres principaux, les Grenouilles et les Tritons, en relatant les circonstances les plus ordinaires que présentent ces animaux dans l'accomplissement de la fonction reproductrice. Comme les organes destinés à la génération, dans l'ordre des Reptiles Batraciens, sont beaucoup plus compliqués, quant à la structure, chez les femelles que dans les mâles, nous les étudierons d'abord dans le premier sexe, en prenant notre exemple chez les Grenouilles du sous-ordre des Anoures à quatre pattes ; nous les examinerons ensuite dans les Urodèles, ou chez les espèces qui conservent la queue pendant toute leur vie.

Des organes génitaux dans les Batraciens Anoures.

A. *Dans les Grenouilles femelles et autres genres voisins.*

On sait que chez tous les animaux vertébrés les rudiments des germes sont sécrétés d'avance dans des organes particuliers qu'on nomme ovaires, lesquels sont situés à droite et à gauche dans l'intérieur du ventre, sur les parois latérales de la colonne épinière. Ces organes sont enveloppés par une membrane séreuse, qu'on nomme le péritoine ; ils semblent uniquement formés par l'agglomération de petits globules de diverses grosseurs, en général très-nombreux, logés dans des vésicules dont les parois reçoivent une grande quantité de petits vaisseaux artériels et veineux. Ces replis du péritoine, vers l'époque où la fécondation doit s'opérer, prennent beaucoup de développement ; ils forment deux grands sacs qui remplissent plus des trois quarts de la capacité abdominale, dans quelques espèces leur surface est comme lobée ; on distingue, à travers leurs parois, des granulations brunâtres qui donnent à la masse une teinte noire d'une intensité variable. Ces globules sont des germes dont le développement est plus ou moins avancé. Les plus petits sont des ovules, qui souvent ne doivent être séparés de la mère que dans le courant de l'année suivante. Ce sont véritablement des grappes d'œufs, dont chacun représente une petite baie, qui doit se détacher par la suite pour être poussée au dehors avant d'être mûre.

Les trompes, ou les canaux qui servent d'abord à recevoir et à contenir pendant quelque temps ces œufs pour les perfectionner et ensuite pour les diriger, ont une très-grande étendue en longueur. Ces conduits membraneux sont doubles et symétriques, ils sont très-flexueux et ressemblent à des boyaux, à des intestins grêles, fort longs, repliés sur eux-mêmes. Par l'une de leurs extrémités ils sont adhérents au cloaque, ou à la partie dilatée et terminale du gros intestin, dans lequel ils aboutissent; par l'autre bout qui est libre, et qui s'élève quelquefois jusqu'à la hauteur du péricarde (1), ils s'évasent en une sorte de pavillon ou d'entonnoir membraneux, à parois minces, et présentant un orifice de forme variable selon les espèces. C'est un canal d'abord étroit et mince dans une petite portion de sa longueur correspondante à l'évasement; mais dont les parois deviennent ensuite plus larges, plus épaisses, garnies de cryptes qui sécrètent une humeur muqueuse abondante, dans une étendue qui aurait

(1) Voyez dans Roësel, pl. VIII, ces trompes développées et leur pavillon indiqué par les lettres *bb*; pl. XIX, fig. 6; *w w*, pl. XXI, fig. 24, *f*; enfin, pl. XXIII, fig. 20, *q q*.

jusqu'à cinq décimètres de longueur, si elle était développée; ce conduit flexueux se termine par une portion beaucoup plus large, longue de trois décimètres, formant une sorte de sac qui s'ouvre dans le cloaque, ainsi que nous l'avons déjà dit en traitant du tube digestif.

Quand on examine avec quelque attention la masse des germes contenus dans les ovaires, on remarque que les grains ou ovules sont de différentes grosseurs. Les plus petits sont en général moins colorés, et paraissent destinés à la ponte de l'année suivante. Les autres vont en augmentant de grosseur, et dans une Grenouille femelle ordinaire, à l'époque du part, les œufs sphériques atteignent à peu près l'étendue de deux millimètres. Ces œufs, recouverts d'une double enveloppe membraneuse, contiennent, dans la plus intérieure, un liquide pâteux, opaque, qui est une sorte de vitellus ou de jaune. Sur la tunique qui le recouvre on distingue un point brunâtre, une sorte de tache plus foncée, qui est le véritable germe de l'embryon, mais il n'est pas encore vivifié. Cette petite masse globuleuse est recouverte d'une matière glaireuse, transparente, retenue par une membrane très-fine extérieure. Telle est l'organisation des parties dépendantes du sexe féminin.

B. *Dans les mâles dans les Grenouilles.*

On trouve de véritables testicules dans les mêmes régions que les ovaires occupent chez les femelles; ce sont deux petites masses ovalaires légèrement aplaties, de couleur jaunâtre, piquetées de points noirs, situées au-dessous des corps jaunes frangés, adipeux, épiploïques, le plus ordinairement au dehors de la masse des reins qu'on reconnaît à leur couleur rouge foncé. Le canal déférent, ou le conduit de la semence sécrétée par le testicule, descend vers le cloaque en longeant l'uretère dont il est quelquefois distinct, mais avec lequel il s'unit dans quelques cas. Ce canal vient aboutir, de l'un et de l'autre côté, dans un réservoir, sorte de vésicule séminale, dont chacune se termine dans le cloaque par des orifices, tantôt séparés dans quelques espèces, tantôt réunis sur un très-petit appendice ou prolongement de la membrane muqueuse, qui paraît charnu et qui simule une sorte de pénis très-mou (1).

2° *Des divers modes de la fécondation dans les Anoures.*

Les organes destinés à la reproduction dans l'un et dans l'autre sexe étant connus, nous allons indiquer comment ils sont mis en action lorsqu'ils concourent à la propagation de l'espèce Il faut savoir d'abord qu'à l'époque où doit s'opérer la génération, et qui est ordinairement celle des premiers jours du printemps, le désir ou plutôt un besoin impérieux se fait sentir dans tous les individus adultes, comme une nécessité imposée par la nature pour les soulager par l'émission de

(1) Voyez en particulier, sur ce sujet, la pl. VI du grand ouvrage de Roësel; les parties indiquées par les lettres *g h p*; et dans la pl. XLVII de la Bible de la nature, de Swammerdamm, fig 1re. Voici comment cet auteur décrit les testicules : ils sont le plus souvent de couleur jaune ; sur la membrane qui les enveloppe on voit de très belles ramifications de vaisseaux sanguins, avec des interstices piquetés de noir; quand on enlève cette membrane, on trouve une infinité de petits tuyaux qui se dirigent vers le centre de l'organe. Au bord interne de ces testicules, on distingue les vaisseaux séminifères qui se portent sur les reins, et l'auteur fait remarquer que la semence vient aboutir dans ces uretères avec l'urine, ou par le même conduit, comme dans les Mammifères, chez lesquels le canal de l'urètre a cette double fonction.

la matière prolifique surabondante, dans les femelles comme dans les mâles. Chez les premières, en effet, on s'est assuré que les ovules se détachent les uns après les autres de la grappe ou de la masse de l'ovaire. Chacun de ces œufs est comme humé par le pavillon de la trompe qui se voit à l'extrémité libre de l'oviducte, dans lequel il se trouve ainsi introduit. Arrivé là, cet œuf et ceux qui le suivent s'avancent dans la portion de canal, dont les parois sont plus épaisses et garnies de cryptes muqueux qui recouvrent chacun d'eux d'une matière glaireuse condensée. Continuant d'avancer dans ce canal, ces œufs parviennent dans la portion élargie en forme de sac, où ils s'accumulent. C'est le plus ordinairement dans cet état de parturition commencée, que la femelle reçoit et semble attirer les approches du mâle qui la recherche aussi avec une grande ardeur, comme entraîné par l'instinct effréné de la reproduction.

C'est presque toujours dans l'eau, pour la plupart des espèces, que s'opère l'acte de la propagation. Le mâle est excité par la femelle qui souvent coasse sous le liquide, ou en ayant le corps immergé. Lui-même l'appelle en produisant des sons érotiques particuliers, et en préludant à cette grande œuvre, comme nous l'avons dit, par des épithalames variés. Puis il monte sur le dos de la femelle ; il la saisit fortement à l'aide de ses pattes antérieures qu'il croise sous son ventre, en l'embrassant avec une telle ardeur, que la pression qu'il y exerce à l'aide de ses mains et de ses avant-bras, quelquefois pendant plus de vingt jours consécutifs, détermine une sorte d'usure, d'excoriations, dont les plaies sont quelque temps à se cicatriser ; d'autant plus que dans certaines espèces, comme la Grenouille rousse ou temporaire, les mâles éprouvent, à cette époque de l'accouplement, un gonflement du pouce et de quelques autres parties du membre antérieur, qui augmentent de volume et se couvrent de tubercules, de callosités rugueuses dont la teinte est différente de celle du reste de la peau.

Il est probable que le détachement des œufs renfermés dans l'ovaire continue de s'opérer, et même avec plus d'activité pendant que le mâle chevauche sa femelle, qu'il semble comprimer et aider de tous ses membres, afin qu'elle puisse plus aisément se débarrasser de ses œufs, qui sortent certainement des oviductes avant d'avoir été fécondés, et dans l'ordre suivant lequel ils y ont été introduits. De sorte que la ponte est une évacuation lente et successive des œufs qui sortent des trompes pour arriver dans le cloaque par les deux orifices que nous avons indiqués, et ils finissent par être poussés au dehors de l'anus, qui livre ainsi passage tout à la fois aux urines, aux œufs, et au résidu des aliments.

Au fur et à mesure que les œufs sortent ainsi du corps de la femelle, on voit qu'ils sont liés entre eux et réunis par une sorte de glaire, tantôt comme une masse informe agglomérée; tantôt sous l'apparence d'un chapelet ou cordon gélatineux de plusieurs pieds de longueur, suivant les espèces, et dans lesquels les grains ou les germes diversement colorés sont disposés d'une manière symétrique et plus ou moins régulière. Le nombre des œufs est immense; Roësel a pu en compter plus de six cents, et Swammerdamm en a trouvé plus de onze cents dans les ovaires (1). Spallanzani a

(1) Biblia nat., pag. 805. *Aliquandò centum supra mille ovula in unica Rana numeravi et hæc quidem omnia per duas illas angustas,*

mesuré la longueur de deux cordons ou chapelets d'œufs pondus par une femelle de Crapaud commun, et il leur a trouvé quarante-trois pieds de longueur : le nombre des œufs était de douze cent sept. Le plus ordinairement le mâle aide sa femelle dans cette sorte d'accouchement en tirant les œufs avec les pattes de derrière, et de temps à autre on voit qu'il lance par son anus de petits jets de liqueur spermatique destinée à les féconder, ainsi que l'a représenté Roësel (1). Quelquefois plusieurs mâles se succèdent dans cette opération ; quand le premier a épuisé sa liqueur prolifique, il abandonne la femelle en travail, et un autre mâle, le plus ordinairement, ne tarde pas à le remplacer dans cette fonction. D'autres fois, c'est tout le contraire ; un même mâle sert successivement à la fécondation de deux ou trois femelles (2). On s'est assuré que les femelles privées du mâle, et chez lesquelles cependant les œufs sortent comme involontairement, ne propagent pas leur race. Ces œufs sont inféconds comme ceux des oiseaux ; ils sont stériles et ne tardent pas à s'altérer ; cela arrive même à ceux de ces œufs qui ont été pondus avant l'accès du mâle. La température de l'eau dans laquelle s'opère l'acte de la fécondation, ralentit et prolonge la ponte quand elle s'abaisse, tandis qu'elle l'active et semble la hâter quand elle s'élève. C'est un fait reconnu par MM. Presvot et Dumas, et dont ils ont profité pour faire les observa-

---

immobiles tubarum aperturas transmeare debent. Et il ajoute : *quis credat?*

(1) Pl. XIII, fig. 2, pag. 56.

(2) *Ibid.*, pag. 57. *Unas interdum masculus duarum triumve fœmellarum ova fecundat.*

tions curieuses qu'ils ont publiées à ce sujet (1). Ils ont décrit avec soin les changements qu'ils ont vus s'opérer dans des œufs de Grenouilles qu'ils ont observés avec la plus grande attention et sans interruption pendant plusieurs jours après la ponte, en tenant compte de tous les phénomènes qui se passent alors. Le premier est l'absorption de l'eau qui les gonfle et qui les fait grossir à un tel point, que chacun d'eux, après une immersion de quatre heures, a augmenté en volume de près de trois quarts, dilatation à laquelle se prête l'enveloppe ou la membrane extérieure de l'œuf à travers laquelle s'opère une sorte d'endosmose. Cette action est si puissante, qu'il nous est arrivé plusieurs fois, après avoir déposé dans des bocaux du frai de Grenouille nouvellement pondu et même la totalité des ovaires tirés du corps de la femelle, de voir ces vases éclater sous nos yeux par la violente dilatation qui s'opérait dans la masse.

MM. Presvot et Dumas ont répété les expériences de Spallanzani sur la fécondation artificielle des Grenouilles; ils ont extrait des testicules et des canaux spermatiques la liqueur prolifique; ils l'ont délayée dans l'eau où ils avaient déposé un certain nombre d'œufs pondus sans le secours des mâles, et qu'ils savaient devoir être inféconds ou stériles; et afin de mieux juger de ce qui arriverait, ils ont placé dans un autre vase et dans les mêmes circonstances, un pareil nombre de ces mêmes œufs, mais avec de l'eau pure. Ils n'ont pas tardé à reconnaître, par cet examen comparatif, qu'ils avaient donné la vie aux premiers œufs, tandis

(1) Annales des sciences naturelles, tom. II, 1824, in-8, pag. 107. Mémoire sur la génération.

que les autres n'avaient éprouvé aucun changement, et qu'ils ont fini par se corrompre. En effet, au bout d'une heure environ, on voyait sur les œufs fécondés artificiellement un petit sillon partant d'un point brun, que ces habiles et savants observateurs regardent comme le rudiment du fœtus. Ils ont suivi, heure par heure, les changements qui s'opéraient sous leurs yeux, et qui les ont conduits au moment de l'éclosion. Leurs observations sont si importantes, que nous croyons être utiles aux lecteurs en leur présentant le résumé et les conclusions que les auteurs ont donnés eux-mêmes à la fin de leur mémoire. Les voici :

« 1° Les œufs pris dans la dilatation de l'oviducte, » éprouvent à l'instant de leur immersion dans l'eau, » une imbibition qui gonfle le mucus dont ils sont » entourés. Si le liquide qu'on emploie renferme du » sang, la matière colorante pénètre sans difficulté » toutes les enveloppes. S'il contient des animalcules » spermatiques, ceux-ci ne sont pas arrêtés à la surface, » ils parviennent jusqu'à l'ovule lui-même, sans perdre » leurs mouvements spontanés.

» 2° Gonflés d'eau pure, les œufs ne tardent pas à se » décomposer, mais si l'eau se trouve mélangée de se- » mence, les œufs éprouvent des phénomènes de plisse- » ment fort singuliers, et au bout de quelques heures, » on distingue dans la région de la cicatricule, un » corps linéaire, renflé à sa partie antérieure. C'est le » rudiment de la moelle épinière, autour de laquelle » on voit s'opérer l'évolution de tous les organes.

» 3° La liqueur spermatique a besoin d'être étendue » d'eau dans certaines proportions, pour jouir de tout » son effet. Concentrée et pure, son action est moins » assurée; trop délayée, elle s'affaiblit et finit par dis-

» paraître. Il en est de même si on l'évapore doucement » à siccité, sans employer la chaleur ; quoiqu'on la dis- » solve de nouveau dans l'eau, elle ne reprend plus son » pouvoir vivifiant.

» 4° L'œuf saturé d'eau n'est plus propre à la fécon- » dation, et la diminution de cette faculté paraît pro- » portionnelle au séjour qu'il a fait dans ce liquide.

» 5° Après l'extraction du corps de l'animal, les œufs » perdent progressivement leur état normal, mais ce » genre d'altération ne devient sensible qu'après la » vingt-quatrième heure, à une température de 12 à » 15 degrés centigrades.

» 6° La semence subit elle-même des modifications » analogues ; à mesure que les animalcules meurent, » elle devient inerte. L'effet total a lieu vers la tren- » tième heure de la préparation, il commence à se faire » sentir déjà au bout de dix ou douze heures.

» 7° En distillant à de basses températures la liqueur » fécondante, on voit que la partie qui s'est réduite en » vapeurs est tout à fait inerte, tandis que le résidu » conserve toutes ses propriétés.

» 8° L'explosion d'une bouteille de Leyde tue les ani- » malcules et détruit la faculté prolifique de la liqueur » qui les renferme.

» 9° Un filtre suffisamment redoublé, arrête tous les » animalcules, la liqueur qu'il laisse écouler n'est pas » propre à vivifier les œufs ; celle qu'il conserve pro- » duit au contraire les résultats particuliers au fluide » séminal.

» 10° Le nombre des œufs fécondés est toujours infé- » rieur à la quantité d'animalcules qu'on emploie, et si » l'on compare les expériences de Spallanzani avec la » valeur qui exprime le nombre des animalcules qui se

» trouvent dans une liqueur fécondante déjà très-dé-
» layée, on demeure convaincu que leur résultat n'a
» rien d'exagéré.

» 11° Enfin la fécondation des œufs ne peut avoir
» lieu tant qu'ils sont encore dans l'ovaire. Nous insis-
» tons sur ce résultat, à cause de ses conséquences rela-
» tivement à la classe des Mammifères. »

Le mode de génération des Batraciens Raniformes était connu des anciens, ainsi que leurs métamorphoses. Ovide en particulier les a très-bien indiquées : nous le rappelons en note (1). Mais c'est Roësel surtout, qui, après Swammerdamm et Leeuwenhoeck, les a parfaitement observées, décrites et figurées dans son admirable ouvrage. Enfin l'abbé Spallanzani a mis hors de doute et démontré par des expériences positives, que les œufs de ces animaux étaient le plus souvent pondus par la femelle avant d'être vivifiés; que ces germes étaient préexistants à la fécondation, laquelle n'avait lieu qu'en dehors du corps de la mère, ainsi que ceux de la plupart des Salamandres aquatiques. Ces expériences qui avaient fait le sujet de plusieurs dissertations publiées d'abord en langue italienne, ont été traduites en français et coordonnées en un corps complet d'ouvrage, par Sennebier (2). Déjà l'abbé Nollet et Réaumur avaient eu l'idée d'envelopper les parties postérieures

---

(1) *Semina limus habet virides generantia Ranas,*
Et generat truncas pedibus; mox apta natando
Crura dat, utque eadem sint longis saltibus apta,
Posterior superat partes mensura priores.

OVIDIUS, *Metamorph.* lib. XV, versus 375.

(2) Expériences pour servir à l'Histoire de la génération des animaux et des plantes; par M. l'abbé Spallanzani, traduit par Sennebier (Jean). Genève, 1786; in-8 de 413 pages, avec trois planches in-4.

des Grenouilles mâles accouplées, dans des pantalons ou caleçons de taffetas vernis : ils avaient reconnu que ces petits vêtements avaient mis obstacle à la fécondation des œufs pondus ; mais c'était un fait dont ils n'avaient tiré aucune autre induction. Spallanzani ayant répété l'expérience, reconnut dans ces caleçons une certaine quantité de liqueur séminale : il s'en servit pour opérer la fécondation artificielle, en prenant les plus grandes précautions pour obtenir des faits concluants. Il résulta d'un nombre infini d'expériences, variées et modifiées diversement, qu'il pouvait à volonté vivifier ou laisser stériles les œufs déposés dans l'eau, suivant qu'ils étaient mis en contact ou non, avec quelques atomes de cette humeur spermatique, extraite immédiatement du corps d'un mâle, ou recueillie à sa sortie du cloaque, au moment de l'émission. Il put se convaincre qu'il n'y avait réellement de féconds que les œufs qui, après être sortis du corps de la femelle, se trouvaient arrosés de sperme par le mâle directement, ou par un procédé artificiel. Il commença d'abord ses expériences sur le Crapaud commun, qui pond ses œufs en chapelet, et les détails de ses recherches sont si curieux, que nous croyons devoir présenter ici une courte analyse de l'article qui y est relatif.

Ayant séparé une de ces femelles de Crapauds du mâle avec lequel elle était accouplée, il la plaça seule dans un vase plein d'eau, et quelques heures après elle commença à faire sortir de son corps deux cordons visqueux que l'auteur coupa près de l'anus, lorsqu'ils eurent environ la longueur d'un pied. Un de ces cordons fut laissé dans ce vase; le second fut placé dans l'eau d'un autre vase, après avoir barbouillé la surface des œufs, dans les deux tiers de la longueur du chapelet, à l'aide d'un petit pinceau, avec deux grains en poids environ, de la liqueur spermatique du mâle, dont la matière avait été prise dans les vésicules séminales du mâle, avec lequel ce Crapaud femelle avait été d'abord accouplée, et qu'on en avait extrait en ouvrant son abdomen. Cette humeur, transparente comme de l'eau, avait été déposée dans la concavité d'un verre de montre. Cette expérience fut faite le 16 mars, le temps étant froid. Pendant les cinq premiers jours, l'auteur qui examinait souvent ces œufs n'y vit pas un grand changement. La masse du mucus avait grossi dans toute la longueur, et les œufs avaient conservé leur forme arrondie, globulaire. Le sixième jour, les corps noirs, rudiments des têtards contenus dans les deux premiers tiers du cordon, commencèrent à s'allonger, tandis que les autres restèrent arrondis, comme ceux du premier vase qui n'avaient pas été touchés. Tous les jours suivants, les petits têtards continuant de se développer, au onzième jour on aperçut leurs mouvements dans l'amnios, au treizième ils en étaient sortis et nageaient librement dans l'eau, tandis que ceux qui n'avaient pas été fécondés, sans avoir éprouvé de changement dans leurs formes, commencèrent à s'altérer à la surface et finirent par se corrompre et à pourrir complétement. J'étais donc parvenu, dit l'auteur, à donner artificiellement la vie à 114 de ces animaux, car 63 ne se développèrent pas, n'ayant pas été en contact avec la liqueur fécondante. On se peindra aisément le plaisir que j'éprouvai en considérant un succès si peu attendu, et combien je fus intéressé à répéter et à varier cette expérience (1).

(1) Ouvrage cité, page 127, n° 119.

3° *Du développement et des métamorphoses des têtards.*

On connaît maintenant d'une manière complète toutes les phases et les particularités du développement des Batraciens Anoures à quatre pattes. D'après les observations successives de Swammerdamm, de Leuwenhoeck, Roësel, Spallanzani, Presvot et Dumas : en voici les résultats généraux, tels qu'ils ont été fournis par l'observation et les recherches inscrites dans les registres de la science.

Les germes sécrétés d'avance sont réunis en masse dans les ovaires de la femelle. Ils ont diverses grosseurs. A une époque fixe, qui, dans nos climats, est celle de la cessation du froid et de l'engourdissement hibernal de ces animaux ; ces germes se détachent les uns après les autres : ils sont comme introduits activement par le pavillon ou dans l'extrémité libre et élargie de chacune des trompes dites utérines. Dans ce conduit, et pendant leur trajet, ces œufs sont recouverts d'une couche de matière gluante, albumineuse, transparente, et enveloppés par une membrane excessivement mince qui est une sorte d'amnios. Ainsi préparés, ces œufs continuent de descendre comme pour être évacués ou poussés hors du corps. Ils parviennent alors dans une portion du tube plus dilatée, qui est une sorte de sac; là ils s'amoncèlent, y restent comme en dépôt, avant de sortir par la terminaison du tube qui aboutit au gros intestin, dans une sorte de poche qu'on nomme le cloaque.

C'est alors que commence l'acte de la fécondation. Le mâle s'étant placé sur le dos de la femelle, passe ses bras au-dessous des aisselles de celle-ci ; il l'étreint avec la plus grande force dans une sorte de spasme ou de mouvement cataleptique, dont la durée se prolonge souvent au delà de vingt jours. La passion des mâles, ce besoin irrésistible de propager leur race, les met dans une sorte d'extase et d'insensibilité telle, qu'on a pu leur couper successivement les pattes antérieures et les briser, sans que pour cela ils abandonnassent les femelles, et cessassent de lancer leur sperme sur les germes. A mesure que ces œufs sortent, on voit qu'ils sont unis ou joints entre eux pour former des aggrégats ou des cordons. Presque toujours le mâle aide cette sorte d'accouchement en tirant peu à peu les œufs avec l'une de ses pattes postérieures, quelquefois même avec les deux, et, à certains intervalles, on remarque qu'il lance ou éjacule par l'anus de petits jets de liqueur séminale. C'est une humeur presque transparente ou peu colorée, dans laquelle on a cependant observé dans ces derniers temps, à l'aide du microscope, un grand nombre d'animalcules spermatiques de formes diverses, selon les espèces. Cette humeur, et très-probablement l'un des petits êtres, auquel elle sert de véhicule, est absorbée par l'œuf en pénétrant à travers ses tuniques et la matière glaireuse, pour venir féconder le germe : circonstance absolue, et dont la nécessité, comme nous venons de l'exposer, a été démontrée par des expériences concluantes, variées de diverses manières, d'abord par Spallanzani, et ensuite par d'autres observateurs très-dignes de foi.

Quand cette fécondation a eu lieu, et seulement alors, on voit que le germe, qui n'offrait d'abord qu'une tache noirâtre fixée sur l'un des points du vitellus, sorte de lait concentré analogue au jaune de l'œuf des oiseaux, semble augmenter de volume pour envelopper cette matière alibile. Cette petite sphère se sillonne sur l'un des côtés ; on voit alors ses bords s'écarter réciproquement pour former un croissant qui s'étend et présente un corpuscule allongé, dans lequel, à l'aide des instruments d'optique, on commence à distinguer d'un côté les rudiments de la moelle épinière, et de l'autre, qui est plus saillant, le corps jaune renfermé dans un sac qui se gonfle et devient un petit estomac: celui-ci s'allonge, s'étend pour former un tube digestif, un canal membraneux, dont l'étendue augmente rapidement en se contournant en spirale. On voit aussi à l'une des extrémités une sorte de tête arrondie informe, et à l'autre une partie plus grêle, légèrement aplatie en sens inverse, qui deviendra la queue.

En cet état, l'embryon vivant et agile déchire très-probablement, en prenant plus de volume, la coque membraneuse qui le contenait ; il passe à travers la glaire, dont il brise également les tuniques, et on le voit nager avec rapidité dans l'eau, sous l'apparence d'un petit poisson. C'est sous cette forme transitoire que tous les observateurs l'ont décrite et figurée (1), en particulier Swammerdamm, Leeuwenhoeck, Roësel, Spallanzani, Presvot et Dumas. On distingue à la tête les rudiments des yeux, un peu en dessous du museau, et sur la ligne médiane un orifice arrondi, à lèvres variables, qui est la bouche, dans l'intérieur de laquelle

(1) *Voyez* Swammerdamm, Bibl. natur.

Roësel, Hist. Ranarum, tab. 11, fig. 1 à 26. Pour la Grenouille pl. XLVIII et XLIX.

Ibid., pl. X, de 1 à 49 pour la Rainette des arbres.

Ibid, pl. Pl. XIV, pour la Grenouille verte.

Ibid., pl. XVIII, pour le Crapaud de Roësel et les auteurs cités dans le chapitre consacré à l'histoire littéraire des Batraciens.

on voit plus tard des lames de cornes, dont deux principales forment une sorte de bec tranchant. Les lèvres servent au petit animal pour s'accrocher sur les plantes aquatiques, et s'y tenir comme à l'ancre, quand il n'en coupe pas le parenchyme pour s'en nourrir. Sur les côtés et dans une sorte de scissure, on voit deux paires de franges ou de troncs ramifiés en cinq ou huit rameaux vasculaires que l'animal peut allonger et faire mouvoir, et dans lesquels Leeuwenhoeck a le premier très-bien observé la circulation et le changement de couleur que le sang éprouve en suivant son cours : ce sont de véritables branchies extérieures (1). Mais bientôt ces franges disparaissent; elles sont recouvertes par la peau, enfoncées dans une cavité particulière; elles changent de formes, elles sont supportées par les arcs branchiaux de l'os hyoïde, et deviennent absolument analogues aux branchies des poissons renfermées dans la cavité branchiale, immédiatement située après la bouche, recevant l'eau par le pharynx qui présente le plus souvent quatre fentes de chaque côté; mais en dehors cette poche n'offre que deux ouvertures, ou bien toutes les deux s'unissent en une seule dans un trou percé sous la gorge ou sur l'un des côtés du cou.

Les intestins prennent alors un accroissement énorme, tellement que dans quelques espèces le tube digestif acquiert jusqu'à sept fois la longueur totale du corps lorsqu'il est déployé, comme l'a démontré Roësel pour le Crapaud, sur la planche XIX de son grand ouvrage dont la figure 2 a été reproduite par la plupart des auteurs, qui ont eu occasion de parler de cette

---

(1) Roësel, *loc. cit.*, pl. II, nº 18.

singulière métamorphose. C'est l'énorme développement de la cavité abdominale confondue avec toute la partie antérieure et présentant une sorte de sphère ou d'ovoïde allongé, qui a fait considérer le tout comme une très-grosse tête, terminée par une queue de poisson, et qui a fait donner à ces larves de Batraciens le nom de *têtards*, sous lequel on les désigne.

Ces têtards changent successivement de formes, de structure intérieure et de mœurs, et plus ou moins rapidement selon les espèces; jusqu'à un certain point, d'après l'abondance ou la disette de nourriture, et même selon le climat et la température de l'eau. Mais, abstraction faite de ces circonstances, voici les modifications successives que les têtards présentent dans leurs formes extérieures, dans leur organisation intérieure, et dans leur manière de vivre. La queue, comprimée de droite à gauche comme celle des poissons, et servant uniquement à la translation dans l'eau, devient de plus en plus longue; elle offre dans la ligne moyenne une masse de fibres charnues, correspondante à l'échine dont les vertèbres existent, mais avec la consistance de cartilages. Ces muscles latéraux sont analogues à ceux de la queue des poissons. On distingue à travers l'épaisseur de la peau qui les recouvre, les faisceaux distribués par lignes obliques en chevrons, dont l'ouverture est dirigée vers l'extrémité libre, à peu près comme les barbes d'une plume, se réunissant sur la tige qui leur est commune. Cette queue, très-fortement musculeuse, est augmentée dans le sens vertical par deux prolongements des téguments qui forment en dessus et en dessous, mais d'une manière plus marquée dans le premier sens, de véritables nageoires sus et sous-caudale, confondues et réunies en pointe à l'extrémité libre de la queue.

Quand le têtard paraît avoir acquis la taille et les proportions déterminées pour chaque espèce, on voit en dessous, à la base de la queue, l'anus ou la terminaison du tube intestinal, et sur les côtés, à droite et à gauche, de petits tubercules qui grossissent, s'allongent de jour en jour, et présentent quelques articulations, d'abord indiquées, puis véritablement mobiles, et leur extrémité se divise en doigts, le plus ordinairement au nombre de cinq. Quelquefois ces rudiments de pattes restent couverts par la peau, et ils en sortent tout à coup, simultanément ou l'un après l'autre. A cette époque, outre un changement intérieur relatif au mode de la respiration dont nous parlerons bientôt, on voit la queue non-seulement diminuer en hauteur verticale, mais même en longueur; puis les membranes natatoires s'oblitèrent, les muscles de la queue s'atrophient petit à petit et il semble que les parois qui les constituent soient résorbées pour servir au développement des autres organes. C'est alors, en effet, que se manifestent les membres antérieurs qui semblent pousser dans le lieu même qu'avaient occupé primitivement les branchies externes. Les pattes de devant étaient aussi cachées sous la peau, entre la cavité branchiale et l'abdomen. Enfin la bouche change de forme; d'arrondie, ou ovale en longueur, qu'elle était d'abord, elle s'élargit transversalement; les os de la face se développent, les lames cornées qui servaient de bec tombent, et les mâchoires restent à nu, s'élargissent, et leur commissure s'étend successivement au point de dépasser en dessous le globe de l'œil. La queue diminue encore; elle devient conique, et finit par disparaître tout à fait, en laissant une cicatrice au-dessus de l'anus. L'animal, quoique très-petit, et réduit dans quelques espèces au quart de la longueur qu'avait atteint le têtard, présente cependant à peu près les formes, sauf les dimensions qu'il conservera pendant le reste de son existence.

Mais ce n'est pas seulement cette transformation extérieure que le naturaliste doit observer; il s'opère à l'intérieur bien d'autres changements, car toutes les fonctions semblent avoir été modifiées dans leurs organes et dans leurs usages.

Ainsi, sous le rapport du mouvement, tous les os, l'ensemble du squelette, ses diverses régions, tous les muscles destinés à mouvoir les pièces osseuses, et à produire les diverses actions qui servent principalement au nager à la manière des poissons, c'est-à-dire en frappant l'eau alternativement à droite et à gauche pour porter le corps en avant et dans un sens plus déterminé, ne peuvent plus s'exécuter, et la natation s'exécute en effet de toute autre manière, comme nous l'avons vu dans l'animal qui a perdu la queue, et qui fait usage des membres postérieurs pour produire l'impulsion du corps en avant (1).

Il en est de même, mais d'une manière moins évi-

---

(1) Cette transformation des organes du mouvement a été le sujet d'un prix proposé par l'Académie des sciences de Paris, et a donné lieu à la publication de deux excellents mémoires, où cette question est parfaitement traitée. L'un est de Dugès, professeur de Montpellier, ayant pour titre : Recherches sur l'Ostéologie et la Myologie des Batraciens à leurs différents âges, 1 vol. in-4 avec 18 planches.

Le second mémoire de M. Martin Saint-Ange, sur les Organes transitoires des Batraciens, publié en 1831, sous le format in-8, dans le tom. XXIV des Annales des sciences naturelles, pag. 366, avec 10 planches, du n° 18 à 27.

14.

dente, pour les organes des sens, et très-probablement pour l'action de la sensibilité intérieure. Quant aux organes des sens, c'est principalement ceux de la vue et de l'ouïe qui démontrent les plus grands changements. L'œil du têtard qui vient de sortir de l'œuf n'est qu'une ébauche imparfaite, car réellement l'animal est aveugle. La place que cet organe doit occuper est à peine apparente par une légère saillie. Plus tard, l'œil n'a pas de paupières ; il est semblable à celui de la plupart des poissons. Enfin, il finit par être complet et protégé par des paupières mobiles, et sa pupille, comme nous l'avons vu, est modifiée selon la manière de vivre à la lumière du jour, ou par une existence essentiellement nocturne. L'ouïe offre la même différence : non pas que le tympan soit toujours apparent dans l'animal qui a subi toutes les transformations ; mais dans aucune larve la membrane n'est apparente, et l'organe intime destiné à l'audition, au lieu d'être propre à recevoir et à apprécier les ondulations de l'air, ne peut, à ce qu'il paraît, recueillir que les mouvements vibratiles imprimés à l'eau. Quant à l'odorat et au goût, il a certainement des modifications ; mais elles sont peu importantes, ces deux perceptions n'étant pas très-nécessaires à l'animal sous sa dernière forme, à cause des modes suivant lesquels s'exercent la respiration et la déglutition. Nous ne parlons pas du toucher actif, qui, dans le Batracien muni de pattes, doit donner à l'individu des facultés toutes nouvelles et nécessitées par sa vie aérienne bien différente de celle du poisson, qui était la condition de l'existence de la larve ou du têtard.

Parmi les organes de la nutrition, ceux de la digestion commencent à nous montrer les modifications les plus intéressantes pour la physiologie. Voici des animaux, en effet, qui, sous leur première forme, pouvaient se nourrir de végétaux, et la plupart presque uniquement de feuilles ou de parties organiques qu'ils devaient pouvoir couper et diviser. Leur bouche est armée de mâchoires ou de becs de corne. Ces substances végétales, sous un volume considérable, ne contiennent réellement que peu de matières alibiles, ou propres à se transformer en tissus animaux; aussi la nature a-t-elle permis à ces larves d'en avaler et d'en conserver à l'intérieur une très-grande masse pour en tirer tout le parti possible. Leurs intestins sont d'une longueur prodigieuse, et l'animal les remplit constamment des substances dont il doit emprunter les seuls matériaux propres à l'assimilation. Mais a-t-il changé de forme; ses goûts, ses besoins sont tout autres; ses organes ont subi la même métamorphose et exigé d'autres aliments. Alors sa bouche s'élargit, car il n'avale que des matières animales douées de mouvements; il les ingère sans les diviser, car l'orifice de sa bouche est calibré en conséquence; son estomac se dilate pour les recevoir tout entières; elles s'y ramollissent, s'y dissolvent, et elles parcourent un intestin qui a tout au plus la dixième partie de la longueur primitive. Le tube intestinal s'est évidemment raccourci comme l'échine; les mâchoires se sont élargies, et prêtées ainsi à un mode de préhension des aliments, et à une déglutition différente de celles de la larve.

La respiration n'est plus la même, quoique quelques parties du mécanisme, à l'aide duquel elle s'opérait d'abord, aient persisté dans leur mode d'action. A l'état de larve, en effet, l'animal avalait de l'eau et la faisait passer sur les branchies, à peu près à la manière des poissons. Quand il a subi sa dernière métamorphose, le Batracien respire l'air; il l'introduit dans l'intérieur de ses poumons, sorte de sacs celluleux, où le gaz atmosphérique est mis médiatement en rapport avec le sang contenu dans les veines pour en opérer l'hématose : l'expiration a lieu par le même orifice qui avait livré passage à l'air inspiré. Dans l'un et l'autre cas, l'acte de la respiration, ainsi que nous l'avons indiqué, s'opère par le mécanisme de la déglutition, pour l'air et pour l'eau. Mais dans ce second cas le fluide passe à la surface de l'organe respiratoire, et sort par un orifice distinct de celui ou de ceux qui lui ont livré passage pour son entrée ; dans le premier, l'air est admis dans l'intérieur de l'organe ; il y séjourne ; et quand il en sort, c'est par une sorte de vomissement ou de régurgitation inverse de l'acte de la déglutition qui s'était opérée et par les mêmes voies.

Un autre mode de circulation était devenu aussi nécessaire; elle s'est opérée ou préparée lentement pendant l'accroissement du têtard. Primitivement la totalité du sang, poussée par le cœur, passait dans des branchies où elle était dirigée par les artères qui, dans leurs dernières ramifications, aboutissaient dans les veines artérieuses en pareil nombre; celles-ci portaient le sang revivifié dans un tronc commun ou dans d'autres petites artères distribuées dans tous les tissus pour y porter la vie : c'était alors la circulation des poissons. Mais les branchies du têtard se sont peu à peu atrophiées, ainsi que leurs artères dont quelques-unes se sont dilatées pour se porter dans le poumon de chaque côté, et alors il y a eu échange d'action : les branchies ayant disparu, le poumon aérien a exercé seul la fonction respiratoire qui d'abord avait été complétement branchiale; puis partagée par les deux organes, et enfin tout à fait dévolue aux poumons aériens (1).

Il s'opère sans doute beaucoup d'autres changements dans l'organisation de ces Batraciens Raniformes, mais nous n'avons dû indiquer que les principaux, en ce qui concerne les fonctions locomotives et sensitives, et par suite dans celles de la nutrition, pour les appareils digestifs, circulatoires et respiratoires. On conçoit cependant que par suite de l'accroissement des individus de l'un et l'autre sexe, il a dû se faire en eux un développement des organes destinés à la reproduction, et c'est en effet ce qui a lieu. En outre, quelques espèces présentent des particularités et des anomalies si importantes à connaître, qu'il est nécessaire de les indiquer ici d'abord, car nous les exposerons avec plus de détails, lorsque dans chacun de leurs articles nous ferons l'histoire particulière de la Grenouille jackie ou paradoxale (genre Pseudis de Wagler); du Crapaud Accoucheur (genre Alytes); et du Pipa ou Tédon d'Amérique.

Nous devons d'ailleurs traiter à part de la fonction reproductrice dans le sous-ordre des Urodèles, Batraciens qui conservent la queue pendant toute la durée de leur vie, car il y a chez eux un autre mode de fécondation, leurs œufs, leurs larves, offrent une toute autre forme, et leurs métamorphoses présentent plusieurs particularités qu'il est important de faire connaître.

---

(1) Nous avons exposé sommairement ces faits, en traitant de la circulation d'abord dans les Reptiles en général, tom. I, pag. 165, et dans le présent volume, page 146.

4° *Particularités offertes par quelques espèces.*

1° *De la prétendue Grenouille qui se change en Poisson.*

On trouve à Surinam, à Cayenne et dans d'autres parties de l'Amérique méridionale, une espèce de Grenouille; c'est la Jackie (*Rana paradoxa, Pseudis* de Wagler), petite espèce qui a le tronc court, les pattes postérieures très-longues, la peau lisse. Elle provient d'un têtard dont la queue est énorme et dont l'ensemble est tellement volumineux, comparativement à l'animal qui en provient, lorsqu'il est devenu quadrupède, que les premiers observateurs furent trompés par les récits de gens qui n'avaient pas eu occasion de suivre les développements d'un même individu, et avant qu'on connût bien les métamorphoses des Grenouilles, on crut sur leur dire que celle-ci se changeait en Poisson. C'est ainsi qu'ils l'avaient représentée dans leurs ouvrages (1); mais le fait est que cette métamorphose ne diffère en rien de celle qui a été si bien suivie et figurée par Roësel, dans l'histoire du Crapaud qu'il regardait comme le Crapaud commun, mais qui porte maintenant son nom (2) d'après Daudin.

2° *Du Crapaud Accoucheur.*

Cette espèce de Batracien, observée d'abord à Paris par Demours, qui a consigné l'histoire de sa fécondation dans les mémoires de l'Académie des sciences pour 1778,

(1) Mademoiselle Mérian, *de generatione Insectorum*, 1726, in-fol., pl. 71. — *De transformatione Piscium in Ranas.*
Séba, *Thesaurus*, tom. I, Pl. 178.
(2) Roësel, pl. XVII et XVIII. *Bufo aquaticus, allium redolens, maculis fuscis,* pag. 69.

présente en effet des particularités fort curieuses. D'abord son accouplement ne se fait pas dans l'eau : le mâle, plus petit que la femelle, monte sur son dos et l'excite à la ponte, en la serrant fortement sous les aisselles à l'aide de ses pattes antérieures; celle-ci le porte, car une fois qu'elle est ainsi serrée, il ne la quitte plus. Dès que le premier œuf est hors du cloaque, le mâle le tire avec l'une des pattes postérieures. Mais ce premier œuf est lié par un cordon mince, résistant, élastique, qui tient à celui qui doit suivre, et successivement la masse entière des œufs au nombre d'une soixantaine, formant une sorte de chapelet à grains égaux et tenus les uns aux autres par un filament qui se dessèche, mais qui reste flexible et allongeable; il est probable que le mâle les arrose de sa liqueur spermatique, quand leur enveloppe est encore molle; il les entortille, on ne sait par quel moyen, autour de ses cuisses, en faisant décrire au chapelet plusieurs 8 de chiffre, et il les porte ainsi pendant plusieurs semaines. La coque de ces œufs est comme desséchée, à surface lisse; ils sont blanchâtres d'abord, puis gris avec des bandes noires qui correspondent au corps du têtard replié sur lui-même, et dont le développement continue de s'opérer. A une époque dont le mâle ou le père a probablement la conscience, il recherche les eaux pour venir s'y baigner, et à peine y est-il resté quelques minutes que la coque des œufs se fend circulairement comme une boîte à savonnette; le petit têtard en sort et se met de suite à nager. Dès ce moment les soins paternels de ce Crapaud, dit Accoucheur, sont accomplis; il se débarrasse de la dépouille de ce chapelet dont la plupart des grains sont vidés, car il en est quelques-uns qui avortent. Au reste, l'époque de l'éclosion peut-être retardée plusieurs fois, nous avons eu nous-mêmes l'occasion de faire éclore ces œufs à volonté, en hâtant le moment où nous les placions dans l'eau, car il paraît que c'est par suite de l'absorption de l'eau que la coque se fend. Nous avons pu nourrir aussi ces têtards, et même leur faire prolonger la vie sous cette forme, en leur donnant moins souvent de la nourriture, ou en ne leur en fournissant qu'en très-petite quantité. Nous avons fait figurer ce mâle avec ses œufs dans les vélins du Muséum.

3º *Du Pipa ou Crapaud de Surinam, dont la femelle porte ses œufs dans l'épaisseur de la peau du dos.*

Voici un autre mode de propagation dans le même sous-ordre des Batraciens Anoures ; il est offert par une espèce dont toute la conformation est bizarre. Son corps est très-plat et fort large : ses quatre pattes sont portées tout à fait en dehors; sa tête est déprimée, presque triangulaire, les yeux petits, presque verticaux, l'ouverture de la bouche est énorme; les pattes de devant ont les doigts allongés, arrondis, coniques, tout à fait distincts les uns des autres, même à la base; tandis qu'aux pattes postérieures, tous les doigts sont réunis entre eux par une large membrane, ou sont tout à fait palmés (1). Il résulte des observations multipliées faites sur les lieux et de l'examen des animaux, que le mâle accouche aussi la femelle, mais qu'il ne s'en charge pas. A mesure que l'un vient à sortir, il le féconde et le

(1) *Voyez* les noms suivants des principaux auteurs qui ont parlé de ce Pipa ou Tédon, dans le chapitre qui suit celui-ci, où ces auteurs sont rangés par ordre alphabétique : Fermin, Vincent, Mérian, Séba, Camper, Bonnet, Spallanzani, Schneider.

dépose sur le dos de la femelle, il en place ainsi une cinquantaine. Il paraît que le contact de ces œufs produit là une sorte d'inflammation ou d'érysipèle pustuleux ; les germes pénètrent l'épaisseur de cet exanthème de manière que tout le dos de la femelle simule un rayon d'alvéoles d'abeille. On a ouvert ces cellules, et dans chacune d'elles, on a observé d'abord un têtard, mais il subit là sa métamorphose complète ; ainsi que Blumenbach l'a fait voir, et comme nous avons pu l'observer nous-mêmes sur une femelle, dont plusieurs des cellules sont vides, d'autres remplies et quelques-unes laissent très-bien distinguer le petit animal complet et conformé de la même manière que ses parents, quoiqu'il ne soit pas plus gros qu'une forte lentille, mais il a ses quatre membres bien conformés et il est sans queue.

4° *Sur la phosphorence de quelques Batraciens.*

Nous sommes forcés de nous en rapporter sur ce phénomène à l'indication que M. Henry Boié, frère du célèbre voyageur naturaliste qui a péri pendant son voyage à Java, a consignée en 1827, dans le journal que M. Oken publie sous le titre d'*Isis* (t. LXXXVIII, page 726). Voici un extrait de ce passage avec la traduction abrégée de l'article de Rolander, qui est relatif au même sujet.

Le frère de l'auteur avait annoncé dans une lettre datée du Cap, qu'il existait dans le Stellenbosch des Grenouilles ou des Crapauds dont la peau était brillante ou phosphorescente pendant la nuit. Depuis, M. H. Boïé a trouvé consignée une observation semblable dans un manuscrit de la bibliothèque du jardin botanique de Copenhague, elle est de Daniel Rolander, élève de Linné, et insérée dans son voyage à Surinam sous le titre suivant (1), dont voici la traduction :

« 19 novembre. Nuit très-belle, bien éclairée quoiqu'il y ait eu dans l'air quelques nuages sombres épars. Le thermomètre marquant 26° + j'étais moins endormi encore que les nuits précédentes; mais tenu principalement réveillé, comme cela m'était arrivé plusieurs fois, par un bruit très-désagréable semblable à celui que produirait une trompette cresserelle (*crepitatio cornicans ingratissima*). J'avais cherché inutilement à m'informer de quel animal provenaient ces sons qui se faisaient entendre principalement dans les jours sombres et nuageux, et dans les soirées pluvieuses. Les nègres et les blancs émettaient des opinions diverses, les uns les attribuaient à des Lézards, à de grands Serpents, à des oiseaux nocturnes, à des insectes voisins des Sauterelles; enfin d'autres pensaient qu'ils étaient le cri de certaines espèces de Grenouilles.

» Comme il avait plu dans la journée, et que ces sons se faisaient plus fortement entendre dans un grenier voisin d'une meule de cannes à sucre (*in horreo molæ sacchari adjacenti*), je me dirigeai vers ce grenier. M'étant assuré que ces cris provenaient de ce lieu, je fis appliquer une échelle contre la toiture, et je vis que sous presque toutes les tuiles de bois, il y avait des animaux qui faisaient un vacarme tel que j'en avais les tympans rompus. J'étais monté moi-même parce qu'aucun des nègres n'avait voulu le faire dans l'idée où ils étaient que ces cris étaient émis par des Serpents venimeux, dont ils craignaient les morsures,

(1) *Diarium Surinamicum quod sub itinere exotico conscripsit.*

disant qu'ils étaient cachés sous les lames de bois. Quant à moi, étant bien persuadé, par diverses circonstances, que les sons ne pouvaient pas provenir de Serpents; ayant en outre remarqué que l'un des intervalles n'était pas ouvert par derrière, je m'assurai qu'il y avait là plusieurs animaux réunis, car j'entendais distinctement des petits sauts ou des mouvements répétés. Cependant le cri n'était pas fixe et le son paraissait provenir de divers points à la fois, ce qui me faisait présumer que ces animaux changeaient de place rapidement. Parfois ces cris s'arrêtaient, et quand je ne faisais pas de mouvement les sons reprenaient leur première intensité. Je finis par bien voir que c'étaient réellement des Grenouilles avec quatre pattes. J'essayai d'en saisir quelques-unes à plusieurs reprises, mais je les manquais, elles sautaient rapidement et m'échappaient ainsi. J'espérais pouvoir en faire tomber avec un bâton, mais elles l'évitaient avec adresse, ou bien si elles ne pouvaient fuir, leur corps se couvrait d'une humeur glutineuse qui ne tardait pas à prendre une teinte très-blanche, qui changeait leur apparence première qui était brune. Cette matière gluante les faisait adhérer fortement sur le plan qui les soutenait. Je pris alors le parti de fixer à l'extrémité de mon bâton une sorte de crochet, et j'en fis tomber plusieurs au bas du toit, en recommandant aux nègres de les attraper; mais elles leur échappaient en sautant, car ces domestiques craignaient de toucher directement ces animaux gluants, s'imaginant que cette matière glaireuse était un poison. Apprenant cela, je les engageai à les couvrir et à les arrêter avec tout ce qui se trouverait sous leur main, en attendant que je fusse descendu de l'échelle, ce qu'ils firent. Je pris alors plusieurs de ces Grenouilles blanches ayant la main couverte d'un gant, à cause de l'idée généralement répétée par ces nègres, que l'humeur gluante était un véritable poison. Cependant cette matière visqueuse était inodore, épaisse, et je voulus m'assurer qu'elle n'était pas vénéneuse en la touchant à nu.

« Le soir suivant, j'entrai dans ce grenier, je le trouvai rempli de ces Grenouilles criardes ; il me parut comme éclairé par un feu follet jaunâtre (*quasi igne flavescente fatuo illustrabatur*), et j'ai pu depuis observer plusieurs fois le même phénomène. Je me suis assuré que cet effet provenait de la manière dont ces Reptiles produisent leurs cris. L'intérieur de leur gueule est jaune et l'orifice en est très-grand ; en émettant leurs sons ils ouvrent et ferment la gueule, et c'est ainsi qu'ils semblent vomir du feu (1). »

Après quelques autres détails, Rolander donne la description suivante de cette Grenouille, qui d'après la figure qu'il cite est très-certainement une Rainette. Voici le texte même de l'auteur :

« *Rana crepitans* quæ Rana typhonia (Linnæi systema naturæ), Séba, tome I, page 114, tab. LXXI (fig. 3, et 1), dicitur.

» Magnitudine Ranæ aquaticæ est ; supra fusca, subtus flava ; puncta elevata, convexa, inæqualia, per corpus sparsa conspiciuntur. Eadem hæc puncta instructa sunt emisariis e quibus excernere solent humorem illum lacteum, quo totum corpus abducit, ut quæ modo fusca erat, intra momentum albidissima appareat. Palmæ tetradactylæ fissæ ; plantæ pentadac-

---

(1) *Cujus rictus amplus flavo micat, ut illum inter crepitandum alternis claudendo et aperiendo, quasi ignem flavum vomere videantur.*

tylæ subpalmatæ. Digitorum apices rotundati, planiusculi. Indis americanis cibo sunt. »

Nous verrons par la suite que les auteurs n'ont pas reconnu cette espèce, quoique plusieurs aient cité la planche de Séba.

5° *Des prétendues pluies de Crapauds et de Grenouilles.*

Les journaux et la correspondance des sociétés savantes ont fait de temps en temps mention de pluies de Grenouilles et de Crapauds. Presque toutes les années, en effet, vers la fin du mois d'août, il n'est pas rare, après de grande sécheresses, s'il survient des pluies d'orages, d'apercevoir tout à coup sur la terre, dans certaines localités, une énorme quantité de petites Grenouilles ou de Crapauds, qui sautillent ou couvrent des espaces considérables. Il ne manque pas alors d'hommes crédules qui affirment, avec des circonstances très-détaillées, qu'ils ont eux-mêmes vu tomber ces petits animaux, non seulement sur les feuilles des arbres, sur les toits, sur leurs vêtements et même sur leurs coiffures.

Les plus instruits avouent qu'ils savent bien que ces Grenouilles ne sont pas nées dans l'air, mais ils supposent qu'elles ont été enlevées, emportées des bords de certains marécages par une trombe météorique, par une colonne d'air ou d'eau élevée dans l'atmosphère à une grande hauteur; et qu'ainsi transportées de fort loin, à peu près comme les Sauterelles, ces myriades de petits Batraciens ont été abandonnées à elles-mêmes, et que, soumises à leur propre poids, elles sont tombées sur la terre avec la pluie. Même avant qu'on connût bien les métamorphoses de ces animaux, on allait jusqu'à supposer que c'étaient les gouttes d'eau elles-mêmes qui se transformaient en Grenouilles.

Il est singulier de trouver de nos jours un pareil préjugé établi parmi les hommes, d'ailleurs fort instruits, et qui affirment avoir vu. Nous-mêmes avons plusieurs fois essayé en vain de le combattre ou de l'infirmer par des notions acquises et des faits exacts, résultats d'un grand nombre d'observations faites par les naturalistes les plus habiles, les plus consciencieux. Nous n'avons presque jamais pu réussir. Comment en effet convaincre, par des négations et des raisonnements des personnes qui affirment avoir vu ?

Nous sommes donc obligés d'insister : voilà pourquoi nous allons relater, dans cette discussion, les autorités des auteurs d'abord, et ensuite les réflexions que nous avons été dans le cas d'émettre dans les comptes rendus de l'Académie des sciences (1).

Il y a plus de 200 ans que Rédi (2), en parlant des pluies de Crapauds, auxquelles il était loin d'ajouter foi, avait dit positivement : « Théophraste d'Érèse (322 ans avant J.-C.), successeur d'Aristote, sous le règne du premier Ptolémée, roi d'Égypte, a fait mention de ce fait, comme on peut le voir dans un fragment de ce Théophraste copié dans la bibliothèque de Photius, *sur les animaux qui apparaissent subitement* (3) ». Ces petites Grenouilles ne tombent pas, dit-il, avec la pluie, comme beaucoup le pensent ; mais elles paraissent seulement

(1) Académie des sciences de Paris, séance du 20 octobre 1834.

(2) *Esperienze intorno alla generazion degl' insetti.*

(3) Περὶ τον αθροοι φαίνομενον ζωον. En voici la traduction:
Alia apparent post pluvias, ut Cochleæ et parvæ Ranæ.
Non enim pluvia decidunt, ut nonnulli putant, sed tunc prodeunt ;
Cum antea in terra fuerint, quod aqua in eorum foramina influat.

alors, parce qu'étant précédemment enfouies dans la terre, il a fallu que l'eau se fît un chemin pour arriver dans leurs trous.

Voici d'autres détails bien plus importants et circonstanciés, que nous allons traduire librement du grand ouvrage de Roësel, dans son premier mémoire sur la Grenouille rousse (1): « On lit, dans les auteurs anciens, qu'il y a eu des pluies de Grenouilles; et aussi qu'au moment même où de grosses gouttes d'eau sont tombées sur la poussière, il en est provenu des Grenouilles. On trouve encore aujourd'hui beaucoup d'auteurs qui ont adopté cette opinion. Comme il m'est arrivé à moi-même, qu'étant à me promener dans la campagne, et qu'un orage arrivant tout à coup, je me hâtais d'arriver dans un bois du voisinage pour me mettre à l'abri sous un hêtre, je sentis quelque chose qui tombait sur ma tête, et qu'en même temps je m'aperçus que le terrain était, autour de moi, couvert de petites Grenouilles, je pensai à l'instant même que ces animaux étaient tombés avec la pluie. Pour m'assurer si réellement ces Grenouilles étaient tombées sur ma tête, j'examinai mon chapeau, et je reconnus que le petit choc que j'avais ressenti provenait d'un bout de branche séchée qui y était restée. Le soleil ayant reparu et m'étant remis en marche, j'aperçus un très-grand nombre de ces petites Grenouilles, qui, pour se soustraire à l'ardeur du soleil, ne tardèrent pas à disparaître complétement. Je ne pouvais concevoir comment un si grand nombre d'animaux avait pu paraître et disparaître si subitement. Je m'assurai, par mes recherches, que tous s'étaient mis à l'abri sous les

(1) Roësel, *Historia Ranarum nostratium*, pag. 13.

feuillages, sous les pierres, dans les buissons touffus, etc. »

Après quelques réflexions sur la fausse idée que lui-même avait conçue, l'auteur continue et dit : « Je racontai mes observations et la persuasion où j'étais maintenant que ces petites Grenouilles n'étaient pas tombées avec la pluie ; mais les personnes auxquelles je m'adressais se moquaient de moi, et m'assuraient imperturbablement qu'elles avaient vu elles-mêmes plus d'une fois des pluies de Grenouilles ; et quand je leur demandais si réellement elles en avaient reçu sur leur corps, elles me répondaient : ou bien qu'elles ne se le rappelaient pas, ou bien qu'elles ne l'avaient pas assez remarqué. D'autres, au contraire, l'affirmaient ; et quand je les interrogeais pour savoir si jamais elles avaient vu un pareil phénomène se produire dans la ville, elles ne répondaient pas. Alors je leur disais : Comment donc se fait-il que jusqu'ici personne n'a observé ces sortes de pluie dans un lieu pavé ou dallé ? Quant à ceux qui pensent que les Grenouilles peuvent provenir d'un mélange de gouttes d'eau avec la terre réduite en poussière, de sorte que de chacune de ces gouttes produit une Grenouille, je leur opposerai mes propres observations sur le développement des têtards et sur les changements si curieux qu'ils éprouvent dans leur structure, avant d'arriver à l'état parfait. Si l'on m'objectait enfin qu'il est bien difficile de supposer qu'un si grand nombre de Grenouilles apparaisse tout d'un coup après la pluie en quittant les eaux ; je leur répondrais encore qu'ils me prouvent, par cette objection, qu'ils ignorent ce que j'ai précédemment démontré, savoir : qu'une seule Grenouille femelle peut pondre six cents et même jusqu'à onze cents œufs.

Cela étant, si dans une même localité, comme dans un étang ou un vivier, il y a plusieurs centaines de ces femelles, ne peut-on pas concevoir quelle prodigieuse quantité de petites Grenouilles il en proviendra. Celles-ci, après s'être retirées des eaux, ont dû se répandre sur la terre ; elles y ont cherché des abris qu'elles n'ont quittés toutes ensemble pendant la pluie, que pour recevoir la douce influence de l'humidité qu'elles absorbent après en avoir été privées pendant un temps plus ou moins prolongé. » Voilà comme Roësel, l'observateur le plus zélé et des plus habiles, s'expliquait sur les pluies de Crapauds.

Ayant été chargé de rendre compte à l'Académie des sciences de plusieurs lettres et observations relatives à ces mêmes faits ; je crois utile d'en présenter l'analyse, pour appeler de nouveau l'attention des naturalistes sur ces narrations.

Extraits des procès-verbaux de l'Académie des sciences, 13 *octobre* 1834. M. le colonel Marmier a vu au mois d'août dernier, dans le département de Seine-et-Oise, une partie de route couverte d'une quantité innombrable de petits Crapauds de la grosseur d'un haricot environ, quoiqu'un quart d'heure auparavant, il n'en eût vu aucun sur le même terrain. Dans l'intervalle il était tombé une forte ondée de pluie et l'auteur de la lettre ne semble pas douter que les Crapauds ne soient tombés du même nuage que l'eau.

M. Duméril prend la parole à l'occasion de cette communication, et fait remarquer que les observations analogues sont très-nombreuses; mais on n'en doit pas conclure, dit-il, qu'il tombe de petits Crapauds du ciel, mais seulement que la pluie les fait sortir de leurs retraites.

15.

Séance du 20 *octobre*. A l'appui de la communication faite dans la dernière séance, M. Peltier écrit pour citer un fait dont il a été témoin *dans sa jeunesse*. Un orage s'avançait sur la petite ville de Ham, département de la Somme, qu'il habitait alors. Il en observait la marche menaçante, lorsque tout à coup la pluie tomba par torrents. Il vit alors la place de la ville couverte de petits Crapauds; étonné de leur apparition, il tendit la main et reçut le choc de plusieurs de ces animaux. La cour de la maison en était également remplie. Il les voyait tomber sur un toit d'ardoises et rebondir de là sur le pavé. Tous s'enfuirent par les ruisseaux, et furent entraînés hors de la ville. Une demi-heure après, la place en était débarrassée, sauf quelques traînards qui paraissaient avoir été froissés dans leur chute.

M. Peltier ajoute : Quelle que soit la difficulté d'expliquer le transport de ces Reptiles, je n'en dois pas moins affirmer le fait qui a laissé des traces profondes dans ma mémoire, par la surprise qu'il me causa. M. Arago fait remarquer que l'auteur de cette observation est trop connu par ses travaux scientifiques pour qu'on puisse craindre qu'il ait observé légèrement les circonstances du fait qu'il rapporte.

Dans la même séance, M. Duméril fait une semblable communication qui lui a été adressée par une dame qui a désiré n'être pas nommée, mais dont le père a laissé un nom cher aux sciences dont il fut un protecteur éclairé. En septembre 1804, dit cette dame, je chassais avec mon mari dans le parc du château d'Oignois (près de Senlis) que nous habitions. Il était environ midi lorsque le tonnerre gronda fortement, et tout à coup le jour fut obscurci par un énorme nuage noir. Nous nous acheminâmes de suite vers le château dont nous étions encore assez éloignés. Un coup de tonnerre d'une force extraordinaire rompit le nuage qui versa sur nous un torrent de Crapauds mêlés d'un peu de pluie. Cette pluie me parut durer bien longtemps, cependant en y réfléchissant depuis, je suis à peu près certaine qu'elle a continué au moins un quart d'heure.

Séance du 28 *octobre*. M. Huard écrit : Au mois de juin 1833, j'étais à Jouy, et je me rendais à l'église accompagné d'un parrain, d'une marraine et d'une nourrice ; un orage nous surprit, et je vis tomber du ciel des Crapauds, j'en reçus sur mon parapluie. Le sol était couvert d'une quantité prodigieuse de Crapauds fort petits qui sautillaient, et je les vis ainsi sur un espace de plus de 200 toises et pendant environ dix minutes. Les gouttes d'eau qui tombaient en même temps n'étaient guère plus grosses que les Crapauds.

M. Gayet, employé au ministère du commerce, écrit que dans l'été de l'année 1794, faisant partie d'un peloton de cent cinquante hommes, cantonné dans le village de Lalain, département du Nord, il tomba tout à coup, vers les trois heures de l'après-midi, une pluie si abondante, que les hommes avec lesquels il était, pour ne pas être submergés, furent obligés de sortir d'un grand creux dans lequel ils s'étaient abrités. Mais quelle fut leur surprise lorsqu'ils virent tomber sur le terrain d'alentour un nombre considérable de Crapauds de la grosseur d'une noisette. M. Gayet ne pouvant croire qu'ils tombassent avec la pluie, étendit à hauteur d'homme son mouchoir, dont il fit maintenir les bouts opposés par un de ses camarades. Il en reçut en peu de temps un nombre assez considérable, dont plusieurs étaient encore à l'état de têtards.

M. Duparcque écrit : L'un des derniers dimanches d'août 1804, après plusieurs semaines de sécheresse et de chaleur, à la suite d'une matinée étouffante, un orage éclata vers trois heures après midi, sur le village de Frémard, à quatre lieues d'Amiens. Je me trouvais alors, dit l'auteur de la lettre, avec le curé de la paroisse. En traversant le clos peu étendu qui sépare l'église du presbytère, nous fûmes inondés ; mais ce qui me surprit, ce fut de recevoir sur ma figure et sur mes vêtements de petites Grenouilles. Il pleut des Crapauds, me dit le vénérable curé, qui remarqua mon étonnement; mais ce n'est pas la première fois que je vois cela. Un grand nombre de ces petits animaux sautaient sur le sol. En arrivant au presbytère, nous trouvâmes le plancher d'une des chambres qui était tout couvert d'eau, la fenêtre du côté d'où venait l'orage étant restée ouverte. Le sol était pavé de briques étroitement sellées entre elles, ainsi ces animaux n'avaient pu sortir de dessous terre. L'appui de la croisée était élevé de deux pieds et demi environ au-dessus du sol, ainsi ils n'avaient pu pénétrer du dehors en sautant ; d'ailleurs la chambre était séparée de la pièce d'entrée par une grande salle à manger, ayant deux croisées ouvertes, mais dans une direction telle que la pluie n'avait pu y penétrer. Aussi, n'y trouvait-on ni eau, ni Grenouilles. Je dis Grenouilles, car à la couleur verte du dos, à la blancheur du ventre, et à l'allongement du train de derrière, il était aisé de les reconnaître.

M. Duparcque expose ensuite ses idées sur les causes de ce phénomène ; il partage l'opinion, déjà émise plus d'une fois avant lui, que ces animaux ont été enlevés par un tourbillon de vent, à la surface du sol, peut-être avec une portion de l'eau du marais, et M. Arago fait remarquer à cette occasion, qu'en effet, l'eau peut être transportée à l'état liquide par le vent, à de très-grandes distances : ainsi il a appris de M. Dalton qu'on avait recueilli en Angleterre, dans un pluviomètre situé à sept lieues de la côte, de véritable eau de mer qui y avait été transportée par le vent.

D'autres relations analogues ont été communiquées à l'Académie par M. Zichel, sur une observation faite près de Burgos, en Espagne, dans l'été de 1808 ; par M. Berthier, près d'Avallon, département de l'Yonne, au mois d'avril 1830 ; par M. Pontus, professeur à Cahors. (Sa lettre est consignée à la page 57 du tome VI, 2e série des Annales des sciences naturelles 1836.)

Comme nous l'avons déjà dit, nous avons fait sur le cas rapporté par M. Marmier, un rapport à l'Académie, dont nous croyons devoir présenter un extrait, afin d'appeler sur ce sujet des observations positives qui pourront corroborer ou infirmer les opinions émises jusqu'ici.

Séance du 20 *octobre* 1834. M. Duméril fait un rapport sur la communication de M. le colonel Marmier.

Les naturalistes savent que cette apparition subite de petites Grenouilles à la surface de la terre et dans les lieux où ils ne semblent pas exister auparavant, a de tout temps éveillé l'attention et la curiosité des peuples, qui supposaient ces animaux tombés du ciel. On trouve en effet des traces de cette croyance dans Aristote, dans quelques passages d'Athénée et d'Ælien, chez les modernes dans Gesner (1), dans plusieurs

(1) *Voyez* les citations faites plus haut. Aristote, d'après Gesner

volumes des Éphémérides des curieux de la nature, dans les ouvrages de Ray et dans ceux de Rédi.

Il s'engagea à ce sujet de grandes discussions. Cardan fut vivement attaqué par Scaliger, pour avoir cru à cette sorte de génération spontanée. Pison pensa que les Crapauds ne tombaient pas du ciel tout formés ; mais qu'ils naissaient par suite de l'action fécondante de la pluie sur les mottes de terre grasse. Lentilius l'en reprit vertement : Je ne vois, dit-il, dans tout ce qu'on raconte à ce sujet, qu'une génération chimérique et non une génération spontanée. La plupart des auteurs ne voulurent pas croire à ces étranges pluies, Rédi ne refusa pas de les admettre ; cependant il proposa une explication plus naturelle. Ces Crapauds et ces Grenouilles, dit ce savant observateur, ne paraissent en effet que lorsqu'il a plu un peu ; mais ces animaux étaient nés plusieurs jours auparavant, ou plutôt après avoir subi leur transformation complète, ils avaient quitté l'eau dans laquelle leurs têtards s'étaient développés. Ces petites Grenouilles s'étaient tenues tapies et cachées dans les fentes de la terre, sous les pierres et les mottes, où l'œil ne pouvait les discerner à cause de leur immobilité et souvent de leur couleur terne (1).

Cette opinion de Rédi est généralement adoptée. Tous les naturalistes savent que la plupart des Batraciens déposent leurs œufs dans l'eau, que les têtards qui en proviennent ne subissent que là leur transformation, et que comme la génération s'est opérée chez tous à la même époque, c'est aussi au même moment,

---

et Rondelet, nomme ces Crapauds *Ranæ cœlitus demissæ*, *seu διοπετεῖς, id est a Jove missa : per imbres et tempestates delapsa.*

(1) Puis il indique le passage de Théophraste, cité plus haut, pag. 224.

sous les mêmes conditions de température et de climat, que tous subissent leurs métamorphoses.

On sait également que les Crapauds ont l'instinct de se rendre de fort loin dans les lieux où les eaux sont retenues par des lits de glaise ou de toute autre nature de terrain, dont le sol est inférieurement imperméable. Sur la surface de ces mêmes terres et par l'effet de la chaleur et de la sécheresse, il se forme de larges fissures du fond desquelles on voit, au moment de la pluie, sortir par milliers ces petits animaux qui seraient écrasés par suite du gonflement de la terre qui les recèle, et qui sont d'ailleurs attirés au dehors par l'humidité, que leur peau d'une finesse extrême absorbe avec une étonnante rapidité. On voit bien que tous sont nés récemment, car ils portent encore les restes de la queue qui servait à leurs mouvements dans l'eau, lorsqu'ils y étaient sous la forme de têtards.

Ainsi l'époque précise de l'année, le temps de pluie qui précède constamment l'apparition de ces petites Grenouilles et de ces Crapauds naissants qui portent encore les insignes de leur récente transformation, quelquefois l'absence absolue de tourbillons de vents ne laissent aucun doute sur l'origine de ces petits Crapauds. Nous avons nous-même, ajoute le rapporteur, observé cette apparition après une pluie chaude sans orage, une fois en Picardie, dans les environs d'Amiens, et une autre fois dans des prairies aquatiques, près de Marbella en Espagne ; dans ce dernier cas c'étaient de petites Rainettes qui s'attachaient sur nos vêtemens, comme M. Desgenettes, présent aujourd'hui à la séance, peut s'en souvenir.

B. DES ORGANES GÉNITAUX DANS LES BATRACIENS URODÈLES.

1° *Du mode de fécondation.*

Nous avons déjà indiqué la différence qui existe dans le mode du rapprochement des sexes entre les Batraciens Anoures et ceux que nous avons nommés Urodèles, parce qu'ils conservent la queue pendant toute la durée de leur existence (1).

Les organes intérieurs destinés à la génération ne diffèrent pas beaucoup, et les modifications paraissent dues aux proportions et à la disposition des parties. Comme l'abdomen est plus étroit, plus allongé, les dimensions des ovaires et des trompes ou oviductes ont pris plus d'étendue dans ce sens; mais ce sont surtout les testicules qui offrent le plus de différence. Ils sont plus nombreux et ils forment une série de trois ou quatre ganglions, qui tous aboutissent à un même canal déférent ou séminifère (2).

Quoique le mâle ne saillisse pas la femelle en montant sur son corps et en croisant fortement les bras sous son ventre, il y a cependant d'autres particularités dans ce genre d'accouplement; nous aurons soin de les faire connaître avec plus de détails en décrivant les mœurs des espèces; mais d'avance nous pouvons en indiquer plusieurs. Les unes en effet se joignent réellement; elles viennent se mettre réciproquement en

---

(1) *Voyez* tom. I, pag. 216; et dans ce présent volume, pag. 189.

(2) *Voyez* dans l'ouvrage de Funk, la fig. 12 de la pl. II; et dans celui de Gravenhorst, les fig. 4 et 5 de la pl. XVI. *Deliciæ musei vratislaviensis.*

contact en relevant la queue et en appliquant l'une contre l'autre les fentes longitudinales de leur cloaque, dont les bords ou les lèvres de cette sorte de vulve (1) sont, à cette époque des amours, diversement colorés, tuméfiés, garnis de tubercules et de rugosités dans les deux sexes. Alors la liqueur prolifique, abandonnée par le mâle, est absorbée par la femelle ; elle s'introduit dans le cloaque, et de là elle arrive sur les œufs, qui sont par ce moyen fécondés à l'intérieur et pondus presque immédiatement ; ou bien, et c'est le cas le plus rare, la liqueur fécondante parvient dans les oviductes pour vivifier les germes qui y sont contenus et qui y restent jusqu'à ce qu'ils éclosent ; de sorte que ces espèces sont ovovivipares, et que la mère produit ou pond réellement de petits têtards vivants.

Chez d'autres espèces, en plus grand nombre, on s'est assuré que le mâle qui épiait la femelle pour l'agacer par des mouvements lascifs, afin de l'exciter à la ponte, saisissait avec empressement l'instant où celle-ci déposait un ou plusieurs œufs, qui sont cependant toujours isolés, distincts et séparés, pour lancer sur leur coque molle, ou dans l'eau qui les enveloppe, la liqueur séminale qui est sécrétée d'avance et déposée dans les réservoirs ou les vésicules qui terminent les canaux déférents, près de leur embouchure dans le cloaque. On croit aussi que certains individus femelles, du genre Salamandre, peuvent être fécondés par cela même que celles-ci seraient venues se plonger dans les eaux tranquilles, où les mâles auraient précédemment déposé leur humeur prolifique.

---

(1) *Vulvam habet mulieri simillimam.* Pison, Nieremberg, Rhuysch. en parlant de l'Axolotl.

La fécondation des Urodèles a presque constamment lieu dans l'eau, quoique les préludes commencent quelquefois sur la terre; mais elle diffère de celle des Anoures par cette circonstance que le mâle n'aide pas la femelle dans sa ponte pour faciliter la sortie de ses œufs. Ceux-ci sont en général séparés les uns des autres, de forme ovalaire, recouverts par une membrane molle, mais non liés entre eux par une matière gluante comme le frai des Grenouilles et des Crapauds. Au reste quelques espèces, et à ce qu'il paraît celles du genre Salamandre, gardent leurs œufs à l'intérieur, parce qu'ils y ont été fécondés, comme nous l'avons dit tout à l'heure; et les têtards, munis de franges branchiales, sortent tout vivants du cloaque de la mère pour jouir plus ou moins longtemps de la vie aquatique.

A l'exception de la forme et de la position de l'orifice extérieur du cloaque, les organes générateurs internes sont à peu près les mêmes que dans les autres Batraciens. Chez les Urodèles, comme nous avons déjà eu occasion de le dire plusieurs fois, l'anus est une fente longitudinale, située au-dessous de l'origine de la queue, en arrière des pattes postérieures; et sa position, relativement à l'étendue du tronc, varie suivant que la queue est plus ou moins longue, et que les paires de pattes sont plus distantes entre elles. Cet orifice, à l'époque des amours, est semblable aux stigmates du pistil des végétaux; il diffère beaucoup suivant les espèces, à ce qu'il paraît. Gravenhorst (1), qui en a fait figurer six dans le seul genre des Tritons,

---

(1) *Loco citato. De partibus sexualibus Salamandrarum et Molgarum*, pl. XI, nos 3, 4, 5; et pl. XII, nos 2, 3, 4.

a indiqué par cela seul combien sont nombreuses les variations que cette région du corps peut présenter probablement dans les deux sexes.

2° *Des changements que subissent les têtards.*

Les circonstances qui accompagnent l'acte générateur, et les organes qui se rapportent à la fonction reproductrice sont à peu près les mêmes chez tous les Tritons, il n'y a que le mode de fécondation qui diffère, puisqu'en général les œufs sont pondus isolément et fécondés le plus souvent après qu'ils ont été séparés du corps de la mère, à peu près comme dans les Poissons. Spallanzani, par ses observations et ses belles expériences (1), a démontré que ces œufs étaient ordinairement fécondés les uns après les autres. Il a suivi leurs évolutions ; il a vu que probablement, par l'action de la vie, il se développait de jour en jour, et à mesure que le fœtus s'accroissait, comme celui des têtards des Grenouilles, une petite bulle d'air qui, augmentant peu à peu de volume, donnait à la masse de l'œuf une légèreté spécifique assez considérable pour vaincre sa propre pesanteur. Entraîné, soulevé ainsi vers la surface d'une eau tranquille, cet œuf surnage émergé en partie, dans le sens où est située la bulle. Les parois correspondantes de la coque, mises en contact avec l'air, se dessèchent, se fendent, et le petit têtard en sort. Cette éclosion a lieu au bout de sept à huit jours, suivant la température, lorsqu'il a absorbé tout le jaune, et qu'il ne peut plus être contenu dans la coque qu'il contribue à rompre par les grands efforts de mouvement qu'on lui voit exercer. Il est alors muni de longues branchies externes qu'il porte sur les parties

(1) Ouvrage cité, pl. III, des nos 16 à 20.

latérales du cou comme des sortes de panaches dirigées un peu en arrière ; sa queue est comprimée, élargie en dessus et en dessous par des membranes verticales qui sont des expansions de la peau. Il se met de suite à nager. Quoique respirant l'eau à la manière des Poissons ; ses longues expansions vasculaires ne forment pas des lames, elles sont ramifiées et non recouvertes par des opercules. Ce têtard s'occupe de suite à pourvoir à sa subsistance, et il trouve bientôt les moyens d'y subvenir ; car, dans le premier âge de cette vie aquatique, la plupart se nourrissent uniquement de végétaux ; leur bouche est munie de mâchoires cornées, d'une sorte de bec à peu près comme les têtards des Batraciens Anoures.

Les têtards des Batraciens Urodèles, au moment où ils sortent de l'œuf, ont la plus grande ressemblance avec ceux des Anoures. Comme eux ils sont allongés, ils nagent avec la queue comme les Poissons ; ils sont aveugles. Leur bouche est munie d'un bec de corne ; ils ont des branchies extérieures, et jamais à cette époque de la vie ils n'ont des membres ou appendices latéraux articulés. C'est seulement par époques successives, et dans un ordre constant et déterminé, que s'opèrent les autres changements. Déjà les Anoures, en perdant leurs branchies externes, offrent un développement considérable dans la région de leur abdomen, et quand ces rameaux vasculaires deviennent internes, nous savons qu'ils ont des yeux. Les Urodèles, au contraire, conservent leurs branchies externes ; leur ventre ne s'arrondit pas, il ne se confond pas avec la tête. Ils gardent toujours leur forme première ; seulement les yeux deviennent apparents à la troisième époque. Quand les membres se manifestent, on sait que chez les Anoures ce sont ceux de derrière qui paraissent les premiers ; c'est à l'inverse dans les Urodèles, car leurs têtards prennent d'abord les pattes antérieures. A la quatrième époque chez tous les Anoures, sans exceptions connues jusqu'ici, il se développe des pattes antérieures, et on voit peu à peu leur queue perdre ses membranes natatoires, puis le prolongement de la colonne vertébrale s'atrophier, diminuer insensiblement, et s'oblitérer en disparaissant presque tout à fait. C'est alors seulement que l'animal a terminé sa métamorphose. Dans les Urodèles, les pattes de derrière, quand elles doivent exister, car tous les genres n'en ont pas, commencent à paraître ; leur queue, loin de diminuer de longueur, paraît s'accroître dans ce sens. Voici en résumé un petit tableau qui représente ces différences dans la métamorphose et par époques au nombre de quatre.

ANOURES.	1. Pisciformes : branchies externes : bec corné : pas d'yeux : une queue.
	2. Des yeux : branchies internes ; pattes postérieures.
	3. Pattes antérieures ; queue arrondie, écourtée.
	4. Pas de queue. Autre bouche ; autres intestins.
URODÈLES.	1. Pisciformes : branchies externes. Bouche cornée. Aveugles.
	2. Des yeux : deux pattes antérieures. SIRÈNE
	3. Plus, deux pattes postérieures. PROTÉE, AMPHIUME.
	4. Pas de branchies. SALAMANDRES, TRITONS, MÉNOPOME.

3° *Des Urodèles qui continuent de vivre sous la forme de têtards.*

Il nous reste encore quelques particularités à faire connaître relativement à l'histoire du développement chez les têtards des Urodèles. Ainsi, à la sortie de l'œuf, on remarque derrière la tête de ces larves deux faisceaux de branchies. Les unes antérieures plus courtes semblent provenir des joues, et d'autres sont composées de branches plus développées en longueur, qu'on a désignées sous le nom de *collaires* ou de cervicales, tandis que les premières ont été nommées *génales*. Celles-ci disparaissent bientôt; mais les autres persistent et s'oblitèrent peu à peu jusqu'à ce que les poumons soient assez développés pour que l'air qui s'y introduit, puisse remplacer ce premier mode de respiration aquatique. Cependant on a vu, par des recherches exactes, qu'il y a ici comme dans les têtards des Anoures, autant de fentes ou d'ouvertures œsophagiennes latérales, que de lames ou de branches vasculaires ramifiées. Ce qui empêche de les apercevoir au premier aperçu, c'est que ces trous sont en grande partie recouverts par une sorte de prolongement de la peau qui provient du bord de la mâchoire inférieure, lequel forme comme un collet flottant qui se rabat sur ces lames, et les cache lorsqu'on tire l'animal hors de l'eau, tandis que lorsqu'il y est plongé, et qu'il respire librement dans le liquide, on voit cette sorte de lame cutanée s'écarter, se rapprocher, pour laisser passer l'eau à peu près comme dans les Poissons; surtout si l'on ajoute à l'eau quelque liquide coloré, comme le lait ou l'indigo, et si, après l'y avoir laissé quelque temps, on transporte le têtard dans une eau très-limpide. Alors le lavage des branchies et de l'arrière-gorge colore le jet qui sort de cette cavité pendant les premières expirations. Cette peau flottante a été nommée opercule branchial par Rusconi et Brochi, par la suite elle doit se souder et fermer complétement cette sorte de stigmate d'abord arqué, et qui finit par devenir tout à fait transversal en restant même en persistance dans quelques genres comme chez les Ménopomes. Mais quand on soulève un opercule, on distingue en dessous les arcs branchiaux cartilagineux et les quatre fentes profondes, ou trous transversaux qui communiquent avec le gosier, et qui permettent à l'eau avalée d'en sortir au moment de la déglutition. C'est l'os hyoïde ou plutôt ce sont ses cornes cartilagineuses qui supportent en dehors les branchies. Examinées en dedans dans le sens de leur courbure concave, on voit que ces cornes sont hérissées de petites dents très-régulièrement distribuées dans l'épaisseur de la membrane muqueuse et fibreuse, mais leur nombre et leur disposition varient suivant les espèces. Il y a, comme on le voit encore, la plus grande analogie de structure et de fonction avec les organes respiratoires des Poissons. D'ailleurs, comme nous l'avons dit, ce mode de respiration branchiale prépare et commence le mécanisme de la respiration pulmonaire dans laquelle l'air, chez tous les Batraciens, se trouve introduit dans les sacs aériens par l'effet d'une véritable déglutition.

Il résulte de cet exposé que les métamorphoses des Batraciens Urodèles, comparées à celles des Anoures, offrent moins de différences entre les individus qui ont acquis leurs dernières formes et leurs larves. En effet, lorsqu'il sort de l'œuf, le têtard a le corps allongé, arrondi, et il a tout à fait l'apparence d'un petit Poisson. Il conserve une queue, le plus souvent comprimée, pendant toute la durée de son existence. Ces Urodèles n'ont jamais les branchies internes; leurs pattes antérieures sont toujours les premières à se développer, et chez quelques-uns même, les membres postérieurs ne se produisent pas. Enfin, dans plusieurs genres, les pattes restent tout à fait incomplètes, comme de simples rudiments terminés par des doigts dont le nombre et la longueur varient considérablement selon les espèces.

4º *De quelques particularités offertes par les espèces.*

M. de Schreibers a suivi les amours des Salamandres noires des Alpes, qui ne se rencontrent que dans les hautes montagnes du Tyrol, de la Carinthie, de Salzbourg et de l'Autriche supérieure, qui sont couvertes de neige pendant une très-grande partie de l'année. Il a observé que le mâle saisit sa femelle sur la terre, au bord des ruisseaux, qu'il se place sous elle ventre à ventre, qu'il l'entoure avec ses pattes, et qu'ainsi enlacés, celle-ci l'entraîne dans l'eau, où tous deux restent pendant des heures entières, tantôt en repos, tantôt en nageant, sans qu'on puisse remarquer autre chose qu'un léger trouble dans le liquide qui entoure leur corps. C'est pendant ce temps que s'opère la fécondation. Quand elle a eu lieu, les deux individus se séparent. L'auteur de cette observation a fait une remarque bien plus curieuse. Après s'être assuré, par la dissection d'un assez grand nombre de femelles, que chacune d'elles portait une vingtaine d'œufs dans les ovaires, il a remarqué cependant que celles-ci ne produisaient jamais que deux petits vivants, les seuls réellement qu'on y voit constamment se développer. Cette parturition offre même cette circonstance, que, s'opérant constamment sur la terre, la jeune Salamandre naît réellement sans branchies et avec la queue non comprimée, conique, arrondie, sans nageoires membraneuses, par conséquent à peu près dans l'état de développement le plus avancé. Cependant l'observateur, dont nous empruntons ces détails (1), ayant fait l'opération césarienne sur plusieurs femelles, prêtes à mettre bas, trouva les deux seuls fœtus plus ou moins développés, et il remarqua que plus ils étaient éloignés de l'époque où ils devaient naître, plus leurs branchies étaient apparentes. Il s'est aussi assuré que, lorsque les deux premiers têtards étaient sortis de leur enveloppe, ils allaient attaquer les autres œufs pour en détruire les germes; que ces œufs mortellement blessés se flétrissaient, se confondaient pour former, par le mélange et la réunion de tous les jaunes, ou vitellus destinés à la première digestion de chacun d'eux, une masse nutritive, une sorte de lait qui devait prolonger la vie utérine de ce premier né, et amener en lui un tel développement, qu'il pût se suffire à lui-même et vivre à l'air en sortant du corps de sa mère. Circonstance bien bizarre de la prévoyance admirable de la nature, qui a voulu que ce petit être devînt en naissant et par instinct, l'assassin de ses frères et sœurs, comme l'abeille femelle, qui a la première subi sa métamorphose dans la ruche, se hâte d'aller tuer ses sœurs qui seraient devenues ses rivales. Ici le physiologiste apprécie mieux la nécessité de cette inclination cruelle en apparence, car à ce têtard abandonné par sa mère devant vivre loin des eaux, et en général forcément privé de ce liquide, les branchies devenaient inutiles. Alors il devait naître dans un état d'accroissement assez avancé pour exercer de suite son genre de vie aérienne par une anomalie remarquable dans l'ordre des Batraciens. Cependant M. de Schreibers

---

(1) *Voyez* dans la liste alphabétique des Batraciens, qui fait le sujet du chapitre suivant, l'indication du travail de M. de Schreibers.

16.

s'est assuré que cette anomalie n'était qu'apparente, comme nous venons de le rapporter.

Une autre espèce du même genre, la Salamandre tachetée, est aussi vivipare; mais celle-ci, après sa fécondation, dont on ignore les particularités, met au jour successivement quarante ou soixante têtards, deux chaque jour, de mêmes forme et grosseur : ceux-là ont des branchies; leur queue est comprimée comme celle des poissons, avec deux membranes ou nageoires verticales. Ces têtards sont déposés dans les eaux; ils y restent des mois entiers; ils grossissent et acquièrent en longueur les deux tiers au moins de leur étendue primitive, sans changer de forme; mais peu à peu leurs poumons intérieurs se développent, leurs branchies s'affaissent et disparaissent insensiblement; leur queue s'arrondit et perd ses membranes; les trous qui permettaient à l'eau introduite dans le gosier de sortir sur les parois latérales du cou s'oblitèrent également. Le têtard diminue sensiblement de volume. L'animal enfin peut sortir de l'eau. Il ressemble à ses parents adultes, mais il n'a pas alors le quart de leur grosseur, et il est plus de deux années avant de l'acquérir.

CHAPITRE III.

DES AUTEURS QUI ONT ÉCRIT SUR LES BATRACIENS.

PARTIE HISTORIQUE ET LITTÉRAIRE.

Dans le premier chapitre de ce livre consacré à l'histoire naturelle des Reptiles Batraciens, nous avons présenté une analyse des principaux ouvrages uniquement destinés à la classification de ces animaux ; maintenant il nous reste à indiquer les mémoires particuliers dans lesquels nous avons puisé la plupart des détails que nous avons déjà fait connaître et ceux qui nous restent à exposer par la suite. Il est bon de prévenir nos lecteurs que nous n'avons pas cru devoir citer de nouveau les traités généraux de zoologie, parce que nous en avons fait mention ailleurs. Nous n'indiquons pas non plus les monographes descripteurs, parce que leurs ouvrages sont relatés dans la synonymie des espèces à mesure que nous avons occasion d'en parler.

Les Batrachographes généraux ont publié des ouvrages sur tous les Batraciens et nous les avons fait connaître ; les auteurs spéciaux ont traité ou des Batraciens Anoures ou des Urodèles. Parmi les premiers nous citerons Roesel pour les Raniformes de la Hollande ; Spix pour ceux du Brésil ; Daudin pour les Grenouilles, Rainettes et Crapauds ; Schneider a fait aussi une monographie du genre *Rana*. Parmi les seconds nous indiquons Wurfbain, Latreille, Schneider encore et M. Bonaparte pour les espèces de Salamandres et les Tritons d'Italie.

Pour l'anatomie des Anoures en général, Roesel,

VALENTINI, BLASIUS; BREYER et CAMPER sur celle des Pipas.

Il n'y a point d'ouvrages généraux sur l'anatomie des Urodèles, mais de très-bonnes descriptions particulières sur lesquelles on consultera avec avantage FUNK pour celle de la Salamandre terrestre ; RUSCONI, pour celle du Protée, et CUVIER sur celle de l'Axolotl et des autres Urodèles.

Sur les organes du mouvement, BARTHEZ, DUGÈS, FUNK; pour l'ostéologie, BOJANUS, MARTIN SAINT-ANGE, van ALTÉNA, CUVIER, MORTENS, SIEBOLD ; sur celle de la tête, GEOFFROY SAINT-HILAIRE, SPIX, SCHNEIDER ; sur l'ostéogénie, DUTROCHET, TROJA, ZINN; sur la structure du bassin, LORENZ ; pour les muscles, ROESEL, DUGÈS, FUNK.

Pour les organes des sens en général, TREVIRANUS ; pour celui de l'ouïe, BRUNELLI, WINDISCHMANN, GEOFFROY (Étienne) ; pour celui de la vue, FRICKER.

Sur les organes de la déglutition, DUGÈS, DUVERNOY.

Sur les corps jaunes, MALPIGHI, KOHLER.

Sur l'engourdissement, GLEDITSCH.

Sur la respiration, TOWNSON, EDWARDS.

Sur la circulation, MARTIN-SAINT-ANGE, DAVY, HEIDE, LEEUWENHOEK, OWEN, WÉBER, PANNIZA, MULLER, WESTPHAL, BUROW.

Sur la génération et la fécondation, RIVINUS, MENTZ, ROESEL, SPALLANZANI, PRESVOT et DUMAS, FERMIN, GRAVENHORST, DEMOURS, RUSCONI, HOFFMANN, HOME, de SCHREIBERS.

Enfin, sur les métamorphoses, Van HASSELT, ROESEL. MARTIN-SAINT-ANGE, DUGÈS.

LISTE PAR ORDRE ALPHABÉTIQUE DES PRINCIPAUX AUTEURS ET DES OUVRAGES SPÉCIAUX SUR LES BATRACIENS.

1829. ALTÉNA (VON) (HECTOR LIVIUS). *Batrachiorum species indigenæ*, in-4. Lugduni Batavorum, tab. 4.

1796. ANON. Utilità del' Rane di giardini. Salta di opuscul. interes. vol. 13, pag. 57.

1798. BARTHEZ (*de Montpellier*). Nouvelle mécanique des mouvements de l'homme et des animaux; il a donné des détails sur le saut des Grenouilles, in-4, pag. 90. Carcassone.

1675. BARTHOLIN (THOMAS). *Acta Hafniensia*, tom. 2, obs. 2. Swammerdamm, dans sa Bible de la nature, pag. 800, fait de son Traité sur la Grenouille la critique la plus amère.

1808. BARTON (BENJAMIN SMITH), professeur à Philadelphie, Amérique, sur la Sirène Lacertine. Some account of the Siren Lacertina and other species of the same genus, broch. in-8.

1812. Sur la Hellbender ou Alligator des États-Unis, G. Ménopome ou Salamandre Lacertine. Philadelphie, broch. in-8.

1738. BERGEN (CAROL. AUGUST. A.). *Ranarum anatom. Commercium litterarium*. Norimbergæ.

1681. BLASIUS (GÉRARD), Amsterdam. *Anatome animalium*. Anatomie de la Grenouille, in-4, pag. 482, pl. 55.

1791. BLUMENBACH (JEAN FRÉD.) déjà cité, tom. 1, dans son Essai de Physiologie comparée, *Phys. compar. specimen*, pag. 31, a fait des expériences sur la reproduction des parties perdues. Ce fait est indiqué par Pline XXIX, sect. 38, et par Élien, Hist. des animaux, *voy*. pag. 47.

1772. BODDAERT (PIERRE), déjà cité tom. 1, pag. 306. *De Rana bicolore* (espèce de Rainette), *epistola*, in-4. Amsterdam.

1827. BOIE (HENRY). Sur le genre *Xenopus*, voisin du Pipa. Isis, tom. 88, pag. 725.

1821. BOJANUS (LOUIS HENRI) de Vilna. Ostéologie de la tête des Grenouilles. Isis 12, cahier, pl. 8, fig. 10, 11, 12.

1837. BONAPARTE (CHARLES LUCIEN), déjà cité tom. 1, pag. 307, a décrit les Anoures et les Urodèles d'Italie dans les livraisons de l'Iconographie de sa Fauna italica.

1769. BONNET (CHARLES) de Genève. Observations sur le Pipa ou le Crapaud de Surinam, Journal de physique, tom. 14, pag. 245.

1739. BOSE (GEORGE MATHIAS) de Wirtemberg. *Anatome Ranæ in vacuo extinctæ et vivæ*, in-4.

1739. BRADLEY (RICHARD), Anglais. Account of the works, of nature, etc., pag. 164, a le premier fait un genre du Crapaud, il a fait connaître le Pipa, la Jackie.

1811. BREYER (F.-G.) *De Rana Pipa. Observationes anatomicæ circa fabricam*, in-4, 2 pl. Thèse soutenue à Berlin sous la présidence de Rudolphi.

1748. BRUNELLI, déjà cité tom. 1, pag. 310, sur l'ouïe des Reptiles. *Commentaires de l'instit. de Bologne.*

1834. BUROW. *De vasis sanguiniferis Ranarum.* Kœnisberg, in-4, pl.

1787. CAMPER (PETERS). *Epistola ad Blumenbach, de caudatis Piparum Gyrinis.* Comment. Gotting. vol. 9, part. 1, pag. 129. Il a décrit en outre les organes de la génération de la femelle dans les actes de la société de Harlem, tom. 1, pag. 126.

1826. CARUS (CHARLES GUSTAVE) de Dresde. Umbildung des Darmkanals und der Kiemen bei Frosch quappen. Sur la transformation du tube intestinal et des branchies dans les têtards de Grenouilles. Isis 1, pag. 613.

1835. COCTEAU (THÉODORE). Notice sur un genre peu connu de Crapaud à Bouclier. *Brachycephalus aurantiacus* (Ephippifère). Magasin zoologique de Guérin, 3e vol. pl. 7 et 8.

1807. CUVIER (GEORGES). Recherches sur les Reptiles douteux, avec les observations zoologiques de Humboldt; sur les Reptiles fossiles; ossements fossiles, tom. 5, 2e part., pag. 386. Sur le genre Amphiuma, Mém. du Muséum, tom. 14, pl. 1.

1803. DAUDIN (FRANÇOIS MARIE), déjà cité tom. 1, pag. 313. Histoire des Rainettes, Grenouilles et Crapauds, in-4, fig. Paris.

1828. DAVY (JOHN), Anglais, Observations sur la structure du cœur dans les Batraciens. Il a reconnu dans l'oreillette deux loges à orifice unique. Édimbourg, nouveau journal philosophique en anglais.

1778. DEMOURS a décrit la génération de la Salamandre. Matière médicale de Geoffroy, tom. 12, part. 2, pag. 238.

1741. — Sur le Crapaud qui accouche sa femelle. Histoire de l'Académie des sciences de Paris, pag. 7, mémoires, pag. 13.

1700. DODART (DENYS). Sur les Crapauds qui tombent avec la pluie. Mémoires de l'Académie des sciences de Paris, tom. 2, pag. 88. Simple indication du fait que ces petits Crapauds se trouvaient près de fossés remplis d'eau, dans lesquels ils ne tardèrent pas à se rendre.

1729. DUFAY (CHARLES FRANÇOIS DE CISTERNAY). In-4. Sur plusieurs Salamandres des environs de Paris. Histoire de l'Académie des sciences, pag. 27.

1834. DUGÈS (ANTOINE), professeur à Montpellier. In-4. Recherches sur l'ostéologie et la myologie des Batraciens; sur la déglutition des Reptiles. Annales des sciences naturelles, tom. 1, pag. 366.

1807. DUMÉRIL (ANDRÉ MARIE CONSTANT). Mémoire sur la division des Reptiles Batraciens en deux familles naturelles. Magasin encyclopédique, en 1807.

1817. D'UTROCHET (NICOLAS). Ostéogénie de la Grenouille. Mém. de la Soc. d'émul., tom. 8.

Du même 1821 et 1822. Journal de physique, tom. 92, p. 313, et tom. 95, pag. 160.

1689. DUVERNEY (GUICHARD JOSEPH). Sur la matière gluante du frai de la Grenouille, tom. 2, pag. 122; il a trouvé la plus grande analogie entre cette substance et celle qui recouvre les œufs des Poissons.

1760. EDWARDS (GEORGES), déjà cité tom. 1, pag. 314. An account of the frog-fish of Surinam. Sur la Jackie (*Rana paradoxa*), Philosoph. transact. vol. 51, pag. 653.

1824. EDWARDS (W. T.), déjà indiqué tom. 1. Nouvelle édition du même ouvrage, cité avec beaucoup d'expériences sur la respiration et la durée de la vie des Grenouilles et des Crapauds.

1821. EGGERS. Von der Wiedererzeugung, die regenerirten, etc. Sur la régénération des parties perdues. Würzburg, in-8, pag. 51.

1760. ELLIS (JOHN). An account of an amphibious bipes. Sur la Sirène Lacertine, Transaction philosoph. vol. 56, tab. 9.

1765. FERMIN (PHILIPPE), déjà cité tom. 1. Développement du mystère de la génération du Pipa, Crapaud de Surinam dont ont parlé ensuite Blumenbach, Camper, Spallanzani.

1832. FOTHERGILL. Isis, même année, pag. 600, in-4. Sur la nature du Crapaud (en allemand).

1827. FRICKER (ANT.) déjà cité tom. 1 et tom. 2, pag. 664. *De oculo Reptilium.*

1827. FUNK (ADOLPH. FRÉD.). *De Salamandræ terrestris vita, evolutione, formatione*, in-fol. Berlin, pl. 3.

1833. GACHET de Bordeaux. Sur le Triton marbré ; sur le têtard de la Salamandre terrestre. Actes de la Soc. Linn. de Bordeaux, tom. 5, pag. 292. Annales des sciences naturelles, tom. 23, pag. 291.

1676. GEISSLER (ÉLIAS), déjà cité tom. 1. *Dissertatio de Amphibiis.*

1818. GEOFFROY SAINT-HILAIRE (ÉTIENNE), déjà cité, tom. 1. Ostéologie de la tête des Batraciens. Philos. anat. 1.

1778. GEOFFROY (ÉT. FRANÇOIS), également cité, tom. 1. Sur l'ouïe des Reptiles. Mém. de mathémat. et de physique, de l'Académie des sciences, vol. 2, pag. 164, cité par Schneider. Hist. Amph. fasc. 1, pag. 15.

1814. GILLIAMS, naturaliste américain. *Salamandra variolata.* Journal of Philadelph. tom. 1, pag. 460.

1762. GLEDITSCH (JOHAN. GOTLIEB). Sur des Grenouilles trouvées pendant l'hiver dans l'état d'engourdissement. Mém. de l'Académie de Berlin.

1820. GOLDFUSS (GEORGES AUGUSTE) de Bonn. Handbuch der zoologie, Manuel de zoologie, a établi trois familles parmi les Batraciens. Nuremberg, 2 vol. in-8. 1. *Hemi-Salamandræ*, 2. *Salamandræ*, 3. *Ranæ.*

1825. GRAVENHORST (JEAN LOUIS CHARLES), déjà cité, tom. 1, a établi le genre *stombus* parmi les Crapauds. Isis.

1829. EJUSDEM. *De partibus nonnullis imprimis sexualibus Salamandrarum et Molgarum.* Lipsiæ.

1835. GRAY (JOHN EDWARDS), déjà cité tom. 1, pag. 267, et tom. 2, pag. 665. Characters of on Australien Toad (Bombinator) Procedings of the zoological society, pag. 35.

1826. GREEN (JACOB), déjà cité tom. 1, pag. 319. Of a new species of Salamander, journal of the academy, of natural sciences, of Philadelph. tome, 5 pag. 116, et tom. 6, pag. 136.

1815. HARLAN (RICHARD), cité déjà tom. 2, pag. 666. Note to a paper. Observation on the genus Salamander. Annal of the Lyceum of natur. Hist. of New-York, tom. 1, part. 2, pag. 270.

1825.—With the anatomy of the *Salamandra gigantea* (Barton), on Salaman. Alleghanensis (Michaux).

1823. — Dissection of a Batracian in a living state, journal of the Acad. of not. scienc. Phil. tom. 3, pag. 54.

1827. — Additional observations of Reptilia on the north. Americ. Journal of the Acad. of nat. scienc. tom. 6, pag. 53.

1823. — Note of the *Amphiuma means*, ibid. tom. 6, pag. 147. Observations on the *Proteus*, ibid. tom. 7, pag. 63. Silliman, journal, tom. 10. *Salamand. flavissim.*

1820. HASSELT (J. C. VAN), déjà cité tom. 1, pag. 321. *Observationes de metamorphosi quarumdam partium Ranæ temporariæ.* Groning, in-8 avec tab.

1686. HEIDE (ANT. DE). *Observat. medica*, pag. 90 et 196, a fait connaître le cours du sang dans les Grenouilles, pag. 172; il dit que dans la Grenouille rousse les pattes des mâles ne servent qu'à aider le part; qu'étant privés d'organes saillants les mâles ne font qu'arroser les œufs pour les féconder.

1677. HOFFMANN (MAURIT). Ephem. curios. nat. cent. IX et X, pag. 144 et 464. *Dissectio Salamandræ gravidæ. — De ventriculo Ranæ.*

1836. HOLBROOK (JOHN EDWARDS). Herpetology north. American, etc., in-4. Philadelphy.

1824. HOME. (ÉVERARD), Anglais. An account of the organs, of generation, of the Mexican Proteus, in-4. London.

1743. HORCH (FRÉD. WILHEM). *Circa Ranas observationes.* Miscell. Berol. 6, pag. 115.

1787. HOTTUYN (MARTIN), a décrit la Salamandre rapportée du Japon par Thunberg. Act. de la société de Flessingue, vol. 9, pag. 329. Actes de Stockholm, vol. 8, part. 2, pl. 4, fig. 1.

1807. HUMBOLDT (ALEXAN. Baron de), déjà cité tom. 1, sur l'Axolotl du Mexique et les Reptiles douteux, par Cuvier.

1766. HUNTER (GUILL.). Philosoph. transact. 56 vol. pag. 308. Sur l'anatomie de la Sirène Lacertine.

HUSCHKE (G.), cité tom. 1, pour son Mémoire sur les glandes parotides, inséré dans les Archives de physiologie de Tiedemann, tom. 4.

1673. JACOBOEUS (OLIGERUS). *De Ranarum generatione observationes.* Acta medica et philosoph. Hafniensia, vol. 2, pag. 148.

1676. — *Anatome Salamandræ*, ibid. tom. 4, pag. 5.

1686. — *de Ranis et Lacertis*, observ. ibid. tom. 8, pag. 108, tab. 3.

1787. JACQUIN (NICOLAS JOSEPH), déjà cité tom. 2, pag. 667. Sur la Salamandre. Nova acta Helvetica, tom. 1, pag. 33.

JUVENIS. Notes on the structure of the tongue of the Rana temporaria. (Sur la structure de la langue.) Magazine of natural history of London, tom. 5, pag. 84. J. G. ibid. pag. 291. Dead frogsand live ones consumed by lecches.

1816. KLOTZKE. De *Rana cornuta*. Berlin. Thèse sous la pres. de Rudolphi.

1811. KOHLER. *Observationes anatomicæ in appendices genitalium Ranarum luteas.*

1746. KRUGER (JOH. GOTLOB.). Physico-theologische Betrachtung einiger Thiere.

1837. KRYNICKI. *Observationes quædam de Reptilibus indigenis.* Bulletin de la société des naturalistes de Moscou, n. 111.

1822. KUHL (HENRY). *De Ceratophrya*, Isis, pag. 475, fasc. 4. Bulletin des sciences natur. 1826, tom. 10, pag. 239.

1800. LATREILLE (PIERRE ANDRÉ). Histoire naturelle des Salamandres de France, 8° planches.

1826. LECONTE (JOHN), Américain. Description of a new species of Siren (*intermedia*). Annal. of lyceum of nat. histor. of New-Yorck, tom. 2, part. 1, pag. 133.— Remarks on the American species of the genera Hyla and. Rana, ibid. tom. 1, part. 1, pag. 278. — Description of a new species (*Siren striata*), ibid. tom. 1, pag. 52, pl. 4. Bulletin des sciences natur. tom. 6, pag. 431.

1688. LEEUWENHOEK (ANTONIUS VAN). Arcana naturæ detecta, Delphis Batavor, in-4, 1685, epist. 65, a fait connaître la circulation dans les branchies et la queue des têtards. Voyez dans le présent volume la note 10 de la page 10.

1715. LENTILIUS (ROSIN). *Rana ex dorso pariens.* Ephem. curios. nat. cent. 3, 4, pag. 393. *Ranarum in Pisces metamorphosis.* ibid. pag. 286, obser. 171.

1831. LEUKARTH (VON) (FRÉDÉRIC SIGISMOND). *Wegen Proteus.* Isis, tom. 24, pag. 499. Cet auteur est le premier qui ait proposé de diviser les Reptiles d'après le mode de leur respiration, aérienne ou aquatique, unique ou double, en *monopnés* et en *dipnés*, dénomination adoptée par M. Fitzinger.

1608. LIBAVIUS (ANDREAS). *Batrachiorum libri duo. de natura usu et chymia Ranarum utriusque generis pars 4e et ultima singularium.*

LICHTENBERG. *Bufo arboreus.* Prompt. physic. tom. 3, pag. 77.

1807. LORENZ (L. Z. F.), Halæ 8°. *De pelvi Reptilium observationes anatomicæ.*

1699. LUIDII (EDWARDS LLWYD). *De Bufonibus mediis saxis inclusis, lithophylacii Britannici Ichnographia*, in-8°. Londini.

1697. MALPIGHI (MARCEL), déjà cité tom. 1, pag. 327, a reconnu le mode de respiration des Grenouilles. *Opera posthuma.* Londini, pag. 8, a l'un des premiers, en 1671, connu la circulation pulmonaire dans la lettre citée : *Exercitatio de omento, pinguedine et adiposis ductibus*, *edit.* de Leyde, pag. 235.

1831. MARTIN-SAINT-ANGE (GASPARD JOSEPH). Sur les organes transitoires et les métamorphoses des Batraciens. Annales des sciences naturelles, tom. 34.

1729. MAUPERTUIS (PIERRE LOUIS MOREAU DE). Observations et expériences sur une espèce de Salamandre. Hist. de l'Acad. des sciences de Paris, pag. 27-32, et Mémoires, pag. 45.

1828. MAYER (FRÉDÉRIC ALBERT ANT.). Sur la Cécilie. Isis, pag. 694 et 735, tab. 10. Uber die an Cæcilia. Sur l'*hemiphractus Spxii*, nova acta, physico-medica. Monographie du Pipa, ibid. tom. 11.

1795. — Du même. *Synopsis Reptilium.* Gottingæ.— Monographie der Rana Pipa, nova acta physico-medica, tom. 11.

1818. MECKEL (J. F.), professeur à Halle. Sur l'appareil respiratoire des Reptiles, en allemand. Archives d'Allemagne, 4, pag. 60, 1819, tom. 5, pag. 213.

1827. MENKE. Isis, pag. 72. *Rana rubeta.* C'est un jeune Crapaud.

1724. MENZIUS ou MENTZ (FRED.), professeur à Leipsic; président d'une thèse soutenue par BOSE (GASPARD), in-4°, tab. *Generatio* παραδοξος *in Rana conspicua; ovaria Ranarumque tubæ*, a émis le premier l'opinion que les caroncules rugueuses des pouces de la Grenouille rousse étaient des organes générateurs.

1828. MEYER, sur les écailles des Cécilies, en allemand. Isis, pag. 694.

1820. MERTENS (CATT.), *Anatomiæ Batrachiorum prodromus de osteologia.* Halle, in-8°.

1719. MÉRIAN (MARIE SIBYLLE DE). *De transformatione Piscium in Pisces.* (*Appendix in opera de insectis surinamensibus.*)

1651. MEY (JOHAN DE), *Commentaria physica.* Midelbourg, pag. 195. Sur les têtards des Grenouilles.

1676. MÉRY (JEAN), a le premier indiqué les poches aériennes. Observations sur la peau de la Grenouille et sur sa langue. Acad. des sciences de Paris, tom. 3, pag. 399. Collection académique, partie française, tom. 1, pag. 114.

1829. MICHAELES. *Proteus anguineus.* Isis, tom. 21, pag. 499. Bullet. des sciences, Férussac, 1830, octobre. *Rana calcarata (cultripes).*

1822. MITCHELL (L. S.). On the proteus of the north American lackes. Silliman. Journ. tom. 4, pag. 181.

1686. MOLYNEUX (WILLIAM). Lettre en anglais sur la circulation du sang, observée à l'aide du microscope dans la Salamandre aquatique. Transact. phil. vol. 15, pag. 1236.

1719. MORGAGNI (JEAN BAPTISTE). *Adversaria anatomica,* tom. 5, nº 29, pag. 159, a fait connaître le mécanisme de la respiration gutturale dans les Grenouilles et les Tortues. Voyez dans ce volume la note 3 de la page 160.

1828. MORREN (CHARLES), professeur à l'Université de Gand. Dissertation sur les ossements fossiles nouvellement découverts dans le Braban.

1829. MULLER (J.), de Bonn. *Cæcilia hypocyanea.* Isis, tom. 22, pag. 875, et tom. 24, pag. 709.

1832. — Classification des amphibies d'après l'organe de l'ouïe. Isis, pag. 504 et 506. Sur trois familles différentes des Batraciens établies d'après la structure de l'organe de l'ouïe.

1667. NÉEDHAM (GUALTER). *De formato fœtu.* Lond. in-8º, a parlé des têtards des Grenouilles.

1817. OLM. *De Proteo anguineo.* Isis, nº 81, pag. 642.

1766. OESTREDON, élève de Linné, thèse. *Siren Lacertina, Amœnitates academicæ,* pag. 311 à 325.

1777. OLHAFEN VON SCHOLLENBACH. Auszug ans einem Schreiben. Beschaft der Berlin gesl. naturf. 3 ban. pag. 445.

1837. OTTH. Beschreibung einer neuen Europischem Frosch. *Diploglossus.* Nouveau mém. Société helvét. des sc. nat., tom. 1, pag. 4.

1834. OVEN (RICHARD). On the structure of the heart of perennibranchiate. Transact. Soc. zool. vol. 1, pag. 213-24, pl. 31. Batrachia. Traduit en français dans le tom. 4, deuxième série des Annales des sciences naturelles, pag. 167.

1833. PANIZZA (BARTOLOMEO), déjà cité tom. 1, pag. 331. Sopra il sistema linfatico dei Rettili. Richerche anatomiche. in-fol. Pavie, 6 planches.

1686. PAULLINI (CHRISTIAN FRANCISC.), *Bufo-breviter descriptus.* in-8o. Nuremberg, pag. 120.

1737. PETIT (FRANÇOIS). Mém. de l'Acad. des sciences, pag. 199. Description anatomique des yeux de la Grenouille.

1688. PERRAULT (CLAUDE), déjà cité, tom. 2, pag. 670. Description anatomique de deux Salamandres. Mém. de l'Acad. des sciences de Paris, tom. 3, pag. 75.

1648. PISON (GUILL.), déjà cité, tom. 1, pag. 332, *Historia rerum naturalium Brasiliæ*, lib. 5, cap. 15, dit qu'on croit au Brésil les petits Pipas qu'on nomme Cururu, nés de grosses gouttes de pluie : mais il attaque ce préjugé.

1733. POURFOUR DU PETIT, déjà cité, tom. 1, pag. 333, sur les yeux de la Grenouille.

1804. PLATERETTI (VINC. IGNAC). Su le riproduzione delle gambe, delle coda delle Salamandre acquajuole. Scelte di opuscol. inter., vol. 27, pag. 18.

1824. PREVOST ET DUMAS. Développement des œufs de Batraciens. Rapport de l'œuf avec la liqueur fécondante du mâle. Annal. des sc. nat. tom. 2, pag. 100 et 129.

1824. RATKE (JINS. HEMRICH), déjà cité, tom. 1. Uber die Urodelen. Dantzig, in-4, fasc. 1, pl. 1, a reconnu les cicatrices des branchies dans la Salamandre terrestre.

1818. — de Salamandrarum corporibus adiposis. *Natur. curiosorum Gedaniensum*, fasc. in-4.

1671. RÉDI (FRANCESCO), a connu et décrit les têtards, a parlé des pluies de Crapauds. Esperienze intorno alla generazion degli insetti.

1832. REILL (P.). Betragen ber Siren Lacertina. Isis, in-4.

1829. RICHTER ( ). Isis, tom. 22, pag. 875. Uber der Rana arborea.

1687. RIVINUS (AUGUST. QUIRINUS). *Observat. anatom. circa congressum, conceptionem, gestationem, partumque Ranarum.* Acta erudit. Lipsiæ, pag. 284. Voir dans Valentini. Amphitheat. zool.

1758. ROESEL VON ROSENHOF (AUGUST. JEM.). *Historia naturalis Ranarum nostratium.* Norimbergæ, in-fol. Texte latin et allemand, avec 24 pl. L'auteur avait fait un traité semblable sur les Salamandres, suivant Hermann.

1817. RUSCONI. Descrizione anat. degli organ. della circolazione delle larva delle Salamandre aquatiche. Pavie, in-fol.

1821. — Les amours des Salamandres, etc. Milan, in-fol. fig. col.

1819. — Del Proteo anguineo. Pavie, in-fol. fig. col.

1826 — Observationi int. alla metamorfosi del girino della Rana commun. Milan, in-4 avec 4 pl.

1828. — Sopra un Proteo femineo. Pavie, in-4 pl.

1819. SAY (THOMAS), déjà cité tom. 1. Notes on Herpétology. Silliman. Journal, tom. 1, pag. 256. *Salamandra Alleghanensis, subviolacea, punctata. Bufo cornutus*, ibid.

1726. SCHEUCHZER (J. JACQUES), déjà cité tom. 1, pag. 336. *Homo diluvii testis* et Θεοσκοπος. Tiguri in-4 avec une planche en bois.

1792,-97. SCHNEIDER (JEAN GOTLOB), déjà cité tom. 1, pag. 337, et tom. 2, pag. 674. *Specimen physiologiæ Amphibiorum*. Zullichow, 2 vol. in-4. En outre son Histoire naturelle et littéraire citée. On y trouve l'histoire des Grenouilles, des Salamandres et des Cécilies, avec beaucoup de détails intéressants sur l'anatomie, et des recherches fort savantes tirées des auteurs de l'antiquité.

1820. SCHREIBERS (CHARLES DE). Lettre à M. Duméril sur le Protée. Isis, tom. 6, pag. 567, 1801. Philos. transact. pag. 255. Sur la Salamandre noire. *Voyez* l'analyse dans ce volume, p. 242, in naturw. auz der schweiz 2, pag. 54.

1818. SCHULTZE. Sur la colonne vertébrale des Batraciens, Anoures et Urodèles. La plupart des faits sont recueillis dans Cuvier et dans les thèses de Rudolphi. Arch. de Phys. de Meckel, tom. 4.

1667. SCHULTZIUS (GOTTOFREDUS). *De ranunculo viridi arboreo*. Ephem. cur. nat., dec. 1, an. 6.

1645. SEVERINO (MARC AUREL). *Anatomia Bufonis*. Zootomia Democritea, pag. 325, in-4. Copiée dans Valentini, Amphit. zoot. pag. 207.

1828. SIEBOLD (CHARLES THÉOD. ERNEST DE). *Observationes quædam de Salamandris et Tritonibus*. Berlin, in-4, pl. 1, pag. 30.

1825. SMITH (AUGUSTIN). Of the dissection, of a Proteus. With remarks on the Siren intermedia. Lycée de New-York, tom. 2, pag. 1.

1780. SPALLANZANI (LAZARE), de Modène et de Pavie. Generazione della Salamandra acquajola. Dissert. tom. 2, pag. 39.

1786. Expériences sur la génération, traduites par Sennebier. Genève, in-8, fig.

1815. SPIX (JEAN), déjà cité tom. 1, pag. 340, et tom. 2, pag. 672. *Cephalogenesis*. Munich, in-4. pl.

1802. STEINBUCH ( ). Beob. über den Larvenzustnad u. s. w. der junges sumpfeidechsen. Sur les changements des têtards de Grenouilles et des Salamandres.

1820. STEINHEIM (S. L.). Compte-rendu d'un ouvrage publié à Hambourg sur le développement de la Grenouille. Die entwickelung der Frosche. Hambourg, in-8, Isis, pag. 676, avec une planche.

1815. STEFFEN. Thèse sous la présidence de Rudolphi. *De Ranis nonnullis*. Berlin, in-4.

1740. SUND (PIERRE). *Surinamensia Grilliana*. Amœnit. Academ. tom. 1, pag. 489. *Cæcilia*.

1737. SWAMMERDAM (JEAN) d'Amsterdam. *Biblia naturæ*, 2 vol. in-fol. Leydæ, 1738, tom. 2, pag. 830, a donné l'anatomie de la Grenouille.

1794. TOWNSON (ROBERT), déjà cité tom. 2, pag. 341.

1683. TILINGIUS (MATHIAS). *De Salamandra*. Ephemer. curios. naturæ, dec. 2, an. 2, pag. 107.

1819. TREVIRANUS (G. R.). *De Protei Anguini encephalo et organis sensuum*, etc. Gotting., in-4.

1779. TROJA. *De structura singulari ossium tibiæ et cubiti in Ranis et Bufonibus*. Napoli. Mémoire présenté à l'Acad. des sc. de Paris, tom. 5, pag. 768.

1838. TSCHUDI (JOH. JACOB). Classification der Batrachier, mit berucsichtigung der fossilien thiere dieser abtheilung der Reptilien; tom. 2, tab. 6. Lithograph. Nouveaux actes de la Société Helvétique des sciences naturelles.

1729. VALENTINI (MICHEL BERNARD), déjà cité tom. 1, pag. 342, a donné dans son Amphithéâtre zootomique la description de la Salamandre, 192; du Crapaud, 207; de la Grenouille, 209.

1726. VINCENT (LEVINUS). *Descriptio Pipæ, cui accedit descriptio omnium generum Bufonum et Ranarum*. Harlem, in-4, fig.

1833. WAGLER (JOH. GEORG.). Michaëles a publié après la mort de l'auteur dans l'Isis, pag. 884, la synonymie des Reptiles figurés dans le grand ouvrage de Séba, et pour ce qui concerne les Batraciens, les planches 73, 74, 76, 77, 78.

1691. WALLER (RICHARD). Made on the spawn of frogs. Philosoph. transact. tom. 17, pag. 523.

1837. WEBER (de Leipsig), en allemand. Du mouvement visible de la lymphe dans la queue du têtard de la Grenouille. Isis, tom. 30, pag. 500.

1806. WESTPHAL (C. G. H.), déjà cité tom. 2, pag. 672. Specimen in-8. Halle, 1806. *De organis respirationis et circulationis Reptilium.*

1825. WIED (MAXIMIL. PRINZE ZU). Beitrage naturgeschichte von Brasilien *Cœcilia*, pag. 513.

1837. WIEGMANN (AREND FRÉDÉRIC AUGUSTE), déjà cité tom. 1, pag. 344, et tom. 2, pag. 673. Herpetologische notizen.

1831. WINDISCHMANN (CH.), déjà cité, tom. 2, pag. 673. *De penitiori auris structura in Amphibiis.* Leipsick, in-4, 3 planches.

1683. WURFBAIN (JOH. PAUL). *Salamandrologia.* Norimbergæ, in-4, cum tab. 4.

1825. ZENKER. *Batrachomyologia, Myologiam Ranarum Thuringiæ exhibens.* Iéna, in-4.

1757. ZINN. *Anatome Salamandræ.* Gottingische anzeigen. (Éphémérides littéraires, pag. 1201).

CHAPITRE IV.

PREMIER SOUS-ORDRE DES BATRACIENS.

LES PÉROMÈLES.

FAMILLE UNIQUE : LES OPHIOSOMES OU CÉCILOÏDES.

Les Batraciens à corps arrondi, allongé, sans queue et sans pattes, ressemblent tellement à des Serpents, que la plupart des auteurs les ont rangés dans l'ordre des Ophidiens, tout en reconnaissant qu'ils présentaient beaucoup d'anomalies, et qu'ils devaïent former un groupe fort distinct. Aujourd'hui même, quelques naturalistes restent encore indécis sur la place qu'ils doivent assigner, dans la série des animaux, aux espèces dont nous formons, sous la dénomination de PÉROMÈLES (1), une des trois grandes divisions de l'ordre des Batraciens.

Rappelons d'abord les caractères généraux qui semblent devoir rapprocher ces Reptiles entre eux et les séparer de tous les autres. Ils ont le corps excessivement étendu en longueur, de forme cylindrique; ils n'ont pas de membres, ou d'appendices latéraux propres au mouvement; leur peau est nue, en apparence, visqueuse, mais cachant, entre les plis circulaires

(1) Péromèles, πηρομελης, de πηρος, qui manque, et de μελη, membre. *Privatus pedibus*, *corpore mutilato* ; privé de pattes, à corps mutilé. Ce nom avait déjà été indiqué pour désigner quelques espèces de Seps ou de Zygnis. Voyez WAGLER, Syst. Amphib. p. 100, vers la fin de la dernière note.

17.

qu'elle forme, plusieurs rangs, également distribués en anneaux, d'écailles plates, minces, entuilées, à bords libres, arrondis, semblables en un mot à celles de la plupart des Poissons. L'orifice arrondi de leur cloaque est situé en dessous, très-près de l'extrémité la plus postérieure du corps, qui est tantôt comme tronquée et arrondie; tantôt obtusément pointue, comme chez les espèces du genre Typhlops. De sorte que par cette particularité, ils se rapprochent des Anoures d'autant plus que leur tête, comme dans tous les Batraciens, est articulée sur l'échine au moyen de deux condyles distincts et séparés. Enfin leur mâchoire inférieure se meut sur le crâne, sans os articulaire séparé; et les deux branches qui la forment sont courtes et soudées entre elles très-solidement vers la symphyse du menton.

En développant ces caractères, et en les comparant avec ceux qui distinguent les Reptiles des autres ordres, nous ferons mieux apprécier l'importance des modifications de chacune des particularités que nous venons d'énumérer. Certainement la forme générale du corps, qui est excessivement allongé, arrondi et sans pattes, fait, au premier aspect, ressembler les Péromèles aux Serpents, dont ils se distinguent par un très-grand nombre de caractères différentiels. Ainsi dans toutes les espèces de Serpents la peau est réellement protégée par des écailles qui la recouvrent complétement; soit qu'on les voie distribuées et placées les unes sur les autres en recouvrement, à la manière des tuiles; soit qu'elles se trouvent indiquées, comme une sorte de pavé, ou de mosaïques, par des compartiments anguleux ou arrondis et diversement colorés; en outre le cloaque des Ophidiens se termine par une ouverture transversale, qui est placée sous le corps à l'origine d'une queue plus ou moins prolongée; mais toujours distincte. Dans le groupe dont nous présentons l'histoire, cet orifice du cloaque est situé vers la dernière extrémité de l'échine; quelquefois un peu en dessous, car on voit au-dessus de l'anus un très-petit prolongement du tronc, mais cet anus ne présente pas une fente transversale, il est circulaire, quelquefois plissé d'une manière plus ou moins régulière, comme dans les Anoures qui ont toujours des pattes.

Chez les Serpents l'os de l'occiput présente, au-dessous du trou vertébral, une seule éminence articulaire, arrondie, un condyle unique; tandis que, dans les Péromèles, comme chez les Batraciens, la partie supérieure du crâne porte denx saillies articulaires, semblables à celles qui, chez les mammifères s'articulent avec l'atlas ou avec la première vertèbre.

Les mâchoires, dans la généralité des Ophidiens, ont une disposition toute particulière, que nous devons rappeler. La supérieure est composée de pièces mobiles qui peuvent s'écarter, et dont quelques-unes mêmes sont susceptibles d'être portées en avant. L'inférieure est constamment formée de deux branches principales qui, à cause de leur longueur excessive en arrière, dépassent le grand trou occipital. Ces branches maxillaires ne sont pas soudées entre elles par l'extrémité qui correspondrait au menton, elles sont retenues là par un ligament élastique, de sorte qu'elles peuvent s'éloigner l'une de l'autre ou s'écarter transversalement de manière à élargir considérablement l'ouverture de la bouche. Dans les Batraciens que nous étudions, la mandibule supérieure fait partie continue de la tête à cause de la solidité des sutures qui unissent les os de la face entre eux et avec le crâne. Les pièces osseuses ne sont susceptibles d'aucun mouvement partiel, et la mâchoire inférieure, qui est généralement très-courte, ne forme véritablement dans l'état adulte qu'un seul os, parce que, dans la partie antérieure arrondie, les deux branches qui la constituent, se pénètrent et se confondent par une véritable synarthrose, à peu près comme chez tous les Sauriens. Il résulte de cette disposition que l'articulation de cette petite mâchoire, qui ressemblerait assez à celle d'une Chauve-Souris, a lieu bien en avant du trou occipital. Cette soudure des branches de la mâchoire et leur brièveté diminuent considérablement, en hauteur et en largeur, l'ouverture de la bouche qui se trouve ainsi forcément calibrée est réduite à un fort petit diamètre.

Enfin, et ce dernier caractère est fort remarquable, dans tous les Serpents la mâchoire inférieure ne s'articule pas directement sur les temporaux. Il y a entre le crâne et la cavité condylienne de la branche, en arrière, un petit os mobile qui joue un très-grand rôle dans la communication du mouvement que les muscles opèrent sur les os de la bouche; c'est ce qu'on nomme l'os quarré, ou intra-articulaire, que quelques anatomistes ont, selon nous, appelé à tort l'os DU TYMPAN. C'est d'ailleurs la même disposition de structure qui se retrouve dans tous les oiseaux et chez tous les Sauriens, à l'exception des Crocodiles. Dans les Ophiosomes ou Céciloïdes, il n'y a pas de pièce mobile intermédiaire libre. Cet os, s'il existe, est soudé au crâne qui présente ainsi de chaque côté, une sorte de condyle saillant, comme dans les Tortues et dans tous les autres Batraciens, de sorte que la mâchoire inférieure ne peut ni reculer, ni se porter en avant; elle ne se meut qu'en s'élevant pour fermer la bouche ; ou en s'abaissant pour l'ouvrir.

On voit donc que les Reptiles Péromèles Céciloïdes ne sont pas des Serpents ; puisqu'ils ont deux condyles occipitaux; la mâchoire inférieure d'une seule pièce, plus courte que leur tête osseuse ; la supérieure immobile soudée au crâne, sans os mobile et intermédiaire. Ajoutons que les corps de leurs vertèbres sont doublement excavés en cône, au lieu d'être concaves en avant et convexes en arrière ; que leur cloaque est arrondi, et non transverse, qu'il est situé tout à fait à l'extrémité du tronc ; que leur langue est large, papilleuse, fixée par ses bords sur les gencives, dans la concavité de la mâchoire et non protractile, ni fourchue, ni susceptible de rentrer dans une sorte de gaîne ou de fourreau.

Ces mêmes Péromèles, au contraire, se rapprochent beaucoup des Batraciens ; d'abord leur peau est visqueuse, humide, presque nue, car ce n'est que dans ces derniers temps, et par un examen plus attentif, qu'on a pu observer dans l'épaisseur du derme et sur les bords des plis circulaires, et sous le mucilage, de petits compartiments plus solides qu'on a regardés comme des écailles. Secondement, ils ont, comme tous les Batraciens, les deux condyles occipitaux ; troisièmement, le corps de leurs vertèbres est concave devant et derrière, comme celui de plusieurs Urodèles ; quatrièmement, par le mode d'articulation de la mâchoire inférieure, et la soudure de l'os carré avec le crâne ; cinquièmement par leur analogie avec les Anoures à quatre pattes, à cause de la forme et de la position de l'ouverture de leur cloaque. Cependant on ignore si leurs petits subissent des métamorphoses, quoique

M. Muller dise avoir observé de jeunes Cécilies dont le cou était encore garni de petites franges branchiales.

Il faut avouer cependant que cette famille, ou ce groupe des Péromèles, s'éloigne jusqu'à un certain point de l'ordre des Batraciens par la présence de petites écailles dans l'épaisseur de la peau, par des côtes véritablement fourchues à leur extrémité vertébrale, et beaucoup plus distinctes que celles du genre Pleurodèle; par l'absence du sternum et surtout par la forme et la structure de la bouche dont l'ouverture est petite, la mâchoire inférieure étant plus courte que la supérieure et les dents longues, aiguës, en général recourbées en arrière.

Il y a certainement aussi quelques rapports de formes et structure dans le squelette, l'articulation des mâchoires, le mode d'implantation des dents, etc., entre ces Péromèles Ophiosomes et plusieurs espèces de poissons osseux de la division des Murènes, tels que les Aptérichthes, les Sphagébranches, les Murénophis et quelques autres, mais le mode de jonction de la tête avec l'échine au moyen de deux condyles, la présence de poumons aëriens et de narines qui s'ouvrent directement dans la cavité de la bouche, en même temps que l'absence absolue des branchies chez les adultes, ne permettent pas de rapporter les Céciloïdes à la classe des poissons.

S'il est évident qu'on ne peut ranger les Ophiosomes ou Céciloïdes que dans la classe des Reptiles; il faut cependant reconnaître que ces animaux, tout en ayant la forme et l'apparence des Ophidiens, ne peuvent pas être rapportés à cet ordre et bien moins encore à ceux des Chéloniens ou des Sauriens. Ce ne sont pas non plus des poissons, quoiqu'ils offrent quelques ressemblances avec plusieurs espèces de cette classe qui sont privées de nageoires paires, tels que les genres Murénophis, Gymnomurènes et Aptérichthes. Ils appartiennent donc réellement à la grande division des Batraciens ; mais ce sont des espèces anomales, intermédiaires, d'une part aux Serpents ; et de l'autre aux dernières familles des Batraciens, telles que celles des Amphiumides et des Protéides. Si, à cause de l'avantage que procure l'arrangement systématique pour la classification, nous avons placé ce groupe de Reptiles près de la grande division des Anoures, c'est plutôt afin de pouvoir commencer par eux l'étude de l'ordre des Batraciens ; car ils forment la transition assez naturelle de l'ordre des Serpents avec celui des Grenouilles. Nous déclarons donc bien hautement, que nous regardons les Ophiosomes comme formant une tribu tout à fait distincte et séparée dans la classe même des Reptiles, et qui semble faire le passage entre les Serpents et les Batraciens.

A la fin du premier chapitre dans ce présent volume, nous avons fait l'historique de la classification des Péromèles ; Muller et Wagler se sont disputé le mérite d'avoir séparé cette famille du sous-ordre des Ophidiens; mais déjà Oppel avait fait plus, puisqu'en établissant les divisions parmi les Batraciens, il avait placé les Péromèles dans la première famille sous le nom d'Apodes. Schneider et Mayer ont donné les premières notions sur l'anatomie des Cécilies. Nous avons profité de ces recherches sur cette structure, en traitant de l'organisation dans le second chapitre de ce volume ; il nous reste donc peu de détails à présenter sur ce sujet.

Cependant voici un extrait abrégé de la monographie du genre Cécilie d'après Schneider (1) : « C'est un genre de Serpents, le plus voisin des poissons et surtout du genre Murène. Tels sont ses caractères ; corps anguilliforme, à petites écailles, comme plongées dans l'épaisseur de la peau, présentant des rides latérales vers la partie postérieure, qui est courte, avec d'autres plus larges, circulaires autour du corps ; yeux très-petits, recouverts par la peau, les narines surmontées d'un tentacule très-court. » Il est évident que l'auteur n'a connu que la Cécilie tentaculée ou glutineuse (le genre *Epicrium* de Wagler). Il en fait l'historique telle que nous la raporterons à son article descriptif, ayant eu à sa disposition un individu à demi desséché, il a étudié quelques parties de son anatomie dont nous continuons l'analyse.

Le crâne est singulier par sa structure : tout le dessus semble formé d'une seule pièce voûtée, dans laquelle on n'aperçoit aucune trace des orbites, ce qui donne à penser que l'œil doit être très-particulier. La mâchoire inférieure n'est pas articulée avec le crâne, au moyen d'un osselet intermédiaire, comme dans les Oiseaux, les Lézards et les Serpents ; mais à peu près comme dans les Mammifères, sans qu'il y ait cependant le moindre vestige d'un os zygomatique. Les dents de la mâchoire supérieure sont toutes courbées et dirigées en arrière; en outre les bords et la ligne médiane des os qui forment le palais, sont hérissés de petites dents de manière à représenter une sorte de mâchoire palatine, les deux premières dents de chaque mâchoire sont plus longues et plus fortes que les autres ; on voit à l'inférieure, après les deux

(1) *Historia natural. et litter. Amphib. fasc.* II, pag. 359 *et sequent.*

longues dents, et sur le bord interne, deux autres petites dents recourbées, et les branches de cette même mâchoire ne sont pas jointes entre elles par un ligament ; mais à l'aide d'une véritable suture harmonique comme dans les Lézards. La jonction des vertèbres entre elles est entièrement différente de ce qui existe dans les Lézards et les Serpents, et se rapproche tout à fait de celle des poissons ; car tous les corps des vertèbres sont creusés, devant et derrière, par des cavités coniques en entonnoir, dans lesquelles sont implantées des fibres ligamenteuses ; elles ne sont réellement pas articulées, mais placées les unes sur les autres. Leurs apophyses épineuses supérieures sont semblables à celles des Amphisbènes et à celles du cou des oiseaux, c'est-à-dire qu'elles sont déprimées, de manière à ne présenter qu'une légère carène. En dessous le corps de chaque vertèbre est garni d'une apophyse recourbée en arrière, fourchue en avant pour recevoir l'éminence de la vertèbre qui précède. Sur les côtés on voit également une petite saillie sur laquelle s'applique une des bifurcations de la côte, car l'autre fourche, plus longue, se porte sur une éminence inférieure. Ces côtes sont courtes, droites, dirigées en arrière et triangulaires, fourchues comme dans les oiseaux et unies aux vertèbres à peu près de la même manière.

Mayer (1) dit que dans la Cécilie lombricoïde il n'existe, du côté gauche, qu'un rudiment du poumon. Il a observé des corps graisseux jaunes, volumineux ; il a cru voir deux pénis : il a reconnu l'existence des écailles dans les plis de la peau, et il croit que ce sont des espèces intermédiaires aux deux ordres de

(1) Sur la Cécilie. Isis, 1828, pag. 694-735, tab. X.

Reptiles qu'il indique par le nom *d'Ophisauriens*, à cause de l'existence des côtes, et du poumon unique.

M. Muller a fait connaître l'existence des trous branchiaux dans une jeune Cécilie (*hypocyanea*), conservée dans le musée d'histoire naturelle de Leyde (1). Il a vu une ouverture de la grandeur d'une ligne, de chaque côté du cou, à quelques lignes de l'extrémité de la fente buccale. Cette ouverture était plus large que profonde, située dans la raie jaune qui existe sur les côtés, et qui a fait désigner cette espèce sous le nom qu'elle porte. Le bord du trou était âpre; on remarquait dans l'intérieur des franges noires qui paraissaient fixées aux cornes de l'hyoïde ou des arcs branchiaux; mais elles ne faisaient pas saillie hors des orifices externes. Les trous eux-mêmes sont en communication libre avec la cavité buccale.

Cette jeune Cécilie, comme étant un exemplaire unique, n'a pu être disséquée. Elle était longue de quatre pouces et demi; tandis qu'un individu adulte de la même espèce, qui ne montrait plus aucune trace de ces trous, avait plus d'un pied de longueur.

M. Muller ajoute : il est donc bien décidé maintenant que les Cécilies qui ont une si grande ressemblance anatomique avec les Reptiles nus, appartiennent réellement à ce groupe, et qu'elles éprouvent des métamorphoses. Elles ressemblent donc extérieurement aux Amphiumes, qui, avec la disposition vermiforme du corps, conservent leurs trous branchiaux pendant toute la vie, sans que les branchies persistent. Il propose de les désigner sous le nom de *Gymnophides*, dont il fait un premier ordre dans ce qu'il

(1) Isis, 1831, tome 24, pag. 710.

appelle la classe des Amphibies nus. Le second ordre est celui des *Dérotrêmes*; le troisième, les *Protéidés*; le quatrième, les *Salamandrines*; et le cinquième et dernier, les *Batraciens*.

Enfin M. Tschudi, dans sa classification des Batraciens, adopte aussi la tribu des Cécilies; mais il la range (page 90) entre celle des Pipas et celle des Salamandrines, adoptant d'ailleurs les trois genres proposés par Wagler (1).

Distribution géographique des Céciloïdes.

L'Amérique, l'Asie et l'Afrique, puisque les îles Séchelles sont considérées par les géographes comme appartenant à cette dernière partie du monde, produisent seules des Céciloïdes, dont les espèces connues aujourd'hui sont encore, il est vrai, bien peu nombreuses. On n'en compte effectivement que huit, parmi lesquelles il en est cinq, la Cécilie lumbricoïde, celle à ventre blanc, le Siphonops annelé mexicain, et le Rhinatrème à deux bandes, qui sont originaires de la partie méridionale du Nouveau-Monde. Les Indes orientales nourrissent la Cécilie oxyure et l'Épicrium glutineux; enfin, aux Séchelles se trouve la Cécilie à museau allongé. D'où il résulte que les genres Siphonops et Rhinatrème sont propres à l'Amérique, de même que le genre Épicrium est particulier à l'Asie; tandis que le genre Cécilie a des représentants en Amérique, en Asie et en Afrique. Le tableau suivant permet de voir d'un seul coup d'œil la répartition géographique des quatre genres de la famille des Céciloïdes.

(1) Nous n'avons eu connaissance de ce dernier ouvrage, que lorsque notre travail était déjà terminé.

Noms des genres des CÉCILOÏDES.	Europe.	Asie.	Afrique.	Amérique.	Australasie.	Total des espèces.
CÉCILIE	0	1	1	2	0	4
SIPHONOPS. . . .	0	0	0	2	0	2
EPICRIUM.	0	1	0	0	0	1
RHINATRÈME . . .	0	0	0	1	0	1
Nombre des espèces dans chaque partie du monde. .	0	2	1	5	0	8

DES GENRES ET DES ESPÈCES DE LA FAMILLE DES CÉCILOÏDES.

Wagler est le premier des auteurs systématiques qui ait fait un ordre particulier des Cécilies, et en le placant entre les Amphisbènes et les Grenouilles, ou entre les Serpents et les Batraciens, il leur assigne pour caractères essentiels : le corps nu, sans queue; os intramaxillaire ou du tympan, comme il le nomme, soudé au crâne; condyle occipital double; orifice de l'anus, arrondi, à l'extrémité du corps. La langue attachée par ses bords à la concavité de la mâchoire.

Il y rapporte trois genres, dans chacun desquels il n'a inscrit qu'une seule espèce et qui sont :

1° SIPHONOPS, corps trapu, arrondi, obtus à ses deux extrémités, avec des impressions annelées; les yeux petits, en arrière de deux petits enfoncements.

2° CÉCILIE, corps semblable à celui du genre précédent; mais excessivement long, très-grêle et très-lisse, point d'yeux, un creux sous chacune des narines.

3° L'Epicrium, le corps semblable aux précédents; mais un peu en fuseau, un peu plus large que la tête; des plis en anneaux très-rapprochés, interrompus obliquement sur la ligne médiane du ventre; tête très-lisse, déprimée, garnie de chaque côté sur le bord maxillaire d'un petit tentacule au devant de l'œil qui est petit, concave, presque effacé et au dessous duquel on remarque une fossette.

Nous adoptons ces trois genres, qui ont entr'eux la plus grande affinité, et nous y en ajoutons un quatrième qui n'en diffère réellement que parce que son museau n'est pas creusé de fossettes, ce qui nous l'a fait désigner par cette particularité de nez-sans-trous, Rhinatrème.

Voici un tableau analytique à l'aide duquel on pourra voir, au premier coup d'œil, quels sont les genres qui peuvent être rapportés à ce sous-ordre des Batraciens, et à la seule famille qu'il renferme.

TABLEAU SYNOPTIQUE DES GENRES DE BATRACIENS,

DU SOUS-ORDRE DES PÉROMÈLES ET DE LA FAMILLE DES OPHIOSOMES OU CÉCILOIDES.

Caractères : Corps arrondi, très-allongé, complétement privé de membres; à cloaque ouvert à l'extrémité du tronc.

Museau	creusé de fossettes	au-	dessous de chaque narine.	1. Cécilie.
			devant de chaque œil. .	2. Siphonops.
		au-dessous de l'œil sur la lèvre.		3. Epicrium.
	non creusé de fossettes.			4. Rhinatrème.

Ier GENRE. CÉCILIE. — *COECILIA*, Wagler (1).

Caractères. Tête cylindrique. Museau saillant. Dents maxillaires et palatines courtes, fortes, coniques, un peu courbées. Langue à surface comme veloutée ou celluleuse, offrant le plus souvent deux renflements hémisphériques, correspondant aux orifices internes des narines. Yeux distincts ou non distincts au travers de la peau. Une fossette ou fausse narine, au-dessous de chaque narine.

Le principal caractère des Cécilies réside dans la situation de leurs fausses narines qu'on aperçoit sous le museau, positivement au-dessous des orifices externes des vraies narines. Leur bouche semble s'ouvrir sous la tête, tant la partie antérieure de celle-ci se prolonge antérieurement en un épais et souvent très-large museau arrondi.

La langue occupe tout l'espace compris entre les branches sous-maxillaires, elle est fort épaisse, entière, arrondie en avant, garnie en dessus de papilles, qui parfois donnent à sa surface l'apparence veloutée, qui d'autres fois ressemblent à des plis cérébriformes. Presque toujours on y remarque deux petites élévations hémisphériques qui, lorsque la bouche est fermée, se trouvent logées dans les orifices internes des narines qu'elles doivent sans doute fermer très-hermétiquement, car leur diamètre et leur hauteur correspondent parfaitement à la largeur et à la profondeur de ces cavités nasales. Les dents sont fortes, légèrement crochues, arrondies, pointues, et comme transparentes. Celles qui constituent le second rang à la mâchoire inférieure sont plus petites et en moindre nombre que celles qui se trouvent devant elles.

Ce nom ancien, donné à un Serpent aveugle, a été employé d'abord par Linné, *nomen à cœcitate*.

Quelquefois les yeux se laissent apercevoir à travers la peau, mais le plus souvent on ne les distingue pas du tout.

Les espèces qui composent ce genre sont plus ou moins allongées ; il y en a de très-longues et très-grêles, et de fort courtes et assez grosses ; mais toutes sont cylindriques ou presque cylindriques. Leur peau n'est jamais marquée d'un aussi grand nombre de plis que chez les Épicriums et les Rhinatrêmes, quelquefois même il n'en existe que vers l'extrémité du corps.

Linné en établissant le genre *Cœcilia*, dans les Aménités académiques, tom. I, pag. 489, a donné la description d'une seule espèce, figurée dans le même volume, pl. 17, fig. 1, qu'il est bien difficile de rapporter d'une manière précise à celles qu'on possède aujourd'hui dans les collections. Cette Cécilie, que Linné appelle Tentaculée, doit être, à en juger aussi d'après la figure, fort voisine de la Cécilie à ventre blanc de Daudin ; mais elle en est très-probablement différente, attendu quelle porte un tentacule de chaque côté de la bouche, ce qui n'existe ni chez cette dernière, ni chez ses congénères, et que sa peau est marquée de cent trente-cinq plis, nombre qui ne s'accorde pas avec celui qu'on voit dans nos espèces. On ne peut pas davantage supposer qu'elle soit spécifiquement la même que l'*Epicrium glutinosum*, lequel pourtant aurait, suivant Wagler, un tentacule sur chaque lèvre ; car le nombre des plis de son corps s'élève à plus de trois cents.

Nos listes synonymiques ne renfermeront donc pas le nom de la *Cœcilia tentaculata* de Linné, que nous nous contentons de signaler ici, sinon comme espèce particulière, au moins comme espèce douteuse. Nous garderons la même réserve à l'égard de l'*Ibyara*, de Margrave (1), que la plupart des Erpétologistes ont mentionnée dans leurs ouvrages, comme étant une Cécilie, mais dont nous avouons n'avoir pu nous faire une idée assez exacte, d'après la figure

(1) Historia naturalis Brasiliæ, pag. 239.

et la description qu'en a publiées cet auteur, pour décider si c'était une Amphisbène ou une espèce appartenant réellement au genre ou même à la famille qui nous occupe en ce moment, qu'il aurait eu l'intention de faire connaître.

Nous ne pouvons également que mentionner une espèce de Cécilie indiquée sommairement par M. Stutchbury, dans les Transactions de la Société Linnéenne de Londres, tom. XVII, pag. 362, si toutefois c'est bien une espèce différente de celles déjà inscrites dans les catalogues erpétologiques. Voici au reste la description qu'en donne cet auteur :

« Corps cylindrique, d'une couleur olive foncé, marqué de petites taches jaunes confluentes, rapprochées les unes des autres. Cent quarante à cent quarante-quatre anneauxen viron, dont les douze qui sont le plus rapprochés de la queue n'entourent pas complétement le corps. Museau proéminent, offrant une légère protubérance à une ligne à peu près au-dessous et en arrière de la narine. Yeux non distincts. Longueur, seize pouces; circonférence, huit lignes. S'il était certain, ajoute M. Stutchbury, que cette espèce fût différente de la *Cœcilia tentaculata* de Linné, je proposerais de la nommer *Cœcilia squalostoma. Habitat* Gaboon (Afrique). »

Parmi les individus appartenant au genre Cécilie qu'il nous a été permis d'observer nous-mêmes, nous avons constaté l'existence des cinq espèces suivantes :

TABLEAU SYNOPTIQUE DES ESPÈCES DU GENRE CÉCILIE.

Extrémité terminale du corps	comprimée			3.	C. Queue comprimée.
	cylindrique : queue	arrondie : museau	élargi : corps très-grêle	1.	C. Lombricoïde.
			élargi : corps assez fort	2.	C. Ventre blanc.
			rétréci	4.	C. Museau étroit.
		pointue		5	C. Oxyure.

1. LA CÉCILIE LOMBRICOIDE. *Cœcilia lumbricoidæa.* Daudin.

Caractères. Corps très-alongé, fort grêle, lisse, excepté vers son extrémité où l'on compte une quinzaine de plis circulaires. Museau large, arrondi. Partie terminale du tronc cylindrique. Queue arrondie.

Synonymie. *Cœcilia gracilis.* Shaw. Gener. zoolog. tom. 3, pag. 597.

Cœcilia lumbricoidea. Daudin. Hist. nat. Rept. tom. 7, p. 420, tab. 92, fig. 2.

Cœcilia gracilis. Hemprich. Geselschf. naturforsch. Freund. zu Berl. Magaz. (1824), pag. 294.

La Cécilie lombricoïde. Cuv. Règn. anim. (1re édit.) tom. 2, pag. 88.

La Cécilie lombricoïde. Cloq. Dictionn. scienc. natur. tom. CE, pag. 335.

Cœcilia lumbricoides. Merr. Tent. syst. amphib. pag. 168.

Cœcilia lumbricoidea. Goldf. Handb. der zoolog. pag. 138.

Cœcilia lumbricoides. Prinz. zu Wied Beitr. naturgesch. Bras. tom. 1, pag. 514.

Le Lombric. Bory de Saint-Vincent, Résum. d'Erpét. pag. 17.

Cœcilia lumbricoides. Fitzing. Verzeich. der zoologisch. mus. zu Wien, pag. 63.

Cœcilia lumbricoides. Cuv. Règn. anim. (2e édit.), tom. 2, pag. 100.

Cœcilia lumbricoides. Griff. anim. Kingd. Cuv. tom. 9, p. 284.

Wormlike Cœcilia. Gray, Synops. Rept. in Griffith's anim. Kingd. tom. 9, pag. 110.

Le Lombricoide. Bory de Saint-Vincent, Dict. class. d'hist. nat. tom. 4, pag. 284.

DESCRIPTION.

Formes. Cette espèce est, de toute la famille, celle qui est la plus longue et la plus grêle ; elle a en longueur totale plus de quatre-vingt-dix fois le diamètre de son corps, mesuré vers sa partie moyenne. Des individus longs de cinquante-trois centimètres, ont la grosseur d'une forte plume d'oie. Cette Cécilie est cylindrique ; son corps, dans sa seconde moitié, est un peu plus petit que dans la première, si ce n'est toutefois vers son extrémité terminale, où il se trouve un peu renflé. Le museau est large, arrondi ; les dents maxillaires et les palatines sont assez longues, aiguës, un peu couchées en arrière, et écartées les unes des autres. Il y en a vingt autour de la mâchoire supérieure, et seize sur le bord antérieur du palais. On en compte également une vingtaine sur le premier rang à la mâchoire d'en bas, tandis qu'il n'en existe que de dix à douze sur le second rang. La langue adhère de toutes parts dans la concavité que forment les branches sous-maxillaires ; sa surface offre des plis séparés par des petits sillons, comme eux, vermiculiformes ; puis on y remarque deux renflements hémisphériques, correspondant aux orifices internes des narines, lesquels sont grands et ovalaires. Les narines externes sont deux forts petits trous situés de chaque côté du bout du museau, sous lequel se voient deux autres petites ouvertures sur une portion du bord de chacune desquelles semble exister un petit tentacule. Il nous a été impossible d'apercevoir les yeux à travers la peau qui, sur toute la tête, est parfaitement lisse. Celle qui enveloppe le corps est à peine marquée de plis circulaires, si ce n'est près de l'extrémité postérieure, c'est-à-dire vers le vingt-deuxième environ de la longueur du corps, où l'on en compte douze à quinze. Lorsqu'on soulève ces plis, on y découvre de grandes écailles minces, assez semblables à celles des carpes, formant un ou deux verticilles dans la composition desquels elles se montrent très-distinctement imbriquées. L'anus se trouve situé sous l'extrémité terminale du corps, qui est arrondie.

Coloration. Deux des trois sujets que nous possédons sont brunâtres, l'autre semble être teint d'olivâtre.

Dimensions. *Longueur totale.* 53". *Tête.* Long. 11'". *Diamètre du corps* au milieu. 7'".

Patrie. Cette espèce a été trouvée à Surinam par Levaillant, duquel nous en tenons deux exemplaires. La collection en renferme un troisième dont nous ne connaissons pas l'origine.

2. LA CÉCILIE VENTRE-BLANC. *Cœcilia albiventris.* Daudin.

Caractères. Corps allongé, assez épais ; cent cinquante plis, ne formant pas tous des anneaux complets. Museau large, arrondi. Extrémité du tronc cylindrique. Queue arrondie.

Synonymie. *Cœcilia albiventris.* Daud. Hist. Rept. tom. 7, pag. 422, tab. 92, fig. 1.

Cœcilia albiventris. Cuv. Règn. anim. (1re édit.), tom. 2, pag. 88.

La Cécilie à ventre blanc. Cloq. Dict. scienc. nat. tom. CE, pag. 335.

Cœcilia albiventris. Merr. Tent. syst. amph. pag. 167.

Le ventre blanc. Bory de Saint-Vincent. Dict. class. d'hist. nat. tom. 4, pag. 284.

Cœcilia albiventris. Bory de Saint-Vincent, Résum. d'Erpétol. pag. 218.

Cœcilia albiventris. Cuv. Règn. anim. (2e édit.), tom. 2, pag. 100.

Cœcilia albiventris. Griff. Anim. kingd. Cuv. tom. 9, pag. 283.

Cœcilia albiventris. Gray, Synops. Rept. in Griffith's anim. kingd. tom. 9, pag. 110.

DESCRIPTION.

Formes. La Cécilie à ventre blanc est loin d'être aussi mince que la Lombricoïde ; le diamètre de la région moyenne de son corps est égal à la trentième partie de sa longueur totale. Par la tête, la langue, les dents, les narines et les fausses narines, elle ressemble à l'espèce précédente ; comme chez elle aussi l'orifice du cloaque se trouve situé sous l'extrémité terminale du tronc, qui est également arrondie. Toute l'étendue du corps est marquée de plis ; mais il n'y en a qu'un petit nombre qui le ceignent en entier. En tout on en compte cent cinquante, dont les seize derniers, ainsi que les quatre-vingt-dix premiers, sont complétement circulaires. Depuis le quatre-vingt-dixième pli jusqu'au cent trente-quatrième, on en voit successivement un ayant en étendue la même largeur que le dos, alterner avec un autre qui descend jusqu'au bas de chaque flanc. Entre les quatre-vingt-dix premiers, il existe beaucoup plus d'espace qu'entre ceux qui les suivent, lesquels se rapprochent davantage à mesure qu'ils avancent vers l'extrémité postérieure du corps. Plus aussi on approche de la queue, plus les écailles sont faciles à apercevoir ; ces écailles sont grandes, quadrilatères, oblongues, à angles arrondis, très-imbriquées de droite à gauche ; leur surface présente un petit travail en relief, dont le dessin est un réseau à mailles lozangiques, excessivement petites. Elles se détachent du corps très-aisément.

COLORATION. Cette Cécilie est d'un brun noirâtre uniforme, largement marbré de blanc en dessous.

DIMENSIONS. *Longueur totale*, 60". *Tête*. Long. 2". *Diamètre du corps* 2".

PATRIE. La Cécilie à ventre blanc est, comme la Lombricoïde, originaire de Surinam; nous n'en possédons qu'un seul échantillon.

3. LA CÉCILIE QUEUE-COMPRIMÉE. *Cœcilia compressicauda*. Nobis.

CARACTÈRES. Corps allongé, assez fort, offrant en dessous des plis qui montent plus ou moins de chaque côté, mais qui n'arrivent pas jusque sur le dos, lequel est lisse. Museau large, arrondi. Extrémité postérieure du tronc assez fortement comprimée à sa partie supérieure ou tectiforme. Pas le moindre prolongement en arrière de l'orifice cloacal, qui est situé tout à fait en dessous.

SYNONYMIE ?

DESCRIPTION.

FORMES. Cette espèce est vingt-quatre ou vingt-cinq fois plus longue qu'elle n'est large vers la région moyenne de son étendue. Le museau est arrondi et assez élargi; c'est de chaque côté de son extrémité, et peut-être un peu en dessous, que se trouvent situées les narines, un peu en arrière desquelles on aperçoit les fossettes ou fausses narines, dont les bords semblent offrir un petit prolongement tubuleux. La langue est tout à fait plane, et les yeux se laissent apercevoir à travers la peau. Le corps offre cela de particulier, que, comme celui de certains Ophidiens, des Boas, par exemple, il est plus étroit à sa partie inférieure qu'à sa partie supérieure, au moins dans la presque totalité de son étendue; car vers son extrémité postérieure il se comprime, non pas également dans toute sa hauteur, mais de plus en plus, en allant de bas en haut, de telle sorte que cette partie terminale du corps offre ce que nous appelons une forme en toit très-prononcée; on la croirait même surmontée d'une crête qui descend vers l'anus, en décrivant une courbe assez marquée. Il n'y a aucune espèce de rides à la surface supérieure du corps, mais il en existe en dessous qui sont transversales, et dont les extrémités s'élèvent plus ou moins sur les côtés du tronc. Leur nombre est de cent trente-quatre à cent quarante.

Coloration. Une teinte d'un brun olivâtre, est la seule qui soit répandue sur le corps de cette Cécilie.

Dimensions. *Longueur totale*, 47" *Tête*. Long. 1" 8'''. *Diamètre du corps*, 2".

Patrie. La Cécilie à queue comprimée est originaire de Cayenne, d'où plusieurs individus viennent d'être envoyés au Muséum par M. Leprieur.

4. LA CÉCILIE MUSEAU-ÉTROIT. *Cœcilia rostrata*. Cuvier.

Caractères. Corps court, assez gros, cent vingt-cinq plis tout à fait circulaires. Museau retréci, obtusément pointu. Extrémité du tronc cylindrique. Queue arrondie.

Synonymie. *Cœcilia rostrata*. Cuv. Règ. anim. (2e édit.), tom. 2, pag. 100.

Cœcilia rostrata. Griff. anim. kingd. Cuv. tom. 9, p. 284.

Sharp nosed Cœcilia. Gray. Synops. Rept. in Griffith's anim. kingd. tom. 9, pag. 110.

DESCRIPTION.

Formes. Le corps de cette Cécilie est plus court, plus fort que celui de la Cécilie à ventre blanc ; son diamètre, au milieu, est le vingtième ou le vingt-unième de la longueur totale de l'animal. Au lieu d'être large, arrondi, comme chez les deux espèces précédentes, le museau est assez rétréci, un peu pointu même, mais d'une manière obtuse. La langue ressemble tout à fait à celle des Cécilies lombricoïde et à ventre blanc, si ce n'est que ses deux petites protubérances sont un peu moins prononcées. On ne distingue pas non plus d'yeux à travers la peau. Les narines s'ouvrent de chaque côté du museau, un peu vers le haut. Les fausses narines, qui semblent être des piqûres d'épingles, tant elles sont petites, se trouvent situées, l'une à droite, l'autre à gauche, un peu en avant de la lèvre supérieure. Il y a cent quinze à cent vingt cinq plis entiers autour du corps, plis qui sont beaucoup plus serrés les uns contre les autres, vers l'extrémité terminale du tronc que dans le reste de son étendue. Les écailles s'aperçoivent plus distinctement sous les derniers plis que sous tous ceux qui les précèdent ; elles sont ovales et comparativement moins grandes que chez la Cécilie à ventre blanc.

Coloration. Cette espèce est entièrement d'un brun olivâtre.

Dimensions. *Longueur totale*, 33". *Tête*. Long. 13". *Diamètre du corps au milieu*, 15".

Patrie. Nous demeurons incertains sur la véritable patrie de cette Cécilie, dont nous possédons deux exemplaires qui, suivant les indications qu'ils portent, auraient été recueillis, l'un aux îles Séchelles, par M. Dussumier ; l'autre dans l'Amérique méridionale, par M. D'Orbigny. L'existence simultanée d'une espèce de Reptiles dans deux pays si différents l'un de l'autre par toutes leurs productions zoologiques jusqu'ici connues, demande à être vérifiée de nouveau pour être considérée comme vraisemblable.

5. LA CÉCILIE OXYURE. *Cœcilia oxyura*. Nobis.

Caractères. Corps court, médiocrement gros ; plus de cent quatre-vingts plis, dont les trente derniers seulement entourent tout le corps ; museau faiblement rétréci ; extrémité du tronc cylindrique ; queue pointue.

Synonymie ?

DESCRIPTION.

Formes. Proportionnellement un peu moins forte que la précédente, mais aussi courte, cette Cécilie se distingue de suite de toutes ses congénères, par la forme non arrondie, mais pointue de sa queue, qui se prolonge un tant soit peu en arrière de l'anus. Son museau, pour sa largeur, tient le milieu entre celui de la Cécilie à ventre blanc et celui de la Cécilie à museau étroit, c'est-à-dire qu'il n'est ni large ni trop rétréci. Le diamètre de son corps est le vingt-cinquième de sa longueur totale. La langue entière, adhérente de toutes parts, ne présente pas en dessus ces deux petites protubérances hémisphériques qui existent sur cet organe dans les trois autres espèces. Les yeux se laissent entrevoir à travers la peau. Les fossettes ou fausses narines se trouvent creusées positivement au-dessous des narines, qui sont situées plutôt sur le dessus du museau que sur ses côtés.

Plus de cent quatre-vingts plis, dont il n'y a que les trente et quelques derniers qui ceignent entièrement le corps, se laissent compter sur la peau, depuis l'occiput jusqu'à l'extrémité du tronc opposée à la tête. Parmi les cent cinquante premiers, on remarque qu'il y en a un plus court qui alterne avec un autre qui l'est moins. Le ventre, en avant des trente derniers plis, est tout à fait lisse. Les écailles sont petites, subcirculaires, minces, transparentes, ayant leur surface marquée de petites stries concentriques. On en compte au moins six verticilles imbriquées sous chacun des plis terminaux.

Coloration. La Cécilie oxyure présente, en dessus, une teinte olivâtre, assez claire; le dessus de son corps et le bord de ses plis offrent une couleur semblable à celle de la cire jaune salie.

Dimensions. *Longueur totale.* 30". *Tête.* Long. 1" 5"'. *Diamètre du corps au milieu.* 1" 4"'.

Patrie. Nous sommes redevables de la connaissance de cette espèce à M. Dussumier, par qui elle a été rapportée de la côte du Malabar au Muséum d'histoire naturelle.

IIe GENRE. SIPHONOPS. — *SIPHONOPS* (1). Wagler. (*Cœcilia* part., Cuvier, Merrem.)

Caractères. Tête et corps cylindriques; museau court; dents maxillaires et palatines fortes, pointues, un peu recourbées; langue large, entière, adhérente de toutes parts, à surface creusée de petits enfoncements vermiculiformes. Yeux distincts à travers la peau. Une fossette ou fausse narine au devant et un peu au-dessous de chaque œil.

Les Siphonops ont généralement le museau plus court que les Cécilies, ce qui fait que leur bouche a moins l'air de s'ouvrir sous la tête. Ce qui les caractérise plus particulièrement c'est d'avoir les fossettes ou fausses narines placées, non sous le museau, mais sous les yeux, un peu plus ou moins en avant. La peau qui recouvre l'œil des Siphonops est assez transparente pour qu'on puisse apercevoir cet organe à travers. Le bord de leurs narines et de leurs

(1) De σιφον, un tube, un cylindre; et ωψ, visage, face: apparence d'un tuyau.

fausses narines ne porte pas le moindre rudiment de tentacule. Leurs dents ressemblent à celles des Cécilies; mais leur langue, dont la surface est sillonnée de petits enfoncements vermiculiformes, n'offre pas de protubérances hémisphériques. Les deux seules espèces qu'on connaisse encore dans ce genre sont les suivantes.

TABLEAU SYNOPTIQUE DES ESPÈCES DU GENRE SIPHONOPS.

Plis de la peau	86 à 99, formant tous des cercles complets.	1. S. ANNELÉ.
	160 environ, parmi lesquels les 50 premiers et les 20 derniers seulement forment des cercles complets.	2. S. MEXICAIN.

1. LE SIPHONOPS ANNELÉ. *Siphonops annulatus.* Wagler.

CARACTÈRES. Quatre-vingt-six à quatre-vingt-dix plis annuliformes, assez et également espacés ; museau élargi, arrondi ; queue arrondie.

SYNONYMIE. *Cæcilia annulata.* Mik. Delect. Flor. Brasiliens, tab. 11.

Cæcilia annulata. Hemprich. Geselschf. naturforsch Freund. zu Berl. Magaz. (1824), pag. 292.

Cæcilia annulata. Spix et Wagl. Nov.spec. serpent. Brasil. pag. 74, tab. 26, fig. 1.

Cæcilia annulata. Fitzing. Verzeich. der zoologisch. muz. Wien. p. 63.

La Cécilie annelée. Cuv. Règn. anim. (2e édit.), tom. 2, p. 100,

Cæcilia interrupta. Id. loc. cit. pag. 100.

The annulated Cæcilia. Griff. anim. Kingd. bar. Cuv. tom. 9, pag. 283.

Cæcilia interrupta. Id. loc. cit. pag. 283.

Ringed Cæcilia. Gray, Synops. Rept. in Griffith's anim. Kingd. pag. 110.

Interrupted ringed Cæcilia. Id. loc. cit.

Siphonops (*Cæcilia annulata*, Mikan). Wagler, Syst. amphib. pag. 198.

DESCRIPTION.

Formes. Le museau est très-court, très-épais, fort arrondi, à peine moins large que le derrière de la tête. Les narines viennent s'ouvrir sur les côtés du museau, tout à fait au bout et un peu en haut. Les fausses narines sont placées au-dessous de chaque œil et un tant soit peu en avant. Le corps a, en diamètre, le seizième ou le dix-septième de sa longueur totale; il est assez fort et parfaitement cylindrique, c'est-à-dire de même grosseur dans toute son étendue.

On compte quatre-vingt-six à quatre-vingt-dix plis annulaires, un peu et également écartés les uns des autres; ces plis s'arrêtent un peu avant l'anus, de sorte que la peau de l'extrémité terminale du corps, qui est arrondie, n'offre aucune espèce de rides.

Chez aucun individu nous ne sommes parvenus à découvrir d'écailles dans l'épaisseur de la peau, où il en existe probablement comme chez les autres Céciloïdes; mais sans doute beaucoup plus petites, et plus difficiles à en faire sortir à cause de son tissu extrêmement serré, ce qui la rend comme coriace.

Coloration. Parmi les exemplaires qui existent dans notre collection, il en est qui sont olivâtres, d'autres d'un cendré bleuâtre, mais chez tous les plis circulaires de la peau offrent une teinte blanche.

Dimensions. *Longueur totale.* 58''. *Tête.* Long. 1'' 6'''. *Diamètre du corps.* 1'' 8'''.

Patrie. Le Siphonops annelé se trouve au Brésil, à Cayenne, à Surinam; nous en possédons des échantillons envoyés de ces différents pays par MM. Ménestriés, Langsdorf, Leprieur et Levaillant.

Observations. Notre collection renferme un autre Siphonops en tous points semblable à l'annelé, sauf qu'il est plus long et plus mince, et qu'au lieu de quatre-vingt-six ou quatre-vingt-dix plis circulaires, on lui en compte cent dix-sept. Appartient-il à une espèce différente ? nous n'osons pas l'affirmer, ne sachant pas au juste de quelle valeur peut être, pour la distinction des espèces, le nombre des plis que forme la peau autour du corps de ces Batraciens. On ne saura réellement à quoi s'en tenir à cet égard, qu'à l'époque où les naturalistes auront eu l'occasion d'examiner un plus grand nombre d'individus de chaque espèce qu'ils n'ont pu le faire jusqu'ici ; car les Céciloïdes sont des animaux encore fort peu répandus dans les musées d'histoire naturelle.

La *Cœcilia interrupta*, de Cuvier, est une simple espèce nominale établie d'après un ou deux exemplaires de l'espèce du présent article, chez lesquels certains anneaux sont demeurés ouverts sous la partie inférieure du corps, ce qui se rencontre plus ou moins chez presque tous les individus.

2. LE SIPHONOPS MEXICAIN. *Siphonops mexicanus.* Nobis.

Caractères. Cent soixante et quelques plis, dont les cinquante premiers et les vingt derniers seulement annuliformes ; museau légèrement rétréci ; queue arrondie.

Synonymie ?

DESCRIPTION.

Formes. Ce Siphonops a le museau un peu moins large que le précédent ; il est même, on peut dire, légèrement rétréci ; les yeux se laissent apercevoir très-distinctement à travers la peau. Au devant d'eux, et au-dessous de leur niveau assez près du bord de la lèvre, sont situées, l'une à droite, l'autre à gauche, ces fossettes, qu'à cause de leur situation, on a aussi comparées à des larmiers. Les narines viennent s'ouvrir de chaque côté de l'extrémité ; elles sont complétement dépourvues de tentacules, de même que chez le Siphonops annelé. Les dents et la langue ressemblent à celles de ce dernier. Le diamètre de la partie moyenne du corps est dix-huit fois moindre que la longueur totale de l'animal, dont l'extrémité anale est arrondie.

Le nombre des plis que forme la peau est de cent soixante à cent soixante-deux ; les vingt derniers sont des anneaux complets et les cinquante premiers aussi ; mais parmi les autres, il y en a successivement un entourant tout le corps, qui alterne avec un autre, qui ne descend de chaque côté que jusqu'au milieu du flanc. Chez cette espèce, ces plis ne s'arrêtent pas comme chez le Siphonops annelé, à quelque distance en avant de l'anus, mais se continuent en arrière de celui-ci. Sous chaque pli, et particulièrement sous les derniers, les écailles sont nombreuses, petites, très-imbriquées.

Coloration. Toute la partie supérieure du corps de ce Batracien présente un gris ardoisé, et toute sa partie inférieure une couleur jaunâtre.

Dimensions. *Longueur totale*, 34". *Tête*. Long. 1" 9"'. *Diamètre du milieu du corps*. 2".

Patrie. Ce Siphonops est originaire du Mexique.

IIIe GENRE. EPICRIUM. — *EPICRIUM*. (1) Wagler. (*Ichthyophis*. Fitzinger (2).)

Caractères. Tête déprimée, allongée; museau obtus; dents maxillaires et palatines effilées, aiguës, couchées en arrière. Langue entière, à surface veloutée; yeux distincts à travers la peau; une fossette (à bord tentaculé ?) au-dessous de l'œil, près du bord de la lèvre supérieure. Corps subfusiforme, à plis circulaires nombreux, serrés les uns contre les autres.

Ce genre se reconnaît, au premier aspect, à la dépression et à la longueur de la tête, au rétrécissement que présente son corps à ses deux extrémités, et aux nombreuses impressions circulaires qui règnent sur la peau, depuis la naissance du cou jusqu'à la pointe de la queue; impressions qui semblent être traversées, sous le ventre, par une sorte de suture ou de raphé qui s'étend tout le long de celui-ci. La forme de la tête des Epicrium rappelle un tant soit peu celle du commun des Ophidiens, aux dents desquels les leurs ressemblent aussi beaucoup, car elles sont effilées, pointues, et très-couchées en arrière. Les narines s'ouvrent de chaque côté du museau; les yeux peuvent être aperçus à travers la peau, et sous chacun d'eux existe une fossette, du bord de laquelle, suivant Wagler, pendrait un tentacule; mais nous avouons n'avoir rien vu de semblable chez le seul

(1) Επικριον, antenne, partie saillante.

(2) Ιχθὺς, poisson : οφὶς, serpent, poisson-serpent.

individu, il est vrai, que nous ayons été dans le cas d'examiner. La langue nous a paru assez mince; elle est entière et dépourvue de cette paire de renflements hémisphériques qui existent sur celle de la plupart des espèces de Cécilies.

Le genre Epicrium a été créé par Wagler, pour la seule espèce de Céciloïdes indiquée par Linné sous le nom de *Cœcilia glutinosa*.

1. L'EPICRIUM GLUTINEUX. *Epicrium glutinosum*. Wagler.

Caractères. Trois cent vingt-cinq plis circulaires complets. Queue conique. Une bande jaunâtre le long de chaque flanc.

Synonymie. *Serpens Cœcilia Ceylonica*. Séb. tom. 2, pag. 26, tab. 25, fig. 2.

Cœcilia glutinosa. Linn. Mus. Adolph. Fréd. pag. 19, tab. 4, fig. 1.

Cœcilia glutinosa. Linn. Syst. nat. (edit. 10), tom. 2, pag. 229, et (edit. 12), pag. 393.

Cœcilia glutinosa. Laur. Synops. Rept. pag. 65.

Cœcilia glutinosa. Gmel. Syst. nat. pag. 1125.

Cœcilia glutinosa. Herm. tab. affin. anim. pag. 248.

Le Visqueux. Bonnat. Encycl. méth. ophiol. pag. 72, pl. 34, fig. 2.

Le Serpent visqueux. Daub. anim. quad. ovip. pag. 704.

Le Visqueux. Lacep. Hist. quadr. ovip. tom. 2, pag. 468.

Cœcilia glutinosa. Shaw. Gener. zool. tom. 3, pag. 596.

Cœcilia viscosa. Latr. Hist. nat. Rept. tom. 4, pag. 238.

Cœcilia glutinosa. Daud. Hist. nat. Rept. tom. 7, pag. 418.

Cœcilia glutinosa. Cuv. Règ. anim. (édit. 1), tom. 2, pag. 87.

La Cécilie visqueuse. Cloq. Dict. sc. nat. tom. CE, pag. 332.

Cœcilia glutinosa. Hemprich, Geselschf. naturforsch. Freund. zu Berl. Magaz. (1824), pag. 295.

Cœcilia glutinosa. Merr. Tent. syst. amph. pag. 168.

Le Visqueux. Bory de Saint-Vincent. Dict. class. d'hist. nat. tom. 4, pag. 283.

Le Visqueux. Bory de Saint-Vincent. Rés. d'Erpét. pag. 217.

Cœcilia hypocyanea. Hasselt, Isis, 1827, pag. 565.

Ichthyophis Hasseltii. Fitzing. Verzeichn. der zoologisch. Mus. zu Wien. pag. 63.

Epicrium Hasseltii. Wagler, Isis, 1828, pag. 743.

La Cécilie glutineuse. Cuv. Règn. anim. (2e édit.), tom. 2, pag. 100.

The glutinous Cœcilia. Griff. anim. kingd. Cuv. tom. 9, p. 284.

Glutinous Cœcilia. Gray, Synops. Rept. in Griff. anim. kingd. tom. 9, pag. 110.

Javanese Cœcilia. Id. tom. 9, pag. 110.

DESCRIPTION.

Formes. Le diamètre du corps, pris au milieu, est le vingt-deux ou le vingt-troisième de la longueur totale. On compte environ trois cent vingt-cinq plis, qui tous sont assez uniformément rapprochés, les uns des autres. Ceux qui occupent les deux premiers tiers de la longueur du tronc ne l'entourent pas complétement, c'est-à-dire qu'ils ne descendent pas jusque sous le ventre, qui est lisse, uni dans toute l'étendue dont nous venons de parler. Ces mêmes plis des deux premiers tiers de la longueur du tronc, se font encore remarquer, en ce qu'ils se brisent sur un point de leur circonférence, de manière à former chacun un chevron très-ouvert, dont le sommet, dirigé en avant, se trouve placé positivement sur la ligne médio-longitudinale du dos. Les autres plis du corps, c'est-à-dire ceux qui en entourent le dernier tiers, forment des anneaux complets. Les écailles que cachent ces plis sont petites, nombreuses, minces, transparentes, sub-circulaires, offrant sur leur face supérieure un petit travail en relief, dont le dessin représente un réseau à mailles quadrilatères.

Coloration. Une bande jaunâtre s'étend à droite et à gauche tout le long du corps, depuis le bout du museau jusqu'à l'extrémité anale; en dessus et en dessous, l'animal offre une teinte ardoisée.

Dimensions. *Longueur totale*, 31''. *Diamètre du milieu du corps*, 1'' 4'''.

Patrie. L'Epicrium glutineux se trouve à Java et dans l'île de Ceylan; le seul exemplaire qui existe dans notre musée, a été envoyé de ce pays par M. Leschenault.

IVᵉ GENRE. RHINATRÈME.—*RHINATREMA*. Nobis (1).

Caractères. Tête déprimée, allongée; museau obtus; dents maxillaires et palatines effilées, aiguës, couchées en arrière. Langue entière, à surface comme veloutée. Yeux distincts à travers la peau. Pas de fossettes, ni sous le museau, ni au-dessous des yeux. Corps subfusiforme, à plis circulaires nombreux.

Le seul caractère qui distingue ce genre du précédent, c'est l'absence complète de ces trous qu'on remarque dans toutes les autres Céciloïdes, soit sur le museau, soit sur ses côtés, plus ou moins près des yeux. La forme du corps et la disposition des plis que présente la peau qui l'enveloppe, sont absolument les mêmes que dans le genre Epicrium. On ne connaît encore qu'une espèce de Rhinatrème.

1. LE RHINATRÈME A DEUX BANDES. *Rhinatrema Bivittatum*. Nobis.

Caractères. Dessus et dessous du corps noirs; une bande jaune tout le long de chaque flanc.

Synonymie. *Cœcilia bivittata*. Cuv. Regn. anim. (2ᵉ édit.), tom. 2, pag. 100.

Cœcilia bivittata. Guer. Icon. Rég. anim. Cuv. Rept. tab. 25, fig. 2.

Cœcilia bivittata. Griffith's Anim. kingd. Cuv., tom. 3, pag. 284.

Two banded Cœcilia. Gray. Synops. Rept. in Griffith's Anim. kingd. Cuv. tom. 9, pag. 110.

DESCRIPTION.

Formes. Un peu allongée, légèrement étroite, en même temps que faiblement déprimée, la tête du Rhinatrème à deux bandes, offre, par sa forme, quelque ressemblance avec celle de certains

(1) De ῥιν, *nasus*, nez; a privatif, et de τρημα, *foramen*, trou, narines sans trous, ou nez non percé.

Ophidiens, et des Coronelles particulièrement. Les dents sont très-effilées et très-couchées en arrière; la seconde rangée d'en haut, au lieu de former une ligne courbe comme la première, fait un angle arrondi à son sommet. Le diamètre du milieu du tronc est le vingt-sixième de la longueur totale du corps, autour duquel on compte trois cent quarante plis entiers parfaitement annuliformes. Il existe une très-petite queue conique. Les plis de la peau se laissant aisément soulever à l'aide d'une pointe, on peut y apercevoir un assez grand nombre d'écailles circulaires, transparentes, à surface relevée de lignes saillantes, dessinant une sorte de réseau.

Coloration. Une assez large bande jaunâtre règne de chaque côté du corps; les branches sous-maxillaires, dont le bord est brun, sont de la couleur des bandes latérales, ainsi que la marge du cloaque, et une petite raie longitudinale existant sur la queue.

Dimensions. *Longueur totale* 20". *Tête.* Long. 1" 1"'. *Diamètre du milieu du corps* 8"'.

Patrie. Cette espèce ne nous est connue que par un individu, acquis d'un marchand naturaliste, comme provenant de Cayenne.

Observations. C'est ce même exemplaire qui a été observé par Cuvier, et dont il a fait la *Cœcilia bivittata* dans la seconde édition du Règne animal, et figurée dans l'Iconographie de Guérin.

Nous terminerons ce chapitre en consignant un fait dont nous devons la communication récente à M. Leprieur; fait extrêmement intéressant, en ce qu'il met au jour de la manière la plus évidente un des points les plus importants de l'histoire naturelle des Ophiosomes resté caché jusqu'ici. Voici ce fait : M. Leprieur, pendant son séjour à Cayenne, ayant eu l'occasion de se procurer une Cécilie vivante, qu'il plaça dans un vase rempli d'eau, la vit mettre bas, dans l'espace de quelques jours, cinq à sept petits parfaitement semblables à leur mère.

Les Cécilies, malgré leur ressemblance plus grande avec les Batraciens qu'avec les autres Reptiles, seraient donc des espèces ovo-vivipares. La fécondation de leurs germes s'opérerait à l'intérieur du corps; leurs métamorphoses auraient ieu dans l'intérieur du corps de leur mère, comme dans la Salamandre noire des Alpes.

Observations sur cette famille, en réponse à une notice de M. de Blainville.

Les dix-huit premières feuilles du présent volume avaient été présentées à l'Académie des sciences, au mois d'août 1838; nous l'avons déclaré dans l'avertissement qui précède le tome V, page *iv;* cependant, en novembre 1839, nous avions communiqué l'analyse du présent chapitre, sous le titre de Mémoire sur la classification et la structure des Ophiosomes, famille de Reptiles qui participent des Ophidiens et des Batraciens, en rappelant l'historique de cette classification.

M. de Blainville, dans la séance du 25 du même mois, a lu un mémoire sur le même sujet, dans lequel il relate tous les faits qui se trouvent consignés ici. Il se plaint « que nous lui avons assigné une trop petite part dans l'effort scientifique qui a conduit à ce résultat. »

Nous nous sommes contentés alors de répondre, comme nous le répétons, que nous ne connaissons rien de publié sur la classification des Cécilies avant le mémoire d'Oppel, cité par nous dans ce présent volume, page 48; or le mémoire de M. de Blainville, ou plutôt ses tableaux, ont été imprimés en 1816 et celui d'Oppel en 1810. C'est là (1) que ce dernier dit : « Je crois, avec Duméril, que le genre Cécilie appartient plus aux Batraciens qu'aux Serpents. Duméril a démontré ce que les Cécilies ont de commun avec les Serpents ; moi et mon ami M. de Blainville nous avons non-seulement trouvé les caractères qu'il a indiqués, etc., » et il cite DUMÉRIL, Mémoire sur la division des Reptiles Batraciens, inséré dans le Magasin encyclopédique en 1807; Mémoires de zoologie, page 46 et 76.

Nous n'avons rien de plus à opposer aux réclamations de M. de Blainville, sinon que nous avons publié nos idées en 1807 et qu'il a fait imprimer son prodrome dans le Nouveau Bulletin des sciences, en juillet 1816, page 105.

(1) Annales du Muséum d'histoire naturelle, tom. XVI, pag. 260.

CHAPITRE V.

SECOND SOUS-ORDRE DES BATRACIENS.

LES ANOURES.

La dénomination d'Anoures, qui nous a servi à dénoter depuis longtemps ces Reptiles, parce que, dans les espèces de ce sous-ordre, la queue semble avoir été retranchée du tronc par suite de leurs métamorphoses, ne suffirait pas pour faire distinguer ces animaux des autres Batraciens appelés Péromèles, si l'on n'ajoutait au caractère du défaut de ce prolongement de la colonne vertébrale au delà du bassin, d'une part l'excessive brièveté du tronc, puis l'absence complète d'écailles au dehors ou dans l'épaisseur de la peau, et d'autre part la présence constante de deux paires de membres.

Si cependant on voulait en outre indiquer les moyens de reconnaître les Anoures d'avec les Urodèles, il faudrait encore ajouter aux marques distinctives déjà signalées, celles d'avoir l'orifice anal arrondi et les pattes de derrière beaucoup plus longues que celles de devant. En sorte que les caractères essentiels des Batraciens Anoures pourraient être résumés ainsi :

Batraciens à tronc large, court, déprimé, toujours privé de la queue ; à deux paires de membres inégaux en longueur et en grosseur ; à peau nue ou complétement dépourvue d'écailles ; à orifice du cloaque terminal et de forme arrondie.

Quant à leurs caractères naturels, ils sont beau-

19.

coup plus nombreux, comme on peut le voir par l'exposé suivant :

Corps court, comme tronqué; peau lisse ou verruqueuse, non adhérente aux fibres charnues; pattes postérieures ayant souvent une longueur double de celle des membres antérieurs, qui sont généralement plus grêles que ceux de derrière dans leurs diverses régions; tête large, aplatie; yeux garnis de deux paupières, dont l'inférieure est en grande partie transparente et beaucoup plus développée que la supérieure; bouche ordinairement très-fendue, toujours dépourvue de dents à la mâchoire inférieure, mais non pas constamment à la mâchoire supérieure, ou au palais; langue charnue, entièrement adhérente ou plus ou moins libre en arrière seulement, quelquefois exertile; souvent une membrane du tympan distincte extérieurement. Ponte des œufs, ou parturition, le plus ordinairement avec l'aide des mâles, qui ne fécondent les germes qu'au moment où ils sortent du cloaque; œufs le plus souvent réunis en masse glaireuse ou en cordons mucilagineux donnant naissance à des têtards, c'est-à-dire à des embryons dont la tête grosse est confondue avec le ventre, et dont le tronc se prolonge en une longue queue comprimée et verticale; ces têtards subissent une métamorphose complète, en perdant la queue et en produisant des membres dont les postérieurs paraissent ordinairement avant les antérieurs. Nourriture consistant, dans l'état adulte, en petits animaux vivants; mais sous la forme de têtards, en matières végétales.

Nous nous étendrons peu sur les détails de l'organisation des Anoures, parce que nous les avons fait connaître dans les généralités. Nous nous contenterons de citer les articles dans lesquels le lecteur trouvera tous les renseignements qu'il pourrait désirer.

D'abord les organes du mouvement ont déterminé, chez les Reptiles Batraciens, une conformation toute spéciale lorsqu'ils sont parvenus à leur dernier état; car, parmi tous les animaux vertébrés connus, ce sont les seuls dont le tronc, et par conséquent toute l'échine, se trouve composé du moindre nombre de vertèbres. Ensuite leurs cuisses, rapprochées à la base et articulées presque l'une contre l'autre à leur origine, sont situées sur l'axe du tronc, vers la symphyse du pubis, de sorte que les cavités cotyloïdes accolées reçoivent dans la ligne médiane les têtes des os fémurs, et transportent ainsi directement, sur l'axe de l'échine, tous les efforts que les muscles impriment à ces longs leviers. Cette circonstance a rendu leurs pattes de derrière éminemment propres à produire le saut, ou ce mouvement à l'aide duquel le corps de la Grenouille, comme celui de la Rainette, se projettent dans l'espace, en quittant momentanément le plan qui les supportait d'abord, à plus de vingt fois leur longueur totale.

Il faut ajouter encore : 1° que l'abdomen des Anoures n'étant limité dans son pourtour ni par les côtes, ni par la peau qui n'est pas adhérente aux muscles, permet aux poumons et aux organes digestifs une plus grande expansion en largeur; 2° que leur bouche, fendue généralement au delà des oreilles, et leur mâchoire inférieure étant articulée en arrière du crâne, laisse une ouverture considérable pour l'introduction d'une proie volumineuse; 3° que leur langue, toute charnue et quelquefois projectile, n'est pas soutenue par le corps ou le prolongement médian de l'os hyoïde;

4° qu'ils peuvent produire des sons bruyants à l'aide de l'air qui sort de leurs poumons, parce qu'ils jouissent d'une véritable voix ; 5° enfin que leur transformation est complète; leur têtard ayant d'abord une forme allongée et des branchies qu'il perd constamment, lorsque, par le développement des pattes antérieures, l'animal jouissant de la vie terrestre, peut se servir de tous ses membres pour la progression.

Comme nous avons exposé dans les considérations générales l'organisation et les mœurs de ces Batraciens Anoures dans le second chapitre de ce volume, nous indiquerons seulement par quelques notes les pages où se trouvent consignés les détails qui pourront présenter quelque intérêt (1).

Le groupe très-naturel des Anoures correspond au genre *Rana* de Linné, ou c'est plutôt le genre *Rana* lui-même, accru de toutes les découvertes faites jusqu'à ce jour en espèces analogues aux Grenouilles, aux Rainettes et aux Crapauds, découvertes qui sont immenses, si l'on considère que le célèbre auteur du *Systema naturæ* n'a mentionné que dix-sept de ces animaux, tandis que nous en connaissons près de deux cents aujourd'hui. On comprend qu'une telle

(1) Des mouvements en général, pages 62 à 77.

Des muscles, pag. 78; le saut, pag. 82 ; le nager, pag. 85 ; la marche, pag. 88.

Des organes de la sensibilité, pag. 98. Le toucher, pag. 108 ; l'odorat, pag. 118 ; l'ouïe, pag. 121 ; le goût, pag. 119-132; la vue, p. 123.

Des organes de la nutrition, p. 125. Digestion, pag. 126; circulation, pag. 145 ; respiration, pag. 155; voix, pag. 163 ; chaleur animale, résistance à la chaleur et au froid, pag. 165 ; absorption et exhalation, pag. 170 ; sécrétions, pag. 176. Excrétions, pag. 181 ; reproduction des membres, p. 184.

Des organes de la génération, p. 186. Développement, métamorphoses, p. 205 ; particularités, p. 216. Prétendues pluies de Crapauds, p. 223.

augmentation numérique dans une série d'espèces se ressemblant, il est vrai, par l'ensemble de leur structure mais excessivement différentes les unes des autres, dans les détails de leur organisation, dans leurs mœurs, leurs habitudes et leur mode de se reproduire, rendait absolument nécessaire leur répartition en un grand nombre de genres, afin d'arriver plus facilement à caractériser chacune d'elles avec l'exactitude, la précision qu'exige l'état présent de la science. C'est ce qui s'est en effet opéré, mais lentement, successivement et en se perfectionnant toujours davantage, c'est-à-dire au fur et à mesure que les êtres qui en étaient l'objet ont été mieux connus, mieux étudiés, ou lorsque, ne se bornant plus seulement à l'examen des parties extérieures de ces Reptiles, on s'est aussi appliqué à rechercher dans leurs organes internes, siéges de fonctions plus importantes, les rapports qui les lient entre eux et les différences qui les éloignent les uns des autres.

C'est la marche qu'a suivie ce perfectionnement de la méthode naturelle en classant les Anoures qu'il nous reste maintenant à faire connaître, avant d'aborder l'étude particulière des familles, des genres et des espèces de ce second sous-ordre des Batraciens.

Linné, ainsi que nous le disions tout à l'heure, comprenait tous les Anoures dans son genre *Rana*. Laurenti en fit le premier ordre de la classe des Reptiles, sous le nom de *Salientia*, et les partagea en cinq genres : *Pipa*, *Bufo*, *Rana*, *Hyla* et *Proteus*. Pour Lacépède, ils devinrent une classe particulière, celle des quadrupèdes ovipares sans queue, dont il ne forma plus que trois genres, les *Grenouilles*, les *Raines* et les *Crapauds*. Schneider admit cette triple division générique des Anoures. Dans la classification de cet auteur ils constituent un ordre à part, sans dénomination propre. Quelques années plus tard, Brongniart d'abord, Daudin ensuite les réunirent aux Salamandres et espèces analogues, dans un seul et même genre, sous le nom commun de Batraciens, mais toujours partagés en trois genres principaux. A quelque temps de là, nous proposâmes de diviser cet ordre, d'après la persistance ou la non-persistance de la queue, en deux familles, ou celles des Urodèles et des Anoures, en rétablissant dans celle-ci le genre *Pipa* de Laurenti; et en cela nous fûmes complétement imité par Oppel, dont le travail sur la classification des Reptiles parut en 1810. Mais Cuvier ne partagea pas notre manière de voir à l'égard de cette subdivision des Batraciens en deux familles, car ces Reptiles, dans ses éditions du Règne animal, sont indistinctement compris dans le même ordre, ainsi que l'avaient précédemment fait Brongniart et Daudin. Dans sa première édition, Cuvier sépare aussi, comme nous, les Pipas des Crapauds; et dans la seconde, dont la date est de 1829, il mentionne deux genres nouveaux, les Dactylèthres et les Otilophes, et reproduit ceux de *Ceratophrys*, d'après Boié; de *Bombinator* et de *Breviceps*, d'après Merrem, et de *Rhinelle*, d'après Spix. En 1816, M. de Blainville, réservant le nom de Batraciens aux seules espèces à queue caduque, en fait le premier ordre de sa classe des Amphibiens, et le partage en deux sous-ordres qu'il appelle, le premier, celui des *Aquipares*, comprenant les Grenouilles, les Rainettes et les Crapauds, et le second celui des *Dorsipares*, renfermant le seul genre *Pipa*. C'est aussi dans un ordre particulier, le second de sa classe des

Batrachia, auquel il restitue le nom de *Salientia* proposé longtemps auparavant par Laurenti, que Merrem range nos Batraciens Anoures, mais sans les subdiviser autrement qu'en groupes génériques dont le nombre s'élève à six, c'est-à-dire à deux de plus qu'on n'en avait mentionné jusque-là : ces deux nouveaux genres sont ceux de *Bombinator* et de *Breviceps*. Le *Tentamen synopsis amphibiorum* de Merrem avait paru en 1820. Six ans après, M. Fitzinger publia un travail sur le même sujet, où les Batraciens sans queue sont partagés en quatre familles formant avec une cinquième, composée seulement des Salamandres et des Tritons, la tribu des *Mutabilia*, appelée ainsi par opposition à celle des *Immutabilia* à laquelle appartiennent les espèces, telles que les Protées, les Sirènes, etc., qui conservent deux sortes d'organes respiratoires pendant toute leur vie. Ces quatre familles correspondantes à notre sous-ordre des Anoures sont désignées par les noms de Ranoïdes, de Bufonoïdes, de Bombinatoroïdes et de Pipoïdes : la première renferme les genres *Hyla*, *Calamita*, *Hylode*, *Rana*, *Ceratophrys* et *Leptodactylus ;* la seconde, les genre *Bufo* et *Rhinella ;* la troisième, les genres *Bombinator*, *Strombes*, *Physalœmus*, *Engystoma* et *Brachycephalus ;* enfin la quatrième, le seul genre *Pipa*.

Les caractères sur lesquels M. Fitzinger a établi la subdivision des Anoures en quatre familles, sont tirés d'abord de l'absence de la langue, d'où la formation du groupe des *Pipoïdes*, pour le genre unique des Pipas; ensuite de la présence de cet organe, jointe à l'existence de dents sur les deux mâchoires, ce qui a donné lieu à l'auteur de réunir, sous le nom commun de *Ranoïdes*, les Grenouilles et les Rainettes, tandis qu'il en a séparé les *Bufonoïdes* ou les Crapauds, par cela même que leurs mâchoires ne sont point dentées. De l'emploi des moyens que nous venons d'indiquer, il est résulté trois coupes bien naturelles; mais il n'en a plus été de même lorsque M. Fitzinger a voulu faire servir à l'établissement d'une quatrième famille l'invisibilité du tympan, caractère d'une si mince valeur qu'il est tout au plus propre à différencier un genre d'un autre genre : aussi la famille des Bombinatoroïdes n'est-elle qu'un composé d'espèces on ne peut plus disparates.

Quoi qu'il en soit, nous devons dire que cette partie du travail de M. Fitzinger, relative aux Batraciens Anoures, renfermait des vues nouvelles, qui ont certainement contribué au développement des connaissances qu'on possède aujourd'hui sur ces Reptiles. Mais on ne doit pas moins sous ce rapport à Wagler, dont le principal ouvrage, son Système des Amphibies, publié en 1830, marquera le commencement d'une époque de véritables progrès pour la science erpétologique. Nos Batraciens Anoures y forment, avec les Salamandres et les Tritons, un ordre entier (RANÆ) partagé seulement en deux familles, les *Aglosses* et les *Phanéroglosses;* celle-là ne comprend que le genre Pipa ou Astérodactyle, comme il l'appelle; la première division réunit tous les autres Batraciens sans queue d'une part, et de l'autre les deux genres d'Urodèles cités plus haut. La totalité des genres d'Anoures, caractérisés par Wagler, est de vingt-sept, parmi lesquels quatorze le sont pour la première fois. En voici la liste : *Hypsiboas*, *Auletris*, *Phyllomedusa*, *Scinax*, *Dendrobates*, *Phyllodytes*, *Enydrobius*, *Cystignathus*, *Pseudis*, *Hemiphrac-*

tus, *Chaunus*, *Paludicola*, *Pelobates*, *Alytes*. Toutefois nous devons faire remarquer que quelques-uns d'entre eux ne nous ont pas paru devoir être adoptés, à cause du peu d'importance des caractères d'après lesquels ils avaient été établis : les motifs sur lesquels nous fondons notre opinion à cet égard seront développés en traitant, soit des familles, soit des genres en particulier.

Le dernier travail original sur la classification des Anoures, dont nous ayons à donner l'analyse, est celui de M. Tschudi (1), travail qui, ainsi que nous l'avons dit dans la préface du présent volume, a été fait en même temps que le nôtre et presque d'après les mêmes principes (pour ce qui concerne les genres seulement), mais qui a pu paraître beaucoup plus tôt, attendu qu'il ne renferme que les indices caractéristiques des familles et des genres, sans la synonymie ni la description d'aucune espèce.

M. Tschudi considère les Anoures comme formant, dans la classe des Reptiles, un ordre qu'il appelle celui des *Batrachia*, et qu'il partage en sept familles, comprenant chacune un beaucoup plus grand nombre de genres qu'on n'en a encore publié jusqu'ici. Le lecteur peut au reste prendre d'avance une idée de la classification de M. Tschudi, par le tableau synoptique que nous plaçons ici dans cette intention, et que nous faisons suivre de la caractéristique de chacune des sept grandes divisions qui s'y trouvent indiquées.

---

(1) Classification der Batrachier, mit Beruksichtigung der fossilen thiere dieser Abtheilung der Reptilien. (Mémoires de la Société des Sciences naturelles de Neufchâtel, tom. 2.)

ORDO.	FAMILIÆ.	GENERA (1).		
BATRACHIA.	1. HYLÆ.	1. Phyllomedusa.	9. Lophopus.	17. Eucnemis.
		2. Hylaplesia.	10. Theloderma.	18. Boophis.
		3. Cornufer.	11. Trachycephalus.	19. Elosia.
		4. Microhyla.	12. Dendrohyas.	20. Litoria.
		5. Sphenorhyncus.	13. Burgeria.	21. Hylodes.
		6. Hypsiboas.	14. Polypedates.	22. Hylarana.
		7. Calamita.	15. Orchestes.	
		8. Rhacophorus.	16. Ranoidea.	
	2. CYSTIGNATHI.	1. Cystignathus.	2. Crinia.	3. Strongylopus.
	3. RANÆ.	1. Rana.	4. Peltocephalus.	7. Leptobrachium.
		2. Discoglossus.	5. Cycloramphus.	
		3. Pseudis.	6. *Palæobatrachus*.	
	4. CERATOPHRYDES.	1. Ceratophrys.	3. Megalophrys.	
		2. Phrynoceros.	4. Asterophrys.	
	5. BOMBINATORES.	1. Telmatobius.	6. *Pelophylus*.	11. Sclerophrys.
		2. Pelobates.	7. Bombinator	12. Kalophrynus.
		3. Scaphiopus.	8. Pleurodema.	13. Systoma.
		4 Pyxicephalus.	9. Hyladactyla.	14. Stenocephalus.
		5. Alytes.	10. Oxyglossus.	
	6. BUFONES.	1. Brachycephalus.	3. Pseudobufo.	5. Otilophus.
		2. Chaunus.	4. Bufo.	6. *Paleophrynus*.
	7. PIPÆ.	1. Asterodactylus.	2. Dactylethra.	

(1) Les noms en italique sont ceux des genres fossiles.

1. HYLÆ. Un renflement à la première phalange des doigts de devant et de derrière.

2. CYSTIGNATHI. Tête voutée, plus allongée que chez les précédents ; doigts pointus, libres.

3. RANÆ. Semblables aux *Cystignathi*, mais ayant les doigts des pattes postérieures réunis par une membrane.

4. CERATOPHRYDES. Tête très-grosse, anguleuse, obliquement allongée en avant ; paupière supérieure prolongée en pointe.

5. BOMBINATORES. Corps et extrémités raccourcis ; tête plus arrondie que chez les *Ranœ ;* peau mame lonnée.

6. BUFONES. Extrémités plus longues que chez les précédents ; corps très-mamelonné ; langue ovale ; mâchoires sans dents.

7. PIPÆ. Tête pointue, lisse, peu distincte ; doigts des pattes de devant minces, pointus ; ceux des membres postérieurs réunis par une large membrane natatoire ; langue confondue avec la peau de la cavité buccale.

Telles sont les marques distinctives que M. Tschudi donne comme propres à faire reconnaître l'une de l'autre les sept familles en lesquelles il a cru devoir partager son ordre des *Batrachia.* Mais il suffit de comparer ces diagnoses entre elles pour s'apercevoir de suite que l'auteur n'a nullement atteint le but qu'il se proposait : la raison en est simple, c'est qu'il n'y avait réellement pas lieu d'établir un pareil nombre de grandes divisions parmi ces Reptiles, ou, pour parler plus clairement, les *Cystignathes*, les *Ceratophrydes* et les *Bombinatores* sont trois groupes évidemment superflus. C'est en effet sans nécessité qu'il les a séparés des *Ranœ ;* car on ne peut pas considérer comme un moyen de distinction entre une famille et une autre, ce qui ne servirait pas même à différencier deux genres, le manque de palmure aux pieds; encore cela n'est-il pas exactement vrai; attendu que la plupart des Cystignathes ont les orteils réunis par une courte membrane. Le prolongement en pointe de la paupière supérieure des *Cératophrydes* n'est pas non plus un caractère d'une telle importance qu'il eût dû être employé dans le cas dont nous parlons; M. Tschudi dit bien aussi, il est vrai, qu'avec cette forme particulière de la paupière, ces Anoures ont une grosse tête anguleuse et obliquement allongée en avant; mais cela ne s'applique pas à tous les Cératophrydes, puisque chez les *Megalophrys* cette partie du corps est au contraire très-aplatie horizontalement, parfaitement plane et tout à fait lisse. Quant aux *Bombinatores*, on conviendra que leur éloignement des *Ranæ* n'est pas mieux fondé; c'est parce qu'ils ont le corps et les membres plus courts que ces derniers, et la peau mamelonnée, dit M. Tschudi; mais est-ce que toutes les Grenouilles ont la peau lisse? Parmi les *Bombinatores*, n'y en a-t-il pas, tels que les Pelobates par exemple, qui soient aussi étendus en longueur que certaines Grenouilles?

Quoique nous ayons fait connaître, dans le premier chapitre de ce volume, les bases d'après lesquelles nous avons cru devoir distribuer le sous-ordre des Anoures, en exposant la classification que nous avons définitivement adoptée, nous croyons devoir les rappeler ici très-brièvement.

Ainsi deux groupes ou tribus divisent ce sous-ordre : quelques espèces n'ont pas de langue distincte, ce sont les PHRYNAGLOSSES, comprenant la seule famille des *Pipæformes*; dans l'autre tribu, qui renferme un très-grand nombre de genres, il y a une langue charnue distincte, mais de forme variable ; on les a nommés, à cause de cela, les PHANÉROGLOSSES. Ils sont partagés en trois familles ; dans l'une la bouche n'est jamais armée de dents, si ce n'est très-rarement au palais ; tels sont les Crapauds ou *Bufoniformes ;* dans les deux autres familles il y a des dents à la mâchoire supérieure, mais les espèces de l'une offrent à l'extrémité libre des doigts une sorte de renflement ou d'épatement, comme dans les Rainettes : ce sont les *Hylæformes ;* tandis que celles de l'autre n'ont pas l'extrémité des doigts dilatée ; on les appelle les *Raniformes*, parce qu'elles ont pour type le genre Grenouille (1).

L'histoire naturelle des Batraciens Anoures et l'étude particulière des Grenouilles a fourni l'occasion la plus favorable pour découvrir et expliquer plusieurs faits curieux et des plus intéressants. Comme ces Reptiles ont une structure facile à étudier, beaucoup d'anatomistes s'en sont occupés avec succès, et leur organisation est aujourd'hui si parfaitement connue qu'elle sert réellement à éclairer certains points de la physiologie qui étaient encore obscurs.

Cette circonstance nous a engagé à présenter l'année dernière, à l'Académie royale de médecine, un petit mémoire sur ce sujet. Comme il a été écouté avec quelque intérêt, nous avons cru devoir le faire insérer ici pour rappeler et résumer ces particularités véritablement fort instructives, dont les détails se retrouvent dans les généralités qui font partie de ce volume.

---

(1) *Voyez*, page 53, le tableau synoptique indiquant la distribution des Batraciens en sous-ordres, groupes et familles.

Notice historique sur les découvertes faites dans les sciences d'observation par l'étude de l'organisation des Grenouilles.

« Les animaux de l'ordre des Grenouilles, en raison de leur organisation très-particulière, ont fourni aux personnes qui se livrent à l'étude des sciences d'observation, les circonstances les plus favorables pour interroger la nature dans un grand nombre de recherches importantes. Les singularités que présente la structure de ces Reptiles ont produit de merveilleuses découvertes, qui ont jeté le plus grand jour sur plusieurs parties de la physique, de la chimie et surtout de la physiologie. C'est ce que nous essaierons de prouver par cette notice, dans laquelle nous nous proposons de rassembler les faits principaux et surtout de revendiquer, en faveur de Swammerdam, quelques observations que ce célèbre anatomiste avait faites le premier, sur la forme des globules du sang examinés au microscope, et surtout sur l'action dite galvanique, exercée sur les muscles par deux métaux différents mis en contact, au moment où l'un d'eux vient à toucher un nerf.

» D'abord, sous le rapport de l'économie animale, nous rappellerons que ces Batraciens ont offert aux physiologistes des expérimentations naturelles, opérées constamment de la même manière, sur un très-grand nombre d'individus; que ces recherches peuvent être répétées chaque jour et sous nos yeux, sans transition rapide, sans souffrances, sans danger pour la vie de l'animal, sans effusion de sang; et que leurs résultats, à jamais positifs et permanents, ne peuvent par conséquent être contestés raisonnablement. On est même forcé d'avouer aujourd'hui que les investigations les plus hardies de la science auraient inutilement tenté de résoudre ces problèmes physiologiques que la simple observation a si complétement démontrés ; car, comme l'a dit Buffon, s'il n'existait pas d'animaux, la nature de l'homme serait encore plus incompréhensible.

» Par ces démonstrations, on peut apprendre comment un être, sans cesser de rester le même, en continuant de vivre et d'agir, peut subir successivement, mais peu à peu, diverses transformations, de manière à présenter une série de phénomènes produits par des organes qui se substituent lentement les uns aux autres, et comment les fonctions de cet animal s'altèrent, se modifient, s'oblitèrent et se remplacent, suivant les besoins ou les nécessités de sa nouvelle existence.

» Ainsi un animal actif, vivant d'abord et respirant uniquement dans l'eau, où il nage avec rapidité et par le même mécanisme que le poisson dont il avait reçu primitivement les formes et la structure, se trouve insensiblement métamorphosé en quadrupède agile, qui doit respirer dans une atmosphère gazeuse. Forcé par cette circonstance même d'abandonner son premier genre de vie, il va changer tout à fait ses mœurs et la nature de son alimentation.

» Alors, si le terrain lui offre un point d'appui résistant, il mettra en action l'admirable assemblage des leviers osseux et des muscles de ses membres postérieurs, qui ont remplacé sa longue échine modelée et organisée en nageoire verticale. Il emploiera toute sa puissance motrice pour quitter subitement le plan qui le supportait, et, s'élançant dans l'espace, il franchira par un seul effort, admirablement combiné, toute la distance qu'il doit parcourir en quittant le sol, dans une étendue qui pourra excéder, de plus de trente fois au moins, sa longueur totale.

» Mais ce même appareil, si bien disposé pour produire le saut vertical, excitera bien plus notre curiosité par son mécanisme et notre admiration par la simplicité de ses effets, quand nous le verrons, quoique restant le même, et à l'aide d'un léger déplacement dans la direction des os du bassin ou des hanches devenues mobiles, rester plus apte encore à l'action du nager, qui en réalité se réduit ici en une suite de projections plus ou moins horizontales. Tous les efforts de la motilité la plus énergique tendent à se transmettre directement au tronc et à imprimer une impulsion dans l'axe du corps, soit à l'aide des deux membres postérieurs, agissant simultanément en se débandant à la fois; soit que l'animal, n'allongeant qu'une seule de ses pattes, en étale les membranes plantaires pour s'appuyer sur l'eau, afin d'y rencontrer une résistance nécessaire. Alors l'excès de la force se trouve reporté et transmis sur la masse totale du corps, soutenue constamment par celle du liquide qu'il déplace et dans lequel il reste immergé.

» Cette transformation graduée d'un animal essentiellement aquatique, qui devient peu à peu terrestre et aérien, n'a pu s'opérer sans entraîner après elle les plus grandes mutations; d'abord, comme nous venons de le rappeler, dans les organes du mouvement, puis dans les appareils destinés à produire les actes hydrauliques et pneumatiques qui sont nécessaires à la circulation et à la respiration, dans ces deux genres de vie si différents l'un de l'autre, mais qui s'exécutent par un mécanisme qui, en réalité, n'a éprouvé qu'une très-légère modification.

» Les branchies, à la surface desquelles l'eau, par les gaz qu'elle renferme, venait vivifier la totalité du sang sur le têtard, ont été lentement remplacées par le développement des poumons vésiculaires, dans l'intérieur desquels l'air devra être refoulé par un mécanisme ou par un nouveau mode d'inspiration, emprunté à l'appareil de la déglutition. On conçoit quels changements a dû exiger cette transposition d'organes destinés à exécuter une seule et même fonction par des moyens si différents. De là l'oblitération de certains vaisseaux, tandis que d'autres s'allongeaient, se dilataient pour remplacer les premiers, afin de s'accommoder successivement et avec lenteur à ce nouveau mode d'exécution dans les actes respiratoire et circulatoire, qui restent constamment, comme nous aurons bientôt occasion de le rappeler, dans une dépendance nécessaire et absolue.

» C'est sur les membranes des pattes de la Grenouille, soumises au microscope, et sur les branchies de son têtard, que le mode et les effets de la circulation capillaire ont pu être bien observés; mais c'est peut-être à tort qu'on a attribué la priorité de cette découverte à Leeuwenhoeck. Quoi qu'il en soit, il reste avéré que dans les premiers temps la totalité du sang veineux est poussée par le cœur dans les vaisseaux qui viennent se ramifier à la surface des franges branchiales, pour y éprouver les effets de l'hématose, comme dans tous les poissons; que peu à peu ce mode de circulation se trouve complétement changé avec l'entier développement des poumons. Ce fait était connu de Swammerdam, qui l'avait même démontré, car il en avait tracé des figures exactes, et il a même parfaitement indiqué et représenté l'oblitération des artères branchiales et le développement de la petite branche qui, se détachant primitivement de chaque côté, était destinée à devenir ultérieurement l'artère pulmonaire ou veineuse (1).

» Qu'il me soit permis de rappeler à ce sujet cette autre circonstance, qui a échappé à Haller, puisqu'en parlant de la découverte des globules du sang (2), dans sa grande Physiologie, il l'attribue à Malpighi et principalement à Leeuwenhoeck ; car il a cité le premier de ces auteurs comme les ayant indiqués, en 1665, et il a donné pour le second la date précise du 15 août 1673 (3). C'est ce que tous les physiologistes ont répété depuis. Cependant il est avéré que les recherches de Swammerdam sur les Grenouilles étaient faites dès l'année 1658 ; il cite lui-même cette époque. Ce qui peut expliquer ce fait, c'est que la Bible de la nature, écrite d'abord en hollandais par l'auteur, puis traduite en latin par Gaubius, n'a été publiée qu'en 1737, cinquante-huit ans après la mort de ce célèbre anatomiste. Voici, au reste, la traduction de ce passage, dont nous donnons ici le texte en note : « En examinant au » microscope le sérum du sang, j'y voyais flotter un » nombre immense de particules arrondies, de forme » ovale, comme aplatie, ayant toutes cependant une

(1) SWAMMERDAM. Bibel der natur., tom. II, pag. 830, Pl. XLIX, fig 3-4.

(2) HALLER. Elementa physiologiæ, tom. II, pag. 50 et 51.

(3) La lettre de Leeuwenhoeck avait été adressée au secrétaire de la Société royale de Londres, à cette date ; elle a été reproduite depuis dans les *Arcana naturæ*.

» figure régulière..... Elles roulaient sur elles-mêmes
» de diverses manières (1). »

» La respiration et la circulation sont, comme on sait, constamment liées entre elles et dans une dépendance absolue; aucun changement ne survient dans l'une de ces fonctions, que l'autre n'y participe. On voit cependant, dans l'un comme dans l'autre cas, le premier mode d'organisation se continuer ici par le mécanisme primitif. L'eau ou l'air dans lesquels l'animal est plongé, sont appelés et obligés de pénétrer en volume calibré, pour ainsi dire, et déterminé par l'ampleur de la cavité buccale, pour être de là poussés, par l'acte de la déglutition, soit à l'extérieur des branchies, soit dans l'intérieur des poumons, afin de se mettre en rapport avec le sang veineux qui doit s'artérialiser dans les divisions capillaires des ramuscules anastomosés du tronc principal qui provient directement du cœur.

» La ténuité des membranes natatoires étendues entre les doigts des pattes postérieures, la transparence du péritoine, celle des vésicules pulmonaires qui sont larges, amplement développées, qui peuvent être gonflées par l'animal, rester dilatées hors de sa cavité abdominale, s'affaisser et se remplir de nouveau (2), ont permis de suivre le cours du sang et de soumettre les vaisseaux à une pression atmosphérique moindre ou augmentée. C'est alors qu'on a pu admirer à loisir

---

(1) In sanguine serum conspiciebam in quo immensus fluctuabat orbicularium particularum, ex plano ovata, penitus tamen regulari figura gaudentium numerus.... prout nimirum diversi modi in sero sanguinis circumvolvebantur. Swammerdam, Biblia naturæ, t. II, pag. 835.

(2) Ce mode de respiration était connu de Malpighi, de Morgagni et de Swammerdam. (*Voyez* notes 2, 3, 4, pag. 160.)

et pendant longtemps la rapidité et la régularité du cours du sang dans les canaux qu'il parcourt : d'un côté dans les veines, où le flux est continu et si constant, qu'il ne saurait être aperçu ou distingué sans les globules colorés que cette humeur charrie et qui se laissent parfaitement voir au milieu de la portion séreuse plus fluide qui les enveloppe ; et de même dans les artères par les pulsations et les jets successifs plus ou moins rapprochés ou éloignés, suivant l'impulsion que le cœur doit leur communiquer pendant un espace de temps qui peut être fort long.

» L'étude des organes de la digestion chez ces Batraciens n'offre pas un moindre intérêt aux réflexions des physiologistes. Ces Reptiles, sous leur première forme, celle de têtard pisciforme, avaient la bouche étroite ; ils ne pouvaient d'abord que sucer, puis se nourrir uniquement de substances végétales coupées et divisées en parcelles, à l'aide d'un bec de corne, afin d'être introduites dans les circonvolutions d'un tube digestif dont l'ampleur ou la longueur sont considérables, comme dans tous les animaux herbivores. Mais quand la métamorphose s'est opérée, la bouche a changé de forme ; les mâchoires sont dépouillées de leur étui de corne tranchante ; elles se sont allongées, élargies ; leur commissure s'étend alors au delà du crâne ; la langue visqueuse, fixée et attachée en avant, libre en arrière, peut être lancée, projetée au dehors par une sorte d'expuition. Ainsi retournée, renversée sur elle-même, elle est avalée, humée rapidement ; elle entraîne avec elle la proie qui s'y colle, et dont elle ne se sépare ou ne se débarrasse que par sa propre contractilité. La déglutition commence bientôt, parce que l'animal opère le vide par la glotte. Comme la nourriture consiste en substances animales, le plus souvent douées encore de la vie et du mouvement, la préhension en est rapide, subite, afin de saisir inopinément la proie à distance; elle est violente pour vaincre la résistance de la victime, qui se trouve bientôt engloutie et précipitée dans un vaste estomac. Parvenue là, elle ne tarde pas à être privée de toutes ses facultés; elle périt. Puis ramollie, dissoute, décomposée, ses éléments pénètrent dans un canal qui a tout au plus la dixième partie de sa longueur primitive; car le chyme qui en provient contient, sous un moindre volume, des sucs qui avaient déjà été élaborés par l'animal dont ils faisaient partie constituante, et qui, par cela même, sont maintenant tout préparés et disposés à l'assimilation directe.

» En effet, le même animal, lorsqu'il était encore têtard herbivore, avalait une prodigieuse quantité d'aliments; son canal digestif était tellement prolongé que, déroulé de ses nombreuses circonvolutions spirales, il pouvait présenter une étendue qui dépassait de plus de sept fois la longueur totale de son corps: preuve irrécusable que les goûts et les habitudes doivent changer dans les animaux comme les organes destinés à la nutrition, et réciproquement, puisqu'on voit, dans d'autres espèces subissant aussi des métamorphoses, des modifications qui se manifestent en sens inverse. Pour ne citer qu'un exemple, ne le trouvons-nous pas dans les Hydrophiles, parmi les insectes, qui, de carnassiers et de vers assassins qu'ils étaient sous leur première forme, celle de larves, sont devenus uniquement herbivores sous celle d'insecte parfait? Ils attaquaient d'abord les petits animaux vivants pour se nourrir de leur chair en les digérant, au moyen d'un intestin très-court; mais, comme coléoptères, ils se repaissent uniquement de débris de végétaux qu'ils engloutissent en grande quantité dans un tube digestif d'une longueur prodigieuse, contourné sur lui-même, et dix à douze fois plus étendu qu'il ne l'était dans leurs larves.

» Aucun animal n'est plus propre que la Grenouille à la démonstration de plusieurs faits importants relatifs à l'absorption et à l'exhalation par la peau, ainsi que la résistance à l'action du calorique, comme l'ont prouvé les curieuses expériences de Robert Townson, de F. Delaroche et de M. Edwards aîné. Privé d'écailles et à peau toujours humide, ce Reptile, lorsqu'il est exposé à l'action d'une atmosphère sèche et dont la température est élevée, peut, sans perdre la vie, résister d'une part et longtemps à la chaleur sans s'échauffer, à l'aide de l'évaporation rapide et continue qui a lieu à sa surface; et d'autre part il peut, en moins d'une heure, diminuer de volume de près de moitié, et puis, dans quelques circonstances, repomper, par les téguments de la partie inférieure du corps, assez d'eau pour reprendre son poids primitif. Des expériences, instituées avec le plus grand soin, ont appris que cette absorption avait lieu ainsi, et que la Grenouille pouvait même faire provision d'une assez grande quantité de liquide qu'elle conservait dans une ample citerne, afin de fournir à cette évaporation, quand elle est obligée de rester exposée à l'air, sur un terrain sec et à la vive ardeur du soleil, afin de conserver la température qui lui convient.

» C'est surtout la fonction génératrice chez les Batraciens qui a présenté aux physiologistes un grand nombre de circonstances importantes à observer. Les faits à cet égard et les observations sont si extraordinaires, que, par leur anomalie même, ils ont dû appeler l'examen le plus sérieux et les méditations de tous les hommes qui ont cherché à remonter à l'origine des êtres et à celle de leurs organes. Cette opération, en général si occulte, si profondément intime, si mystérieuse, en s'exécutant ici au dehors de l'animal et sous nos yeux, a pu être étudiée dans toutes ses phases. La redondance de la vie, l'exubérance des matériaux obtenus par la nutrition, ce besoin, cette exigence impérieuse de la nature qui appelle tous les êtres organisés à perpétuer leur race et à communiquer l'existence à un certain nombre d'individus destinés à leur succéder, se manifeste chez la Grenouille de la manière la plus évidente.

» Les germes, sécrétés et séparés du corps de leur mère avant d'avoir été fécondés, ne reçoivent réellement la vitalité qu'à l'extérieur des membranes transparentes à travers lesquelles il a été loisible d'examiner jour par jour toutes les évolutions, tous les changements qui surviennent dans les formes et le développement des embryons. On a pu ainsi assister à leur transfiguration et suivre, dans leurs divers âges, les apparences et les modifications de leurs organes, dont les variations se trouvent nécessitées par la nature des milieux dans lesquels les individus sont appelés à vivre, à se nourrir, à respirer, à se mouvoir d'une tout autre manière.

» Enfin personne n'ignore aujourd'hui que les Grenouilles ont été la cause, ou du moins qu'elles ont fourni l'occasion des plus grandes découvertes sur l'électricité et des explications ingénieuses et plausibles sur la manière dont paraissent se transmettre, par l'intermède des nerfs et avec la rapidité de l'éclair, d'une part les perceptions venues du dehors, et de l'autre cette sensibilité qui gouverne et régit, comme une puissance autocratrice, tous les rouages si compliqués de la machine animale.

» La circonstance fortuite qui, en 1789, fit découvrir à Galvani l'excitabilité des muscles lorsqu'il venait à toucher les nerfs qui se distribuent dans ces organes et le mouvement rapide de contractilité qui est produit par l'action réunie de deux métaux hétérogènes, est certainement due à l'organisation du Reptile Batracien qui avait donné lieu à tant d'autres découvertes physiologiques. L'explication théorique du physicien de Bologne, accueillie d'abord, fit attribuer ces effets à un nouvel agent ou à un fluide particulier différent de l'électricité et qu'on nomma galvanique. Volta, combattant cette opinion, démontra, par un grand nombre d'expériences, que tous les phénomènes observés étaient dus au développement de l'électricité qui se produit constamment lorsque deux métaux, dans un état différent par leur nature, se trouvent en communication au moyen d'un corps humide interposé, et que dans le cas particulier où leur action s'exerce sur les nerfs, ceux-ci n'étaient réellement qu'une sorte de conducteurs présentant un mode d'écoulement très-facile. D'après cette théorie, il composa des appareils dont l'action était continue, et dont l'énergie devenait d'autant plus grande que le nombre des plaques métalliques, et surtout que leur surface, était plus considérable. On sait que cette machine ingénieuse est devenue ainsi l'un des plus puissants instruments de physique et de chimie, à l'aide duquel on est parvenu à découvrir la composition d'un grand nombre de corps dont les éléments ou les principes constituants ont été pour la première fois séparés dans la potasse, la soude, la chaux, la baryte, etc., substances que les chimistes avaient jusqu'alors considérées comme des corps simples.

» En énonçant la découverte dont nous venons de parler, nous avons soin de citer dans nos cours l'observation du même fait consigné, vers le milieu du 16e siècle, dans un ouvrage bien savant, où l'expérience se trouve parfaitement indiquée; c'est la Bible de la nature de Swammerdam, dans laquelle on voit les appareils destinés à mettre leur résultat en complète évidence. Voici un extrait de ces passages, dont nous présentons également le texte en note.

» Faisant des recherches sur la contractilité des muscles, Swammerdam explique d'abord pourquoi il a choisi les Grenouilles pour faire ses expériences. Dans ces animaux, dit-il, les nerfs sont très-apparents; il est facile de les découvrir et de les mettre à nu; en outre, il est aisé de reproduire les mouvements des muscles en les ressuscitant par l'irritation des nerfs (1). Il raconte comment il a rendu évidente la contraction d'un muscle séparé de la cuisse d'une Grenouille (2), et de quelle manière il a fait ses expériences, en 1658, devant le grand duc de Toscane. Comme on peut reconnaître dans cette narration un véritable fait galvanique, nous croyons devoir le rap-

---

(1) Voyez page 102, note 1.

(2) Oportet musculum laxè per vitreum tubulum transmittere (*a*), ac utrumque ejus tendinem subtilibus duabus aciculis (*bb*) trajicere et has in segmento suberis defigere. Si dein nervum (*c*) irritaveris, videbis musculum capitula acicularum ad se mutuo adducere (*dd*) et ventrem musculi notabiliter crassiorem fieri. *Ibid.*, pag. 840.

porter dans ses détails, et même faire copier le texte, ainsi que le dessin de son petit appareil (1).

» Il est évident que cet appareil, préparé dans le but de démontrer les changements qui arrivent dans le muscle au moment de la contraction, réunissait cependant toutes les conditions requises pour que l'électricité galvanique pût se manifester ; mais l'auteur attribuait uniquement à la compression ce qui était le résultat du contact des deux métaux par le fil d'argent formant un étui au nerf, quand il venait à toucher le support de cuivre ; car il a soin de faire remarquer que le nerf dans ce cas n'est ni blessé ni comprimé.

» J'ai cherché à rappeler dans cette notice historique combien l'étude de l'organisation des Grenouilles avait été utile, et pouvait l'être encore, aux diverses sciences d'observation : à l'anatomie, à la physique, à la chimie, et surtout à la physiologie. Il résulte en effet de cet aperçu que ces Reptiles ont fait mieux connaître les organes et le but de presque toutes les fonctions, puisque nous avons cité la motilité, l'innervation, la digestion, la circulation, la respiration, l'absorption, l'exhalation et enfin la génération. »

---

(1) Voyez l'alinéa page 102 du présent volume et la copie de la figure citée sur la planche 86.

Ier GROUPE. PHANÉROGLOSSES (1).

FAMILLE DES RANIFORMES.

§ I. Considérations générales sur cette famille et sur sa distribution en genres.

Cette première famille des Anoures comprend toutes les espèces dont l'extrémité libre des doigts et des orteils n'est pas dilatée en disque plus ou moins élargi, comme chez les Hylæformes, et dont la mâchoire supérieure est armée de dents ; ce qui les distingue éminemment des Bufoniformes, qui en manquent dans cette partie de la bouche aussi bien qu'à la mâchoire inférieure.

C'est cette communauté de caractères entre les Grenouilles proprement dites et les espèces qui y sont analogues qu'il faut bien se représenter que le nom de Raniforme tend à exprimer, et non un *habitus*, une physionomie pareille à celle de ces mêmes Grenouilles ; car, parmi les Anoures dont nous allons traiter, il en est qui sont loin d'offrir les formes sveltes, élancées de celles-là.

Il y a peu de Raniformes qui n'aient pas le palais pourvu de dents implantées sous le vomer, plus ou moins en avant ou en arrière, entre les arrière-narines, dents qui sont généralement en petit nom-

(1) Ce groupe correspond exactement à la première division de la seconde famille (*Phaneroglossæ*) de l'ordre des *Ranæ* de Wagler.

bre, toujours plus courtes que celles de la mâchoire supérieure, et dont l'arrangement est assez variable : tantôt, en effet, elles sont disposées sur une ligne transversale droite, avec une solution de continuité au milieu ou avec un intervalle plus ou moins distinct; tantôt elles ne constituent que deux petits groupes; tantôt enfin elles sont rangées de manière à représenter un chevron ou la figure d'un V ouvert ou non ouvert à sa base, et à branches plus ou moins écartées. Ces diverses combinaisons que présentent les dents vomériennes dans leur arrangement fournissent d'excellentes marques distinctives entre les espèces, et nous en avons même quelquefois tiré des caractères génériques. Mais c'est surtout dans les différentes formes de la langue que nous avons puisé ces moyens de distinction, moyens sûrs et dont on ne s'était pas servi avant nous; du moins, s'ils ont été employés, ce serait à la même époque et sans que cela fût parvenu à notre connaissance. Dans quelques cas, nous avons également eu recours, pour arriver au même but, à l'apparence visible ou à l'invisibilité du tympan, qu'on peut ordinairement distinguer très-bien au travers de la peau qui passe par-dessus, tandis que chez certaines espèces il est complétement caché, soit à cause de l'épaisseur de celle-ci, soit par suite de l'expansion qu'ont prise les pièces osseuses environnant l'oreille, ainsi que cela a lieu en particulier dans les Pélobates. Les conduits auditifs internes, et cela est un caractère commun aux Phanéroglosses, ont chacun un orifice distinct, de grandeur variable, constamment situé sur les côtés de la partie postérieure du palais, près de l'angle de la bouche; chez les Aglosses, au contraire, les trompes d'Eustachi ont une ouverture commune placée vers le milieu du plancher de la cavité buccale. Quelques Raniformes seulement manquent de ces sortes de vessies, qu'on appelle *vocales*, et à l'aide desquelles les mâles, qui seuls en sont pourvus, produisent, en y faisant entrer de l'air par deux fentes ou deux trous ouverts à droite et à gauche de la langue, des sons extrêmement variés, et souvent si éclatants qu'on les entend à plus de cinq mille mètres. Ces singuliers organes, qui sont toujours doubles chez les Raniformes, se trouvent placés de chaque côté, tantôt au-dessous du tympan, tantôt sous la gorge, mais plus ou moins près de la commissure des mâchoires; tantôt aussi elles sont internes, tantôt au contraire elles se produisent au dehors, par le moyen d'une fente qui leur livre passage lorsque l'animal les fait fonctionner. Les narines s'ouvrent latéralement, plus ou moins près de l'extrémité du museau, sur ou immédiatement sous la ligne anguleuse, appelée *canthus rostralis*, qui sépare le dessus du côté de la partie antérieure de la tête. Les yeux n'offrent rien de particulier; mais l'une de leurs deux paupières, la supérieure, a quelquefois son bord prolongé en pointe conique ou en une sorte de corne flexible : c'est le cas des Cératophrys et des Mégalophrys. Les Raniformes ont tous quatre doigts, qui, à une seule exception près, sont dépourvus de membranes natatoires; il existe chez presque tous aussi, à la base du premier doigt, une saillie plus ou moins apparente que la dissection fait reconnaître comme étant produite par le rudiment du pouce qui serait caché sous la peau. Le nombre des orteils est constamment de cinq, réunis ou non réunis par une palmure, qui elle-même varie considérablement par son étendue. On remarque toujours au bord externe de la région métatarsienne un tubercule généralement faible, mou, obtus, mais qui parfois se développe en un grand disque ovalaire, très-dur, ayant un de ses bords libre et tranchant, ainsi que les Pélobates, les Scaphiopes, etc., en fournissent des exemples. Ce tubercule paraît être, comme le pensait Dugès, le développement, plus ou moins considérable au dehors, d'un os analogue au premier cunéiforme de l'homme : c'est ce même tubercule que quelques naturalistes ont considéré à tort comme le rudiment d'un sixième orteil.

En dessous, le corps des Anoures est généralement tout à fait lisse; en dessus, au contraire, la peau est rarement dépourvue de renflements glanduleux qui s'y montrent sous la forme de mamelons, de cordons, ou de lignes saillantes s'étendant, dans le plus grand nombre des cas, sur les côtés du dos.

Considéré dans ses détails, le squelette des Raniformes n'offre pas moins de modifications que les parties externes de ces Batraciens, étudiées sous le même point de vue; mais comme il n'entre pas dans le plan de notre livre d'y traiter d'une manière particulière de l'anatomie comparée des animaux qui en sont le sujet, nous nous contenterons, comme nous l'avons fait à l'égard des autres ordres et familles de Reptiles, de signaler les faits les plus remarquables de l'organisation interne des Raniformes, à mesure qu'ils se présenteront, en écrivant l'histoire de chacun des genres de cette famille. Cependant nous devons faire observer dès à présent que les apophyses transverses de la vertèbre sacrée ou pelvienne offrent dans leur forme et leur développement des différences notables dont nous nous sommes servis concurremment avec celles

TABLEAU SYNOPTIQUE DES GENRES DE LA FAMILLE DES RANIFORMES.

Caractères	Numéros des genres	Genre	Nombre des espèces	Pag.
Palais denté : langue plus ou moins profondément divisée en deux pointes en arrière.	3.	Grenouille.	20.	335
Palais denté : langue presque entière ; au talon un disque, dur, corné, tranchant : doigts palmés.	14.	Scaphiope.	1.	471
Palais denté : langue presque entière ; au talon un disque, dur, corné, tranchant : doigts libres : tympan distinct.	8.	Pyxicéphale.	3.	442
Palais denté : langue presque entière ; au talon un disque, dur, corné, tranchant : doigts libres : tympan caché.	15.	Pélobates.	2.	475
Palais denté : langue presque entière ; au talon un tubercule mousse : paupière prolongée en pointe comme une corne : tête fort grosse, creusée et relevée de saillies.	7.	Cératophrys.	3.	428
Palais denté : langue presque entière ; au talon un tubercule mousse : paupière prolongée en pointe comme une corne : tête très-aplatie, lisse.	11.	Mégalophrys.	1.	456
Palais denté : langue presque entière ; au talon un tubercule mousse : paupière simple : crâne couvert par la peau : orteils libres ou sans palmures.	4.	Cystignathe.	11.	392
Palais denté : langue presque entière ; au talon un tubercule mousse : paupière simple : crâne couvert par la peau : orteils palmés : doigts opposables les uns aux autres.	1.	Pseudis.	1.	327
Palais denté : langue presque entière ; au talon un tubercule mousse : paupière simple : crâne couvert par la peau : orteils palmés : doigts non opposables : dents du palais en deux petits groupes : tympan distinct.	12.	Pélodytes.	1.	460
Palais denté : langue presque entière ; au talon un tubercule mousse : paupière simple : crâne couvert par la peau : orteils palmés : doigts non opposables : dents du palais en deux petits groupes : tympan caché.	10.	Cycloramphe.	2.	452
Palais denté : langue presque entière ; au talon un tubercule mousse : paupière simple : crâne couvert par la peau : orteils palmés : doigts non opposables : dents du palais sur une ligne en travers : tympan distinct.	13.	Alytes.	1.	465
Palais denté : langue presque entière ; au talon un tubercule mousse : paupière simple : crâne couvert par la peau : orteils palmés : doigts non opposables : dents du palais sur une ligne en travers : tympan caché : langue épaisse, peu libre.	6.	Discoglosse.	1.	422
Palais denté : langue presque entière ; au talon un tubercule mousse : paupière simple : crâne couvert par la peau : orteils palmés : doigts non opposables : dents du palais sur une ligne en travers : tympan caché : langue mince, adhérente.	16.	Sonneur.	1.	485
Palais denté : langue presque entière ; au talon un tubercule mousse : paupière simple : crâne osseux ou protégé seulement par le périoste.	9.	Calyptocéphale.	1.	447
Palais non denté : langue rhomboïdale.	2.	Oxyglosse.	1.	332
Palais non denté : langue ovale.	5.	Leiupère.	1.	420
Total des espèces.			51.	

(En regard de la page 321.)

d'autres parties du corps pour caractériser les groupes génériques que nous avons établis ou adoptés.

Le nombre de ces groupes génériques, dont nous avons pu observer toutes les espèces en nature, s'élève à seize, en exceptant même ceux dits *Leptobrachium*, *Asterophrys* (Tschudi) et *Telmatobius* (Wiegm.) que nous avons laissés de côté, faute de renseignements suffisants pour déterminer d'une manière positive la place qu'il convenait de leur assigner. C'est quatre genres de moins que M. Tschudi n'en a admis dans ses familles des *Ranæ*, des *Cystignathi*, des *Ceratophrydes* et des *Bombinatores*, que nous comprenons toutes les quatre dans nos Raniformes. Les trois genres qui n'y figureront pas, comme tels du moins, sont ceux de *Crinia* et de *Pleurodema*, que nous avons fait entrer dans le groupe des Cystignathes; celui de *Strongylopus*, que nous n'avons pas cru devoir séparer des Grenouilles par cela seul que les palmures de ses pieds sont très-courtes et ses dents vomériennes situées un peu plus en avant que cela ne s'observe habituellement; enfin, celui des *Phrynocéros*, qui doivent bien évidemment être rangés, avec les Cératophrys.

Nous joignons ici un tableau synoptique qui offre en quelque sorte l'abrégé des moyens que nous avons employés pour arriver à la répartition en genres, des nombreuses espèces qui composent cette famille des Raniformes.

Nous terminerons ce paragraphe par la reproduction pure et simple des notes caractéristiques que M. Wiegmann et M. Tschudi ont publiées: le premier, du genre *Telmatobius*; le second, des genres *Leptobrachium* et *Asterophrys*, genres qui, ainsi que nous le disions plus haut, ne prendront pas place dans la série de ceux inscrits sur le présent tableau.

Gen. Telmatobius. Wiegm. Tête courte, museau arrondi, vertex plan, circulaire arrondie ; des dents à la mâchoire supérieure, mais point au palais ? Langue disco-ovalaire ; doigts libres ; orteils réunis à la base par une membrane ; pas de tubercules cornés aux faces palmaires.

Esp. *Telmatobius Peruvianus*. Wiegm. Nov. Act. Leop. tom. XVII, pag. 263, tab. 20, fig. 2.

Gen. Leptobrachium. Tsch. Tête très-grande, élargie en arrière ; vertex plan ; bouche largement fendue ; langue grosse, à papilles filiformes, à peine échancrée à son bord postérieur ; pas de dents au palais ; narines s'ouvrant sous le *canthus rostralis ;* tympan visible ; membres antérieurs très-grêles, les postérieurs aussi et de plus très-longs ; doigts libres ; orteils palmés à leur racine.

Patrie. Java.

Esp. *Leptobrachium Hasseltii*. Tsch. n° 7.

Syn. *Rana Hasseltii*. Müll. Mus. Ludg.

Gen. *Asterophrys*. Tsch. Tête grande, anguleuse, triangulaire ; vertex fortement convexe ; museau avancé ; narines situées sous le *canthus rostralis ;* yeux médiocres ; bord de la paupière supérieure garni de plusieurs petits appendices cutanés ; langue grande, entièrement adhérente ; dents palatines nombreuses formant une ligne courbe sur le bord externe du vomer ; doigts libres.

Patrie. Nouvelle-Guinée.

Esp. *Asterophrys turpicola* (*an rupicola ? aut turpicula ?*). Tsch. *Ceratophrys turpicola*. Schleg. Abbild. Amph. Decr. 1, pag. 30, tab. 10, fig. 4.

§ II. Mœurs et distribution géographique.

Les Raniformes ne peuvent se tenir qu'à terre ou dans l'eau ; leurs doigts, à peu près cylindriques et généralement pointus, ne leur permettent en aucune façon de grimper aux arbres, comme le font les Hylæformes à l'aide de ces petits disques ou de ces sortes de petites ventouses, dont les extrémités libres de leurs mains et de leurs pieds sont pourvues. Les espèces qui ont les membres postérieurs fort allongés ne changent guère de place sur le sol, autrement qu'en sautant, et souvent à des distances considérables relativement au volume de leur corps ; celles chez lesquelles les pattes de derrière sont d'une médiocre étendue jouissent également de la faculté de sauter, mais à un moindre degré, et pour elles, la marche n'est plus impossible : sous ce rapport, elles se rapprochent des Crapauds, et leur corps, comme celui de ces derniers, est court, un peu ramassé, trapu. La plupart des Raniformes dont les orteils sont réunis par des membranes natatoires bien développées, telles que la Grenouille verte, la Mugissante, etc., passent la plus grande partie de leur vie dans l'eau. Pourtant il y a de ces espèces palmipèdes qui, de même que celles dont les orteils sont libres, n'y restent que le temps absolument nécessaire pour satisfaire au besoin impérieux de l'acte de la reproduction, après quoi elles se retirent les unes dans les localités humides des bois, se cachant dans l'herbe, sous les feuilles, comme la Grenouille rousse, la Sylvaine ; les autres habitent de petites demeures souterraines qu'elles se creusent, au moyen d'une plaque cornée qui arme leur

21.

talon, non loin des bords des mares ou des étangs où elles sont venues déposer les germes de leur progéniture. En général, ces dernières ne sortent de leur retraite que vers le soir ou par des journées pluvieuses : telles sont en particulier les habitudes des Pélobates, des Scaphiopes, etc.

Les grandes espèces, comme la Mugissante par exemple, se nourrissent d'autres Batraciens, de poissons, elles s'attaquent même aux petits Ophidiens et aux jeunes oiseaux aquatiques. Celles d'une plus petite taille mangent des mollusques, des insectes, des vers, etc. Il y en a une, la Tigrine, qui fréquente de préférence les eaux saumâtres, où elle fait une guerre acharnée aux crustacés du genre des crabes; car généralement les Batraciens sont très-voraces.

Distribution géographique des Raniformes.

On trouve des Raniformes dans les cinq parties du monde, mais l'Amérique est celle où il en existe davantage : on y compte effectivement vingt-trois espèces appartenant aux huit genres Grenouille, Cystignathe, Pyxicéphale, Pseudis, Léiupère, Cératophrys, Calyptocéphale, Cycloramphe et Scaphiope, genres qui, à l'exception des trois premiers, sont même tout à fait propres au nouveau monde; la partie septentrionale produit le Scaphiope solitaire, les Grenouilles halécine, des marais, sylvaine, criarde et mugissante; et la partie méridionale le Pseudis Jackie, le Léiupère marbré, le Pyxicéphale américain, le Calyptocéphale de Gay, les Cycloramphes marbré et fuligineux, les Cératophrys à bouclier, de Boïé et de Daudin, enfin les Cystignathes ocellé, galonné, labyrinthique, macroglosse, grêle, rose, de Bibron et à doigts noueux.

Après l'Amérique, c'est l'Asie qui nourrit le plus d'Anoures de la famille qui nous occupe, c'est-à-dire onze, dont un, la Grenouille verte, en commun avec l'Europe et l'Afrique, les dix autres à elle seule, parmi lesquels huit sont aussi du genre Grenouille; un est du genre Oxyglosse et le onzième du genre Mégalophrys. Ces onze espèces de Raniformes asiatiques sont ainsi réparties : la Grenouille verte et la rugueuse vivent au Japon; celles du même genre, appelées Cutipore, de Leschenault, du Malabar, sur le continent de l'Inde, la Tigrine aussi et sur toutes les îles qui en dépendent; la Grognante à Amboine et à Java, et la Macrodonte dans ce dernier pays, ainsi que celle qui porte le nom de Kuhl. C'est également de l'île de Java que viennent le Mégalophrys montagnard et l'Oxyglosse lime, lequel habite aussi le Bengale.

L'Afrique ne possède en propre que le Cystignathe du Sénégal; les Pyxicéphales arrosé et de Delalande, qui sont de la partie australe; les Grenouilles à gorge marbrée, de Delalande, et à bandes, de même; puis la Grenouille verte et le Discoglosse peint; mais la première se trouve également en Asie et en Europe, et celui-ci dans cette dernière partie du monde, ce qui fait en tout pour l'Afrique, huit espèces appartenant à quatre genres différents.

En Europe, il n'y a que huit espèces de Raniformes; ce sont les Pélobates brun et cultripède, celui-ci ne paraissant fréquenter que les contrées méridionales, celui-là les septentrionales; le Sonneur à ventre couleur de feu, qu'on rencontre à peu près partout; la

Grenouille rousse, qui est aussi très-répandue; le Pélodytes ponctué, l'Alytes accoucheur, enfin le Discoglosse peint et la Grenouille verte, qui ne sont pas exclusivement européennes, puisque l'une vit au nord de l'Afrique, l'autre de même et de plus en Asie. Ces Raniformes d'Europe appartiennent à six genres.

L'Océanie serait la partie du monde la moins riche de toutes en Raniformes découverts jusqu'ici; cependant il est bien probable qu'elle en produit d'autres que les deux seules espèces de cette famille que nous en ayons encore reçues, espèces qui sont les Cystignates de Péron et Géorgien.

RÉPARTITION DES RANIFORMES D'APRÈS LEUR EXISTENCE GÉOGRAPHIQUE.

Genres.	Europe.	Europe et Afrique.	Europe, Asie et Afrique.	Asie.	Afrique.	Amérique.	Océanie.	Total des espèces.
PSEUDIS	0	0	0	0	0	1	0	1
OXYGLOSSE	0	0	0	1	0	0	0	1
GRENOUILLE	1	0	1	8	5	5	0	20
CYSTIGNATHE	0	0	0	0	1	8	2	11
LÉIUPÈRE	0	0	0	0	0	1	0	1
DISCOGLOSSE	0	1	0	0	0	0	0	1
CÉRATOPHRYS	0	0	0	0	0	3	0	3
PYXICÉPHALE	0	0	0	0	2	1	0	3
CALYPTOCÉPHALE	0	0	0	0	0	1	0	1
CYCLORAMPHE	0	0	0	0	0	2	0	2
MÉGALOPHRYS	0	0	0	1	0	0	0	1
PÉLODYTES	1	0	0	0	0	0	0	1
ALYTES	1	0	0	0	0	0	0	1
SCAPHIOPE	0	0	0	0	0	1	0	1
PÉLOBATES	2	0	0	0	0	0	0	2
SONNEUR	1	0	0	0	0	0	0	1
Nombre des espèces dans chaque partie du monde	6	1	1	10	8	23	2	51

Ier GENRE. PSEUDIS. — *PSEUDIS* (1). Wagler.
(*Proteus*, Laurenti.)

Caractères. Langue subcirculaire, entière. Deux groupes de dents palatines entre les orifices internes des narines. Tympan peu, mais néanmoins distinct; trompes d'Eustachi petites. Point de renflements glanduleux, ni de lignes de pores sur aucune partie du corps. Doigts au nombre de quatre, complétement libres, le premier opposé aux deux suivants ; orteils réunis jusqu'à leur pointe par une très-large membrane. Une vessie vocale sous la gorge des mâles. Apophyses transverses de la vertèbre sacrée non dilatées en palettes.

Les Pseudis sont du petit nombre des Batraciens Anoures chez lesquels les pattes antérieures se terminent par une sorte de main ; attendu que l'index, qu'on doit considérer ici comme étant le premier doigt, puisque le pouce n'existe qu'à l'état rudimentaire, tout à fait caché sous la peau, est opposable au deuxième et au troisième; tous quatre sont parfaitement libres, droits, pointus, amincis latéralement et renflés à leur base, particulièrement le premier, qui est le plus court ; après lui c'est le second, ensuite le quatrième, puis le troisième. Les orteils, aussi pointus que les doigts, offrent plus de longueur et moins d'inégalité ; les trois premiers sont légèrement, mais régulièrement, étagés, et le quatrième est un peu plus court que le cin-

(1) Ψεύδω, *fallor*, nom tiré de l'erreur qui avait trompé les premiers observateurs du gros Têtard de cette espèce, en faisant penser que c'était une Grenouille qui se changeait en poisson.

quième, qui a la même étendue que le troisième ; une membrane, susceptible d'une grande extension en travers, les réunit tous jusqu'à leur dernière extrémité ; ce qui permet aux pieds des Pseudis de déployer une très-grande surface, et ce qui en fait de puissants organes de natation. La saillie produite à la racine du premier orteil par l'os cunéiforme est peu considérable. Il y a un petit tubercule sous chacune des articulations des phalanges. La langue est un disque charnu, adhérent de toutes parts, un peu rétréci en avant pour s'accommoder à l'intervalle des branches sous-maxillaires, qui forment un angle obtus ; sa surface est couverte de petites papilles granuleuses, molles, très-rapprochées les unes des autres, et elle se montre parfois creusée de quelques petites rides longitudinales. La mâchoire supérieure est garnie tout autour de dents très-fines, trés-serrées et égales entre elles. Le palais en présente de plus fortes, situées entre les ouvertures nasales, sur deux petites éminences transversales, qui en portent chacune une seule rangée. Les orifices des trompes d'Eustachi ont le même diamètre, ou sont aussi petits que ceux des narines ; on les aperçoit, l'un à droite, l'autre à gauche, tout près des angles de la bouche. Celle-ci est médiocrement fendue ; on y observe, mais seulement chez les individus mâles, de chaque côté et le long de la mâchoire inférieure, sous la marge de la langue, une petite fente oblique qui communique avec une poche placée sous la gorge, sorte de sac que l'animal peut remplir d'air, et au moyen duquel, en le faisant vibrer, il produit sans doute des sons analogues à ceux que font entendre les mâles de notre Rainette commune, qui présentent un organe semblable de chaque côté de la bouche : c'est ce que nous appelons un sac vocal. Les narines externes sont petites, ovalaires, situées sur la ligne même du *canthus rostralis* qui, du reste, est très-faiblement prononcé. Quoique petite et recouverte d'une peau épaisse, la membrane du tympan, niée ou non reconnue par MM. Wagler et de Tschudi, est néanmoins distincte ; elle est placée au-dessus de l'extrémité condylienne de la mâchoire inférieure. La saillie que fait l'œil au-dessus de la surface du crâne est très-faible, et la fente des paupières d'une moyenne grandeur. L'inférieure n'est pas moins courte que chez les autres Batraciens Raniformes, bien que le contraire ait été dit par le premier des deux erpétologistes cités plus haut, et que le second ait même prétendu qu'elle n'existe pas, ce qu'ont répété d'après lui, sans doute et bien certainement sans l'avoir vérifié, quelques auteurs d'une date récente.

Les Pseudis n'ont ni glandes, ni pores, ni renflements quelconques de la peau sur aucune partie du corps. Leurs viscères ressemblent à ceux des Grenouilles : le foie est divisé en trois lobes, dont le médian est fort petit ; c'est au centre de l'origine de ces trois divisions que se trouve située la vésicule du fiel. L'avant-dernière pièce de la colonne épinière ou la vertèbre sacrée n'a pas une forme différente de celle de la Grenouille commune ; les ailes en sont même proportionnellement plus courtes.

Le genre Pseudis a pour type une espèce dont la grosseur de la larve est très-considérable relativement à celle de l'animal parfait, parce qu'effectivement ce têtard prend un très-grand développement avant de subir ses dernières métamorphoses ; ce qui a fait croire aux premières personnes qui ont observé ces Batraciens, que c'était sous la forme d'une Grenouille qu'il passait son premier état ; en un mot que c'était une Grenouille qui se changeait en poisson. C'est ainsi que l'ont décrit et représenté dans leurs ouvrages mademoiselle Sibylle de Mérian et Albert Séba.

Cette espèce avait été placée par Linné dans le genre *Rana*, où, excepté Laurenti qui en fit le genre *Proteus*, tous les erpétologistes la laissèrent jusqu'à l'époque de la publication de la nouvelle classification des Reptiles de Wagler, dans laquelle elle prit rang comme type d'un genre particulier, généralement adopté aujourd'hui, sous le nom de ***Pseudis***.

1. LE PSEUDIS DE MERIAN. *Pseudis Merianæ.* Nobis.
(Voyez Pl. 86, fig. 2.)

CARACTÈRES. Parties supérieures bleuâtres ou d'un brun roussâtre, nuancées d'une teinte plus foncée; régions inférieures blanchâtres, piquetées de brun à la région abdominale; des raies de la même couleur ondulées ou en zigzags sous les cuisses.

SYNONYMIE. *Rana piscis.* Mérian. Insect. Surin. tab. 71.

Rana americana. Séb. tom. 1, pag. 125, tab. 78, fig. 15-21.

Rana piscis. Linn. Mus. Adolph. Frédér. pag. 49.

Rana paradoxa. Id. Syst. nat. édit. 10, tom. 1, pag. 212, nº 12.

The Frog-fish. Edw. Philosoph. Transact. tom. 51, part. 11, pag. 653, tab. XV, *a* et *b*.

Rana, manibus fissis, etc. Gronov. Zoophyl. pag. 15.

Grenouille poissonneuse. Ferm. Hist. natur. Holl. equinox. pag. 15.

Rana paradoxa. Linn. Syst. nat. édit. 12, tom. 1, pag. 356, nº 17.

Proteus raninus. Laur. Synops. Rept. pag. 36.

Rana paradoxa. Gmel. Syst. nat. Linn. tom. 3, pag. 1055.

La Jackie. Daub. Dict. anim. quadr. ovip. pag. 640.

La Grenouille Jackie. Bonnat. Encycl. méth. Erpét. pag. 5.

La Jackie. Lacép. Hist. quadr. ovip. tom. 1, pag. 547.

Proteus raninus. Meyer. Synops. Rept. pag. 14.

Rana paradoxa. Donnd. Zoologisch. Beytr. tom. 3, pag. 62, nº 13.

Paradoxical Frog. Shaw. Gener. zoolog. tom. 3, part. 1, p. 12, planche 36.

La Grenouille Jackie. Latr. Hist. Rept. tom. 2, pag. 162.

Rana paradoxa. Daud. Hist. Rept. tom. 8, pag. 130.

Rana paradoxa. Id. Hist. rain. gren. crap. pag. 67, pl. 22 et 23.

La Jackie. Cuv. Règn. anim. 1re édit. tom. 2, pag. 93.

Rana paradoxa. Merr. Syst. amph. pag. 176, nº 12.

Rana paradoxa. Fitz. Classif. Rept. verzeich. pag. 64.

La Grenouille Jackie. Bory de Saint-Vincent, Résum. d'erpét. pag. 267, pl. L.

Jackie. Cuv. Règn. anim. 2e édit. tom. 2, pag. 105.

Rana paradoxa. Gravenh. Delic. Mus. Zoolog. Vratilav. Batrach. pag. 34.

Paradoxal Frog. Griffith. anim. Kingd. Cuv. vol. 9, pag. 393.

Pseudis paradoxa. Wagl. Syst. amph. pag. 203.

Pseudis paradoxa. Tschudi, Classif. Batrach. (Mém. Sociét. scienc. nat. Neuch. tom. 11, pag. 80.

DESCRIPTION.

FORMES. Le Pseudis de Merian ne semble pas atteindre à une taille tout à fait aussi grande que notre grenouille commune; il a la tête proportionnellement moins longue, le museau plus court, et l'angle que forment les côtés de celui-ci un peu plus ouvert et distinctement plus arrondi au sommet ; le chanfrein et les régions frénales offrent ensemble une surface légèrement convexe. Tout le corps, en dessus et en dessous, peut être consideré comme parfaitement lisse, attendu que les petits tubercules dont le dos et les membres sont semés, sont des grains si fins qu'on les aperçoit à peine, même avec le secours de la loupe. Les bras sont de moitié plus courts que ceux de la Grenouille verte, ou autrement leur longueur est à peu près égale à celle qui existe entre le bout du museau et l'angle antérieur de l'œil ; les avant-bras sont d'un tiers moins courts, les mains d'un quart, et la totalité de l'étendue des membres thoraciques se trouve avoir une fois et demie celle de la tête. Les pattes de derrière sont exactement une fois plus longues que la tête et le tronc réunis ; la cuisse et la jambe sont aussi longues l'une que l'autre ; la largeur du pied est égale à sa longueur, qui est d'un tiers plus grande que celle de la jambe.

La paupière supérieure est lisse ; le diamètre du tympan est moindre que celui de l'ouverture oculaire. La vessie vocale des mâles, lorsqu'elle est gonflée, a la grosseur d'une petite cerise ; son affaissement rend la peau de la gorge toute plissée.

COLORATION. Le dessus du corps offre généralement une couleur d'un gris bleuâtre ou ardoisé, légèrement nuagé ou marbré de brun ; quelquefois les marbrures sont plus prononcées et répandues sur un fond roussâtre. Les parties inférieures sont blanches uniformément, ou linéolées de brun marron sous les cuisses, et piquetées de la même couleur aux régions gulaire et ventrale.

Les deux premiers orteils et la moitié terminale du troisième présentent le même mode de coloration que le dessus du corps ; tandis que, sous ce rapport, les deux derniers et la première moitié du troisième ressemblent au-dessous du corps.

DIMENSIONS. *Pseudis paradoxa*, adulte. *Tête.* Long. 2" 1"'. *Tronc.* Long. 4" 8"'. *Membr. antér.* Long. 3" 9"'. *Membr. postér.* Long. 10" 5"'.

Têtard ayant déjà ses quatre pattes développées, mais possédant encore sa queue intacte. Tête. Long. 2". *Tronc.* Long. 3" 6"'. Haut. 3" 4"'. *Membr. antér.* Long. 2" 8"'. *Membr. postér.* Long. 7" 5"'. *Queue.* Long. 13".

PATRIE. Cette espèce est originaire de Surinam ; nos échantillons y ont été recueillis par le célèbre voyageur Levaillant, et par MM. Leschenault et Alexandre Doumerc. L'estomac des individus que nous avons ouverts était rempli d'insectes aquatiques.

IIe GENRE. OXYGLOSSE. — *OXYGLOSSUS*(1). Tschudi.

(*Oxydozyga*, Kuhl, m. s. s. *Rhomboglossus*, Nob. m. s. s.)

CARACTÈRES. Langue rhomboïdale, entière, libre dans sa moitié postérieure. Palais dépourvu de dents. Tympan peu distinct ; trompes d'Eustachi petites. Plusieurs séries de glandules sur les faces supérieure et inférieure du corps. Quatre doigts complétement libres ; orteils réunis jusqu'à leur pointe par une membrane très-extensible. Apophyses transverses de la vertèbre sacrée non dilatées en palettes.

Les Oxyglosses ont le même ensemble de formes que les

(1) De ὀξύς, pointue, et de γλωσσα, langue.

Pseudis, dont ils se distinguent par la forme rhomboïdale de leur langue, par l'absence de dents au palais, par l'existence de séries régulières de glandules le long du dos et du ventre, et par l'impossibilité où ils sont d'opposer leur premier doigt aux deux suivants.

La bouche des Oxyglosses est moins fendue que celle des Pseudis ; aussi faut-il beaucoup abaisser la mâchoire inférieure pour apercevoir les orifices gutturaux des oreilles, qui sont très-petits et situés en arrière des articulations maxillaires. Ainsi que nous l'avons déjà dit, leur palais manque de dents, et leur langue est rhomboïdale, libre et plus pointue en arrière qu'en avant. Le tympan, sans être très-apparent, est cependant distinct. Les narines s'ouvrent sur le bout du museau, à une très-petite distance l'une de l'autre. On ne voit ni parotides sur les parties latérales de la tête, ni renflements ou cordons glanduleux sur le dos ; mais celui-ci, ainsi que le ventre, est parcouru en différents sens par des lignes de glandules bien distinctes les unes des autres. Les doigts et les orteils sont pointus et pourvus de petits renflements sous-articulaires : ceux-là sont complétement libres, et ceux-ci très-largement palmés jusqu'à leur extrémité. Le premier et le second orteil offrent chacun un tubercule à leur base, et le premier os cunéiforme fait une saillie assez prononcée. Le premier doigt est un peu moins allongé que les trois autres ; les orteils vont en augmentant de longueur depuis le premier jusqu'au quatrième, mais le cinquième ne dépasse pas le troisième. La peau des flancs forme un pli qui s'étend en avant jusqu'à l'épaule, en arrière jusqu'au genou.

Dans ce genre, le squelette, bien qu'étant presque cartilagineux, a certainement plus d'analogie de structure avec celui des Grenouilles, qu'avec celui des Sonneurs ou *Bombinatores*, près desquels jusqu'à présent on a cependant toujours placés les Oxyglosses. C'est cette considération qui nous a décidé à les rapprocher des Grenouilles, auxquelles ils semblent, en quelque sorte, lier les Pseudis au moyen des *Rana cutipora* et *Rana Leschenaultii*, dont le port, l'habitude du corps rappellent complétement ceux des Pseudis et des Oxyglosses, et qui, comme ces derniers, ont la peau du dos et du ventre parcourue par diverses séries ou lignes de très-petites glandules. Le foie est volumineux.

Ce genre ne comprend qu'une seule espèce : c'est sous le nom de Rhomboglosse que nous nous proposions de le désigner; mais comme le travail de M. Tschudi a paru avant le nôtre, et qu'il y est appelé Oxyglosse, nous avons nécessairement dû adopter cette dernière dénomination, comme ayant l'antériorité. Cependant Kuhl avait déjà imposé à ce genre le nom d'Oxydozyga, dans un ouvrage qui malheureusement est demeuré manuscrit.

1. L'OXYGLOSSE LIME. *Oxyglossus lima*. Tschudi.
(Voyez Pl. 86, fig. 4.)

Caractères. Parties supérieures d'un brun plus ou moins fauve, avec ou sans bande dorsale d'une teinte plus claire. Face postérieure des cuisses offrant un ruban d'un brun marron, liseré de blanchâtre.

Synonymie. *Oxydozyga braccata*. Kuhl. M. S. S.

Bombinator lima. Mus. Lugd. et Francf.

Oxyglossus lima. Tschudi, Classific. Batrach. (Mém. Société. scienc. nat. Neuch. tom. 2, pag. 85.)

DESCRIPTION.

Formes. L'Oxyglosse lime a reçu ce nom de ce que la surface de son corps est couverte de petits tubercules coniques qui la rendent âpre ou rude au toucher. Cette espèce est de petite taille, au moins n'en avons-nous jamais vu d'individu ayant plus de soixante-cinq à soixante-dix millimètres de long, depuis le bout du museau jusqu'à l'extrémité des pattes de derrière. L'étendue totale de ses membres postérieurs excède à peu près d'un cinquième celle du tronc et de la tête; les pattes antérieures sont de moitié moins longues. La cuisse est un peu plus longue que la jambe, et un peu plus courte que le pied. La palmure de celui-ci offre une largeur égale à sa longueur; elle s'étend jusqu'à la pointe de tous les orteils. La tête se confond avec le tronc ; elle est petite, convexe, et se termine par un museau fort court et arrondi. On remarque quelques petites glandules le long des flancs ; mais à la face inférieure du corps, il en existe deux séries qui commencent sur la gorge, contournent l'épaule, parcourent la région abdominale et vont se perdre sous les cuisses.

COLORATION. Les régions supérieures varient du gris brun au brun marron ou roussâtre, plus ou moins clair ; presque toujours la tête et le dos sont coupés longitudinalement par une bande d'une teinte plus pâle que celle du fond. Le dessous du corps est blanc. La face postérieure des cuisses présente un large ruban brun, bordé de blanchâtre, et leur face postérieure des marbrures et une large tache en équerre de la même couleur. Souvent le dessus des membres est coupé de bandes transversales brunes. En dessous, les tarses sont bruns.

DIMENSIONS. *Tête*. Long. 1" 2"'. *Tronc*. Long. 2". *Membr. antér.* Long. 1" 8"'. *Membr. postér.* Long. 4" 3"'.

PATRIE. On trouve l'Oxyglosse lime au Bengale et à Java ; nous l'avons reçu du premier de ces deux pays par les soins de M. Bélanger, et il a été recueilli dans le second par les naturalistes voyageurs du Musée de Leyde.

IIe GENRE. GRENOUILLE.—*RANA* (1). Linné.
(*Rana* et *Strongylopus*, Tschudi.)

CARACTÈRES. Langue grande, oblongue, un peu rétrécie en avant, fourchue en arrière, libre dans le tiers postérieur de sa longueur. Des dents vomériennes situées entre les arrière-narines. Tympan distinct. Trompes d'Eustachi plus ou moins grandes. Doigts et orteils sub-arrondis ; ceux-là libres, ceux-ci plus ou moins palmés. Saillie du premier os cunéiforme obtuse. Apophyses transverses de la vertèbre sacrée, non dilatées

---

(1) Nom latin de la plus haute antiquité. Témoin ce vers d'harmonie imitative, tiré du poëme de Philomèle.

Garrula limosis Rana coaxat aquis.

en palettes. Deux sacs vocaux internes ou externes, chez les mâles.

Ce genre réunit tous les Anoures qui se trouvent étroitement liés par leurs rapports naturels avec les deux espèces les plus anciennement connues sous le nom commun de *Rana*, la Grenouille verte et la Grenouille rousse de notre Europe.

Il se reconnaît particulièrement à la forme de sa langue, qui est libre dans une certaine portion de sa longueur, et plus ou moins profondément divisée en deux lobes en arrière; il est même le seul parmi les Raniformes, à l'exception des Pyxicéphales, chez lequel cet organe soit ainsi conformé. Toutefois les Grenouilles se distinguent de ces Pyxicéphales, de même que des Pélobates et des Scaphiopes, en ce que la saillie de leur métatarse est excessivement faible, tuberculiforme, et non développée en une plaque cornée ovalaire, à bord tranchant, propre à fouiller la terre. Elles diffèrent en outre des autres espèces à langue non fourchue, par leur premier doigt, qui n'est pas opposable aux suivants, comme chez les Pseudis; par la présence de dents sous le vomer, tandis que les Léiupères et les Oxyglosses en sont dépourvus dans cette région du palais; par l'apparence de leur tympan, puisque cette membrane n'est distincte ni chez les Discoglosses, ni chez les Cycloramphes, ni chez les Sonneurs; par l'épaisseur de l'enveloppe cutanée de leur tête, partie du corps dont les os, dans les Calyptocéphales, sont excessivement rugueux, et revêtus d'un épiderme si mince et qui y est si adhérent qu'on les en croirait dépourvus; par leur paupière supérieure, dont le bord ne se prolonge pas en pointe cornuforme, comme chez les Cératophrys et les Mégalophrys; enfin par la non-dilatation en palettes triangulaires des apophyses transverses de leur vertèbre pelvienne, ainsi que cela s'observe, au contraire, dans les genres Pélodytes et Alytes. Les Cystignathes sont les seuls Raniformes entre lesquels et les Grenouilles il n'y ait d'autre différence importante que celle que présente la conformation de leur langue, organe qui est toujours entier chez les premiers, ou excessivement peu échancré à son bord postérieur.

Les Grenouilles ont généralement des formes sveltes, élancées; cependant l'étendue des membres, surtout de ceux de derrière, relativement à la longueur et à la grosseur du corps, varie considérablement. La tête peut être courte ou allongée, plate ou bombée, triangulaire ou ovale dans son contour horizontal. Les doigts et les orteils, le plus souvent subcylindriques, sont quelquefois tout aussi pointus que dans les Pseudis; c'est ce qu'on remarque particulièrement chez la Grenouille cutipore; rarement leur face inférieure manque de renflements hémisphériques correspondants aux articulations des phalanges. La palmure des pieds présente tous les degrés de grandeur possibles. La bouche est toujours largement fendue, et les dents qui en arment la région vomérienne sont plus ou moins nombreuses et diversement situées; la manière dont elles sont disposées n'est pas non plus la même chez toutes les espèces. Ainsi la place qu'elles occupent entre les arrière-narines se trouve être tantôt positivement entre celles-ci, tantôt au niveau de leur bord antérieur, tantôt de leur bord postérieur, et quelquefois tout près des os palatins. Elles forment soit une rangée transversale interrompue au milieu, soit deux petits groupes, soit un chevron ouvert au sommet; toutes ces différences sont on ne peut plus propres à faire distinguer les espèces entre elles. Toutes les Grenouilles mâles ont deux vessies vocales, qui, chez la plupart des espèces, ne sont manifestes à l'extérieur que par le renflement qu'elles produisent de chaque côté de la gorge, lorsqu'elles sont remplies d'air; tandis que chez quelques-unes elles se déploient au dehors en sortant par une fente située ou sous le tympan, ou vers le milieu du bord externe des branches sous-maxillaires. Moins le tympan est distinct au travers de la peau qui le recouvre, moins les orifices des trompes d'Eustachi sont grands. Il existe toujours au bord de la mâchoire inférieure, au-dessus du menton, deux échancrures plus ou moins profondes séparant l'une de l'autre trois proéminences osseuses, dont les deux latérales s'allongent quelquefois assez pour ressembler à deux grandes dents, ainsi que les Grenouilles macrodonte et de Kuhl nous en fournissent l'exemple. Peu d'espèces du genre qui nous occupe ont la peau de leurs parties supérieures parfaitement lisse; car le plus souvent elle est semée de mamelons ou relevée longitudinalement de cordons glanduleux; quelquefois elle ne présente que de simples plis qui s'effacent lorsqu'elle se distend.

Telles sont les plus notables différences qui nous sont offertes par les principaux organes des Grenouilles, considérées dans leur ensemble.

Le tableau annexé à cette page contient la liste des vingt espèces de ce genre, avec leurs caractères les plus saillants mis en opposition les uns avec les autres, suivant la méthode analytique.

A. ESPÈCES A DOIGTS CONIQUES, POINTUS, ET A PEAU PERCÉE DE PORES DISPOSÉS EN CORDONS PARCOURANT LE COU, LE DESSOUS ET LES PARTIES LATÉRALES DU CORPS.

a. A fentes sur les côtés des mâchoires servant d'issues aux sacs vocaux.

1. LA GRENOUILLE CUTIPORE. *Rana cutipora.* Nobis.

CARACTÈRES. Dents du palais disposées sur deux rangées obliques ou formant un V un peu ouvert à sa base. Doigts et orteils pointus, à tubercules sous-articulaires à peine sensibles. Palmure des pieds à bords libres, rectilignes, et s'étendant jusqu'à l'extrémité des orteils, dont le quatrième n'est qu'un peu plus long que le troisième et le cinquième. Surface de la paupière supérieure plissée en arrière. Peau du corps lisse, mais percée de pores distribués par lignes qui parcourent le cou, les côtés du dos et le ventre. Tympan médiocre, assez distinct. Parties supérieures d'un brun marron; régions inférieures blanches, parfois tachetées de brunâtre.

TABLEAU SYNOPTIQUE DES ESPÈCES DU GENRE GRENOUILLE.

Bouts des doigts							*Espèces.*	Pag.
tout à fait pointus : peau du dos	lisse.						1. G. Cutipore.	338
	mamelonnée.						2. G. de Leschenault.	342
comme tronqués : talon	bituberculé : dents vomériennes formant deux	petits groupes.					3. G. Verte.	343
		petites rangées en chevron : dessus du corps	lisse.				9. G. du Malabar.	365
			tout couvert d'aspérités.				11. G. Rugueuse.	368
	unituberculé : pattes de derrière	de proportion ordinaire : dents vomériennes formant deux	groupes : dos à renflements longitudinaux	nuls ; peau	lisse.		12. G. Mugissante.	370
					plissée longitudinalement.		18. G. Gorge-marbrée.	386
				distincts : tympan	très-grand.		13. G. Criarde.	373
					médiocre : pieds à palmure	grande : sur la tempe — une grande tache noire : tympan — plus petit que l'ouverture oculaire.	7. G. Rousse.	358
						grande : sur la tempe — une grande tache noire : tympan — aussi grand que l'ouverture oculaire.	8. G. des Bois.	362
						grande : sur la tempe — pas de tache noire : dos à — deux cordons glanduleux, étroits.	5. G. Halecine.	352
						grande : sur la tempe — pas de tache noire : dos à — quatre cordons glanduleux, larges.	6. G. des Marais.	356
						courte.	10. G. de Galam.	367
			rangs obliques en chevron : mandibule à apophyses dentiformes	nulles : régions sus-oculaires	ridées : dos	plissé longitudinalement.	14. G. Tigrine.	375
						lisse.	15. G. Grognante.	380
					unies.		4. G. des Mascareignes.	350
				distinctes, au nombre de deux : tympan	médiocre, bien visible.		16. G. Macrodonte.	382
					petit, peu visible.		17. G. de Kuhl.	384
		très-longues et excessivement grêles : orteils palmés	dans la moitié au plus de leur longueur.				19. G. de Delalande.	388
			à leur base seulement.				20. G. a bandes.	389

(En regard de la page 338.)

SYNONYMIE. *Rana saparoua.* Mus. Lugd. Bat.

Rana hexadactyla Less. Voy. Indes orient. Bel. zool. Rept. pag. 331, tom. VI.

Dactylethra Bengalensis. Id. Illustrat. zool. Pl. XLVII.

Rana hexadactyla. Tschudi, Classif. Batrach. Mém. Sociét. scienc. nat. Neuchât. tom. II, pag. 80.

DESCRIPTION.

FORMES. Cette espèce est une de celles qui approchent de la plus grande taille à laquelle parviennent certaines Grenouilles, telles que la Mugissante et la Tigrine, par exemple. Sans la forme de sa tête, qui est moins courte et plus rétrécie en avant, elle aurait, pour ainsi dire, une physionomie semblable à celle du Pseudis de Mérian ; car, de même que ce dernier, elle n'offre ni verrues ni plis d'aucune sorte sur la peau ; ses doigts sont coniques, pointus, lisses, à peine tuberculeux en dessous, et ses pattes de derrière présentent une palmure excessivement large et étendue jusqu'à l'extrémité des orteils, dont le quatrième excède très-peu en longueur le troisième et le cinquième. Cette membrane palmaire a ses bords libres, entiers ou rectilignes, et non plus ou moins échancrés en croissants, comme chez la plupart des Grenouilles, ce dont, au reste, on ne juge bien que lorsqu'elle est tout à fait étalée. La face plantaire n'offre qu'un seul tubercule produit par la saillie que fait le premier cunéiforme à la racine de l'orteil interne. Amenées en avant, les pattes postérieures dépassent le bout du museau de toute la longueur du pied, lequel est d'un quart plus large qu'il n'est long. La cuisse et la jambe sont aussi longues l'une que l'autre ; les membres antérieurs atteignent aux aines, lorsqu'on les couche le long des flancs. La tête offre une longueur un peu moindre que sa largeur ; elle est déprimée, et ses côtés forment un angle presque aigu, dont le sommet, qui correspond au museau, est légèrement arrondi. C'est à l'extrémité du *canthus rostralis*, qui est bien peu prononcé, que se trouvent situées les narines, en avant desquelles le museau s'abaisse brusquement, tandis que le chanfrein est plat, aussi bien que l'entre-deux des yeux. Ceux-ci ont leur paupière supérieure marquée, en dessus et en arrière, de petits plis irréguliers. Le tympan se voit très-bien au travers de la peau qui le recouvre ; son diamètre est égal à celui de l'ouverture de l'œil. La langue est grande, une fois plus longue que large, offrant de chaque côté, à son bord postérieur un lobe étroit, arrondi et aminci à sa pointe cet organe est comme spongieux, lisse et clair-semé de très-petites papilles lentilliformes. Les dents qui arment le vomer sont disposées sur deux rangées formant un grand et fort chevron, dont le sommet, un peu ouvert, est dirigé en arrière.

Le bout de la mâchoire inférieure présente trois petites saillies auxquelles correspondent trois cavités creusées dans le bord de la mâchoire d'en haut. Les orifices internes des narines sont situés, l'un à droite, l'autre à gauche de la base du chevron des dents vomériennes; les trompes d'Eustachi ont leur ouverture un peu plus grande que celle des narines internes.

Il existe des deux côtés, près de l'angle de la bouche, le long du bord inférieur de la branche sous-maxillaire, une fente qui donne issue à cette petite vessie sphérique, à l'aide de laquelle les individus mâles, qui en sont seuls pourvus, produisent des sons variables, suivant les espèces auxquelles ils appartiennent, en faisant vibrer dans cette sorte d'instrument l'air qu'ils y ont introduit par un orifice situé dans l'intérieur de la bouche au point opposé à celui de la fente dont nous venons de parler.

La peau, qui enveloppe le corps de cette Grenouille, est en grande partie parfaitement lisse; on n'observe effectivement ni verrues ni saillies longitudinales soit sur le dos, soit sur les régions qui avoisinent l'oreille. Mais, de même que chez les Oxyglosses, on remarque un grand nombre de très-petites glandules disposées par lignes assez régulières; une de ces lignes forme un collier en travers du cou, et se prolonge à droite et à gauche le long de chaque flanc, après avoir contourné l'épaule; une autre suit tout le pourtour de la région abdominale; puis on en voit encore une de chaque côté du bassin. Ces glandules, nous devons le dire, ne sont pas également bien développées chez tous les individus; aussi a-t-on quelquefois besoin de se servir de la loupe pour les apercevoir. Il est rare que la gorge n'offre pas des inégalités qui la rendent comme affectée de petites pustules légèrement aplaties.

Les viscères de cette Grenouille, comparés à ceux de l'espèce commune, ne présentent rien de particulier.

Coloration. Un brun chocolat plus ou moins foncé, parfois lavé de bleuâtre, est la seule teinte qui règne sur les parties supérieures du corps des individus adultes, dont les régions inférieures sont ou entièrement blanches, ou marbrées de brunâtre. Tantôt la face postérieure des cuisses est semée de points ou de taches blanches, sur un fond semblable à celui du dos; tantôt elle est d'un brun noir, avec deux ou trois rubans blanchâtres, bien nettement tracés chez les jeunes; déchiquetés, ou à bords flexueux chez les sujets plus âgés. En général, les lignes de glandules qui parcourent certaines parties du corps sont noires. Les très-jeunes individus présentent de grandes marbrures brunes, sur un fond grisâtre. De la différence qui existe entre le mode de coloration des parties supérieures et celui des régions inférieures, il résulte que les mains et les pieds ont une moitié brune et l'autre blanche.

Il y a des individus dont la partie supérieure du corps est ornée d'une bande jaune plus ou moins élargie, s'étendant depuis le bout du museau jusqu'à l'extrémité postérieure du tronc, bande qui devient blanchâtre après la mort, ou bien qui disparaît même tout à fait.

DIMENSIONS. *Téte.* Long. 4". *Tronc.* Long. 8" 3'". *Membr. antér.* Long. 6" 8'". *Membr. postér.* Long. 16".

PATRIE. Cette espèce de Grenouille est originaire des Indes orientales; nous en possédons des exemplaires recueillis au Bengale par M. Duvaucel, à Pondichéry par Leschenault. L'estomac des sujets que nous avons ouverts renfermait des débris d'herbes, des insectes aquatiques, des petits mollusques et des vers, etc.

Observations. Daudin, à l'article de sa *Rana grunniens*, nous apprend que cette espèce est fondée sur l'examen par lui fait de deux grosses Grenouilles du Muséum d'histoire naturelle de Paris, dont il décrit le mode de coloration de la manière suivante : « L'une est entièrement d'un bleu brunâtre un peu ardoisé en dessus et blanche en dessous, avec un trait jaunâtre derrière chaque œil (1); l'autre est d'un marron rougeâtre en dessus, blanchâtre nuancé de châtain en dessous, avec plusieurs petits traits jaunâtres, courts et allongés derrière chaque œil. » Or, comme ces deux Grenouilles existent encore aujourd'hui dans notre établissement, nous avons pu les comparer avec soin, ce

(1) Ce trait jaunâtre n'existe réellement pas chez l'individu dont parle Daudin; ce qu'il a pris pour tel est une écorchure longitudinale de l'épiderme.

qui nous a conduits à reconnaître que loin d'être spécifiquement semblables, elles appartiennent, au contraire, à deux espèces tout à fait différentes ; c'est-à-dire que l'une ou celle que l'auteur de l'Histoire naturelle des Rainettes, des Grenouilles et des Crapauds a fait représenter sur sa Pl. XXI, est une Grenouille à doigts cylindriques et tuberculeux et à peau non percée de pores; tandis que l'autre est bien évidemment un individu de l'espèce qui fait le sujet du présent article.

M. Lesson a décrit notre Grenouille cutipore, sous le nom de *Rana hexadactyla*, dans la partie zoologique du voyage aux Indes orientales de M. Bélanger ; puis quelque temps après il en a publié une figure dans ses Illustrations de zoologie, la désignant alors par le nom de *Dactylethra Bengalensis*. Nous avons peine à nous expliquer comment il se fait que M. Lesson ait pu considérer cette Grenouille comme un Dactylèthre; car il n'y a absolument rien chez l'individu, type de sa figure, qui puisse faire soupçonner l'existence d'ongles à quelques-uns des doigts de ce Batracien.

2. LA GRENOUILLE DE LESCHENAULT. *Rana Leschenaultii.* Nobis.

CARACTÈRES. Dents du palais formant un petit chevron ouvert à son sommet. Doigts et orteils pointus, à tubercules sous-articulaires assez développés. Palmure des pieds étendue jusqu'au bout des orteils dont le quatrième est un peu plus long que le troisième et le cinquième; un tubercule osseux à la racine du premier. Surface de la paupière supérieure légèrement plissée en arrière. Corps semé de petites éminences coniques, et percé de pores disposés en lignes parcourant le cou, les côtés du dos et le ventre. Tympan bien distinct, de moyenne grandeur. Parties supérieures marbrées de gris brun et de noirâtre ; dessous du corps tacheté ou vermiculé de noir sur un fond blanc.

SYNONYMIE ?

DESCRIPTION.

FORMES. Cette espèce a les plus grands rapports avec la précédente ; cependant elle s'en distingue par une taille beaucoup plus petite, c'est-à-dire qu'elle ne devient pas plus grosse que notre Grenouille verte. Ses doigts et ses orteils ont leurs tubercules sous-articulaires bien plus développés ; tout le dessus de son corps est couvert de petites verrues coniques et même assez pointues sur les jambes; enfin son mode de coloration est tout à fait différent.

COLORATION. En dessus, ce Batracien est largement marbré de noir sur un fond qui varie du gris cendré ou roussâtre au brun le plus foncé; souvent ses flancs portent chacun une bande longitudinale noire; tantôt ses parties inférieures sont uniformément blanches; tantôt elles sont tachetées, tiquetées ou vermiculées de noir partout, ou seulement sur la gorge et sous les cuisses. La face postérieure de celles-ci est noirâtre, marquée en long d'un ou deux rubans blanchâtres, ou bien offrant un semis de points blanchâtres aussi.

DIMENSIONS. *Tête.* Long. 2" 5"'. *Tronc.* Long. 4" 8"'. *Membr. antér.* Long. 3" 6"'. *Membr. postér.* Long. 9" 8"'.

PATRIE. C'est de Pondichéry que cette espèce a été envoyée pour la première fois au Muséum par l'infatigable et savant naturaliste voyageur Leschenault; plus tard on l'a reçue du Bengale par les soins de M. Duvaucel, de M. Dussumier et de M. Roux.

B. ESPÈCES A DOIGTS SUBCYLINDRIQUES, COMME TRONQUÉS A L'EXTRÉMITÉ ; SANS PORES AUTOUR DU COU, SUR LE VENTRE, NI SUR LES FLANCS.

a. *A fentes sur les côtés des mâchoires, servant d'issues aux sacs vocaux.*

3. LA GRENOUILLE VERTE. *Rana viridis.* Roësel.

CARACTÈRES. Dents du palais formant une rangée transversale interrompue au milieu. Doigts et orteils cylindriques, légèrement renflés au bout, à tubercules sous-articulaires bien développés. Palmure des pieds à bords libres, un peu échancrés en croissants, et ne s'étendant pas tout à fait jusqu'à l'extrémité des orteils, dont le quatrième est d'un tiers plus long que le troisième et le cinquième ; un fort tubercule à la racine du premier, un autre plus faible à celle du dernier. Surface de la paupière supérieure faiblement plissée en arrière. Dessus du corps semé de petites pustules, ou relevé de petits plis longitudinaux ; un renflement glanduleux de chaque côté du dos. Tympan de moyenne grandeur, bien distinct. Parties supérieures généralement marquées de taches noires, irrégulières, sur un fond vert.

SYNONYMIE. *Rana aquatica et innoxia*. Gesn. Quad. ovip. hist. anim. lib. 11, pag. 41.

Rana....... Matth. Comment. Dioscor. lib. 11, pag. 178.

Rana fluviatilis. Rondel. Aquat. hist. lib. de Palust. pag. 217.

Rana fluviatilis. Id. 2e partie de l'Hist. poiss. pag. 161.

Rana aquatica citrina. Schwenckfeld, Theriotroph. Siles. pag. 157.

Rana aquatica viridis. Id. Loc. cit. pag. 158.

Rana aquatica hortensis. Id. loc. cit.

Rana fluviatilis. Aldrov. Quad. digit. ovip. pag. 591.

Ranunculus viridis. Charlet. Exercit. different. nomin. anim. pag. 27.

Rana aquatica. Ray, Synops. meth. anim. quad. et serpent. pag. 247.

Rana viridis. Linn. Faun. Suec. pag. 94.

Die Wasser Frosch. Meyer, Angenehm und mustlich. tom. 1, tab. 52.

Rana. Klein, Quad. disposit. pag. 117.

Rana viridis aquatica. Roësel, Hist. Ranar. pag. 53, tab. 13-16.

Rana esculenta. Linn. Syst. nat. édit. 10, tom. 1, pag. 212, nº 14.

Rana esculenta. Wulf., Ichth. Boruss. cum amphib. pag. 9.

Rana esculenta. Linn. Syst. nat. édit. 12, tom. 1, pag. 357, nº 15.

Rana esculenta. Laur. Synops. Rept. pag. 31.

Rana esculenta. Müller, Zoolog. Danic. prodr. pag. 35.

Rana esculenta. Gmel. Syst. nat. Linn. tom. III, pag. 1053, nº 15.

La Grenouille mangeable. Daub. Dict. anim. pag. 650.

La Grenouille commune. Razoum. Hist. nat. Jor. tom. 1, pag. 101.

La Grenouille commune. Bonnat. Encycl. méth. erpét. pag. 3, Pl. 2, fig. 1.

La Grenouille commune. Lacép. Quad. ovip. tom. 1, p. 505.

Rana esculenta. Meyer, Synops. rept. pag. 12.

Rana esculenta. Sturm. Deutsch. Faun. Abtheil. III, Heft 1.

Rana esculenta. Donnd. Zoolog. Beytr. tom. 3, pag. 55.

Rana esculenta. Latr. Hist. nat. salam. pag. XXXVIII.

Green Frog. Shaw. Gener. zoolog. vol. 3, part. 1, pag. 103, Pl. 31.

Rana esculenta. Latr. Hist. rept. tom. 2, pag. 148.

Rana esculenta. Daud. Hist. rain. gren. crap. pag. 46, Pl. 15, fig. 1.

Rana esculenta. Id. Hist. rept. tom. 8, pag. 90.

Rana esculenta. Dwigusbsky, Primit. faun. Mosquens. pag. 46.

Rana esculenta var. Aud. Explic. somm. Pl. rept. descript. Égypte, Hist. nat. tom. 1, pag. 161, Pl. 2, fig. 11 et 12 (Suppl.).

La Grenouille verte. Cuv. Règn. anim. 1re édit. tom. 2, p. 92.

Rana esculenta. Merr. Tent. syst. amphib. pag. 176.

Rana palmipes. Spix. Nov. spec. Ran. Bras. pag. 29, tab. 5, fig. 1.

Rana maritima. Risso, Hist. nat. Europ. mérid. tom. 3, p. 92.

Rana Alpina. Id. loc. cit. pag. 93.

Rana esculenta. Fitzinger. Neue classif. rept. pag. 62.

La Grenouille verte. Cuv. Règn. anim. 2e édit. tom. 2, pag. 105.

The green Frog. Griff. anim. Kingd. Cuv. tom. 9, pag. 392.

Rana esculenta. Eichw. Zoolog. spec. Ross. et Polon. tom. 3, pag. 166.

Rana esculenta. Wagl. Syst. amph. pag. 203.

Rana calcarata. Michaells Isis, 1830, pag. 160.

Rana esculenta. Ch. Bonap. Faun. ital. pag. et Pl. sans nos.

Rana Alpina. Id. loc. cit.

Rana maritima. Id. loc. cit.

Rana Hispanica. Id. loc. cit.

Rana esculenta. Holandre, Faune du départ. de la Moselle, pag. 220.

Rana esculenta. Schinz, Faun. helvét. nouv. mém. sociét. helvét. scienc. nat. tom. 1, pag. 143.

Rana esculenta. Schlegel, Faun. japon. VII, tab. 3, fig. 1.

Rana esculenta. Tschudi, Classif. Batrach. mém. sociét. scienc. nat. Neuchâtel, tom. II, pag. 79.

Rana calcarata. Id. loc. cit. pag. 80.

DESCRIPTION.

FORMES. La Grenouille verte peut atteindre à une longueur de deux décimètres et quelques centimètres, depuis l'extrémité du museau jusqu'au bout des pattes de derrière ; mais en général cette étendue n'est guère que de deux décimètres. La tête est triangulaire, aplatie, aussi large que longue, et même peut-être un peu plus large que longue; en avant elle forme une pointe fort obtuse. Les narines s'ouvrent de chaque côté du chanfrein vers le milieu de l'espace compris entre le bout du museau et le coin de l'œil. Le *canthus rostralis* est peu prononcé. L'espace inter-oculaire est légèrement concave, et sa largeur à peu près égale aux deux tiers de celle de l'une des paupières supérieures. Celles-ci offrent quelques rides en travers de leur surface, vers leur partie postérieure. Le tympan est circulaire et de même diamètre que celui de l'ouverture de l'œil. La langue est grande, spongieuse, semée de très-petits grains arrondis et divisée postérieurement en deux lobes. Les dents vomériennes forment deux rangées ou plutôt une seule, interrompue au milieu, laquelle se trouve située positivement entre les ouvertures nasales sans les toucher ni l'une ni l'autre. Ce caractère est important à noter, attendu qu'il peut servir à distinguerla Grenouille verte de l'autre espèce commune ou la rousse, chez laquelle les deux groupes de dents du vomer sont plus petits, placés plus en arrière, c'est-à-dire sur la ligne qui conduit directement du bord postérieur d'une narine à l'autre.

Les orifices des conduits gutturaux de l'oreille ont une grandeur au moins double de celle des ouvertures nasales internes.

La vessie vocale du mâle sort au-dessous du tympan par une fente longitudinale située positivement à l'angle de la bouche. Lorsqu'elle est gonflée, elle a la grosseur d'une petite cerise, chez les individus qu'on peut considérer comme ayant acquis tout le développement qu'ils pouvaient avoir.

L'extrémité de la mâchoire inférieure offre deux petites échancrures anguleuses qui produisent, bien entendu entre elles, une saillie ou petite dent, à laquelle correspond une cavité creusée dans le bout de la mâchoire supérieure.

La pupille est horizontalement allongée. Les membres antérieurs, placés le long du corps, s'étendent un peu au delà des aines; les pattes de derrière, portées en avant, dépassent le museau de toute la longueur des orteils. Ceux-ci sont assez allongés, un peu amincis vers le bout, et la membrane qui les réunit tous cinq presque jusqu'à leur extrémité, a ses bords échancrés en quart de cercle environ; le premier os cunéiforme fait une forte saillie au dehors, ce qui constitue un gros tubercule ovoïde à la base du premier orteil; on remarque un renflement beaucoup plus petit à la racine du second. Les doigts sont robustes, cylindriques ; le premier, bien que déjà plus fort que les trois autres à son origine, s'augmente encore chez le mâle, à l'époque de l'accouplement, d'une sorte de tubercule rugueux à l'aide duquel l'animal se tient fixé sur le dos de la femelle, dont il sert fortement les côtés de la poitrine avec ses bras. Les tubercules qui existent sous les articulations des phalanges de toutes les Grenouilles sont ici assez développés.

En général, la peau du dos est semée de verrues d'inégales grosseurs ; mais quelquefois ces verrues prennent une forme plus ou moins allongée, d'où il résulte des sortes de plis sur le dessus du corps. Chez tous les individus, il règne un fort cordon glanduleux depuis l'angle postérieur des paupières jusqu'à l'origine de la cuisse ; on en voit un autre qui contourne le bord postérieur du tympan et se dirige ensuite vers la commissure des mâchoires en se renflant plus ou moins, suivant les individus. La peau du dessous du corps est parfaitement lisse.

Coloration. Le mode de coloration de cette espèce présente des modifications qui semblent dépendre généralement des pays qu'elle habite. On doit donc distinguer plusieurs variétés de la Grenouille verte.

Variété A. Celle-ci est la plus répandue, car elle est en quelque sorte commune à toutes les localités où se rencontre la *Rana viridis*. Les parties supérieures du corps sont d'une belle teinte verte, irrégulièrement marquées d'un plus ou moins grand nombre de taches brunes ou noirâtres, d'une égale grandeur, et ornées de trois bandes dorsales d'un jaune d'or magnifique. On voit sur le devant de la tête deux raies noires qui partent chacune du coin de l'œil, passent par les narines et se réunissent en angle sur le bout du museau. La face antérieure du bras, tout près de l'épaule, offre aussi une raie noire qu'on retrouve d'ailleurs dans toutes les variétés, sans exception. Parfois le tympan et les régions qui l'avoisinent sont couverts d'une grande tache noire, de même que chez la Grenouille rousse. Les mâchoires sont bordées ou tachetées de brun. Les fesses présentent des marbrures noires, blanches ou jaunes; tout le dessous du corps est blanc ou jaunâtre.

Variété B. Cette variété diffère de la précédente en ce qu'elle n'offre pas de bandes jaunes sur le dos.

Variété C. Celle-ci reproduit la première variété, avec cette différence, toutefois, que les taches du dos sont confluentes; on la rencontre principalement parmi les individus originaires du Japon.

Variété D. Cette quatrième variété offre les mêmes bandes et les mêmes taches que la variété A, mais son fond de couleur est grisâtre ou d'un brun plus ou moins foncé. On la trouve en France.

Variété E. Ce sont particulièrement les parties méridionales de l'Europe qui produisent cette variété dont le dessus du corps est partout d'une teinte marron, avec des taches brunes plus ou moins apparentes. Elle est commune en Italie, en Sicile, en Provence, en Espagne, etc., où l'on trouve cependant aussi les autres variétés. Nous avons tout lieu de croire que c'est elle qui a donné lieu à l'établissement de la *Rana maritima* de Risso.

DIMENSIONS. *Tête.* Long. 3". 1"'. *Tronc.* Long. 6" 7"'. *Memb. antér.* Long. 5" 2"'. *Memb. postér.* Long. 15".

PATRIE. L'Europe, l'Asie et l'Afrique produisent la Grenouille verte : il n'est pour ainsi dire pas de contrées où elle ne se rencontre dans la première de ces trois parties du monde; le Japon, la Crimée, sont les pays d'Asie où elle a été observée par les naturalistes, c'est-à-dire dans celui-ci par Pallas, car c'est à n'en pas douter sa *Rana Taurica;* dans celui-là, par MM. de Siebold et Bürger, qui ont rapporté de nombreux échantillons au musée de Leyde, duquel le nôtre en a obtenu plusieurs par échange; enfin quelques figures gravées dans le grand ouvrage sur l'Égypte prouvent évidemment que la Grenouille verte habite aussi ce pays; et nous avons la certitude qu'elle vit également en Algérie, puisqu'il nous en a déjà été envoyé plusieurs exemplaires par M. Guyon, que nous ne saurions trop remercier de l'empressement qu'il met à saisir toutes les occasions qui se présentent d'enrichir nos collections erpétologiques.

MOEURS. Cette espèce est essentiellement aquatique; elle habite indistinctement les eaux courantes ou tranquilles; on la trouve sur les bords des fleuves, des rivières, dans les ruisseaux, les lacs, les étangs, les marais d'eau douce ou salée, et même dans des fossés, de simples flaques d'eau. Pourtant elle recherche les endroits herbeux, et paraît se plaire davantage là où croissent des roseaux, des plantes nayades, sur les feuilles desquelles, ou bien sur les herbes du rivage, elle aime à s'exposer aux rayons ardents du soleil. Au moindre bruit elle s'élance dans l'eau par un saut en ligne courbe, s'enfonce dans les herbes et jusque sous la vase pour s'y cacher, mais ne tarde pas à reparaître dès qu'elle suppose le danger passé.

La Grenouille verte se nourrit d'insectes et de petits mollusques aquatiques, de larves, de vers, pourvu qu'ils aient du mouvement, etc.

Le coassement du mâle est très-fort, il le produit au moyen de l'air qu'il fait entrer et vibrer dans les poches globuleuses qui sont situées aux angles de sa bouche; la femelle, qui est dépourvue de ces sacs vocaux, fait entendre un léger grognement produit seulement par le gonflement de la gorge ou de la peau qui garnit l'intervalle que laissent entre elles les deux branches de la mâchoire inférieure. Les mâles coassent aussi bien la nuit que le jour, pour peu que le temps soit beau.

Après avoir passé tout l'hiver en léthargie, enfoncées dans la vase ou cachées dans les trous du rivage, les Grenouilles vertes se réveillent de bonne heure au printemps, mais les jeunes ou celles de la dernière ou des deux dernières années apparaissent généralement les premières. Les sexes se recherchent peu de temps après, et l'accouplement a lieu de la fin de mars au commencement de mai, suivant que la température est plus ou moins douce.

L'histoire de cette espèce relativement aux métamorphoses qu'elle subit avant d'arriver à son entier développement se trouve détaillée depuis la page 190 jusqu'à 216 du présent volume.

Observations. Les *Rana maritima* et *Rana Alpina* de Risso, ainsi que la *Rana calcarata* de Michaelles, considérées aussi par plusieurs auteurs comme autant d'espèces distinctes de la *Rana viridis*, n'en sont purement et simplement que des variétés, dont une, la dernière, paraît être la *Rana Hispanica* de Fitzinger : ce qui est bien certain, c'est que l'individu représenté sous ce nom dans la Faune italienne du prince Ch. Bonaparte, est de l'espèce de la Grenouille verte. Nous pouvons assurer la même chose du modèle de la figure de la *Rana palmipes* de Spix, qui est un sujet de la *Rana esculenta*, recueilli en Espagne ou sur les côtes barbaresques, puis emporté au Brésil et rapporté de ce pays en Europe comme étant originaire d'Amérique : Spix l'a en effet mentionné comme tel; grossière erreur que le même voyageur a commise à l'égard de l'*Emys caspica*, du *Psammophis lacertina* et de quelques autres Reptiles européens.

Parmi les Reptiles que M. le comte Anatole Demidoff a eu la générosité de donner au Muséum d'histoire naturelle, au retour de la commission scientifique dont ce protecteur éclairé des sciences s'était fait accompagner pendant le voyage qu'il a entrepris et exécuté, il y a deux ans, dans la Russie méridionale, nous avons trouvé uue fort belle suite d'individus de la *Rana viridis*, qui ne diffèrent de ceux de nos environs de Paris que par des taches plus dilatées, plus serrées les unes contre les autres, et d'une teinte plus foncée : ces individus, suivant M. Nordmann, qui s'est appliqué avec le plus grand soin à rechercher les animaux décrits par Pallas, seraient de l'espèce indiquée sous le nom de *Rana cachinnans* dans les ouvrages du grand naturaliste que nous venons de nommer. Si, comme nous n'en pouvons douter, l'opinion de M. Nordmann est fondée, l'épithète de *cachinnans* est encore un synonyme à ajouter à la liste déjà nombreuse de ceux qui sont placés en tête du présent article.

4. LA GRENOUILLE DES MASCAREIGNES. *Rana Mascareniensis.* Nobis.

Caractères. Dents vomériennes formant deux petits rangs obliques assez écartés l'un de l'autre, et touchant chacun de son côté au bord latéral interne du trou nasal. Doigts et orteils cylindriques, grêles, à tubercules sous-articulaires médiocres. Palmure des pieds ne s'étendant pas jusqu'au bout des orteils, dont le quatrième est d'un tiers plus long que le troisième et le cinquième; face plantaire offrant un seul tubercule situé à la racine du premier orteil. Paupière supérieure complétement lisse. Peau du dos sans pustules, mais présentant six ou huit plis longitudinaux. Tympan bien distinct, de moyenne grandeur. Parties supérieures grises, rousses ou brunes, tachetées ou non tachetées de noir, avec une bande dorsale ou sans bande dorsale d'une teinte plus claire.

Synonymie ?

DESCRIPTION.

Formes. Cette espèce a la tête proportionnellement plus longue et le museau plus pointu que la Grenouille verte commune ; ses dents vomériennes, au lieu de former une série transversale interrompue au milieu, et dont les extrémités n'atteignent pas les bords des narines, sont disposées en travers sur deux rangs obliques, qui, chacun de son côté, touchent à l'ouverture nasale ; la surface de la paupière supérieure est lisse ; la palmure de ses pieds est plus courte ; son dos est dépourvu de verrues et offre constamment six ou huit plis ou renflements longitudinaux ; enfin son mode de coloration n'est pas le même. Malgré ces différences, la Grenouille des îles Mascareignes est une espèce excessivement voisine de la précédente ; entre autres points de ressemblance qu'elle présente avec elle, on remarque celui d'avoir sur le côté de la mâchoire, à l'angle de la bouche, une fente qui permet à la vessie vocale de sortir, lorsque l'animal la remplit d'air.

COLORATION. *Variété A.* Une teinte fauve est répandue sur toutes les parties supérieures du corps, qui sont en outre semées de taches d'un brun marron, lesquelles prennent la forme de bandes transversales sur les membres ; puis on voit s'étendre, depuis le bout du nez jusqu'à l'orifice anal, un ruban plus ou moins large d'une couleur plus claire que celle du fond.

Variété B. Tout le dessus du corps est d'un brun marron sombre, sur lequel on distingue à peine les taches noirâtres dont il est cependant marqué ; la région rachidienne est parcourue dans toute sa longueur par une bande roussâtre qui n'est pas non plus très-apparente.

Variété C. Le dos et les autres régions supérieures présentent un gris plombé, parsemé de taches brunes ; une raie blanchâtre règne sur toute la ligne médiane du corps. Quelquefois pourtant cette raie blanchâtre n'existe pas.

Chez ces trois variétés, il y a une bande noire qui va du bout du museau en arrière du tympan, en passant par l'œil ; toutes trois ont également le dessous du corps blanc, et des marbrures blanches, brunes ou rousses, sur la face postérieure des cuisses.

Dans quelques individus la gorge est piquetée ou finement tachetée de noir.

DIMENSIONS. Cette espèce n'arrive guère qu'à la moitié de la grosseur de la Grenouille verte. Voici les principales dimensions du plus grand de trente individus environ que renferme notre collection. *Tête*. Long. 2" 2"'. *Trônc*. Long. 3". *Membr. antér.* Long. 3". *Membr. postér*. Long. 9".

PATRIE. Cette Grenouille habite les îles qu'on désigne par le nom commun de Mascareignes, ou les Séchelles, Maurice et Bourbon, d'où MM. Quoy et Gaimard, Dussumier, Leschenault et Nivoy nous en ont apporté, chacun de leur côté, un certain nombre d'exemplaires.

b. A mâchoires sans fentes sur les côtés pour la sortie des sacs vocaux.

5. LA GRENOUILLE HALECINE. *Rana Halecina*. Kalm.

CARACTÈRES. Dents vomériennes formant deux groupes distincts entre les arrière-narines. Doigts et orteils à tubercules sous-articulaires bien développés. Palmure des pieds ne s'étendant pas jusqu'au bout des orteils, dont le quatrième est d'un tiers plus long que le troisième et le cinquième; un fort tubercule à la racine du premier; un autre à peine sensible à celle du second. Surface de la paupière offrant quelques plis en arrière. Peau du dos lisse ou irrégulièrement plissée en long au milieu, et offrant de chaque côté un renflement longitudinal assez étroit. Tympan distinct, de moyenne grandeur. Dessus du corps semé de taches sub-arrondies, sur un fond gris, brun ou fauve (chez les sujets conservés dans l'alcool); toujours une tache sur chaque orbite, et quelquefois une troisième sur le front.

SYNONYMIE. *Water Frog*. Catesb. Nat. hist. Carol. tom. 1, Pl. 70.

Rana Halecina. Kalm. Iter. Amer. tom. 3, pag. 46.

Shad Frog. Bartr. Travels in Carolina, pag. 278.

? *Rana Virginiana maculis*, etc. Séb. tom. 1, pag. 120, tab. 75, fig. 4.

? *Rana*. Gronov. Zoophyl. pag. 15, n° 63.

Rana Virginiana. Laur. Synops. rept. pag. 31.

Rana pipiens. Gmel. Syst. nat. Linn. tom. 3, pag. 1052, n° 28.

Rana Virginica. Id. loc. cit. pag. 1053, n° 33.

? *La Grenouille galonnée*. Bonnat Encycl. méth. erpét. pag. 2, Pl. 4, fig. 2.

Rana pipiens. Id. loc. cit pag. 5, Pl. 4, fig. 3.

? *Grenouille de Virginie, variété de la Galonnée.* Lacép. Quad. ovip. tom. 1, pag. 549.
Rana pipiens. Donnd. Zoologisch. Beytr. tom. 3, pag. 51, nº 28.
Rana pipiens. Schreb. Der naturf. tom. 18, pag. 182, tab. 4.
Rana pipiens. Shaw. Gener. Zoolog. vol. 3, pag. 133.
Rana pipiens. Schneid. Hist. amph. fasc. 1, pag. 105, Pl. 32.
Rana halecina. Daud. Hist. rain. gren. crap. pag. 63.
Rana halecina. Id. Hist. Rept. tom. 8, pag. 122.
Rana halecina. Merr. Tentam. Syst. amph. pag. 175.
Rana utricularia. Harl. Sillim. Journ. vol. 10, pag. 59.
Rana halecina. Id. loc. cit. pag. 60.
Rana halecina. Id. North-Amer. Rept. Journ. Acad. nat. scienc. Philad. vol. 5, pag. 337.
Rana utricularia. Id. loc. cit. pag. 337.
Rana palustris. Guér. Icon. Règ. anim. Cuv. Rept. pl. 26, fig. 1.
Rana halecina. Holb. North-Amer. Rept. vol. 1, pag. 89, pl. 13.
Rana halecina. Tschudi, Classif. Batrach. Mém. Soc. scienc. nat. Neuchât. tom. 2, pag. 79.

DESCRIPTION.

Formes. Voici une espèce qui semble être le représentant dans l'Amérique du Nord de notre Grenouille verte commune : elle a la même taille, le même ensemble de formes, et à peu près le même mode de coloration que cette dernière, dont elle diffère pourtant à plusieurs égards. La première remarque que l'on fait en examinant ces deux espèces comparativement, c'est que la Grenouille halécine n'a point, aux angles de la bouche, les fentes qui permettent aux individus mâles de faire sortir extérieurement leurs sacs vocaux, ainsi que cela a lieu dans la Grenouille commune d'Europe. La tête de la Grenouille halécine est à proportion plus longue, plus pointue, sa largeur étant d'un sixième moindre que sa longueur; tandis que chez la Grenouille commune ces deux dimensions sont égales, si la largeur ne l'emporte même pas un peu sur la longueur. Sa congénère américaine a les palmures des pieds un peu plus courtes, et ses orteils plus grêles, plus inégaux; attendu que le pénultième n'est pas seulement d'un quart, mais d'un tiers plus long que l'antépénultième et le dernier. La saillie que fait le premier os cunéiforme est aussi moins forte que dans l'espèce commune ; l'ouverture des trompes d'Eustachi est moins grande et les deux groupes de dents vomériennes sont plus étroits. Le tympan a en diamètre la largeur de la paupière supérieure, qui offre quelques petites rides transversales à son extrémité postérieure. Le dos est lisse ou relevé de plusieurs petits plis longitudinaux, irrégulièrement disposés; un cordon ou renflement glanduleux, plus étroit que celui de la Grenouille commune, s'étend en droite ligne depuis l'angle postérieur de l'œil jusqu'à l'extrémité du tronc; un autre renflement glanduleux commence sous l'orbite et se termine à l'épaule, en donnant une petite branche qui se dirige obliquement vers le tympan. L'orifice par lequel l'air pénètre dans les sacs vocaux, est situé dans le coin de la bouche sous l'aplomb du conduit guttural de l'oreille.

Coloration. Parmi les individus conservés dans nos collections, il y en a dont le fond des parties supérieures est d'un brun foncé, d'autres d'un brun olivâtre; chez ceux-ci il est d'un gris verdâtre, et chez ceux-là d'une teinte roussâtre tirant plus ou moins sur le marron; mais tous ont le dos marqué de grandes taches noires, arrondies on presque arrondies, ondées de blanchâtre, affectant assez généralement une disposition en deux séries parallèles. Leurs côtés offrent d'autres taches semblables pour la couleur, mais moins grandes; il en existe toujours une sur chaque orbite, et quelquefois sur le chanfrein. Une raie noire va du bout du museau à l'angle antérieur de l'œil; une autre, formant une fourche à son extrémité postérieure, existe au-dessus du tympan; enfin une troisième est imprimée en long sur la face antérieure du haut du bras. Les mâchoires sont comme marbrées de noir et de blanchâtre; parfois la supérieure porte un ruban de la première de ces deux couleurs; le tympan est brun ou roussâtre, avec un point d'une teinte plus claire au centre. Une raie d'un blanc jaunâtre parcourt chaque côté de la tête, au-dessous de la narine, de l'œil et du tympan; cette couleur blanc-jaunâtre est celle des renflements glanduleux qui bordent le dos. Les membres, mais particulièrement ceux de derrière, présentent des taches noires lisérées de blanchâtre, très-dilatées en travers. La face postérieure des cuisses est ponctuée, marbrée ou veinée de brun et de blanchâtre. En dessous, les pattes seules offrent une teinte tirant sur le jaune; les autres régions sont blanches.

Vo ici maintenant, d'après M. Holbrook, erpétologiste d istingué de Charlestown, quel est le mode de coloration de cette espèce de Grenouille à l'état de vie. Une ligne d'une couleur de bronze très-brillant, ligne qui est jaune dans le jeune âge, commence au sommet du museau et se termine à l'œil; une seconde ligne, d'un jaune blanchâtre, s'étend depuis le nez jusqu'à l'épaule; cette dernière est plus courte chez le mâle, attendu qu'elle s'arrête au sac vocal. La pupille est noire et l'iris de couleur d'or brillant, traversé longitudinalement par une bande noire. Un point noir occupe le centre du tympan, qui est d'une teinte bronzée. La partie supérieure du corps est d'un vert jaunâtre brillant, offrant des taches ovalaires d'un brun olive foncé, bordées de jaune brillant. La même couleur se remarque sur toute l'étendue du renflement glanduleux qui s'étend depuis l'orbite jusqu'à l'extrémité du corps. Un blanc d'argent règne sur la gorge, et un blanc jaunâtre sur la région abdominale. Les membres antérieurs sont d'un vert bronzé en dessus, marqués de plusieurs taches d'un olive foncé, dont une est située positivement sur le coude; en dessous ils sont blanchâtres. Les taches et les bandes transversales des pattes de derrière sont de la même couleur que les taches des extrémités antérieures.

DIMENSIONS. *Tête.* Long. 2" 8"'. *Tronc.* Long. 5" 7"'. *Membr. antér.* Long. 4" 2"'. *Membr. postér.* Long. 14" 3"'.

PATRIE. La Grenouille halécine habite toutes les parties des États-Unis : nous possédons une belle et nombreuse suite d'individus dont nous sommes redevables à la générosité et au zèle éclairé de MM. Lesueur, Leconte, Harlan et Holbrook.

Cette espèce est extrêmement alerte; il paraît que lorsqu'elle est poursuivie, elle fait des sauts considérables, c'est-à-dire de huit à dix pieds de longueur; les lieux humides sont ceux qu'elle fréquente de préférence; on la trouve ordinairement sur les bords des étangs d'eau douce. Bosc dit qu'elle s'en éloigne rarement; M. Holbrook prétend, au contraire, l'avoir souvent rencontrée dans des champs, des prairies, à une grande distance des eaux.

Observations. Catesby est l'auteur auquel on doit la connaissance de cette espèce qu'il a fait représenter d'une manière très-reconnaissable sous le nom de *Water-Frog*, dans son Histoire naturelle de la Caroline.

Plus tard elle fut mentionnée par Kalm, voyageur suédois, qui l'appela *Grenouille alose*, du nom latin *halex*, parce qu'il avait fait la remarque qu'elle apparaissait au printemps en Pensylvanie, en même temps que les Aloses, poissons nommés *Halex* par les Indiens : c'est de ce dernier nom que provient celui d'*Halecina*, sous lequel se trouve désignée notre espèce dans la traduction latine qui a été faite de la relation du voyage de Kalm.

Aujourd'hui on possède deux autres figures de la Grenouille halécine ; l'une se trouve dans l'Iconographie du règne animal de Cuvier par Guérin, sous le faux nom de *Rana palustris* (Leconte) ; l'autre se trouve dans l'Erpétologie de l'Amérique du Nord, à la publication de laquelle M. Holbrook travaille en ce moment.

La *Rana utricularia* de Harlan est tout simplement le mâle de la présente espèce.

6. LA GRENOUILLE DES MARAIS. *Rana palustris*. Leconte.

Caractères. Dents vomériennes formant deux groupes distincts entre les narines. Doigts et orteils à tubercules sous-articulaires bien développés. Palmure des pieds ne s'étendant pas jusqu'au bout des orteils, dont le quatrième est d'un tiers plus long que le troisième et le cinquième ; un fort tubercule à la racine du premier, un autre à peine sensible à celle du second. Paupière supérieure offrant quelques petites rides. Dos ayant de chaque côté deux renflements glanduleux longitudinaux, très-élargis ; les deux internes plus courts que les deux externes. Tympan distinct, de moyenne grandeur. Dessus du corps brun ou roussâtre, marqué de grandes taches noirâtres, subquadrilatères. Une tache de la même couleur sur chaque orbite, et toujours une troisième sur le chanfrein.

Synonymie. *Rana palustris*. Leconte, Ann. Lyc. New. vol. 1, pag. 282.

Rana palustris. Harl. Sillim. Journ. vol. 10, pag. 59.

Rana pardalis. Id. loc. cit. pag. 60.

Rana palustris. Id. North Amer. Rept. Journ. Acad. nat. scienc. Phil. vol. 5, pag. 339.

Rana palustris. Holb. North Amer. Rept. vol. 1, pag. 93, Pl. 14.

DESCRIPTION.

Formes. C'est avec quelques doutes, nous l'avouons, que nous séparons cette espèce de la précédente; néanmoins nous avons cru devoir le faire par les raisons suivantes : son museau est constamment plus court, plus obtus ou arrondi; son tympan plus petit, n'ayant pas tout à fait en diamètre la largeur de la paupière supérieure; les deux groupes que forment ses dents vomériennes sont plus étroits; les renflements glanduleux qui bordent son dos de chaque côté sont plus larges; et, en dedans de ceux-ci, il y en a deux autres non moins larges, mais de moitié plus courts; son mode de coloration est différent, surtout dans l'état de vie; enfin, d'après M. Holbrook, l'odeur qu'exhale la Grenouille des Marais, quand elle est vivante, n'est pas la même que celle de la Grenouille halécine.

Coloration. Nos individus conservés dans la liqueur ont le fond du dessus de leur corps brun, gris, olivâtre ou roussâtre; une bande noire s'étend du bout du museau à l'angle antérieur de l'œil; une tache de la même couleur occupe le milieu du chanfrein; une autre se voit sur chaque orbite; de grandes taches noires aussi, généralement oblongues, quelquefois confluentes, affectant le plus souvent une forme quadrilatère, composent deux séries longitudinales depuis la tête jusqu'à l'extrémité du tronc; une autre série de taches à peu près semblables existe le long du haut de chaque flanc, et au-dessous d'elles sont quelques taches irrégulières, également de couleur noire; une raie noire, non fourchue en arrière, comme chez la Grenouille halécine, part de l'angle postérieur de l'œil, suit un moment le contour du tympan, et va finir sur le renflement glanduleux qui est situé en arrière du coin de la bouche; enfin les membres postérieurs sont marqués de grandes bandes transversales noires, qui les rendent comme zébrés.

Dans l'état de vie, la Grenouille des marais, nous dit M. Holbrook, a la mâchoire supérieure d'un blanc jaunâtre, tachetée de noir; l'inférieure blanche, tachetée de la même manière. Suivant le même naturaliste, la pupille est noire et l'iris de couleur d'or; une ligne jaune va de l'œil à la racine du membre antérieur en passant sous le tympan, qui offre une teinte bronzée avec une petite tache plus foncée au centre. Le dessus du corps est d'un brun pâle, couvert en grande partie par deux séries de taches quadrilatères oblongues, d'un brun très-foncé; une ligne d'un jaune brillant s'étend depuis l'orbite jusqu'à l'extrémité postérieure du corps; au-dessous de cette ligne, et par conséquent sur chaque flanc, sont deux autres rangs de taches brunes, carrées, le supérieur commençant au niveau et en arrière du tympan, l'inférieur ne se composant fréquemment que de petites taches disposées sans ordre. Le dessous du cou et le ventre sont d'un blanc jaunâtre, excepté à la région postérieure où cette dernière couleur est plus prononcée. En dessus, les extrémités antérieures sont d'un brun jaunâtre, marquées de quelques taches très-foncées. Leur face inférieure est d'un blanc d'argent; les doigts sont bruns à la partie supérieure et jaunes en dessous. Des bandes transversales d'un brun très-foncé sont imprimées sur toute l'étendue des membres postérieurs dont le fond en dessus est brunâtre; la jambe, le tarse et les orteils ont leur face inférieure jaune.

Dimensions. *Tête*. Long. 2" 3'''. *Tronc*. Long. 5" 4'''. *Memb. antér*. Long. 4". *Memb. postér*. Long. 11" 3'''.

Patrie. Nous avons reçu cette espèce de plusieurs points différents de l'Amérique du Nord, par les soins de M. Milbert, de M. Lesueur, de M. Leconte, de M. l'Herminier et de M. Harlan. M. Holbrook dit que le plus loin qu'on l'ait encore trouvée au sud, c'est dans les états atlantiques du Maine et de la Virginie.

Les habitudes de la Grenouille des marais sont les mêmes que celles de la Grenouille halécine.

M. Leconte, qui lui a donné le nom de *Palustris*, croyait qu'elle ne fréquentait que le voisinage des marais salés; mais on sait aujourd'hui qu'elle habite aussi le bord des étangs et des rivières.

7. LA GRENOUILLE ROUSSE. *Rana temporaria*. Linné.

Caractères. Dents vomériennes formant deux petits groupes situés sur la ligne qui conduit directement du bord postérieur d'une narine à l'autre. Doigts et orteils à tubercules sous-articulaires bien prononcés. Palmure des pieds à bords libres échancrés en croissants, et ne s'étendant pas jusqu'au bout des orteils, dont le quatrième est d'un tiers plus long que le cinquième, un tubercule à la racine du premier. Un renflement glandulenx de chaque côté du dos, dont le milieu est lisse ou relevé de quelques verrues à peine sensibles. Tympan distinct, ayant en diamètre les trois quarts de la largeur de la paupière supérieure, qui est lisse. Une grande tache noire oblongue, allant du coin de l'œil à l'angle de la bouche.

SYNONYMIE. *Rana sive Rubeta gibbosa.* Gesn. Quad. ovip. histor. anim. lib. II, pag. 58.

Rubeta gibbosa. Aldrov. Quad. digit. ovip. lib. II, pag. 610

Rana temporaria. Charlet. Exercit. pag. 27.

Rana. Linn. Fauna Suec. 1, pag. 250.

Die Erdfrosch. Meyer, Angenehm. und mustlich, tom. 1, tab. 52.

Rana fusca terrestris. Rœs. Hist. ranar. pag. 1 à 35. tab. I-VIII.

Rana temporaria. Linn. Syst. nat. édit. 10, pag. 213, n° 13.

Rana temporaria. Wulf. Ichth. Boruss. cum amphib. pag. 8.

Rana temporaria. Linn. Syst. nat. édit. 12, tom. 1, pag. 357, n° 14.

Rana muta. Laur. Synops. rept. pag. 30.

Rana temporaria. Müll. Zoolog. Danic. prodr. pag. 35.

Rana temporaria. Fabric. Faun. Groenl. pag. 124.

Rana temporaria. Gmel. Syst. nat. tom. 3, pag. 1053, n° 14.

Rana temporaria. Bonnat. Encyclop. méth. Erpét. pag. 3, Pl. 2, fig. 2.

La Rousse. Lacép. Quadrup. ovip. tom. 1, pag. 528.

Rana temporaria. Meyer, Synops. rept. pag. 12.

Rana temporaria. Sturm. Deutsch. Faun. Abtheil. III, heft. 1.

Rana temporaria. Donnd. Zoologisch. Beytr. tom. 3, pag. 52, n° 14.

Rana temporaria. Schneid. Histor. amphib. fasc. 1, pag. 113.

Rana temporaria. Latr. Salam. Franc. pag. XXXVII.

Rana temporaria. Shaw. Gener. Zool. vol. 3, pag. 97, Pl. 29.

Rana temporaria. Latr. Hist. rept. tom. 2, pag. 150.

Rana temporaria. Daud. Hist. rain. gren. crap. pag. 16, Pl. 15, fig. 2.

Rana temporaria. Id. Hist. rept. tom. 8, pag. 94.

Rana temporaria. Dwigubsky. Primit. faun. mosq. pag. 46.

Rana temporaria. Cuv. Règn. anim. 1re édit. tom. 2, pag. 92.

Rana temporaria. Merr. Tentam. Syst. amphib. pag. 175, n° 8.

Common Frog. Penn. Brit. zool. vol. 3, pag. 9.

Rana temporaria. Riss. Hist. nat. Eur. mérid. tom. 3, pag. 93.

Rana temporaria. Cuv. Règn. anim. 2e édit. tom. 2, pag. 105.

Rana temporaria. Griff. Anim. Kingd. Cuv. tom. 9.

Rana temporaria. Jenyns, Brit. vert. anim. pag. 300.

Rana temporaria. Krynicki. Observat. rept indig. Bullet. Societ. imp. Natur. Mosc. (1837), no 111, pag. 66.

Rana temporaria. Schinz, Faun. Helvet. nouv. Mém. Sociét. helvét. scienc. natur. tom. 1, pag. 143.

Rana temporaria. Schlegel, Faun. Japon. rept. batrac. VII, Pl. III, fig. 2

Rana temporaria. Tschudi, Class. Batrach. Mém. Sociét. scienc. nat. Neuchât. tom. 2, pag. 79.

Rana temporaria. Bell. Brit. rept. pag. 84.

? *Rana scotica*. Id. loc. cit. pag. 102.

DESCRIPTION.

Formes. Cette espèce, la seule vraie Grenouille avec la verte, qui habite notre Europe, se reconnaît principalement à l'absence de sacs vocaux externes chez les mâles; à la petitesse de ses deux groupes de dents vomériennes, et à leur situation différente, car ils ne sont pas placés positivement entre les narines, mais immédiatement en arrière du milieu de la ligne qui conduit directement d'un bord postérieur de l'une de celles-ci à l'autre; au développement moindre de ses pieds; à la longueur plus grande de son quatrième orteil, qui excède d'un tiers et non d'un quart le troisième et le cinquième; à l'espace plus considérable qui existe entre les yeux, lequel est plat au lieu d'être concave et au moins aussi large que la paupière supérieure; enfin au diamètre de son tympan, qui n'a guère que la moitié ou les trois quarts de celui de l'ouverture de l'œil.

La tête de la Grenouille rousse a un peu plus de largeur que de longueur; son museau n'est pas plus pointu, mais plus plat en dessus, moins arrondi au bout, et à angles latéraux plus marqués que celui de la Grenouille verte; ses trompes d'Eustachi sont deux fois plus ouvertes que les trous internes des narines; les orifices de ses sacs vocaux sont très-petits, et situés dans les angles de la bouche; elle offre deux groupes de dents vomériennes affectant une disposition en chevron ouvert à son sommet. Le dos, ordinairement lisse, offre parfois cependant quelques petites verrues; il est bordé à droite et à gauche par un renflement glanduleux, beaucoup plus étroit et moins saillant que chez la Grenouille verte, lequel s'étend depuis l'orbite jusqu'à l'extrémité du tronc; un autre renflement glanduleux plus faible, ainsi que chez cette dernière, va de l'angle de la bouche à l'épaule. A l'époque de l'accouplement, le pouce du mâle se recouvre d'aspérités qui lui donnent l'aspect d'une petite brosse noire. Les membres postérieurs varient en longueur; car lorsqu'on les couche le long du corps, tantôt l'extrémité de la jambe arrive à peine au niveau du museau, tantôt au contraire elle le dépasse plus ou moins. La saillie que fait le premier os cunéiforme, quoique très-prononcée, l'est cependant un peu moins que dans la Grenouille verte; il y a rarement un léger renflement à la racine du premier orteil. Le dessus de la paupière supérieure est lisse et tout le dessous du corps aussi. La face postérieure des cuisses est comme granuleuse.

COLORATION. Un signe distinctif de la Grenouille rousse, c'est d'avoir la région latérale de la tête, comprise entre l'œil et l'épaule, colorée en noir ou en brun foncé, circonstance qui lui a valu la qualification latine de *temporaria* ou marquée à la tempe: cette grande tache noire ou brune se termine généralement en pointe derrière l'angle de la bouche. Une raie noire, passant par la narine, s'étend du bord antérieur de l'œil au bout du museau. Un trait de la même couleur est marqué en long sur le devant du haut du bras. Les mâchoires sont blanches ou jaunâtres, bordées ou tachetées de noir ou de brun. Les pattes postérieures sont presque toujours coupées en travers par des bandes d'une couleur foncée. La plupart des individus ont toute la face supérieure du corps d'une teinte rousse uniforme ou tachetée de noirâtre; puis il y en a de verts, de verdâtres, de gris, de bruns, de noirâtres, de jaunâtres, de blanchâtres et même de colorés en rose avec ou sans taches plus ou moins foncées que le fond sur lequel elles sont semées. Les régions inférieures sont souvent d'un blanc jaunâtre, mais elles offrent aussi quelquefois des taches cendrées, brunes ou roussâtres. La pupille est noire, oblongue, et l'iris de couleur d'or.

DIMENSIONS. Cette espèce est de la même grosseur que sa congénère d'Europe; les sujets originaires du Japon nous semblent avoir des formes plus sveltes, plus élancées que ceux d'Europe.

Tête. Long. 2" 3"'. *Tronc*. Long. 5' *Membr. antér*. Long. 4" 4"'. *Membr. postér*. Long. 12".

Patrie. Cette espèce est répandue dans toute l'Europe depuis les points les plus méridionaux jusqu'au cap Nord, d'où nous l'avons reçue par les soins de M. Noël, inspecteur des pêches; elle se trouve aussi au Japon; nous possédons des individus de ce pays qui y ont été recueillis par MM. Van Siebold et Bürger.

La *Rana temporaria* s'éloigne des eaux dès qu'elle a satisfait au besoin de la reproduction, et n'y revient plus que l'année suivante ou bien à la fin de l'automne pour y passer l'hiver engourdie dans la vase. Durant l'intervalle de ces deux époques, elle habite les lieux humides dans les champs, les prés ou les bois; on la trouve fort souvent dans les vignes, où beaucoup d'individus demeurent aussi pendant la saison froide blottis dans des trous, où enfoncés sous des feuilles pourries. Les Têtards de cette espèce accomplissent toutes leurs métamorphoses en trois mois. La Grenouille rousse se nourrit d'insectes, de vers, de chenilles, de petits mollusques. Son coassement est bien moins fort que celui de la Grenouille verte; elle a de plus que celle-ci la singulière faculté de le produire sous l'eau.

Observations. La Grenouille rousse est une espèce que ses habitudes ont de tout temps fait distinguer de la Grenouille verte: aussi sa synonymie ne présente-t-elle aucune difficulté.

Nous ne savons pas véritablement si l'on doit en séparer l'espèce que M. Bell vient de décrire sous le nom de *Rana Scotica*, dans son excellente Erpétologie britannique; car ce savant naturaliste avoue lui-même qu'à quelques légères différences près dans les proportions des os du crâne, la *Rana temporaria* et cette *Rana Scotica* sont semblables par tous les autres points importants de leur organisation.

8. LA GRENOUILLE DES BOIS. *Rana sylvatica*. Leconte.

Caractères. Dents vomériennes formant deux petits groupes situés sur la ligne même ou immédiatement au-dessous de la ligne qui conduit directement du bord postérieur d'une narine à l'autre. Palmure des pieds à bords libres échancrés en croissants, et ne s'étendant pas jusqu'au bout des orteils, dont le quatrième est d'un tiers plus long que le cinquième; un tubercule à la racine du premier. Un renflement glanduleux de chaque côté du dos, dont le milieu est lisse. Tympan distinct ayant un diamètre égal à la largeur de la paupière supérieure, qui est lisse. Une tache noire oblongue allant de l'œil à l'angle de la bouche.

SYNONYMIE. *Rana sylvatica*. Leconte, Remarks on the Amer. spec. gen. *Hyla* and *Rana*. Ann. lyc. nat. hist. New. vol. 1, pag. 282.

Rana sylvatica. Harlan, Descript. sever. spec. Batrac. rept. Sillim. journ. vol. 16, pag. 58.

Rana Pensylvanica. Id. loc. cit. pag. 60.

Rana sylvatica. Id. North Amer. rept. Journ. Acad. nat. scienc. phil. vol. 5, pag. 338.

Rana sylvatica. Tschudi, Classif. Batrach. Mém. Sociét. scienc. nat. Neuch. tom. 2, pag. 79.

DESCRIPTION.

FORMES. Nous laissons à des Erpétologistes plus habiles le soin de découvrir si la *Rana sylvatica* diffère de la *Rana temporaria*, par d'autres caractères que celui d'avoir le tympan d'une plus grande dimension, c'est-à-dire d'un diamètre égal à celui de l'ouverture de l'œil, tandis qu'il n'en a que la moitié ou les trois quarts chez la *Rana temporaria*. Quant à nous, c'est absolument la seule différence que nous soyons parvenus à constater entre ces deux Grenouilles, que nous nous serions décidés à réunir sous la même dénomination, s'il était à notre connaissance qu'une même espèce de Reptiles se fût déjà trouvée dans l'ancien monde et dans le nouveau, ce qui serait le cas de nos deux Batraciens, dont l'un, ou la *Rana temporaria*, est originaire d'Europe et d'Asie; et l'autre, ou la *Sylvatica*, de l'Amérique du Nord.

COLORATION. La Grenouille des bois, de même que la Grenouille rousse, offre une grande tache noire, pointue en arrière sur la partie latérale de la tête, entre l'œil et l'angle de la bouche; elle a de même aussi un trait noir allant du bout du museau au bord antérieur de l'orbite, et un autre sur le devant de la racine du bras. Presque tous les individus conservés dans notre cabinet national d'histoire naturelle ont les parties supérieures du corps d'une teinte grise, quelquefois assez claire, d'autrefois lavée de brunâtre; leurs membres sont coupés en travers par des bandes brunâtres, souvent très-rapprochées les unes des autres. Quelques-uns ont les flancs tachetés de noir, et la région coccygienne, ainsi que le dessous des tarses, piquetée de blanc. En général, la face inférieure du corps est blanche; cependant la gorge offre parfois des marbrures cendrées.

Ce mode de coloration n'est plus, comme on va le voir, tout à fait le même que celui que présente l'animal lorsqu'il est vivant. Ses parties supérieures, dit M. Holbrook, du livre duquel nous extrayons ces détails, sont d'un brun rougeâtre pâle, légèrement teint en vert; sous la tache noire de la tempe est une ligne d'un blanc jaunâtre, qui s'étend jusqu'à l'épaule. La mâchoire supérieure présente une teinte bronzée, semée de points bruns; l'inférieure est presque blanche, avec quelques taches noires. La pupille est noire, ovalaire; la portion inférieure de l'iris est d'un brun très-foncé, mais la supérieure est dorée. Le tympan est brun. Les renflements glanduleux des côtés du dos sont jaunes, d'où il résulte deux lignes, qui sont souvent interrompues par des taches noires. Les flancs sont d'un blanc verdâtre au milieu et de couleur jaune sur leur région voisine des cuisses. Un blanc d'argent règne sur la partie antérieure de l'abdomen, la postérieure est lavée de jaune.

DIMENSIONS. *Tête*. Long. 2''. *Tronc*. Long. 4''. *Membr. antér*. Long. 3'' 5'''. *Membr. postér*. Long. 10'' 4'''.

PATRIE. Suivant M. Holbrook, cette espèce habite les États-Unis, depuis le New-Hampshire jusqu'en Virginie : les sujets de notre collection proviennent de la Caroline du Sud, de la Pensylvanie. Le nom de *sylvatica* donné à cette espèce par M. Leconte, indique que ses habitudes sont les mêmes que celles de notre Grenouille rousse, c'est-à-dire qu'on la trouve le plus ordinairement dans les lieux couverts de bois : on dit qu'elle fréquente de préférence les forêts de chênes. Elle ne se rapproche des eaux qu'à l'époque où s'accomplit l'acte de la reproduction; comme la Grenouille rousse, elle cherche à se cacher sous les feuilles sèches lorsqu'elle est poursuivie.

Observations. Le seul portrait que nous connaissions de cette espèce est celui que M. Holbrook a publié dans son Histoire des Reptiles de l'Amérique du Nord.

9. LA GRENOUILLE DU MALABAR. *Rana Malabarica.* Nobis.
(Voyez Pl. 86, fig. 1 et 1 *a*.)

CARACTÈRES. Dents vomériennes formant un chevron ouvert à son sommet. Doigts et orteils renflés au bout et à tubercules sous-articulaires très-développés. Palmure des pieds courte ; quatrième orteil de moitié plus long que le troisième et le cinquième ; deux tubercules à la face plantaire, trois à la face palmaire. Dessus du corps lisse ; deux faibles renflements longitudinaux de chaque côté du dos.

SYNONYMIE. *Rana Malabarica.* Nobis. M. S. S.

Rana Malabarica. Tschudi. Classif. Batrach. Mém. Soc. scienc. Neuch. tom. 2, pag. 80.

DESCRIPTION.

FORMES. Cette espèce se reconnaît aisément à la grosseur des tubercules sous-articulaires de ses doigts et de ses orteils, ainsi qu'au peu de développement en largeur comme en longueur de la membrane qui unit ces derniers entre eux. Les doigts et les orteils, dont le quatrième est de moitié plus long que le troisième et le cinquième, sont de plus très-renflés à leur extrémité. La face palmaire de la main offre trois gros tubercules oblongs, et il en existe deux sous la plante des pieds. Les membres de devant sont proportionnellement moins courts et ceux de derrière moins longs que chez les espèces précédentes ; car ceux-là, couchés contre les flancs, s'étendent jusqu'à l'extrémité du tronc, et ceux-ci, placés de la même manière, ne dépassent le museau que de la longueur des orteils. La Grenouille du Malabar a d'ailleurs le corps fort aplati et comme quadrangulaire, ses parties latérales étant à peine arrondies ; la tête aussi est déprimée, et son contour horizontal donne la figure d'un triangle équilatéral à sommet correspondant au museau, assez arrondi. Les côtés de cette tête sont tout à fait verticaux, d'où il résulte que le *canthus rostralis* est bien prononcé ; les yeux sont situés latéralement et ne font qu'une légère saillie au-dessus du crâne aplani d'un bout à l'autre, saillie qui est parfaitement lisse, car la surface de la paupière supérieure n'est marquée d'aucune ride. Les narines viennent s'ouvrir immédiatement sous le *can-*

thus rostralis, un peu plus près de l'extrémité du museau que de l'angle antérieur de l'œil. Le tympan est égal en diamètre à la largeur de l'intervalle des orbites, ou à celle de la paupière supérieure. La bouche est assez largement fendue; on y voit, positivement entre les orifices internes des narines, deux petits rangs de dents vomériennes formant un chevron ouvert à son sommet, lequel est dirigé en arrière. Les trompes d'Eustachi ne sont pas plus grandes que ces mêmes orifices internes des narines; il faut beaucoup abaisser la mâchoire inférieure pour les apercevoir, car elles sont situées tout à fait dans les coins de la bouche; et sous leur aplomb se trouvent le long des branches sous-maxillaires, le méat qui chez les individus mâles donne entrée à l'air destiné à remplir les sacs vocaux; ce méat est très-petit et les sacs vocaux eux-mêmes sont peu développés. La langue est moins profondément fendue que chez la Grenouille verte commune. La tête, les flancs et le dos sont lisses; mais il règne de chaque côté de ce dernier, depuis l'orbite jusqu'au-dessus de la cuisse, un cordon glanduleux, en général très-peu saillant. Un autre cordon glanduleux, qui prend aussi naissance derrière l'orbite, contourne le tympan jusqu'à l'angle de la bouche où l'on voit un renflement de même nature, mais plus gros et comme divisé en deux parties. En dessous tout est lisse, excepté les cuisses, dont la peau est comme finement et régulièrement granulée; parfois cependant on remarque la même chose sur la région postérieure du ventre.

Coloration. Un beau rouge de brique, qui passe au blanchâtre par le séjour des individus dans l'alcool, colore dans l'état de vie la face supérieure de la tête et le dos tout entier; on le voit quelquefois clair-semé de taches noirâtres. A la narine commence une raie noire qui s'arrête à l'œil, pour être continuée en arrière de celui-ci par une bande de la même couleur, qui va toujours en s'élargissant jusqu'à l'extrémité des flancs : cette bande, bien pure et bien nette dans le premier tiers de sa longueur, est veinée ou irrégulièrement tachetée de blanc dans les deux derniers. Des veinures ou des marbrures blanches sont aussi répandues à la surface des membres, dont le fond est noir. Les mâchoires et les glandules scapulaires sont blanches. Les régions inférieures sont rarement d'un gris blanchâtre uniforme; mais souvent cette teinte s'y nuance avec du brun ou y forme soit des taches confluentes, soit des marbrures qu'envahit plus ou moins du noir foncé.

Dimensions. *Tête*. Long. 2" 6"'. *Tronc*. Long. 4" 6"'. *Membr. antér*. Long. 4" 4"'. *Membr. postér*. Long. 10".

On voit par ces dimensions que la Grenouille du Malabar offre à peu près la même taille que la Grenouille rousse.

Patrie. C'est de la côte du Malabar que cette belle espèce de Grenouille a éte rapportée et donnée au Muséum par M. Dussumier, auquel on en doit la découverte.

Observations. Il se pourrait cependant que l'espèce décrite et représentée sous le nom de *Sanguinolenta*, par M. Lesson dans la relation du voyage aux Indes orientales de M. Bellanger, n'en fût qu'une simple variété. Dans tous les cas, elle en est plus voisine qu'aucune autre de ses congénères connues jusqu'ici.

10. LA GRENOUILLE DE GALAM. *Rana Galamensis*. Nobis.

Caractères. Dents vomériennes formant un chevron ouvert à son sommet et à branches très-écartées. Doigts et orteils à renflements sous-articulaires médiocres. Palmure des pieds très-courte; quatrième orteil de moitié plus long que le troisième et le cinquième; un seul tubercule à la face plantaire. Dessus du corps lisse, avec un large renflement longitudinal de chaque côté du dos.

Synonymie ?

DESCRIPTION.

Formes. Cette espèce reproduit exactement l'ensemble des formes et les proportions de la Grenouille du Malabar; ses renflements sous-digitaux sont moins forts, ses membranes des pieds encore moins courtes et moins larges, les cordons glanduleux des côtés de son dos moins étroits et plus élevés, les pointes postérieures de sa langue beaucoup plus courtes, car elles sont à peine sensibles; les branches du chevron que constituent ses dents vomériennes sont plus écartées et plus longues; elle n'a qu'un seul tubercule au tarse; enfin son mode de coloration est différent.

Coloration. Le tympan est marqué d'une grande tache noire donnant naissance à une raie de la même couleur, qui s'étend, surmontée d'une raie blanche, tout le long de la partie supérieure du flanc; celui-ci est brun, ainsi que le dos et le dessus de la tête. Les membres aussi sont bruns à leur face supérieure, mais pas uniformément, car le bord externe de la cuisse, de la jambe et du tarse est marbré de noir et de blanchâtre; le derrière des cuisses et les aines sont vermiculées de la même manière. La région frénale est noire, et tout le tour de la mâchoire supérieure parcourue, d'un angle de la bouche à l'autre, par une ligne blanche; les bords maxillaires sont bruns. L'abdomen est blanc ainsi que le dessous des pattes, la gorge et la poitrine sont d'un gris brun.

Dimensions. *Tête.* Long. 1" 9'''. *Tronc.* Long. 3" 7'''. *Memb. antér.* Long. 3" *Memb. postér.* Long. 7" 5'''.

Patrie. Cette Grenouille nous a été envoyée du Sénégal par M. Heudelot, qui l'avait prise dans les étangs de Galam.

11. LA GRENOUILLE RUGUEUSE. *Rana rugosa.* Schlegel.

Caractères. Dents du palais formant un chevron à branches écartées et à sommet ouvert. Doigts et orteils à tubercules sous-articulaires assez prononcés. Palmure des pieds ne s'étendant pas tout à fait jusqu'à l'extrémité des orteils, dont le quatrième est d'un tiers plus long que le cinquième; un petit tubercule à la racine de celui-ci et un plus fort à celle du premier. Dessus de la tête, du tronc et des membres, tout couvert de pustules. Tympan de moyenne grandeur.

Synonymie. *Rana rugosa.* Schlegel. Faun. Japon. rept. VII, tab. 3, fig. 3 et 4.

Rana rugosa. Tschudi, Classif. Batrach. Mém. Sociét. scienc. natur. Neuch. tom. 2, pag. 79.

DESCRIPTION.

Formes. Cette espèce semble faite, comme la précédente, sur le modèle de la Grenouille du Malabar : c'est effectivement la même forme de tête et de tronc, la même situation des narines et les mêmes proportions dans les diverses parties du corps, les unes relativement aux autres ; mais là reste néanmoins la ressemblance entre la Grenouille rugueuse et celle appelée du Malabar, ressemblance qui existe encore au contraire avec la Grenouille de Galam, à l'égard de la langue et des dents vomériennes. L'espèce dont nous parlons est principalement caractérisée par le grand nombre de petites pustules qui s'élèvent à la surface de sa peau ; le dessus de la tête en est entièrement couvert, celui du tronc également ; on en voit aussi sur les régions supérieures des flancs et la face externe des membres jusqu'à l'origine des doigts et des orteils, qui sont parfaitement lisses, ainsi que tout le dessous de l'animal. Le dos est semé de renflements glanduleux oblongs, ou ovalaires, surmontés de petites pustules coniques ; mais, sur les côtés, il n'en existe pas qui aient la forme de cordons longitudinaux. Comme c'est le cas le plus ordinaire, on voit une glande oblongue au-dessus du tympan et une autre entre l'angle de la bouche et l'épaule. La palmure des pieds offre le même développement que chez notre Grenouille verte ; elle n'a pas par conséquent une longueur égale à celle des orteils, attendu que ses bords sont légèrement échancrés en quart de cercle environ. Le dessous des articulations des phalanges offre des nodosités bien prononcées ; il y a un petit et un gros tubercule (celui-ci formé par le premier cunéiforme), sous le tarse à l'origine des orteils, et deux moyens et un gros dans la paume de la main.

La rugosité des parties supérieures de cette Grenouille lui donne l'aspect d'un Crapaud.

Coloration. Le dessus du corps est d'une teinte grisâtre ou olivâtre, parsemé de taches d'un brun foncé ; sur les membres les taches se dilatent en bandes transversales ; sur le dos elles sont quelquefois confluentes. Les bords de la bouche sont tachetés de brun et de jaunâtre. Le dessous de l'animal offre des piquetures ou des marbrures noirâtres sur un fond jaune d'ocre, plus ou moins clair.

Dimensions. *Tête.* Long. 2". *Tronc.* Long. 3" 5'''. *Memb. antér.* Long. 3" 3". *Memb. postér.* Long. 8'''.

Patrie. Le Japon est la patrie de la Grenouille rugueuse ; on en doit la découverte à MM. von de Siebold et Bürger, par les soins desquels le muséum d'histoire naturelle de Leyde en a reçu un certain nombre d'exemplaires : c'est de cette source que proviennent les quatre ou cinq individus qui font partie de notre collection nationale.

Cette Grenouille se tient habituellement dans les marais et les étangs; mais par les temps de pluie on la rencontre souvent à terre, sur laquelle, à ce qu'il paraît, elle rampe plutôt qu'elle ne saute, ce qui lui a fait donner le nom de Grenouille de terre (*Tsutsi kahera*), par les Japonais; les Chinois l'appellent Grenouille noire (*Hé Hiama*). M. von de Siebold de qui l'on tient ces renseignements, dit aussi que son coassement, souvent répété dans les soirées d'été et même pendant toute la nuit, ressemble à des ris lugubres.

12. LA GRENOUILLE MUGISSANTE. *Rana mugiens*. Catesby.

CARACTÈRES. Dents vomériennes situées positivement entre les arrière-narines, sur un rang transversal largement interrompu au milieu, et ne touchant ni d'un côté ni de l'autre à ces dernières. Doigts et orteils à tubercules sous-articulaires faiblement prononcés. Palmure des pieds s'étendant jusqu'à l'extrémité des orteils et non échancrée en croissants à ses bords libres. Quatrième orteil d'un quart plus long que le troisième et le cinquième ; un tubercule à la racine du premier. Peau du dos lisse ou faiblement rugueuse, mais sans renflements glanduleux longitudinaux. Tympan fort grand, ou d'un diamètre au moins égal à celui de l'œil.

SYNONYMIE. *The Bull Frog*. Catesb. Nat. Hist. Carol. vol. II, pag. et tab. 72.

La Grenouille mugissante. Daub. Dict. anim. quadr. ovip. pag. 655 ; exclus. synon. *Rana ocellata*. Linn. *Rana maxima*. Brown, Jam.

La Grenouille mugissante. Lacép. quad. ovip. tom. 1, p. 541 ; exclus. fig. Pl. 38. (*Cystignathus ocellatus*.)

La Grenouille mugissante. Bonnat. Encycl. méthod. erpétol. pag. 7 ; exclus. fig. 3 de la Pl. III.

Rana Catesbeiana. Shaw. Gener. zoolog. vol. 3, pag. 106, Pl. 33.

Rana mugiens. Merr. Tent. syst. amphib. pag. 175.

Rana pipiens. Harl. Sillim. Journ. vol. 10, pag. 62.

Rana scapularis. Id. loc. cit.

Rana pipiens. Harl. North. Amer. Rept. Journ. Acad. natur. scienc. Phil. vol. 5, pag. 335.

Rana scapularis. Id. loc. cit.

Rana mugiens. Gravenh. Delic. mus. zoolog. Vratilav. pag. 40.

La Grenouille taureau. Cuv. Règn. anim. 2e édit. tom. 2, pag. 106.

The Bull Frog. Griff. anim. Kingd. vol. 9,

Rana mugiens. Tschudi. Classif. Batrach. Mém. Sociét. scienc. natur. Neuch. tom. 2, pag. 79.

DESCRIPTION.

Formes. L'espèce que nous nous proposons de décrire ici est la plus grande de toutes celles qui font partie du genre Grenouille; elle n'a pas moins de quatre décimètres de long, mesurée du bout du museau à l'extrémité des membres postérieurs; ceux-ci seuls entrent pour plus de la moitié dans cette étendue; la largeur des pieds est égale à la longueur de la jambe. La tête est déprimée, un peu plus large que longue; ses côtés forment un angle peu aigu, à sommet obtus et arrondi; l'ensemble de sa partie supérieure offre une surface convexe, au-dessus de laquelle les yeux font deux saillies très-prononcées; le *canthus rostralis* est à peine marqué; les narines sont situées à la même distance du bout du museau que des angles antérieurs des yeux. La largeur de l'intervalle de ceux-ci est la même que celle qui existe entre les narines. Chez les mâles, le tympan a en diamètre le double de la largeur de la paupière supérieure, et le quart ou le cinquième seulement chez les femelles. Les dents vomériennes sont fixées sur deux fortes saillies osseuses placées sur la même ligne, à une petite distance l'une de l'autre, mais néanmoins un peu éloignées aussi des orifices internes des narines, dont elles occupent le milieu de l'entre-deux : nous avons compté six ou sept dents sur chacune de ces deux saillies. Les os palatins forment une autre saillie transversale et tranchante en arrière de chaque narine. Les ouvertures nasales internes sont ovales, médiocres; les orifices des trompes d'Eustachi triangulaires et d'une grandeur proportionnée à celle de la membrane du tympan. Les sacs vocaux n'ont pas d'issues au dehors, et le trou par lequel l'air y pénètre est situé dans le coin de la bouche, sous l'aplomb des trompes d'Eustachi. Les doigts sont forts, un peu pointus, légèrement déprimés, et leurs renflements sous-articulaires bien peu prononcés. Les orteils sont réunis jusqu'à leur extrémité par une membrane épaisse, élargie, dont les bords libres sont entiers. Le premier os cunéiforme fait une saillie à proportion moins forte que chez la Grenouille verte commune ; il n'y a pas la moindre trace d'autre tubercule sur la face plantaire.

La tête est lisse, excepté sur les régions palpébrales dont la partie postérieure offre des rides irrégulières. Un gros cordon glanduleux prend naissance derrière l'orbite, contourne l'oreille, et va finir en arrière de l'angle de la bouche, où il existe une glandule médiocrement prononcée. Chez certains individus, la peau du dos est parfaitement lisse ; chez d'autres, elle est couverte de très-petites pustules, mais chez aucun elle ne présente de ces renflements glanduleux qui s'étendent longitudinalement de chaque côté de la région dorsale, comme on en voit, par exemple, chez la Grenouille commune et l'espèce suivante, qui d'ailleurs a les plus grands rapports avec celle du présent article.

Coloration. Notre collection renferme une suite nombreuse d'individus appartenant à cette espèce : les uns ont le dessus du corps uniformément olivâtre ; d'autres l'ont fauve ou roussâtre ; mais la plupart offrent des marbrures brunes, sur un fond tantôt d'une couleur marron, tantôt d'une teinte olivâtre, ou bien d'un gris bleuâtre ou ardoisé. Tous ont les membres antérieurs tachetés de brun foncé, et les pattes de derrière marquées de bandes transversales de la même couleur. En général, la face postérieure des cuisses présente des marbrures beaucoup plus claires que celles du dos. Les régions inférieures sont blanches ou d'un blanc jaunâtre, sans taches, ou avec des taches brunes plus ou moins nombreuses, de formes diverses, isolées ou confluentes, formant même parfois une sorte de dessin réticulaire.

Un sujet que nous avons conservé vivant pendant quelques mois avait les côtés de la tête uniformément verts, le dessus du corps olivâtre, marqué d'un très-grand nombre de taches de forme irrégulière et d'inégale grandeur, la moitié interne de la face supérieure du pied blanche, la moitié externe noirâtre, et le dessous de ces deux parties lavé de brun. Le dedans de la main était noir ; la gorge offrait un mélange de points et de taches noires, sur un fond jaune. La poitrine et le ventre étaient blancs, avec des dessins arborescents d'une teinte noirâtre.

Dimensions. *Tête*. Long. 5" 6"'. *Tronc*. Long. 11" 5"'. *Memb. antér*. Long. 8" 8"'. *Memb. postér*. Long. 24" 5"'.

Patrie. C'est dans l'Amérique septentrionale que vit cette grande espèce de Grenouilles, qui nous a été envoyée de New-York et de Vermont par M. Milbert, de la Louisiane par M. Teinturier, et de la Nouvelle-Orléans par M. Barabino.

Nous avons trouvé dans l'estomac des cinq ou six individus que nous avons ouverts, des insectes de différents ordres, des coquilles paludines, des débris de poissons, une portion de squelette de Sirène et des os d'oiseaux. On sait, en effet, que cette Grenouille peut avaler de petits canards, et M. Harlan nous a dit en avoir tué une au moment où elle venait de manger un Serpent. Le coassement de cette Grenouille est si fort qu'il lui a valu le nom de *Bull-frog*, ou de Grenouille taureau, de la part des habitants des États-Unis.

Les Grenouilles mugissantes ne quittent pas le bord des eaux; on prétend qu'elles vivent par couple.

Observations. Il est assez singulier que l'on ne possède encore aujourd'hui qu'une seule figure originale et vraiment authentique de la Grenouille mugissante, espèce cependant fort remarquable et l'une des plus communes aux États-Unis. Cette figure est celle par laquelle Catesby a le premier fait connaître ce Batracien, sous le nom de *Bull-frog*, dans son Histoire naturelle de la Caroline, dont la publication est antérieure de plusieurs années à la 10e édition du *Systema naturæ.*

13. LA GRENOUILLE CRIARDE. *Rana clamata.* Daudin.

Caractères. Dents vomériennes formant deux petits groupes bien distincts entre les arrière-narines. Doigts et orteils légèrement renflés au bout. Palmure des pieds ne s'étendant pas jusqu'à l'extrémité des orteils, et à bords libres faiblement échancrés en croissants. Quatrième orteil d'un tiers plus long que le troisième et le cinquième. Paupière supérieure ridée en dessus. Peau du dos lisse ou semée de très-petits granules, avec un renflement glanduleux de chaque côté. Tympan fort grand, ou d'un diamètre au moins égal à celui de l'œil.

Synonymie. *Rana clamata.* Daud. Hist. Rain. Gren. Crap. pag. 54, pl. 52, fig. 2.

Rana clamata. Daud. Hist. Rept. tom. 8, pag. 204.

Rana clamitans. Merr. Tent. Syst. amph. pag. 175.

Rana fontinalis. Leconte. Remarks on the species of the Genera *Hyla* and *Rana* (Ann. Lyc. nat. hist. New. vol. 1, part 2, pag. 278.

Rana clamata. Harl. Sillim. Journ. vol. 10, pag. 63.

Rana flavi-viridis. Harl. Sillim. Journ. vol. 10.

Rana flavi-viridis. Id. North. Amer. Rept. Journ. acad. nat. scienc. Philad. vol. 5, part. 2, pag. 338.

Rana clamata. Id. loc. cit.

DESCRIPTION.

Formes. Cette espèce, bien qu'ayant les plus grands rapports avec la Grenouille mugissante, nous semble cependant s'en distinguer par les caractères suivants : elle offre constamment un cordon glanduleux s'étendant de chaque côté du dos depuis l'orbite jusqu'au bassin, ce que nous n'avons jamais observé, même chez les très-jeunes sujets de la Mugissante; son *canthus rostralis* est bien prononcé; ses membranes plantaires sont plus courtes, attendu qu'elles ne s'étendent pas, comme chez cette dernière, jusqu'au bout des orteils dont le quatrième est d'un tiers plus long que le cinquième, tandis qu'il ne l'est que d'un quart chez l'autre espèce; enfin il paraîtrait que la *Rana clamata* n'atteint pas même la moitié de la taille de la *Rana mugiens*; car parmi les quarante à cinquante individus que nous avons examinés, il n'y en pas un seul qui soit beaucoup plus grand que notre Grenouille verte commune, parvenue à son entier développement. Le tympan offre proportionnellement un aussi grand diamètre que celui de l'espèce précédente, et ce diamètre est toujours moindre chez les femelles que chez les mâles.

Coloration. Le fond des parties supérieures est tantôt d'un gris cendré, tantôt d'un gris brun ou noirâtre, tantôt d'une teinte olivâtre; certains individus ont le dos semé de quelques grandes taches brunes irrégulières; d'autres l'ont marbré ou vermiculé de brun; puis il en est chez lesquels cette région supérieure du corps est unicolore. En général, les membres postérieurs sont marqués de grandes taches réunies en bandes transversales. Quelquefois le cordon glanduleux qui surmonte l'oreille est coloré en noir; une raie de la même couleur descend de l'angle de la bouche sur le devant du bras; parfois aussi on voit des taches brunes éparses sur les flancs. Les mâchoires sont rarement tachetées de brun et de blanchâtre ; le plus ordinairement elles présentent une teinte uniforme comme le dessus de la tête. Le dessous du corps est blanc ou blanc jaunâtre. Les jeunes ont souvent la gorge et l'abdomen tachetés ou vermiculés de brun. Cette espèce n'a, non plus que la Mugissante, de raie noire sur la ligne qui conduit directement du coin de l'œil au bout du museau, comme cela existe au contraire chez la plupart de leurs congénères.

DIMENSIONS. *Tête* .Long. 3". *Tronc.* Long. 6". *Memb. antér.* Long. 5" 4"'. *Memb. postér.* Long. 14" 8"'.

PATRIE. Cette Grenouille est originaire de l'Amérique du Nord. Bosc l'a trouvée en Caroline ; M. Lesueur nous l'a envoyée de Philadelphie et M. Milbert de New-York ; mais les individus que nous tenons de ces naturalistes sont loin d'être dans un aussi bel état de conservation que ceux que M. Henri Delaroche a bien voulu recueillir pour nous pendant le voyage de plus d'une année qu'il vient de faire dans les différents états de l'Union.

Observations. Cette espèce est bien certainement celle que Daudin a brièvement décrite et fort mal représentée sous le nom de *Rana clamata*, dans son Histoire des Rainettes et des Grenouilles, d'après deux individus rapportés par Bosc, et que nous avons retrouvés dans notre collection nationale. M. Leconte l'a mentionnée comme une espèce encore inédite dans un mémoire sur les Batraciens Anoures de son pays ; il lui avait donné le nom de *Rana fontinalis*.

14. LA GRENOUILLE TIGRINE. *Rana tigrina*. Daudin.

CARACTÈRES. Dents vomériennes formant deux fortes lignes en chevron. Doigts et orteils cylindriques, forts, légèrement renflés au bout, à tubercules sous-articulaires médiocrement développés. Palmure des pieds ne s'étendant pas toujours jusqu'à l'extrémité des orteils dont le quatrième est d'un tiers ou de moitié plus long que le cinquième ; un tubercule à la racine du premier. Paupière supérieure offrant quelques rides transversales. Dos sans pustules, ni renflements glanduleux latéraux ; mais ayant la peau plissée longitudinalement et d'une manière irrégulière. Tympan bien distinct, d'un assez grand diamètre. Parties supérieures marbrées de brun, de verdâtre ou de roussâtre, avec ou sans bande dorsale jaune ou blanchâtre.

SYNONYMIE. *Rana tigrina.* Daud. Hist. nat. Gren. Rain. Crap. pag. 64, Pl. 20.

Rana mugiens. Id. loc. cit. (La figure Pl. 23, mais non la description qui est celle de la *Rana mugiens.*)

Rana tigrina. Id. Hist. Rept. tom. 8, pag. 125.

Rana mugiens. Latr. Hist. Rept. tom. 2, pag. 153. (La figure n° 2, et la première partie de la description, mais non la seconde qui se rapporte à la *Rana mugiens.*)

La Grenouille taureau. Cuv. Règn. anim. 1re édit. tom. 2, pag. 93.

Rana tigrina. Merr. Tent. Syst. amph. pag. 174, n° 4.

Rana Limnocharis. Boié. M. S. S.

Rana cancrivora. Boié, M. S. S.

Rana cancrivora. Gravenh. Delic. mus. zoolog. Vratilav. Batrach. pag. 41.

Rana picta. Id. loc. cit. pag. 39.

Rana Brama. Less. Voy. Ind. Orient. Bel. Rept. pag. 329, Pl. VI.

Rana rugulosa. Wiegm. Nov. act. Leop. vol. VII, tab. 21.

Rana vittigera. Id. loc. cit. fig.

Rana cancrivora. Tschudi. Classif. Batrach. Mém. Sociét. scienc. nat. Neuchât. tom. 2, pag. 79.

DESCRIPTION.

FORMES. Voici une espèce dont le développement des membranes natatoires est très-variable; car on voit ces membranes réunir les trois derniers orteils dans toute leur longueur, ou laisser le quatrième complétement libre dans une portion plus ou moins grande de sa moitié terminale, ou même dans cette moitié terminale tout entière. Nous verrons plus bas combien sont nombreuses les modifications que présente aussi le mode de coloration de cette Grenouille, suivant les localités d'où proviennent les individus que l'on examine. Néanmoins on reconnaît aisément la Grenouille tigrine, entre celles de ses congénères, qui, comme elle, ont un grand chevron de dents vomériennes implanté dans l'intervalle des narines, en ce que la peau du dessus de son corps est relevée de plis longitudinaux irréguliers dans leur longueur, leur grosseur et leur situation, mais dont le nombre est toujours assez grand. Quelquefois les intervalles de ces plis sont semés de petits tubercules ; d'autres petits tubercules, généralement coniques et parfois assez pointus, sont répandus sur la région de la cuisse voisine du genou, sur la jambe et le tarse ; pareille disposition cependant n'existe pas chez tous les individus. Jamais on n'observe sur les côtés du dos de ces gros cordons glanduleux allant des orbites à l'extrémité du tronc, comme dans la plupart des espèces que nous avons déjà décrites. Un renflement curviligne vient de l'angle postérieur de l'œil à l'épaule, un autre, mais qui est longitudinal et qui naît de l'angle de la bouche, aboutit au même endroit. La surface de la paupière supérieure est marquée de rides, en arrière ; ces rides sont ordinairement peu sensibles chez les jeunes sujets. Le contour horizontal de la tête offre la figure d'un triangle équilatéral, à sommet antérieur ou celui correspondant au museau, légèrement arrondi ; l'intervalle des yeux a les trois quarts de la largeur de la paupière supérieure ; il est légèrement creusé en gouttière, laquelle se prolonge quelquefois jusque sur le museau ; les parties latérales de la tête ne sont pas perpendiculaires, mais offrent une pente rapide ; le *canthus rostralis* sans être aigu est bien prononcé ; la région frénale forme un léger creux, dont le milieu est parcouru par un cordon glanduleux qui suit le dessous de l'œil et s'arrête à l'angle postérieur de celui-ci, ce qu'on observe d'une manière beaucoup plus prononcée chez les grands sujets que chez les petits. Les narines s'ouvrent sur le *canthus rostralis*, un peu plus près du bout du museau que du coin de l'œil. Le diamètre du tympan est égal à la largeur de la région inter-orbitaire ; sa grandeur est la même dans les deux sexes. Les orifices des trompes d'Eustachi sont triangulaires et un peu plus grands que ceux des narines internes, dont la forme est ovalaire. Le bord antérieur de la mâchoire d'en haut est creusé de trois petites cavités auxquelles correspondent trois saillies de l'extrémité de la mâchoire inférieure. Les sacs vocaux des mâles ont leurs trous sous l'aplomb des conduits gutturaux de l'oreille ; la dissection fait voir qu'ils sont d'une couleur noire. Mises le long des flancs, les pattes de devant atteignent aux aines ; celles de derrière placées de la même manière, dépassent le museau de la moitié ou de toute la longueur des pieds. Les doigts et les orteils ont leur pointe légèrement renflée ; les petites pelotes que l'on voit à la face inférieure des articulations des phalanges sont médiocrement développées. La saillie produite par le premier os cunéiforme est le seul tubercule qui existe à la face plantaire ; la région palmaire n'en offre aucun.

Coloration. Les individus originaires du Bengale et du Malabar ont le dessus du corps semé de taches brunes, arrondies sur un fond d'un gris plus ou moins olivâtre ; en général ils offrent une raie jaune qui s'étend directement du bout du museau à l'orifice anal ; les membres postérieurs sont tachetés à peu près de la même manière que le dos, et les fesses présentent une marbrure brune et jaunâtre. De grandes taches noires quadrilatères se montrent sur les bords de la bouche, qui sont d'un blanc jaunâtre, teinte qui règne sur presque toutes les régions inférieures de ce Batracien. Chez les jeunes, cependant, elles sont souvent diversement tachetées, marbrées ou vermiculées, en tout ou en partie, de brun plus ou moins clair, plus ou moins foncé.

C'est un individu, sous ce mode de coloration, qui a donné lieu à l'établissement de la *Rana brama* de M. Lesson.

On trouve aussi dans les mêmes contrées des sujets presque complétement dépourvus de taches sur le dos. Il y en a de semblables à Java et à Timor.

La côte de Coromandel et les Philippines produisent une variété pareille à la première, si ce n'est que le fond de ses parties supérieures, au lieu d'être d'un gris olivâtre, est d'un brun roussâtre, tantôt clair, tantôt très-foncé, avec ou sans ligne dorsale jaune. A Java, à Timor, à Macao, on rencontre des individus tout bruns en dessus, ou à peu près : telle que la *Rana rugulosa* de M. Wiegmann, par exemple, on y en voit d'autres qui portent sur la région moyenne et longitudinale du corps une bande fauve, variable pour la largeur, c'est alors la *Rana vittigera* du même auteur. Enfin les mêmes pays produisent des sujets dont le dos, d'un gris plombé ou brunâtre, est orné de taches anguleuses brunes, se réunissant souvent de manière à former quelques bandes transversales.

Dimensions. La Grenouille tigrine devient presque aussi grande que la Mugissante, ainsi qu'on peut le voir par les mesures suivantes. *Tête*. Long. 4" 8"'. *Tronc*. Long. 10" 2"'. *Memb. antér*. Long. 7" 4"'. *Memb. postér*. Long. 20".

Patrie. Cette espèce paraît être répandue dans toutes les Indes orientales. Les voyageurs naturalistes, par les soins desquels notre Musée se trouve en possession d'une suite nombreuse d'individus de tout âge, sont MM. Leschenault, Péron, Lesueur, Dussumier, Eydoux, Bellanger, Diard, Duvaucel et Polydore Roux.

La Grenouille Tigrine se nourrit de mollusques, d'insectes et particulièrement de crustacés.

Observations. Nous désignons cette Grenouille par le nom de *Tigrina*, parce que c'est celui sous lequel Daudin en a publié la première description et la première figure, dans son ouvrage sur les Grenouilles, les Rainettes et les Crapauds, où, sans s'en douter, il l'a représentée une seconde fois sous un autre nom; car c'est bien réellement le portrait d'un individu de la Grenouille tigrine qu'il a joint à son article descriptif de la *Rana mugiens.* Il semble qu'à l'exception de la bande dorsale jaune, qui était le seul dessin resté apparent sur le sujet empaillé qui en est l'original, il l'aurait fait enluminer d'après la description que Catesby a donnée de la Grenouille mugissante.

Cette erreur se trouve reproduite dans l'histoire naturelle des Reptiles de Latreille.

M. Lesson, tout en reconnaissant la grande analogie qui existait entre la *Rana tigrina* de Daudin et des Grenouilles rapportées du Bengale par M. Bélanger, crut néanmoins devoir les considérer comme d'une espèce différente, et c'est en effet comme telle, et en leur imposant le nom de *Rana Brama*, qu'il les décrivit et en fit représenter un individu mâle adulte dans la partie zoologique de la relation du voyage aux Indes orientales de M. Bélanger. Ce n'était pas, au reste, le premier nouveau nom que recevait la Grenouille tigrine; car elle se trouvait déjà désignée par Boié, dans le musée de Leyde, sous ceux de *Rana Limnocharis* et de *Cancrivora*, qu'elle porte encore, à ce qu'il paraît, aujourd'hui, mais particulièrement le dernier, dans la plupart des collections erpétologiques d'Allemagne. A ces trois synonymes, M. Wiegmann est venu bien gratuitement en ajouter deux autres, en décrivant et faisant représenter, dans son travail sur les Reptiles recueillis par M. Meyen, pendant un voyage autour du monde, deux jeunes sujets de la Grenouille tigrine, sous les noms de *Rana rugulosa* et de *Rana vittigera.*

15. LA GRENOUILLE GROGNANTE. *Rana grunniens*. Daudin.

Caractères. Deux grands rangs de dents vomériennes formant un chevron ouvert à son sommet. Point d'apophyses dentiformes à l'extrémité de la mâchoire inférieure. Doigts et orteils légèrement renflés au bout, à tubercules sous-articulaires assez forts. Palmure des pieds ayant la même longueur que les orteils, dont le quatrième est d'un tiers plus étendu que le dernier; un tubercule oblong à la racine de celui-ci, mais aucun autre sur la face plantaire. Surface de la paupière supérieure tuberculeuse. Tympan petit, surmonté d'un léger pli de la peau allant de l'orbite à l'épaule; d'autres plis très-petits, sur les côtés de l'occiput. Dessus du corps lisse.

Synonymie. *Rana grunniens*. Daud. Hist. Rain. Gren. Crap. pag. 65, pl. 21.

Rana grunniens. Id. Hist. Rept. tom. 8, pag. 127.

Rana grunniens. Merr. Tent. Syst. amph. pag. 174.

Rana histrionica. Boié Erpét. Jav. M. S. S.

Rana hydromedusa. Kuhl. Mus. Lugd. Batav.

Rana subsaltans. Gravenh. Delic. Mus. Zoolog. Vratilav. Batrach. pag. 35, tab. VII.

Rana hydromedusa. Tschudi. Classif. Batrach. Mém. Sociét. Scienc. Nat. Neuch. tom. 2, pag. 80.

DESCRIPTION.

Formes. Cette espèce approche de la taille et de l'ensemble des formes de la Grenouille mugissante, de laquelle on la distingue de suite à la petitesse de son tympan, qui n'a en diamètre que la moitié de la largeur de la paupière supérieure, et à la grandeur et à la grosseur de ses deux rangs de dents vomériennes, situées de manière à simuler un chevron ouvert à son sommet : l'extrémité antérieure de ces rangs de dents touche au bord latéral interne de la narine, et l'extrémité opposée dépasse la saillie transversale et tranchante formée par l'os palatin, en arrière de cette même narine. En continuant l'examen de l'intérieur de la bouche, qui est largement fendue, on voit dans chacun de ses angles le conduit guttural de l'oreille, dont l'ouverture est médiocre et triangulaire ; on remarque aussi à la partie antérieure de la mâchoire supérieure trois petites cavités destinées à loger trois saillies osseuses du bout de la mâchoire d'en bas, saillies qui sont loin d'offrir le développement que présentent celles qu'on observe au même endroit chez l'espèce appelée, à cause de cela, Macrodonte.

La tête de cette Grenouille est déprimée dans son ensemble, qui donne la figure d'un triangle à côté postérieur un peu moins long que les latéraux, ceux-ci se montrent légèrement cintrés; sa surface est presque plane en avant des yeux, un peu convexe en arrière, et ses parties latérales sont en pente très-rapide. Le *canthus rostralis* est faiblement marqué, et le bout du museau, qui est arrondi, s'abaisse assez brusquement vers le menton. Les narines externes s'ouvrent sur la ligne même du *canthus rostralis*, un peu plus près de l'extrémité terminale de la tête que du coin des yeux. Ceux-ci sont assez saillants. La seconde moitié de la surface de la paupière supérieure est tuberculeuse. De l'angle postérieur de l'œil naît un cordon glanduleux, étroit, qui suit une direction inclinée pour arriver à l'épaule, en passant toutefois au-dessus du tympan ; un second cordon semblable aboutit au même endroit que celui-ci, quoique ne commençant qu'à l'angle de la bouche ; mais ce sont les seuls renflements de cette nature qu'on aperçoive sur les parties du corps, si ce n'est cependant quelques-uns fort petits ayant l'apparence de veines sur les parties latérales de la nuque. La peau du tronc est donc lisse, celle de la tête aussi, et l'on pourrait en dire autant des membres, sans la présence de quelques petites pustules sur les jambes. Mises le long des flancs, les pattes de devant arrivent au milieu de la largeur de la cuisse; celles de derrière, placées de la même manière, excèdent le museau de la longueur des orteils. Ceux-ci sont largement palmés jusqu'à leur extrémité ; de même que les doigts, ils sont renflés au bout, et leurs articulations offrent en dessous des pelotes assez développées. La saillie du premier cunéiforme est le seul tubercule existant sous le tarse, il n'y en a aucun à la paume de la main. Tout le dessous du corps est lisse.

Coloration. Nous n'avons jamais vu que deux individus de cette espèce, tous deux appartiennent à notre musée. L'un, et c'est celui qui a servi de modèle à la figure de Daudin, est partout en dessous d'un fauve rubigineux uniforme. C'est par erreur que cet auteur lui donne des traits jaunâtres derrière les yeux ; la face postérieure des cuisses est marbrée de fauve et de brun marron ;

ces deux couleurs se reproduisent sous la forme de taches autour de la mâchoire inférieure; la gorge est de la même teinte que le dos; le ventre est blanc. Notre second sujet a la tête, le dos et la face supérieure des membres d'un brun marron très-sombre, et les flancs d'un marron clair. Le dessous de sa tête est sali de brun fauve, et celui de ses jambes jaspé de blanchâtre, sur un fond brun-clair; sa région abdominale est blanche.

Dimensions. Voici ses principales dimensions : *Tête.* Long. 5". *Tronc.* Long. 9" 6"'. *Membr. antér.* Long. 8'. *Membr. postér.* Long. 7" 7"'.

Patrie. Ce dernier individu vient d'Amboine; l'origine du premier nous est inconnue, mais il paraît que l'espèce se trouve à Java.

Observations. Nous avons conservé à cette espèce le nom sous lequel Daudin a donné la figure de l'un des deux individus que nous venons de décrire. Tout ce qui n'a pas rapport à cet individu dans la description de la *Rana grunniens* de Daudin doit en être retranché, car il y parle d'un second sujet qu'il a également vu dans notre collection, lequel n'est nullement de l'espèce du présent article, mais bien de celle appelée par nous *Rana cutipora;* les détails de mœurs qu'il rapporte d'après Bartram, comme s'appliquant à la Grenouille grognante, sont propres à la *Rana mugiens*, originaire de l'Amérique septentrionale, tandis que la *Rana grunniens* habite les Grandes-Indes; il va sans dire que le *Crapaud des Antilles*, mentionné par Le Romain dans l'Encyclopédie de Diderot, et que Daudin cite aussi comme pouvant être spécifiquement le même que la Grenouille grognante, en est au contraire très-différent. La grenouille grognante est désignée par le nom d'*Histrionica* dans l'Erpétologie de Java de Boié, ouvrage qui est jusqu'ici demeuré manuscrit. Kuhl l'avait nommée *Rana hydromedusa* dans le musée d'histoire naturelle de Leyde. Enfin nous croyons reconnaître la *Rana grunniens* dans la figure et la description de la *Rana subsaltans* de M. Gravenhorst.

16. LA GRENOUILLE MACRODONTE. *Rana macrodon.* Kuhl.

Caractères. Deux grands rangs de dents vomériennes formant un chevron ouvert à son sommet. Deux apophyses dentiformes à l'extrémité de la mâchoire inférieure. Doigts et orteils légèrement renflés au bout, à tubercules sous-articulaires assez forts. Palmure des pieds ayant la même longueur que les orteils, dont le quatrième est d'un tiers plus étendu que le cinquième; un tubercule oblong à la racine de celui-ci, mais aucun autre sur la face plantaire. Paupière supérieure tuberculeuse. Tympan petit, surmonté d'un pli de la peau allant de l'orbite à l'épaule; pas d'autres plis sur les côtés de la nuque. Dessus du corps lisse.

SYNONYMIE. *Rana macrodon*. Kuhl. Mus. Lugd. Batav.

Rana macrodon. Tschudi. Classif. Batrach. Mém. Sociét. Scienc. Nat. Neuch. Tom. 2, pag. 80.

DESCRIPTION.

FORMES. La Grenouille macrodonte est ainsi nommée, parce que le bout de sa mâchoire inférieure donne naissance à deux longues apophyses osseuses, ayant l'apparence de deux grandes dents incisives, légèrement couchées en arrière, lesquelles, lorsque la bouche est fermée, sont reçues dans deux cavités creusées dans la mâchoire supérieure. C'est au reste, avec une largeur plus grande de l'espace interoculaire, la principale différence spécifique qui existe entre cette Grenouille et celle qui fait le sujet de l'article précédent, auquel nous renvoyons pour les détails descriptifs des autres parties du corps. Nous ajouterons cependant que la tête semble être un peu plus allongée chez la Grenouille macrodonte que chez la Grenouille grognante, et qu'on n'y voit pas comme chez celle-ci de petites lignes saillantes sur les parties latérales de la nuque. Quant à la largeur de l'intervalle des yeux, elle est près de moitié plus grande que celle de la paupière supérieure, chez la Grenouille macrodonte, tandis qu'elle l'excède à peine chez la Grenouille grognante.

COLORATION. Nous avons maintenant sous les yeux une série de six individus de la Grenouille macrodonte, ayant depuis onze jusqu'à vingt-six centimètres de longueur, qui tous diffèrent les uns des autres par leur mode de coloration.

Le premier, ou le plus petit, a deux bandeaux, l'un brun, l'autre blanchâtre, en travers du milieu de la tête; ses mâchoires sont d'un fauve clair, avec de grandes taches brunes subquadrilatères; son dos est châtain, portant des taches brunes simulant des chevrons; d'autres taches, ou plutôt des bandes transversales de la même couleur, se montrent sur toute l'étendue des membres, dont le fond est fauve ainsi que celui du dos. Ces deux mêmes teintes fauve et brune forment des marbrures sur la face postérieure des cuisses ; le dessous du corps est blanc, nuancé de châtain sur la poitrine.

Le second diffère du premier en ce que la teinte châtain de son dos est relevée de deux larges bandes d'un fauve clair qui s'étendent depuis les orbites jusqu'à l'extrémité du tronc.

Le troisième n'a pas de bandeau en travers de la tête, et au lieu de deux bandes fauves, une de chaque côté du dos, comme chez le second, il n'en a qu'une seule au milieu, laquelle est irrégulièrement lisérée de brunâtre ; puis sa gorge et sa poitrine sont piquetées de châtain.

Le quatrième reproduit la livrée du premier, mais en couleurs plus vives.

Le cinquième est entièrement d'un brun marron en dessus ; sa gorge offre à peu près la même teinte, mais ses autres régions inférieures sont blanchâtres.

Le sixième enfin a le dessus du corps semblable à celui du précédent, mais avec une ligne blanchâtre qui commence au bout du museau et qui finit à l'orifice anal. Ses mâchoires sont peintes de la même manière que celles des quatre premiers, et un brun de suie clair colore toutes ses parties inférieures.

DIMENSIONS. Les mesures suivantes sont prises du plus grand de nos six sujets. *Tête.* Long. 4" 5'''. *Tronc.* Long. 7" 2'''. *Membr. antér.* Long. 5" 8'''. *Membr. postér.* Long. 16" 4'''.

PATRIE. Sur les six individus dont nous venons de faire la description, cinq proviennent d'un envoi adressé de Java au muséum par M. Diard, le sixième a été recueilli aux Célèbes par MM. Quoy et Gaymard.

17. LA GRENOUILLE DE KUHL. *Rana Kuhlii.* Schlegel.

CARACTÈRES. Dents vomériennes formant un chevron ouvert à son sommet. Deux apophyses dentiformes à la mâchoire inférieure. Museau très-court. Palmure des pieds s'étendant jusqu'au bout des orteils. Renflements sous-articulaires des phalanges assez développés; un seul tubercule au tarse. Dessus du corps lisse. Tympan peu distinct.

SYNONYMIE. *Rana palmata.* Kuhl. M. S. S.

Rana Kuhlii. Schlegel, Mus. Ludg. Batav.

DESCRIPTION.

Formes. La brièveté du museau et l'épaisseur de la peau à la place du tympan, qui par cela même est assez difficile à apercevoir, sont deux caractères à l'aide desquels on peut aisément distinguer cette grenouille de la précédente, avec laquelle elle offre, entre autres points de ressemblance, celui d'avoir la mâchoire inférieure terminée par deux apophyses osseuses en forme de dents, entre lesquelles est une petite éminence commune à toutes les autres espèces du même genre.

La grenouille de Kuhl a la tête fort aplatie, courte ou d'un cinquième plus large que longue; ses côtés forment un angle peu aigu, arrondi au sommet; sa surface, très-légèrement convexe en arrière des yeux, l'est beaucoup plus en avant, ce qui lui donne un chanfrein assez fortement arqué en travers, et empêche de distinguer le *canthus rostralis;* le museau, à peine plus long que n'est large l'intervalle des yeux, s'abaisse brusquement au-devant des narines. Les yeux sont peu saillants; les membranes du tympan, ont en diamètre, la largeur de la paupière supérieure, dont la surface offre quelques petites rides à sa partie postérieure. La bouche est très-large, et en l'examinant à l'intérieur, on voit effectivement que le museau est fort court, car les orifices internes des narines touchent presque au bord antérieur de la mâchoire; entre ces orifices sont les deux rangs de dents vomériennes formant un chevron, dont le sommet, un peu ouvert, est dirigé en arrière. Les os palatins ne font pas la moindre saillie. Les trous gutturaux des oreilles sont subtriangulaires et d'une moyenne grandeur. Les pattes de devant peuvent atteindre à l'extrémité du tronc, et celles de derrière ont la longueur du pied en plus de celle du reste du corps. Les orteils sont palmés jusqu'à leur extrémité; il n'y a d'autre tubercule au tarse que celui qui résulte de la saillie du premier os cunéiforme. La paume de la main est lisse, et les pelottes sous-articulaires des phalanges sont bien distinctes. Il y a comme à l'ordinaire un petit pli allant de l'orbite à l'épaule. La peau paraît parfaitement lisse partout ailleurs que sur les jambes, où l'on remarque un semis de petits tubercules coniques. Nous ne pouvons cependant pas assurer que cela soit un des caractères de l'espèce, car elle ne nous est connue que par le seul individu que nous avons maintenant sous les yeux et dont l'état de conservation est loin d'être parfait.

COLORATION. Tout le dessus du corps est d'un brun foncé uniforme, excepté sur les membres postérieurs, qui sont finement piquetés de la même couleur, sur un fond plus clair. Les régions inférieures sont blanchâtres; il existe une grande tache brune sous le menton.

DIMENSIONS. *Tête*. Long. 2" 8'''. *Tronc*. Long. 5" 2'''. *Memb. antér*. Long. 4" 4'''. *Memb. postér*. Long. 10" 8'''.

PATRIE. Cette espèce habite l'île de Java; notre unique exemplaire nous a été donné par le musée de Leyde.

18. LA GRENOUILLE A GORGE MARBRÉE. *Rana fuscigula*. Nobis.

CARACTÈRES. Deux groupes de dents vomériennes entre les narines. Palmures des pieds aussi longues que les orteils, mais assez profondément échancrées. Renflements sous-articulaires des phalanges médiocrement développés. Point de cordons glanduleux sur les parties latérales du dos, dont la peau se trouve irrégulièrement relevée de plis longitudinaux. Tympan distinct, de moyenne grandeur.

SYNONYMIE ?

DESCRIPTION.

FORMES. La grenouille à gorge marbrée est une espèce de la taille de la *Rana viridis*, mais plus svelte, plus élancée, qui a, comme elle, deux groupes de dents vomériennes situés positivement entre les narines, et dont la peau du dessus du tronc est relevée de plis longitudinaux irrégulièrement interrompus, de même que chez la Grenouille tigrine. Elle manque également, comme cette dernière, de cordons glanduleux sur les côtés du dos. Sa tête est fortement aplatie, moins longue que large, à museau court, peu rétréci, épais, très-arrondi, à face supérieure légèrement convexe en arrière des yeux, à chanfrein plat et élargi, de chaque côté duquel la mâchoire supérieure présente une pente rapide et tant soit peu bombée; le *canthus rostralis* est distinct; les narines s'ouvrent sur ce dernier à une distance un peu plus grande du coin de l'œil que du bout du museau. Les yeux sont peu saillants; leur intervalle est plat et de même largeur que la paupière supérieure, qui offre deux ou trois rides transversales à sa partie postérieure. La peau est mince à l'endroit du tympan, ce qui permet d'en bien apprécier le diamètre, lequel est égal à l'étendue de l'espace inter-oculaire. Un léger pli, parfois même à peine sensible, s'étend de l'orbite à l'épaule. Il existe assez ordinairement une glandule à la commissure de la bouche. Celle-ci est largement fendue; elle renferme une grande langue, assez large à proportion de sa longueur ; sa figure est à peu près celle d'un ovale échancré en arrière, ce qui lui donne deux pointes, comme dans toutes les autres espèces: ces pointes, qui sont obtuses, mais néanmoins extensibles, atteignent ou dépassent même le niveau des trompes d'Eustachi. Ces orifices des conduits gutturaux des oreilles sont triangulaires et une fois plus grands que ceux des narines internes, dont la forme est ellipsoïde. Les sacs vocaux des individus mâles sont d'une petite dimension, et les trous de l'intérieur de la bouche par lesquels l'air y pénètre, sont eux-mêmes fort petits. L'extrémité de la mâchoire inférieure présente deux échancrures angulaires. Les membres antérieurs sont aussi longs que le tronc proprement dit tout entier; les postérieurs ont plus du double de cette étendue, car, couchés le long des flancs, ils dépassent le museau, de toute la longueur du pied. Les membranes natatoires s'étendent jusqu'au bout des orteils, mais comme elles sont assez profondément échancrées en croissant, entre les quatre derniers surtout, elles paraissent plus courtes qu'eux. Le quatrième orteil a une fois et demie la longueur du cinquième. Les tubercules du dessous des articulations des phalanges sont médiocrement développés. Les faces palmaires et les plantaires sont lisses; le premier os cunéiforme est court et étroit. Il n'existe pas la plus légère aspérité sur la peau des régions inférieures.

Coloration. La dénomination que nous imposons à cette espèce indique d'avance le mode de coloration de sa gorge, qui offre effectivement une marbrure brune ou châtain, sur un fond d'un blanc plus ou moins argenté; nous devons dire cependant, qu'assez souvent cette marbrure s'étend sur la poitrine et quelquefois même sur la région antérieure de l'abdomen, régions qui, sans cela, seraient uniformément blanches, comme les faces inférieures des membres. En dessus, c'est tantôt un brun marron, tantôt un brun foncé, tantôt un brun grisâtre, ou bien encore un brun olivâtre qui se trouve répandu partout, sur la tête, le tronc et les extrémités; tantôt aussi ces diverses teintes sont pures de toutes taches, tandis que d'autres fois, elles en sont marquées de noirâtres qui prennent généralement la forme de bandes transversales sur les pattes de derrière. D'autres taches, mais d'une couleur blanchâtre, se montrent isolément ou confondues entre elles sur les parties latérales du tronc et les régions fémorales postérieures; certains individus présentent une bande, également blanchâtre, sur la ligne moyenne et longitudinale du corps, à partir du bout du museau jusqu'à l'orifice anal.

DIMENSIONS. *Tête.* Long. 3". *Tronc.* Long. 6" 6"'. *Memb. antér.* Long. 4" 6"'. *Memb. postér.* Long. 13" 8"'.

PATRIE. La Grenouille gorge-marbrée est originaire de l'Afrique australe; elle est surtout très-commune dans les environs du cap de Bonne-Espérance, d'où feu Delalande nous en a rapporté plus de trente exemplaires. Tous ceux que nous avons ouverts avaient l'estomac remplis de débris de coléoptères appartenant aux genres Bousier, Carabe, Ténébrion, etc., ce qui indique clairement que cette Grenouille s'éloigne volontiers des eaux, au moins pour chercher sa nourriture; car tous les insectes que nous venons de nommer ne vivent pas habituellement dans les localités très-humides.

19. LA GRENOUILLE DE DELALANDE. *Rana Delalandii.* Nobis.

CARACTÈRES. Deux rangs de dents vomériennes continuant en quelque sorte le bord antérieur des narines; membres postérieurs d'une longueur presque double de celle du tronc et de la tête. Doigts et orteils grêles; ces derniers non réunis jusqu'au bout par la membrane natatoire. Paumes et plantes lisses. Peau du dos ridée longitudinalement. Renflements sous-articulaires des phalanges médiocrement développés. Tympan assez grand.

SYNONYMIE ?

DESCRIPTION.

FORMES. Qu'on veuille bien se représenter l'espèce décrite dans l'article précédent ou la Grenouille à gorge marbrée, avec des membres postérieurs plus longs et plus grêles; avec un tympan, n'ayant plus seulement en diamètre la largeur de la paupière supérieure, mais près d'une fois et demie cette largeur; avec des dents vomériennes, non plus réunies en deux groupes au milieu de l'intervalle des narines, mais disposées sur deux rangs légèrement obliques et contigus chacun de son côté à l'extrémité interne du bord antérieur de ces mêmes narines, et l'on aura une idée exacte de l'ensemble de l'organisation de la Grenouille que nous nous plaisons à appeler du nom de celui auquel on en doit la découverte, et que l'on peut citer comme un des voyageurs naturalistes du Muséum d'histoire naturelle, qui ont le plus contribué à réunir dans ce grand établissement scientifique les immenses richesses qu'il renferme aujourd'hui.

COLORATION. Nos exemplaires de la Grenouille Delalande offrent deux modes différents de coloration.

Les uns ont les parties supérieures du corps d'une teinte brune avec un ruban blanchâtre sur le milieu de la tête et du dos, une tache triangulaire noirâtre sur la partie postérieure de chaque orbite; d'autres taches de la même couleur, mais linéaires, à droite et à gauche de leur raie dorsale, des bandes noirâtres aussi en travers des membres, enfin des marbrures noires et blanches sur les régions fémorales. En dessous, ils sont blancs partout, excepté à la gorge, qui est tachetée de brun pâle.

Les autres sont, en dessus, comme tigrés de brun sur un fond gris olivâtre; ils ont une tache brune sur le tympan, un bandeau également brun sur le vertex, et des marbrures aux fesses, semblables à celles de la première variété. Toutes leurs régions inférieures sont blanches.

DIMENSIONS. *Tête.* Long. 3". *Tronc.* Long. 4" 8"'. *Memb. antér.* Long. 5". *Memb. postér.* Long. 14".

PATRIE. Cette espèce est fort commune aux environs du cap de Bonne-Espérance.

20. LA GRENOUILLE A BANDES. *Rana fasciata.* Boié.

CARACTÈRES. Dents vomériennes disposées sur deux rangs contigus aux bords antérieurs des narines. Membres postérieurs près d'une fois et demie plus longs que le reste du corps. Orteils très-allongés, sans palmure au delà de la première phalange. Paumes et plantes lisses. Dos uni ou très-légèrement ridé, sans cordon glanduleux sur les parties latérales. Tympan médiocre.

SYNONYMIE. *Rana fasciata.* Boié. Mus. Lugd. Batav.

Strongylopus fasciatus. Tschudi. Classific. Batrach. Mém. Sociét. scienc. nat. Neuch. tom. 2, pag. 79.

DESCRIPTION.

Formes. Chez aucune espèce du genre qui nous occupe, les extrémités postérieures ne sont aussi grêles, et, pour ainsi dire, aussi démesurément longues que chez la Grenouille à bandes : elles ont effectivement deux fois, même deux fois et demie l'étendue du reste du corps ; mais les pattes de devant ne sortent pas des dimensions ordinaires, leur longueur étant à peu près égale à celle du tronc proprement dit. Les doigts se trouvent conséquemment offrir la même disproportion à l'égard des orteils, dont la gracilité est extrême; le quatrième fait à lui seul plus des deux tiers de l'étendue totale du membre abdominal. La membrane natatoire réunit les orteils à peine au delà de leur première phalange; elle est donc fort courte, et l'on doit ajouter très-mince et peu susceptible de se distendre. Les pelottes sous-articulaires des mains sont proportionnellement plus développées que celles des pieds. Le tronc est étroit; la tête est seulement d'un tiers moins longue que lui; ses côtés forment un angle aigu; elle est déprimée, légèrement convexe à sa partie postérieure; la coupe transversale du museau, faite vers le milieu du chanfrein, donnerait la figure d'un demi-cercle, c'est dire que le *canthus rostralis* est à peine sensible. Les narines sont situées à égale distance de l'œil et du bout du nez. Le tympan est petit; il n'a pas en diamètre tout à fait la largeur de la paupière supérieure, qui est lisse. La langue est ovalaire et divisée en deux petites pointes en arrière. Les dents vomériennes sont disposées exactement de la même manière que chez la Grenouille de Delalande, ou sur deux lignes un peu obliques, contiguës chacune de son côté, au bord antérieur de l'orifice nasal interne. En général la peau du dos est lisse, mais quelquefois cependant elle offre quelques petits plis longitudinaux assez semblables à ceux qu'on observe chez l'espèce précédente avec laquelle d'ailleurs elle a les plus grands rapports.

Coloration. Les diverses variétés que présente cette espèce relativement à son mode de coloration se rapportent à quatre types principaux. Pourtant nous ferons observer que chez toutes, sans exception, la région tympanale porte une tache noire de forme oblongue, et qu'au-dessous de cette tache il existe un trait blanc qui s'avance plus ou moins sur le côté du museau.

Variété A. Le fond des parties supérieures est d'un brun fauve ou olivâtre parsemé de taches noires, parmi lesquelles il en est, comme celles des membres postérieurs par exemple, qui, réunies entre elles, constituent des bandes transversales ; la même chose a lieu sur le sommet de la tête où l'on voit une sorte de bandeau dont les extrémités s'appuient sur les yeux. En dessous, l'animal est blanchâtre.

Variété B. Ici on remarque, de plus que chez la variété précédente, une raie blanche plus ou moins étroite qui parcourt la ligne moyenne du corps, depuis le bout du museau jusqu'à l'orifice anal.

Variété C. Une seule et même teinte fauve ou grisâtre est répandue sur le dessus de la tête et sur la surface du dos ; ce dernier est bordé à droite et à gauche d'une série de taches noires, souvent assez rapprochées l'une de l'autre pour former une bande à marges dentelées ou déchiquetées. Une raie noire occupe la ligne qui conduit directement du coin de l'œil à l'ouverture de la narine. Les flancs sont marbrés de blanc, de fauve, de noir et de grisâtre ; la face postérieure des cuisses offre un semis de points blancs sur un fond noir ; des bandes de cette dernière couleur coupent transversalement leur face antérieure, ainsi que le tarse et quelquefois aussi la jambe.

Variété D. Cette variété ne présente plus de taches noires ailleurs que sur les membres postérieurs, encore sont-elles peu nombreuses ; ses régions supérieures sont marquées longitudinalement de cinq ou sept rubans noirs, alternant avec un égal nombre de bandes blanches, dont une occupe toujours la région rachidienne.

DIMENSIONS. Cette description est faite sur plus de quarante individus ayant tous une taille au-dessous de celle de notre Grenouille commune. *Tête.* Long. 1" 8"'. *Tronc.* Long. 2" 8"'. *Memb. antér.* Long. 3". *Memb. postér.* Long. 70" 3"'.

PATRIE. La Grenouille à bandes se trouve au cap de Bonne-Espérance. Nous ne savons rien sur ses mœurs. Mais la conformation de ses membres postérieurs doit faire supposer que ses habitudes sont peu aquatiques. Nos individus proviennent des récoltes faites dans l'Afrique australe par feu Delalande et M. J. Verreaux, son neveu.

Observations. Nous lui conservons le nom par lequel feu Boié avait désigné dans le musée de Leyde des sujets appartenant sans doute à notre quatrième variété, nom sous lequel l'espèce a depuis été citée par M. Tschudi comme type d'un genre particulier, qu'il a appelé *Strongylopus.* C'est une division que nous n'avons pas cru devoir adopter, attendu qu'elle n'est véritablement fondée que sur cette légère différence qui consiste en ce que, chez la Grenouille à bandes, les dents vomériennes sont situées sur la même ligne que le bord antérieur des narines, tandis que chez les autres espèces de Grenouilles elles sont placées plus en arrière ou entre les deux orifices des conduits olfactifs. M. Tschudi dit aussi, il est vrai, que le tympan n'est pas distinct au travers de la peau chez cette même Grenouille à bandes, mais c'est une erreur; car on l'aperçoit au contraire très-bien, et même beaucoup mieux que dans la *Rana Kuhlii*, qu'il a cependant placée parmi les Grenouilles, quoiqu'à plusieurs égards elle s'en éloigne plus que l'espèce du présent article.

IVᵉ GENRE. CYSTIGNATHE. — *Cystignathus* (1). Wagler.

(*Leptodactylus*, Fitzinger; *Cystignathus*, *Crinia* et *Pleurodema*, Tschudi; *Doryphorus*, Weise.)

CARACTÈRES. Langue grande, ovale ou circulaire, entière ou échancrée à son bord postérieur, mais toujours libre en arrière. Des dents vomériennes disposées sur une rangée transversale plus ou moins longue, plus ou moins largement interrompue au milieu, située entre les narines inférieures, ou en arrière de leur bord postérieur. Tympan tantôt bien distinct, tantôt à peine visible. Trompes d'Eustachi tantôt petites, tantôt plus ou moins grandes. Quatre doigts non palmés, avec ou sans rudiment de pouce. Orteils tout à fait libres ou réunis à leur base seulement par une membrane qui parfois s'étend en bordure le long de leurs faces latérales. Un sac vocal sous-gulaire ou deux latéraux communiquant avec la

(1) De κυστις, vessie, et de γναθος, mâchoire; en raison de la vessie aérienne, ou du sac vocal qui se voit sous la mâchoire.

bouche par deux fentes situées, l'une à droite, l'autre à gauche de la langue. Apophyses transverses de la vertèbre sacrée non dilatées en palettes.

C'est peut-être moins à Wagler qu'à Fitzinger qu'appartient la priorité relativement à la formation du genre dont nous allons traiter; car, dès 1826, ce dernier auteur l'avait déjà indiqué sous le nom de *Leptodactylus*, dans sa *Nouvelle classification des Reptiles;* mais sans le caractériser comme il l'aurait dû être, ou comme il l'a été plus tard par Wagler dans son *Naturalische System*, d'après la conformation de la langue, l'existence de dents au palais, la présence visible du tympan, etc., etc.; tandis que M. Fitzinger s'était contenté de le distinguer des Grenouilles par la seule gracilité des doigts, caractère sans la moindre valeur, et qui même eût été insuffisant pour faire reconnaître l'identité du genre *Leptodactylus* avec le genre *Cystignathus*, si les espèces citées comme en étant les types ne prouvaient heureusement qu'ils ont tous deux été formés avec les mêmes éléments, c'est-à-dire avec la *Rana typhonia* de Daudin, la *Rana mystacea* de Spix, la *Rana sibilatrix* du prince de Wied, etc., etc.

Nous conservons au présent genre le nom de *Cystignathus* préférablement à celui de *Leptodactylus*, parce que c'est le nom sous lequel il a été pour la première fois défini d'après des principes vraiment scientifiques. Toutefois nous avons dû apporter certaines modifications à la caractéristique que Wagler a donnée du genre *Cystignathus*, afin d'y faire entrer des espèces qui, sans cela, s'y seraient refusées, et qu'on n'aurait pourtant pu en exclure qu'en brisant les rapports naturels qui les unissent à celles qui s'y trouvaient déjà rangées. Ainsi, bien que pour composer notre genre Cystignathe nous n'ayons tenu compte ni de la forme et de la grandeur de la tête, ni de la présence ou de l'absence d'un rudiment de membrane entre les orteils ou le long de leurs bords, ni de l'intégrité ou de la non-intégrité de la marge postérieure de la langue, il n'en constituera pas moins pour cela un groupe aussi naturel que celui de Wagler. Nous pensons même qu'établi sur des bases plus larges, notre genre Cystignathe offrira l'avantage de pouvoir encore admettre par la suite des espèces pour lesquelles, si l'on adoptait rigoureusement la manière de voir de Wagler, à l'égard de son genre *Cystignathus*, il faudrait en créer de nouveaux, sans nécessité réelle pour la science, et nous pourrions même dire à son détriment.

Nous réunissons aussi à nos Cystignathes le genre *Crinia* et le genre *Pleurodema* de M. Tschudi, qui ne s'en distingueraient, le premier, que par une langue entière et un petit nombre de dents au palais; le second, par la présence d'une glande sur chaque flanc, et tous deux parce qu'ils manquent de rudiments de membranes entre les orteils, et que l'invisibilité de leur tympan serait complète, ce qui n'est certainement pas exact.

Tel que nous le comprenons, le genre Cystignathe réunira toutes les espèces de Raniformes à tête non cuirassée, à tympan plus ou moins visible, à paupière supérieure non prolongée en pointe et à talon sans éperon tranchant, qui ont les orteils tout à fait libres ou seulement réunis à leur racine par une membrane rudimentaire, des dents au palais, une vessie vocale, et chez lesquelles les apophyses transverses de la neuvième vertèbre ne sont pas dilatées en ailes ou en palettes, comme chez les Pélobates, les Sonneurs, les Alytes, les Pélodytes, etc., mais cylindriques, ou à peu près cylindriques, de même que dans les Grenouilles.

On trouvera parmi nos Cystignathes des espèces à formes sveltes, élancées, et d'autres à corps trapu, à membres courts; mais toutes néanmoins ont leur charpente osseuse construite sur le même type que celui des Grenouilles.

Leurs viscères ressemblent aussi à ceux de ces dernières.

Le tableau synoptique suivant pourra donner d'avance l'idée des principales différences que présentent entre elles les onze espèces de Cystignathes que nous allons maintenant décrire.

TABLEAU SYNOPTIQUE DES ESPÈCES DU GENRE CYSTIGNATHE.

Tympan	grand, bien distinct : dents vomériennes	partagées en deux rangs	en arcs brisés : orteils	bordés d'une membrane	1. C. Ocellé.
				sans membrane	2. C. Galonné.
			simples		5. C. Labyrinthique.
		sur un seul rang, à peine interrompu,	court		3. C. Macroglosse.
			long		4. C. Grêle.
	petit, peu distinct : dents vomériennes en	une rangée transversale	longue, entière		6. C. de Péron.
			courte, interrompue au milieu		9. C. Rose.
		deux très-petits groupes	entre les arrière narines: flancs	portant une grosse glande	7. C. de Bibron.
				sans glande	8. C. a doigts noueux.
			en arrière de l'entre-deux des narines : langue	entière	10. C. Géorgien.
				échancrée	11. C. du Sénégal.

Espèces a tympan bien distinct.

1. LE CYSTIGNATHE OCELLÉ. *Cystignathus ocellatus.* Wagler.
(Voyez Pl. 87, fig. sans n°. La bouche ouverte.)

Caractères. Dents vomériennes disposées sur deux rangs plus ou moins allongés en arcs brisés. Langue subcordiforme. Arrière-narines et trompes d'Eustachi assez grandes. Tympan bien distinct. Orteils bordés d'une petite membrane, à droite et à gauche. Peau du dos offrant des renflements glanduleux longitudinaux chez les jeunes sujets, lisse chez les adultes; mais de grosses glandes sur les flancs de ces derniers.

Synonymie. *Rana maxima virginiana eximia rara.* Seb. Tom. 1, pag. 119, tab. 75, fig. 1.

Rana maxima virginiana, *etc.* Klein. Quad. disposit. pag. 118.

Rana ocellata. Linn. Mus. Adolph. Freder. tom. 2, pag. 39.

Rana ocellata. Id. Syst. Nat. Edit. X, tom. 1, pag. 211, n° 9.

Rana ocellata. Id. Syst. Nat. Edit. XII. Tom. 1, pag. 356, n° 10.

Rana pentadactyla. Laur. Synops. Rept. Pag. 32, n° XXIII.

Rana ocellata. Gmel. Syst. Nat. Linn. Tom. 3, p. 1052, n° 10.

Rana pentadactyla. Id. loc. cit. n° 27.

Variété de la Grenouille mugissante. Lacép. Quad. Ovip. Tom. 1, pag. 543, pl. 38.

Variété de la Grenouille mugissante. Bonnat. Erpét. Encyclop. Méthod. pag. 7, pl. 3, fig. 2.

Rana ocellata. Schneid. Hist. Amph. Fasc. I, pag. 116.

Rana ocellata. Shaw. Gener. Zool. Tom. 3, part. 1, pag. 108, pl. 34 (Cop. Seb.)

Rana ocellata. Daud. Hist. Nat. Rain. Gren. Crap. pag. 61, pl. 19.

Rana rubella. Id. loc. cit. pag. 56, pl. 17, fig. 1.

Rana ocellata. Id. Hist. nat. rept. Tom. 8, pag. 118.

Rana rubella. Id. loc. cit. pag. 109.

La Grenouille rougette. Latr. Hist. rept. tom. 2, pag. 160.

Rana ocellata. Merr. Tent. Syst. Amph. pag. 176, n° 15.

Rana Daudinii. Var. g? (Rubella Daud.) Id. loc. cit. pag. 177, n° 18.

Rana gigas. Spix. Spec. Nov. Ran. Brasil. pag. 25, tab. 1.

Rana pachypus. Id. loc. cit. pag. 26, tab. 2, fig. 1-2.

Rana pachypus, juv. Id. loc. cit. pag. 26, tab. 3, fig. 1.
Rana mystacea. Id. loc. cit. pag. 27, tab. 3, fig. 2-3.
Rana coriacea. Id. loc. cit. pag. 29, tab. 5, fig. 2.
Rana pygmæa, Id. loc. cit. pag. 30, tab. 6, fig. 2.
Rana pachypus. Maxim. Wied. Beitr. Naturgesch. Brasil. tom. 1, pag. 540.
Rana sibilatrix. Id. loc. cit. pag. 545.
Rana sibilatrix. Id. Rec. Pl. Color. Anim. pag. et pl. sans n^os^. Fig. 2.
Rana ocellata. Fitzing. Classif. rept. pag. 64.
Leptodactylus sibilatrix. Id. loc. cit.
Rana ocellata. Gravenh. Delic. Mus. Zoolog. Vratilav. Batrach. pag. 42.
Rana pachypus. Id. loc. cit. pag. 43.
Cystignatus pachypus. Wagl. Icon. Amph. Tab. 21.
Cystignathus ocellatus. Tschudi. Classif. Batrach. Mém. Sociét. scienc. nat. Neuch. Tom. 2, pag. 78. Exclus. Synon. *Rana typhonia.* Daud. (*Cyst. Typhonius* nob.); *Rana maculata.* Daud. (Hyla...?); *Rana labyrinthica.* Spix. (*Cyst. labyrinthicus* nob.)

DESCRIPTION.

FORMES. L'examen comparatif que nous avons fait avec le plus grand soin d'un certain nombre d'individus appartenant bien évidemment tous à l'espèce du Cystignathe ocellé, nous a fourni une nouvelle preuve de ce que nous avions déjà plusieurs fois eu l'occasion d'observer, à savoir que l'ensemble des formes et les proportions relatives de la tête, chez les animaux qui nous occupent, sont loin d'offrir des caractères propres à distinguer sûrement une espèce d'avec une autre, ainsi que paraissent le croire plusieurs erpétologistes distingués, parmi lesquels il en est même qui vont jusqu'à faire entrer dans les diagnostiques de leurs divisions génériques le plus ou moins de longueur que présente le museau.

Nous avons maintenant sous les yeux une série de plus de vingt individus de l'espèce du Cystignathe ocellé, offrant depuis six centimètres jusqu'à quatre décimètres de longueur, mesurés du bout du museau à l'extrémité des membres postérieurs. Chez les uns la tête est un peu plus longue que large, chez les autres elle est d'un quart plus étendue en largeur qu'en longueur; ceux-là l'ont épaisse, ceux-ci très-déprimée; il en est dont le museau est pointu, attendu que les côtés de la tête forment un angle plus ou moins aigu, au lieu de décrire une ligne fortement arquée, dont la partie la plus convexe correspond au museau, et les deux extrémités à chacun des angles de la bouche, comme cela se voit particulièrement chez les sujets à tête courte et aplatie; tantôt le chanfrein est un peu bombé, tantôt il est plat et même légèrement creusé d'un sillon au milieu. Néanmoins, chez tous, le *canthus rostralis* est bien prononcé. Chez les individus à museau court, celui-ci s'abaisse brusquement en avant des narines; chez ceux à museau long, il se termine par une pente douce. Les yeux sont saillants; la largeur de leur intervalle est la même, ou est un peu plus considérable que celle de la paupière supérieure, dont la surface est parfaitement lisse. Le tympan est bien distinct, son diamètre tantôt est égal à l'entre-deux des narines, tantôt beaucoup moindre que cet espace internasal; cette différence ne paraît pas dépendre de celle des sexes. La bouche est grande et la langue aussi; celle-ci a une forme en cœur, étant légèrement rétrécie en avant, élargie et un peu échancrée en arrière; elle est lisse, médiocrement épaisse et comme spongieuse. Les dents vomériennes constituent deux rangs transversaux en arcs brisés, presque contigus, situés immédiatement en arrière des narines, le long du bord desquelles ils s'étendent plus ou moins de chaque côté; quelquefois pourtant ils dépassent à peine à droite et à gauche l'entre-deux des ouvertures olfactives, qui sont ovalaires et un peu moins grandes que celles des conduits gutturaux de l'oreille, dont la forme est triangulaire.

Les sacs vocaux des individus mâles ne sont point apparents au dehors : ils produisent bien un certain renflement de chaque côté de la gorge, lorsque l'animal les gonfle; mais n'ayant pas d'issues le long des bords de la bouche, ils ne peuvent pas se dilater à l'extérieur, comme cela s'observe chez la Grenouille verte commune et chez une autre espèce de Cystignathe, que Daudin a nommée la Grenouille galonnée. C'est par une fente longitudinale, et non par un simple trou, que l'air pénètre dans ces sortes de vessies, fente qui n'est pas non plus située, comme c'est le cas le plus ordinaire, sous l'aplomb des trompes d'Eustachi, mais plus en avant, ou le long de la dernière portion de la longueur de la branche sous-maxillaire.

Chez la plupart des Grenouilles, il existe, à l'extrémité de la mâchoire inférieure en avant, soit deux échancrures triangulaires, soit deux ou trois saillies plus ou moins développées ; ici, on n'observe qu'une de ces dernières à laquelle correspond une cavité creusée dans les os intermaxillaires. Cette espèce a les membres bien développés : ceux de derrière ont une longueur double de celle du tronc proprement dit ; ceux de devant ont à peu près la même étendue que les flancs ; ils présentent cette particularité que chez les mâles, ils sont beaucoup plus gros que chez les femelles, ce qui tient au développement considérable de leurs muscles. Les membres antérieurs des individus mâles offrent en outre le long et en dehors du second doigt deux gros tubercules dont l'extrémité amincie est emboîtée dans un petit dé de corne analogue à celui qui protége la portion terminale des orteils des Dactyléthres. L'un de ces tubercules est la pointe même ou la phalangette du premier doigt ou du pouce, lequel, chez les Batraciens anoures, est presque toujours enseveli sous la peau ; l'autre est une saillie ou une sorte d'apophyse osseuse qui prend naissance sur le bord latéral interne du métacarpien du second doigt, os qui est ici très-fort, très-épais et très-large. Du reste, les doigts dans les deux sexes sont cylindriques légèrement renflés au bout, et le dessous de chacune de leurs articulations offre une petite protubérance arrondie ; il y a un gros tubercule oblong à la base du second doigt, si l'on fait abstraction du pouce, à cause de son état rudimentaire ; puis il y en a un autre au moins aussi fort et cordiforme sous la portion basilaire des deux derniers doigts. Les orteils, qui sont longs et grêles, ont aussi des renflements sous leurs articulations ; on distingue un rudiment de membrane entre chacun d'eux tout à fait à leur racine et un petit pli tout le long de leurs faces latérales. Le premier os cunéiforme fait une saillie oblongue ; mais c'est le seul tubercule que présente le métatarse. Un cordon glanduleux règne de chaque côté du dos depuis l'orbite jusqu'à l'origine de la cuisse ; un autre, qui commence au même endroit, se dirige vers l'épaule en suivant la courbure du tympan, au-dessous duquel on en voit un troisième se liant au second par son extrémité postérieure, et touchant à l'angle de la bouche par son extrémité antérieure ; enfin, il y en a un quatrième qui part aussi du même point pour s'avancer sur le flanc, dont il parcourt toute la ligne moyenne et longitudinale ; avec l'âge, celui-ci se divise en plus ou moins de parties, lesquelles constituent autant de glandes de forme irrégulière et souvent assez grosses. Les jeunes sujets ont la peau du dos relevée de plusieurs plis longitudinaux qui s'effacent peu à peu avec l'âge, de sorte qu'il n'en reste plus aucune trace lorsque l'animal est parvenu à la moitié environ de son entier développement. Tout le dessous du corps est lisse.

COLORATION. La plupart des individus que nous avons observés ont le fond des parties supérieures d'un brun grisâtre ou roussâtre. Les côtés du museau portent chacun une raie noire qui s'étend de son extrémité à l'angle de l'œil, en passant par la narine ; une bande également noire va du bord inférieur et postérieur de l'orbite à l'épaule ; une tache élargie, de la même couleur occupe la région inter-orbitaire ; d'autres taches noires plus ou moins allongées, ou arrondies sont distribuées par séries longitudinales sur le dos et les flancs ; le dessus des membres en offre qui sont très-dilatées en travers. Le dessous du corps est blanc, excepté vers les parties postérieures qui sont généralement nuagées de brun ou de grisâtre.

Il y a des sujets dont les taches des parties supérieures se confondent entre elles de manière à former une marbrure ; on a alors la *Rana gigas* de Spix. Chez d'autres il n'en existe plus du tout, ou la couleur du fond est si sombre qu'on ne peut plus les distinguer ; telle est la *Rana coriacea* du même auteur.

DIMENSIONS. *Tête*. Long. 4" 5"'. *Tronc*. Long. 11" 5"'. *Memb. antér*. Long. 8" 5"'. *Memb. postér*. Long. 24" 5"'.

PATRIE. Cette espèce est répandue dans toute l'Amérique méridionale ; elle se trouve aussi aux Antilles, car nous possédons un individu qui en a été rapporté par M. Moreau de Jonès, et deux qui nous ont été envoyés de la Dominique par madame Rivoire. Nos sujets du continent américain proviennent du Brésil, de Buénos-Ayres et de Cayenne ; nous les devons aux soins de MM. Delalande, Gaudichaud et d'Orbigny.

Observations. C'est encore dans le *Thesaurus naturæ* de Seba, recueil vraiment remarquable par le nombre considérable d'espèces de reptiles qui y sont représentés, si surtout l'on fait attention à la date de sa publication (1734) que se trouve la première figure du Batracien que nous venons de décrire ; figure qui, malgré ses imperfections, ne laisse cependant pas d'être très-reconnaissable pour tout erpétologiste un peu exercé. Ce même Batracien a été ensuite décrit par Linné dans le museum du prince Adolphe Frédéric, sous le nom de *Rana ocellata*, puis désigné de la même manière dans la dixième et la douzième édition du *Systema naturæ*, où l'auteur lui a donné pour synonymes, avec raison, la *Rana maxima Virginiana* de Séba (1), mais à tort la *Rana halècina* de Kalm, qui est une vraie Grenouille, la *Rana maxima* de Catesby, qui en est une autre, ou notre *Rana mugiens*, enfin la *Rana maxima* de Brown, qu'il est au reste bien difficile de déterminer; Linné, comme on le voit, confondait au moins trois espèces différentes sous la même dénomination.

Laurenti a aussi mentionné notre espèce dans son *Synopsis*, mais il l'a appelée *Rana pentadactyla*; il y a bien rapporté la figure de Séba qui la représente réellement (la première de la planche 75 du tome I), puis il a cité comme en étant une variété, un individu avec un rudiment de cinquième doigt (sans doute un mâle) qu'il avait eu l'occasion d'observer en nature.

Gmelin a fait un double emploi de la *Rana ocellata* de Linné, en introduisant aussi la *Rana pachydactyla* de Laurenti dans la treizième édition du *Systema*. Il est question du Cystignathe ocellé dans l'histoire naturelle des quadrupèdes ovipares de Lacépède, à l'article de la Grenouille mugissante, à laquelle cet auteur l'a associé comme variété; il en a même donné une figure d'après un individu de notre collection nationale, en faisant remarquer avec beaucoup de raison que la *Rana pachydactyla* de Laurenti paraissait s'en rapprocher.

Schneider a décrit avec la précision qui le caractérise quelques individus du Cystignathe ocellé qu'il avait observés dans différents cabinets et qu'il a bien reconnus être les mêmes que la *Rana ocellata* de Linné.

La figure de la Grenouille ocellée de Daudin, qui au reste a été faite d'après le même modèle que la variété de la Grenouille mugissante de Lacépède, mais par un artiste plus habile, représente l'âge adulte du Cystignathe ocellé, dont un jeune individu se trouve aussi figuré dans l'histoire naturelle des Grenouilles, des Rainettes et des Crapauds, sous le nom de *Rana rubella*, espèce, comme on le voit, purement nominale, que Merrem a considérée comme une variété de sa *Rana Daudinii* formée de la réunion de la *Rana punctata* et de la *Rana plicata* de Daudin, qui sont l'une la

(1) Tom. I, tab. 75, fig. 1.

femelle, l'autre le mâle du Batracien anoure appelé aujourd'hui *Pelodytes punctatus*.

Là ne s'arrête malheureusement pas le nombre déjà assez grand des diverses dénominations données inutilement au Cystignathe ocellé; car Spix l'a presque doublé en y ajoutant celles de *Rana gigas* pour les sujets adultes, de *Rana pachypus* pour les individus mâles, de *Rana coriacea* pour ceux dont la peau est d'une teinte brune uniforme, de *Rana mystacea* pour ceux chez lesquels la raie noire du *canthus rostralis* est bien prononcée, enfin de *Rana pygmea* pour les sujets très-jeunes.

Le prince de Wied a également concouru à augmenter cette liste en imposant le nom de *Rana sibilatrix* à un Cystignathe ocellé d'une taille au-dessous de la moyenne.

Il faut éliminer de la synonymie du *Cystignathus ocellatus* dressée par M. Tschudi, la *Rana typhonia* de Daudin et la *Rana labyrinthica* de Spix, qui en sont toutes deux spécifiquement différentes, ainsi que la *Rana maculata* de Daudin que nous soupçonnons même d'appartenir à un autre genre ou à celui des Rainettes.

2. LE CYSTIGNATHE GALONNÉ. *Cystignathus typhonius*. Nobis.

Caractères. Dents vomériennes formant deux rangs en arcs brisés, placés sur la même ligne transversale; langue subcordiforme. Arrière-narines et trompes d'Eustachi assez grandes. Tympan bien distinct. Orteils non bordés de membranes. Peau du dos relevée de plis glanduleux, au milieu, ou de chaque côté seulement.

Synonymie. *Rana fusca*. Schneid. Hist. amphib. Fasc. 1, pag. 130.

Rana typhonia. Daud. Hist. Rain. Gren. Crap. pag. 55, pl. 56, fig. 3 et 4. Exclus. synon. *Rana Virginiana*. Séb. tom. 1, pl. 75, fig. 4; *Rana Virginica*, Laurenti; *Grenouille galonnée*, Bonnat. (*Rana hylacina* ?).

Rana Virginica. Merr. Tent. syst. amph. pag. 177. Exclus. synom. *Rana Virginiea*, Gmel; *Grenouille de Virginie*, Lacép. (*Rana hylacina* ?)

Cystignathus ocellatus (en partie). Tschudi. Classif. Batrach. Mém. Sociét. scienc. nat. Neuch. tom. 2, pag. 78.

DESCRIPTION.

Formes. Quoique nous reconnaissions cette espèce comme très-voisine de la précédente, nous ne pouvons cependant pas nous refuser à l'en séparer par les considérations suivantes, qui ne sont pas sans importance. Elle n'a effectivement ni les doigts, ni les orteils garnis latéralement d'une petite membrane, ainsi que cela s'observe très-distinctement chez les Cystignathes ocellés, quel que soit leur âge ; et les mâles en particulier se distinguent de ceux de ces derniers, en ce qu'ils manquent de tubercules pointus au premier doigt, et que, comme les individus du même sexe de la Grenouille verte, ils présentent le long des deux tiers postérieurs de l'étendue de leur branche sous-maxillaire, à droite et à gauche en dehors, une fente qui donne issue à leur vessie vocale, lorsqu'ils la remplissent d'air, tandis que dans le Cystignathe ocellé le gonflement de cet organe s'opère complétement à l'intérieur.

Nous pourrions ajouter que, selon toute apparence, le Cystignathe galonné ne parvient pas à une taille à beaucoup près aussi considérable que le Cystignathe ocellé, car l'un de nos sujets appartenant à la première espèce a déjà perdu ces plis dorsaux que nous savons être un caractère du jeune âge chez la seconde ; ce sujet a tout au plus la longueur d'une Grenouille rousse de moyenne grosseur, au lieu que les autres, dont la grandeur est moindre, présentent encore ces plis en même nombre, et disposés de la même manière que chez le Cystignathe ocellé.

Coloration. Ces sujets du Cystignathe galonné, dont nous venons de parler, sont au nombre de trois, et tous trois diffèrent l'un de l'autre par leur mode de coloration ; celui du plus petit, qui est un mâle, se compose à ses parties supérieures de taches semblables, pour la forme et la distribution, à celles que présente aussi le dessus du corps de la plupart des Cystignathes ocellés ; seulement elles sont plus pâles, ainsi que la teinte qui leur sert de fond. Il y a de plus que chez ceux-ci une ligne blanchâtre sur la région rachidienne, et deux de chaque côté du dos, puis une suite de très-petits points blancs rapprochés l'un de l'autre, le long de la ligne moyenne et longitudinale de la face postérieure de la cuisse.

Notre second sujet est une femelle ; il se distingue du premier en ce que ses taches sont moins nombreuses et presque linéaires, et qu'au lieu d'une raie, c'est une large bande blanche qui parcourt longitudinalement le milieu de sa tête et de son dos, dont le fond est décoloré.

Le troisième, dont le sexe est le même que celui du précédent, a toutes ses régions supérieures d'une couleur olivâtre, presque sans taches, tant elles sont peu apparentes, excepté sur les membres où elles forment des bandes transversales. Comme chez les deux autres, ses cuisses offrent une ligne de points blancs le long de leur face postérieure, son *canthus rostralis* est marqué d'une raie noire, et sa tempe d'une bande de la même couleur, mais tout le dessous de son corps présente une teinte jaunâtre.

DIMENSIONS. *Tête*. Long. 1" 8'''. *Tronc*. Long. 3" 5'''. *Memb. antér*. Long. 3" 5'''. *Memb. postér*. Long. 8" 2'''.

PATRIE. Le Cystignathe galonné se trouve à la Guyane française et à Surinam. Daudin dit avoir vu un individu recueilli dans ce dernier pays par Levaillant, et la femelle, dont nous venons de donner les principales dimensions, a été rapportée de la Mana par MM. Leschenault et Doumerc.

Observations. Les deux premiers des trois individus dont il vient d'être question sont les types de la Grenouille galonnée de Daudin, qui les a fait représenter l'un et l'autre sur une des planches de son histoire des Grenouilles et des Rainettes. Il est évident que cet auteur s'est trompé en rapportant à la présente espèce la Grenouille figurée sous le n° 4 de la planche 75 du tome 5 du Trésor de la nature, car cette dernière a les pieds largement palmés, au lieu que le Cystignathe galonné manque réellement de membranes natatoires. La *Rana Virginica* de Laurenti, celle qui est établie d'après la figure donnée par Séba, que nous venons de citer, devient conséquemment un autre synonyme à rayer du nombre de ceux donnés par Daudin à sa Grenouille galonnée; mais, selon nous, il a eu raison de considérer la *Rana fusca* de Schneider comme lui étant spécifiquement semblable, tandis que c'est peut-être à tort qu'il a fait la même chose à l'égard de la *Rana typhonia* de Linné, qui a parlé de ces espèces en termes si vagues qu'il est pour ainsi dire impossible de les déterminer d'une manière précise.

3. LE CYSTIGNATHE MACROGLOSSE. *Cystignathus macroglossus.* Nobis.

Caractères. Un fort rang de dents vomériennes interrompu au milieu, situé entre les arrière-narines, qui sont petites et arrondies. Langue très-grande, épaisse, fongueuse, circulaire, entière, libre à son bord postérieur. Trompes d'Eustachi très-petites, tympan bien distinct. Orteils bordés de membranes. Un renflement glanduleux longitudinal, au-dessus de l'oreille. Dos semé de tubercules arrondis.

Synonymie ?

DESCRIPTION.

Formes. Nous nommons ce Cystignathe macroglosse, parce qu'en effet sa langue est proportionnellement plus grande que chez aucun de ses congénères. Elle a la forme d'un disque parfaitement circulaire, qui couvre entièrement le plancher de la cavité buccale ; libre en arrière, amincie sur ses bords et fort épaissé au centre, elle a toute sa surface revêtue de grosses papilles filiformes qui lui donnent l'apparence d'une étoffe veloutée ou laineuse. La bouche est moins largement fendue que celle du Cystignathe ocellé. La tête est courte, fortement arrondie en avant. Les narines sont situées au sommet du museau, laissant entre elles un espace égal à la largeur de la région interoculaire. Le *canthus rostralis* est bien marqué, mais court, car il s'arrête à la narine, au devant de laquelle le museau s'abaisse vers la mâchoire inférieure en s'arrondissant beaucoup. Les yeux sont grands, saillants et à pupille vertico-ovale. Le tympan a en diamètre les deux tiers de la longueur de la fente des paupières ; il est très-distinct, car la peau qui le recouvre est excessivement mince. Les ouvertures des trompes d'Eustachi sont au contraire très-petites et situées tout à fait dans les angles de la bouche. Les dents qui arment le palais sont placées entre les arrière-narines, à peu près au niveau de leur bord postérieur ; comme celles-ci sont peu écartées, le rang que forment ces dents est assez court, mais fort élevé ; il est légèrement interrompu au milieu. Les orifices des arrière-narines sont arrondis, très-petits, mais moins cependant que ceux des conduits gutturaux des oreilles. L'entre-deux des yeux est légèrement concave ; le front et le chanfrein sont plats et très-courts. Les membres de devant, couchés le long du tronc, atteignent les aines; ceux de derrière, placés de la même manière, dépassent le museau de toute la longueur du pied. Les doigts, au nombre de quatre et sans rudiment de pouce, sont très-déprimés, fort amincis à leurs bords et pourvus d'un tubercule bien prononcé sous chacune de leurs articulations. La paume de la main offre deux gros renflements oblongs placés comme les deux branches d'un V. Les orteils sont encore plus aplatis que les doigts et garnis latéralement d'une membrane mince qui, à leur base, les réunit entre eux. De même que les doigts, ils présentent des renflements sous-articulaires très-saillants.

Le tarse lui-même a son bord externe muni d'une petite membrane flottante. Le tubercule produit par le premier os cunéiforme est médiocre, oblong, un peu aplati, résistant; du côté opposé, on en voit un autre beaucoup plus petit. Des verrues légèrement convexes et lisses sont éparses sur la tête, le dos et le haut des flancs ; la région moyenne de ceux-ci est comme granuleuse. La surface des paupières supérieures est ridée et mamelonnée ; un renflement longitudinal s'étend au-dessus du tympan depuis l'angle postérieur de l'œil jusqu'en arrière de l'épaule. Les coins de la bouche, en dehors, sont glanduleux. Toutes les régions inférieures sont lisses.

Coloration. Le dessus du corps offre partout une teinte d'un blanc olivâtre, nuancé de gris cendré ; les tympans sont bruns. Des marbrures de la même couleur sont répandues sur la face postérieure des cuisses, dont le dessous présente une teinte rosée. Les autres parties inférieures de l'animal sont lavées de jaunâtre.

Dimensions. *Tête*. Long. 2" 4"'. *Tronc*. Long. 4" 2"'. *Memb. antér*. Long. 3" 5"'. *Memb. postér*. Long. 9" 8"'.

Patrie. Le Cystignathe macroglosse ne nous est connu que par un seul individu recueilli à Montévideo par M. Gaudichaud.

4. LE CYSTIGNATHE GRÊLE. *Cystignathus gracilis*. Nobis.

Caractères. Dents vomériennes formant une longue rangée transversale, étroite, à peine interrompue au milieu et située assez en arrière des narines inférieures. Langue sub-cordiforme. Trompes d'Eustachi de moyenne grandeur ; tympan distinct.

Synonymie ?

DESCRIPTION.

FORMES. L'Amérique méridionale produit une quatrième espèce de Cystignathe qui se distingue particulièrement de l'ocellé par ses formes plus élancées, par sa tête plus étroite, par son museau tout à fait pointu, par la disposition de ses dents vomériennes dont les deux rangées sont minces, rectilignes, contiguës et situées assez loin en arrière des narines ; enfin par la gracilité de ses pattes de derrière et surtout de ses orteils.

COLORATION. Son dos est d'un brun fauve, avec une bande médiane blanche, qui s'étend entre deux bandes brunes, à partir du vertex jusqu'à l'extrémité du tronc; ses flancs offrent aussi chacun une bande brune, quelquefois divisée en taches de forme irrégulière et au-dessous de laquelle se trouve une raie blanche qui lui est parallèle. Une raie noire va du bout du museau à l'arrière de l'épaule en passant par la narine et le tympan. Le dessus des membres est marqué de taches brunes disposées par séries transversales. Toutes les régions inférieures sont blanches.

DIMENSIONS. *Tête*. Long. 1" 5'". *Tronc*. Long. 3". *Memb. antér.* Long. 2" 5'". *Memb. potér.* Long. 8".

Le sujet sur lequel ces mesures ont été prises est moins grand qu'une de nos Grenouilles communes parvenues à leur entier développement.

PATRIE. Ce Cystignathe, dont nous possédons plusieurs exemplaires, a été trouvé à Montévidéo par M. d'Orbigny.

5. LE CYSTIGNATHE LABYRINTHIQUE. *Cystignathus labyrinthicus*. Nobis.

CARACTÈRES. Dents vomériennes formant deux rangs arqués. Langue sub-cordiforme. Arrière-narines et trompes d'Eustachi grandes. Tympan bien distinct. De grosses glandes sur les flancs.

SYNONYMIE. *Rana labyrinthica*. Spix. Nov. spec. Ranar. Brasil. pag. 31, tab. 7, fig. 1-2.

Cystignathus ocellatus. Tschudi. Classif. Batrach. Mém. Sociét. scien. natur. Neuch. tom. 2, pag. 678.

DESCRIPTION.

Formes. Ce Cystignathe a, comme les précédents, les plus grands rapports avec l'ocellé dont il se distingue cependant, au premier aspect, par ses formes trapues et ramassées ; par sa tête plus large, plus plate ; par ses membres plus courts, plus forts ; par ses doigts et ses orteils moins longs, plus gros et à tubercules sous-articulaires plus développés. Si l'on pousse plus loin la comparaison entre ces deux espèces, on trouve encore que les rangs de dents vomériennes du Cystignathe labyrinthique sont régulièrement courbés et non en arcs brisés, comme chez le Cystignathe ocellé ; qu'il manque de glandes en forme de cordons de chaque côté du dos et qu'il en offre d'énormes et tellement dilatées, sur les flancs que ceux-ci en sont en grande partie couverts, puis qu'il a deux tubercules au métatarse ; enfin que ses membres postérieurs ont au moins une longueur égale à celle du tarse ; c'est-à-dire que placés le long du corps, le pied seul dépasse le bout du museau.

L'unique individu du Cystignathe labyrinthique que nous ayons été dans le cas d'examiner étant une femelle, nous ignorons si chez l'autre sexe, ainsi que cela existe chez le Cystignathe ocellé, les pattes antérieures sont à proportion beaucoup plus fortes, et si le bord du doigt interne est armé de deux pointes enveloppées chacune d'un petit étui de corne ; nous ne savons pas davantage si les côtés de la région sous-maxillaire présentent des fentes pour la sortie des vessies vocales, pareillement à ce qu'on observe chez le Cystignathe galonné.

Coloration. Les parties supérieures sont brunes avec des marbrures noirâtres, qui affectent la forme de bandes transversales sur les pattes de derrière, dont les régions fémorales sont également marbrées de noirâtre, mais sur un fond rose. La gorge et la poitrine sont lavées de brun, tandis que le ventre et le dessous des membres sont parcourus par des raies ou des taches noires, allongées, en zig-zags et confluentes, mode de coloration auquel Spix a sans doute voulu faire allusion en imposant à cette espèce la qualification de *Labyrinthica*.

Dimensions. Cette espèce devient aussi grande que le Cystignathe ocellé, ainsi qu'on peut s'en convaincre par les dimensions des principales parties de l'individu appartenant à notre musée.

Tête. Long. 5" 2"'. *Tronc.* Long. 11". *Memb. antér.* Long. 8" 2". *Memb. postér.* Long. 19" 2"'.

Patrie. Ce Cystignathe n'a encore été trouvé qu'au Brésil; notre exemplaire y a été recueil i par M. Dabadie.

Observations. Spix, auquel on en doit la découverte, en a donné deux figures dans son ouvrage sur les Reptiles de cette partie de l'Amérique méridionale; figures que M. Tschudi a rapportées à tort au Cystignathe ocellé.

ESPÈCES A TYMPAN PEU DISTINCT.

6. LE CYSTIGNATHE DE PÉRON. *Cystignathus Peronii.* Nobis.

Caractères. Dents vomériennes disposées sur une seule rangée transversale fort longue. Langue subcirculaire, à peine échancrée à son bord postérieur. Arrière-narines et trompes d'Eustachi très-petites, arrondies. Tympan peu distinct.

Synonymie?

DESCRIPTION.

Formes. Voici une espèce dont nous ignorons la patrie, qui, au premier aspect, ressemble à s'y méprendre au Cystignathe ocellé; mais il suffit de l'examiner avec quelque attention pour reconnaître qu'elle en diffère bien réellement. Ses dents vomériennes ne forment qu'une seule rangée occupant toute la largeur du palais, à quelque distance en arrière des narines inférieures; ces orifices sont petits et arrondis; le tympan est aussi d'un petit diamètre, et s'aperçoit difficilement au travers de la peau qui passe par-dessus; les trompes d'Eustachi sont également fort peu ouvertes. Mais, du reste, le Cystignathe de Péron ressemble complétement au Cystignathe ocellé; comme chez ce dernier, les mâles ont les bras plus gros que ceux des femelles et deux petites pointes le long du bord du doigt interne.

Coloration. Le mode de coloration lui-même n'est pas différent de celui que présente le plus grand nombre des individus du Cystignathe ocellé qui nous ont passé sous les yeux. C'est un fond fauve sur lequel sont jetées des taches brunes, dont une, dilatée en travers, occupe le sommet de la tête; les autres se voient sur le dos et le dessus des membres, formant des séries longitudinales sur celui-là et des bandes transversales sur ceux-ci.

Dimensions. *Tête.* Long. 2" 1"'. *Tronc.* Long. 3" 9"'. *Memb. antér.* Long. 3". *Memb. postér.* Long. 8" 5".

Patrie. Nous possédons trois échantillons qui proviennent du voyage de Péron, mais nous ignorons le pays où ils ont été recueillis. Peut-être est-ce la Nouvelle-Hollande ?

. LE CYSTIGNATHE DE BIBRON. *Cystignathus Bibroni.* Nobis.

(Voyez pl. 87, fig. 2 et 2 *a*, sous le nom de Pleurodème de Bibron.)

Caractères. Dents vomériennes formant deux groupes entre les arrière-narines. Langue sub-circulaire ou sub-cordiforme, lorsqu'elle est échancrée à son bord postérieur. Arrière-narines et trompes d'Eustachi petites ; tympan à peine distinct. Une glande noirâtre, cerclée de blanc sur chaque flanc. Orteils bordés latéralement d'une membrane à peine visible chez les femelles, bien distincte chez les mâles. Dessus du corps marbré de brun sur un fond grisâtre.

Synonymie. *Pleurodema Bibroni.* Tschudi. Classif. Batrach. Mém. Sociét. scienc. nat. Neuch. tom. 1, pag. 85.

Bombinator ocellatus. Musée de Leyde.

DESCRIPTION.

Formes. Chez ce Cystignathe et les suivants, la peau qui recouvre l'oreille, ayant à peu près la même épaisseur que celle du reste de la tête, il en résulte que le tympan est loin d'être aussi manifeste que chez les espèces décrites précédemment ; cependant en observant avec attention, on est toujours sûr de l'apercevoir, si surtout l'on a la précaution de tendre légèrement la peau de la tempe. Son diamètre, dans la présente espèce, est égal à la moitié ou à un peu plus de la moitié de la largeur de la paupière supérieure.

Le Cystignathe qui nous occupe est de petite taille ou de la grosseur de notre Rainette commune environ ; il n'a pas les formes élancées de l'espèce appelée ocellée ; son apparence est plutôt celle du Cystignathe labyrinthique, avec lequel il a de commun d'offrir des productions glanduleuses sur les flancs. Toutefois, elles sont bien moins développées, car on n'en remarque qu'une seule de la grosseur d'un pois et de forme ovalaire, de chaque côté des hanches. La bouche, sans être petite, n'est pourtant pas aussi largement fendue que celle des espèces précédentes ; sa grandeur est la même que celle des Cystignathes rose et géorgien. La tête est fort peu rétrécie en avant, ce qui donne au contour des mâchoires une forme presque régulièrement demi-circulaire ; le bout du museau est épais, arrondi en travers, et c'est à son sommet que se trouvent situées les narines, qui sont petites et un peu écartées. Le *canthus rostralis* est faiblement prononcé. Le chanfrein, le vertex et l'occiput forment un seul et même plan horizontal fortement rétréci entre les yeux ; car à cette région la largeur du crâne a la moitié de celle de l'ouverture oculaire. Les arrière-narines sont ovales et de moyenne grandeur, relativement à la taille de l'animal ; les dents vomériennes sont situées entre elles deux, plus ou moins en arrière, disposées sur deux rangs très-courts, représentant néanmoins un V largement ouvert à sa base. La langue est grande, plutôt circulaire qu'ovale, tantôt entière, tantôt offrant une faible échancrure à son bord postérieur ; dans ce dernier cas, elle paraît cordiforme. Les trompes d'Eustachi sont de moitié plus petites que les arrière-narines.

Chez les mâles, la peau de la gorge est lâche et plissée tout autour de la mâchoire inférieure, ce qui indique que le sac vocal est très-ample ; les fentes par lesquelles l'air y pénètre sont situées un peu en avant de l'extrémité condylienne des branches sous-maxillaires. Les pattes de devant sont aussi longues que le tronc, les doigts assez forts, cylindriques et renflés sous leurs articulations ; dans les mâles le premier est plus gros que dans les femelles, ainsi que le tubercule oblong qu'on voit à sa racine, tubercule qui n'est autre que le rudiment du pouce ; il existe un autre petit renflement au milieu de la paume de la main. Les orteils sont un peu pointus, légèrement déprimés et garnis de chaque côté d'une membrane bien distincte chez les mâles, fort peu sensible chez les individus de l'autre sexe ; comme aux doigts, il y a une petite pelotte sous chaque articulation des phalanges ; la saillie que fait l'os cunéiforme est médiocre et le bord du métatarse, du côté opposé, offre un petit tubercule. Lorsqu'on étend le membre postérieur le long du tronc, il dépasse le bout du museau tantôt de la longueur des doigts, tantôt de celle des doigts et du métatarse. Les yeux sont saillants et leurs membranes protectrices lisses ; la tête aussi est lisse, ainsi que les autres parties du corps, excepté le dos, qui le plus souvent est faiblement mamelonné. Beaucoup d'individus portent une glandule à l'angle de la bouche.

Coloration. Un brun roussâtre règne seul sur toutes les parties supérieures, ou bien elles sont marbrées de noirâtre sur un fond gris ou olivâtre; quelquefois la tête et le dos sont coupés longitudinalement par une bande blanchâtre. Le *canthus rostralis* est marqué d'une raie noire, et généralement il existe une tache de forme irrégulière de la même couleur en travers du front; souvent aussi une raie noire s'étend obliquement de l'œil à la naissance du bras. Tout le dessous du corps est blanchâtre, à l'exception de la gorge, chez les mâles, qui offre une teinte d'un brun foncé. Les glandes que portent les flancs sont tout à fait noires ou entourées d'un cercle blanc.

Dimensions. *Tête.* Long. 1" 4"'. *Tronc.* Long. 3" 5"'. *Memb. antér.* Long. 2" 4"'. *Memb. postér.* Long. 6".

Patrie. *Le Cystignathus Bibroni* se trouve au Chili, d'où nous l'avons reçu par les soins des trois savants naturalistes voyageurs suivants, MM. Gay, Gaudichaud et Eydoux. Il se nourrit d'insectes.

Observations. M. Tschudi, qui a bien voulu nous faire l'honneur de nous dédier cette espèce, a créé pour elle seule, sous le nom de *Pleurodema*, un genre particulier qu'il a placé loin des Cystignathes, c'est-à-dire près des Sonneurs, double manière de voir que nous regrettons de ne pouvoir partager.

Les motifs sur lesquels nous nous fondons sont que d'une part, lors même que nous adopterions le genre *Pleurodema*, nous ne pourrions le placer dans le voisinage des Sonneurs, dont il s'éloigne par l'ensemble de son organisation, autant qu'il se rapproche des Cystignathes. En effet, à ne considérer même que le squelette, on voit que les apophyses transverses de la neuvième vertèbre ne sont point dilatées en palettes ou en ailes plus ou moins allongées, comme chez les Sonneurs, les Alytes, les Pélodytes, etc ; mais qu'elles offrent une forme à peu près cylindrique et renflée au bout, comme cela s'observe dans les Grenouilles, les Cystignathes et les genres voisins; en second lieu nous n'aurions pas pu davantage séparer notre espèce de ces dernières, à la plupart desquelles elle ressemble par la langue, par la situation des dents vomériennes, et même par la présence sur chaque flanc de cette glande, dont M. Tschudi tire un des principaux caractères de son genre *Pleurodema* ; car le Cystignathe ocellé, le Labyrinthique et quelques autres en sont également pourvus.

8. LE CYSTIGNATHE A DOIGTS NOUEUX. *Cystignathus nodosus.* Nobis.

Caractères. Dents vomériennes formant deux groupes entre les arrière-narines. Langue circulaire, libre et très-faiblement échancrée à son bord postérieur; tympan à peine distinct; trompes d'Eustachi très-petites. Doigts et orteils cylindriques, tout à fait libres ou complétement dépourvus de membrane et à renflements sous-articulaires très-développés.

Synonymie ?

DESCRIPTION.

Formes. Nous tirons le nom que nous donnons à cette espèce de la nodosité apparente de ses doigts et de ses orteils dont le dessous des articulations et des extrémités offre des renflements plus développés, plus fermes que chez aucun autre Cystignathe. Les doigts et les orteils sont cylindriques, médiocrement gros, assez longs et complétement dépourvus de membrane. La paume de la main présente deux forts tubercules ovales bien distincts l'un de l'autre ; il y en a également deux à la face plantaire, mais beaucoup plus petits, dont l'un est la saillie produite par le premier os cunéiforme. Placés le long du tronc, les membres antérieurs atteignent presque l'orifice anal; portés en avant, les membres antérieurs s'étendent de la longueur du pied au delà du museau. La tête est courte, aplatie, parfaitement arrondie dans son contour, à partir d'une oreille à l'autre. L'occiput, l'entre-deux des yeux et le front forment une surface tout à fait plane. Le *canthus rostralis* est bien prononcé, il s'arrête à la narine. Les yeux sont grands, proéminents, séparés par un intervalle presque double de celui des ouvertures nasales. Celles-ci sont situées en dessus, tout au bout du museau, qui est un peu bombé, tandis que ses côtés sont plans, presque verticaux ou en pente très-rapide. On distingue difficilement le tympan au travers de la peau ; son diamètre est d'un tiers moindre que la largeur de la paupière supérieure. La langue est circulaire, lisse, libre et très-faiblement échancrée en arrière. Les dents vomériennes forment deux petits groupes un peu espacés, qui ne touchent ni l'un ni l'autre de chaque côté aux narines inférieures, entre lesquelles ils se trouvent positivement placés.

Celles-ci sont médiocrement ouvertes et arrondies. Les orifices des trompes d'Eustachi sont si petits qu'on y pourrait à peine introduire la pointe d'une épingle ordinaire. Le tympan est surmonté d'une parotide peu saillante qui s'étend jusqu'à l'épaule. Le dos est clair-semé de pustules peu élevées et d'un petit diamètre. Le dessous du corps est lisse.

COLORATION. Les parties supérieures sont brunes ; la tête et le dos sont mouchetés de noir, et les membres marqués de bandes transversales de la même couleur. Le derrière des cuisses est piqueté de blanc, et la face inférieure de l'animal lavée d'un brun de suie très-clair.

DIMENSIONS. *Tête.* Long. 1" 6"'. *Tronc.* Long. 3" 2"'. *Memb. antér.* Long. 2" 9"'. *Memb. postér.* Long. 6" 5"'.

PATRIE. Cette espèce se trouve au Chili ; les deux individus que renferme notre collection ont été rapportés de Valparaiso par M. Eydoux.

9. LE CYSTIGNATHE ROSE. *Cystignathus roseus.* Nobis.

CARACTÈRES. Dents vomériennes disposées sur une rangée transversale, courte, largement interrompue au milieu. Langue sub-circulaire, entière. Arrière-narines et trompes d'Eustachi très-petites. Tympan à peine distinct. Peau du dos lisse. Orteils réunis à leur base par un rudiment de membrane. Dessus du corps nuancé de brun, sur un fond rose.

SYNONYMIE ?

DESCRIPTION.

FORMES. A en juger d'après nos échantillons, qui n'ont qu'un peu plus d'un décimètre de longueur, le Cystignathe rose serait une petite espèce dont l'ensemble des formes est exactement le même que celui du Cystignathe labyrinthique. Sa tête, comme celle de ce dernier, est courte, déprimée et fortement arrondie en avant, ou en d'autres termes, le contour de la bouche décrit plutôt un demi-cercle qu'il ne présente un angle à sommet plus ou moins obtus. Le vertex et le chanfrein forment une seule et même surface plane; la largeur de l'entre-deux des yeux est au moins égale à celle de la paupière supérieure, qui est lisse. Le tympan est très-petit et à peine distinct au travers de la peau ; l'ouverture des trompes d'Eustachi et celle des narines à l'intérieur de la bouche sont également très-petites et circulaires. La langue est entière ; sa forme est celle d'un disque qu'on aurait taillé en pointe en avant. Les dents vomériennes sont placées en arrière de l'intervalle des arrière-narines sur deux petits rangs occupant la même ligne transversale à côté l'un de l'autre, sans cependant se toucher. Les vessies vocales restent cachées intérieurement ; c'est par une fente, comme chez les autres Cystignathes, et non par un simple trou, comme chez la plupart des Grenouilles, que l'air pénètre dans ces organes destinés à produire des sons. Les pattes de devant ont la même longueur que le tronc proprement dit ; celles de derrière, lorsqu'on les couche le long des flancs, touchent le bout du museau par l'extrémité du tarse. Les doigts sont médiocrement gros, cylindriques, avec des protubérances arrondies, assez fortes, sous leurs articulations ; il y a deux renflements oblongs à la paume de la main. Les orteils sont pointus et réunis l'un à l'autre à leur racine par une courte membrane ; le quatrième a en longueur presque le double du cinquième ; tous ont des renflements sous-articulaires. La saillie que fait le premier os cunéiforme est peu considérable ; c'est la seule qu'on observe au métatarse.

Excepté une petite saillie linéaire qui existe en arrière de l'orbite, la peau du dessus du corps n'offre ni plis, ni renflements d'aucune sorte ; mais elle est fort épaisse et toute percée de pores, ce qui la rend comme spongieuse.

Coloration. Le dessus de la tête, le dos, la face supérieure des membres et même les flancs offrent une teinte rose ; l'extrémité du museau et les régions frénales sont colorées en brun pâle, ainsi que les tempes et les épaules ; mais non d'une manière uniforme, car on y voit un semis de points blanchâtres. Il y a des dessins bruns, irréguliers sur la nuque, et des bandes de la même couleur en travers des jambes et des tarses. La partie postérieure des cuisses est ponctuée de blanc sur un fond noirâtre. Un mélange de brun fauve et de blanc sale est répandu sur la gorge, et sur la face inférieure des membres. Le ventre est d'un blanc grisâtre.

Dimensions. *Tête.* Long. 1" 5'''. *Tronc.* Long. 3" 2'''. *Memb. antér.* Long. 2" 8'''. *Memb. postér.* Long. 7" 3'''.

Patrie. Le Cystignathe rose est originaire du Chili ; c'est à M. Gay que nous sommes redevables des exemplaires de cette espèce, que renferme notre musée.

10. LE CYSTIGNATHE DU PORT DU ROI GEORGES.
Cystignathus Georgianus. Nobis.

CARACTÈRES. Dents vomériennes formant deux très-petits groupes. Langue entière, oblongue ou disco-ovalaire. Trompes d'Eustachi très-petites. Tympan à peine distinct. Orteils tout à fait dépourvus de membrane.

SYNONYMIE. *Cystignathus Georgianus.* Nobis. M. S. S.

Crinia Georgiana. Tschudi. Classif. Batrach. Mém. Sociét. scienc. nat. Neuch. tom. 2, pag. 78.

DESCRIPTION.

FORMES. Cette espèce se reconnaît, entre toutes celles du même genre, au petit nombre de ses dents palatines qui ne composent plus une rangée transversale continue ou interrompue au milieu, mais deux simples groupes situés à quelque distance l'un de l'autre au bord postérieur de l'intervalle des orifices internes des narines. Sa langue est entière, oblongue, arrondie en arrière, pointue en avant; l'ouverture de ses trompes d'Eustachi excessivement petite; son tympan très-petit également, et peu apparent à cause de l'épaisseur de la peau qui le recouvre. Le *Cystignathus Georgianus* a la tête médiocrement allongée et rétrécie à son extrémité antérieure; néanmoins le museau est obtus, mais non tout à fait arrondi, comme chez l'espèce précédente. Les membres postérieurs sont encore plus courts que ceux du Cystignathe rose; car couchés le long du corps ils ne dépassent le bout du museau que de la longueur du quatrième orteil. Les membres postérieurs sont proportionnellement un peu plus longs, puisqu'ils atteignent l'anus lorsqu'on les étend dans cette direction. Les orteils sont comme les doigts complétement dépourvus de membrane natatoire, et les uns et les autres offrent des renflements bien prononcés sous leurs articulations. Le premier os cunéiforme fait une petite saillie déprimée et arrondie : c'est le seul tubercule qui existe au métatarse, mais il y en a deux petits de forme hémisphérique à la paume de la main; la surface de la paupière supérieure est légèrement ridée; la peau du dos et des flancs est lisse, si ce n'est pourtant chez les très-jeunes sujets, dont la région dorsale offre quelques légers plis longitudinaux. Il y a une glandule à chaque angle de la bouche.

Coloration. Nous possédons quatre individus appartenant à cette espèce : deux, qui sont très-jeunes, ont toutes les parties supérieures d'un brun uniforme très-foncé ; le troisième, qui est également très-jeune, a le dessus de la tête, le dos et les flancs noirâtres, une belle et large bande grise de chaque côté du corps depuis l'orbite jusqu'à la naissance de la cuisse, les joues et les oreilles de la même couleur que cette bande, l'intervalle qui existe entre l'œil et le tympan d'une teinte noirâtre, une raie noire sur le *canthus rostralis*, et quelques autres semblables en travers de la mâchoire supérieure. Notre quatrième sujet, dont la grosseur est au moins double de celle des trois premiers, a le milieu du dos semé de quelques petites taches noires sur un fond brun qui passe au grisâtre en se rapprochant des flancs; ceux-ci portent une bande noire à leur partie supérieure, et leur région inférieure est rose, marbrée de noire, ainsi que les aines et la face postérieure des cuisses. Le tympan est noir ; les mâchoires sont grisâtres, nuancées de brun. Le crâne est brun uniformément; le dessus des membres est d'un brun grisâtre avec des taches noires dilatées en travers.

Chez ce dernier sujet, la gorge, la poitrine et la région abdominale sont blanches ; un des trois premiers a les mêmes parties nuagées de brun, de noir et de blanchâtre, et les deux autres offrent sous le thorax trois ou quatre grandes taches noires très-irrégulièrement dessinées sur un fond d'un blanc pur

Dimensions. *Tête*. Long. 1" 1'''. *Tronc*. Long. 2" 2'''. *Memb. antér*. Long. 2". *Memb. postér*. Long. 4" 1'''.

Patrie. Le nom de *Georgianus* que nous donnons à ce Cystignathe rappellera le point de l'Australie où il a été découvert par MM. Quoy et Gaimard ; c'est-à-dire le port du roi Georges, situé sur la côte de la Nouvelle-Hollande, appelée terre de Nuyts.

Observations. M. Tschudi en créant le genre *Crinia* pour cette seule espèce s'est fondé sur ce qu'elle n'a que peu de dents au palais, que son tympan est caché ; que sa langue est entière, et que ses orteils sont complétement libres. Suivant nous, ce ne sont pas de pareils caractères qui devaient la lui faire exclure du genre Cystignathe; car quelques dents de plus ou de moins au palais ne constituent pas un caractère générique ; l'intégrité de la langue, dans cette circonstance, n'a pas plus d'importance, si l'on considère surtout que l'échancrure de cet organe est quelquefois si faible chez certains individus du Cystignathe ocellé, qu'il est très difficile de décider si elle existe ou si elle n'existe réellement pas ; quant à l'absence complète de palmure entre les orteils, c'est encore ici un caractère sans valeur, puisque nous savons que le Cystignathe galonné, qui d'ailleurs ressemble tant au Cystignathe ocellé, que M. Tschudi lui-même l'a confondu avec ce dernier, en manque également. Il resterait la non-apparence du tympan, particularité qui mériterait davantage d'être prise en considération ; mais nous pouvons assurer que tel n'est pas l'état de cette membrane dans le *Cystignathus Georgianus* où, avec un peu d'attention, on l'aperçoit au travers du tissu cutané qui la recouvre, au moins aussi distinctement que chez une espèce (Rana Kuhlii) que M. Tschudi n'a cependant pas hésité à ranger parmi les Grenouilles, quoiqu'un des caractères de ce genre soit aussi d'avoir le tympan visible extérieurement.

11. LE CYSTIGNATHE DU SÉNÉGAL. *Cystignathus Senegalensis*. Nobis.

Caractères. Dents vomériennes formant deux petits groupes en V au niveau du bord postérieur de l'intervalle des arrière-narines. Langue cordiforme. Trompes d'Eustachi très-petites ; tympan peu distinct. Quatre doigts complétement libres ; pas de rudiment de pouce extérieurement. Orteils tout à fait libres. Corps entièrement lisse. Dos grisâtre, avec des bandes longitudinales brunes.

Synonymie ?

DESCRIPTION.

Cette espèce est petite, trapue ; ses pattes de devant n'ont guère que la longueur des flancs et celles de derrière sont à peine plus longues que le reste du corps ; les cuisses surtout sont très-courtes. Les doigts sont libres et contre l'ordinaire le premier est plus court que le second ; le quatrième est plus long que celui-ci, et le troisième le plus allongé des quatre ; tous ont le dessous de leurs articulations renflé. Les orteils n'offrent pas le moindre rudiment de membrane ; les quatre premiers sont attachés, l'un à la suite de l'autre, le long du métatarse; ils diffèrent en cela des orteils des autres espèces chez lesquelles ils prennent naissance sur une ligne à peu près transversale ou légèrement oblique ; le cinquième est fixé à côté du quatrième dont il n'a que la moitié de la longueur. Il existe un petit renflement sous toutes les articulations des phalanges. La saillie du premier os cunéiforme est assez prononcée, et à côté d'elle, en dehors, on voit un petit tubercule lenticulaire. Les paumes offrent aussi chacune deux petits tubercules. Le contour horizontal de la tête donnerait la figure d'un triangle équilatéral arrondi à son sommet. Les yeux sont grands, médiocrement saillants, et les membranes du tympan peu distinctes au travers de la peau qui les recouvre. La langue est cordiforme, c'est-à-dire pointue en avant, élargie et arrondie en même temps qu'échancrée en arrière. Les dents qui arment le palais forment deux petits groupes rapprochés, situés entre les arrière-narines, au niveau de leur bord postérieur. Les ouvertures des conduits gutturaux des oreilles sont excessivement petites. La peau de toutes les parties du corps est parfaitement lisse.

Les apophyses transverses des vertèbres ne sont pas différentes de celles des autres Cystignathes, bien qu'ici le corps de l'animal soit très-ramassé et plutôt analogue à celui d'un *Bombinator*, que d'une véritable Grenouille.

COLORATION. Toutes les régions supérieures sont grises offrant, sur le dos, trois bandes longitudinales brunes et sur les membres plusieurs taches de la même couleur, dilatées transversalement ; il y a une tache brune sur chaque œil et sur chaque oreille, et une raie brune aussi le long du *canthus rostralis*. Tout le dessous de l'animal est blanc.

DIMENSIONS. *Tête*. Long. 1". *Tronc*. Long. 2". *Memb. antér*. Long. 1" 8"'. *Memb. postér*. Long. 3".

PATRIE. Cette espèce nous a été envoyée du Sénégal par M. Heudelot, qui l'avait trouvée dans les étangs des environs de Galam.

Ve GENRE. LÉIUPÈRE. — *LEIUPERUS* (1). Nobis.

Caractères. Langue ovale, entière, libre à son bord postérieur. Pas de dents au palais. Tympan distinct. Trompes d'Eustachi excessivement petites. Quatre doigts complétement libres ; pas de rudiment de pouce à l'extérieur. Orteils réunis à leur base par une membrane rudimentaire. Saillie du premier os cunéiforme tuberculeuse.

Nous créons ce genre pour un petit Batracien sans queue et à mâchoire dentée, qui a la plus grande analogie avec nos derniers Cystignathes, mais dont le palais est parfaitement lisse. A voir ses formes ramassées, on serait tenté de le considérer comme assez voisin des Sonneurs ; mais on est bientôt convaincu du contraire, si l'on examine son squelette qui, bien que raccourci, est construit sur le type de celui des Grenouilles et des Cystignathes, et non sur celui des Batraciens Anoures, tels que le *Bombinator Bombina*, l'*Alytes obstetricans*, chez lesquels les apophyses transversales de la neuvième pièce vertébrale sont très-plates et très-élargies.

Les Léiupères ont la langue grande, plate, oblongue, entière, large et arrondie en arrière, rétrécie en pointe en avant. Leur palais est tout à fait dépourvu de dents. Les ouvertures des trompes d'Eustachi sont très-petites, et cependant la membrane du tympan est bien distincte extérieurement, au travers de la peau qui passe par-dessus. Ils

(1) De λεῖος, lisse, uni, et de ὑπερωα, palais. — Palais lisse ou sans dents.

ont quatre doigts libres, assez forts, cylindriques, renflés sous leurs articulations, ainsi que cela se voit aussi sous les orteils, qu'une très-courte membrane réunit à leur racine et borde longitudinalement de chaque côté : les orteils sont de plus un peu déprimés ; les quatre premiers sont étagés et placés, à la suite l'un de l'autre, le long du métatarse ; le cinquième est attaché à côté du précédent, mais il a moitié moins de longueur ; le troisième doigt est un peu moins long que les trois autres, qui sont égaux.

Les apophyses transverses de la neuvième vertèbre sont courtes et assez renflées.

Nous ne connaissons encore qu'une seule espèce qui puisse être rapportée à ce genre.

1. LE LÉIUPÈRE MARBRÉ. *Leiuperus marmoratus*. Nobis.

CARACTÈRES. Dessus du corps grisâtre, marbré de brun foncé.
SYNONYMIE ?

DESCRIPTION.

FORMES. Les côtés de la tête forment un angle aigu, fortement arrondi à son sommet ; les yeux sont peu saillants. Les membres postérieurs sont un peu plus longs que le reste du corps ; les pattes de devant ont la même étendue que les flancs. Les pelottes sous-articulaires sont fortes. La paume de la main offre deux tubercules et le métatarse un renflement situé du côté opposé à celui où se montre la saillie tuberculeuse, assez grosse, du premier os cunéiforme. Il y a un rudiment de parotide de chaque côté de la nuque, une glande à la commissure de la bouche et un semis de glandules sur la surface du tronc. La paupière supérieure présente quelques rides ; le tympan a en diamètre la moitié de la largeur de cette dernière. Les narines sont petites et situées au sommet du museau, chacune sur la ligne du *canthus rostralis*, qui est peu prononcé. La bouche, sans être petite, n'est pas non plus très-largement fendue.

COLORATION. Toutes les parties supérieures présentent des marbrures d'un brun foncé, sur un fond d'un gris blanchâtre ;

quelquefois une bande de cette dernière couleur s'étend depuis le bout du museau jusqu'à l'orifice anal. Une raie brune va de l'angle de l'œil au bout du museau ; le tympan est marqué d'une raie emblable. Les régions inférieures sont entièrement blanches.

Dimensions. *Tête*. Long. 1". *Tronc*. Long. 2" 2'''. *Memb. antér.* Long. 1" 6'''. *Memb. postér.* Long. 3" 5'''.

Patrie. Le Léiupère marbré est originaire de l'Amérique du Sud ; les deux sujets que nous possédons ont été recueillis au Potosi par M. D'Orbigny.

VIe GENRE. DISCOGLOSSE. — *DISCOGLOSSUS* (1). Otth.

Caractères. Langue cyclo-trigone, entière, libre à son bord postérieur. Un rang de dents vomériennes en travers du palais, derrière les orifices internes des narines. Tympan caché sous la peau. Trompes d'Eustachi petites. Quelques légers plis ou renflements glanduleux sur les côtés du cou et les régions voisines des épaules. Doigts complétement libres, au nombre de cinq, dont un rudimentaire ou représenté par un tubercule ; pieds à membrane natatoire plus ou moins courte. Point de vessies vocales chez les mâles. Apophyses transverses de la vertèbre sacrée dilatées en palettes triangulaires.

Les Discoglosses se rapprochent beaucoup plus des Cystignathes que des Pseudis auxquels on les avait cependant réunis avant que le Dr Otth en eût fait un genre particulier ; car la palmure de leurs pieds, et, si l'on veut, l'absence de vessies vocales aux côtés de la bouche des mâles,

---

(1) De δισκος, masse arrondie, et de γλωσσα, langue ; langue arrondie.

sont les seuls caractères notables qui les distinguent des premiers ; tandis qu'ils diffèrent des seconds, également par le manque d'un goître ou d'un sac aérien sous la gorge ; par la situation de leurs dents vomériennes qui n'occupent pas l'entre-deux des narines, mais une ligne transversale en arrière de celles-ci, et surtout par l'impossibilité où ils sont d'opposer l'index aux autres doigts. Il y a bien encore un genre parmi nos Anoures raniformes avec lequel les Discoglosses présentent beaucoup de ressemblance, c'est celui appelé *Alytes*, qui est aussi privé de vessies vocales et dont la forme de la langue, la position des dents au palais, et la conformation des pieds proprement dits sont les mêmes que dans les Discoglosses ; mais, d'un autre côté, ceux-ci s'en éloignent parce qu'ils n'ont pas le tympan visible, et particulièrement parce qu'ils n'offrent pas cet ensemble de structure ramassée, qui fait des Alytes des Batraciens rampeurs ou marcheurs, comme les Crapauds et les Sonneurs, et non des animaux essentiellement sauteurs, comme les Grenouilles, les Cystignathes, etc.

Les Discoglosses ont, en effet, les membres allongés, forts et robustes du commun des Grenouilles ; leur tête est aplatie et tout à fait confondue avec le tronc, comme chez les Pseudis ; la bouche est large, l'œil peu saillant, le tympan petit et non perceptible au travers de la peau, à moins que celle-ci ne soit desséchée ; les trompes d'Eustachi sont aussi fort peu ouvertes. La langue n'a pas exactement une forme circulaire, comme on l'a dit jusqu'ici, c'est une surface à trois côtés égaux dont les angles sont fort arrondis ; elle est grande, entière, épaisse, couverte de petites papilles et adhérente de toute part, si ce n'est à ses bords postérieurs et latéraux.

Les dents vomériennes sont situées en arrière des orifices internes des narines, sur une rangée transversale, interrompue au milieu ; elles n'adhèrent pas fortement aux os, car on peut les en détacher aisément, en arrachant la peau du palais, à laquelle alors elles restent fixées. Les narines communiquent dans l'intérieur de la bouche par deux ouvertures ovalaires fort écartées l'une de l'autre, et extérieurement par deux trous plus petits et arrondis, placés de chaque côté sur la ligne du *canthus rostralis*, qui du reste est fort peu marqué, au moins dans la seule espèce qui appartienne encore au genre Discoglosse. Il existe une petite éminence conique à l'extrémité antérieure de la mâchoire inférieure, et la supérieure offre une cavité correspondante à cette saillie.

Les mâles n'ont de vessie à air, ou de sac vocal, ni sous le menton, comme les Pseudis, ni de l'un et de l'autre côté de la gorge, comme les Grenouilles, les Cystignathes et beaucoup d'autres Raniformes : c'est un caractère qui n'avait pas encore été signalé comme propre au genre qui nous occupe.

Le trou pupillaire nous paraît être arrondi chez les individus conservés dans l'alcool, que nous avons maintenant sous les yeux. Tous offrent le long du corps, à partir de l'orbite jusqu'à l'aine, un petit pli glanduleux quelquefois continu, mais le plus souvent interrompu de distance en distance; il nous semble bien leur voir aussi une glandule à chaque angle de la bouche.

Courts, lisses, légèrement aplatis, tronqués au bout et sans renflements sous leurs articulations, les doigts des Discoglosses sont au nombre de quatre, avec le rudiment d'un cinquième ou du pouce, sous forme de tubercule, moins gros chez les femelles que chez les mâles, et dont la peau, dans ces derniers, se couvre, à l'époque où s'accomplit l'acte de la reproduction, de petites pointes très-serrées l'une contre l'autre, qui donnent à sa surface l'apparence d'une râpe ou d'une lime. Ces doigts sont inégaux, comme à l'ordinaire, mais leur inégalité n'est pas la même que chez les Grenouilles et les Cystignathes : ici le plus long d'entre eux est le quatrième, après lui le troisième, ensuite le cinquième, puis le second ou l'index, enfin le pouce, qui, comme nous l'avons déjà dit, a la forme d'un simple tubercule. Les orteils sont presque pointus, lisses et un peu déprimés de même que les doigts; mais ils sont réunis par une palmure épaisse, dans la moitié de leur longueur chez les mâles, et à leur racine seulement chez les femelles; une petite membrane les borde de chaque côté dans leur portion libre. Le premier os cunéiforme ne fait qu'une faible saillie en dehors.

Les viscères n'ont rien qui les distingue particulièrement de ceux des Grenouilles; mais le squelette offre plusieurs points de ressemblance avec celui des Alytes : ainsi on trouve, comme chez ces derniers, de petits appendices costiformes distinctement articulés aux apophyses transverses des trois pièces de l'échine qui suivent la première; la neuvième a les siennes dilatées en palettes, mais à un degré moindre, il est vrai; toutefois les apophyses de la cinquième, sixième, septième et huitième vertèbre ne sont pas dirigées en avant; et ce qui est encore à noter, c'est qu'elles sont proportionnellement presque aussi courtes que dans l'Alytes accoucheur, et beaucoup plus aplaties que dans nos Grenouilles.

Ainsi que nous l'avons dit au commencement de cet article, c'est à M. le Dr Otth de Berne qu'on doit l'établissement du genre Discoglosse, dont il a formulé les caractères dans un mémoire particulier (voyez la Synonymie), où il a également donné une courte description et une figure de la seule espèce, le *Discoglossus pictus*, qu'on puisse encore rapporter à ce groupe; car le prétendu *Discoglossus Sardus* de M. Tschudi doit y être réuni. M. le Dr Otth n'avait pas fait la remarque que l'espèce type de son genre Discoglosse manque de vessie vocale.

1. LE DISCOGLOSSE PEINT. *Discoglossus pictus*. Otth.

Caractères. Dessus du corps diversement marbré de gris, de brun ou de roussâtre, avec ou sans bande dorsale blanche ou jaune.

SYNONYMIE. *Rana acquajola*. Cetti, tom. 3, p. 38.

Discoglossus pictus. Otth. Nouv. Mém. Société. helvét. scienc. nat. tom. 1, pag. 6, fig. 1-8.

Discoglossus sardus. Tschudi. Nouv. Mém. Société. helvét. scienc. nat. pag. 7.

Pseudis Picta. Mus. Vendeb.

Rana sardoa. Gené. Mus. Torin.

Pseudis sardoa. Gené. Synops. Rept. Sard. indigen. pag. 24, spec. 17. Mem. Acad. Sc. Tor. ser. 11, t. 1, p. 257, tab. 5, fig. 1-2.

Discoglossus pictus. Tchudi. Classif. Batrach. Mém. Société. scienc. nat. Neuch. tom. 11, pag.

Discoglossus sardus. Id. loc. cit.

Discoglossus pictus. Ch. Bonap. Faun. Ital. pag. et pl. sans n°.

Discoglossus sardus. Id. loc. cit. Exclus. synon. *Rana picta* Gravenh. (*Rana tigrina*).

DESCRIPTION.

FORMES. Cette espèce, dont la taille est à peu près la même que celle de notre Grenouille rousse des environs de Paris, se reconnaît au premier aspect à sa forme plus déprimée que chez aucun de nos Anoures d'Europe. Sa tête et son tronc donnent ensemble la figure d'une ellipse allongée dont l'extrémité antérieure est plus ou moins pointue, suivant que les côtés du museau forment un angle obtus ou aigu ; car, sous ce rapport, cette partie de la tête varie autant que celle du Cystignathe ocellé : c'est en attachant, à ces différences dans la largeur du museau du Discoglosse peint, beaucoup plus d'importance qu'elles ne le méritent, que M. Tschudi et le prince de Musignano ont été conduits à distinguer deux espèces de Discoglosses, l'une, ou le *Discoglossus pictus* pour les individus à tête pointue ; l'autre, le *Discoglossus sardus* pour ceux à museau obtus.

La surface de la tête et du corps est légèrement convexe ; tantôt elle est lisse, tantôt elle est irrégulièrement semée de petits tubercules, dont le nombre et le diamètre sont très-variables. La paupière supérieure offre quelques rides transversales à sa partie postérieure. Il règne une saillie glanduleuse depuis l'orbite jusqu'à l'épaule.

Il paraîtrait qu'au moment du frai, les mâles ont non-seulement le pouce et le bord interne des deux doigts qui le suivent immédiatement, mais une grande partie du dessus du corps et le menton hérissés de petites pointes noires, serrées les unes contre les autres. Couchés le long des flancs, les membres antérieurs, qui sont plus gros chez les mâles que chez les femelles, atteignent le milieu de la longueur de la cuisse; les postérieurs, placés de la même manière, dépassent le museau de la longueur du pied, y compris le tarse. La paume de la main offre deux tubercules, outre celui qui représente le pouce; à la face plantaire, il n'y en a pas d'autre que celui que forme le premier os cunéiforme. La rangée de dents qui arment le palais est étroite et généralement un peu onduleuse; chez certains individus elle est aussi longue que le plafond de la bouche est large, à l'endroit où elle est située; chez d'autres elle est un peu plus courte, mais elle offre toujours au milieu une solution de continuité, plus ou moins sensible, il est vrai. En général, les régions inférieures sont clair-semées de granules extrêmement fins; il y en a quelques-uns plus gros sur les parties intermédiaires à l'angle de la bouche et à l'épaule, et quelquefois aussi le long des branches sous-maxillaires.

COLORATION. Cette espèce, sous le rapport de son mode de coloration, présente presque autant de variétés que la Grenouille verte commune. Voici les principales.

Variété A. Tout le dessus du corps est marqué de grandes taches brunes ou noirâtres, tantôt affectant une forme circulaire, tantôt dilatées en long ou en large et souvent confluentes; elles prennent assez généralement la forme de bandes transversales sur les membres postérieurs, et il en existe une triangulaire, quelquefois divisée en deux, sur le sommet de la tête. Le fond de ces parties supérieures est alors d'un brun marron, grisâtre, olivâtre ou fauve. La région tympanale porte ordinairement une tache allongée de la même couleur que les autres; et beaucoup d'individus en ont une sur le *canthus rostralis*.

Variété B. Celle-ci a le milieu du dos et quelquefois chacun des côtés, orné d'une bande blanche; le chanfrein en offre aussi une qui se réunit souvent à celle de la région dorsale; la teinte du fond est en général plus claire et même d'un vert tirant plus ou moins sur le jaune.

Variété C. Ici, presque toutes les taches du dos sont effacées, et celles des autres régions sont beaucoup plus petites que chez les deux premières variétés.

Tous les individus que nous avons examinés avaient le ventre blanc ou jaunâtre, quelle que fût d'ailleurs la couleur de leurs parties supérieures.

DIMENSIONS. *Tête.* Long. 2". *Tronc.* Long. 5". *Membre antér.* Long. 3" 8"'. *Membr. postér.* Long. 9" 5"'.

PATRIE. Cette espèce se trouve en Grèce, en Sicile, en Sardaigne et sur les côtes méditerranéennes de l'Afrique. Elle vit dans les petites rivières et dans les marais d'eau douce ou salée, absolument comme la Grenouille verte, en compagnie de la quelle nous l'avons très-souvent vue nous-même en Sicile. Elle se nourrit d'insectes, d'arachnides, de vers et de petits mollusques terrestres ou fluviatiles.

VIIIe GENRE. CÉRATOPHRYS. — *CERATOPHRYS* (1). Boié.

(*Stombus*, Gravenhorst ; *Ceratophrys* et *Phrynoceros*, Tschudi.)

CARACTÈRES. Bord de la paupière supérieure prolongé en pointe. Langue cordiforme. Deux groupes de dents vomériennes entre les arrière-narines. Tympan plus ou moins distinct ; trompes d'Eustachi de moyenne grandeur. Quatre doigts complétement libres. Orteils palmés à leur base seulement, ou dans la presque totalité de leur longueur. Premier os cunéiforme formant extérieurement un tubercule oblong, mou, non tranchant. Apophyses transverses de la vertèbre sacrée non dilatées en palettes.

Les Cératophrys ont le bord de leur paupière supérieure prolongé en pointe, ce qui leur donne l'air d'avoir des sourcils en forme de cornes. Leur tête est diversement relevée de crêtes et d'aspérités plus ou moins prononcées. Leur langue, dont le bord antérieur touche la symphyse

---

(1) De κερας-ατος, corne, et de οφρυς, sourcil ; sourcil cornu.

de la mâchoire inférieure, est grande, oblongue, ovale, rétrécie en avant, élargie, arrondie, faiblement échancrée en arrière et libre dans la moitié postérieure de sa longueur.

Ces Raniformes ont l'intervalle de leurs arrière-narines armé de dents réunies en deux groupes, ou disposées sur une rangée interrompue au milieu. Les ouvertures de leurs conduits gutturaux des oreilles sont assez grandes, et leurs membranes tympanales en général peu distinctes, à cause de l'épaisseur de la peau qui les recouvre; cependant il suffit d'un peu d'attention pour les apercevoir. Leur paupière supérieure s'abaisse sur l'œil pour le clore, ce qui ne s'observe guère que chez les Scaphiopes, parmi les Batraciens Anoures Raniformes.

Ils ont la bouche fort grande, les membres médiocrement développés, quatre doigts bien séparés, dont le troisième est plus long que les autres, et cinq orteils réunis par une membrane, quelquefois excessivement courte, d'autres fois presque aussi étendue qu'eux. Le bord interne du métatarse offre un tubercule oblong, non tranchant, qui est la saillie externe du premier os cunéiforme. La surface du corps des Cératophrys est hérissée de tubercules variables pour le nombre et la forme. Une des espèces de ce genre présente une sorte de bouclier dorsal formé de la réunion de plusieurs lames osseuses qui se développent dans l'épaisseur de la peau, lames qui sont conséquemment tout à fait indépendantes des pièces du squelette qui se trouvent au-dessous d'elles. Le squelette des Cératophrys a plus d'analogie avec celui des Grenouilles et des Cystignathes qu'avec tout autre; cependant on y compte une vertèbre de moins, c'est-à-dire huit au lieu de neuf, les deux premières ou l'atlas et la vertèbre suivante étant soudées ensemble; c'est du moins ce que nous avons observé sur un sujet adulte du *Ceratophrys dorsata*. Les apophyses transverses de la seconde, et surtout de la troisième vertèbre (les deux premières ne comptant que pour une) sont plus longues, plus fortes, plus déprimées et plus élargies au bout, que chez les Grenouilles;

mais celles de la huitième ou du sacrum, très-grosses aussi, sont épaisses, sub-cylindriques, fortement renflées à leur extrémité terminale, et par conséquent non dilatées en palettes, comme dans les Mégalophrys, autre genre de Batraciens Anoures ayant aussi le bord de la paupière supérieure prolongé en pointe.

Nous avons reconnu l'existence d'une poche vocale chez le mâle du *Ceratophrys Boiei* : pareille chose se rencontre-t-elle dans les autres espèces? C'est ce que nous ne saurions dire, attendu que nous n'avons observé que des femelles, ou des individus dont le mode de préparation ne nous a pas permis de constater le sexe.

Le genre Cératophrys a été établi par Henri Boié dans les *Beiträge zur naturgeschichte von Brasilien* du Prince Maximilien de Wied. Nous y rangeons avec les espèces décrites dans ce livre allemand, l'une, sous le nom de *Ceratophrys Boiei*, l'autre, sous celui de *Ceratophrys dorsata*, le Crapaud cornu de Daudin ou la *Rana megastoma* de Spix, qui, d'après un premier examen, nous avait paru mériter d'être placée dans un genre à part que nous appelions *Phrynoceros*, genre que nous rejetons tout à fait aujourd'hui, mais que M. Tschudi a cependant cru devoir admettre. C'est sans doute aussi avec les Cératophrys qu'il faudrait ranger la *Rana scutata* de Spix (1), espèce dont Wagler a fait son genre *Hemiphractus* et que quelques erpétologistes ont eu tort, suivant nous, de rapporter au *Ceratophrys dorsata;* car, autant qu'on en peut juger d'après une mauvaise figure et une description plus qu'imparfaite, elle nous semble bien distincte de tous les autres Raniformes à paupière supérieure prolongée en pointe. Nous laissons aux personnes qui sont dans le cas de pouvoir examiner le modèle ou le type de la figure de la *Rana scutata* du voyageur bavarois, le soin de vérifier si notre assertion est bien ou mal fondée.

(1) D'après Wagler, cette espèce de Batraciens aurait des dents à la mâchoire inférieure, ce qui serait encore le seul exemple connu parmi tous les Anoures.

TABLEAU SYNOPTIQUE DES ESPÈCES DU GENRE CÉRATOPHRYS.

Bouclier dorsal	distinct.		1. C. A BOUCLIER.
	nul ; orteils palmés	à leur base. . .	2. C. DE BOIÉ.
		presqu'en entier.	3. C. DE DAUDIN.

1. LE CÉRATOPHRYS A BOUCLIER. *Ceratophrys dorsata*. Wied.

CARACTÈRES. Un bouclier dorsal en forme de trèfle. Vertex peu élevé ; dessus de la partie antérieure de la tête s'éloignant de ce dernier par une pente douce. Front et entre-deux des yeux légèrement concaves, sans crêtes latérales. Occiput presque plan, offrant deux grandes échancrures en arrière. Une très-courte membrane à la base des orteils. Tympan distinct.

SYNONYMIE. *Bufo cornutus et spinosus virginianus*. Séb. Tom. 1, pag. 115, tab. 72, fig. 1-2.

Bufo cornutus et spinosus virginianus. Klein. Quad. disposit. pag. 120.

Rana cornuta. Linn. Mus. Adolph. Fred. pag. 48.

Rana cornuta. Id. Syst. Nat. Edit. X, tom. 1, pag. 212. Spec. 10 et Edit. XII, tom. 1, pag. 356, Spec. 11.

Bufo cornutus. Laur. Synops. Rept. pag. 25.

Rana cornuta. Gmel. Syst. Nat. Linn. tom. 1, pag. 1050. Spec. 11.

Le Crapaud cornu. Daub. Dict. Anim. Quad. ovip. pag. 603.

Le Cornu. Lacép. Hist. Quad. ovip. pag. 604.

Le Crapaud cornu. Bonn. Encyclop. Méth. Erpét. pag. 16, pl. 7, fig. 3.

Rana cornuta. Donn. Zoolog. Beytr. tom. 3, pag. 47.

Rana cornuta. Schneid. Hist. Amph. Fasc. 1, pag. 125.

Horned Toad. Shaw. Gener. Zool. vol. 3, part. 1, pag. 162, pl. 48-49.

The Horned-Frog. Shaw. Natural. Miscell. Pl. 76.

Rana cornuta. Tiles. Mag. der Gesells. naturf. Fr. in Berl. (1809), pag. 92.

Rana cornuta. Id. Voyag. Krusenstern.

Rana cornuta. Merr. Tentam. Syst. amph. pag. 176. Exclus. synon. *Bufo cornutus* Daud. (*Ceratoph. Daudini.*)

Ceratophrys dorsata. Wied. Abbild. Naturgesch. Bras. cum fig.

Ceratophrys dorsata. Id. Beïtr. Naturgesch. Bras. tom. 1, pag. 577.

Stombus dorsatus. Gravenh. Delic. Mus. Vratilav. pag. 49.

Ceratophrys varius de Boié, ou *Rana cornuta* de Séba. Cuv. Règ. anim. 2e Edit. Tom. 2, pag. 106.

Ceratophrys clypeata. Id. loc. cit.

Ceratophrys dorsata. Wagl. Icon. Descript. Amph. tab. 22, fig. 1-2.

Ceratophrys dorsata. Id. Syst. Amph. pag. 204. Exclus. synon. *Bufo cornutus* Daud. et *Rana megastoma.* Spix (*Ceratophrys Daudini*).

Ceratophrys varia. Coct Magas. Zool. Guér. (1835). Class. III, pl. 8, fig. 2.

Ceratophrys clypeata. Id. loc. cit. pl. 8, fig. 4.

Ceratophrys esp. indéterminée. Id. loc. cit. pl. 18, fig. 3.

Ceratophrys cornuta. Schleg. Abbild. Amphib. pag. 28, tab. 10, fig. 1-2.

Ceratophrys dorsata. Tschudi, Classif. Batrach. Mém. Soc. scienc. nat. Neuchât. tom. 2, pag. 82. Exclus. Synon. *Ceratoph. Daudini*, Cuv. (*Ceratoph. Daudini nobis*) ; *Ceratophrys Boiei*, Wied. (*Ceratoph. Boiei, nobis*).

DESCRIPTION.

FORMES. Ce Cératophrys ne le cède à aucun autre Batracien anoure sous le rapport de la taille ; en d'autres termes sa grosseur est au moins égale à celle de la Grenouille mugissante, du Céphalopeltis de Gay, ou du Crapaud agua.

Le contour horizontal de la tête donnerait la figure d'un triangle arrondi à son sommet antérieur, et dont chacun des côtés est d'un quart moins étendu que le postérieur, ce qui rend cette tête fort large en arrière ; elle est très-déprimée, relevée de saillies et semée d'aspérités plus ou moins apparentes, suivant qu'on examine des sujets empaillés ou conservés dans l'alcool. L'occiput est un plateau osseux, horizontal, légèrement concave vers les régions voisines des oreilles, son contour représente un quadrilatère trois fois plus étendu en large qu'en long, ayant les angles antérieurs arrondis et offrant, derrière les yeux et à leur bord postérieur, qui est légèrement infléchi en dedans, une profonde échancrure subquadrilatère recouverte par le tissu cutané. L'étendue du plateau occipital dont nous venons de parler est exactement égale, mesurée dans le sens transversal de la tête, à la longueur totale de celle-ci, et ses bords en avant et latéralement sont légèrement relevés en une carène continue. A la droite et à la gauche de ce même plateau occipital, immédiatement au-dessous de son bord latéral, on aperçoit bien distinctement, sur le côté de la tête, la membrane du tympan, qui est de forme ovale et au moins aussi grande que l'ouverture de l'œil. Les yeux sont placés tout près du bord antérieur du plateau occipital, assez rapprochés l'un de l'autre, ou séparés seulement par un intervalle égal à la longueur de l'occiput; ils occupent ainsi la partie la plus élevée de la tête, car le dessus de celle-ci, qui est assez étroit, est distinctement et régulièrement incliné en avant, et ses côtés, qui sont au contraire fort larges, offrent une pente un peu plus rapide, d'où il résulte que les bords de la bouche sont assez minces. La ligne qui conduit directement de l'angle antérieur de l'œil à l'extrémité du museau a la même étendue que celle qui va directement de l'angle postérieur d'un œil à l'autre. La hauteur des côtés de la tête, prise positivement à l'aplomb du bord orbitaire postérieur, est égale au quart de l'étendue du contour de la bouche. Les narines offrent un peu moins d'écartement que les yeux; elles sont situées à égale distance du centre de ceux-ci et du bout du museau.

Le front et le chanfrein sont bordés, à droite et à gauche, par une arête qui se rend de l'angle antérieur de l'orbite sur le bord du maxillaire, en passant par la narine, marchant ainsi presque parallèlement à sa congénère ou convergeant fort peu vers elle, ce qui est tout à fait le contraire chez le Cératophrys de Boié, que dans ces derniers temps on a voulu à tort regarder comme spécifiquement semblable au Cératophrys à bouclier. Tout l'espace compris entre ces deux arêtes est légèrement creusé en gouttière, de même que l'intervalle des yeux, auxquels il fait suite. Une seconde arête (en ne considérant qu'un des deux côtés de la tête) plus prononcée que celles dont nous venons de parler, coupe obliquement la joue ; attendu qu'elle descend de l'angle antérieur du plateau occipital sur le maxillaire, à peu près au milieu de la longueur de celui-ci, avec lequel et une troisième arête, qui est plus courte et située au devant du tympan, elle forme un triangle scalène dont l'aire est assez concave et hérissée de petits tubercules qui ne sont bien distincts que chez les sujets frais où chez ceux qui sont conservés dans la liqueur; puis il y en a une quatrième qui, se dirigeant du milieu du bord inférieur de l'orbite, vers l'extrémité occipitale de l'arête oblique de la joue, se trouve former avec elle un angle aigu qui embrasse une portion de la région concave que limitent d'autre part le bas du cercle orbitaire, la moitié antérieure du maxillaire et l'arête latérale du front et du chanfrein, ou du dessus du museau. La surface de la paupière supérieure est ridée longitudinalement et semée de petits tubercules dont quelques-uns forment une légère crête médio-longitudinale; son prolongement en forme de corne, qui est aplati et graduellement rétréci de bas en haut, a une longueur égale au diamètre de l'ouverture de l'œil.

Si, maintenant, nous ajoutons que l'arête qui se trouve située presque perpendiculairement au devant de l'oreille est plus élargie à son extrémité supérieure qu'à sa base, et que presque tous les os de la tête ont leur surface semée d'aspérités granuliformes, qui, nous le répétons, ne sont bien sensibles que lorsque la peau qui les recouvre est desséchée, nous aurons énoncé toutes les particularités que présente extérieurement cette partie du corps du Cératophrys à bouclier.

La bouche de cette espèce est énormément grande; le palais est garni de deux petits groupes de dents situés l'un et l'autre postérieurement à l'angle antéro-interne des arrière-narines.

La peau du dos renferme dans son épaisseur quatre plaques osseuses dont la réunion représente grossièrement ce que l'on appelle une figure en trèfle, ces plaques ayant la forme de disques coupés en ligne droite du côté où elles s'articulent ensemble : il y en a par conséquent deux médianes ou placées l'une devant l'autre, et deux latérales ou situées l'une à droite, l'autre à gauche des deux du milieu, dont la première est plus ou moins rapprochée du bord de l'occiput; le diamètre de chacune d'elles est au moins égal à la largeur de l'intervalle des yeux : tel est ce bouclier dans son état normal. Chez certains individus, les quatre pièces qui le composent, et cela arrive à ce qu'il paraît assez fréquemment, sont tantôt inégales en grandeur, tantôt non réunies entre elles, ou bien encore elles se subdivisent en deux ou en plusieurs parties.

Mais ce sont autant d'anomalies qu'il est aisé de reconnaître pour peu qu'on y fasse attention. Néanmoins elles ont donné lieu à l'établissement de quelques espèces purement nominales, et notamment au *Cératophrys clypeata* (Cuvier), du bouclier dorsal duquel Cocteau a donné la figure dans son mémoire sur le genre Éphippifère.

Les membres antérieurs sont presque aussi longs que le tronc ; les postérieurs ont à peu près la même étendue que le tronc et la tête réunis. Il y a des renflements sous les articulations de toutes les phalanges, un gros tubercule ovale à la racine du premier doigt et un autre du double plus grand, à la paume de la main. Les doigts sont légèrement déprimés ; les orteils le sont davantage et bordés latéralement d'une petite membrane qui semble être le prolongement de celle qui les réunit entre eux à leur extrême base. Le tubercule métatarsien est fort allongé, arrondi aux deux bouts, déprimé, mais néanmoins convexe en dessus ; quoique mou, il est aminci ou comme tranchant à son bord interne. Les faces plantaires sont d'ailleurs parfaitement unies, ou lisses.

Les épaules, les flancs et les reins, sont couverts de tubercules coniques, mous, cannelés de haut en bas. On en voit de même forme, mais beaucoup plus petits sur les régions frénales et le long du bouclier dorsal, où quelques-uns plus gros se mêlent à eux. Une suite de tubercules semblables à ceux dont nous venons de parler forment à droite et à gauche du dos, une sorte de petite crête qui prend naissance sur l'échancrure du plateau occipital, et borde les deux plaques médianes du bouclier dorsal, à peu de distance duquel cette crête se termine en se jetant un peu en dehors. La peau du dessous de la tête, de la poitrine, du ventre et de la face inférieure des cuisses est toute mamelonnée.

COLORATION. Nous avons un individu conservé dans l'alcool dont le dessus du corps est d'un brun grisâtre ou blanchâtre, avec un grand feston noir de chaque côté du dos. Il a sur la tête un V noir dont la base touche au bord antérieur de l'occiput et dont les branches s'étendent jusqu'à l'extrémité de la paupière supérieure. Le dessous du prolongement de celle-ci est marqué, en long, d'un ruban noirâtre.

Le *Canthus rostralis* est bordé en dehors d'une bande noire qui

28.

se dilate sur la région frénale en une tache anguleuse au niveau de la narine, et en une autre tache également anguleuse, mais beaucoup plus grande au-dessous de l'œil. Il y a encore une tache triangulaire noire, en arrière de celui-ci. Les épaules sont de cette dernière couleur, et les reins, le dessus des membres postérieurs, ainsi que le dessous du tarse et du métatarse, sont colorés en brun. Les régions inférieures de l'animal sont blanches.

Voici, d'après les figures qui ont été publiées de cette espèce, quels sont les différents modes de coloration qu'elle offre à l'état de vie.

Tilesius l'a représentée comme ayant la paupière supérieure et le tubercule du talon de couleur orangée; le milieu de la tête, la nuque, un espace longitudinal sur le commencement du dos, le dessous et le derrière des jambes verts. Suivant le même auteur, les festons des côtés du dos, qui sont noirs chez notre sujet conservé dans la liqueur, seraient violets ou bleuâtres chez les individus vivants. Les descriptions et les figures du prince Maximilien de Wied et de Wagler donnent au mâle une couleur orangée sur la tête, le dos et le bas des flancs; une tache noire au devant de l'œil; une bande, noire aussi, allant de l'angle postérieur de celui-ci à l'épaule; une sorte de feston de la même couleur de chaque côté du dos; deux taches ovales, noires, une grande et une petite, placées l'une devant l'autre, de chaque côté des reins; enfin des bandes transversales vertes sur le dessus des membres postérieurs.

La femelle aurait au contraire les parties supérieures brunes, une belle bande verte depuis le bout du museau jusqu'à l'orifice anal, une autre semblable en travers de la tempe et de l'épaule, et le tympan de la même couleur que ces bandes.

DIMENSIONS. *Tête*. Long. 8". *Tronc*. Long. 14". *Memb. antér*. Long. 13" 5'". *Memb. postér*. Long. 21".

PATRIE ET MOEURS. Cette espèce habite l'Amérique méridionale; on la trouve à Cayenne et au Brésil; nous possédons des individus recueillis dans ces deux pays. Le prince de Wied nous apprend qu'elle se tient dans les grandes forêts obscures et humides et particulièrement dans leurs marais; mais qu'on la rencontre aussi dans les lieux cultivés et même arides. Elle saute, et vers le soir elle fait entendre un coassement monotone. Les petits Rongeurs, les Oiseaux, les Batraciens anoures, les Mollusques et d'autres petits animaux lui servent de nourriture. Nous avons trouvé un squelette presque entier de Cystignathe ocellé dans l'estomac d'un grand individu que nous avons ouvert.

Observations. Ce Batracien anoure est bien évidemment celui dont Séba a donné deux figures sous le nom de Crapaud cornu et épineux; et dans l'une desquelles il a beauconp exagéré la palmure des pieds. Mais le Crapaud cornu de Daudin, ou, ce qui est la même chose, la *Rana megastoma* de Spix, n'appartient nullement à la même espèce, comme l'a cru Wagler; c'est ce dont on pourra se convaincre en lisant notre article sur le *Ceratophrys Daudini*. Les trois dessins de boucliers dorsaux de Cératophrys que Cocteau a fait graver sur la planche qui accompagne son intéressant mémoire sur le genre Ephippifère, ont été exécutés d'après les individus de notre musée appartenant au seul *Ceratophrys dorsata*, et non à trois espèces différentes, ainsi que ce savant erpétologiste l'a annoncé d'après les déterminations de Cuvier. Ces dessins sont des exemples des diverses anomalies que présente dans sa composition le bouclier dorsal de l'espèce qui fait le sujet du présent article.

2. LE CÉRATOPHRYS DE BOIÉ. *Ceratophrys Boiei*. Wied.

Caractères. Point de bouclier dorsal. Front et entre-deux des yeux très-creux, relevés de chaque côté d'une crête renflée et recourbée en dedans à son extrémité postérieure. Tympan à peine distinct. Prolongement palpébral très-long, très-pointu. Orteils réunis à leur base par une membrane très-courte. Des tubercules granuliformes sur toute la surface du corps.

Synonymie. *Ceratophrys Boiei*. Wied. Beïtr. Naturgesch. Brasil. tom. 1, pag. 592.

Stombus cornutus. Gravenh. Isis, 1825, pag. 952.

Stombus Boiei. Id. Delic. mus. Vratilav. pag. 50, tab. 9, fig. 1-2.

Ceratophrys granosa. Cuv. Règn. anim. 2e édit. tom. 2, pag. 107.

Ceratophrys granosa. (Cuv.) Guér. Iconog. Règn. anim. Rept. Pl. 26, fig. 2.

DESCRIPTION.

Formes. Ce Cératophrys, dédié au savant et laborieux Boié par le prince de Wied, qui le premier, l'a décrit dans son excellent ouvrage publié en langue allemande sous le titre de *Matériaux pour l'histoire naturelle du Brésil*, est loin d'être spécifiquement semblable à celui de l'article précédent, ainsi que c'est l'opinion de quelques erpétologistes d'une date plus récente; il s'en distingue au contraire, comme on va le voir, par des caractères aussi nombreux que faciles à saisir.

Ce qu'on remarque de suite en examinant cette espèce comparativement avec le Cératophrys à bouclier, c'est qu'elle manque de carapace dorsale et de carènes sur les parties latérales de la tête; c'est que celle-ci est plus épaisse et plutôt convexe que déprimée ; c'est que son occiput, non-seulement est fort étroit, mais est, ainsi que l'espace interoculaire, profondément creusé en gouttière, un peu rétréci en avant, et bordé de chaque côté d'une haute carène arrondie, recourbée en dedans à son extrémité postérieure ; c'est que son front continue, et sans s'incliner, la gouttière dont nous venons de parler; c'est que les arêtes qui prennent naissance aux angles antérieurs des orbites, convergent fortement l'une vers l'autre, et s'arrêtent entre les orifices des narines ; c'est que ceux-ci sont peu écartés l'un de l'autre, et que le museau s'en éloigne par une pente rapide; c'est que les cornes palpébrales sont proportionnellement plus longues ; c'est que son tympan se laisse difficilement apercevoir au travers de la peau ; c'est enfin que toute la surface de son corps est couverte de petits tubercules granuliformes.

Les narines sont ovales, l'espace qui les sépare est moitié moindre que l'entre-deux des yeux. Le museau est arrondi et légèrement convexe. Le tympan a en diamètre un tiers de moins que celui de l'ouverture de l'œil. La corne surciliaire est une pointe aplatie sur trois faces, entièrement hérissée d'aspérités et dont la longueur est au moins égale à celle de la fente des paupières. La bouche n'est pas moins largement fendue que chez l'espèce précédente. Les arrière-narines sont grandes, circulaires, l'espace qui les sépare est coupé transversalement par une bande de dents vomériennes interrompue au milieu. Les orifices des trompes d'Eustachi sont fort petits. La langue est cordiforme et, à sa droite et à sa gauche, chez les mâles, se trouve une fente longitudinale par laquelle l'air entre dans un sac vocal, qui est simple et tout à fait interne. Les membres présentent exactement la même forme et le même développement que ceux du Cératophrys à bouclier ; seulement les doigts et les orteils ont leurs renflements sous-articulaires plus prononcés, et offrent en outre de nombreux tubercules granuliformes; il y a trois fortes protubérances à la paume de la main. L'extrémité postérieure du tronc est tout à fait comprimée; de sorte que l'orifice anal semble être surmonté d'une crête. Les tubercules du dessous du corps sont très-fins, à peu près égaux, et en les examinant à la loupe on s'aperçoit qu'il sont eux-mêmes hérissés de petites pointes. Parmi ceux de la face supérieure du corps, qui en général sont coniques et d'inégale grosseur, il y en a de chaque côté du dos qui sont disposés en une série longitudinale ayant l'apparence d'une petite crête. Celle-ci part du bord latéral externe de la corne palpébrale, descend sur le haut de l'épaule par une ligne légèrement rentrante, côtoie le dos en s'infléchissant un peu en dedans, passe sur les reins en se cintrant au contraire en dehors, puis gagne l'extrémité du tronc en se rapprochant de plus en plus de sa congénère, à laquelle elle se réunit au-dessus de l'orifice anal. Une autre petite crête, brisée en angle obtus, s'étend en travers de la tête, depuis la pointe d'un prolongement palpébral jusqu'à l'autre. Il semble qu'il y en ait une aussi le long de la ligne médiane du dessus de ce même prolongement palpébral. Il existe un groupe peu serré de petits tubercules coniques au centre de la surface de la paupière supérieure.

Coloration. Le museau, le dessus de la tête et généralement tout l'espace compris entre les deux petites crêtes tuberculeuses de la face supérieure du corps présentent une teinte fauve, veinée de brunâtre; le long et en dehors de chacune de ces crêtes, il existe un feston brun. La concavité du crâne offre une grande tache subtriangulaire noire; on en voit une petite de même couleur et à peu près carrée sur le front. Une bande brune descend perpendiculairement de l'angle antérieur de l'orbite sur le bord de la bouche; d'autres bandes brunes coupent les tempes obliquement, et il y en a de transversales sur le dessus des membres. Le ventre et quelquefois même toutes les régions inférieures sont finement tachetées de noir, sur un fond jaunâtre.

Dimensions. Cette espèce, à en juger d'après les individus que les naturalistes ont pu observer jusqu'ici, ne semblerait pas atteindre une taille plus considérable que nos Grenouilles communes. Voici les principales dimensions d'un sujet de notre musée. *Tête*. Long. 3" 4"'. *Tronc*. Long. 4" 5"'. *Memb. antér.* Long. 4" 2"'. *Memb. postér.* Long. 7" 4"'.

PATRIE. Le Cératophrys de Boié est originaire de l'Amérique méridionale, nous l'avons reçu de Cayenne par les soins de M. Leprieur, et du Brésil par ceux de MM. Langsdorff, Gaudichaud et Ménestriés.

Observations. Il y a deux bonnes figures de cette espèce, l'une dans les *Deliciæ musei zoologici Vratilaviensis* de M. Gravenhorst, l'autre dans l'Iconographie du Règne animal de Cuvier par M. Guérin.

3. LE CÉRATOPHRYS DE DAUDIN. *Ceratophrys Daudini.* Cuvier.

CARACTÈRES. Pas de bouclier dorsal. Front extrêmement élevé, formant avec le dessus du museau une pente uniforme, très-rapide, parties latérales également très-hautes et en pente très-rapide, sans aucune arête. Occiput très-large, plan au milieu, mais offrant de chaque côté un fort renflement longitudino-oblique s'étendant de l'orbite au-dessus du tympan. Celui-ci assez distinct. Vertex, front et chanfrein creusés en gouttière. Pieds presque entièrement palmés.

SYNONYMIE. *Bufo cornutus*. Daud. Hist. nat. Gren. Rain. Crap. pag. 102, Pl. 38. Exclus. synonym.

Bufo cornutus. Latr. Hist. nat. Rept. tom. 2, pag. 117, fig. 1.

Bufo cornutus. Daud. Hist. nat. Rept. tom. 8, pag. 214. Exclus. synon.

Rana megastoma. Spix. Spec. nov. Test. Ranar. Brasil. pag. 27, tab. 4, fig. 1.

Ceratophrys Daudini. Cuv. Règn. anim. 2e édit. tom. 2, pag. 106.

Ceratophrys Spixii. Id. loc. cit.

Phrynoceros Vaillantii. Tschudi. Classif. Batrach. Mém. Sociét. scienc. nat. Neuch. tom. 2, pag. 82.

DESCRIPTION.

FORMES. Cette espèce, bien que plus voisine du *Ceratophrys dorsata* que du *Ceratophrys Boiei*, en diffère cependant à plusieurs égards. Elle manque en effet de bouclier dorsal, et ses orteils sont réunis par une membrane presque jusqu'à leur extrémité. Sa tête s'abaisse brusquement en avant et de chaque côté de son sommet, où sont placés les yeux à peu de distance l'un de l'autre; de sorte qu'elle est réellement plus haute que celle du Cératophrys à bouclier. Son occiput offre à droite et à gauche un très-gros renflement longitudinal arrondi, qui s'étend, en obliquant en dessous, depuis l'angle postérieur de l'œil jusqu'au-dessus du bord postérieur du tympan, renflement qu'au premier abord on pourrait prendre pour une parotide, à cause de sa forme et de sa situation, et qui est, avec son congénère, la seule saillie que fassent les os à la surface de la tête. Il n'y a non plus d'autres creux sur cette partie du corps qu'une gouttière qui occupe tout l'intervalle des yeux, et qui descend jusqu'au bout du museau, toujours en se rétrécissant davantage et en devenant de moins en moins profonde. D'après Spix, la corne surciliaire, est conique, et la surface de la paupière supérieure hérissée de tubercules de même forme. D'autres tubercules ayant l'apparence d'épines, sont épars sur le dos, le haut des flancs et le dessus des membres.

COLORATION. Un brun olivâtre règne sur les parties supérieures; le dos porte une double série de grandes taches noires. La gorge est brune, le ventre tacheté de jaunâtre et de brun foncé.

DIMENSIONS. *Tête*. Long. 5" 2"'. *Tronc*. Long. 7". *Memb. antér*. Long. 6". *Memb. postér*. Long. 12".

PATRIE. C'est aussi dans l'Amérique méridionale que se trouve cette troisième espèce de Cératophrys. Spix l'a rapportée du Brésil, ainsi que le prouve la figure qu'il en a donnée sous le nom de *Rana megastoma*. Notre musée possède un individu qui a été recueilli à Surinam par Levaillant.

Observations. Cet individu, provenant de Surinam, est justement le modèle de la figure du Crapaud cornu de Daudin, qui a eu le tort de considérer comme devant y être rapportées les deux figures du Crapaud cornu et épineux de Séba, lesquelles représentent au contraire le *Ceratophrys dorsata*. Cuvier n'a pas reconnu l'identité spécifique du Crapaud cornu de Daudin et de la *Rana megastoma* de Spix; car il a cité le premier sous le nom que nous lui conservons ici, et la seconde sous celui de *Ceratophrys Spixii*. Wagler a commis une autre erreur à leur égard en les désignant tous deux comme étant de l'espèce du *Ceratophrys dorsata*.

VIIIe GENRE PYXICÉPHALE. — *PYXICEPHALUS* (1). Tschudi.

Caractères. Langue grande, ovalaire, libre et plus ou moins divisée en arrière. Des dents vomériennes entre les arrière-narines. Tympan tantôt distinct, tantôt imperceptible ; trompes d'Eustachi petites. Quatre doigts libres ; pas de rudiment de pouce à l'extérieur. Pieds demi-palmés ; un éperon aplati, tranchant au bord interne du métatarse. Une vessie vocale interne chez les mâles. Apophyses transverses de la vertèbre sacrée, non dilatées en palettes.

Les Pyxicéphales sont en quelque sorte des Grenouilles à grosse tête, à corps trapu, à museau large, court, très-convexe en dehors, très-concave en dedans et à os cunéiforme développé extérieurement en un disque ovalaire à bord tranchant, de même que chez les Pélobates et les Scaphiopes. Ils ont deux rangées ou deux groupes de dents vomériennes entre les arrière-narines, plus ou moins près du niveau du bord postérieur de celles-ci ; la langue grande, ovalaire, libre, divisée en deux lobes, ou bien simplement échancrée à la partie qui regarde la gorge ; des trompes d'Eustachi fort peu ouvertes ; un tympan petit et qui quelquefois ne se laisse pas apercevoir au travers de la peau ; quatre doigts, tous séparés, un peu déprimés et à pelotes sous-articulaires ; enfin cinq orteils déprimés aussi et également renflés sous leurs articulations, mais réunis par une membrane dans la première moitié de leur étendue.

La gorge des mâles renferme une vessie vocale susceptible d'une grande dilation, et dont les deux orifices sont situés

(1) De πυξις, boîte, et de κεφαλη, tête ou crâne.

de chaque côté de la langue, orifices qui sont de simples trous arrondis comme chez les Grenouilles, et non de grandes fentes comme chez les Cystignathes.

Le squelette des Pyxicéphales ressemble beaucoup à celui des espèces de ces deux derniers genres de Batraciens ; cependant, de même que chez les Alytes et les Sonneurs, les apophyses transverses de la sixième, de la septième et de la huitième vertèbre sont dirigées obliquement en avant, sans que toutefois celles de la neuvième soient aussi, comme chez ces mêmes Alytes et ces mêmes Sonneurs, dilatées en palettes ou en ailes. Les viscères ne présentent rien de particulier.

Ce genre portait le nom de *Tomopterna* (1) dans notre manuscrit ; mais comme celui de *Pyxicephalus,* qui lui a été donné par M. Tschudi, se trouve avoir l'antériorité par cela seul que le travail de ce savant a paru avant le nôtre, c'est cette seconde dénomination que nous avons adoptée.

Nous connaissons trois espèces des Batraciens Anoures auxquels conviennent les caractères que nous venons d'énoncer : une est américaine et les deux autres africaines. Voici leurs principales différences exposées dans le tableau synoptique suivant :

TABLEAU SYNOPTIQUE DES ESPÈCES DU GENRE PYXICÉPHALE.

Langue échancrée en arrière	profondément : menton à 2 crans	bien marqués. . .	1. P. ARROSÉ.
		peu sensibles. .	2. P. DE DELALANDE.
	très-faiblement.		3. P. AMÉRICAIN.

(1) De τομος, qui sert à couper, couteau, et de πτερνὶς, talon ; talon coupant.

I. LE PYXICÉPHALE ARROSÉ. *Pyxicephalus adspersus.* Nobis.

Caractères. Langue divisée profondément en deux lobes en arrière. Dents vomériennes réunies en chevron au niveau du bord postérieur des arrière-narines. Deux fortes échancrures à l'extrémité antérieure de la mâchoire inférieure. Tympan distinct. Dos relevé de plis longitudinaux, marqué d'une ligne médiane blanche et très-finement piqueté de blanchâtre.

Synonymie. *Tomopterna adspersa.* Nob. M. S. S.

Pyxicephalus adspersus. Tschud. Classif. Batrach. Mém. Sociét. scienc. nat. Neuch. tom. 2, pag. 84.

DESCRIPTION.

Cette espèce a les membres courts, la tête grosse et peu rétrécie en avant. Les tempes sont verticales, le vertex et l'occiput légèrement bombés, et le museau est fortement arqué en long comme en travers; son bord terminal est arrondi. Les yeux sont grands, peu saillants; la largeur de leur intervalle est égale à celle de la paupière supérieure, et un peu moindre que l'écartement des narines, qui sont situées à égale distance du bout du museau et de l'angle antérieur de l'œil. On distingue assez bien la membrane du tympan au travers de la peau; sa circonférence est un peu moins grande que celle de l'ouverture de l'œil. Les dents vomériennes forment un chevron, dont le sommet, dirigé en arrière, dépasse légèrement le niveau du bord postérieur des arrière-narines; la voûte de la bouche serait d'ailleurs parfaitement unie, sans la petite saillie transversale que font les os palatins. Le bord de la mâchoire inférieure offre au-dessus du menton une petite éminence dentiforme séparée d'une plus forte de chaque côté, par une échancrure assez profonde; à la mâchoire supérieure il y a trois concavités qui correspondent à ces trois saillies. La langue est grande, ovale et divisée en deux lobes à son bord postérieur, absolument comme celle du commun des Grenouilles. Le membre antérieur offre la même longueur que le flanc; la patte de derrière est un peu plus étendue que le tronc et la tête réunis.

Le troisième doigt est près de moitié plus long que les trois autres, qui sont égaux. La paume de la main offre deux renflements ovalaires. Les orteils vont en augmentant de longueur, depuis le premier jusqu'au quatrième; le cinquième est d'un tiers plus court que celui qui le précède; tous sont réunis dans la moitié de leur étendue par une membrane médiocrement extensible. On remarque sur le dessus du corps plusieurs petits renflements glanduleux longitudinaux; la tête est lisse, ainsi que les parties inférieures.

COLORATION. Une teinte d'un vert bouteille foncé règne sur les régions supérieures, qui sont toutes très-finement piquetées de blanchâtre; une ligne de la même couleur s'étend depuis le bout du museau jusqu'à l'extrémité postérieure du dos. Tantôt tout le dessous de l'animal est blanc; tantôt la gorge, le bas des flancs et la face inférieure des membres sont parsemés de taches noires.

DIMENSIONS. *Tête*. Long. 1" 5'''. *Tronc*. Long. 2" 5'''. *Membr. antér*. Long. 1" 8'''. *Membr. postér*. Long. 4".

PARTIE. Le Pyxicéphale arrosé se trouve dans l'Afrique australe; nos échantillons proviennent du voyage de Delalande.

2. LE PYXICÉPHALE DE DELALANDE. *Pyxicephalus Delalandii.* Nobis.

(Voyez Pl. 87, fig. 1, 1 *a*, 1 *b*.)

CARACTÈRES. Langue divisée en deux lobes en arrière. Dents vomériennes réunies en chevron au niveau du bord postérieur des arrière-narines. Deux très-faibles échancrures à l'extrémité de la mâchoire inférieure. Tympan distinct. Dos mamelonné, comme marbré et coupé longitudinalement par une raie blanchâtre.

SYNONYMIE. *Tomopterna Delalandii*. Nobis M. S. S.

Pyxicephalus Delalandii. Tschudi. Classific. Batrach. Mém. Sociét. scienc. nat. Neuch. tom. 2, pag. 84

DESCRIPTION.

FORMES. Ce Pyxicéphale diffère du précédent en ce que les échancrures du bout de sa mâchoire inférieure sont à peine sensibles, en ce que son dos, au lieu d'être relevé de petits plis longitudinaux, est semé de glandules arrondies ou ovalaires, et que son front est plat, ce qui ôte à la partie antérieure de la tête cette grande convexité qu'elle offre chez le Pyxicéphale arrosé.

Les membres postérieurs sont aussi plus longs que ceux de ce dernier, car lorsqu'on les couche contre les flancs, leur éperon se trouve être au niveau du bout du nez.

Coloration. Le mode de coloration n'est pas non plus le même. Ici, ce ne sont pas des piquetures blanches que présentent les parties supérieures du corps, mais de grandes marbrures noires sur un fond tantôt grisâtre, tantôt olivâtre. Il existe pourtant aussi une raie dorsale blanche, fort souvent accompagnée de deux autres qui lui sont parallèles, l'une à droite, l'autre à gauche, le long de la partie supérieure du flanc. Tous les individus que nous avons maintenant sous les yeux ont le dessous du corps blanchâtre.

Dimensions. *Tête*. Long. 1" 8'''. *Tronc*. Long. 3" 5'''. *Memb. antér*. Long. 2" 8'''. *Memb. postér*. Long. 6".

Patrie. Cette espèce habite le même pays que la précédente ; nous en devons également la découverte à feu Delalande.

3. LE PYXICÉPHALE AMÉRICAIN. *Pyxicephalus americanus*. Nobis.

Caractères. Langue cordiforme. Dents vomériennes formant une rangée tranversale interrompue au milieu et située un peu en avant du niveau du bord postérieur des arrière-narines. Pas d'échancrures à l'extrémité de la mâchoire inférieure. Tympan imperceptible au travers de la peau. Dos mamelonné, brun, avec une raie longitudinable blanche.

DESCRIPTION.

Formes. Cette espèce ressemble au Pyxicéphale arrosé par la forme de sa tête, et au Pyxicéphale de Delalande par les verrues glanduleuses dont son dos est semé ; mais elle diffère de l'un et de l'autre par l'absence d'échancrures au bord antérieur de sa mâchoire inférieure, par l'invisibilité de son tympan, par la disposition en rang transversal et interrompu de ses dents vomériennes, qui sont aussi situées un peu moins en arrière, par la forme de sa langue, qui n'est que très-faiblement échancrée en croissant à sa marge postérieure, enfin, par la présence, sur toute la face inférieure de son corps, de petits tubercules arrondis, très-serrés les uns contre les autres.

Coloration. Son mode de coloration se rapproche assez de celui du Pyxicéphale de Delalande. Un brun roussâtre, nuancé d'une teinte plus foncée est répandu sur la tête, le dos et les membres. Les flancs et les régions fémorales sont piquetés de blanc. Les nombreux petits tubercules du dessous du corps sont blancs et leurs intervalles lavés de roussâtre. Comme chez les deux autres espèces, la ligne medio-longitudinale de la tête et du tronc est parcourue par une raie blanchâtre.

DIMENSIONS. *Tête*. Long. 1" 5"'. *Tronc*. Long. 2" 5"'. *Memb. antér*. Long. 2". *Memb. postér*. Long. 4".

PATRIE. Ce Pyxicéphale, ainsi que l'indique son nom, est originaire du nouveau monde; nous ne possédons qu'un seul individu, qui a été envoyé de Buenos-Ayres par M. d'Orbigny.

IXe GENRE CALYPTOCÉPHALE. — *CALYPTOCEPHALUS* (1). Nobis.

(*Peltocephalus*, Tschudi.)

CARACTÈRES. Tête comme recouverte d'un bouclier rugueux. Langue disco-ovalaire, entière, libre à son bord postérieur. Une rangée de dents vomériennes interrompue au milieu, située entre les arrière-narines. Tympan distinct; trompes d'Eustachi assez grandes. Quatre doigts libres, lisses; pas le moindre rudiment de pouce extérieurement. Orteils de même forme que les doigts, mais réunis par une membrane dans la moitié ou dans les deux tiers de leur longueur. Saillie du premier os cunéiforme assez forte, mais non tranchante. Une vessie vocale interne de chaque côté de la gorge chez les mâles. Apophyses transverses de la vertèbre sacrée, non dilatées en palettes.

Les Calyptocéphales ont été ainsi nommés parce que leur tête est en dessus et même en partie sur les côtés, défendue

---

(1) De καλυπτω, je couvre, κεφαλη, la tête; la tête couverte.

par un véritable bouclier rugueux; ceci tient, d'une part, à ce que certains os du crâne ont pris une expansion telle, que le cadre de l'orbite est réduit à un très-petit diamètre, et complétement fermé en arrière, et que les fosses temporales sont tout à fait cachées sous une voûte, exactement comme chez les Thalassites ou Tortues marines; et, d'une autre part, à ce que ce bouclier, dont la surface est tout hérissée de fines aspérités, n'est revêtu que d'une peau si mince et qui y adhère si fortement, qu'elle semble faire corps commun avec lui. Nous retrouverons, au reste, une structure semblable chez une espèce de Pélobates (1), autre genre de Batraciens Raniformes, chez lequel le tympan a disparu sous l'extension des os environnants, ce qui n'existe nullement dans les Calyptocéphales, où la membrane tympanale en particulier, se laisse parfaitement bien voir au travers de la peau.

Les dents maxillaires sont longues, grêles, pointues et un peu recourbées à leur extrémité; les vomériennes leur ressemblent, quant à la forme, mais en diffèrent par un peu plus d'écartement entre elles; elles occupent l'entre-deux des arrière-narines, disposées sur deux rangées, représentant une sorte de chevron largement ouvert à son sommet, et touchant de chaque côté par sa base au bord antérieur de ces mêmes arrière-narines. Celles-ci sont ovalaires et de moyenne grandeur. Un sillon curviligne, assez profond, bordé en partie par la saillie que fait le palatin, aboutit à leur bord latéral externe. Les trompes d'Eustachi sont grandes et triangulaires. La langue n'est positivement ni arrondie, ni ovale, mais elle tient le milieu entre ces deux formes; elle est médiocrement épaisse, libre à sa marge postérieure seulement, et toute couverte de papilles coniques, qui semblent être couchées en dehors, parallèlement à sa circonférence. Chez les mâles, il y a de chaque côté de cet organe, ou mieux entre lui et la branche sous-maxillaire,

(1) Voyez le quinzième genre de cette famille des Raniformes.

une grande fente longitudino-oblique, destinée à l'entrée de l'air dans le sac vocal qui existe intérieurement à droite comme à gauche de la région gulaire. Il n'y a ni cavité à la partie antérieure et interne de la mâchoire supérieure, ni saillie bien prononcée à l'extrémité correspondante de la mâchoire inférieure. Les membres sont forts et moins longs que chez la plupart des Grenouilles; ceux de devant se terminent par quatre doigts coniques, légèrement déprimés, sans palmure, sans renflements sous leurs articulations, et dont la longueur est inégale, c'est-à-dire que le deuxième et le quatrième sont plus courts que le troisième, et que le premier est le moins long de tous. Ce doigt, au temps de l'accouplement et chez les mâles seulement, a toute sa face inférieure renflée jusqu'à la pointe et couverte d'une verrue analogue, mais moins épaisse et moins rude, à celle que présentent à la même époque les individus du même sexe chez notre Grenouille verte. Il n'y a aucune apparence de pouce à l'extérieur. Les pieds sont palmés, tantôt jusqu'à la moitié, tantôt presque jusqu'au bout des orteils, qui, de même que les doigts, sont tout à fait lisses, un peu comprimés et pointus; leur nombre est de cinq, les quatre premiers sont régulièrement étagés, tandis que le dernier n'est même pas aussi long que le troisième. Le premier os cunéiforme se montre comme un tubercule cylindrique médiocrement développé. Il n'existe point de parotides aux côtés du cou, mais la peau des flancs et du dos est relevée de plis et de renflements glanduleux. Les viscères ressemblent à ceux des Grenouilles ; rien de particulier ne distingue non plus la colonne vertébrale des Calyptocéphales de celle de ces dernières.

C'est la dénomination de Calyptocéphale et non celle de Peltocéphale, ainsi que nous le fait dire M. Tschudi, que portait ce genre de Batraciens Anoures dans notre Muséum d'histoire naturelle, lorsqu'il y a bientôt trois ans, ce naturaliste vint y chercher les matériaux qui lui manquaient pour compléter son travail sur la classification des Batraciens commencé à Leyde, où, comme chez nous, la collection erpétologique fut libéralement mise à sa disposition.

1. LE CALYPTOCÉPHALE DE GAY. *Calyptocephalus Gayi*. Nobis.

Caractères. Parties supérieures d'un brun fauve ou olivâtre, nuancé de teintes plus foncées.

Synonymie. *Calyptocephalus Gayi*. Nob. Mus. Par.

Peltocephalus Quoyi. Tschudi. Classif. Batrach. Mém. Sociét. scienc. nat. Neuchât. tom. II, pag. 81.

DESCRIPTION.

Formes. Cette espèce a des formes robustes et trapues, la tête courte, large et très-fortement aplatie, le tronc déprimé et enveloppé, comme celui de la plupart des Crapauds, d'une peau lâche où il se trouve contenu comme dans une sorte de sac renfermant aussi une certaine partie des cuisses.

Les membres antérieurs n'ont guère plus de longueur que les flancs ; les postérieurs, couchés le long de ceux-ci, dépassent le bout du museau de la moitié environ de l'étendue du pied, dont la palmure est épaisse, et, contrairement à ce que nous avons vu dans les Discoglosses, un peu plus courte chez les mâles que chez les femelles, où elle offre en longueur les deux tiers de celle des orteils. Ces derniers, ainsi que les doigts, sont gros, coniques, pointus et légèrement déprimés ; les uns ni les autres n'ont de renflements sous leurs articulations, et les faces palmaires et plantaires sont parfaitement lisses. La tête, nous l'avons déjà dit, est fort large, c'est-à-dire que son diamètre transversal, en arrière, est d'un tiers plus considérable que le longitudinal, dans lequel le museau, tant il est court, n'entre même pas pour un quart. La tête est aussi très-remarquable par son aplatissement ; sa face supérieure est un grand plateau de figure triangulaire, presque uniformément plan ; les côtés et la portion du museau située en avant des narines, sont, sinon verticaux, au moins en pente très-rapide ; les yeux sont latéraux et très-écartés, puisque l'espace qui les sépare est moitié plus grand que le diamètre de l'orbite. Les narines sont situées à droite et à gauche du sommet de l'angle antérieur du plateau sus-crânien, et les oreilles de chaque côté du bord postérieur de ce même plateau ou sur les parties latérales de la tête, au-dessus des angles de la bouche. Celle-ci est d'une grandeur énorme ; son contour décrit un demi-cercle qu'on aurait un peu forcé. Le diamètre du tympan est égal à la largeur de la paupière supérieure, dont la surface est marquée de plusieurs rides. Un des sujets que nous avons maintenant sous les yeux a la peau du dos lisse et celle des côtés du corps semée de petites glandes ou pustules ; un autre offre de ces dernières sur tout le tronc, excepté en dessous ; chez un troisième, celles du dos sont remplacées par des renflements longitudinaux de même nature.

Coloration. Le dessus du corps est tantôt d'un brun fauve ou marron, tantôt d'un brun olivâtre ; mais il présente toujours des taches d'une couleur foncée, ou comme noirâtre, confondues entre elles. Les membres sont marqués en travers de bandes de cette dernière teinte. Quelquefois toutes les parties inférieures sont blanches ; d'autres fois la gorge est tachetée de brun, ou bien encore barrée de noir, particulièrement sur ses parties latérales.

Dimensions. *Tête.* Long. 6''. *Tronc.* Long. 16'' 5'''. *Membr. antér.* Long. 8'' 5'''. *Membr. postér.* Long. 19'' 5'''.

On voit, par ces dimensions, que le Calyptocéphale de Gay parvient à une taille aussi considérable que la Grenouille mugissante.

Patrie. Cette espèce est originaire du Chili, d'où elle a été envoyée au Muséum par le savant botaniste auquel nous nous plaisons à la dédier ; ce n'est pas au reste la seule découverte dont l'erpétologie soit redevable à M. Gay, car nous avons encore à faire connaître plusieurs Batraciens nouveaux provenant de ses collections.

M. Tschudi, par erreur sans doute, a cité cette espèce comme portant le nom de *Peltocephalus Quoyi*, dans notre Musée national ; elle n'y a jamais été nommée que *Calyptocephalus Gayi.*

Xe GENRE. CYCLORAMPHE. — *CYCLORAMPHUS* (1). Tschudi.

Caractères. Langue entière, disco-ovalaire, libre à son bord postérieur. Deux groupes ou deux rangs de dents palatines, situés entre les arrière-narines ou au niveau de leur bord postérieur. Tympan caché; trompes d'Eustachi de médiocre grandeur ou excessivement petites. Quatre doigts libres; pas de rudiment de pouce extérieurement. Orteils réunis par une membrane plus ou moins courte; premier os cunéiforme faisant une saillie faible et non tranchante. Apophyses transverses de la vertèbre sacrée non dilatées en palettes.

Les espèces de ce genre n'ont ni la tête protégée par un bouclier osseux, ni le tympan visible, ni les articulations des phalanges dépourvues de petits renflements à leur face inférieure, trois caractères qui les distinguent éminemment des Calyptocéphales, avec lesquels elles offrent d'ailleurs les plus grands rapports : elles leur ressemblent effectivement par leur tête courte, très-aplatie et fortement arrondie en avant; par leur bouche largement fendue, dont le plafond cependant a une surface parfaitement plane; par la forme presque circulaire de leur langue, par l'absence de rudiment de pouce, par la palmure médiocrement développée de leurs pieds, par la conformation des pièces composant la colonne vertébrale et le bassin, en un mot, par l'ensemble de leur organisation externe et interne.

La tête des Cycloramphes, quant à sa structure, rentre dans la règle générale, c'est-à-dire que parmi les os qui la composent, il n'en est point qui offrent cette expansion

(1) De κυκλος, arrondi, et de ῥαμφος, bec.

considérable par suite de laquelle, chez les Calyptocéphales et les Pélobates, le dessus et les côtés du crâne semblent ne plus former qu'une seule et même pièce, une sorte de bouclier rugueux, revêtu d'un tissu cutané si mince et qui y adhère tellement qu'on l'en croirait tout à fait dépourvu : ici, comme chez la plupart des Batraciens Raniformes, elle est recouverte d'une peau semblable à celle du corps, et sous laquelle on trouve de grandes orbites et des fosses temporales tout à découvert. Les dents vomériennes tantôt sont réunies en deux très-petits groupes positivement entre les narines inférieures, tantôt disposées sur deux rangs en chevron et un peu plus en arrière. Les conduits gutturaux des oreilles sont ou d'une moyenne grandeur, ou si petits qu'on a de la peine à les apercevoir; mais la membrane du tympan ne se voit jamais extérieurement au travers de la peau. Les deux premiers doigts sont les plus courts, le quatrième l'est un peu moins qu'eux, et le troisième est le plus long de tous; les orteils vont en augmentant de longueur depuis le premier jusqu'au pénultième, et le dernier n'est pas tout à fait aussi long que le troisième; leur membrane natatoire est plus ou moins développée. Il y a une petite pelote sous chaque articulation des phalanges. Une des deux espèces qui appartiennent à ce genre a une glande sur chaque flanc, l'autre n'en offre sur aucune partie du corps; les mâles de celle-ci manquent de sacs vocaux, mais ceux de celle-là en sont pourvus.

Les apophyses transverses de la neuvième vertèbre ne sont nullement dilatées en palettes ou en ailes, comme chez les *Bombinatores;* elles sont même plus courtes et plus renflées à leur extrémité que celles des Grenouilles.

Nous avons conservé à ce genre le nom de *Cycloramphus*, sous lequel M. Tschudi l'a indiqué dans sa classification des Batraciens, sans dire que c'est dans notre collection qu'il a observé la seule espèce qu'il y rapporte et que nous avions d'ailleurs déjà désignée comme étant le type d'un genre particulier.

TABLEAU SYNOPTIQUE DES ESPÈCES DU GENRE CYCLORAMPHE.

Flancs	portant chacun une glande.	1. C. Fuligineux.
	sans glandes.	2. C. Marbré.

1. LE CYCLORAMPHE FULIGINEUX. *Cycloramphus fuliginosus.* Nobis.

(Voyez Pl. 87, fig. 3.)

Caractères. Dents vomériennes formant un fort chevron dont la base touche au bord postérieur de l'entre-deux des arrière-narines. Ouvertures des trompes d'Eustachi d'une moyenne grandeur. Une glande sur chaque flanc. Orteils réunis par une membrane dans les deux tiers de leur longueur ; un petit renflement lenticulaire sous le métatarse ; deux gros renflements de même forme à la face palmaire.

Synonymie. *Pithecopsis fuliginosus.* Nob. M. S. S. (1).

Cycloramphus fuliginosus. Tschudi. Classif. Batrach. Mém. sociét. scienc. nat. Neuch. tom. 2, pag. 81.

DESCRIPTION.

Formes. La phrase caractéristique qui précède suffirait seule pour faire reconnaître cette espèce de Cycloramphe; cependant nous ajouterons, que hors la glande circulaire et aplatie qu'elle porte sur chaque flanc, sa peau est partout parfaitement lisse, que ses membres antérieurs offrent la même longueur que le tronc, que les postérieurs ont un peu plus du double de cette étendue, et que de chaque côté de la langue des mâles il existe une grande fente longitudinale communiquant avec un sac vocal, qui est tout à fait interne.

(1) Ce qui signifierait : visage de singe.

Coloration. Un brun fuligineux est répandu sur toutes les parties supérieures et inférieures, et celles-ci sont comme piquetées ou finement tachetées de blanc grisâtre.

Dimensions. *Tête*. Long. 2". *Tronc*. Long. 3" 5"'. *Memb. antér.* Long. 3" 2"'. *Memb. postér.* Long. 7" 8"'.

Patrie. Cette espèce est originaire du Brésil ; les deux sujets que nous possédons y ont été recueillis par feu Delalande.

2. LE CYCLORAMPHE MARBRÉ. *Cycloramphus marmoratus*. Nobis.

Caractères. Dents vomériennes formant deux très-petits groupes entre les arrière-narines. Ouvertures des trompes d'Eustachi excessivement petites. Ni glandes, ni renflements sur aucune partie du corps. Orteils réunis par une membrane, dans la première moitié de leur longueur. Dessous du tarse parfaitement lisse; un renflement lenticulaire au milieu de la paume de la main.

Synonymie ?

DESCRIPTION.

Formes. Cette espèce a les pattes de derrière proportionnellement un peu plus étendues que celles de la précédente; couchées contre le tronc, elles dépassent le bout du museau de la longueur de la partie palmée du pied. Les mâles ont les bras plus gros que ceux des femelles; la face inférieure de leur premier doigt est garnie d'une glandule s'étendant presque jusqu'à sa pointe; ils manquent de sacs vocaux. La peau de toutes les parties du corps, sans exception, est parfaitement lisse.

Coloration. Tout le dessus de l'animal est marbré de noir sur un fond gris tirant plus ou moins sur le brun clair; fort souvent il est irrégulièrement semé de points ou de petites taches d'un blanc pur. C'est une teinte grise avec ou sans marbrures noires, qui règne sur les régions inférieures; mais les membres sont toujours d'une teinte plus foncée que la gorge et l'abdomen.

Dimensions. *Tête*. Long. 1" 8"'. *Tronc*. Long. 4" 8"'. *Memb. antér.* Long. 3" 4"'. *Memb. postér.* Long. 8" 5"'.

Patrie. Cette espèce est une découverte faite au Chili par M. Pentland; le lieu où elle a été trouvée par ce savant naturaliste se nomme Guasacona.

XIe GENRE. MÉGALOPHRYS. — *MEGALOPHRYS* (1). Kuhl.

Caractères. Tête et corps très-déprimés. Paupière supérieure prolongée en pointe à son bord libre. Langue circulaire, très-faiblement échancrée en arrière. Des dents vomériennes fixées sur deux éminences arrondies, situées aux angles postéro-internes des arrière-narines. Tympan caché; trompes d'Eustachi médiocres. Quatre doigts libres; pas de rudiment de pouce à l'extérieur. Orteils réunis à leur racine par une membrane très-courte. Premier os cunéiforme ne faisant pas de saillie extérieurement.

Les Mégalophrys se font remarquer par l'aplatissement de leur tronc et de leur tête, qui est triangulaire, ainsi que par la forme anguleuse que présente le bord libre de leur paupière supérieure, qui s'élève ainsi au-dessus de l'œil comme une sorte de corne. Ils ont la bouche largement fendue, et la langue presque exactement circulaire, car l'échancrure qu'elle offre en arrière est à peine sensible; cet organe est libre dans la moitié postérieure de sa longueur et un peu éloigné de la symphyse de la mâchoire inférieure. Les arrière-narines touchent, chacune de leur côté, au bord du maxillaire supérieur. En dedans de leur bord postérieur ou à leur angle postéro-interne, est une saillie hémisphérique sur laquelle sont fixées quelques dents disposées en un seul rang. Les conduits gutturaux des oreilles ont leur ouverture ovalaire et de moyenne grandeur. La membrane tympanale est très-petite et complétement imperceptible au travers de

(1) De μεγας, grand, et de οφρυς, sourcil.

la peau. Les narines sont ovales, assez grandes et situées tout à fait latéralement, fort près de l'extrémité du museau, au-dessous du *canthus rostralis*, qui est fortement prononcé. Le bout de la mâchoire inférieure offre à son bord une petite saillie, de chaque côté de laquelle on observe une légère échancrure.

Les membres de ces Batraciens sont aussi développés que ceux de la plupart des Grenouilles; on leur compte quatre doigts cylindriques, peut-être un peu déprimés, entièrement libres, et dont trois, le premier, le second et le quatrième, sont égaux, tandis que l'avant-dernier est d'un tiers plus long. Une petite membrane réunit à leur base les cinq orteils, qui vont en augmentant de longueur à partir du premier jusqu'au quatrième ; le cinquième est au contraire plus court que le pénultième et même que l'antépénultième. Le premier os cunéiforme ne fait pas de saillie en dehors, comme cela a lieu d'une manière plus ou moins prononcée chez le plus grand nombre des Batraciens Anoures.

La peau, qui est lisse presque partout, n'est adhérente aux os sur aucune partie du corps : c'est-à-dire que la tête ni le dos ne sont point protégés extérieurement par une sorte de bouclier osseux, comme chez les Cératophrys.

Le squelette des Mégalophrys s'éloigne jusqu'à un certain point de celui des Grenouilles, pour se rapprocher de celui des Alytes et des Sonneurs, et peut-être de celui du Pipa; car le crâne en particulier est presque aussi déprimé que chez ce dernier. Les fronto-pariétaux, qui se soudent de bonne heure, sont très-aplatis et légèrement concaves; ils auraient ensemble la figure d'un grand quadrilatère une fois plus long que large, coupé carrément en arrière, élargi et arrondi en avant; les fronto-nasaux qui, eux aussi, sont des quadrilatères oblongs, mais arrondis aux deux bouts, forment un V dont les branches embrassent le bord arrondi des fronto-pariétaux, disposition qui, jointe à la brièveté des inter-maxillaires, rend le museau très-court ; les fronto-nasaux ont chacun à leur angle postéro-externe une apophyse extrêmement grêle qui les met en connexion dans toute la longueur de celle-ci avec l'apophyse montante du maxillo-jugal. Les trous dans lesquels sont logées les narines sont de beaucoup plus petits que chez les Grenouilles. Le corps des vertèbres ressemble à celui des mêmes os, chez les Alytes et les Sonneurs, et les apophyses transverses de la neuvième pièce de l'échine sont, comme chez ces derniers aussi, dilatées en palettes; ici elles ont trois côtés égaux, dont le latéral externe est garni d'un cartilage légèrement recourbé en dessous. Les autres apophyses transverses rentrent au contraire dans la forme et la disposition de celles des Grenouilles. Celles de la troisième et de la quatrième vertèbre sont les plus grandes de toutes; elles sont aplaties, assez longues et fortes, dirigées un peu obliquement en arrière; celles de la seconde vertèbre sont un peu moins longues et dirigées directement en dehors, de même que celles de la cinquième, sixième, septième et huitième; mais celles-ci sont beaucoup plus faibles. Les os des hanches ne diffèrent pas non plus de ceux des Grenouilles.

Le lobe droit du foie est très-peu développé, tandis que le gauche l'est au contraire beaucoup ; celui-ci est comme plié longitudinalement en deux, de droite à gauche, il offre plusieurs scissures longitudinales près de ses bords.

N'ayant eu l'occasion d'examiner que des individus femelles, nous ignorons si l'autre sexe est pourvu de sacs vocaux.

Le genre Mégalophrys a été proposé par Kuhl ; il ne renferme encore qu'une seule espèce.

I. MÉGALOPHRYS MONTAGNARD. *Megalophrys montana.* Kuhl.

Caractères. Dessus du corps olivâtre; une tache noirâtre triangulaire ou en forme d'Y sur la tête.

Synonymie. *Megalophrys montana.* Kuhl. Mus. Lugd.

Megalophrys montana. Wagl. Syst. Amph. pag. 204.

Ceratophrys montana. Schlegel. Abbild. pag. 29, tab. 9, fig. 3.

DESCRIPTION.

Formes. La tête a une largeur double de sa longueur ; ses côtés, qui sont perpendiculaires, forment un angle obtus tronqué au sommet ; sa face supérieure offre un plan horizontal parfaitement uni. Les yeux sont assez grands, médiocrement saillants, tout à fait latéraux ; leur intervalle est une fois plus large que la paupière supérieure, qui offre quelques petites rides et deux ou trois légers tubercules. Les narines sont ovales. Il y a un pli en travers de la nuque, puis un autre en travers des reins et un petit cordon glanduleux le long de chaque côté du dos. Les épaules portent chacune un tubercule conique noir ; les flancs en sont semés de semblables, entremêlés de glandules granuliformes. Les doigts et les orteils ont leur extrémité légèrement renflée, mais ils sont parfaitement lisses en dessous, ainsi que les paumes et les plantes.

Coloration. Une teinte olivâtre est répandue sur les parties supérieures, qui offrent des marbrures noirâtres ; les membres postérieurs sont marqués de bandes transversales de la même couleur ; on voit sur le crâne une grande tache, noirâtre aussi, ayant tantôt la figure d'un triangle, tantôt celle d'un Y. Les marbrures, les bandes et la tache dont nous venons de parler sont souvent lisérées de blanc. Les régions inférieures présentent également des marbrures, mais en général elles sont plus largement dessinées, et d'un noir foncé sur un fond jaunâtre. Les tarses et le derrière des cuisses sont colorés en noir ; des taches de cette couleur sont disséminées sur la face inférieure des membres. On voit une raie noire entre la narine et l'œil, sous lequel elle s'étend en se dilatant triangulairement

Dimensions. *Tête*. Long. 2" 5"'. *Tronc*. Long. 5" 6"'. *Membr. antér*. Long. 4" 8"'. *Membr. postér*. Long. 10" 2"'.

Patrie. Cette espèce est originaire de Java. Nous possédons plusieurs échantillons, qui nous ont été envoyés du Musée de Leyde.

Observations. M. Schlegel a donné une bonne figure du *Megalophrys montana*, dans ses *Abbildungen* ; c'est au reste la seule que renferment encore aujourd'hui les ouvrages d'erpétologie.

XIIe GENRE. PÉLODYTES.—*PELODYTES* (1). Fitzinger.

(*Obstetricans*, part. Dugès; *Alytes*, part. Tschudi; *Arethusa*, nob. M. S.S.)

CARACTÈRES. Langue disco-ovalaire, à peine échancrée, mais libre à son bord postérieur. Un groupe de dents vomériennes à l'angle antéro-interne de chaque arrière-narine. Tympan distinct; trompes d'Eustachi de moyenne grandeur. Quatre doigts libres. Orteils déprimés, réunis par une membrane, tantôt excessivement courte, tantôt assez développée. Premier os cunéiforme faisant une saillie arrondie. Apophyses transverses de la vertèbre sacrée, dilatées en palettes triangulaires.

Les Pélodytes sont très-voisins des Alytes; extérieurement, par exemple, ils leur ressemblent presque en tous points, excepté qu'ils n'ont pas comme eux le corps trapu des Crapauds, mais les formes élancées des Grenouilles et mieux encore des Rainettes, dont ils se rapprochent à plusieurs égards. Intérieurement ils ressemblent encore aux Alytes par la dilatation en palettes, allongées et pointues aux deux bouts, des apophyses transverses de leur neuvième vertèbre, apophyses qui sont presque aussi étendues que les os des hanches, sur lesquels elles s'appuient. Mais les Pélodytes n'ont pas, comme les Alytes, une longue rangée transversale de dents vomériennes en arrière des narines inférieures; il en existe seulement un petit groupe à l'angle antéro-interne de chacune de celles-ci; puis les indi-

(1) De πηλος, *palus*, marais, et de δυτης, *urinator*, qui plonge; qui se cache dans les eaux des marais.

vidus mâles sont pourvus d'un sac vocal qui communique avec la bouche par deux grandes fentes, situées l'une à gauche, l'autre à droite de la langue, tandis que les Alytes n'en possèdent point.

La langue des Pélodytes est un grand disque ovale, libre à son bord postérieur, qui offre une échancrure à peine sensible. Ces Batraciens Anoures ont leur membrane du tympan très-distincte au travers de la peau; leurs trompes d'Eustachi sont très-petites, mais moins cependant que celles du Sonneur à ventre couleur de feu. Leurs doigts, au nombre de quatre, sont médiocrement forts, cylindriques ou un peu déprimés, complétement libres et légèrement renflés en dessous, à leur extrémité; le premier est le plus court, le troisième le plus long, et les deux autres sont presque égaux. Les orteils sont à proportion plus grêles, plus allongés et plus aplatis que les doigts; une courte membrane les borde latéralement et les réunit entre eux à leur base; cependant cette membrane prend un certain développement à l'époque de l'année où les deux sexes se recherchent pour opérer l'acte de la reproduction. La saillie que fait le premier os cunéiforme est oblongue, arrondie en dessus et médiocrement développée.

Nous ne connaissons encore qu'une seule espèce qui puisse être rapportée à ce genre, c'est celle qui a été décrite par Daudin sous les noms de *Rana punctata* et de *Rana plicata*, celle-ci d'après un individu mâle, celle-là d'après un sujet femelle : erreur sur laquelle, plus de vingt ans après, Fitzinger enchérit encore en plaçant la *Rana plicata* dans son genre *Bombinator*, pendant qu'il laissait la *Rana punctata* parmi les Grenouilles; mais plus tard, abandonnant cette manière de voir, il considéra la première comme appartenant au genre *Cystignathus*, et la seconde comme devant former un groupe particulier pour lequel il proposait le nom de *Pelodytes*. C'est au moins ce que nous apprend, dans sa Faune italienne, le prince Ch. Bonaparte, auquel Fitzinger fit cette communication par lettre, sans toutefois lui mander la caractéristique de ce genre nouveau, qui, comme on le voit, n'avait pas encore été publié, mais qui le fut presque aussitôt par le prince lui-même. C'est en effet dans la Faune italienne, à l'article du *Pelodytes punctatus*, que se trouvent exposés pour la première fois les caractères du genre dont cette espèce est le type; c'est encore là que se trouve la seule figure réellement bonne qui ait paru jusqu'ici de ce Batracien, en même temps que la liste complète et parfaitement exacte des différents noms qu'il avait reçus jusqu'à cette époque. Mais le prince a omis de dire que nous aussi, nous avions déjà érigé en genre la *Rana punctata* de Daudin; et que, moins réservés à son égard que M. Fitzinger, nous lui avions fait connaître, et le nom (*Arethusa*) dont nous voulions appeler ce genre, et les caractères sur lesquels nous le faisions reposer. Il aurait dû, ce nous semble, d'autant moins l'oublier, que ces mêmes caractères, qu'il a publiés, il les a textuellement traduits du manuscrit que nous lui avions communiqué. Il aurait pu ajouter également que c'est aussi par nous qu'il a appris que la *Rana punctata* et la *Rana plicata* de Daudin ne sont qu'une seule et même espèce, qu'il n'avait jamais vue avant que nous lui eussions donné les individus d'après lesquels il a fait sa description; enfin que la figure qui accompagne celle-ci est la copie d'une des peintures sur vélin, que nous avons fait exécuter par M. Redouté jeune pour la riche collection que possède notre Muséum d'histoire naturelle.

Il ne paraît pas que Wagler ait connu le *Pelodytes punctatus*, car il n'en est nulle part question dans ses ouvrages; mais il a été l'objet de l'attention de Dugès, qui en a fait connaître l'ostéologie dans son beau travail sur les métamorphoses des Batraciens. Ce fut lui qui, le premier, l'éloigna des Grenouilles pour le rapprocher des genres d'Anoures avec lesquels il offre en effet le plus grand nombre de traits de ressemblance, nous voulons dire les *Alytes*, auxquels il l'avait réuni sous le nom générique d'*Obstetricans* ou accoucheur. Nous avons dit plus haut quelles sont les raisons qui nous ont engagé à l'en séparer.

A l'exemple de Dugès, M. Tschudi a placé le *Pelodytes punctatus* dans le genre *Alytes* de Wagler.

1. LE PÉLODYTE PONCTUÉ. *Pelodytes punctatus*. Ch. Bonaparte.

CARACTÈRES. Dessus du corps tacheté de noirâtre, sur un fond vert à l'état de vie, grisâtre après la mort.

SYNONYMIE. *Rana punctata*. Daud. Hist. Rain. Gren. Crap. pag. 51, tab. 16, fig. 11.

Rana punctata. Id. Hist. Rept. tom. 8, pag. 100.

Rana plicata. Id. Gren. Rain. Crap. pag. 53.

Rana plicata. Hist. Rept. tom. 8, pag. 102.

Rana Daudini. Var. α et β. Merr. Syst. Amph. pag. 177.

Rana punctata. Fitzing. Neue Classif. Rept. pag. 64.

Bombinator plicatus. Fitzing. Neue Classif. Rept. pag. 65.

Rana plicata. Cuv. Règn. anim. 2e édit. tom. 2, pag. 106.

Obstetricans punctatus. Dugès, Rech. Batrac. pag. 7.

Cystignathus punctatus. Fitz. in Litter. Carl. Bonap.

Pelodytes plicatus. Id. loc. cit.

Alytes punctatus. Tschudi. Classif. Batrach. Mém. Sociét. scienc. nat. Neuch. tom. II, pag. 84.

Pelodytes punctatus. Ch. Bonap. Faun. ital. cum figur.

DESCRIPTION.

FORMES. Cette espèce a la tête déprimée, triangulaire. Le bout du museau est arrondi et un peu proéminent; l'intervalle des narines est moitié moindre que celui des yeux, et à peu près égal au diamètre du tympan. Le chanfrein, l'espace inter-oculaire et l'occiput forment un seul et même plan horizontal. Le *canthus rostralis* est bien marqué. On remarque une parotide allongée, étroite, au-dessus de l'oreille, et une glandule à chaque coin de la bouche. Tout le dessus du corps est semé de petites verrues d'inégale grosseur; chez les mâles, plusieurs de ces verrues forment de chaque côté du tronc deux séries longitudinales qui parcourent, l'une le côté du dos, l'autre le haut du flanc; le bas de celui-ci est séparé du ventre par un repli de la peau. Ces mêmes individus mâles portent à l'époque de l'accouplement une petite plaque ayant l'apparence d'une râpe, de chaque côté de la poitrine, une seconde plus grande sous le bras, une troisième encore plus grande sous l'avant-bras, puis une quatrième, mais bien plus petite, sur le premier doigt, et une cinquième sur le second doigt : ces plaques rugueuses sont sans doute autant d'instruments à l'aide desquels les mâles se maintiennent, se cramponnent sur le dos des femelles. Il existe à la paume de la main trois tubercules ovalaires, un petit et deux gros, mais les faces plantaires sont lisses.

Coloration. En dessus, ce petit Batracien est agréablement tacheté de vert tendre, sur un fond fauve mélangé de cendré. En dessous il est blanc, offrant parfois une teinte carnée ; ses flancs sont souvent marqués de petits points orangés. Les plaques rugueuses qui se développent au printemps sur la poitrine et sur les membres antérieurs des mâles sont d'une belle teinte violette, lorsque l'animal est vivant ; noirâtre, lorsqu'il est mort. La couleur verte des parties supérieures disparaît aussi avec la vie ; c'est une teinte noirâtre qui la remplace.

Dimensions. *Tête*. Long. 1" 5"'. *Tronc*. Long. 2" 2"'. *Membr. antér*. Long. 1" 9"'. *Membr. postér*. Long. 5".

Patrie. Cette espèce n'a encore été trouvée qu'en France. Nous avons eu souvent occasion d'observer et de conserver vivants des individus que nous avions recueillis dans l'ancien parc de Sceaux-Penthièvre, près Paris. Nous les voyions au premier printemps dans de petits étangs, anciens restes des grandes pièces d'eau, et puis en automne au milieu des buissons de ronces qui bordaient les murs du parc, exposés au plein soleil du midi. En ayant conservé dans des bocaux, nous avons pu vérifier par nous-même l'observation qu'avait faite Daudin, touchant la faculté que ce joli petit Batracien possède de grimper, presque aussi facilement que les Rainettes, le long d'un plan vertical et très-uni, comme sur les parois d'un vase de verre ou de porcelaine. Ce Pélodytes coasse sous l'eau comme les vraies Grenouilles.

Le mode de reproduction de cette espèce nous est encore inconnu. Nous croyons cependant nous rappeler qu'elle pondait ses œufs en longs chapelets.

XIIIe GENRE. ALYTES. — *ALYTES* (1). Wagler.

Caractères. Langue circulaire, épaisse, entière, adhérente, creusée de quelques sillons longitudinaux. Des dents palatines formant, en arrière des orifices internes des narines, une longue rangée transversale interrompue au milieu. Tympan distinct; trompes d'Eustachi très-petites. Quatre doigts libres; orteils réunis en partie par une membrane épaisse ; saillie du premier os cunéiforme, se présentant sous la forme d'un petit tubercule. Pas de sacs vocaux sous la gorge. Apophyses transverses de la vertèbre sacrée dilatées en palettes triangulaires.

Ce genre a été établi par Wagler pour une espèce de Batraciens Anoures de notre pays, que son corps trapu, ses membres courts, épais, sa peau verruqueuse, son tympan distinct et surmonté d'une parotide, ont fait considérer longtemps comme appartenant au genre des Crapauds, dont elle s'éloigne au contraire par deux caractères bien importants. Un de ces caractères est tiré de la conformation de la langue, et l'autre, de l'existence de dents à la mâchoire supérieure, ainsi qu'au palais; particularités d'organisation sur lesquelles le savant auteur du *Naturalische System der Amphibien*, s'est principalement fondé pour faire du *Bufo obstetricans* un genre à part, qu'il a proposé de désigner par le nom d'*Alytes*, généralement adopté aujourd'hui.

Nous devons cependant dire, qu'avant Wagler, Merrem avait déjà retiré ce même *Bufo obstetricans* d'avec les Crapauds, mais pour le placer d'une manière également peu convenable, c'est-à-dire dans son genre *Bombinator*, dont

(1) De αλυτης, *ligator*, *lictor*, qui lie, par allusion à la manière dont les œufs sont liés les uns aux autres et attachés à la base des cuisses.

l'Alytes accoucheur, ce qui est assez bizarre, n'offre même ni l'une ni l'autre des deux principales marques distinctives; savoir, de manquer de parotides et d'avoir la mâchoire supérieure dépourvue de dents. On doit croire que Merrem n'avait jamais observé cette espèce par lui-même; autrement il n'aurait pas commis une erreur aussi évidente.

Les Alytes ont la langue arrondie, adhérente de toutes parts et creusée de quelques petits sillons dans le sens de sa longueur; le bord postérieur de leur vomer est armé de petites dents disposées sur une rangée transversale située presque immédiatement après les arrière-narines, rangée qui est légèrement interrompue au milieu. On distingue très-bien au travers de la peau leur membrane du tympan, qui offre un certain diamètre; néanmoins leurs trompes d'Eustachi sont assez petites. Nous n'avons pu découvrir de sacs vocaux chez les individus mâles, même à l'aide de la dissection. Les Alytes ont quatre doigts libres, déprimés et sans renflements à leur face inférieure; le premier est plus court que le quatrième, le quatrième que le second, et le second que le troisième. Les orteils sont plus aplatis que les doigts, obtusément pointus, lisses aussi en dessous et réunis entre eux par une membrane épaisse et fort courte, qui s'étend en bordure à droite et à gauche le long de leur portion libre. La paume de la main offre trois tubercules assez prononcés, mais on n'en remarque qu'un seul à la plante du pied; c'est la saillie du premier os cunéiforme. Les apophyses transverses de la neuvième pièce de l'échine des Alytes sont en partie cartilagineuses et dilatées en palettes triangulaires (1).

Les Alytes sont en quelque sorte aux Raniformes à corps trapu, ce que sont les Discoglosses aux espèces à formes élancées, car ils reproduisent à peu près les caractères génériques de ces derniers.

---

(1) Voyez, page 66 du présent volume, les détails concernant les particularités du squelette chez les espèces qui ont les membres postérieurs plus courts.

1. L'ALYTES ACCOUCHEUR. *Alytes obstetricans.* Wagler.

CARACTÈRES. D'un gris roussâtre ou olivâtre, semé de petites taches brunes.

SYNONYMIE. *Rana campanisona.* Gesn.

Petit Crapaud terrestre mâle, accoucheur de sa femelle. Demours. Hist. Acad. scienc. 1741, pag. 29.

Bufo obstetricans. Laur. Synops. Rept. pag. 28 et 128.

Rana campanisona. Laur. loc. cit. pag. 30 et 133.

Rana Bufo, var. δ. Gmel. Syst. nat. tom. 1, pag. 1047.

Rana Bombina, var. δ. Id. loc. cit. pag. 1048.

Crapaud accoucheur. Daub. Dict. anim. pag. 612.

Bufo obstetricans. Brong. Bullet. Sociét. Philom. an VIII, nº 12, pag. 91, Pl. 6, fig. 4.

Variété du Crapaud commun. Lacép. Quad. ovip. t. 1, p. 579.

Bufo obstetricans. Latr. Hist. Salam. pag. XL.

Bufo obstetricans. Id. Hist. Rept. tom. 2, pag. 112, fig. 1.

Bufo obstetricans. Daud. Hist. Rain. Gren. Crap. pag. 87, tab. 32, fig. 1.

Bufo obstetricans. Id. Hist. Rept. tom. 8, pag. 176, et Tabl. méth. pag. 434.

Rana obstetricans. Wolf. Deutschl. Faun. Sturm. Abth. III, heft 4.

Crapaud accoucheur. Cuv. Règn. anim. 1re édit. tom. 2, p. 96.

Bombinator obstetricans. Merr. Tent. syst. amph. pag. 179.

Bufo obstetricans. Fitz. Neue Classif. Rept. pag. 65, spec. 1.

Bombinator obstetricans. Gravenh. Delic. mus. Vratilav. p. 68, spec. 2.

Crapaud accoucheur. Cuv. Règn. anim. 2e édit. tom. 2, pag. 110.

Obstetric toad. Griff. Anim. Kingd. Cuv. vol. 9, pag. 400.

Accoucheur vulgaire. Dugès. Rech. Batrac. pag. 7.

Alytes obstetricans. Wagl. Descript. Icon. Amph. tab. 22, fig. 3-5.

Alytes obstetricans. Id. Syst. amph. pag. 206.

Alytes obstetricans. Schinz. Faun. helvét. nouv. mém. sociét. helvét. scienc. nat. tom. 1, pag. 145.

Alytes obstetricans. Tschudi. Isis (1837), Heft IX, pag. 702.

30.

Alytes obstetricans. Id. Classif. Batrach. Mém. Sociét. scienc. nat. Neuch. Tom. 2, pag. 84.

Alytes obstetricans. Ch. Bonap. Faun. Ital. pag. et pl. sans n^{os}.

DESCRIPTION.

Formes. Cette espèce ne parvient guère qu'à une dizaine de centimètres de long, mesurée du bout du museau à l'extrémité des orteils. Elle a la tête déprimée, coupée presque verticalement de chaque côté ou aux régions temporales, et parfaitement plane derrière et entre les yeux, qui sont très-saillants; le museau étant très-convexe, le *canthus rostralis* n'est point du tout marqué; la bouche décrit un demi-cercle, en suivant le contour des mâchoires. Les narines s'ouvrent sur le bout du museau, séparées par un intervalle égal à celui des yeux, ainsi qu'à celui qui existe entre chacune d'elles et l'angle antérieur de l'orbite, du même côté. Le diamètre du tympan est un peu moindre que la largeur de la paupière supérieure, qui est irrégulièrement ridée et peut-être même finement mamelonnée. Le trou pupillaire a une forme linéaire.

Le bord tranchant de chaque branche sous-maxillaire, qui est partout très-uni, forme une courbe assez prononcée; de sorte que la mâchoire inférieure est un peu plus haute à droite et à gauche qu'en avant ou au-dessus du menton. Les pattes de devant, placées le long du tronc, atteignent à la racine de la cuisse; celles de derrière, étendues vers l'épaule, dépassent le bout du museau de toute la longueur du quatrième orteil. Il existe au-dessus de l'oreille une glande oblongue percée de très-petits pores; quelques plis glanduleux se font remarquer en arrière des angles de la bouche et de la membrane du tympan. Tout le dessus du corps est semé de très-petites verrues; on en observe aussi, mais encore plus petites, à la face inférieure du tronc et des membres; la région gulaire est lisse.

Coloration. Ce petit Batracien a ses parties supérieures d'un brun tantôt grisâtre, tantôt olivâtre, faiblement et irrégulièrement marquées de nombreuses petites taches brunes, parmi lesquelles on en voit assez souvent de roussâtres, ou de couleur de brique. En dessous, il est blanc, finement piqueté de noirâtre à la gorge, vers les bords de l'abdomen, dans les aines et sous les tarses.

Dimensions. *Tête.* Long. 1" 8"'. *Tronc.* Long. 3" 5"'. *Memb. antér.* Long. 2" 5"'. *Memb. postér.* Long. 5" 5"'.

Patrie et moeurs. L'*Alytes obstetricans* habite presque toutes les parties de l'Europe tempérée, cependant il semble préférer le nord au midi. Il est très-commun en France et particulièrement aux environs de Paris. Il fuit la lumière du jour.

Nous avons déjà fait connaître dans ce volume, en traitant des particularités de la reproduction offertes par quelques espèces, celle que présente le Crapaud accoucheur (1), observé par Demours en 1778; mais nous allons joindre ici la traduction de la partie historique donnée par Wagler dans ses Descriptions et figures des Amphibies, partie seconde, page 11, en y réunissant nos propres observations sur les métamorphoses de ce Batracien.

On le trouve en France, en Suisse, en Allemagne, dans les régions méridionales et assez fréquemment sur les bords du Rhin.

Sa voix ressemble au son d'une clochette de verre, tant ce bruit est aigu ; mais il ne le produit guère qu'au premier printemps, à l'époque de ses amours. Il s'accouple en effet à la fin de mars ou au commencement du mois d'avril. La femelle pond de cinquante à soixante œufs arrondis ayant au plus la grosseur d'un grain de millet et offrant d'abord une couleur d'un jaune pâle. Le mâle aide la femelle à les faire sortir du corps, et au fur et à mesure qu'ils se suivent en formant comme un chapelet, étant liés entre eux par une sorte de glaire tenace, il les fait tourner, ou les arrange autour de ses cuisses; la matière gluante qui les recouvre se dessèche et devient comme élastique tant pour les filets qui les joignent que pour la coque qui renferme l'embryon. Chargé de ce précieux fardeau, qui gêne le mouvement des pattes postérieures, il se retire dans des galeries souterraines, à deux ou trois pieds de profondeur, où il reste caché pendant le jour jusqu'à la parfaite maturité des œufs.

Wagler annonce que tout ce qui va suivre lui a été communiqué par le savant docteur Louis Agassiz, très-zélé naturaliste et surtout très-habile zoologue et anatomiste.

Au mois d'avril, en arrachant de terre une racine de tussilage ou pas-d'âne, il observa cet animal pour la première fois. Il était

(1) Tome VIII, pages 216-218.

blotti entre les racines, à la profondeur d'un pied, dans un terrain marneux, dense et humide. Plus tard, il en trouva plusieurs autres à plus de deux pieds de profondeur, tellement entourés de la terre qu'elle semblait moulée sur leur corps, sans trace du chemin qui avait pu conduire l'animal dans cette retraite. Elles étaient toutes femelles, dit M. Agassiz (nous avons, nous, la persuasion que c'étaient des mâles); leurs cuisses étaient garnies de leurs œufs jaunes; chacun de ces œufs formait comme un petit sac retenu par des filaments courts, flexibles, de manière à pouvoir se déplacer; la masse du sac pouvait être regardée comme la glaire épaissie dont le frai de Grenouille est généralement enveloppé, mais figurant les perles d'un chapelet.

L'auteur ajoute : Il est probable que la reproduction a lieu comme dans le Crapaud à ventre couleur de feu, le mâle saisissant la femelle au défaut des lombes et la fécondant dans cette position. L'accouchement se faisant, il dispose le chapelet au fur et à mesure autour des cuisses, le plus souvent sur l'une et l'autre, en 8 de chiffre, quelquefois autour d'une seule.

Dans les premiers jours après la ponte, les œufs n'offrent aucune partie distincte : ce sont des globules ovales, jaunes, d'un quart de ligne de diamètre; mais après peu de jours, leur enveloppe laisse remarquer deux points obscurs qui sont les yeux. Plusieurs jours après, ces œufs étant devenus complétement transparents, on distingue mieux les diverses parties de l'animal qu'ils renferment, telles que la bouche, les narines et la queue du têtard repliée et appliquée autour du ventre. Plus tard on aperçoit les mouvements du cœur et la circulation; le jaune de l'œuf diminue sensiblement en quantité, et les mouvements du petit animal augmentent; ils sont très-vifs et s'opèrent par saccades.

Trois semaines après, les œufs avaient la grosseur d'un petit pois, les pellicules qui les enveloppaient se rompaient par suite des efforts des têtards qui s'agitaient continuellement; la mère (ou le père) inquiet, cherchait à se débarrasser de ces œufs.

M. Agassiz les ayant déposés dans une assiette remplie d'eau, les petits têtards rompirent bientôt leurs enveloppes et en sortirent avec rapidité, puis ils s'arrêtèrent et se mirent à nager en se servant de la queue comme d'un aviron.

Ceux de ces œufs qui ne furent pas placés dans l'eau laissèrent sortir également les têtards, qui moururent bientôt, même ceux qu'on essaya de replacer dans l'eau.

XIVe GENRE. SCAPHIOPE.—*SCAPHIOPUS*(1). Holbrook.

Caractères. Vertex rugueux. Langue disco-ovalaire, libre et faiblement échancrée à son bord postérieur. Deux groupes de dents vomériennes, situés entre les arrière-narines. Tympan distinct; trompes d'Eustachi de moyenne grandeur. Quatre doigts réunis à leur base par une membrane natatoire; pas de rudiment de pouce extérieurement. Pieds complétement palmés; un éperon aplati, tranchant à la racine du premier orteil. Un sac vocal sous-gulaire, chez les mâles. Apophyses transverses de la vertèbre sacrée dilatées en palettes triangulaires.

Le genre Scaphiope diffère de tous les genres précédents par la palmure de ses mains, dont les quatre doigts sont courts, déprimés et sans renflements à leur face inférieure; les deux premiers et le dernier sont à peu près égaux, le troisième est d'un tiers plus long. Il n'y a pas d'apparence de pouce à l'extérieur; mais on le retrouve sous la peau, réduit, comme c'est le cas ordinaire, à la dernière phalange ou à la phalangette, qui est portée sur un petit métacarpien. Les deux premiers doigts ont la leur plus forte et plus dilatée transversalement, dans leur moitié basilaire, que chez les Grenouilles, les Pélobates, etc.

Les orteils sont, comme les doigts, légèrement déprimés et parfaitement lisses en dessous; mais la membrane natatoire

(1) De σκαφειον, coutre, instrument propre à diviser la terre, placé au-dessus du soc de la charrue (*rutum*), et de πους, pied; patte propre à diviser la terre.

qui les réunit s'étend jusqu'à leur extrémité, au lieu que celle des doigts a tout au plus la moitié de la longueur de ceux-ci. Le premier os cunéiforme se montre à l'extérieur comme une lame ovale, tranchante à son bord libre, de même que chez les Pélobates. Les Scaphiopes se rapprochent encore de ces derniers par la rugosité de leur région frontale et de leur vertex, ainsi que par la forme de leur langue, qui est presque circulaire, très-faiblement échancrée à son bord postérieur, et par la saillie que font leur sphénoïde et leurs os palatins; mais ils s'en éloignent par la présence manifeste d'une membrane du tympan; leurs trompes d'Eustachi sont assez grandes. Les dents vomériennes sont disposées positivement entre les arrière-narines, sur une rangée transversale très-saillante et largement interrompue au milieu. Les mâles ont sous la gorge, mais intérieurement, une vessie vocale qui communique avec la bouche par deux grandes fentes longitudinales placées, l'une à droite, l'autre à gauche de la langue. Ici, contrairement à ce qui existe chez la plupart des autres Raniformes, c'est la paupière inférieure qui est la plus courte, et la supérieure la plus longue. De là il résulte naturellement que, dans l'acte de l'occlusion, ce n'est plus la paupière d'en bas qui s'élève, mais celle d'en haut qui s'abaisse.

L'estomac des Scaphiopes, au moins de la seule espèce qu'on connaisse, est beaucoup plus ample que dans les Grenouilles; il a l'apparence d'un grand sac; l'intestin, au contraire, est bien plus court que dans la plupart des Anoures.

Les fosses temporales ne sont pas cachées sous une voûte osseuse, et les apophyses transverses de la neuvième vertèbre forment une grande palette triangulaire, de chaque côté du bassin.

Ce genre a été établi par M. Holbrook, dans le premier volume de son Erpétologie de l'Amérique du Nord.

1. LE SCAPHIOPE SOLITAIRE. *Scaphiopus solitarius.* Holbrook.

Caractères. Une parotide au-dessus du tympan. Dos d'un brun olivâtre, orné d'une bande jaune, de chaque côté.

Synonymie. *Scaphiopus solitarius.* Holbr. North-Amer. Herpet. vol. I, pag. 85, pl. 12.

Scaphiopus solitarius. Tschudi. Classif. Batrach. Mém. Sociét. scienc. nat. Neuch. tom. II, par. 83.

DESCRIPTION.

Formes. La tête de cette espèce a beaucoup de ressemblance avec celle d'un grand nombre d'Hylæformes. Elle est courte, épaisse, large et coupée verticalement de chaque côté en arrière des yeux, et brusquement rétrécie en angle aigu en avant de ceux-ci, ce qui n'empêche pas la bouche d'avoir son contour régulièrement arqué en demi-cercle, parce que les régions frénales, qui sont hautes, penchent assez fortement l'une vers l'autre. Le bout du museau est taillé tout à fait à pic; les narines en occupent le sommet, très-rapprochées et comme exhaussées chacune sur une petite éminence. Le vertex est légèrement convexe et le front un peu concave; ces deux régions, ainsi que le chanfrein, sont hérissées de petites aspérités granuliformes, mais les autres parties de la tête sont lisses. Les yeux sont grands, latéraux et protubérants au-dessus du crâne. Le diamètre du tympan est égal à la largeur de la paupière supérieure qui, en s'abaissant, couvre à elle seule tout le globe de l'œil; l'inférieure est moitié moins développée. L'intervalle des orbites est double de celui des narines. Il y a une grosse glande poreuse de chaque côté de la nuque, et plusieurs petites sur la région voisine du bord postérieur de la membrane du tympan. Partout ailleurs la peau est lisse, si ce n'est peut-être sur les flancs, où elle nous paraît légèrement mamelonnée. Cependant M. Holbrook, qui a observé des individus frais, dit que le dos est semé de petites verrues. Lorsqu'on couche les membres postérieurs le long du tronc, ils dépassent le museau de la moitié du quatrième orteil; les antérieurs, placés de la même manière, atteignent à l'extrémité du coccyx.

Coloration. Rien n'est plus simple que le mode de coloration que nous offre l'individu conservé dans la liqueur alcoolique, d'après lequel nous faisons cette description ; un brun foncé le colore uniformément en dessus, et ses parties inférieures sont blanches. Mais il paraît qu'il en est tout autrement lorsque l'animal est vivant ; car, selon M. Holbrook, la mâchoire supérieure est d'un jaune verdâtre et l'inférieure d'un blanc jaunâtre. L'iris offre un cercle d'or divisé en quatre parties par deux lignes de couleur noire, comme la pupille. Le dos porte, sur un fond d'un vert jaunâtre, des taches confluentes d'un brun foncé, auxquelles s'en mêlent d'une teinte rougeâtre orangée. Deux raies flexueuses d'un jaune pâle s'étendent, l'une à droite, l'autre à gauche, depuis l'orbite jusqu'à l'orifice anal ; une autre, de la même couleur, parcourt chaque flanc, depuis l'épaule jusqu'à l'origine de la cuisse. Le tympan est aussi d'un vert jaunâtre, la gorge d'un blanc jaunâtre et l'abdomen d'un blanc sale. Le dessus des membres présente la même coloration que le dos, excepté que les taches brunes de ceux de derrière se dilatent en forme de bandes transversales ; leur face inférieure est d'une teinte couleur de chair. Le bord libre de l'ergot est noir.

Dimensions. *Tête*. Long. 1" 7"'. *Tronc*. Long. 3" 2"'. *Membr. antér*. Long. 2" 8"'. *Membr. postér*. Long. 6".

Patrie. La Caroline, la Géorgie et le Tennessée sont les parties de l'Amérique du nord où cette espèce a déjà été rencontrée ; il est probable que ce ne sont pas les seules qu'elle habite, et que de nouvelles recherches la feront découvrir sur d'autres points des États-Unis.

M. Holbrook nous apprend que ce Batracien ne fréquente les eaux qu'à l'époque où s'opère l'acte de la reproduction ; en tout autre temps, il fait sa demeure dans des trous de cinq à six pouces de profondeur (mesure anglaise) qu'il creuse lui-même à l'aide de ses ergots tranchants, qui font l'office de bêches, et de ses jambes, qui lui servent comme de pelles. A moins de pluie continuelle, il ne sort guère que vers le soir, passant tout le jour, à peu près comme le Fourmilion, à épier, pour en faire sa proie, les malheureux insectes que leur imprudence conduit dans sa retraite. Il saute peu, et en général ses mouvements de progression ne sont pas très-vifs. Il apparaît en mars, après les grandes pluies du printemps. Les deux sexes se recherchent immédiatement.

XVe GENRE. PÉLOBATES. — *PELOBATES* (1).
Wagler.
(*Cultripes*, J. Müller.)

Caractères. Tête protégée par un bouclier osseux, couvert de petites aspérités. Langue circulaire, libre et faiblement échancrée à son bord postérieur. Des dents vomériennes situées entre les arrière-narines, au niveau de leur bord antérieur. Pas d'oreille visible extérieurement. Ouvertures des trompes d'Eustachi très-petites. Quatre doigts complétement libres; pas de rudiment de pouce à l'extérieur. Orteils gros, réunis par une membrane épaisse; premier os cunéiforme formant un fort ergot aplati, tranchant. Pas de vessies vocales. Apophyses transverses de la vertèbre sacrée dilatées en palettes ou en ailes.

Les Pélobates ont un ensemble de formes ramassées, trapues, qui leur donne une grande ressemblance extérieure avec les Crapauds. On les reconnaît principalement au grand et large éperon aplati et tranchant qui arme leur talon, ainsi qu'à la structure de leur tête, dont les os du dessus et des côtés sont plus ou moins complétement réunis en une sorte de bouclier hérissé à sa surface de petites aspérités granuleuses d'autant plus apparentes, que la peau qui le recouvre est, sur quelques parties de sa surface ou sur presque toutes, très-mince et fortement adhérente. Chez une espèce, l'orbite est tout à fait fermée en arrière, et la fosse temporale complétement cachée par suite de l'expansion des os fronto-pariétaux et des temporo-mastoïdiens; mais chez une autre, le cercle orbitaire n'est pas complet, et la fosse temporale est encore à

(1) Ancien nom de la Grenouille, de πηλος, marais, et de βαινω, je vais dans, j'habite. *Qui per lutum graditur.*

découvert. On ne distingue pas la moindre trace d'oreille à l'extérieur, et les orifices des conduits gutturaux de cet organe, dont la forme est triangulaire, sont très-petits. La langue est grande, épaisse, circulaire, semée de petites papilles lenticulaires, libre en arrière, où elle offre une échancrure légèrement arquée. Les dents vomériennes sont disposées sur une forte rangée transversale, largement interrompue au milieu ; rangée qui, de chaque côté, est contiguë au bord antérieur des arrière-narines. Celles-ci sont ovales et assez grandes. Les os palatins font une forte saillie en travers du palais, et le sphénoïde se fait remarquer par celle qu'il produit aussi, mais dans le sens longitudinal bien entendu, et à la région moyenne de cette partie supérieure de la bouche, qui se trouve ainsi offrir la figure d'un T en relief. La mâchoire inférieure n'offre point de saillie à son extrémité antérieure. Il n'existe pas de sacs vocaux chez les individus mâles.

Les Pélobates ont les yeux latéraux et la pupille en fente verticale. On leur compte quatre doigts coniques, libres, un peu déprimés, comme tronqués et sans renflements bien distincts sous les articulations ; le premier, le second et le quatrième sont à peu près égaux ; le troisième est d'un tiers plus long. On ne voit point le moindre rudiment du pouce à l'extérieur. Leurs orteils, qui n'offrent pas non plus de véritables renflements sous-articulaires, sont légèrement aplatis, assez gros à la base, un peu pointus à l'extrémité, et réunis dans la presque totalité de leur longueur par une membrane épaisse, médiocrement extensible. Les quatre premiers sont étagés, le cinquième est aussi court que le troisième.

Le premier os cunéiforme est plus développé que dans aucun autre genre de Raniformes ; il constitue extérieurement une sorte d'éperon en forme de plaque ovale, couchée en dedans sur le métatarse, et dont le bord libre est très-tranchant.

La peau du corps est lisse ou parsemée de petites pustules ; mais il n'existe ni parotides, ni cordons glanduleux sur les côtés du dos. Les mâles portent, sur la face supérieure du bras, une grosse glande ovalaire, percée d'une infinité de petits trous.

La colonne vertébrale des Pélobates a de l'analogie avec celle des Alytes, des Sonneurs, des Pélodytes et des Discoglosses, à cause de la dilatation en ailes ou en palettes des apophyses latérales de la neuvième des pièces qui la composent.

C'est à Wagler qu'on doit l'établissement du genre *Pelobates*, dont le type est une espèce qu'on avait jusque-là rangée avec les Crapauds, sous le nom de *Bufo fuscus*, Batracien d'Europe auquel, dans ces derniers temps, on a, fort à tort selon nous, voulu réunir, comme lui ressemblant spécifiquement, la *Rana cultripes* de Cuvier, qui en est au contraire très-différente, ainsi que nous allons le faire voir bien clairement tout à l'heure.

TABLEAU SYNOPTIQUE DES ESPÈCES DU GENRE PÉLOBATES.

Crâne	fortement renflé longitudinalement. .	1. P. Brun.
	parfaitement plan.	2. P. Cultripède.

1. LE PÉLOBATES BRUN. *Pelobates fuscus*. Wagler.

Caractères. Tête rugueuse sur le chanfrein et le vertex seulement. Surface postérieure de la tête fortement renflée longitudinalement. Éperons bruns ou jaunâtres.

Synonymie. *Bufo aquaticus, allium redolens, maculis fuscis.* Rœs. Histor. natur. Ran. Nostrat. Sect. IV, pag. 69, tab. 17-19.

Bufo fuscus. Laur. Synops. Rept. pag. 28 et 122.

Rana bombina. Gmel. Syst. nat. Linn. tom. III, pag. 1048.

Crapaud à bout de queue (*Rana ecaudata*). Razoum. Hist. nat. Jor. tom. 1, pag. 281.

Le Crapaud brun. Daub. Dict. Anim. Encycl. méth. Hist. nat. tom. III, pag. 595.

Le Crapaud brun. Lacép. Hist. nat. Quad. ovip. tom. 1, p. 590.

Bufo fuscus. Bonnat. Encycl. méth. Erpét. pag. 15, Spec. 7, tab. 6, fig. 3.

Rana fusca. Meyer, Synops. Rept. pag. 10.

Rana fusca. Sturm. Deutsch. Faun. Abtheil. III, Heft I.

Bufo fuscus. Donnd. Zoolog. Beytr. tom. 3, pag. 45.

Bufo fuscus. Schneid. Hist. Amph. Fasc. I, pag. 196, Spec. 4.

Rana alliacea. Shaw. Gener. Zool. Tom. 3, part 1, pag. 146, pl. 41 et 42.

Bufo fuscus. Latr. Hist. nat. Rept. tom. 2, pag. 109.

Bufo fuscus. Daud. Hist. nat. Rain. Gren. Crap. pag. 81, pl. 80, fig. 1.

Bufo fuscus. Id. Hist. nat. Rept. tom. 8, pag. 161.

Wasserkrote mit braunen Flecken. Goëze. Europ. Faun. VII, pag. 87, Spec. 5.

Crapaud brun. Cuv. Règn. Anim. 1re édit. tom. 2, pag. 95.

Bufo fuscus. Merr. Tent. Syst. Amphib. pag. 187.

Bombinator fuscus. Fitzing. Neue Classif. Rept. pag. 65, Spec. 3.

Bombina marmorata. Koch. in Sturm, Deutschl. Faun. Abtheil. III, Heft 5-6.

Rana fusca. Gravenh. Delic. Mus. Vratilav. pag. 32.

Crapaud brun. Cuv. Règn. Anim. 2e édit. tom. 2, pag. 110.

Bufo fuscus. Griff. Anim. Kingd. Cuv. vol. 9, pag.

Pelobates fuscus. Wagler. Syst. Amph. pag. 206.

Pelobates fuscus. Ch. Bonap. Faun. Ital. pag. et pl. sans nos.

Bufo fuscus. Krynicki. Observ. Rept. indig. Bullet. Sociét. impér. Nat. Mosc. (1837), no 3, pag. 68.

Pelobates fuscus. Tschudi. Classif. Batrach. Mém. Sociét. scienc. nat. Neuch. tom. II, pag. 83.

Pelobates fuscus. Duvernoy. Règn. anim. Cuv. illust. Rept. pl. 38, fig. 1.

DESCRIPTION.

FORMES. Le Pélobates brun a la tête d'un quart moins longue qu'elle n'est large en arrière, les yeux saillants, le museau court, obtus, arrondi au bout et en dessus et assez abaissé en avant ; le *canthus rostralis* n'est point du tout marqué ; le milieu du crâne, à partir d'entre les yeux jusqu'à l'occiput, est fortement renflé, ce qui fait que la région céphalique postérieure semble être surmontée d'une grosse protubérance longitudinale. La peau qui revêt le dessus de la tête est partout aussi épaisse que chez le commun des Batraciens anoures, excepté sur le vertex et le chanfrein, où sa minceur et son adhérence intime avec les os permettent de sentir et même d'apercevoir très-distinctement les petites granulations répandues à la surface de ceux-ci. La protubérance longitudinale dont nous venons de parler fait une légère saillie en dehors du bord postérieur du crâne, qui est un peu onduleux. Les narines sont ovales, de moyenne grandeur et assez écartées ou situées au niveau de l'angle antérieur de l'œil, de chaque côté de l'extrémité du museau. Si l'on examine le squelette, on voit que le cercle de l'orbite dont le diamètre est à proportion un peu moindre que chez l'espèce suivante, n'est pas non plus tout à fait complet en arrière; on voit également que la fosse temporale, qui est peu considérable, n'est point cachée sous une voûte osseuse, comme cela existe, au contraire, chez le Pélobates cultripède.

Une particularité anatomique du Pélobates brun est d'avoir les apophyses transverses de sa neuvième pièce vertébrale dilatées en une grande palette ou une sorte d'aile, large au milieu, sagittée en avant et en arrière, et dont la longueur est égale à celle de la tête.

Les membres antérieurs offrent la même étendue que le tronc, les postérieurs sont une fois plus long. L'éperon aplati et tranchant dont le talon est armé a une longueur égale à la largeur de l'espace qui sépare les yeux.

Les mâchoires, et en général les côtés de la tête sont lisses, ainsi que le dessous du corps; mais la peau du dos, au moins chez les individus que nous avons maintenant sous les yeux, est toute mamelonnée; tantôt la surface des paupières supérieures est unie, tantôt elle présente quelques rides transversales en arrière, ou bien elle est relevée de petits mamelons semblables à ceux de la région dorsale.

Coloration. Les sujets que nous possédons, conservés dans l'alcool, sont en dessus d'un beau gris, ou roussâtres avec ou sans marbrures noirâtres. Plusieurs offrent encore tout le long du dos les vestiges de la bande jaune dont ils étaient ornés pendant leur vie; chez les uns, toutes les régions inférieures sont blanches;

chez les autres, elles sont piquetées, tachetées ou vermiculées de noir. Dans les sujets vivants, ces teintes sont plus claires, et assez souvent les flancs, les régions voisines des épaules et le dessus des cuisses sont semés de petits points rouges. Roësel compare les taches sinueuses ou confluentes du dessus du corps à une carte géographique coloriée, où l'on verrait des fleuves et des îles, dont les rives seraient un peu plus claires. L'ergot est jaunâtre ou brun, mais jamais noir comme celui de l'espèce suivante.

Dimensions. La grosseur de cette espèce est à peu près celle de la Grenouille verte; mais, ainsi que nous l'avons dit plus haut, le corps est plus ramassé et les pattes postérieures sont proportionnellement plus courtes. Les mesures suivantes sont celles d'un sujet de notre collection, lequel très-probablement n'était pas encore parvenu à la taille qu'il aurait dû avoir.

Tête. Long. 2". *Tronc*. Long. 4". *Memb. antér*. Long. 3" 6'". *Memb. postér*. Long. 7" 6'".

Patrie et Moeurs. On trouve le Pélobates brun en Allemagne et en France; il est assez commun aux environs de Paris, dans des mares situées sur la rive droite du canal, entre Pantin et Bondy. Cette espèce semble n'habiter que les parties du nord ou voisines du nord, tandis que sa congénère, le Pélobates cultripède, ne paraît vivre que dans le midi; car, d'après les observations que nous avons recueillies et celles que nous avons faites nous-mêmes, nous pouvons assurer qu'on ne rencontre le Pélobates cultripède, ni aux environs de Paris ni en Alsace, où le Pélobates brun existe, et qu'au contraire la Provence produit celui-là et jamais celui-ci.

Le mâle du Pélobates brun fait entendre un coassement qui a quelque rapport avec celui de la Grenouille et de la Rainette, quoiqu'il n'ait pas comme celles-ci de vessies vocales. La femelle forme une sorte de grognement; mais si on lui pince la cuisse, ainsi qu'au mâle, ils produisent une espèce de miaulement semblable à celui d'un petit chat, et en même temps ils laissent exhaler une forte odeur d'ail. Cette odeur s'exhale avec d'autant plus de force que l'animal est plus inquiété ou agité; non-seulement elle affecte l'odorat, mais elle agit même sur les yeux, comme celle qui provient de la racine du raifort ou des oignons qu'on coupe; quelquefois elle semble être mêlée à celle de la poudre à canon ou du gaz acide sulfhydrique. Roësel, de qui nous empruntons ces détails, n'a pu reconnaître de quelle partie du corps provient cette odeur ; mais il pense, et nous sommes portés à le croire, qu'elle est éjaculée par l'anus.

C'est aux mois de mars et d'avril qu'il faut rechercher le Pélobates brun : à cette époque on trouve le mâle et la femelle accouplés à la surface de l'eau ; car, pour mieux soutenir leur corps émergé, ils font entrer une grande quantité d'air dans leurs poumons. Cependant on ne voit le plus ordinairement sortir que leur tête hors de l'eau, et quand ils craignent le danger, ils s'enfoncent dans la vase qu'ils ont soin de troubler, de sorte qu'il est difficile de se les procurer.

Voici quelques autres détails qui nous sont encore fournis par l'habile observateur que nous venons de citer.

Le mâle saisit la femelle au défaut des lombes en avant des cuisses, et il la tient ainsi jusqu'au moment où elle doit pondre, ayant alors les membres postérieurs étendus. Mais au moment où il sent les œufs près de sortir du cloaque, son corps se contracte et les reins se plient ; il s'agite alors comme les chiens qui cherchent à s'accoupler, et le plus souvent la femelle s'enfonce dans l'eau et entraîne le mâle avec elle. Celui-là éjacule la semence, puis il tire les œufs à la longueur d'un pouce, et répète ce manége vingt à vingt-quatre fois en tirant les œufs d'un pouce chaque fois environ. Ces masses d'œufs forment de longs cordons de matière gluante, remplie de grains noirs semblables à un long boyau. Ce frai s'attache aux roseaux et autres plantes aquatiques et ne va pas tout à fait au fond de l'eau.

Voici les observations faites par le même naturaliste touchant l'évolution de ces germes.

Au 12 avril, les œufs avaient été pondus ; le 15, les grains noirs avaient pris l'apparence pyriforme ; le 16, ils paraissaient partagés en deux portions arrondies où l'on ne pouvait distinguer ni tête ni queue, et il n'y avait pas de mouvement ; le 17, on distinguait la tête du ventre, et même comme deux petits yeux et une sorte de queue, et l'on voyait s'opérer des mouvements brusques ; le 18, les têtards sortaient de la matière gluante et s'agitaient, ils semblaient se rapprocher pour vivre en société ; le 21 ou le 22, leur queue se garnissait d'une petite membrane qui servait à produire de légers mouvements, à cette époque on voyait des branchies ou franges d'un brun jaunâtre qu'on aurait pu prendre pour des pattes antérieures, mais ces appendices ne persistèrent pas longtemps ; le 30, les têtards paraissaient être renfermés dans une vésicule aqueuse ; le 10 mai, ils étaient plus gros, les yeux étaient saillants, l'intestin rectum était rempli d'excréments et avait l'air de former une sorte de pénis sous la queue, ils se nourrissaient toujours de lentilles d'eau ; le 24 mai, ils ressemblaient à des poissons, mangeaient des feuilles de laitue et de chou ; le 29 ou le 30, on voyait au travers de la peau les intestins roulés en spirale; le 30 juin, on remarquait l'origine des pattes postérieures et un trou sur le côté gauche destiné à la sortie de l'eau entrant par les narines et par la bouche ; le 10 juillet, les grands têtards avaient les pattes postérieures entièrement formées et ils s'en servaient pour nager; leur couleur était brune, nuancée de bleuâtre avec de petites taches blanchâtres ; le 20 juillet, les membres antérieurs commençaient à paraître par un trou de la peau, le gauche 5 ou 6 heures après le droit; le 24 juillet, ils ressemblaient à un poisson quadrupède ou à un Triton, plus qu'à une Grenouille.

L'auteur suspendit ses observations pendant quatre semaines, après quoi il trouva les petits Pélobates parfaits ; ils cherchaient à sortir de l'eau, on les nourrissait avec des mouches, de petits lombrics; ils commençaient aussi à exhaler une odeur d'ail.

Les têtards du Pélobates brun sont ceux de toutes les espèces de Batraciens anoures observées par Roësel, qui deviennent les plus gros.

L'animal parfait se nourrit d'Insectes et de petits Mollusques.

Les communes de Belleville et de Pantin sont les localités, aux environs de Paris, où nous avons trouvé cette espèce, dans des mares et des flaques d'eau aux mois de mars et d'avril, dans des trous et sous des pierres lorsque la saison était plus avancée.

Observations. Roësel, à qui nous devons la connaissance du Pélobates brun, qu'il considérait comme voisin des Grenouilles, quoiqu'il lui appliquât le nom de *Bufo*, en a donné l'histoire complète dans son magnifique ouvrage sur nos Batraciens anoures d'Europe.

Linné ne paraît pas avoir connu cette espèce; Gmelin, l'éditeur de la treizième édition du *Systema naturæ*, l'y a indiquée, d'après Roësel, comme étant une variété de la *Rana Bombina* de Linnæus, ou le *Bombinator Bombina* des auteurs modernes. Avant lui, Laurenti, en citant aussi Roësel, l'avait inscrit dans son *Synopsis*, sous le nom de *Bufo fuscus* que lui ont conservé Lacépède, Daudin, Cuvier, Merrem et la plupart des erpétologistes jusqu'à Wagler exclusivement, qui reconnut que ce Batracien n'est point un crapaud, ainsi qu'on l'avait généralement cru jusque-là, mais une espèce que plusieurs particularités de son organisation méritaient de faire ériger en un genre distinct, dans lequel est venu se ranger depuis, le Pélobates cultripède.

Shaw, dans sa Zoologie générale, a appelé le Pélobates brun *Rana alliacea* et a donné des copies de plusieurs des belles figures de Roësel, représentant la série complète des divers états sous lésquels passe cette espèce pour arriver à son entier développement. Une des planches de la Faune allemande de Sturm représente bien évidemment un Pélobates brun, sous le nom de *Rana marmorata*.

C'est à tort que M. Dugès a voulu voir dans la *Rana cultripes* de Cuvier la même espèce que le *Bufo aquaticus maculis fuscis* de Roësel; ainsi il faut bien se rappeler que les détails anatomiques que le premier de ces auteurs donne de son *Bombinator fuscus*, dans son beau travail sur la transformation des Batraciens, sont ceux du Pélobates cultripède et non du Pélobates brun.

2. LE PÉLOBATES CULTRIPÈDE. *Pelobates cultripes*. Tschudi.

CARACTÈRES. Dessus et côtés de la tête entièrement rugueux; vertex et région postérieure du crâne présentant une surface plane. Éperons noirs.

SYNONYMIE. *Rana cultripes*. Cuv. Règn. anim. 2e édit. tom. 2, pag. 105.

Rana cultripes. Griff. Anim. Kingd. Cuv. vol. 9, pag. 1.

Cultripes provincialis. J. Müll. in Tiedm. zeitsch. Phys. tom. 4, pag. 212.

Cultripes provincialis. Id. Isis, 1832, pag. 336.

Bombinator fuscus. Dugès, Rech. Batrac. pag. 7, pl. 2.

Pelobates cultripes. Tschudi. Classific. Batrach. Mém. Sociét. scienc. nat. Neuch. tom. 2, pag. 83.

DESCRIPTION.

FORMES. Le Pélobates cultripède diffère du Pélobates brun extérieurement en ce que le crâne, depuis le front jusqu'à l'occiput, est à peu près plan, et que le bout du museau et les paupières sont les seules parties du dessus et des côtés de la tête qui ne soient pas rugueuses, ou comme dépourvues de tissu cutané; intérieurement, en ce que le bord de l'orbite forme un cercle complet, que les fosses temporales et les zygomatiques sont tout à fait couvertes par suite de l'expansion des os des régions environnantes, et que les apophyses transverses de la neuvième vertèbre sont moins longues et beaucoup moins pointues en avant, c'est-à-dire très-obtuses.

On ne peut pas objecter que la voûte osseuse sous laquelle la fosse temporale se trouve cachée soit l'effet de l'âge, car déjà elle existe, à l'état cartilagineux il est vrai, chez les très-jeunes sujets, et même chez ceux dont la queue n'est pas encore entièrement tombée; particularité que le Pélobates brun n'offre à aucune époque de sa vie. Il nous semble aussi que l'éperon du Pélobates cultripède est un peu plus fort que celui du Pélobates brun, et toujours d'une belle couleur noire, tandis que le même organe dans ce dernier est généralement d'un brun clair ou jaunâtre.

Coloration. Les individus, au nombre de trois ou quatre seulement, que nous ayons encore été à même d'observer, avaient leurs parties supérieures marquées de grandes taches brunes isolées ou confluentes, sur un fond grisâtre; leurs flancs en offraient de plus petites, mais de la même couleur; le dessous de leur corps était blanc, leur éperon noir et l'extrémité de deux ou de tous leurs orteils aussi. Nous possédons plusieurs grands têtards ayant leurs quatre pattes bien développées, sans que pour cela la queue soit encore tombée; chez eux, toutes les régions supérieures sont blanchâtres, complétement piquetées de brun bleuâtre. Leur ergot et la pointe de leurs orteils sont de la même couleur que chez les sujets adultes.

Dimensions. *Tête*. Long. 2" 5"'. *Tronc*. Long. 6" 2"'. *Memb. antér*. Long. 4". *Memb. postér*. Long. 8" 8"'.

Patrie. Nous ne sachions pas que le Pélobates cultripède ait jusqu'ici été trouvé ailleurs qu'en Espagne et dans le midi de la France.

Observations. C'est l'espèce dont M. Dugès a fait connaître l'ostéologie dans ses recherches sur les Batraciens, sous le nom de *Bombinator fuscus*, croyant à tort qu'elle était la même que le Crapaud brun de Roësel.

XVIe GENRE. SONNEUR.—*BOMBINATOR* (1). Wagler.

Caractères. Langue sub-circulaire, entière, fort mince, adhérente de toutes parts. Deux petits groupes de dents au bord postérieur de l'entre-deux des narines. Aucune apparence de tympan; trompes d'Eustachi excessivement petites, ou réduites à un simple pertuis. Quatre doigts libres. Orteils réunis par une membrane. Saillie du premier os cunéiforme, tuberculeuse, non tranchante. Pas de vessie vocale. Apophyses transverses de la vertèbre sacrée dilatées en palettes.

Le nom de *Bombinator* a été introduit dans la science par Blasius Merrem, pour désigner, ce qui est assez bizarre, un genre de Batraciens Anoures, dont les caractères ne s'appliquent complétement à aucune des espèces qui s'y trouvent rangées, et, qui plus est, s'opposaient même à ce que certaines d'entre elles y fussent admises. En effet, bien que ce genre *Bombinator* de Merrem, soit caractérisé comme il suit : « *Parotides nullæ. Dorsum convexum. Oris rictus amplus, ad medium oculum aut ultra protensus. Dentes nulli,* » on y voit figurer le *Bombinator systoma*, dont la bouche est très-petite; le *Bombinator ventricosus*, le *Maculatus*, le *Strumosus* et l'*Horridus*, qui ont des parotides bien distinctes; le *Bombinator igneus* dont la

(1) Ce nom n'est pas latin. Il paraît dérivé du mot *Bombus*, son rauque d'une trompe. C'est une mauvaise application qu'on a faite ici de ce nom, consacré aujourd'hui par l'usage; car le coassement des Batraciens qu'il sert à désigner ne rappelle en aucune manière le son d'une cloche ou de tout autre instrument analogue : la faute en est à Linné qui a désigné par la qualification de *Campanisona* l'espèce type ou le *Bufo igneus* de Laurenti, croyant la donner à une autre espèce qui, jusqu'à un certain point, pourrait peut-être la mériter.

mâchoire supérieure et le palais sont dentés, et dont le dos est aplati; enfin le *Bombinator obstetricans*, qui offre aussi des dents au palais et à la mâchoire d'en haut, et de plus des parotides sur les côtés de la nuque. Tel était, quoi qu'il en soit, le genre *Bombinator* lors de sa création en 1820. En 1826, Fitzinger le caractérisa différemment, c'est-à-dire qu'il proposa d'appeler du nom commun de *Bombinator*, celles des espèces de Batraciens Anoures à paupière supérieure non prolongée en pointe, comme chez les Cératophrys, qui n'ont pas le tympan visible au travers de la peau (1). D'après cette nouvelle manière de caractériser le genre *Bombinator*, il était tout naturel d'y placer le *Bufo igneus* de Laurenti et le *Bufo fuscus* de Roësel; mais c'était une faute d'y faire entrer aussi la *Rana plicata* de Daudin, ou notre *Pelodytes punctatus*, espèce dont la membrane tympanale est on ne peut plus apparente. Mais quelques années après, elle en fut éliminée par Dugès, qui la réunit génériquement à son *Obstetricans vulgaris*, appelé jusque-là Crapaud accoucheur; notre auteur français conservait ainsi dans le genre *Bombinator* de l'erpétologiste viennois le *Bufo igneus* de Laurenti et le *Bufo fuscus* de Roësel. A peu près à la même époque, Wagler, de son côté, modifiait aussi le genre *Bombinator* et plus largement que Dugès, puisqu'il le réduisait au seul *Bufo igneus;* parce que s'il manque, il est vrai, de tympan comme le *Bufo fuscus*, il n'a pas comme lui d'éperon tranchant au talon; la forme de sa langue n'est pas semblable; ses dents vomériennes ne sont pas situées de la même manière; en un mot il s'en distingue par tous les caractères énoncés en tête de cet ar-

(1) C'est bien effectivement le genre *Bombinator* de Fitzinger qui est caractérisé par l'invisibilité du tympan, et non celui de Merrem, comme l'ont répété, d'après Cuvier qui s'est trompé à cet égard, Dugès, le prince Ch. Bonaparte et quelques autres erpétologistes. On peut même s'assurer, en consultant le *Tentamen systematis amphibiorum*, que ce caractère d'avoir ou de n'avoir pas le tympan visible n'a jamais été employé par Merrem pour distinguer les uns des autres les genres de sa division des *Batrachia salientia*.

ticle, car notre genre *Bombinator* repose sur les mêmes bases que celui de Wagler.

Les Sonneurs ont une langue circulaire, entière, très-mince, comme spongieuse et entièrement adhérente au plancher de la bouche. Leur palais est armé d'un petit rang de dents interrompu au milieu, qui occupe le bord postérieur de l'intervalle des arrière-narines. Celles-ci sont arrondies et de moyenne grandeur. La cavité tympanique est très-petite, ainsi que l'ouverture des trompes d'Eustachi, dont le diamètre permet à peine d'y introduire une soie de la grosseur d'un cheveu. Il n'y a pas la moindre apparence d'oreilles à l'extérieur, quoique Roësel ait représenté un tympan dans sa figure du *Bombinator igneus*. Nous nous sommes assurés que les mâles n'ont point de vessie vocale. Les narines sont ovales, assez écartées. La main se compose de quatre doigts courts, inégaux, avec un rudiment de pouce, sous forme de tubercule. Le troisième doigt est le plus long, après lui c'est le second et le quatrième, ensuite le premier; tous quatre sont parfaitement libres, subcylindriques ou un peu déprimés, lisses en dessus et en dessous. Les orteils sont plus aplatis, que les doigts, obtusément pointus et réunis dans la totalité ou la presque totalité de leur longueur par une membrane médiocrement extensible et assez épaisse. La saillie du premier os cunéiforme est fort petite et tuberculiforme.

Les apophyses transverses de la neuvième vertèbre sont dilatées en palettes triangulaires.

I. LE SONNEUR A VENTRE COULEUR DE FEU. *Bombinator igneus.*

CARACTÈRES. Parties supérieures olivâtres; régions inférieures marbrées de noir ou de bleuâtre, sur un fond d'un jaune orangé.

SYNONYMIE. *Rana bombina*. Linn. Faun. Suec. pag. 101.

Bufo vulgo igneus dictus, sive Bufo aquaticus, etc. Roës. Histor. Ran. sect. VI, pag. 97, tab. 22-23.

Rana variegata. Linn. Syst. nat. Edit. 10, tom. 1, pag. 211.

Rana variegata. Wulff. Ichth. cum Amphib. Boruss. pag. 7.

Rana bombina. Linn. Syst nat. Edit. 12, page 355.

Bufo igneus. Laur. Synops. Rept. pag. 29 et 129.

Rana bombina. Gmel. Syst. nat. Linn. tom. 1, pag. 1048 (Exclus. Synon.).

Le Couleur de feu. Daub. Dict. Erpét. pag. 604 et 611.

La Sonnante. Id. loc. cit. pag. 680 et 635.

Crapaud des marais. Razoum. Hist. nat. Jor. tom. 1, pag. 97.

La Sonnante. Lacép. Quad. Ovip. tom. 1, pag. 535.

Le Couleur de feu. Id. loc. cit. pag. 595.

Bufo igneus. Bonnat. Encycl. méth. pag. 13, pl. 6, fig. 5-6.

Rana bombina. Id. loc. cit. pag. 4, pl. 2, fig. 3.

Rana bombina. Sturm. Deustchl. Faun. Abtheil. 3, Heft. 1, cum fig.

Rana bombina. Donnd. Zoolog. Beytr. tom. 3, pag. 44.

Rana campanisona. Id. loc. cit. pag. 45.

Bufo igneus. Schneid. Hist. Amph. Fasc. I, pag. 187.

Rana bombina. Latr. Hist. Salam. pag. XXXIX.

Rana ignea. Shaw. Gener. Zool. vol. 3, pag. 116, pl. 35 (Cop. Roës.).

Bufo igneus. Latr. Hist. Rept. tom. 2, pag. 110.

Bufo bombinus. Daud. Hist. Rain. Gren. Crap. pag. 75, pl. 36.

Bufo bombinus. Id. Hist. Rept. Tom. 8, pag. 146 et 433.

Rana bombina. Dwigusbsk. Primit. Faun. Mosq. pag. 46.

Crapaud à ventre jaune. Cuv. Règn. anim. 1re édit. tom. 2, pag. 96.

Bombinator igneus. Merr. Tent. Syst. Amph. pag. 179.

Bombinator igneus. Fitz. Neue Classif. Rept. pag. 165.

Bombinator igneus. Gravenh. Delic. Mus. Vratilav. pag. 67.

Crapaud à ventre jaune. Cuv. Règn. anim. 2e édit. tom. 2, pag. 111.

Bufo igneus. Griff. Anim. Kingd. Cuv. vol. 9, pag. 401.

Bombinator igneus. Dugès. Rech. Batrac. pag. 7.

Bombinator igneus. Krynicki. Observat. Rept. indig. (Bullet. Sociét. Imp. natur. Mosc. pag. 68.)

Bufo bombina. Schinz. Faun. Helvet. Nouv. Mém. Sociét. Helv. scienc. nat. tom. 1, pag. 145.

Bombinator bombina. Wagl. Syst. Amph. pag. 206.

Bombinator igneus. Tschudi. Classif. Batrach. Mém. Sociét. scienc. nat. Neuch. tom. 2, pag. 84, n° 7.

Bombinator igneus. Ch. Bonap. Faun. Ital. cum fig.

Bombinator pachypus. Id. loc. cit.

DESCRIPTION.

Formes. Le Sonneur à ventre couleur de feu n'a les formes ni aussi élancées que les Grenouilles, ni aussi trapues que les Crapauds; à le bien considérer, il tient d'assez près aux Discoglosses, peut-être de plus près qu'aux Alytes, et surtout qu'aux Pélobates. Il a le tronc et la tête déprimés, le museau fortement arrondi, les yeux saillants, la pupille triangulaire et le dessus du corps entièrement couvert de verrues d'inégale grosseur, de forme irrégulière et parfois hérissées de petites épines. On ne lui voit point de parotides. Le museau est court, large, arrondi dans son contour horizontal et régulièrement convexe en dessus, car le *canthus rostralis* n'est nullement marqué. Les narines sont situées à l'endroit où la mâchoire supérieure s'abaisse vers l'inférieure; elles sont plutôt écartées que rapprochées l'une de l'autre. L'occiput, l'entre-deux des yeux et le chanfrein sont plans. Les membres antérieurs, couchés le long du tronc, atteignent aux aines; les postérieurs, portés en avant, dépassent le museau de l'étendue des orteils. En général, la grosseur des pieds est proportionnée à celle du corps, mais parfois elle est telle, qu'ils paraissent comme fortement enflés; ceci s'observe particulièrement chez les individus originaires des montagnes d'Italie, individus qui d'ailleurs sont parfaitement semblables à ceux qu'on rencontre en France, en Allemagne et dans les autres parties de l'Europe. On a donc eu tort d'en faire une espèce particulière, nommée, d'après le gonflement de ses pieds, *Bombinator pachypus*. Durant le temps de l'accouplement et du frai, les palmures des orteils s'étendent jusqu'à leur extrémité; mais à toute autre époque de l'année elles sont un peu plus courtes. Tantôt le dessous du corps est lisse, tantôt il est semé de quelques petits mamelons glanduleux.

Coloration. Le dessus du corps est d'un brun olive sale, plus ou moins pâle; on voit de petites taches noires au bord de la mâchoire supérieure et le long des doigts et des orteils. Toutes les régions inférieures offrent une belle couleur aurore ou orangée, marbrée ou tachetée de bleu tirant parfois sur le noirâtre.

Dimensions. Cette espèce est, après la Rainette verte et le Pélodytes ponctué, le plus petit Batracien anoure de notre pays.

Tête. Long. 1" 5'". *Tronc*. Long. 2" 6'". *Memb. antér*. Long. 2" 1'". *Memb. postér*. Long. 4" 8'".

Patrie et moeurs. Le Sonneur à ventre couleur de feu se trouve dans toute l'Europe tempérée. Il est aquatique, fréquente de préférence les fossés et les étangs saumâtres ; il fraie en juin. Ses mouvements dans l'eau et sur la terre sont aussi vifs que ceux de la Grenouille verte; il ne se tient guère à terre que le soir ou de grand matin, mais toujours près de l'eau où il se précipite au moindre danger. Quand on l'excite et qu'il ne peut se sauver, il s'applique sur le sol comme pour se cacher ; alors, si on le touche encore, il prend une position des plus bizarres, relevant ses pattes sur son dos et les rapprochant de sa tête, qu'il jette en arrière, et demeure ainsi environ dix minutes, ou autant que dure la crainte. Si le danger persiste, l'animal fait sortir de son cloaque une liqueur mousseuse comme de l'eau de savon. Roësel dit qu'en le disséquant il a éprouvé une sensation désagréable dans les narines, un prurit âcre comme dans le coryza. La voix des sonneurs ressemble à une sorte de ricanement. Ils s'accouplent en mai, mais la fécondation n'a lieu qu'en juin; le mâle saisit la femelle aux lombes comme le Pélobates brun. Roësel a observé leurs métamorphoses.

Le 17 juin, après huit jours de réunion, commença la ponte, qui eut lieu en treize heures; le mâle eut une douzaine d'éjaculations. Quand elles avaient lieu la femelle s'enfonçait dans l'eau, le mâle se contractait pour rapprocher son cloaque de celui de la femelle, en faisant des mouvements de côté, et la femelle allongeait les pattes postérieures. Chaque portion de frai tombait alors au fond de l'eau : il y eut en tout douze paquets d'œufs, composés chacun d'environ vingt à trente, à proportion beaucoup plus gros que dans les autres espèces. Le 20 juin, le germe était pyriforme et paraissait avoir absorbé tout le jaune, il faisait de petits mouvements. Le 24, les petits têtards sortirent de leurs œufs, ils se nourrissaient du dépôt formé au fond du vase et sur les plantes, mais ils ne rongeaient pas celles-ci. Le 30 juin, leur ventre était proéminent comme dans les *Diodons* ou les *Tétraodons* ; ils ne mangeaient pas de la lentille d'eau. Roësel crut apercevoir que l'animal fixait sur la place où il s'attachait une sorte de fil, à l'aide duquel il semblait s'aider dans les changements de lieu; il les suivit jusqu'au développement des quatre membres, qui s'opéra vers la fin de septembre ou au commencement d'octobre.

SUITE DES ANOURES PHANÉROGLOSSES.

SECTION SECONDE. — FAMILLE DES HYLÆFORMES.

CONSIDÉRATIONS GÉNÉRALES SUR CETTE FAMILLE ET SUR SA DISTRIBUTION EN GENRES.

Les Batraciens Hylæformes, comparés aux Raniformes, ne présentent d'autres marques distinctives notables que celle qui consiste dans l'élargissement en disque de l'extrémité libre de leurs doigts ; mais ce caractère n'est pas d'une légère importance, si l'on considère qu'il est la cause déterminante d'un genre de vie tout à fait différent de celui de la famille précédente. Nous voulons parler de leurs habitudes essentiellement dendrophiles ; car tous sans exception, hors du temps de l'accouplement et de la ponte des œufs, se tiennent sur les arbres, jouissant, au moyen de ces sortes de ventouses, dont leurs mains et leurs pieds sont pourvus, de la singulière faculté de les appliquer sur les feuilles les plus lisses, et même de s'accrocher et de s'y suspendre contre leur propre poids, pouvant même y marcher le corps en bas de la même manière et avec autant de facilité que nous voyons certains Geckotiens et plus communément les Mouches courir, ayant le dos renversé, le long des plafonds de nos appartements. C'est peut-être aussi à ce même genre de vie, qui les place au milieu de nombreux ennemis contre lesquels ils n'ont aucun moyen de défense, qu'ils doivent de posséder, au plus haut degré entre tous les Anoures, cette autre faculté de prendre à leur volonté et avec une rapidité surprenante les teintes les plus diverses, dans le but sans doute de masquer leur présence, si surtout, comme on le dit de certaines espèces et comme on est tenté de le croire, ces changements de coloration se trouvent être en rapport avec la teinte des objets sur lesquels, ou auprès desquels, ces animaux sont placés.

Les Hylæformes diffèrent encore jusqu'à un certain point des Raniformes, en ce que tous, à une ou deux exceptions près, au lieu d'avoir la peau de la région abdominale unie, lisse, l'ont au contraire garnie d'un pavé de glandules granuliformes, percées d'une infinité de petits pores qui ont bien certainement la faculté d'absorber les éléments humides répandus à la surface des feuilles, séjour habituel de ces Reptiles.

Mais sous tous les autres rapports ils ressemblent aux espèces de la famille précédente, ou plutôt tels de leurs organes, comme la langue, les dents du palais, l'oreille, l'enveloppe cutanée, etc., etc., présentent presque exactement les mêmes modifications que chez les Raniformes. Aussi est-ce absolument d'après les principes qui nous ont guidés dans la répartition de ceux-ci en groupes génériques, que nous avons également subdivisé en genres, la famille dont nous traitons en ce moment.

Cette famille a pour type le genre *Hyla* de Laurenti, par qui il fut créé pour notre Rainette commune et les Anoures connus du temps de ce célèbre erpétologiste, qui avaient comme elle le bout des doigts élargi en disque. Ce même genre, augmenté de plusieurs espèces, figura ensuite dans l'histoire des amphibies de Schneider, sous le nom de *Calamita*. Mais Daudin, qui un peu plus tard en étendit encore les limites, lui restitua sa dénomination primitive, qu'on a depuis généralement conservée à l'un des nombreux groupes génériques qu'on s'est successivement vu dans la nécessité d'établir parmi ces Anoures à épatements aux extrémités digitales, c'est-à-dire à l'un de ceux dans lequel est resté inscrite l'espèce de notre pays, qui est nommée *Hyla viridis*.

Fitzinger commença le premier à opérer cette disjonction des Hylæformes, en les partageant en trois genres *Hyla*, *Hylodes* et *Calamita* qu'il caractérisa, les deux premiers par le plus ou le moins de grosseur de leurs doigts, le troisième sur ce que l'espèce qui y donnait lieu, la *Rainette bleue*, n'aurait eu que quatre orteils, nombre effectivement indiqué dans la figure que White a publiée de ce Batracien, mais ce qui n'est pas exacte, car la Rainette bleue a bien réellement cinq doigts en arrière comme tous les autres Hylæformes.

Vint ensuite Wagler, qui distribua les Anoures à extrémités des doigts élargies qu'il eut occasion d'observer, en neuf genres, en tête desquels se trouve celui appelé Calamites. Il est formé de la seule Rainette bleue ; mais tout aussi faussement, quoique autrement caractérisé que par Fitzinger; c'est-à-dire que Wagler lui donne une tête semblable à celle des Pipas et des mains non palmées, ce qui est tout à fait contraire à ce qui existe, car le Batracien dont il est ici question est on ne peut plus voisin de notre Rainette verte, par sa conformation.

Le second genre, nommé Hypsiboas, a pour marques distinctives : *la tête trigono-ovalaire*, *élargie*; *les yeux latéraux*, *bien proportionnés et à pupille circulaire ; le tympan distinct ; des dents à la mâchoire supérieure et au palais ; les doigts semblables à ceux des Calamites, à disques très-dilatés et très-déprimés; les mains et les pieds palmés; une vessie vocale de chaque côté, près de l'angle de la bouche, chez les mâles.*

Les espèces rapportées à ce genre y forment deux divisions : la première comprenant celles dont les doigts sont réunis par une membrane, depuis leur base jusqu'au milieu de leur longueur, et qui ont un lobule cutané au talon (1); la seconde, celles dont les doigts ne sont palmés qu'à leur base ou un peu au delà, et qui manquent de lobule cutané au talon (2).

Ce genre, si l'on en excepte le *Rhacophorus Reinwardtii*, si différent des autres par la forme de sa langue, ne comprend que des espèces se tenant de près les unes aux autres par leurs rapports naturels; mais Wagler s'est trompé en les signalant comme ayant toutes une vessie vocale de chaque côté de la bouche; car parmi elles, la *Hyla venulosa*, citée aussi sous le nom de *Bufonia*, est la seule qui soit dans ce cas.

A la suite du genre *Hypsiboas* se range le genre Auletris, qui n'en diffère que par l'*absence complète de membranes interdigitales, et par une demi-palmure au lieu d'une palmure entière aux pattes de derrière* (3). Nous ferons remarquer que des différences telles que celles-ci ne méritent pas l'importance que

---

(1) *Hyla palmata*, Daudin. — *Hyla geographica*, Spix. — *Rhacophorus Reinwardtii*, Boié.

(2) *Hyla Bufonia*, Spix. — *Hyla zonata*, id. — *Hyla crepitans*, Neuwied. (*Hyla pardalis*, Spix).— *Hyla faber*, Neuwied.—*Hyla albomarginata*, Spix. — *Hyla cinerascens*, id. — *Hyla venulosa*. Daudin.

(3) *Hyla boans*, Daudin. — *Hyla tibiatrix*, id. — *Hyla ocularis*, id. — *Hyla aurantiaca*, id. — *Hyla rubra*, id. — *Hyla squirella*, id. — *Hyla bilineata*, id. — *Hyla infulata*. Neuwied. — *Hyla cærulea*, Spix. — *Hyla variolosa*, Spix.

Wagler a paru y attacher ; dans tous les cas, il n'en a pas scrupuleusement tenu compte ; puisqu'il a placé parmi ses *Auletris* la *Hyla aurantiaca* de Daudin, dont les mains et les pieds offrent des membranes natatoires au moins aussi étendues que celles de la *Hyla palmata*, qui est pour notre auteur un *Hypsiboas*.

Que dire de l'isolement de la Rainette commune dans un quatrième genre appelé Hyas, par cela seul que *le mâle de cette espèce a la faculté de dilater sa gorge en forme de vessie ?* Wagler ignorait sans doute que cette faculté lui est commune avec d'autres Hylæformes rangés par l'auteur du système des amphibies dans les genres *Auletris* et *Hypsiboas*.

Un cinquième genre d'Hylæformes a été créé par Wagler, pour la *Hyla bicolor* de Daudin ; c'est celui de Phyllomedusa, qui devait être et que nous avons adopté, en lui assignant toutefois d'autres caractères que ceux d'après lesquels il a été établi dans le *naturlisch System der Amphibien*, où il est indiqué comme ne présentant, avec les quatre premiers genres, que les différences suivantes. *Doigts des mains et des pieds noueux, complétement libres, forts et à disques aplatis ; peau recouvrant le tympan aussi épaisse que celle des régions voisines.*

Le genre Scinax, qui suit immédiatement celui de *Phyllomedusa* se caractérise par *un tronc allongé ; une tête étroite ; un museau pointu ; des doigts grêles, arrondis, terminés chacun par un disque globuleux ; des mains sans palmure ; des orteils, excepté le dernier, réunis par une membrane dans la moitié de leur longueur* ; *enfin une gorge non dilatable en vessie vocale.*

Nous n'avons pas eu occasion d'observer en nature

les espèces que l'auteur rapporte à ce genre (1). Mais autant que nous pouvons en juger par les figures qu'il cite, notre opinion est, qu'elles doivent appartenir à notre genre *Hyla*.

Le genre DENDROBATES, le septième de ceux que Wagler a formés aux dépens des Anoures à extrémités digitales dilatées, n'offrirait, suivant lui, d'autres particularités que d'avoir *les doigts libres et terminés chacun par un petit disque globuleux*. Il se distingue au contraire de tous les autres, en ce que la bouche est complétement dépourvue de dents, ce qui nous l'a fait placer en tête de nos Bufoniformes, qu'il lie aux Hylæformes au moyen des deux derniers genres de cette famille, les Crossodactyles et les Phyllobates. Wagler divise ses Dendrobates en espèces ayant *le second doigt plus long que les autres* (2), et en espèces chez lesquelles *c'est le troisième qui présente le plus d'étendue* (3).

Le genre PHYLLODYTES, du même auteur ressemblerait au précédent, *sans une demi-palmure* aux pieds. Nous avons tout lieu de croire que la seule espèce qui s'y rapporte, la *Hyla luteola* du prince de Wied, qui ne nous est connue que par la figure qu'en a donnée ce dernier, se rapproche davantage des vraies Rainettes, si même elle n'appartient réellement à ce genre.

Enfin le huitième et dernier genre d'Hylæformes, inscrit dans l'ouvrage de Wagler, est celui d'ENYDROBIUS, avec la caractéristique suivante : *tête ovale oblongue déprimée, très-dilatée en arrière des yeux ; doigts et*

(1) *Hyla aurata*. Neuwied. — *Hyla variolosa*, Spix. — *Hyla bipunctata*, id.

(2) *Hyla nigerrima*, Spix.

(3) *Hyla tinctoria*, Daudin. — *Hyla trivittata*, Spix.

orteils très-longs, très-grêles, noueux, entièrement libres, terminés chacun par un petit tubercule (1). N'ayant pu reconnaître dans les figures citées ici par Wagler aucune des nombreuses espèces d'Hylæformes qui nous ont passé sous les yeux, nous ignorons encore si ce genre doit ou ne doit pas être conservé : dans tous les cas, il nous semble bien voisin ou de nos Litories ou de nos Hylodes.

A présent que nous avons exposé les caractères sur lesquels repose le mode de classification adopté par le savant auteur du *Naturlische System der Amphibien*, relativement aux Hylæformes, il nous reste à apprécier la valeur de ces caractères, ou, en d'autres termes, à examiner si les organes dont ils sont tirés peuvent être réellement considérés comme les plus propres à donner les éléments d'une bonne distribution générique des Batraciens dont il est ici question. Un examen sévère porté sur un nombre considérable d'espèces et d'individus de ces reptiles nous a convaincus du contraire.

Ainsi nous avons reconnu que les différences offertes par la tête dans sa forme, ou bien celles que présentent les membranes natatoires et les disques terminaux des doigts, quant à leur développement, ne méritent en aucune façon l'importance que Wagler leur a attribuée; attendu que ces différences, loin d'être bien tranchées, se fondent les unes dans les autres et d'une manière si insensible que les genres *Calamites*, *Hypsiboas*, *Auletris*, *Scinax* et *Phyllodytes*, à la distinction desquels Wagler les a fait servir, ne sont et ne pouvaient, par cela même, être bien définis, ce qui équivaut à dire qu'il

(1) *Hyla ranoïdes*, Spix (*Rana miliaris*, id.). —*Hyla abbreviata*, id. (*Rana binotata*, id.).

n'y avait nullement lieu à séparer ces genres les uns des autres. Nous avons également remarqué que la situation des organes vocaux ne peut pas non plus fournir de bons caractères génériques, à cause du peu de fixité qu'elle offre entre des espèces qui se ressemblent d'ailleurs par les principaux points de leur organisation : telles sont, en particulier, la Rainette réticulaire et la Rainette commune, que notre auteur n'a pas cru devoir réunir dans le même groupe, parce que chez la première le sac vocal est double et situé de chaque côté du cou, tandis que chez l'autre, qui forme à elle seule le genre *Hyas*, il est simple et placé sous la gorge.

Tout ceci prouve évidemment que Wagler n'a pas su découvrir les véritables moyens de répartir génériquement et suivant leurs rapports naturels les Anoures hylæformes, résultat auquel on parvient d'une manière assez satisfaisante en prenant principalement en considération la conformation de la langue, et la disposition dentifère ou non dentifère du palais.

Toutefois, il y a un genre d'Hylæformes de la création de Wagler, qui, bien que n'étant pas établi d'après ces derniers principes, doit cependant être conservé ; c'est le genre *Phyllomedusa*, qui se distingue moins par le caractère que lui assigne cet auteur, celui d'avoir les doigts noueux et complétement libres, que par la disposition de ceux-ci, dont les deux premiers sont opposables aux autres, ainsi que par la forme fortement oblongue de la langue.

Depuis Wagler jusqu'à nous, il n'a paru sur l'arrangement naturel des Hylæformes aucune autre publication importante, ou qui soit le résultat des propres observations de l'auteur, que celle qui fait partie du savant mémoire de M. Tschudi, concernant la classification des Batraciens en général.

Cet arrangement, quoique se rapprochant beaucoup du nôtre, en ce qu'il est de même basé en partie sur des caractères empruntés des principaux organes que renferme la bouche, de la membrane du tympan, des doigts et de leurs palmures, en diffère pourtant à plusieurs égards; attendu que M. Tschudi y a fait servir en outre les dissemblances que présentent la tête et le museau dans leur forme, les yeux dans leur diamètre, les narines dans leur situation, les dents palatines dans leur nombre, et les pattes par l'étendue de leurs membranes natatoires. Mais ces dissemblances, généralement si peu distinctes lorsqu'on examine une certaine série d'espèces, M. Tschudi aurait dû n'en pas tenir compte, et il aurait ainsi évité d'établir plusieurs genres que la raison ordonne de réunir, tant sont étroits les liens qui retiennent les unes aux autres les espèces dont ils se composent : tels sont d'abord ceux nommés *Sphenorhincus*, *Hypsiboas*, *Calamita*, *Lophopus*, *Dendrohyas* et *Ranoidea*, puis les trois appelés *Polypedates*, *Burgeria*, et *Boophis*.

Nous donnons ici d'après M. Tschudi les caractères d'un genre d'Hylæformes que nous n'avons pas encore eu occasion d'observer nous-mêmes; c'est celui nommé THÉLODERME, *Theloderma*, qu'il caractérise ainsi :

Tête fort grande, triangulaire; narines situées au sommet du *canthus rostralis;* trois dents palatines de chaque côté; langue grande, entière, un peu allongée; doigts terminés par de grands disques globuleux; pieds palmés; peau offrant un grand nombre de papilles triangulaires, oblongues, pointues au sommet; tympan caché. Esp. *Theloderma leporosa*, TSCHUDI.

Syn. *Hyla leporosa*, MULLER. Mus. Lugd.

32.

Distribution géographique des Hylæformes.

Des cinq parties du monde, l'Amérique est sans contredit la plus riche en Anoures Hylæformes, puisqu'à elle seule elle en produit plus que les quatre autres ensemble. Sur les soixante-trois espèces connues, trente-sept lui appartiennent en propre, c'est-à-dire une Litorie, deux Acris, trois Trachycéphales, vingt-quatre Rainettes, trois Hylodes, une Phylloméduse, une Élosie, un Crossodactyle et un Phyllobate, qui y sont répartis de la manière suivante : Dans les contrées méridionales de son continent, vingt-quatre espèces, ou la Litorie américaine ; le Trachycéphale géographique ; les Rainettes pattes d'oie, feuille-morte, de Levaillant, de Doumerc, ponctuée, de Leprieur, bordée de blanc, de Langsdorff, cynocéphale, réticulaire, naine, marbrée, à cuisses zébrées, demi-deuil, rouge, à bourse, beuglante, leucophylle ; l'Hylode rayé ; la Phylloméduse bicolore, et le Crossodactyle de Gaudichaud. Dans ses parties septentrionales, sept espèces, ou les Acris grillon et nègre, les Rainettes vermiculée, de Daudin, versicolore, flancs-rayés, et squirelle. Dans les Antilles, six espèces, ou les Trachycéphales marbré et de Saint-Domingue, les Hylodes de la Martinique et de Ricord, l'Élosie grand nez, et le Phyllobate bicolore.

L'Asie n'a encore fourni jusqu'ici que huit espèces d'Hylæformes, parmi lesquelles il en est cinq qui proviennent de l'île de Java ; ce sont les Limnodytes rouge et chalconote, le Polypédate à tête rugueuse, l'Ixale à bandeau d'or et la Micrhyle agatine ; l'une des trois autres, le Polypédate de Bürger, a été trouvée au Japon, tandis que les deux dernières, le Polypédate à moustaches blanches et le Rhacophore de Reinwardt, ont été rencontrées sur la plupart des points du continent des Indes orientales et dans les principales îles qui en dépendent.

Les recherches faites dans l'Océanie n'ont encore amené la découverte que de dix espèces d'Hylæformes : le Limnodyte de Waigiou, qui est de l'île dont il porte le nom ; le Cornufère unicolore, qui est de la Nouvelle-Guinée ; la Rainette de Jervis, qui habite la Terre de Diémen ; et les Rainettes bleue, de Péron, d'Ewing, de Lesueur, citropode et de Jackson, qui sont toutes de la Nouvelle-Hollande.

L'Afrique, ou plutôt son continent, produit les Eucnémis vert-jaune et d'Horstook, et la Rainette verte; sa principale île, Madagascar, nourrit l'Eucnémis de ce nom et celui qu'on appelle de Goudot; les Seychelles sont habitées par une espèce du même genre, à laquelle on a donné leur nom.

L'Europe ne possède qu'une seule espèce d'Hylæformes, ou la Rainette verte; encore ne leur appartient-elle pas exclusivement, puisqu'on la trouve aussi au Japon et dans les parties septentrionales de l'Afrique.

RÉPARTITION DES HYLÆFORMES D'APRÈS LEUR EXISTENCE GÉOGRAPHIQUE.

Genres.	Europe, Asie et Afrique.	Asie.	Afrique.	Amérique.	Océanie.	Origine inconnue.	Total des espèces.
LITORIE.	0	0	0	1	1	0	2
ACRIS.	0	0	0	2	0	0	2
LIMNODYTE	0	2	1	0	1	0	4
POLYPÉDATE	0	3	0	0	0	0	3
IXALE.	0	1	0	0	0	0	1
EUCNÉMIS.	0	0	4	0	0	0	4
RHACOPHORE.	0	1	0	0	0	0	1
TRACHYCÉPHALE.	0	0	0	3	0	0	3
RAINETTE.	1	0	0	24	7	2	34
MICRHYLE.	0	1	0	0	0	0	1
CORNUFÈRE.	0	0	0	0	1	0	1
HYLODE.	0	0	0	3	0	1	4
PHYLLOMÉDUSE.	0	0	0	1	0	0	1
ÉLOSIE.	0	0	0	1	0	0	1
CROSSODACTYLE.	0	0	0	1	0	0	1
PHYLLOBATE.	0	0	0	1	0	0	1
Nombre des espèces dans chaque partie du monde.	1	8	5	37	10	3	64

Le tableau suivant présente, exposés d'après la méthode synoptique, les seize genres d'Hylæformes dont nous allons successivement faire l'histoire.

TABLEAU SYNOPTIQUE DE LA FAMILLE DES HYLÆFORMES.

								Numéros des genres.		Nombre des espèces.	Pag.
Orteils	palmés	en tout ou à moitié : palais	denté : langue	fourchue : doigts à membranes	distinctes	rudimentaires		4.	POLYPÉDATE.	4	515
						très développées		7.	RHACOPHORE.	1.	530
					nulles			3.	LIMNODYTE.	3.	510
				peu échancrée,	cordiforme			2.	ACRIS.	2.	506
					ronde ou ovale : tête	toute osseuse en dessus		8.	TRACHYCÉPHALE.	3.	534
						cutanée : doigts à épatements	très-petits	1.	LITORIE.	2.	503
							dilatés plus ou moins.	9.	RAINETTE.	34.	542
			non denté : langue	élargie en arrière et	fourchue			5.	IXALE.	1.	523
					en forme de cœur			6.	EUCNÉMIS.	4.	525
				en forme de ruban				10.	MICRHYLE.	1.	613
		seulement à la base : des dents	voméro-palatines					11.	CORNUFÈRE.	1.	616
			vomériennes seulement					14.	ÉLOSIE.	1.	632
	libres,	mais bordés des deux côtés d'une membrane flottante						15.	CROSSODACTYLE.	1.	635
		non bordés : palais	denté : le premier doigt et les deux premiers orteils	opposables aux autres				13.	PHYLLOMÉDUSE.	1.	627
				non opposables				12.	HYLODE.	4.	619
			non denté					16.	PHYLLOBATE.	1.	637

Ier GENRE. LITORIE. — *LITORIA* (1). Tschudi.

Caractères. Langue disco-triangulaire ou sub-rhomboïdale, entière, libre à son bord postérieur. Deux groupes de dents entre les arrière-narines. Tympan distinct; trompes d'Eustachi petites. Quatre doigts réunis à leur base par une très-courte membrane. Orteils à moitié palmés. Premier os cunéiforme faisant une petite saillie obtuse; disques sous-digitaux petits. Apophyses transverses de la vertèbre sacrée dilatées en palettes triangulaires.

Au premier aspect, on prendrait les Litories plutôt pour des Grenouilles que pour des Rainettes, tant le disque ou le petit épatement qui existe à la face inférieure de l'extrémité de leurs doigts et de leurs orteils est peu développé. Ce sont des espèces à corps élancé, étroit, à membres postérieurs grêles et fort allongés. Leur langue est un disque mince, lisse, affectant une forme triangulaire ou sub-rhomboïdale, libre en entier à son bord postérieur. Entre les arrière-narines, il y a deux petits groupes ou une rangée transversale de dents vomériennes, interrompue au milieu. Les trompes d'Eustachi sont de moyenne grandeur, et les membranes du tympan bien distinctes au travers de la peau. Les doigts antérieurs, au nombre de quatre, offrent comme un rudiment de membrane à leur base; les orteils sont plus ou moins palmés; il existe un petit renflement sous chaque articulation des phalanges. Le premier os cunéiforme ne fait qu'une très-faible saillie à l'extérieur.

Les apophyses transverses de leur vertèbre sacrée sont dilatées en palettes triangulaires.

(1) Peut-être du mot λιθος, qui signifie une terre légère, ou de *litos*. qui est ou se trouve sur le bord de la mer?

Ce genre ne renferme encore que deux espèces originaires, l'une d'Amérique, l'autre de la Nouvelle-Hollande.

Nous nous proposions de l'appeler *Lepthyla*, mais nous avons cru devoir abandonner cette dénomination pour prendre celle de *Litoria*, sous laquelle il a été publié par M. Tschudi, avant que nous ne l'ayons pu faire nous-mêmes.

TABLEAU SYNOPTIQUE DES ESPÈCES DU GENRE LITORIE.

Langue	sub-triangulaire.	1. L. DE FREYCINET.
	sub-rhomboïdale.	2. L. AMÉRICAINE.

1. LA LITORIE DE FREYCINET. *Litoria Freycineti*. Nobis.

(Voyez Pl. 88, fig. 2 et 2 *a*.)

CARACTÈRES. Dents vomériennes disposées sur une rangée transversale, interrompue au milieu, située immédiatement au-dessous du niveau du bord antérieur des arrière-narines. Dessus du corps marbré de brun sur un fond fauve.

SYNONYMIE. *Lepthyla Freycineti*. Nob. M. S. S.

Litoria Freycineti. Tschudi. Classif. Batrach. Mém. sociét. scienc. nat. Neuchât. tom. 2, pag. 36 et 77, n° 20.

DESCRIPTION.

FORMES. La physionomie de cette espèce a beaucoup de ressemblance avec celle du *Cystignathus gracilis* ou bien de la *Rana fasciata* du Cap; c'est-à-dire que la Litorie de Freycinet a les membres grêles, le tronc étroit, la tête allongée, le museau médiocrement aigu et assez fortement renflé. Le chanfrein, presque aussi large que le front, forme avec lui, ainsi qu'avec le vertex et l'occiput, un seul et même plan horizontal uni, peut-être légèrement canaliculé sur sa ligne moyenne. Le *canthus rostralis* est arrondi; la narine s'ouvre immédiatement au-dessous de lui et à une égale distance de l'angle antérieur de l'œil et du bout du museau, qui se rabat brusquement vers la mandibule inférieure. La largeur de l'espace inter-orbitaire a le tiers de la longueur de la tête. Le diamètre du tympan est d'un quart moindre que celui de l'ouverture de l'œil. Couchées le long du tronc, les pattes de devant atteignent les aines ; les membres postérieurs, placés de la même manière, dépassent le museau de toute la longueur du tarse et du tiers de celle de la jambe. Le troisième doigt est le plus long de tous ; après lui, c'est le quatrième, ensuite le second ; de sorte que le premier est le plus court, mais de bien peu de chose. Tous quatre ont leurs bases réunies par un rudiment de membrane ; ils sont, ainsi que les orteils, légèrement déprimés et bien distinctement renflés sous leurs articulations. Les orteils vont en augmentant de longueur depuis le premier jusqu'au quatrième ; le cinquième n'est pas plus allongé que le troisième ; ils ne présentent qu'une demi-palmure. La saillie du premier os cunéiforme est fort petite. En dedans, sur la même ligne qu'elle, est un très-petit tubercule ; on en voit un gros, ovalaire, à la face latérale externe du premier doigt, et un second plus petit au milieu de la paume de la main. La peau fait un petit pli longitudinal au-dessus du tympan ; une glandule existe à l'angle de la bouche. Quelques petits tubercules sont épars sur l'occiput, mais le reste du dessus du corps est lisse. La région postérieure des cuisses est granuleuse. Le mâle a un sac vocal dans lequel l'air pénètre par deux fentes situées, l'une à droite, l'autre à gauche de la langue.

Les apophyses transverses de la neuvième vertèbre sont dilatées en palettes triangulaires.

Coloration. Une bande noire s'étend sur les côtés de la tête depuis le bout du museau jusqu'en arrière de l'oreille ; un trait fauve dirigé obliquement va du dessous de l'œil à la commissure de la bouche. Les parties supérieures offrent de grandes marbrures brunes sur un fond fauve ou roussâtre ; on voit souvent un grand bandeau brun ou noirâtre en travers du vertex. Le dessus des cuisses est noir, tacheté de blanc, mode de coloration qu'on remarque aussi autour de la bouche. En dessous, l'animal est blanchâtre.

Dimensions. *Tête*. Long. 1" 5'''. *Tronc*. Long. 3" 1'''. *Memb. antér*. Long. 2" 5'''. *Memb. postér*. Long. 8" 5'''.

Patrie. Cette espèce nous a été rapportée du Port-Jackson par M. Freycinet.

2. LITORIE AMÉRICAINE. *Litoria americana.* Nobis.

CARACTÈRES. Dents vomériennes formant un chevron ouvert à son sommet, qui aboutit au niveau du bord postérieur des arrière-narines.

DESCRIPTION.

FORMES. Cette espèce se distingue de la précédente, d'abord par la disposition de ses dents vomériennes, puis par la forme rhomboïdale plutôt que triangulaire de sa langue, ensuite par son museau moins allongé, plus arrondi, enfin par son mode de coloration.

COLORATION. En dessus, elle est toute brune, excepté sur la tête, qui est noirâtre. Ses parties inférieures sont blanches, ponctuées de brun à la région gulaire seulement.

DIMENSIONS. *Tête.* Long. 9''. *Tronc.* Long. 1'' 7'''. *Memb. antér.* Long. 1'' 4'''. *Memb. postér.* Long. 4'' 3'''.

PATRIE. Cette Litorie ne nous est connue que par un individu envoyé de la Nouvelle-Orléans au Muséum, par M. Barabino.

IIe GENRE. ACRIS. — *ACRIS* (1). Nobis.

CARACTÈRES. Langue grande, cordiforme, libre en arrière. Deux groupes de dents entre les arrière-narines. Tympan peu distinct. Trompes d'Eustachi petites. Quatre doigts complétement libres ; pieds plus ou moins palmés. Saillie du premier os cunéiforme, petite, obtuse. Disques sous-digitaux petits. Un sac vocal chez les mâles. Apophyses transverses de la vertèbre sacrée, non dilatées en palettes triangulaires.

Ce genre, que nous formons pour deux très-petites espèces

(1) Ἀκρὶς, l'un des noms de la Sauterelle.

de Batraciens anoures de l'Amérique du Nord, se distinguera du précédent par l'absence complète de membranes interdigitales, et par la forme de la langue, qui ressemble à celle du Cystignathe ocellé. Elle est effectivement rétrécie en avant, tandis qu'elle est élargie, arrondie et légèrement échancrée en arrière, ce qui lui donne la figure d'un cœur de carte à jouer. Les Acris n'ont pas non plus, comme les Litories, les apophyses transverses de leur vertèbre sacrée élargies en palettes; elles sont étroites, un peu déprimées et renflées au bout. Les orteils sont réunis par une membrane, qui tantôt est fort courte, tantôt au contraire assez développée; c'est à peine si l'on peut apercevoir le tympan au travers de la peau qui le recouvre; chez une espèce au moins, car chez l'autre il est assez visible.

Leur squelette est fait sur le modèle de celui des Grenouilles, et leurs viscères ressemblent à ceux de ces dernières.

Les mâles ont une vessie vocale intérieure qui communique avec la bouche par deux grandes fentes longitudinales placées l'une à droite, l'autre à gauche de la langue.

TABLEAU SYNOPTIQUE DES ESPÈCES DU GENRE ACRIS.

Palmure des pieds	bien développée.	1. A. Grillon.
	très-courte.	2. A. Nègre.

1. L'ACRIS GRILLON. *Acris gryllus.* Nobis.

Caractères. Dents vomériennes formant deux groupes situés au niveau du bord postérieur des arrière-narines. Tympan à peine distinct; orteils bien palmés. Une grande tache triangulaire noirâtre sur le vertex.

Synonymie. *Rana gryllus.* Leconte. Ann. lyc. nat. hist. Newy. vol. 1, part. 2, pag. 282.

DESCRIPTION.

Formes. Les formes de cette espèce, dont le corps n'a pas trente millimètres de long, sont dans leur ensemble et leurs détails exactement pareilles à celles de notre Grenouille verte commune, à laquelle l'Acris grillon ressemble encore par la proportion relative de ses membres et le développement de ses membranes natatoires. La peau du dessus du corps est quelquefois à peu près lisse ; mais ordinairement elle est plus ou moins mamelonnée, particulièrement aux régions sus-oculaires et à la face supérieure des membres de derrière. On remarque un petit pli cutané au-dessus de l'endroit où l'on devrait voir le tympan bien distinctement, si la peau qui le recouvre était moins épaisse ; on observe également quelques glandules aux angles de la bouche ; mais il n'existe pas de renflements réguliers sur les côtés du dos. Les dents vomériennes sont disposées sur un rang épais, fortement interrompu au milieu ; ce rang est situé juste au niveau ou sur la ligne même du bord postérieur des arrière-narines. Les petites pelotes sous-articulaires des orteils sont un peu plus prononcées que celles des doigts ; la peau de la gorge et du dessous des jambes est lisse, mais celle du ventre et de la face inférieure des cuisses offre des petits mamelons extrêmement serrés les uns contre les autres. Au tarse, il existe un très-faible tubercule du côté opposé à celui où est située la saillie du premier os cunéiforme.

Coloration. Les parties supérieures sont brunes, roussâtres ou grisâtres ; une grande tache triangulaire d'un brun foncé occupe le dessus de la tête entre le front et l'occiput ; cette tache est entourée d'un liseré blanc qui est continué sur le milieu du dos par une raie plus ou moins élargie, et de la même couleur. Les membres sont coupés transversalement par des bandes noirâtres ou d'une teinte plus sombre que celle du fond. La face postérieure des cuisses offre tantôt un, tantôt deux rubans blanchâtres, qui les parcourent dans le sens de leur longueur ; quelquefois ils y sont remplacés par une bande brune, sur un fond blanchâtre ou jaunâtre. L'une ou l'autre de ces deux teintes règne sur les régions inférieures, qui, dans quelques cas, sont lavées de roussâtre, particulièrement à l'endroit des cuisses, et finement piquetées de brun à la gorge et sur les côtés de la poitrine.

DIMENSIONS. *Tête*. Long. 1". *Tronc*. Long. 1" 5'''. *Memb. antér.* Long. 1" 2'''. *Memb. postér*. Long. 4".

PATRIE. L'Acris grillon est originaire de l'Amérique septentrionale; nous possédons des individus trouvés en Géorgie qui nous ont été donnés par M. Leconte, et d'autres recueillis à Savannah par M. de Villaret, lorsqu'il exerçait les fonctions de consul dans cette résidence.

2. L'ACRIS NÈGRE. *Acris nigrita*. Nobis.

CARACTÈRES. Deux groupes de dents vomériennes affectant une forme en chevron. Tympan assez distinct. Une très-courte membrane à la racine des orteils.

SYNONYMIE. *Rana nigrita*. Leconte. Ann. lyc. nat. hist. Newy. vol. 1, part. 2, pag. 282.

Rana nigrita. Harl. Journ. acad. nat. scienc. Philad. vol. 5, part. 2, pag. 341.

DESCRIPTION.

FORMES. Un tympan sensiblement distinct, une palmure des pieds excessivement courte, la disposition en chevron ouvert au sommet des deux groupes de dents qui arment le palais, sont les caractères qui distinguent cette espèce de la précédente.

COLORATION. Son mode de coloration ne paraît pas non plus être le même. Nos individus ont les côtés de la tête et du corps bruns et le dos roussâtre, avec un ruban longitudinal d'une teinte foncée dans toute sa longueur. Le dessus des membres offre aussi des bandes brunes, mais elles sont placées en travers. Un trait blanchâtre ou jaunâtre s'étend le long de la mâchoire supérieure depuis le bout du museau jusqu'à l'angle de la bouche. Les parties inférieures sont d'un blanc jaunâtre, couleur qu'on observe aussi autour des bras à leur naissance.

DIMENSIONS. *Tête*. Long. 1". *Tronc*. Long. 1" 6'''. *Memb. antér.* Long. 1" 5'''. *Memb. postér*. Long. 4".

PATRIE. Cette espèce nous a été donnée par M. Leconte, qui l'a trouvée en Géorgie, comme la précédente.

IIIe GENRE. LIMNODYTE. — *LIMNODYTES*. Nobis (1).

(*Hyla-Rana*, Tschudi.)

Caractères. Langue longue, rétrécie en avant, élargie, fourchue et libre en arrière. Des dents vomériennes formant deux groupes entre les arrière-narines. Tympan bien distinct; trompes d'Eustachi médiocres. Quatre doigts complétement libres; orteils réunis par une membrane dans la totalité ou la presque totalité de leur longueur. Disques sous-digitaux peu dilatés; saillie du premier os cunéiforme obtuse, excessivement petite. Un sac vocal sous-gulaire, chez les mâles. Apophyses transverses de la vertèbre sacrée non dilatées en palettes.

Les Limnodytes reproduisent exactement les caractères des Grenouilles proprement dites, si ce n'est que le dessous de l'extrémité de leurs doigts et de leurs orteils est dilaté en un disque circulaire, comme chez les Rainettes; mais il est proportionnellement moins grand. Les mâles des espèces du genre Limnodyte, de même que ceux des Grenouilles, ont les ouvertures de leur sac vocal petites, arrondies, et non en fentes longitudinales comme chez les Cystignathes et les deux genres d'Hylæformes que nous avons déjà fait connaître.

Le squelette et les viscères des Limnodytes sont en tous points semblables aussi à ceux des Grenouilles, à l'article desquelles nous renvoyons par conséquent le lecteur pour ce qui est relatif à l'ensemble de leur organisation.

---

(1) Λίμνη, *stagnum*, étang; δύτης, *urinator*, qui plonge.

Ce genre Limnodyte est le même que celui appelé *Hylarana* par M. Tschudi, dénomination que nous n'avons pas cru devoir adopter(1). Il comprend les trois espèces suivantes :

TABLEAU SYNOPTIQUE DES ESPÈCES DU GENRE LIMNODYTE.

Dos brun	ou roussâtre orné d'une raie blanche de chaque côté	. . . .	1. L. Rouge.
	glanduleux : cordons glanduleux du dos	larges. . . .	2. L. Chalconote.
		très-étroits.	3. L. de Waigiou.

1. LE LIMNODYTE ROUGE. *Limnodytes erythræus.* Nobis.

(Voyez Pl. 88, fig. 1 et 1 *a*, sous le nom de Ranhyle rouge.)

Caractères. Parties supérieures brunes ou roussâtres ; une raie blanche s'étendant de chaque côté du dos, et quelquefois une troisième sur sa ligne médiane. Contour de la bouche blanc.

Synonymie. *Hyla erythræa.* Mus. Lugd. Batav.

Hyla erythræa. Schleg. Abbildung. Rept. pag. 27. tab. 9. fig. 3.

Hylarana erythræa. Tschudi. Classif. Batrach. Mém. sociét. scienc. nat. Neuch. tom. II, pag. 37 et 78, n. 22.

DESCRIPTION.

Formes. Qu'on se représente notre Grenouille verte commune, avec une tête un peu plus étroite, plus effilée, des doigts plus grêles, plus déprimés et élargis en disque à leur extrémité, et l'on aura une idée exacte de l'ensemble des formes ou de la physionomie de l'espèce à laquelle nous consacrons cet article. Sa tête est aplatie, triangulaire, plane et parfaitement unie en dessus ; son museau fait un angle assez aigu, mais dont le sommet est néanmoins arrondi ; ses régions frénales sont distinctement canaliculées ; son tympan est grand, c'est-à-dire d'un diamètre égal à celui de l'ouverture de l'œil, ou à la largeur de la pau-

(1) Linné, Philos. Botan. *nomina*, n° 224.

pière supérieure. Ses dents vomériennes forment, entre les arrière-narines, un chevron largement ouvert à son sommet, qui est dirigé postérieurement, ne dépassant pas, ou de fort peu, le niveau du bord postérieur de ces mêmes arrière-narines. Celles-ci sont assez écartées, ovales et de moyenne grandeur ; les conduits gutturaux des oreilles sont médiocrement ouverts. Les deux premiers doigts ont à peu près la même longueur ; le quatrième est plus allongé qu'eux, mais moins que le troisième, qui se trouve ainsi être le plus grand des quatre. Le premier et le second n'offrent chacun qu'un seul renflement sous-articulaire; le troisième et le quatrième en ont deux. Les paumes et les plantes sont lisses. Le nombre des renflements sous-articulaires des orteils est de un au premier, de deux au second, au quatrième et au cinquième, et de trois au troisième. La palmure des pieds, qui est échancrée en croissant, réunit dans toute leur longueur les trois premiers orteils et le dernier, mais elle laisse libre le troisième dans le dernier tiers de son étendue ; la saillie du premier os cunéiforme est excessivement petite. Il règne un cordon glanduleux de chaque côté du corps, à partir de l'angle postérieur de l'œil jusqu'à la racine de la cuisse ; un autre renflement de même nature se fait remarquer entre la commissure des mâchoires et le bord postérieur de l'origine du bras ; ce renflement offre toujours une solution de continuité vers le milieu de sa longueur. Toutes les autres parties du corps sont lisses, à l'exception des régions postérieure et inférieure des cuisses où la peau se montre comme granuleuse.

Coloration. Les individus conservés dans l'alcool ont les bords de la bouche, les cordons glanduleux des côtés du dos, et tout le dessous du corps d'une teinte blanche. Chez les uns, c'est une couleur noirâtre ou d'un brun foncé ; chez les autres, un brun roussâtre qui règne sur le dessus et les parties latérales de la tête, sur le dos et les flancs. Ces mêmes teintes brunes ou roussâtres, mélangées de blanchâtre, forment des marbrures à la face supérieure des membres. Nous avons deux jeunes sujets à tête plus étroite et peut-être proportionnellement plus longue que les autres, dont le dos est parcouru longitudinalement dans son milieu par une raie blanchâtre. Il paraît qu'à l'état de vie les raies du dos sont jaunes, ainsi que les bords de la bouche, et que les parties supérieures du corps sont verdâtres.

DIMENSIONS. *Tête*. Long. 2" 8'". *Tronc*. Long. 4" 5'". *Memb. antér*. Long. 4" 4'". *Memb. postér*. Long. 10" 8'".

PATRIE. Cette espèce se trouve dans l'île de Java ; nous en possédons une belle suite d'échantillons qui ont été recueillis par M. Diard.

2. LE LIMNODYTES CHALCONOTE. *Limnodytes chalconotus*. Nobis.

CARACTÈRES. Toutes les parties supérieures uniformément brunes. Un large cordon glanduleux de chaque côté du dos.

SYNONYMIE. *Hyla chalconota*. Mus. Lugd. Batav.

Hyla chalconota. Schleg. Abbild. Amph. pag. 24, tab. 9, fig. 1.

Polypedates chalconotus. Tschudi. Classif. Batrach. Mém. Sociét. scienc. nat. Neuch. tom. 2, pag. 76, n. 14.

DESCRIPTION.

FORMES. Cette espèce tient à la précédente par des rapports si étroits que c'est en hésitant que nous nous décidons à l'en séparer : elle n'en diffère guère en effet que par un peu plus de dilatation dans les disques qui terminent les doigts, par un peu plus de longueur dans les branches de son chevron de dents vomériennes et par son mode de coloration.

COLORATION. Dans l'état de vie, elle a tout le dessus du corps d'un vert foncé, et les régions frénales, le bout des doigts ainsi que les aines, d'une teinte jaune orangé ; mais après la mort il ne reste plus la moindre trace de ces belles couleurs, car un brun foncé règne seul sur toutes les parties supérieures, et les régions inférieures sont d'un blanc sale, mélangé de grisâtre et de noirâtre sous la tête.

DIMENSIONS. *Tête*. Long. 2" 6'". *Tronc*. Long. 5". *Memb. antér*. Long. 4" 5'". *Memb. postér*. Long. 12".

PATRIE. Le Limnodytes chalconote vient de l'île de Java.

Observations. Nous avons peine à comprendre comment M. Tschudi a pu placer cette espèce dans un genre différent de celui de la précédente, ou parmi les Polypédates, car il est difficile de rencontrer deux espèces qui se ressemblent davantage que celles-là.

LE LIMNODYTES DE WAIGIOU. *Limnodytes Waigiensis.* Nobis.

Caractères. Parties supérieures du corps uniformément brunes; un cordon glanduleux très-étroit de chaque côté du dos.
Synonymie?

DESCRIPTION.

Formes. Nous appelons Limnodytes de Waigiou, du nom de l'île où on la trouve, une troisième espèce de ce genre, qui a les disques de ses doigts aussi petits que ceux du Limnodytes rouge; mais dont la tête est à proportion plus courte, plus large en arrière, dont les yeux et les voiles palpébraux sont plus grands, dont le *canthus rostralis* est tranchant au lieu d'être arrondi, dont les cordons glanduleux du dos sont linéaires tant ils sont peu développés, dont l'angle de la bouche n'offre qu'une seule et fort petite glandule, enfin dont les reins et les cuisses présentent un semis de tubercules extrêmement fins.

Coloration. Les régions supérieures sont toutes d'une teinte brune. On voit quelques points noirs et une raie de la même couleur en arrière du tympan, au-dessous duquel il existe une ligne blanche, accompagnée quelquefois d'une autre noire. Les bords de la mâchoire inférieure sont d'un brun foncé, irrégulièrement tachetés de blanchâtre, teinte qu'on remarque également sur les régions inférieures, dont quelques-unes, telles que la gorge et la poitrine, sont souvent nuagées de noirâtre.

Dimensions. *Tête.* Long. 2" 2"'. *Tronc.* Long. 3" 8"'. *Memb. antér.* Long. 4". *Memb. postér.* Long. 9".

Patrie. Ce Limnodytes a été rapporté de l'île Waigiou par MM. Garnot et Lesson.

IVe GENRE. POLYPÉDATE. — *POLYPEDATES* (1). Tschudi.

(*Boophis*, *Bürgeria*, Tschudi.)

Caractères. Langue grande, rétrécie en avant, élargie, fourchue et libre en arrière. Des dents vomériennes situées entre les arrière-narines, plus ou moins près du niveau du bord postérieur de celles-ci. Tympan bien distinct; trompes d'Eustachi assez grandes. Quatre doigts à disques terminaux fort dilatés, réunis à leur base par un rudiment de membrane. Pieds complétement ou presque complétement palmés. Saillie du premier os cunéiforme très-faible. Apophyses transverses de la vertèbre sacrée non dilatées en palettes.

Voici un genre que le port, l'habitude du corps rapproche plus des Rainettes proprement dites, que les précédents; mais qui tient encore des Grenouilles par la forme de sa langue et la structure de son échine, dont la neuvième pièce ou le sacrum a ses apophyses transverses, étroites, renflées au bout, et non dilatées en lames ou palettes triangulaires, comme cela s'observe au contraire chez la majeure partie des Hylæformes. Les Polypédates ont la tête courte, plate, large, quelquefois rugueuse ou à peau y adhérant fortement; les yeux grands et les tympans aussi le plus souvent; les trompes d'Eustachi assez ouvertes; les dents vomériennes, placées entre les arrière-narines ou au niveau, soit de leur bord

(1) De πολυ, *multum*, beaucoup, et de πεδαι, *pedicæ*, *vinculum pedis*, entraves qui serrent les pieds.

postérieur, soit de leur bord antérieur, formant tantôt une série transversale interrompue au milieu, tantôt un chevron à branches plus ou moins écartées et toujours ouvert au sommet; les narines externes, situées latéralement sous le *canthus rostralis*, ou tout près, ou assez loin du bout du museau; les doigts et les orteils dilatés à leur extrémité en un grand disque circulaire plat en dessus, renflé en dessous, pourvus de tubercules sous leurs articulations, et palmés, les premiers seulement à leur racine, les seconds dans la totalité ou la presque totalité de leur étendue. Ces doigts et ces orteils sont très-déprimés, et plutôt grêles que robustes; les premiers sont en tuyaux d'orgues, ou augmentent graduellement de longueur, à partir du premier jusqu'au quatrième, tandis que le cinquième est aussi court que le troisième. Les orteils observent l'ordre suivant, énumérés d'après leur degré de longueur, en commençant par le plus petit : le premier, le second, le quatrième et le cinquième. On sent sous la peau, le long du bord externe du premier doigt, des os qui constituent le pouce. La saillie du premier os cunéiforme, qui est très-faible, est la seule que présente le métatarse. On voit, à l'extrémité antérieure de la mâchoire inférieure, deux faibles échancrures séparées par une petite éminence. Aucune espèce n'offre de cordons glanduleux sur la région dorsale, ni de parotide au-dessus du tympan. Il nous semble qu'il n'existe pas de sac vocal à la région gulaire des individus mâles.

Ce genre est formé par la réunion des *Polypedates*, des *Boophis* et des *Burgeria* de M. Tschudi, moins toutefois son *Polypedates chalconotus*, que nous avons reporté dans notre groupe des Limnodytes. Ces trois genres en effet, d'après les caractères qui leur sont assignés, ne paraissent différer entre eux que par de légères modifications dans la forme de la tête, ainsi que par le nombre et l'arrangement des dents qui garnissent leur palais.

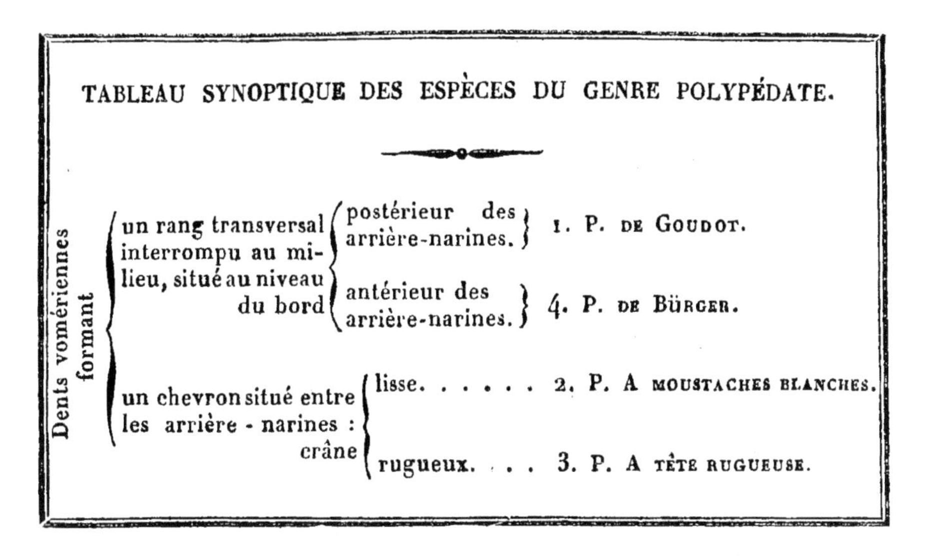

TABLEAU SYNOPTIQUE DES ESPÈCES DU GENRE POLYPÉDATE.

Dents vomériennes formant	un rang transversal interrompu au milieu, situé au niveau du bord	postérieur des arrière-narines.	1. P. DE GOUDOT.
		antérieur des arrière-narines.	4. P. DE BÜRGER.
	un chevron situé entre les arrière-narines : crâne	lisse.	2. P. A MOUSTACHES BLANCHES.
		rugueux. . . .	3. P. A TÊTE RUGUEUSE.

1. LE POLYPÉDATE DE GOUDOT. *Polypedates Goudotii.* Nobis.

CARACTÈRES. Dents vomériennes situées au niveau du bord postérieur des arrière-narines, sur une ligne transversale interrompue au milieu. Narines externes, latérales, s'ouvrant à égale distance du bout du museau et de l'angle antérieur de l'orbite. Tympan presque aussi grand que l'ouverture de l'œil. Peau du crâne non adhérente. Dessus du corps lisse.

SYNONYMIE. *Elophila Goudotii.* Nob. M. S. S.

Boophis Goudotii. Tschudi. Classif. Batrach. Mém. Sociét. scienc. nat. Neuch. tom. 2, pag. 36 et 77, nº 18.

DESCRIPTION.

FORMES. Le Polypédate de Goudot a le *canthus rostralis* bien distinct et assez aigu ; l'espace qu'il limite à droite et à gauche est un plan uni, qui s'incline légèrement jusqu'aux narines, mais qui s'abaisse davantage en avant de celles-ci, dont la situation est à égale distance du bout du museau et de l'œil. La région frénale, qui est plane et assez fortement penchée en dedans, offre, sous l'aplomb des narines, une hauteur égale à la largeur de l'espace qui sépare ces dernières. Le front est légèrement concave ; le diamètre du tympan est d'un tiers moindre que celui de l'ouverture de l'œil, et l'intervalle des yeux d'un quart plus considérable. Les côtés du museau forment un angle obtus, court et arrondi au sommet. Couchés le long du tronc, les membres antérieurs atteignent presque à l'orifice anal; placés le long des flancs, les membres postérieurs dépassent le museau de toute la longueur du pied. Un repli de la peau descend obliquement de la commissure postérieure des paupières vers l'épaule. Il n'y a pas de glandules aux angles de la bouche; la peau a l'apparence granuleuse, sur la région ventrale, derrière et sous les cuisses; partout ailleurs elle est lisse. Cependant les paumes aussi sont granuleuses; mais les plantes sont parfaitement lisses.

Coloration. Nous avons vu des individus offrant une teinte noirâtre sur l'occiput, le chanfrein et la mâchoire inférieure, tandis que le front et les régions frénales étaient grisâtres, et toutes les autres parties supérieures du corps d'un brun chocolat, parcourues par de petites veines, ou semées de très-petits points d'un brun foncé; en dessous, ils étaient lavés de brun, excepté sur la face interne des bras et des jambes, qui présentait une teinte blanchâtre. D'autres sujets de la même espèce avaient le dessus du corps d'un brun olivâtre et des marbrures noirâtres et grisâtres, sur les flancs et sous les membres antérieurs. Nous en possédons d'un gris violacé sur la tête, le dos et les pattes; celles-ci sont marquées de bandes brunes en travers; quelques taches noires, irrégulières dans leurs formes et leur disposition se montrent sur les mâchoires; le *canthus rostralis* porte un ruban d'un brun foncé, et les cuisses et les flancs sont marbrés de blanc et de noir. Enfin nous avons observé, dans la collection de la Société zoologique de Londres, un échantillon auquel, par son mode de coloration, la qualification de *variolosus* conviendrait on ne peut mieux, en raison des nombreuses et grandes taches d'un blanc violet dont toutes ses parties supérieures sont semées, sur un fond d'un brun marron.

Dimensions. *Tête*. Long. 3". *Tronc*. Long. 5" 7"'. *Memb. antér.* Long. 5". *Memb. postér.* Long. 13" 4"'.

Patrie. C'est de l'île de Madagascar que nous ont été envoyés, par M. Goudot, les échantillons de cette espèce d'Hylæformes que renferme notre Musée.

2. LE POLYPÉDATE A MOUSTACHES BLANCHES.

Polypedates leucomystax. Tschudi.

Caractères. Dents vomériennes situées entre les arrière-narines et formant un chevron ouvert au sommet; narines externes, latérales, s'ouvrant tout près du bout du museau. Tympan presque aussi grand que l'ouverture de l'œil. Peau du crâne non adhérente. Dessus du corps lisse.

Synonymie. *Hyla leucomystax*. Mus. Lugd. Batav.

Hyla maculata. Gray. Ind. zoolog.

Hyla leucomystax. Gravenh. Delic. Mus. Vratilav. Batrach. pag. 26.

Polypedates leucomystax. Tschudi. Classif. Batrach. Mém. Société. scienc. nat. Neuch. tom. 2, pag. 34 et 75, n. 13.

DESCRIPTION.

Formes. Le *Polypedates leucomystax* a la tête courte et déprimée; ses trois côtés, le postérieur et les deux latéraux, forment un triangle équilatéral; les régions frénales sont hautes, perpendiculaires, légèrement concaves; le *canthus rostralis* est très-prononcé. C'est immédiatement au-dessous de lui et à son extrémité antérieure, que vient aboutir la narine, dont l'ouverture regarde en arrière. Le dessus de la tête, d'un bout à l'autre, offre une surface horizontale, faiblement concave. Les yeux sont fort grands et saillants; le diamètre de leur ouverture est presque égal au tiers de la longueur de la tête; celui du tympan est d'un quart moindre. La pupille est allongée horizontalement. Les dents vomériennes, ou plutôt les deux rangs qu'elles constituent, sont situés de manière à représenter un chevron un peu ouvert au sommet; elles occupent positivement l'intervalle des arrière-narines. Couchés le long du tronc, les membres antérieurs s'étendent jusqu'à l'orifice anal; placées de la même manière, les pattes de derrière touchent au bout du museau, par l'extrémité de leur jambe. Il y a deux forts renflements sous-articulaires à chacun des quatre doigts; ceux des deux premiers sont très-près l'un de l'autre. On en voit aussi un au premier et au second orteil, deux au troisième, trois au quatrième, et deux au cinquième. En dessus, ces mêmes orteils présentent une petite saillie à la base du disque circulaire qui les termine. Un faible repli de la peau s'étend de l'angle postérieur des paupières à l'épaule; toute la face supérieure du corps est lisse, ainsi que l'a inférieure, excepté aux régions ventrale et fémorale, dont la peau est comme granuleuse.

Coloration. Le fond des parties supérieures est tantôt blanchâtre, tantôt grisâtre, tantôt d'un brun clair tirant sur le roussâtre, tantôt enfin d'une teinte carnée ou violacée, avec ou sans un plus ou moins grand nombre de taches brunes ou noires, de forme et de grandeur diverses. Très-souvent la région tympanale porte une bande brunâtre qui s'étend, en se rétrécissant un peu, jusqu'à la narine. La face postérieure des cuisses est noirâtre, toute piquetée ou ponctuée de blanc. En général, la mâchoire supérieure est aussi bordée de blanc plus ou moins pur, d'où le nom de *leucomystax* donné à cette espèce, mais improprement, car il pourrait être également bien appliqué à la suivante. Le dessous de l'animal est blanchâtre; quelques individus ont la gorge lavée ou nuagée de brun.

Dimensions. *Tête.* Long. 2" 7'''. *Tronc.* Long. 5" 4'''. *Memb. antér.* Long. 4" 8'''. *Memb. postér.* Long. 11".

Patrie. Cette espèce est un des Batraciens anoures les plus répandus aux Indes orientales; nous l'avons reçue de Pondichéry par les soins de M. Leschenault, du Bengale par ceux de M. Duvaucel; M. Dussumier nous l'a rapportée plusieurs fois de la côte du Malabar.

3. LE POLYPÉDATE A TÊTE RUGUEUSE. *Polypedates rugosus.* Nobis.

Caractères. Dents vomériennes situées entre les arrière-narines, et formant un chevron ouvert au sommet. Narines externes latérales, s'ouvrant tout près du bout du museau. Tympan presque aussi grand que l'ouverture de l'œil. Crâne rugueux. Dessus du corps lisse.

Synonymie. *Hyla leucomystax.* Mus. Lugd.

Hyla quadrivirgata. Mus. Lugd.

Hyla quadrilineata. Wiegm. Act. Acad. Cæs. Leop. Carol. nat. cur. tom. 17, part. 1, pag. 260, tab. 22, fig. I.

Polypedates leucomystax. Tschudi. Classif. Batrach. Mém. Sociét. scienc. nat. Neuch. tom. 2, pag. 75.

Bürgeria maculata. Id. loc. cit. pag. 75.

DESCRIPTION.

FORMES. Cette espèce est bien voisine de la précédente, puisque rien ne l'en distingue, que l'aspérité de la surface de son crâne, aux os duquel la peau adhère intimement, comme cela s'observe chez les Pélobates, les Calyptocéphales, etc.

COLORATION. Sous le rapport du mode de coloration, outre qu'elle présente aussi toutes les variétés du *Polypedates leucomystax*, elle en offre une autre qui se caractérise par la présence, sur le dessus du corps, de quatre ou six bandes longitudinales d'un noir très-foncé.

DIMENSIONS. *Tête.* Long. 2" 2'''. *Tronc.* Long. 5" 2'''. *Memb. antér.* Long. 4" 5'''. *Memb. postér.* Long. 10" 8'''.

PATRIE. La plupart des échantillons que nous possédons proviennent de l'île de Java; nous en avons quelques-uns qui ont été recueillis à Manille par M. Eydoux.

4. LE POLYPÉDATE DE BÜRGER. *Polypedates Bürgeri.* Nobis.

CARACTÈRES. Dents vomériennes situées au niveau du bord antérieur des arrière-narines, sur une ligne transversale interrompue au milieu. Narines externes, latérales, s'ouvrant tout près du museau. Tympan distinctement plus petit que l'ouverture de l'œil. Peau du crâne non adhérente. Dessus du corps tuberculeux.

SYNONYMIE. *Hyla Bürgeri.* Schleg. Faun. Japon. Rept. Batr. pag. 113, tab. 3, fig. 7-8.

Bürgeria subversicolor. Tschudi. Classif. Batrach. Mém. Sociét. scienc. nat. Neuch. tom. 2, pag. 75, n° 13.

DESCRIPTION.

FORMES. Il n'y avait en vérité pas lieu d'établir un genre particulier pour cette espèce, comme l'a fait M. Tschudi, parce qu'elle a les dents du palais situées sur le vomer, plus en avant que chez celles appartenant à son genre des Polypédates qui, selon notre manière de voir, sont les vrais congénères de l'espèce du présent article. Ce qui prouve, mieux que tout ce que nous pourrions dire, le peu de valeur, la faiblesse du caractère sur lequel cet erpétologiste a fondé son genre *Bürgeria*, c'est que lui-même n'a pas su en faire une juste application; puisque nous voyons qu'il a indiqué comme appartenant aussi à ce genre la variété tachetée d'une espèce (1); tandis qu'il en a placé la variété rayée, avec ses Polypédates, considérant cette dernière comme étant de l'espèce du *Leucomystax*.

Le Polypédate de Bürger se distingue de ses trois congénères : 1° par la place qu'occupent ses dents vomériennes sur une rangée interrompue au milieu, entre les arrière-narines, au niveau du bord antérieur de celles-ci ; 2° par la petitesse de son tympan, dont le diamètre n'a guère que la moitié de celui de l'ouverture de l'œil; 3° par sa tête beaucoup plus aplatie; 4° par les petites glandules ou tubercules poreux qui s'élèvent au-dessus de la surface de toutes les parties supérieures de son corps. Il ressemble aux Polypédates *leucomystax* et *rugosus* par la situation de ses narines aux côtés et tout près de l'extrémité du museau, qui est comme tronqué. Il n'a qu'un renflement sous-articulaire à chacun des deux premiers doigts, et deux au troisième et à celui qui le suit; on n'en compte qu'un seul aussi au premier et au second orteil, trois au quatrième, deux au troisième et au cinquième. La peau de la gorge, de la poitrine, du devant des cuisses, du dessous des avant-bras et des jambes est lisse; mais partout ailleurs, sur les régions inférieures, elle a l'apparence granuleuse. Comme chez les autres Polypédates, le tympan est surmonté d'un repli cutané qui prend naissance à l'angle postérieur de l'œil et se termine à la région scapulaire.

Coloration. En dessus, les individus conservés dans l'alcool, sont bruns, largement marbrés de noir; ils portent entre les yeux une grande tache triangulaire de cette dernière couleur. En dessous, ils offrent une teinte blanchâtre.

Dimensions. *Tête*. Long. 2" 5"'. *Tronc*. Long. 6". *Memb. antér*. Long. 4" 5"'. *Memb. postér*. Long. 11".

Patrie. Cette espèce est originaire du Japon; on en doit la découverte au naturaliste dont elle porte le nom.

---

(1) Sa *Bürgeria maculata*, ou notre *Polypedates rugosus*, dont quelques individus de notre collection se trouvaient étiquetés *Hyla Reynaudii*, lors du passage de M. Tschudi à Paris.

Ve GENRE. IXALE. — *IXALUS* (1). Nobis.
(*Orchestes* Tschudi.)

Caractères. Langue oblongue, libre et fourchue en arrière. Palais dépourvu de dents. Tympan distinct; trompes d'Eustachi médiocres. Quatre doigts libres. Orteils réunis par une membrane; saillie du premier os cunéiforme peu prononcée.

Les Ixales sont encore des Hylæformes à langue de Grenouilles, comme les Limnodytes et les Polypédates; mais qui manquent de dents au palais, seule différence qui empêche qu'on ne les range avec ces derniers.

On n'en connaît jusqu'ici qu'une espèce.

1. L'IXALE A BANDEAU D'OR. *Ixalus aurifasciatus.* Nobis.

Caractères. Doigts libres. Paumes et plantes granuleuses. Orteils réunis seulement à leur racine par une membrane.

Synonymie. *Hyla aurifasciata.* Schleg. Abbild. amph. pag. 27, tab. 9, fig. 4.

Orchestes aurifasciatus. Tchudi, Classif. Batrach. mém. sociét. scienc. nat. Neuch. tom. 1, pag. 35 et 76, no 15.

DESCRIPTION.

Formes. L'Ixale à bandeau d'or est une petite espèce à tête courte, à yeux grands et saillants; à tympan peu distinct, mais d'un diamètre ordinaire; à doigts libres ou qu'on peut considérer comme tels, tant est courte ou si peu sensible la membrane qui les réunit à leur base; enfin à pieds palmés dans la moitié tout au plus de la longueur des orteils. L'occiput et le vertex

(1) Ἴξαλος, *Saltatorius*, *eans in altum.* Nous n'avons pas cru devoir conserver le nom d'*orchestes* qui a été donné depuis longtemps à un genre de Charansons sauteurs de la famille des Rhinocères.

forment ensemble une surface horizontale, unie; mais le front et le chanfrein offrent un plan légèrement incliné en avant. La ligne anguleuse qui sépare le dessus de la tête de la région frénale, entre la narine et l'œil, ou ce que l'on appelle le *canthus rostralis*, est distinctement cintrée en dedans; tandis que les côtés de l'extrême bout du museau font un petit angle obtus. L'espace de la région frénale compris entre la narine et l'œil est concave. On remarque quelques petites verrues coniques, éparses çà et là sur le dos et le derrière de la tête. La paume de la main et la face inférieure du métatarse sont fortement mamelonnées. Il existe un petit repli de la peau au-dessus du tympan. Le ventre et le dessous des cuisses sont granuleux.

COLORATION. Les parties supérieures sont d'un gris blanchâtre ou roussâtre. La tête porte au milieu un large bandeau brun ou noirâtre quelquefois bordé de blanc. Le tympan est marqué d'une tache brune et le bord de la bouche mélangé de brun et de gris blanchâtre. Des bandes noirâtres coupent le dessus des cuisses en travers, enfin le dos présente deux grandes bandes brunes qui donneraient ensemble la figure d'un x minuscule, si elles se trouvaient plus rapprochées; parfois elles sont réunies par une barre transversale de la même couleur. Tout le dessous de l'animal est d'un blanc sale.

Dans l'état de vie, ce Batracien a le fond de ses parties supérieures d'une jolie teinte verte, avec un beau bandeau d'un jaune d'or en travers du milieu de la tête, dont le reste de la surface est noir.

DIMENSIONS. *Tête*. Long. 1". *Tronc*. Long. 1" 9"'. *Memb. antér.* Long. 1" 8"'. *Memb. postér.* Long. 3" 2"'.

PATRIE. Cette espèce habite l'île de Java.

VIe GENRE EUCNÉMIS. — *EUCNEMIS* (1). Tschudi.

Caractères. Langue cordiforme, ou représentant un rhombe incisé ou échancré à son angle postérieur. Palais dépourvu de dents. Tympan peu ou point distinct; trompes d'Eustachi fort petites ou médiocres. Quatre doigts réunis à leur base par une membrane. Orteils palmés. Saillie du premier os cunéiforme excessivement faible. Un semis de glandules aux angles de la bouche. Une vessie vocale interne sous la gorge des individus mâles. Apophyses transverses de la vertèbre sacrée non élargies en palettes.

Les Eucnémis se caractérisent principalement par leur palais dépourvu de dents, et par leur langue rétrécie en avant, élargie et échancrée en arrière, ayant la forme d'un cœur, quand ses lobes postérieurs sont arrondis, et celle d'un rhombe quand ils sont pointus. La membrane du tympan, toujours assez petite, est tantôt distincte, tantôt invisible au travers de la peau; dans le premier cas, les trompes d'Eustachi sont très-médiocrement ouvertes; dans le second elles le sont excessivement peu. Le bord de la mâchoire inférieure présente au-dessus du menton une faible échancrure, du milieu de laquelle s'élève une petite éminence. Les yeux sont latéraux et généralement grands; les narines, médianes et percées de chaque côté du museau, sous l'extrémité anté-

(1) Ευκνημος, *qui bonis tibiis, seu cruribus est;* qui a de bonnes jambes, de bonnes cuisses. Il est fâcheux que ce nom ait été déjà donné à un genre d'insectes coléoptères de la famille des sternoxes, voisin des taupins dont il existe une belle monographie publiée en 1823 à Saint-Pétersbourg, et copiée dans les Annales des sciences naturelles, tome III, Pl. 39.

rieure du *canthus rostralis*, qui est bien prononcé. Les doigts et les orteils sont aplatis, pourvus de tubercules sous-articulaires ; ils ont leurs disques terminaux circulaires et d'un assez grand diamètre. Les uns et les autres sont palmés, mais aux mains la palmure est de moitié plus courte que les doigts ; tandis qu'aux pieds elle est presque aussi longue que les orteils. Le troisième doigt est le plus long, vient ensuite le quatrième, puis le second et le premier. Les quatre premiers orteils sont étagés ; le cinquième a la même étendue que le troisième. Au métatarse il n'y a jamais d'autre saillie tuberculeuse que celle, d'ailleurs très-faible, qui est produite par le premier os cunéiforme. Tous les Eucnémis ont les régions voisines des angles de la bouche semées de très-petites glandules granuliformes. Aucun n'a de parotides, ni de cordons glanduleux sur le dessus ou les côtés du corps. En dessous, leurs régions ventrale et fémorale offrent une surface granuleuse. Les mâles ont l'air d'avoir une sorte de goître, lorsqu'ils gonflent la vessie vocale que renferme leur gorge ; vessie qui communique avec la bouche par deux fentes situées l'une à droite, l'autre à gauche de la langue. L'examen du squelette montre que les apophyses transverses de la vertèbre sacrée ne sont pas dilatées en palettes.

Ce genre comprend quatre espèces. On verra leurs plus notables différences dans le tableau synoptique suivant.

TABLEAU SYNOPTIQUE DES ESPÈCES DU GENRE EUCNÉMIS.

Tympan	distinct.			1. E. des Seychelles.
	caché : langue	sub-rhomboïdale.		2. E. de Madagascar.
		cordiforme : yeux	saillants.	3. E. Vert-jaune.
			non saillants.	4. E. de Horstook.

A. ESPÈCES A TYMPAN DISTINCT.

1. L'EUCNÉMIS DES SEYCHELLES. — *Eucnemis Seychellensis.* Tschudi.

CARACTÈRES. Langue grande, sub-rhomboïdale, incisée en arrière. Tympan petit, mais distinct. Yeux fort grands, saillants. Museau tronqué à son extrémité.

SYNONYMIE. *Eucnemis Seychellensis.* Tchudi, Classif. Batrach. Mém. Sociét. scienc. nat. Neuch. tom. 1, p. 76.

DESCRIPTION.

FORMES. La tête est déprimée, triangulaire, équilatérale, faiblement tronquée à son extrémité antérieure; sa face supérieure est horizontale, légèrement creusée en gouttière au milieu et en long; ses régions frénales sont un peu concaves, penchées l'une vers l'autre et presque aussi hautes que les régions temporales. Les yeux sont fort grands, très-saillants; leur intervalle est à peu près le même que celui qui existe entre la narine et l'œil. La circonférence du tympan est d'un tiers moindre que celle de ce dernier. Un grand nombre de petites glandules granuliformes se font remarquer dans le voisinage de la commissure des mâchoires. La langue a la forme d'un rhombe à angle aigu et entier en avant, et à angle obtus et incisé en arrière. La palmure des doigts s'étend jusqu'à l'avant-dernière phalange exclusivement. Les paumes et les faces inférieures des métatarses sont couvertes de petites verrues.

COLORATION. L'un des deux sujets que nous possédons conservés dans l'alcool a les parties supérieures d'un brun marron uniforme; chez l'autre elles sont marquées de petites marbrures de la même couleur, sur un fond gris bleuâtre plus clair sur la tête et les membres que sur le dos. Tous deux ont leurs régions inférieures lavées de brun marron.

DIMENSIONS. L'Eucnémis des Seychelles est de la grosseur de notre Grenouille rousse.

Tête. Long. 2" 5"'. *Tronc.* Long. 4" 5"'. *Memb. antér.* Long. 3" 8"'. *Memb. postér.* Long. 9" 5".

PATRIE. Cette espèce nous a été rapportée des îles Seychelles par Péron et Lesueur.

B. ESPÈCES A TYMPAN CACHÉ.

2. L'EUCNÉMIS DE MADAGASCAR. *Eucnemis Madagascariensis.* Nobis.

CARACTÈRES. Langue sub-rhomboïdale, incisée ou faiblement échancrée en arrière. Tympan caché. Yeux assez grands, médiocrement saillants. Museau tronqué au bout.

DESCRIPTION.

FORMES. L'Eucnémis de Madagascar diffère de l'espèce précédente par l'invisibilité de son tympan, par la petitesse de ses conduits gutturaux des oreilles, et par un moindre nombre de glandules aux angles de la bouche. Le dessus de sa tête n'est pas non plus creusé en gouttière.

COLORATION. Toutes les parties inférieures et les côtés de la tête et du tronc sont d'un blanc sale; une teinte brune règne sur le crâne, le dos et la face supérieure des membres, qui sont ponctués de noir. Une raie de cette dernière couleur s'étend depuis la narine jusqu'à l'angle de l'œil.

DIMENSIONS. *Tête.* Long. 1" 3"'. *Tronc.* Long. 2" 7. *Memb. antér.* Long. 2" 5"'. *Memb. postér.* Long. 5" 2"'.

PATRIE. Ce Batracien est originaire de l'île de Madagascar, d'où le Muséum en a reçu plusieurs exemplaires par les soins de MM. Quoy et Gaimard.

3. EUCNÉMIS VERT-JAUNE. *Eucnemis viridi-flavus.* Nobis.

CARACTÈRES. Langue cordiforme. Tympan caché. Yeux assez grands, médiocrement saillants. Museau tronqué au bout. Corps vert en dessus, jaune en dessous.

DESCRIPTION.

FORMES. La seule différence saisissable qui existe entre cette espèce et la précédente réside dans la forme de sa langue, qui au lieu d'être sub-rhomboïdale et divisée en deux pointes en arrière, représente exactement la figure d'un cœur de carte à jouer. Ses yeux sont peut-être aussi un peu moins grands et moins saillants.

COLORATION. Un vert tendre, semé de gouttelettes jaunes, colore le dos, le dessus de la tête, des membres antérieurs, des jambes et la face externe du tarse. Les cuisses, les mains et les pieds offrent une teinte carnée. Un beau jaune est répandu sur toutes les régions inférieures, ainsi que sur le bord des mâchoires. Le bas des flancs est aussi coloré en jaune et, de plus, irrégulièrement marqué de petits points d'un rouge de sang.

DIMENSIONS. *Tête*. Long. 1" 1"'. *Tronc*. Long. 2" 3"'. *Memb. antér*. Long. 2" 2"'. *Memb. postér*. Long. 5".

PATRIE. Cette charmante espèce d'Hylæformes est une récente découverte faite en Abyssinie par MM. les naturalistes-voyageurs du Muséum, Petit et Dillon.

4. L'EUCNÉMIS DE HORSTOOK. *Eucnemis Horstookii*. Tschudi.

CARACTÈRES. Langue cordiforme. Tympan caché. Yeux de moyenne grandeur, non saillants. Tête allongée, confondue avec le tronc. Museau pointu.

SYNONYMIE. *Hyla Horstookii*. Mus. Lugd. Batav.

Hyla Horstookii. Schleg. Abbild. Amph. Decas 1, pag. 24.

Eucnemis Horstookii. Tschudi. Classif. Batrach. Mém. Sociét. scienc. nat. Neuch. tom. 2, pag. 35 et 76, n° 19.

DESCRIPTION.

FORMES. Une tête plus allongée, plus étroite, confondue avec le tronc, un museau pointu, un crâne légèrement bombé, des glandules en très-petit nombre et à peine apparentes aux angles de la bouche, sont les caractères à l'aide desquels on peut distinguer l'Eucnémis de Horstook, de celui appelé vert et jaune.

COLORATION. Le dessus et les parties latérales du corps sont d'un gris blanchâtre. Une bande d'un brun très-clair, liserée de noir et surmontée d'une raie d'un blanc pur, s'étend depuis le bout du museau jusqu'à la hanche, en passant par l'œil et en côtoyant le haut du flanc. Toutes les régions inférieures sont blanches : tel est du moins le mode de coloration, probablement altérée par la liqueur alcoolique, qui nous est offert par une série d'exemplaires provenant des récoltes faites en Afrique par feu Delalande.

Dimensions. *Tête*. Long. 1" 3"'. *Tronc*. Long. 2" 7"'. *Memb. antér*. Long. 2" 5"'. *Memb. postér*. Long. 5" 2"'.

Patrie. C'est dans les contrées australes de cette partie du monde, et particulièrement dans les environs du cap de Bonne-Espérance, que vit cet Eucnémis, dont les habitudes ne nous sont pas plus connues que celles de ses congénères.

VIIe GENRE RHACOPHORE. — *RHACOPHORUS* (1). Kuhl.

Caractères. Langue grande, longue, rétrécie en avant, élargie, fourchue, libre en arrière. Des dents vomériennes sur une rangée transversale, largement interrompue au milieu, et située entre les arrière-narines, au niveau de leur bord antérieur. Tympan distinct ; trompes d'Eustachi petites. Quatre doigts excessivement aplatis, à disques terminaux très-dilatés, à membranes natatoires aussi longues qu'eux, et considérablement extensibles. Orteils de même forme que les doigts, et à palmure non moins développée. Premier os cunéiforme, ne produisant qu'un faible tubercule au dehors. Une expansion en forme de crête, le long du bord externe de l'avant-bras et du tarse. Apophyses transverses de la vertèbre sacrée, non dilatées en palettes.

Excepté la Rainette marbrée, aucune espèce de Batraciens anoures n'offre aux mains et aux pieds une palmure plus

(1) Ρακος, *vestis lacera*, φορος, *ferens*, qui porte ; qui porte des lambeaux de vêtements; *Isis*, 1827, pag. 294.

développée et plus susceptible d'extension que les Rhacophores. Cette palmure, d'ailleurs assez épaisse, et qui se plisse longitudinalement lorsque les doigts et les orteils se rapprochent, n'en laisse libre que la portion terminale ou celle qui est dilatée en un grand disque transverso-ovalaire. Cependant l'avant-dernière phalange de l'index ne se trouve pas engagée dans cette membrane. Ce même index est plus court que le second doigt, et celui-ci moins long que le troisième et le quatrième, qui sont égaux en longueur. Les quatre premiers orteils sont étagés, et le dernier n'offre pas plus d'étendue que le troisième ; tous cinq sont très-aplatis, ainsi que les doigts, et par conséquent fort larges. Les uns et les autres présentent de petits tubercules sous-articulaires. La saillie du premier os cunéiforme est à peine apparente. La peau du bord externe de l'avant-bras et du tarse forme une sorte de crête longitudinale, entière, qui se continue jusqu'à l'extrémité du quatrième doigt et du quatrième orteil. Le talon présente aussi une petite expansion cutanée.

Les Rhacophores ont la tête courte et assez semblable, pour la forme, à celle des Rainettes proprement dites; leur langue ressemble à celles des vraies Grenouilles, c'est-à-dire qu'elle est oblongue, en pointe obtuse en avant, et élargie, bifide et libre en arrière. Les yeux sont grands et à trou pupillaire allongé. Le tympan est bien distinct, quoique M. Tschudi prétende le contraire ; mais l'ouverture des trompes d'Eustachi est petite. C'est entre les arrière-narines et au niveau de leur bord antérieur que se trouvent placées les dents vomériennes, disposées sur une ligne transversale, largement interrompue au milieu. On remarque deux légères entailles, séparées par une petite éminence, au bord antérieur de la mandibule inférieure. Chez les mâles, l'intérieur de la gorge renferme un sac vocal qui, de même que chez les Grenouilles, communique avec la bouche par deux petits trous situés aux angles internes de celle-ci, ou presque sous l'aplomb des conduits guttu-

34.

raux des oreilles. Les narines externes s'ouvrent sur les côtés du museau, au-dessous de l'extrémité antérieure du *canthus rostralis*, qui est bien prononcé. Il n'existe ni parotides, ni aucune espèce de tubercules ou de plis glanduleux sur le corps, dont toute la peau est lisse, si ce n'est à la région abdominale et sous les cuisses, où elle a l'apparence granuleuse.

Les apophyses transverses de la neuvième vertèbre, ou de celle qui correspond à l'os sacrum, sont étroites comme dans les Grenouilles, et non dilatées en palettes ainsi que cela a lieu chez un grand nombre d'Hylæformes.

Nous ne connaissons qu'une seule espèce appartenant au genre Rhacophore, celle dont la description va suivre. M. Tschudi en cite une seconde, le *Rhacophorus margaritiferus*, que nous n'avons pas encore eu l'occasion d'observer.

1. LE RHACOPHORE DE REINWARDT. — *Rhacophorus Reinwardtii*. Boié.

(Voyez pl. 89, fig. 1 et 1 *a*.)

Caractères. Parties supérieures vertes pendant la vie, brunes ou violettes après la mort.

Synonymie. *Rhacophorus Reinwardtii*. H. Boié, Mus. Lugd. Batav.

Hypsiboas Reinwardtii. Wagl. Syst. amph. pag. 200.

Rhacophorus Reinwardtii. Tschudi, Classif. Batrach. Mém. Sociét. scient. nat. Neuch. tom. 2, pag. 32 et 73, n° 8.

Hyla Reinwardtii. Schleg. Abbild. amph. pag. 32, tab. 30.

DESCRIPTION.

Formes. La tête est aussi large que longue, ses côtés forment un angle obtus arrondi au sommet; en dessus elle est plane, depuis l'occiput jusqu'aux narines, en avant desquelles le museau s'abaisse assez brusquement. Les régions frénales sont hautes, penchées l'une vers l'autre et légèrement concaves en arrière du trou nasal. Les yeux sont saillants, leur intervalle est double de celui des narines; le diamètre du tympan est de moitié moindre que celui de l'ouverture de l'œil.

Étendues le long du corps, les pattes de devant touchent aux aines; celles de derrière, portées dans la direction contraire, atteignent au museau par l'extrémité antérieure du tarse. La plus grande largeur de la main est presque égale à la longueur de la cuisse; l'étendue transversale de la palmure des orteils n'est pas moindre que la longueur du pied tout entier.

On compte un tubercule sous-articulaire au premier et au second doigt, et deux à chacun des deux autres; il y en a un au premier et au second orteil, deux au troisième et au cinquième, trois au quatrième. Les faces plantaires sont lisses, mais les palmaires sont ridées. Le bras est beaucoup plus maigre que l'avant-bras.

COLORATION. Une teinte brune ou violette règne sur toutes les parties supérieures des individus conservés dans l'alcool; leurs régions inférieures sont jaunâtres.

Dans l'état de vie, ce Batracien offre en dessus une belle couleur verte, quelquefois tachetée de noirâtre, tandis qu'en dessous il est coloré en jaune orangé, ponctué de noir. La palmure des mains offre une tache bleue entre le second et le troisième doigt, ainsi qu'entre le troisième et le quatrième. La même chose a lieu à la membrane natatoire des pieds, avec cette différence que les taches sont beaucoup plus dilatées, et que c'est entre le troisième et le quatrième orteil qu'on remarque l'une, et entre le quatrième et le cinquième que se trouve l'autre. Cependant nous devons dire que ces taches bleues, qui passent au noir après la mort, n'existent pas chez tous les individus.

DIMENSIONS. *Tête*. Long. 2". *Tronc*. Long. 4" 6"'. *Memb. antér*. Long. 4". *Memb. postér*. Long. 10" 5"'.

PATRIE. Le Rhacophore de Reinwardt, ainsi nommé du nom du voyageur qui l'a découvert, est originaire de l'île de Java et de plusieurs parties du continent de l'Inde, particulièrement de la côte du Malabar, d'où M. Dussumier nous en a rapporté plusieurs beaux échantillons.

VIIIe GENRE TRACHYCÉPHALE. — *TRACHYCEPHALUS* (1). Tschudi.

Caractères. Peau de la tête intimement unie aux os, que les petites aspérités qui en hérissent la surface rendent rudes au toucher. Langue grande, épaisse, amincie sur ses bords, presque adhérente de toutes parts, et dont la marge postérieure est légèrement infléchie en dedans. Des dents vomériennes situées entre les arrière-narines, sur un rang transversal divisé au milieu. Tympan distinct; trompes d'Eustachi de moyenne grandeur. Quatre doigts déprimés, renflés sous leurs articulations, à disques terminaux bien dilatés et à membrane natatoire, les réunissant à leur base seulement. Pieds palmés ; saillie du premier os cunéiforme très-faible. Des sacs vocaux chez les mâles. Apophyses transverses de la vertèbre sacrée, élargies en palettes triangulaires.

Ainsi que l'indique leur nom, les Trachycéphales ont la tête rugueuse, circonstance fort rare parmi les Hylæformes et qui tient à ce que les pièces composant cette partie du corps, se couvrent d'aspérités, et arrivent avec l'âge à un degré d'ossification tel, qu'on finit par ne pouvoir plus en distinguer les sutures. C'est cette considération seule qui nous a fait accepter la séparation de ces Batraciens d'avec les Rainettes proprement dites, auxquelles ils ressemblent d'ailleurs dans les autres principaux points de leur organisation.

Ils ont effectivement la langue circulaire ou à peu près circulaire, et presque sans échancrure à son bord postérieur;

(1) De τραχυς, âpre, rude, et de κεφαλη, tête.

un rang transversal de dents vomériennes entre les arrière-narines; le tympan visible ; une palmure aux pieds ; quatre doigts réunis à leur base par une membrane natatoire, comme la plupart des Rainettes; des sacs vocaux sur les côtés du cou, comme plusieurs de celles-ci ; et les apophyses transverses de la vertèbre sacrée, élargies en palettes triangulaires. On leur voit aussi de petits renflements sous les articulations des phalanges, de petites rides circulaires à la peau du ventre et du dessous des cuisses, ce qui donne une apparence granuleuse à ces parties. Les ouvertures des trompes d'Eustachi sont toujours plus petites que les arrière-narines. La saillie du premier os cunéiforme est peu prononcée, mais les extrémités des doigts et des orteils sont largement épatés en disques subcirculaires fort minces. Le troisième doigt est celui qui offre le plus de longueur, après lui c'est le quatrième et ensuite le second ; d'où il résulte que le premier est le plus court des quatre. Les proportions relatives des orteils sont les mêmes que dans les genres qui précèdent, et les trois ou quatre qui vont suivre immédiatement.

Une particularité notable que présente le squelette des Trachycéphales, c'est que le cercle de leur orbite ne demeure pas ouvert en arrière comme celui des autres Hylæformes ; il est au contraire complet, de même que chez les Calyptocéphales et le Pélobate cultripède.

On ne s'explique pas bien comment M. Tschudi, créateur du genre Trachycéphale, ait pu ne pas ranger avec l'espèce qui lui a servi de type, deux autres espèces offrant cependant exactement tous les caractères requis pour y être admises ; et, ce qu'on ne comprend pas mieux, c'est qu'il ait au contraire placé ces deux espèces dans deux genres différents, n'ayant ni l'un ni l'autre la tête rugueuse, c'est-à-dire l'une parmi les *Dendrohyas*, l'autre avec les *Hypsiboas*.

Nous avons nécessairement dû réunir ces trois espèces, dont M. Tschudi avait pris connaissance dans notre muséum national, où, à l'époque à laquelle ce savant l'a visité, elles se trouvaient désignées par les noms de *Hyla geographica*, *Hyla septentrionalis* et *Hyla dominicensis*.

Les voici indiquées toutes trois sous leurs nouveaux noms, dans le tableau synoptique suivant :

TABLEAU SYNOPTIQUE DES ESPÈCES DU GENRE TRACHYCÉPHALE.

Entre les premiers doigts	une membrane	courte, mais distincte.	1. T. Géographique.
		à peine sensible. . . .	3. T. de St-Domingue.
	pas de membrane du tout.		2. T. Marbré.

1. LE TRACHYCÉPHALE GÉOGRAPHIQUE. *Trachycephalus geographicus*. Nobis.

Caractères. Dents vomériennes sur une rangée rectiligne à peine interrompue, allant du bord latéral interne d'une arrière-narine à l'autre. *Canthus rostralis* formant une saillie aiguë qui s'étend jusqu'à l'œil. Surface de la tête marquée de stries rayonnantes. Un très-faible rudiment de membrane entre les deux premiers doigts ; un moins faible entre les autres.

Synonymie. *Hyla geographica*. Nob. Mus. Par.

Trachycephalus nigromaculatus. Tschudi. Classif. Batrach. Mém. Sociét. scienc. nat. Neuch. tom. 2[1], pag. 33 et 74, n° 11.

DESCRIPTION.

Formes. Le contour de la tête, d'une oreille à l'autre en passant par le museau, est en demi-cercle. L'occiput est un plateau horizontal relevé de petites collines ; la ligne de son bord postérieur est onduleuse. Le vertex et le chanfrein, qui s'inclinent légèrement en avant, forment ensemble un petit bassin triangulaire, limité à droite et à gauche par la saillie aiguë que fait le *canthus rostralis*, sous l'extrémité antérieure duquel s'ouvre la narine. Celle-ci regarde obliquement en arrière et est séparée de sa congénère par une petite gouttière, qui descend jusqu'au bord de la mâchoire supérieure par une pente très-rapide et peut-être un peu arquée. Les régions frénales, hautes et concaves, sont fortement penchées l'une vers l'autre. La surface du crâne est inégalement creusée de sillons qui semblent rayonner autour de son centre. On en voit d'autres disposés en éventail sur les côtés du chanfrein et sur les régions frénales. L'œil est grand ou d'un diamètre égal à la moitié de la largeur de l'espace inter-orbitaire, qui lui-même est égal à la moitié de l'étendue longitudinale de la tête. La circonférence du tympan est d'un quart moindre que celle de l'ouverture oculaire. La langue est grande, amincie sur ses bords, dont le postérieur est largement infléchi en dedans. On compte seize à vingt dents vomériennes, constituant une rangée transversale interrompue au milieu, qui s'étend du bord latéral interne d'une arrière-narine à l'autre. Les os palatins forment derrière ces orifices internes des narines une arête tranversale bien tranchante. Il y a, de chaque côté de la langue des mâles, une grande fente longitudinale qui donne entrée à l'air au moyen duquel l'animal gonfle les deux énormes sacs vocaux qu'il porte sur les côtés du cou, immédiatement en arrière des angles de la bouche. La peau du dos et du dessus des membres est lisse, mais celle des flancs, de la poitrine et de la gorge est comme pavée de petits mamelons glanduleux, ainsi que celle du ventre et des régions fémorales inférieures. Portés en avant, les membres postérieurs touchent au bout du museau par l'extrémité du tarse la plus voisine des orteils. Les pattes antérieures offrent la même longueur que le tronc. Le diamètre des disques terminaux des doigts et des orteils est au moins égal à celui du tympan.

Un rudiment de membrane lie la base du premier doigt à celle du second; la palmure qui réunit les trois autres est distinctement plus développée, c'est-à-dire qu'elle offre en longueur le cinquième de celle du troisième doigt. La membrane natatoire des orteils s'étend jusqu'à leur avant-dernière phalange. Les plantes des pieds sont parfaitement lisses.

Coloration. La tête est grisâtre, faiblement ponctuée de brun. Le dessus et les côtés du tronc offrent un mélange de taches, de raies, de lignes et de bandes, grises, blanches, brunes, roussâtres et bleuâtres, qui forment sur ces parties un dessin aussi irrégulier que celui que présente une carte géographique. Les mêmes teintes, à peu près, se montrent sur les membres; mais là elles affectent une disposition en bandes transversales. Toutes les régions inférieures sont blanches.

DIMENSIONS. *Tête*. Long. 3". *Tronc*. Long. 7". *Memb. antér*. Long. 5" 5"'. *Memb. postér*. Long. 12" 6"'.

PATRIE. Le Trachycéphale géographique se trouve au Brésil; notre collection en renferme deux beaux échantillons qui ont été recueillis dans ce pays par M. Vautier.

Observations. Cette espèce est celle d'après laquelle M. Tschudi a établi le genre trachycéphale.

2. LE TRACHYCÉPHALE MARBRÉ. *Trachycephalus marmoratus*. Nobis.

CARACTÈRES. Dents vomériennes sur une rangée rectiligne ou très-légèrement cintrée, à peine interrompue, allant du bord latéral interne d'une arrière-narine à l'autre. *Canthus rostralis* formant une saillie aiguë, dont l'extrémité postérieure (chez les vieux sujets) se recourbe en crochet. Surface de la tête finement granuleuse. Les deux premiers doigts entièrement séparés; les trois autres réunis par un rudiment de membrane.

SYNONYMIE. *Trachycephalus marmoratus*. Nobis. Hist. de l'île de Cuba par Ramon de la Sagra. Part. Erpet. tab. 29.

Hyla septentrionalis. Nob. Mus. Par.

Hyla septentrionalis. Schleg. Abbild. Dec. 1.

Dendrohyas septentrionalis. Tschudi. Classif. Batrach. Mém. Sociét. scienc. nat. Neuch. tom. 2, pag. 33 et 74, n° 12.

DESCRIPTION.

FORMES. Chez cette espèce, le contour de la tête, d'une oreille à l'autre, en passant par le museau, ne décrit plus un demi-cercle, comme dans le Trachycéphale géographique, mais elle forme un angle obtus, arrondi au sommet. L'occiput et le vertex, qui sont plans chez les jeunes sujets, deviennent de plus en plus concaves, à mesure que l'animal avance en âge. Le chanfrein est plat; le *canthus rostralis*, en constitue le bord de chaque côté, en faisant une saillie au-dessus de la région frénale, sur laquelle son extrémité postérieure s'abaisse en formant un petit crochet, du point le plus convexe duquel naît une arête qui s'avance obliquement vers l'orbite. Mais nous devons faire remarquer que cette disposition de l'extrémité postérieure du *canthus rostralis*, n'est distincte que chez les sujets déjà d'un certain âge; on ne l'observe pas sur les jeunes individus. Le bord postérieur de l'occiput ne suit pas une ligne onduleuse, comme chez l'espèce précédente; elle est droite ou un peu en angle rentrant. Le bout du museau, qui s'abaisse brusquement en avant des narines, est convexe au lieu d'être creusé en gouttière, et il offre proportionnellement plus de hauteur que chez l'espèce suivante; ici en effet, l'étendue verticale du bout du museau égale la moitié de la largeur de l'espace inter-oculaire, tandis qu'elle n'en a guère que le tiers chez le Trachycéphale de Saint-Domingue. Les régions frénales sont très-penchées l'une vers l'autre, mais ne sont pas concaves.

La surface entière de la tête est couverte de fines aspérités granuliformes. Le diamètre du tympan est d'un tiers moindre que celui de l'ouverture de l'œil. Les dents vomériennes forment une rangée rectiligne, qui cependant, avec l'âge, affecte une disposition un peu arquée. Les deux premiers doigts sont libres, et la membrane qui réunit les trois autres par leur base est excessivement courte. On remarque un repli de la peau au-dessus du tympan, quelques renflements glanduleux aux angles de la bouche, et de petites verrues éparses sur le dos des vieux sujets.

Les Trachycéphales marbrés mâles ont bien aussi, comme dans l'espèce précédente, deux vessies vocales aux côtés du cou, mais elles ne sont pas situées extérieurement, et les ouvertures par lesquelles elles communiquent avec la bouche sont plus petites et placées plus en arrière.

Les os des membres offrent une teinte verte, ainsi que cela s'observe dans le squelette de l'*Esox belone*.

Telles sont à peu près les détails d'organisation qui sont particuliers à ce Trachycéphale, comparé à celui qui est décrit dans l'article précédent.

COLORATION. Cependant nous devons ajouter que son mode de coloration est un peu différent; ici le dessus du corps offre, sur un fond gris-roussâtre ou brun, de grandes taches noires, souvent liserées de blanchâtres, plus ou moins dilatées, irrégulières dans leur forme, isolées ou confluentes, dont l'ensemble constitue une véritable marbrure, ainsi que nous avons voulu l'indiquer en désignant la présente espèce par le nom de Trachycéphale marbré. Les pattes ont leur face supérieure coupée en travers par des bandes noires assez nettement tracées. Les régions inférieures sont blanches.

Dimensions. *Tête*. Long. 2" 5"'. *Tronc*. Long. 6" 2"'. *Memb. antér*. Long. 4" 6"'. *Memb. postér*. Long. 11" 9"'.

Patrie. Cette espèce est très-commune à Cuba, à en juger par le grand nombre d'individus recueillis dans cette île, qui nous ont été donnés par M. Ramon de la Sagra et par M. Henri Delaroche fils, du Havre.

Une autre contrée du globe, fort différente de celle-ci et par son climat et par toutes ses productions naturelles connues, nourrirait aussi le Trachycéphale marbré, si l'on pouvait croire certaine l'indication d'origine que portent dans notre Musée plusieurs autres sujets bien évidemment de la même espèce, qui auraient été rapportés du cap Nord par M. Noël Delamorinière. Ce fait de la simultanéité d'une race de reptiles dans deux pays si peu semblables sous tous les rapports a besoin d'être constaté de nouveau pour qu'on puisse le considérer comme vrai. Nous nous contentons donc de le signaler ici, sans en garantir l'authenticité, espérant qu'un jour quelque ami de la science trouvera l'occasion de faire cesser le doute que cause naturellement son invraisemblance.

Observations. Les individus que nous venons de dire avoir été trouvés dans notre collection comme provenant du cap Nord, avaient d'abord été considérés par nous comme appartenant à une espèce particulière aux régions septentrionales, et nous les avions, à cause de cela, désignés dans notre Musée par le nom de *Hyla septentrionalis*. Mais depuis qu'un nouvel examen nous a rendu évidente leur identité spécifique avec d'autres sujets venus de Cuba, nous leur appliquons comme à ceux-ci la dénomination de *Trachycephalus marmoratus*, sous laquelle nous avions déjà fait représenter l'espèce dans la partie erpétologique du grand ouvrage de M. de la Sagra, sur l'île de Cuba. Cette prétendue *Hyla septentrionalis* a été acceptée comme réellement distincte des autres Hylæformes par M. Schlegel, qui l'a mentionnée dans ses *Abbildungen*, et par M. Tschudi qui lui a fait prendre rang parmi ses *Dendrohyas*, genre qui correspond en partie à celui de nos Rainettes proprement dites.

3. LE TRACHYCÉPHALE DE SAINT-DOMINGUE.

Trachycephalus Dominicensis. Nobis.

Caractères. Dents vomériennes, sur une rangée distinctement

arquée, à peine divisée au milieu, située en travers, positivement au milieu de l'intervalle des arrière-narines. *Canthus rostralis* formant une saillie arrondie s'étendant de la narine à l'œil. Surface de la tête finement granuleuse. Les quatre doigts, ou au moins les trois derniers, réunis par une membrane ayant en longueur la moitié de celle du premier doigt.

SYNONYMIE. *Hyla Dominicensis*. Nob. Mus. Par.

Hypsiboas Dominicensis. Tschudi. Classif. Batrach. Mém. Sociét. scienc. nat. Neuch. tom. 2, pag. 29 et 72, n° 6.

DESCRIPTION.

FORMES. Ce Trachycéphale diffère de celui décrit dans l'article précédent par son museau plus court et n'ayant en hauteur que le tiers et non la moitié de la largeur de l'espace inter-orbitaire, par la forme arrondie de son *canthus rostralis*, par la gouttière longitudinale dont est creusée, au-dessous de lui, la région frénale, par la disposition en arc de sa rangée de dents vomériennes, dont la convexité regarde en avant, enfin par la présence d'une membrane excessivement petite, si ce n'est entre les quatre doigts, au moins entre les trois derniers.

COLORATION. Quant à la coloration, elle est la même que chez le Trachycéphale marbré, à l'exception que les marbrures brunes sont peut-être un peu moins dilatées, et que le roussâtre semble être la teinte dominante du fond de couleur des parties supérieures.

DIMENSIONS. *Tête*. Long. 2" 4'". *Tronc*. Long. 6" 5'". *Memb. antér*. Long. 4" 8'". *Memb. postér*. Long. 12".

PATRIE. Nous n'avons encore reçu cette espèce que de l'île de Saint-Domingue. C'est à M. Alexandre Ricord que nous devons les cinq individus de différents âges, qui sont conservés dans notre collection.

Observations. M. Tschudi a rangé cette espèce avec ses *Hypsiboas*, sans doute à cause de la forme arquée de sa rangée de dents vomériennes, forme de laquelle, ainsi que de celle en chevron, il paraît avoir tiré le principal caractère de ce genre. Il nous semble que celui d'avoir la tête comme enveloppée d'un bouclier osseux devait avoir la préférence, et c'est pour cela que nous plaçons le présent Batracien avec l'espèce que ce même M. Tschudi a prise pour type de son genre Trachycéphale.

IXe GENRE. RAINETTE ou RAINE. — *HYLA* (1). Laurenti.

(*Hyla*, Daudin, Cuvier, Fitzinger; *Calamita*, Schneider, Merrem, Fitzinger, Tschudi; *Calamites*, *Hyas*, *Hypsiboas*, *Auletris*, *Scinax*, *Phyllodytes*, Wagler; *Dendrohyas*, *Hypsiboas*, *Lophopus*, *Ranoidea*, *Sphænorhynchus*, Tschudi.)

Caractères. Langue circulaire elliptique ou cyclotrigone, entière ou très-faiblement échancrée, adhérente de toutes parts, ou plus ou moins libre à son bord postérieur. Des dents, situées sous le vomer, entre les arrière-narines ou au niveau, soit de leur bord antérieur, soit de leur bord postérieur, ou bien même en arrière de celui-ci. Tympan distinct; trompes d'Eustachi de grandeur variable. Doigts et orteils déprimés; les premiers au nombre de quatre, avec ou sans palmure; les seconds au nombre de cinq, plus ou moins palmés. Disques terminaux des uns et des autres bien dilatés; saillie du premier os cunéiforme faible, obtuse. Presque toujours un sac vocal sous la gorge, ou de chaque côté du cou, chez les mâles. Apophyses transverses de la vertèbre sacrée, dilatées en palettes triangulaires.

Nous nous servons du nom de *Hyla* pour indiquer toutes

(1) Hylas, nom mythologique du fils de Théodonas tué par Hercule et enlevé par des nymphes d'une fontaine à laquelle il allait puiser de l'eau; mais cherché en vain par les Argonautes, qui faisaient retentir le rivage de son nom. De *υλαω*. *Latro*, *insanè clamo*, aboyer.

His adjunxit Hylan nautæ quo fonte relictum
Clamassent; ut littus Hyla! Hyla! omne sonaret.
Virgile, Ecloga, VI, vers 44.

Espèces. — Pag.

- Mains à doigts
  - palmés, réunis dans
    - la moitié ou plus de leur longueur : dessus du corps
      - verruqueux : museau
        - anguleux : dents vomériennes en série
          - arquée . . . . . 8. R. de Langsdorf. . . 557
          - droite . . . . . 10. R. Réticulaire. . . . 560
        - arrondi . . . . . 16. R. Marbrée. 571
      - lisse : langue
        - médiocre : yeux
          - protubérants
            - fortement : dessus des bras
              - coloré . . . . . 1. R. Patte-d'oie. . . . 544
              - toujours blanc . . . . . 7. R. Bordée de blanc. 555
            - médiocrement : langue
              - ronde, circulaire . . . . . 11. R. Vermiculée. . . . 563
              - elliptique : à dos
                - bleu . . . . . 20. R. Bleue. 577
                - grisâtre . . . . . 21. R. de Jervis. 580
          - à peine saillants au-dessus du crâne . . . . . 33. R. Leucophylle. . . 607
        - très-grande, remplissant le plancher de la bouche . . . . . 34. R. Orangée. 610
    - moins de leur moitié : orteils palmés
      - presque entièrement : yeux
        - grands, assez saillants : dos
          - uni :
            - museau
              - arrondi . . . . . 15. R. de Péron. 569
              - anguleux : gorge
                - tuberculeuse . . . . . 12. R. de Baudin. 564
                - lisse : à lèvre supérieure
                  - sans raie blanche : dos
                    - vert . . . . . 22. R. Verte. 581
                    - vineux . . . . . 13. R. Naine. 565
                  - avec une raie blanche
                    - et une dorsale . . . . . 24. R. Gentille. 588
                    - latérale . . . . . 23. R. Flancs-rayés. . . 587
            - surface du crâne
              - glanduleuse . . . . . 18. R. Cuisses zébrées. . 575
              - lisse : dos
                - brun uniformément . . . . . 17. R. Brune. 573
                - gris
                  - ou fauve, marbré de blanc . . . . . 25. R. Squirelle. . . . 589
                  - piqueté de noir . . . . . 19. R. Demi-deuil. . . . 576
          - mamelonné . . . . . 14. R. Versicolore. . . . 566
        - très-grands : tête
          - courte : régions frénales
            - très-concaves . . . . . 6. R. de Leprieur. . . . 553
            - non concaves langue
              - entière : tympan
                - petit, rond : paupières
                  - laches . . . . . 2. R. Feuille-morte. . 549
                  - tendues . . . . . 5. R. Ponctuée. 552
                - grand, ovale . . . . . 4. R. de Doumerc. . . . 551
              - échancrée . . . . . 3. R. de Levaillant. . . 550
          - allongée . . . . . 32. R. Beuglante. . . . 604
      - à leur base seulement . . . . . 29. R. a Bourse. 598
  - non palmés ; mais orteils palmés
    - presque entièrement : à dos
      - rugueux par
        - un semis de petits tubercules . . . . . 28. R. d'Ewing. 597
        - un cordon glanduleux . . . . . 31. R. de Jackson. . . . 602
      - lisse
        - ainsi que la tête : au dessus du tympan
          - une glande . . . . . 27. R. de Lesueur. . . . 595
          - pas de glande . . . . . 26. R. Rouge. 592
        - mais de petits tubercules sur la tête . . . . . 9. R. Cynocéphale . . . 559
    - à leur base seulement . . . . . 30. R. Crocopode. . . . 600

REPTILES VIII.

(En regard de la page 543.)

les espèces d'Hylæformes à pieds palmés, dont les disques ou épatements de la face inférieure des extrémités des doigts et des orteils sont toujours beaucoup plus petits que ceux des *Litories* et des *Acris*, et qui n'ont pas la langue bifide comme les *Limnodytes*, les *Polypédates* et les *Rhacophores*, ni le palais sans dents comme les *Ixales* et les *Micrhyles*, ou la surface entière de la tête rugueuse, en apparence dépourvue de peau, comme les *Trachycéphales*.

De cette manière, le genre Rainette se trouve réunir ici toutes les Hylæformes palmipèdes et à grands disques sous l'extrémité des doigts et des orteils; celles qui ont la langue circulaire ou elliptique, affectant parfois une forme trigonale, entière ou excessivement peu échancrée à sa marge postérieure, le plus souvent un peu libre en arrière; qui ont le dessous du vomer armé de dents, quels que soient d'ailleurs le nombre et la disposition de celles-ci; le tympan bien distinct, la tête revêtue d'une peau non adhérente aux os, et les apophyses transverses de la vertèbre sacrée dilatées en palettes triangulaires.

Ainsi constitué, ce genre comprend la plus grande partie des *Hyla* de Daudin, des *Calamites* de Schneider et de Merrem, les *Calamita* et *Hyla* de Fitzinger, moins son *Hyla bicolor*, qui est une *Phyllomedusa*, comme son *Hyla nasus*, une *Elosia*; puis les *Calamites* de Wagler, ses *Hypsiboas*, moins celle appelée *Reinwardtii*, qui est le type du genre Rhacophore; ses *Auletris*, *Hyas* et *Scinax*, moins la *Scinax aurata*, qui nous semble être un *Dendrobates*; ensuite les *Sphænorhynchus*, *Ranoidea*, *Lophopus*, *Calamita* de Tschudi, ses *Hypsiboas* et ses *Dendrohyas*, moins l'*Hypsiboas dominicensis* et la *Dendrohyas septentrionalis*, que nous avons placées dans le genre Trachycéphale.

Sur trente-quatre espèces rapportées à ce genre, plus de la moitié seront décrites pour la première fois, et avec assez de détails pour que désormais les naturalistes puissent se faire de chacune d'elles une idée exacte. Le tableau synoptique placé en regard servira à les faire distinguer.

Le peu de soin avec lequel ont été faites jusqu'ici beaucoup de figures et de descriptions de Batraciens anoures, nous dirions presque leur imperfection, nous a assez souvent fait préférer de les passer sous silence plutôt que d'en risquer une mauvaise interprétation. C'est ainsi que nous n'avons admis dans aucune de nos listes synonymiques, les *Hyla* appelées par Spix *Miliaris*, *Lateristriga*, *Ranoides*, *Albopunctata*, *Affinis*, *Papillaris*, *Cinerascens*, *Cærulea*, *Stercoracea*, *Strigilata*, *Nebulosa*, *Geographica* et *Abbreviata;* ni la *Hyla crepitans* et la *Hyla aurata* du prince de Wied. Pour déterminer exactement ces espèces, il faudrait connaître la forme de leur langue, la manière dont leurs dents vomériennes sont disposées, etc., etc., et rien de cela n'est indiqué, ni représenté dans les descriptions ou les figures qu'on en a publiées.

1. LA RAINETTE PATTE D'OIE. — *Hyla palmata.* Daudin.

CARACTÈRES. Tête grande, large, aplatie, à côtés antérieurs formant un angle obtus ou sub-aigu, arrondi ou comme tronqué au sommet. Narines saillantes. *Canthus rostralis* aigu; régions frénales hautes, penchées l'une vers l'autre. Yeux très-grands, protubérants, à paupières lâches. Langue disco-triangulaire ou ovale, mince, unie, entière, à peine libre de chaque côté et en arrière. Dents vomériennes, disposées sur deux rangs formant ensemble un chevron ou un demi-cercle situé entre les arrière-narines. Celles-ci fort grandes. Palais offrant un grand et large creux longitudinal de chaque côté du sphénoïde. Tympan grand, ovale-oblique. Doigts palmés dans la moitié, orteils dans la presque totalité de leur longueur. Dessus du corps lisse.

SYNONYMIE. *Rana virginiana exquisitissima.* Seba, tom. 1, pag. 115, tab. 72, fig. 3.

Rana virginiana exquisitissima. Klein Quadrup. disposit. pag. 118.

Rana maxima. Laur. Synops. Rept. pag. 32, n° 24.

Rana maxima. Gmel. Syst. nat. tom. 1, pars 3, pag. 1053, n° 30.

La Grenouille patte d'oie. Daub. Dict. anim. quad. ovip. pag. 659.

La patte d'oie. Lacép. Hist. quad. ovip. tom. 1, pag. 538.

La grenouille patte d'oie. Bonnat. Encyclop. méth. Erpét. pag. 1, Pl. 3, fig. 1.

Calamita maxima. Schneid. Hist. amph. Fasc. 1, pag. 163.

Rana zebra. Shaw. Gener. zool. vol. 3, pars 1, pag. 123, Pl. 37 (cop. Séba).

Hyla palmata. Latr. Hist. Rept. tom. 2, pag. 173, fig.

Hyla palmata. Daud. Hist. nat. Rain. Gren. Crap. pag. 38, Pl. 14.

Hyla palmata. Id. Hist. nat. Rept. tom. 8, pag. 79.

Calamita palmatus. Merr. Tent. Syst. amph. pag. 173, n. 24.

Hyla pardalis. Spix. Nov. Spec. Test. Ran. Bras. pag. 34, tab. 8, fig. 3.

Hyla faber. Wied. Reise nach. Brasil. tom. 1, pag. 173, et tom. 2, p. 241 et 249.

Hyla faber. Id. Abbild. naturgesch. Brasil. fig. 1 et 2.

Hyla faber. Id. Beitr. naturgesch. Brasil. tom. I, pag. 519.

Hyla faber. Fitzing. Neue. Classif. Rept. Verzeichn. pag. 64.

Hyla faber. Gravenh. Delic. Mus. zool. Vratilav. Fasc. I, pag. 23.

Hyla palmata. Cuv. Règn. anim. 2e édit. tom. II, pag. 108.

Hypsiboas palmata. Wagl. Syst. Amph. pag. 201.

Hyla palmata. Griff. anim. Kingd. Cuv. vol. 9.

Hypsiboas palmata. Tschudi. Classif. Batrach. Mém. Sociét. scienc. nat. Neuch. tom. I, pag. 73.

DESCRIPTION.

FORMES. Cette espèce est une de celles du genre rainette qui atteignent la plus grande taille, et dont le train de derrière est beaucoup plus allongé, plus grêle que le train de devant. La tête est fort grande, très-plate et toujours un peu moins longue, mesurée d'un bout à l'autre, qu'elle n'est large à sa partie postérieure. Ses côtés, loin d'être perpendiculaires, sont au contraire assez fortement penchés en dedans et cela dans toute leur longueur, depuis le derrière de l'oreille jusqu'à la narine; ils se rapprochent l'un de l'autre en s'avançant vers le museau, de manière à former un angle subaigu ou obtus, tantôt simplement arrondi, tantôt tronqué au sommet. Le dessus de la tête donne à peu près la figure d'un triangle dont l'aire est légèrement concave, et au sommet antérieur duquel, qui est tronqué, sont situées les narines, à droite et à gauche. Les ouvertures de celles-ci sont ovales et dirigées obliquement en arrière. Elles sont légèrement en saillie, attendu que la région frénale est bien peu creuse au-dessous d'elles, en avant et en arrière. Les yeux sont fort grands et protubérants. Le plus grand diamètre du tympan, qui est ovale, est d'un quart moindre que celui de l'ouverture de l'œil. Les bords de la bouche, à chacun de ses angles, sont très-amincis et même tranchants, et font une légère saillie en dehors.

En général, la langue a la figure d'un triangle fortement arrondi à ses trois sommets; mais on rencontre aussi des individus chez lesquels elle présente une forme ovale; elle est toujours mince, entière et un peu libre en arrière et de chaque côté. Les dents vomériennes garnissent, sur un seul rang, le sommet de deux fortes saillies tranchantes, presque contiguës, qui forment, positivement entre les arrière-narines, soit un chevron, soit un demi-cercle, tantôt régulier, tantôt brisé en angle obtus, à deux endroits; le sommet de ce chevron ou la convexité de ce demi-cercle regarde en avant. Il existe une grande fosse oblongue dans le palais, de chaque côté du sphénoïde, entre cet os et la proéminence produite par le globe de l'œil. Les trompes d'Eustachi sont triangulaires, et d'un quart ou d'un tiers plus petites que les arrière-narines. Le sac vocal des mâles n'est pas apparent au dehors, il est situé sous la langue. Le tronc est moins large que la tête à l'endroit où il s'articule avec elle et se rétrécit beaucoup en s'avançant vers les membres postérieurs. L'étendue de ceux-ci excède celle du corps et de la tête de toute la longueur du tarse et du pied.

Couchées le long des flancs, les pattes de devant atteignent à l'articulation fémorale. L'épatement de l'extrémité des doigts offre un diamètre presque aussi grand que celui du tympan; mais le bout des orteils n'est pas tout à fait aussi largement dilaté, c'est la seule portion de ceux-ci qui ne soit pas comprise dans la membrane natatoire qui les réunit. La palmure des mains est fort courte entre le premier et le second doigt; mais elle s'étend jusqu'à l'antépénultième phalange du troisième et jusqu'à la pénultième du second et du quatrième. Il y a un renflement sous-articulaire au premier et au second, et deux à chacun des deux derniers. On en compte également un au premier et au second orteil, deux au troisième et au cinquième, et trois au quatrième. Le premier métacarpien en offre un plus petit que les autres, à son bord externe. La saillie du premier os cunéiforme est la seule que présente le tarse; elle est plate, obtuse et médiocrement développée. Les bras sont moins gros que les avant-bras. Toute la peau du dessus et des côtés du corps est lisse, celle des membres aussi, excepté à la face inférieure des cuisses, où il existe un pavé de petits granules semblables à ceux qui couvrent la région abdominale tout entière.

Un petit repli cutané s'étend depuis le haut du tympan jusqu'à la naissance du bras.

COLORATION. Parmi les individus de cette espèce que renferme notre Musée, il s'en trouve dont les parties supérieures sont fauves, marquées en travers de raies d'un brun marron, plus ou moins courtes, plus ou mains larges, tantôt bien distinctes les unes des autres, tantôt confluentes ou confondues entre elles. Un plus grand nombre sont, en dessus aussi, d'une teinte blanchâtre, grisâtre ou isabelle, avec une raie brune qui partage longitudinalement la tête et le tronc depuis le bout du museau jusque assez avant sur les reins. Ceux-là ont souvent les flancs et le derrière des cuisses rayés de brun de haut en bas, et presque toujours de grandes bandes de la même couleur en travers des membres. Chez ces deux variétés, le dessous de la mâchoire inférieure est bordé de brun, de même que le repli de la peau situé au-dessus du tympan. La région anale est également colorée en brun, ou plutôt elle offre une tache de cette couleur, qui est liserée de blanchâtre. Assez ordinairement, le dessous des avant-bras est brun, et leur bord externe, ainsi que celui du tarse, est parcouru par un ruban blanc. Cette même couleur brune règne sur le devant de la jambe, où sont épars de petits points blancs. D'autres individus ont toutes leurs régions supérieures peintes en violet nuancé de bleuâtre; leurs flancs et le devant de leurs cuisses portent des raies verticales noirâtres, et le dessous de leur corps est jaunâtre; tandis que celui dont nous avons parlé précédemment est blanchâtre uniformément ou bien lavé de brun, particulièrement à la région gulaire.

DIMENSIONS. *Tête*. Long. 3" 5"'. *Tronc*. Long. 6" 8"'. *Memb. antér*. Long. 5" 8"'. *Memb. postér*. Long. 15" 16"'.

PATRIE. La Rainette patte d'oie se trouve au Brésil et à Cayenne. Les personnes qui ont été dans le cas de l'observer vivante, assurent que son coassement est très-fort et qu'il a quelque

35.

analogie avec le bruit que produit le battement répété d'un marteau sur une enclume.

Nos échantillons ont été recueillis au Brésil par MM. Delalande, Gaudichaud, Garnot et Lesson, et à Cayenne par MM. Martin, Leprieur, Leschenault et Doumerc.

Observations. Le prince Maximilien de Wied a donné dans ses *Abbildungen* une très-bonne figure de la variété de cette espèce, à raie longitudinale sur le dos; mais n'ayant pas reconnu son identité avec la *Hyla palmata* de Daudin, il l'a désignée par un nouveau nom, celui de *Hyla faber*, faisant ainsi allusion à la manière dont coasse cet Anoure hylæforme. Il faut aussi rapporter à la *Hyla palmata* de Daudin la *Hyla pardalis* de Spix, qui en est une variété à parties latérales du corps et à face postérieure des cuisses, rayées de brun.

La *Hyla palmata* faisait partie du genre *Hypsiboas* de Wagler, genre établi sur des caractères si peu importants que nous avons dû le réunir à nos Rainettes proprement dites, en exceptant toutefois une des espèces qui s'y trouvait rangée, sans qu'elle remplît cependant toutes les conditions voulues pour y être admise; car l'espèce dont nous voulons parler, le *Rhacophorus Reinwardtii*, n'a pas de vessie vocale externe de chaque côté de la bouche, particularité énoncée parmi celles qui composent la diagnostique du genre Hypsiboas de l'auteur du *Naturlische system der amphibien.* Au reste, ce qui est assez curieux, la *Hyla palmata* elle-même, type de ce genre *Hypsiboas*, n'offre pas non plus ce caractère; au contraire, chez elle, la vessie vocale du mâle est simple et renfermée dans l'intérieur de la gorge.

M. Tschudi, qui a adopté le genre *Hypsiboas* de Wagler, en lui faisant néanmoins subir quelques modifications, y a aussi rangé la *Hyla palmata*, bien qu'elle ne présente pas non plus tous les caractères que le premier de ces deux erpétologistes assigne à ce genre. Ainsi la caractéristique du genre *Hypsiboas* donnée par M. Tschudi dit positivement : « *Linguam rotundam plicis longitudinalibus, totam affixam; digitos subrotundos.* » Eh bien, la vérité est que la langue de la *Hyla palmata* n'est ni ronde, ni plissée longitudinalement, ni adhérente de toutes parts, et que ses doigts ne sont pas sub-arrondis, mais bien distinctement aplatis.

2. LA REINETTE FEUILLE-MORTE. *Hyla Xerophylla.* Nobis.

Caractères. Tête courte, large, aplatie; côtés du museau formant un angle subaigu, tronqué au sommet; narines saillantes; *canthus rostralis* aigu; régions frénales hautes, penchées l'une vers l'autre; yeux fort grands, protubérants; paupières lâches. Langue disco-ovalaire, épaisse, ridée longitudinalement, à peine libre en arrière, où elle offre une échancrure anguleuse. Dents vomériennes disposées sur deux rangs formant ensemble un chevron ou un demi-cercle, situé entre les arrière-narines, à peu près au niveau de leur bord postérieur. Celles-ci, grandes, ovales. Palais offrant un grand creux longitudinal de chaque côté du sphénoïde; tympan subovalaire, de grandeur moyenne. Doigts réunis par une membrane excessivement courte entre les deux premiers, de moyenne grandeur entre le second, le troisième et le quatrième. Palmure des pieds s'étendant presque jusqu'à l'extrémité des orteils. Dessus et dessous du corps d'une couleur feuille-morte, avec quelques petites taches isolées d'un blanc doré.

DESCRIPTION.

Formes. Cette Rainette diffère de la précédente : 1° par la conformation de sa langue, qui est épaisse, creusée de deux ou trois sillons longitudinaux, et dont la figure est celle d'un ovale court, échancré angulairement en arrière; 2° par le diamètre moindre de son tympan, qui égale tout au plus la moitié de celui de l'ouverture de l'œil; 3° par le développement moins considérable de sa palmure des mains, qui laisse libres les deux dernières phalanges du troisième doigt, et qui est réduit à un simple rudiment entre le premier et le second.

Coloration. Une teinte d'un brun fauve, assez semblable à celle que présentent les feuilles des arbres au moment de leur chute, à la fin de l'automne, règne sur toutes les parties du corps, sans exception. On voit éparses sur les parties supérieures quelques petites taches arrondies, d'un blanc doré.

Dimensions. Nous ne possédons de cette espèce que deux individus de petite taille, ainsi qu'on peut le voir par les mesures suivantes :

Tête. Long. 1" 6'". *Tronc.* Long. 3" 2'". *Memb. antér.* Long. 2" 5'". *Memb. postér.* Long. 7" 4'".

Patrie. Ces deux individus ont été recueillis à Cayenne.

3. LA RAINETTE DE LEVAILLANT. *Hyla Levaillantii.* Nobis.

Caractères. Tête courte, large, aplatie; côtés du museau formant un angle subaigu, tronqué au sommet; narines saillantes; *canthus rostralis* aigu; régions frénales hautes, penchées l'une vers l'autre; yeux fort grands, protubérants, à paupières lâches. Langue ovalaire, mince, entière, unie ou sans sillons, comme tronquée et à peine libre en arrière. Dents vomériennes formant deux rangs arqués, situés à côté l'un de l'autre entre les arrière-narines, à peu près au niveau de leur bord postérieur. Celles-ci, grandes, ovales. Palais offrant un grand creux longitudinal de chaque côté du sphénoïde. Tympan grand, circulaire. Membrane des mains excessivement courte entre les deux premiers doigts, très-peu développée entre le second, le troisième et le quatrième. Palmure des pieds laissant libres les deux dernières phalanges du troisième orteil et seulement la dernière des trois autres.

DESCRIPTION.

Formes. En examinant cette espèce comparativement avec la Rainette patte d'oie, on voit qu'elle en diffère, par la forme circulaire de son tympan, par la disposition de ses dents vomériennes, qui forment deux demi-cercles placés tout près l'un de l'autre sur une même ligne transversale, par la brièveté de la palmure de ses mains, qui est à peine perceptible entre les deux premiers doigts, et qui n'atteint guère que l'avant-dernière phalange du second et du quatrième et l'antépénultième du troisième.

Cette membrane palmaire est donc même un peu plus courte que chez la Rainette feuille-morte, avec laquelle on ne peut pas confondre la Rainette Levaillant, dont la langue n'est ni échancrée en arrière, ni creusée de sillons longitudinaux et dont le tympan est plus grand, c'est-à-dire d'un diamètre égal, non à la moitié, mais aux deux tiers de celui de l'ouverture de l'œil.

Coloration. Cette espèce ne nous est connue que par un seul sujet, dont toutes les parties supérieures sont brunes et les inférieures d'un blanc lavé de noirâtre. On distingue sur le dessus des membres des vestiges de bandes transversales d'une teinte plus foncée que celle du fond.

DIMENSIONS. *Tête*. Long. 1" 8'''. *Tronc*. Long. 3" 3'''. *Memb. antér*. Long. 2" 5'''. *Memb. postér*. Long. 7" 3'''.

PATRIE. L'individu d'après lequel est faite la description qui précède provient des récoltes faites à Surinam par Levaillant, qui, comme on le sait, avait fait un voyage dans ce pays avant d'aller explorer la partie australe de l'Afrique.

4. LA RAINETTE DE DOUMERC. *Hyla Doumercii*. Nobis.

CARACTÈRES. Tête courte, large, aplatie; côtés du museau formant un angle subaigu, tronqué ou subarrondi au sommet; narines saillantes; *canthus rostralis* aigu; régions frénales hautes, planes, penchées l'une vers l'autre; yeux fort grands, protubérants, à paupières lâches. Langue ovale, mince, entière, unie ou sans sillons, tronquée et adhérente en arrière, à peine libre de chaque côté. Dents vomériennes situées entre les arrière-narines et disposées sur deux rangs formant ensemble un demi-cercle légèrement brisé en angle obtus, à deux endroits. Arrière-narines grandes, ovalaires. Palais creusé d'un profond sillon longitudinal de chaque côté du sphénoïde. Tympan grand, ovale-oblique. Doigts réunis à leur base par une membrane très-courte entre les trois derniers, encore plus courte ou à peine sensible entre le premier et le second. Palmure des pieds laissant libres les deux dernières phalanges du troisième orteil et la dernière seulement des trois autres.

SYNONYMIE? *Hyla cinerascens*. Spix. Spec. Nov. Test. Ran. Bras. pag. 35, tab. 8, fig. 4.

DESCRIPTION.

FORMES. La brièveté seule des membranes interdigitales de la Rainette de Doumerc suffirait pour la faire reconnaître entre les trois espèces précédentes; mais sa langue lisse et entière, son grand tympan ovale, empêchent encore qu'on ne la confonde avec la Rainette feuille-morte, de même que la forme en arc doublement brisé de sa rangée de dents vomériennes est un autre moyen qu'on a pour la distinguer de la Rainette de Levaillant. Au reste, sa tête est aussi plus plate, surtout de l'avant, et le contour de sa bouche plus cintré que chez ses trois autres congénères, précédemment décrites.

COLORATION. Une teinte violette règne sur toutes les régions supérieures du corps, dont le dessous est coloré en blanc jaunâtre.

DIMENSIONS. *Tête*. Long. 1" 9'''. *Tronc*. Long. 3" 9'''. *Memb. antér*. Long. 3". *Memb. postér*. Long. 8" 4'''.

PATRIE. Cette espèce a été rapportée de Surinam au Muséum d'histoire naturelle par MM. Leschenault et Doumerc. Nous la dédions à ce dernier, en témoignage du zèle avec lequel il a secondé dans sa mission scientifique le savant botaniste qu'il accompagnait en qualité de médecin et d'ami.

Observations. C'est peut-être à cette Rainette qu'il faudrait rapporter celle qui a été figurée par Spix, sous le nom de *Cinerascens*.

5. LA RAINETTE PONCTUÉE. *Hyla punctata*. Daudin.

CARACTÈRES. Tête courte, large, plate; côtés du museau formant un angle aigu, tronqué au sommet; contour de la bouche fortement arqué; narines saillantes; *canthus rostralis* aigu; régions frénales hautes, planes, penchées l'une vers l'autre; yeux grands, protubérants, à paupières bien tendues. Langue ovale, mince, tronquée et à peine libre en arrière. Dents vomériennes disposées entre les arrière-narines sur deux rangs formant ensemble un demi-cercle dont la convexité regarde en avant. Arrière-narines grandes, ovalaires. Trompes d'Eustachi petites. Palais creusé d'un sillon longitudinal de chaque côté du sphénoïde. Tympan petit, circulaire. Une très-courte membrane entre les trois derniers doigts; le premier et le second libres. Palmure des pieds ne s'étendant que jusqu'à l'avant-dernière phalange des orteils.

SYNONYMIE. *Calamita punctata*. Schneid. Hist. amph. Fasc. I, pag. 170.

Hyla punctata. Daud. Hist. Rain. Gren. Crap. pag. 41.

Hyla punctata. Id. Hist. Rept. tom. VIII, pag. 81.

? *Hyla variolosa*. Spix. Spec. Nov. Testud. Ran. Brasil. pag. 37, tab. 9, fig. 4.

Hyla punctata. Gravenh. Delic. Mus. zoolog. Vratilav. pag. 30, tab. 6, fig. II.

DESCRIPTION.

Formes. Cette Rainette, bien que très voisine de celle de Doumerc, en diffère cependant par l'absence complète de membrane entre le premier et le second doigt; par l'étendue un peu moindre de la palmure des pieds, qui laisse libres les deux dernières phalanges des orteils; par le diamètre du tympan qui est plus petit ou qui n'égale guère que la moitié de celui de l'ouverture des yeux; enfin par la grandeur de ceux-ci, qui est proportionnellement moindre et dont les paupières ne sont point lâches, mais bien tendues autour du globe oculaire. On remarque aussi que les tubercules abdominaux sont moins petits et moins nombreux chez la Rainette ponctuée que chez la Rainette de Doumerc.

Coloration. Nos sujets, probablement décolorés par leur séjour dans la liqueur alcoolique, sont d'un fauve blanchâtre; on aperçoit encore la trace d'une raie blanche, s'étendant depuis l'angle postérieur de l'œil jusqu'à la racine de la cuisse, et des taches d'un blanc pur sur la tête et le dos. Un individu de cette espèce, qui est conservé dans le Musée de Breslaw et dont M. Gravenhorst a donné la figure dans ses *Deliciæ*, etc., offre les mêmes raies et les mêmes taches que le nôtre; mais le fond de ses parties supérieures est d'un brun clair.

Dimensions. *Tête*. Long. 1" 3"'. *Tronc*. long. 2" 8"'. *Memb. antér.* Long. 2" 3"'. *Memb. postér.* 6" 5"'.

Patrie. Nous avons tout lieu de croire que cette Rainette est originaire du Brésil.

Observations. La *Hyla variolosa* de Spix n'appartient pas sans doute à une espèce différente.

6. LA RAINETTE DE LEPRIEUR. *Hyla Leprieurii*. Nobis.

Caractères. Tête courte, large, aplatie; côtés du museau formant un angle aigu, à peine arrondi au sommet; contour de la bouche fortement arqué; régions frénales, concaves, presque perpendiculaires; narines peu saillantes; *canthus rostralis* tranchant, se rapprochant en angle aigu de son congénère; yeux grands, protubérants, à paupières lâches. Langue ovale, non ridée, entière, un peu libre et tronquée en arrière. Dents vomériennes disposées entre les arrière-narines, sur deux rangs, formant ensemble un demi-cercle dont la convexité regarde en avant. Arrière-narines grandes, ovalaires. Trompes d'Eustachi petites. Tympan ovale, de grandeur moyenne. Palais creusé d'un sillon longitudinal de chaque côté du sphénoïde. Mains offrant une membrane à peine sensible entre les deux premiers doigts, courte entre les trois autres, ou les laissant libres dans un peu plus de la moitié de leur longueur. Palmure des pieds s'étendant jusqu'à la dernière phalange des orteils exclusivement.

DESCRIPTION.

Formes. Voici une espèce dont les mains sont palmées de la même manière que celles de la Rainette feuille-morte et de la Rainette de Levaillant, mais qui se distingue de celle-ci par son tympan moins grand ou d'un diamètre seulement égal tout au plus aux deux tiers de celui de l'ouverture de l'œil, et de celle-là par sa langue entière et non marquée de rides longitudinales. Elle a d'ailleurs le *canthus rostralis* plus aigu que toutes les espèces précédentes, le chanfrein moins étroit et plus plat, les narines moins saillantes et les régions frénales moins penchées l'une vers l'autre, ou presque perpendiculaires et distinctement concaves. On lui voit, de plus, un semis de petites glandules à chaque angle de la bouche.

Coloration. Les régions frénales sont colorées en noir; une raie de la même couleur s'étend du bord postérieur de l'orbite au coin de la bouche, en passant sur le tympan. Toutes les parties supérieures sont d'un gris blanchâtre, avec de larges bandes transversales brunes, bandes qui sont plus dilatées et moins régulièrement dessinées sur le dos que sur les membres. Il y en a une sur le vertex, qui affecte une forme triangulaire. Tout le dessous de l'animal est blanc.

Dimensions. *Tête*. Long. 1''' 5'''. *Tronc*. Long. 3'' 3''' *Memb. antér*. Long. 3'' 3'''. *Memb. postér*. Long. 7'' 5'''.

Patrie. La Rainette de Leprieur est originaire de l'Amérique méridionale. Le nom par lequel nous la désignons est celui d'un pharmacien distingué, attaché à la marine, qui a enrichi nos collections d'un grand nombre de reptiles intéressants, parmi lesquels se trouve la présente espèce, recueillie par lui-même à Cayenne.

Observations. C'est de cette espèce que doivent le plus se rapprocher les *Hyla geographica* de Spix et *crepitans* du prince de Neuwied; cependant nous les croyons différentes. Toutefois elles ne sont pas semblables à la *Hyla venulosa*, comme paraît le croire M. Tschudi.

7. LA RAINETTE BORDÉE DE BLANC. *Hyla albomarginata*. Spix.

CARACTÈRES. Tête courte, très-aplatie, plane en dessus; côtés du museau réunis en angle subaigu, arrondi au sommet; contour de la bouche formant aussi un angle subaigu, mais fortement arrondi en avant. Régions frénales peu penchées l'une vers l'autre, non concaves; narines non saillantes; *canthus rostralis* bien prononcé, mais arrondi et se rapprochant en angle aigu de son congénère. Yeux grands, protubérants, à paupières un peu lâches. Langue ovale, mince, ridée ou non ridée, entière, plus ou moins distinctement tronquée et à peine libre en arrière. Arrière-narines très-grandes. Dents vomériennes situées entre celles-ci, sur deux rangs, ayant la forme d'un ʌ à branches assez écartées et dirigées postérieurement. Trompes d'Eustachi petites. Palais creusé, de chaque côté du sphénoïde, d'un grand sillon longitudinal, élargi en avant. Tympan circulaire, de moyenne grandeur. Mains garnies d'une membrane, très-courte entre les deux premiers doigts, s'étendant jusqu'à l'avant-dernière phalange au bord interne du troisième, jusqu'à la dernière à son bord externe, ainsi qu'à celui du second et jusqu'à la dernière aussi au bord interne du quatrième. Palmure des pieds se prolongeant jusqu'à la dernière phalange des orteils, excepté au bord interne du troisième et du quatrième, où elle ne va que jusqu'à l'avant-dernière. Dessus du corps lisse.

SYNONYMIE. *Hyla albomarginata*. Spix. Spec. nov. Test. Ranar. Bras. pag. 33, tab. 8, fig. 1.

Hyla albomarginata. Fitz. Neue Classific. Rept. Verzeichn. pag. 64, nº 16.

Hypsiboas albomarginata. Wagl. syst. Amph. pag. 201.

Hypsiboas albomarginatus. Tschudi. Classif. Batrach. Mém. sociét. scienc. nat. Neuch. tom. 2, pag. 27.

DESCRIPTION.

Formes. Le contour horizontal de la tête de cette espèce donne la figure d'un triangle équilatéral : sa face supérieure est plane ; ses côtés, en arrière des yeux, sont perpendiculaires, comme chez la Rainette de Leprieur ; mais ses régions frénales, un peu penchées en dedans, ne sont nullement concaves. Le bord des orifices des narines ne fait pas la plus légère saillie, et le *canthus rostralis*, sous l'extrémité duquel elles se trouvent situées, à droite et à gauche du bout du museau, est arrondi, quoique bien prononcé. Les yeux sont grands et les membranes du tympan petites à proportion ; car la circonférence de celles-ci est presque de moitié moindre que celle de ceux-là. Les bras sont beaucoup plus étroits, plus maigres que les avant-bras. Les quatre membres, quant à leur longueur et au développement de leur palmure, ressemblent tout à fait à ceux de la Rainette patte d'oie. Les seules régions du corps où la peau ne soit pas lisse, sont le ventre et le dessus des cuisses. On remarque un petit pli cutané, allant en droite ligne, de la commissure postérieure des paupières à l'arrière de l'épaule.

Coloration. Les bras proprement dits ou les régions humérales, le devant et le derrière des cuisses ne sont jamais colorés ; mais toutes les autres parties du dessus de l'animal sont finement pointillées de brun, sur un fond fauve ou rougeâtre. Le tour des paupières est blanc, ainsi que le pli linéaire que fait la peau en arrière de l'œil ; le haut des flancs l'est aussi fort souvent. Quant aux régions inférieures, elles sont toutes constamment blanches.

Dimensions. *Tête*. Long. 2". *Tronc*. Long. 4" 2"'. *Memb. antér*. Long. 3" 7"'. *Membr. postér*. Long. 19" 8"'.

Patrie. Cayenne et le Brésil sont les contrées de l'Amérique méridionale d'où nous ont été envoyés tous les échantillons de cette espèce que nous possédons. Nous en sommes redevables aux soins de MM. Delalande, Gaudichaud, Vautier et Leprieur.

Observations. Spix a donné de la *Hyla albomarginata*, ainsi nommée par lui, une figure qui n'est pas exacte, en ce que les doigts y sont représentés comme dépourvus de membranes natatoires.

8. LA RAINETTE DE LANGSDORFF. *Hyla Langsdorffii.* Nobis.

CARACTÈRES. Tête aplatie; côtés du museau formant un angle subaigu, arrondi au sommet; front et régions frénales concaves; narines saillantes; *canthus rostralis* se rapprochant de son congénère, en angle obtus. Yeux médiocrement gros, protubérants. Tympan circulaire, assez grand. Langue ovale, mince, entière, tronquée et à peine libre en arrière. Dents vomériennes formant, entre les arrière-narines, qui sont ovales et très-ouvertes, deux rangs arqués et un peu écartés l'un de l'autre. Membrane des mains, courte entre les deux premiers doigts, s'étendant jusqu'à l'avant-dernière phalange exclusivement le long du troisième, et jusqu'à la dernière le long du second et du quatrième. Palmure des pieds, ne laissant libre que la portion discoïdale des orteils. Dessus du corps clair-semé de très-petits tubercules coniques.

DESCRIPTION.

FORMES. Aussi grande et au moins aussi svelte que la Rainette patte d'oie, la Rainette de Langsdorff ressemble encore à cette dernière par la grandeur des palmures de ses mains et de ses pieds; mais elle s'en distingue de suite en ce que la peau de toutes ses parties supérieures, sans exception, est semée de tubercules coniques, fort petits, ayant même l'apparence spiniforme, sur les régions céphaliques et sur les membres. Le devant, le derrière des cuisses, le dessous de la jambe et du tarse sont lisses, tandis que les régions fémorales postérieures et le ventre offrent un pavé de tubercules en forme de cônes pointus, légèrement comprimés de droite à gauche, ou à deux ou trois facettes. Il en existe aussi sur la poitrine et à la gorge; mais ceux-là sont moins nombreux et simplement convexes. Le bord externe de l'avant-bras et du quatrième doigt est garni d'une petite membrane flottante découpée en festons; on en remarque une semblable, en dehors aussi, le long du tarse et du cinquième orteil.

Le contour de la tête, d'un angle de la bouche à l'autre, donne la figure d'un ovale fortement tronqué en arrière. Les narines s'ouvrent, à droite et à gauche du bout du museau, sur le côté d'une petite éminence sub-hémisphérique; elles sont ovales et ont leur orifice dirigé obliquement en arrière. Les régions frénales sont un peu penchées en dedans et assez profondément creusées dans toute leur longueur. Chacune d'elles est surmontée par le *canthus rostralis*, qui est arrondi et marqué de petits enfoncements dont les bords, relevés en saillies, s'anastomosent entre eux d'une manière assez régulière ; il forme avec son congénère un angle obtus dont l'aire, correspondant au chanfrein et au front, est concave ; de l'extrémité du *canthus rostralis* naît une ligne saillante qui se réunit en angle aigu, sur l'occiput, avec celle du côté opposé. L'espace inter-nasal est légèrement creusé en gouttière. Les régions tympaniques ou les côtés postérieurs de la tête sont perpendiculaires. Le tympan est circulaire et d'un quart moindre en diamètre que l'ouverture de l'œil, qui, à proportion, est un peu moins grand et moins protubérant que celui de la Rainette patte d'oie. La bouche est largement fendue, la langue ovale, mince, tronquée en arrière et sans échancrure. Les dents vomériennes sont situées positivement entre les arrière-narines, où elles forment deux petits arcs distinctement séparés l'un de l'autre et dont la convexité regarde le bout du museau. Les trompes d'Eustachi sont de moitié moins grandes que les arrière-narines ; le palais offre un grand creux triangulaire, de chaque côté du sphénoïde.

Coloration. La tête et le tronc sont, en dessus, marbrés de gris, de blanchâtre, de brun-clair et de brun-foncé ; de grandes taches noires, dilatées en travers, se voient de distance en distance sur la face supérieure des membres. Tout le dessous de l'animal est blanc. La région anale est blanche, offrant au-dessous de l'orifice du cloaque une grande tache noire, et de chaque côté un dessin réticulaire de la même couleur.

Dimensions. *Tête*. Long. 3". *Tronc*. Long. 6" 8"'. *Memb. antér*. Long. 5" 3"'. *Memb. postér*. Long. 14".

Patrie. Cette Rainette nous a été envoyée du Brésil par M. Langsdorff, lorsqu'il y exerçait les fonctions de consul pour le gouvernement russe.

9. LA RAINETTE CYNOCÉPHALE. *Hyla cynocephala*. Nobis.

Caractères. Tête légèrement déprimée, aussi large en avant qu'en arrière ; contour de la bouche fortement arqué ; bout du museau tronqué ; narines protubérantes ; *canthus rostralis* peu marqué. Yeux très-grands, à peine saillants au-dessus du crâne, à paupières lâches, tuberculeuses. Tympan petit, circulaire. Langue grande, ovale, tronquée et un peu libre en arrière, ridée longitudinalement. Dents vomériennes, disposées sur une rangée transversale interrompue au milieu, située entre les arrière-narines, à peu près au niveau de leur bord postérieur. Arrière-narines médiocres, ovales. Trompes d'Eustachi très-petites. Palais creusé d'un sillon longitudinal, de chaque côté du sphénoïde. Doigts complétement libres. Orteils palmés jusqu'aux avant-dernières phalanges.

DESCRIPTION.

Formes. La tête est à peine rétrécie en avant; en arrière sa largeur égale sa longueur totale. Le museau est large, coupé presque carrément au bout et relevé en deux petites éminences subhémisphériques, sur les côtés externes desquelles s'ouvrent les narines, qui sont ovalaires. Le *canthus rostralis*, étant fortement arrondi, est peu sensible; néanmoins, on le voit s'étendre de l'angle postérieur de l'œil à l'orifice nasal, limitant ainsi le front et le chanfrein, qui forment ensemble un plateau à trois côtés égaux, faiblement incliné en avant. Les régions frénales sont légèrement concaves, tandis que la mâchoire supérieure est très-arquée d'avant en arrière. Les yeux sont fort grands, mais peu saillants; leur paupière supérieure est lâche et comme festonnée à son bord libre. Le tympan est circulaire et de moitié plus petit que l'œil, en diamètre. Les dents vomériennes sont disposées entre les arrière-narines sur une ligne transversale interrompue au milieu; ses extrémités ne touchent pas tout à fait aux bords internes de ces dernières, dont la forme est ovale et la grandeur médiocre. La langue, ni positivement ronde, ni absolument ovale, est tronquée en arrière et creusée de petits sillons longitudinaux. Les membres de devant n'atteignent qu'aux aines, lorsqu'on les couche le long des flancs; ceux de derrière, placés de la même manière, touchent au bout du museau par l'extrémité du tarse. Les doigts, dont les disques terminaux sont un peu dilatés en travers, manquent complétement de membrane natatoire; les orteils au contraire sont palmés jusqu'à leur avant-dernière phalange.

De petits tubercules sont répandus sur le dessus et les côtés de la tête; ceux qui occupent les régions frénales et les palpébrales sont assez serrés les uns contre les autres. Partout ailleurs la face supérieure de l'animal est lisse; en dessous, il n'y a que la gorge et les membres qui soient lisses, car la peau du ventre est granuleuse, de même que celle de la partie postérieure des cuisses.

COLORATION. La tête et le dos sont nuancés de brun et de grisâtre, les membres marqués en travers de bandes ou de grandes taches blanchâtres alternant avec d'autres, d'une teinte marron. Le dessous de l'animal est d'un blanc sale.

DIMENSIONS. *Tête.* Long. 1". *Tronc.* Long. 1" 9"'. *Memb. antér.* Long. 1" 5"'. *Memb. postér.* Long. 3" 5"'.

PATRIE. Cette espèce ne nous est connue que par un individu évidemment fort jeune, qui nous a été rapporté de la Guyane par MM. Leschenault et Doumerc.

10. LA RAINETTE RÉTICULAIRE. *Hyla venulosa.* Daudin.

CARACTÈRES. Tête courte, épaisse; régions frénales se rapprochant l'une de l'autre en angle subaigu, tronqué au sommet; *canthus rostralis* arrondi. Contour de la bouche en demi-cercle. Yeux de moyenne grandeur, mais très-protubérants. Langue circulaire, à peine libre et légèrement infléchie en dedans à son bord postérieur. Dents vomériennes disposées sur un rang transversal, sans solution de continuité apparente au milieu, s'étendant de l'angle postéro-interne d'une arrière-narine à l'autre. Un creux triangulaire de chaque côté du sphénoïde. Tympan médiocre, circulaire. Pas de repli de la peau bien marqué en travers de la poitrine. Doigts palmés dans le tiers, et les orteils dans les quatre cinquièmes de leur longueur. Peau du dos mamelonnée. Une vessie vocale externe à droite et à gauche du cou chez les individus mâles.

SYNONYMIE. *Rana.* Merian. Insect. Surin. Tab. 56.

Rana Virginiana. Seb. Tom. I, pag. 115, tab. 72, fig. 4.

Rana Virginiana altera. Klein. Quadrup. dispos. pag. 118.

Rana venulosa. Laur. Synops. Rept. pag. 31, nº 22.

Rana venulosa. Gmel. Syst. nat. Tom. 1, pars III, pag. 1053, nº 32.

La Grenouille réticulaire. Daubent. Anim. quad. ovip. Encyclop. méth. pag. 668.

La Réticulaire. Lacép. Hist. quad. ovip. Tom. I, pag. 537.

La Grenouille réticulaire. Bonnat. Encyclop. méth. Erpét. pag. 8, pl. 2, fig. 4. (Cop. Seba.)

Rana zebra, varietas venulosa. Shaw. Gener. Zool. vol. III, part. I, pag. 124.

Rana Meriana. Id. loc. cit. pag. 133, pl. 39. (Cop. Mer.)

Calamita Boans. Schneid. Hist. amph. Fasc. I, pag. 164.

Hyla venulosa. Daud. Hist. nat. Rain. Gren. Crap. pag. 35, pl. 13.

Hyla venulosa. Latr. Hist. nat. Rept. Tom. II, pag. 175.

Hyla venulosa. Daud. Hist. Rept. Tom. VIII, pag. 74.

Calamita Boans. Merr. Syst. Amph. pag. 173, nº 22 (en partie).

Hyla zonalis. Spix. Spec. Nov. Test. Ran. Bras. p. 41, tab. 12, fig. 1.

Hyla Bufonia. Id. loc. cit. pag. 42, tab. 12, fig. 2.

Hyla venulosa. Gravenh. Delic. Mus. Zoolog. Vratilav. Fasc. 1, pag. 24.

Hypsiboas venulosa. Wagl. Syst. Amph. pag. 201.

Hypsiboas venulosus. Tschudi. Classif. Batrach. Mém. Sociét. scienc. nat. Neuch. Tom. II, pag. 72.

DESCRIPTION.

FORMES. Cette espèce a le corps et les membres plus forts, plus trapus que toutes celles précédemment décrites. La tête est épaisse, aussi large que longue, plane entre les yeux, faiblement inclinée en avant de ceux-ci, légèrement renflée à la région occipitale, que partage longitudinalement un faible sillon qui s'avance un peu sur le dos. Les régions frénales sont courtes, hautes, peut-être un peu creuses en arrière des narines, très-peu penchées en dedans, et rapprochées l'une de l'autre en angle sub-aigu, tronqué au sommet. Le bout du museau, de chaque côté duquel s'ouvrent les narines, a effectivement l'air d'être coupé carrément. Les mâchoires, au contraire, décrivent, d'un coin de la bouche à l'autre, un grand demi-cercle régulier. Le *canthus rostralis* est arrondi. Les yeux sont très-proéminents; le diamètre de leur ouverture est presque égal à l'étendue de l'espace existant entre le bord antérieur de la paupière et la narine, qui est ovale et dirigée obliquement en arrière. La circonférence du tympan est de moitié moindre que celle de l'ouverture de l'œil. Les régions tympaniques sont perpendiculaires. La langue est un grand disque circulaire, épais au centre, aminci aux bords et faiblement échancré ou plutôt infléchi en dedans à sa marge postérieure. Les dents vomériennes sont disposées entre les arrière-narines et au niveau de leur bord postérieur, sur une rangée transversale à peine interrompue au milieu : la saillie osseuse sur laquelle sont implantées ces dents est très-forte. Les trompes d'Eustachi sont beaucoup plus petites que les arrière-narines. Le palais offre un creux triangulaire de chaque côté du sphénoïde. Les membres antérieurs sont gros, robustes et un peu plus longs que les flancs; à proportion moins fortes, les pattes de derrière, lorsqu'on les étend en avant, dépassent le bout du museau, de la longueur du pied, non compris le tarse. Les doigts et les orteils sont très-déprimés et à épatements terminaux d'un diamètre un peu plus grand que celui du tympan : la palmure qui réunit les premiers, les laisse libres dans les deux tiers de leur longueur; celle des seconds s'étend jusqu'à la dernière phalange exclusivement. Les renflements sous-articulaires sont coniques et en même nombre que chez le commun des espèces de ce genre. La peau qui enveloppe le corps est en général assez épaisse, particulièrement aux côtés de la nuque et aux parties latérales du tronc, où se montrent aussi des mamelons ou tubercules plus forts et plus rapprochés les uns des autres que sur le dos et sur les reins. Un gros repli glanduleux existe au-dessus du tympan, en arrière duquel il s'élargit et s'étend même jusqu'à l'épaule. Le ventre et le dessous des cuisses sont couverts d'un pavé de tubercules granuliformes; la poitrine et la gorge sont elles-mêmes mamelonnées, mais la face inférieure des membres est lisse. Les mâles portent un énorme sac vocal de chaque côté du cou; ils ont le bord externe de leur premier doigt garni d'une plaque rugueuse, comme cela s'observe chez les Grenouilles de notre pays.

Coloration. Les parties supérieures de la tête et du tronc offrent des dessins aussi irréguliers et aussi variés que ceux que présente une carte géographique : ce sont de grandes ou de petites taches confluentes, des bandes ou des raies de couleur brune, fauve, ou marron, se dirigeant dans différents sens, s'anastomosant de diverses manières, sur un fond d'une teinte plus claire. On rencontre cependant aussi des sujets chez lesquels la couleur foncée forme quelques bandes longitudinales assez régulières, et d'autres qui sont presque tout bruns ou noirâtres.

En général, le dessus des membres est coupé en travers par de larges bandes d'un brun plus ou moins foncé, tirant souvent sur le marron. Les régions inférieures sont d'un blanc jaunâtre.

Dimensions. *Tête*. Long. 2" 8"'. *Tronc*. Long. 6" 3"'. *Memb. antér*. Long. 5". *Memb. postér*. Long. 11" 4"'.

Patrie. La Rainette réticulaire vit dans l'Amérique méridionale ; c'est du Brésil et de la Guyane que proviennent les échantillons en assez grand nombre qui font partie de notre collection. Nous en sommes redevables aux soins de MM. Poiteau, Delalande, Vautier et Ménestriés.

11. LA RAINETTE VERMICULÉE. *Hyla vermiculata*. Nobis.

Caractères. Tête courte, aplatie ; yeux peu proéminents. Dents vomériennes nombreuses, très-serrées, disposées sur une ligne transversale, situées entre les arrière-narines, au niveau du bord postérieur de celles-ci. Pas de repli de la peau en travers de la poitrine. Parties supérieures lisses. Une vessie vocale de chaque côté du cou des mâles.

DESCRIPTION.

Formes. Nous hésitions à séparer cette espèce de la précédente, tant elle offre de ressemblance avec elle ; cependant nous avons cru devoir le faire, parce qu'elle a des dents vomériennes plus fines, plus serrées, en plus grand nombre et implantées sur une éminence plus longue, plus étroite ; parce que sa tête est plus plate, la saillie de ses yeux moins forte et la peau de son cou et de son dos plus mince et tout à fait lisse.

Coloration. Toutes ses parties supérieures sont finement vermiculées de brun, sur un fond d'une teinte violacée.

Dimensions. *Tête*. Long. 2". *Tronc*. Long. 5" 5"'. *Memb. antér*. Long. 4". 8"'. *Memb. postér*. Long. 9" 9"'.

Patrie. Elle diffère aussi de la Rainette réticulaire par le pays dont elle provient, car ce n'est pas de l'Amérique du Sud qu'elle est originaire, mais du nord de cette partie du monde. Le seul individu que nous ayons pu observer nous a été donné par M. Harlan.

12. LA RAINETTE DE BAUDIN. *Hyla Baudinii.* Nobis.

Caractères. Tête courte, épaisse; régions frénales concaves, se rapprochant l'une de l'autre en angle aigu, arrondi au sommet; *canthus rostralis* aigu. Contour de la bouche en demicercle. Yeux de moyenne grandeur, mais très-protubérants. Langue circulaire, épaisse, médiocre, offrant une échancrure anguleuse à sa marge postérieure. Dents vomériennes disposées entre les arrière-narines et au niveau du bord antérieur de celles-ci, sur une rangée transversale, à peine interrompue au milieu. Un sillon longitudinal de chaque côté du sphénoïde. Tympan médiocre, circulaire. Un repli de la peau bien marqué en travers de la poitrine. Doigts palmés dans le quart de leur longueur, et les orteils dans les quatre cinquièmes. Peau du dos lisse. Une vessie vocale de chaque côté de la gorge, sous le coin de la bouche, chez les mâles.

DESCRIPTION.

Formes. Au premier aspect, on prendrait cette espèce pour une Rainette réticulaire; mais un examen plus attentif fait voir que le bout de son museau est arrondi et non tronqué, que son *canthus rostralis* est aigu; que les régions frénales sont creusées dans toute leur longueur, que ses membranes interdigitales sont plus courtes; que les disques terminaux des doigts sont plus petits, ou d'un diamètre un peu moindre que celui du tympan; que la peau de sa tête et de son dos est mince et non mamelonnée; que celle de sa gorge est couverte de très-petits tubercules coniques; que celle de sa poitrine fait en travers, d'un bras à l'autre, un très-grand repli légèrement arqué; enfin, que les individus mâles n'ont pas leurs sacs vocaux situés de chaque côté du cou, mais sous les angles des mâchoires, à droite et à gauche de la région gulaire.

Coloration. La tête et le dos sont largement marbrés de brun, sur un fond d'un gris violâtre; les reins et les membres, en dessus, sont gris; ceux-là avec des marbrures semblables à celles du dos, ceux-ci, avec des bandes transversales, d'un brun plus ou moins foncé. Quelques taches blanches, très-petites, sont éparses sur les parties supérieures. Le dessus de l'animal est d'un blanc jaunâtre sale.

Dimensions. *Tête.* Long. 2". *Tronc.* Long. 3" 8"'. *Memb. antér.* Long. 3" 3"'. *Memb. postér.* Long. 8" 5"'.

Patrie. Cet Anoure Hylæforme nous a été envoyé du Mexique. Nous le désignons par le nom de Baudin, en l'honneur du brave et digne commandant de l'escadre française qui vient de se distinguer d'une manière si glorieuse dans ce pays par la prise du fort de Saint-Jean-d'Ulloa.

13. LA RAINETTE NAINE. *Hyla pumila.* Nobis.

Caractères. Tête courte, épaisse, décrivant un demi-cercle d'une oreille à l'autre, en passant par le museau. Régions frénales très-courtes, légèrement concaves, rapprochées l'une de l'autre en angle obtus. *Canthus rostralis* arrondi. Yeux grands, protubérants. Langue circulaire, faiblement échancrée à sa marge postérieure. Dents vomériennes situées entre les arrière-narines, au niveau du bord antérieur de celles-ci, disposées sur une rangée transversale, largement interrompue au milieu. Un sillon longitudinal de chaque côté du sphénoïde. Tympan assez grand, circulaire. Un repli de la peau en travers de la poitrine. Doigts palmés dans le tiers de leur longueur, et les orteils dans les quatre cinquièmes. Peau du dos lisse. Une seule vessie vocale sous-gulaire chez les mâles.

Synonymie. ? *Hyla bipunctata.* Spix. Spec. Nov. Test. Ran. Brasil. pag. 3, Tab. 9, fig. 3.

? *Hyla capistrata.* Reuss. Mus. Senckenberg. Tom. I, pag. 58, pl. 3, fig. 4.

DESCRIPTION.

Formes. Nous possédons de cette espèce une trentaine d'individus que leur petite taille et le dessin de leurs parties supérieures nous avaient d'abord fait considérer comme de jeunes sujets de la Rainette réticulaire ; mais en les examinant de nouveau et plus attentivement, nous nous sommes convaincus du contraire.

Cette *Hyla pumila* diffère en effet notablement de la *Hyla venulosa*, en ce que sa rangée de dents vomériennes est située au niveau, non du bord postérieur, mais du bord antérieur des arrière-narines, et qu'elle est largement interrompue au milieu, en ce que la marge postérieure de sa langue offre une échancrure anguleuse, bien distincte, et que les individus mâles, au lieu d'avoir deux vessies vocales, une de chaque côté du cou, n'en ont qu'une seule sous la gorge, tout à fait semblable à celle de notre Rainette verte commune. Ce dernier caractère indique aussi que la Rainette naine ne peut pas être de la même espèce que la Rainette de Baudin, quoique lui ressemblant par la forme de la langue et la situation des dents du vomer, puisque chez cette dernière le sac vocal est double.

La Rainette naine a d'ailleurs le museau plus court que les deux espèces précédentes, et elle offre un léger étranglement au point de jonction de la tête avec le tronc. La peau de ses parties supérieures est lisse, celle de la gorge et du dessous de ses membres aussi; mais le ventre et le derrière des cuisses sont granuleux. Le tympan est surmonté d'un repli cutané. Les pattes et leurs membranes natatoires ressemblent à celles de la Rainette réticulaire.

Coloration. La tête, le dos, le dessus des extrémités antérieures et celui des jambes sont d'un rouge vineux plus ou moins clair, plus ou moins foncé, tirant quelquefois sur le violet; tantôt cette teinte est uniforme, tantôt elle est marbrée de brun rougeâtre. Le bord des mâchoires présente une série de taches blanches; assez souvent les côtés du museau et ceux du tronc sont très-finement piquetés de blanc. Le dessous du tarse est parcouru par une bande brune, et les jambes en offrent plusieurs, en travers de leur face supérieure. Les cuisses sont entièrement blanches, comme toutes les régions inférieures.

Dimensions. *Tête*. Long. 9''. *Tronc*. Long. 1'' 8'''. *Memb. antér*. Long. 1'' 5'''. *Memb. postér*. Long. 4''.

Patrie. La Rainette naine se trouve au Brésil.

Observations. Elle nous paraît très-voisine, sinon la même que la *Hyla bipunctata* de Spix et la *Hyla capistrata* de Reuss.

14. LA RAINETTE VERSICOLORE. *Hyla versicolor*. Daudin.

Caractères. Tête courte, épaisse; régions frénales hautes, non concaves, se réunissant en avant en angle obtus, fortement arrondi; *canthus rostralis* court, distinct, mais très-arrondi; contour de la bouche en demi-cercle. Yeux de moyenne grandeur, protubérants; langue sub-circulaire, épaisse, libre dans le tiers postérieur de sa longueur, et à échancrure anguleuse bien distincte. Dents vomériennes situées entre les arrière-narines, au niveau du bord postérieur de celles-ci, sur une rangée transversale, à peine interrompue au milieu. Un creux longitudinal de chaque côté du sphénoïde. Tympan assez grand, circulaire. Un repli de la peau très-marqué en travers de la poitrine. Doigts palmés dans le tiers de leur longueur, et les orteils dans les quatre cinquièmes. Parties supérieures couvertes de petits mamelons glanduleux. Une vessie vocale sous-gulaire chez les mâles.

SYNONYMIE. *Hyla verrucosa.* Daud. Hist. Nat. Rain. Gren. Crap. Pag. 33, Pl. 4, fig. 1.

Hyla versicolor. Leconte. Ann. Lyc. nat. Hist. Newy. vol. 1, pag. 281.

Hyla versicolor. Harl. Journ. Acad. nat. scienc. Philad. vol. 5, pag. 343.

Hyla versicolor. Holbr. North. Amer. Herpet. Pag. 101, pl. 17.

Dendrohyas versicolor. Tschudi. Classif. Batrach. Mém. sociét. scienc. nat. Neuch. Tom. II, pag. 75.

DESCRIPTION.

FORMES. La Rainette versicolore a des formes encore plus lourdes, plus ramassées que la Rainette réticulaire; cela, joint au grand nombre de petites verrues que présentent ses parties supérieures, lui donne une physionomie qui rappelle celle des Alytes.

La longueur totale de la tête est un peu moindre que sa largeur prise au niveau des oreilles; son contour, d'un coin de la bouche à l'autre, donne la figure d'un angle obtus, fortement arrondi au sommet, et faiblement arqué de chaque côté. Le *canthus rostralis* est arrondi et à peine plus long que n'est large l'intervalle des narines. Celles-ci sont ovales et dirigées obliquement en arrière; l'espace qui les sépare de l'œil est un peu creux. Le chanfrein et l'entre-deux des yeux sont plans. Ces derniers font une saillie assez forte au-dessus du crâne; la circonférence du tympan est d'un tiers moindre que la leur. La fente de la bouche n'est pas aussi grande que chez la Rainette réticulaire; mais la langue est à proportion un peu plus développée; elle est fort épaisse, à peu près circulaire, libre dans le tiers postérieur de sa longueur, et bien distinctement échancrée. C'est entre les arrière-narines, au niveau de leur bord postérieur, que se trouvent situées les dents vomériennes, disposées sur une rangée tranversale, courte et à peine interrompue au milieu. Les trompes d'Eustachi sont plus petites que les arrière-narines, qui ellesmêmes sont peu ouvertes. La peau de la poitrine fait un large pli tranversal, légèrement arqué; celle de la gorge, très-lâche et diversement plissée chez les individus mâles, se dilate en une sorte de gros goître, lorsque ceux-ci remplissent d'air la vessie vocale dont ils sont pourvus. Les pattes de devant sont un peu plus courtes que le tronc; celles de derrière, lorsqu'on les couche le long des flancs, dépassent le bout du museau, de la longueur du pied, non compris le tarse. Les disques terminaux des doigts et des orteils sont presque aussi grands que le tympan; la membrane natatoire des mains s'étend jusqu'à la dernière phalange du quatrième doigt, et jusqu'à l'avant-dernière des trois premiers. La palmure des pieds laisse libres les deux dernières phalanges du quatrième orteil et la dernière du premier, du second, du troisième et du cinquième. Il n'y a qu'un renflement sous-articulaire à chacun des quatre doigts; on en compte un au premier, au second et au cinquième orteil, deux au troisième et trois au quatrième. Les paumes et les plantes sont verruqueuses. La saillie que fait le premier os cunéiforme est obtuse et assez forte; c'est la seule qu'on remarque au talon. De gros plis glanduleux existent en arrière des angles de la bouche; on en voit un en arc de cercle au-dessus du tympan. La tête, le dos, les flancs et le dessus des membres sont couverts de petites verrues arrondies. Le devant et le derrière des cuisses, le dessous des bras et des jambes sont lisses; mais les régions fémorales inférieures sont, ainsi que le ventre, la poitrine et la gorge, hérissées, ou plutôt comme pavées de tubercules granuliformes.

Coloration. D'après M. Holbrook, cette Rainette, lorsqu'elle est vivante, offre le plus ordinairement le mode de coloration suivant : le dessus des yeux porte une tache d'un brun foncé; la mâchoire supérieure est brune, tachetée de blanc; l'inférieure est entièrement de cette dernière couleur. Le tympan est brun, la pupille noire et l'iris d'un jaune d'or. Les extrémités antérieures présentent une teinte cendrée, aussi bien que les postérieures; mais celles-ci sont marquées de bandes, et celles-là de taches brunes. La partie supérieure de la tête et du tronc est diversement tachetée de brun sur un fond cendré, qui devient presque blanc à la volonté de l'animal. Au-dessous, les membres postérieurs sont jaunes, ainsi que les aines et les côtés de l'abdomen, dont la région moyenne est blanche.

Les individus de nos collections ont de grandes marbrures brunâtres sur les parties supérieures, marbrures qui sont d'autant plus apparentes que le fond est plus clair; ce fond est tantôt d'un gris cendré, tantôt olivâtre, tantôt presque brun. Les régions inférieures sont d'un blanc sale.

DIMENSIONS. *Tête*. Long. 2". *Tronc*. Long. 4" 5'''. *Memb. antér.* Long. 4". *Memb. postér.* Long. 8".

PATRIE. Cette espèce paraît habiter toutes les contrées de l'Amérique du Nord. Notre Musée renferme une suite nombreuse d'échantillons qui proviennent de dons faits à cet établissement par MM. Harlan, Holbrook, Leconte, Teinturier, Milbert et Henry Delaroche du Havre.

La Rainette versicolore se tient sur les arbres et les murs couverts de mousses et de lichens. M. Holbrook dit l'avoir souvent prise sur de vieux pruniers.

Observations. C'est sans doute à cette espèce qu'il faut rapporter la Rainette verruqueuse de Daudin, dont ce naturaliste a donné une figure d'après un individu de notre collection, dans laquelle nous ne l'avons malheureusement pas retrouvé.

15. LA RAINETTE DE PÉRON. *Hyla Peronii*. Nobis.

CARACTÈRES. Tête courte, épaisse; contour de la mâchoire supérieure en demi-cercle; bout du museau convexe; *canthus rostralis* arrondi, ayant un léger sillon longitudinal au-dessous de lui. Yeux de moyenne grandeur, protubérants; langue circulaire, amincie sur ses bords, libre dans le tiers postérieur de sa longueur, offrant une échancrure anguleuse en arrière. Dents vomériennes formant une très-courte rangée transversale, distinctement interrompue au milieu, située positivement entre les arrière-narines; celles-ci petites, arrondies. Un sillon longitudinal de chaque côté du sphénoïde. Tympan assez grand, circulaire. Un repli de la peau très-marqué en travers de la poitrine. Doigts palmés dans le quart de leur longueur, et les orteils dans les quatre cinquièmes. Parties supérieures lisses.

SYNONYMIE. *Hyla Peronii*. nob. M. S. S.

Dendrohyas Peronii. Tschudi. Classif. Batrach. Mém. sociét. scienc. nat. Neuch. Tom. II, pag. 75.

DESCRIPTION.

Formes. La Rainette de Péron a la partie antérieure de la tête ou le museau assez courte et arrondie horizontalement et transversalement, car le *canthus rostralis* est à peine marqué et la mâchoire supérieure un peu bombée de chaque côté ; cependant la région frénale offre un léger creux longitudinal en arrière de la narine ; le front est plat, ainsi que l'occiput et l'espace inter-oculaire dont l'étendue est égale à la distance d'une narine à la commissure antérieure des paupières. Les yeux, quoique assez grands, sont médiocrement saillants. Le tympan est circulaire, il a en diamètre un tiers de moins que ceux-ci. Les tempes sont perpendiculaires. La bouche est bien fendue ; la langue un peu convexe, adhérente dans les deux tiers antérieurs de sa longueur, et arrondie dans son contour, dont le bord postérieur offre une échancrure anguleuse. Le palais présente un sillon longitudinal, à droite et à gauche du sphénoïde ; le vomer est armé de dents disposées positivement entre s arrière-narines, sur une rangée transversale, qui ne les touche ni l'une ni l'autre, et qui est assez largement interrompue au milieu. Les arrière-narines sont petites, arrondies, et les trompes d'Eustachi leur ressemblent exactement par la forme et la grandeur. Couchées le long du tronc, les pattes antérieures n'arrivent pas tout à fait à son extrémité postérieure ; celles de derrière, étendues vers le museau, le dépassent de la longueur du pied, y compris le tarse. Les épatements des doigts et des orteils ne sont pas tout à fait aussi grands que le tympan. La membrane des mains laisse libres les deux dernières phalanges du premier, du second et du quatrième doigt, et les deux dernières et la moitié de l'antépénultième du troisième. La palmure des pieds s'étend jusqu'au bout de l'antépénultième phalange du quatrième orteil et jusqu'à l'extrémité de la pénultième des quatre autres. Les métacarpiens et les métatarsiens sont semés de très-petites verrues. Un repli de la peau surmonte l'oreille ; un autre beaucoup plus prononcé coupe la poitrine en travers, allant du dessous d'un bras à l'autre. Toutes les parties supérieures sont lisses, ainsi que le dessous des membres, à l'exception des régions fémorales, dont la peau est finement granuleuse, comme celle des régions abdominales, pectorales et gulaires.

COLORATION. Un mélange de points blanchâtres, de taches brunes ou roussâtres est répandu sur le dessus de l'animal, dont le fond de la couleur est grisâtre. Les lombes ainsi que le derrière des cuisses sont marbrés de blanc et de brun marron. Les régions inférieures sont blanches.

DIMENSIONS. *Tête*. Long. 1" 9"'. *Tronc*. Long. 3" 9"'. *Membr. antér*. Long. 3" 2"'. *Membr. postér*. Long. 7" 9"'.

PATRIE. Cette espèce a été recueillie à la Nouvelle-Hollande, par Péron et Lesueur.

16. LA RAINETTE MARBRÉE. *Hyla marmorata*. Daudin.

CARACTÈRES. Tête courte, épaisse; museau arrondi dans son contour horizontal et en travers. Langue subcirculaire, échancrée et à peine libre à sa marge postérieure. Dents vomériennes formant entre les arrière-narines une forte rangée transversale faiblement interrompue au milieu. Doigts et orteils excessivement aplatis et à disques terminaux très-dilatés; les uns et les autres à palmure très-développée. Une vessie vocale sous-gulaire, chez les mâles. Parties supérieures semées de petites verrues.

SYNONYMIE. *Rana Surinamensis marmorata*. Séba. Tom. I, pag. 114, tab. 17, fig. 4-5.

Bufo marmoratus. Laur. Synops. Rept. pag. 29.

Bufo gibbosus. Var. β. Gmel. Syst. nat. Tom. I, pag. 1048.

Le Marbré. Lacép. Quad. ovip. Tom. I, pag. 607.

Le Crapaud marbré. Bonn. Encyclop. Méth. Erpét. pag. 14, pl. 7, fig. 5.

Hyla marmorata. Latr. Hist. nat. Rept. Tom. II, pag. 184. fig.

Hyla marmorata. Daud. Hist. nat. Rain. Gren. Crap. pag. 54, pl. 12, fig. 1-2.

Hyla marmorata. Id. Hist. nat. Rept. Tom. VIII, pag. 71, pl. 94, fig. 1-2.

Calamita marmoratus. Merr. Tent. Syst. Amph. pag. 174, n° 25.

Lophopus marmoratus. Tschud. Classif. Batrach. Mém. Sociét. scienc. nat. Neuch. Tom. II, pag. 73.

DESCRIPTION.

FORMES. Cette espèce est la seule de toutes ses congénères dont les membranes natatoires soient aussi développées, et, sous ce rapport, elle offre une grande ressemblance avec les Rhacophores. La tête est à peu près aussi longue en totalité qu'elle est large en arrière ; le contour en est régulièrement arrondi d'un angle de la bouche à l'autre. L'espace inter-oculaire est égal à l'étendue du museau, mesuré de son extrémité au bord antérieur de l'orbite. L'occiput, le vertex et le chanfrein forment ensemble un plan un peu incliné en avant. Les narines s'ouvrent tout au bout du museau, offrant entre elles un certain intervalle creusé en gouttière, ce qui, joint à la légère concavité que présente la région frénale, les fait paraître situées chacune sur une petite éminence convexe. Les yeux sont placés sur les côtés de la tête, faisant une saillie assez prononcée au-dessus du crâne ; ils sont grands et protégés par des paupières bien développées et lâches comme chez les Rhacophores. La circonférence du tympan est d'un quart moindre que celle de l'ouverture de l'œil.

La langue est grande, épaisse, à peu près circulaire, et très-faiblement échancrée en angle obtus à son bord postérieur. Les dents qui arment le vomer forment une rangée transversale, à peine interrompue au milieu, qui s'étend de l'angle postéro-interne d'une arrière-narine à l'autre. Ces arrière-narines sont arrondies et assez petites, mais moins encore que les trompes d'Eustachi. Les individus mâles portent sous la gorge une vessie vocale susceptible d'une grande dilatation et dont les ouvertures, qui sont longitudinales, se trouvent placées à droite et à gauche de la langue.

Les membres thoraciques n'offrent pas plus de développement qu'à l'ordinaire, mais les abdominaux sont très-longs et très-grêles : couchés le long du tronc, les premiers atteignent à l'orifice anal; étendus du côté opposé, les seconds dépassent le bout du museau de toute la longueur du pied, y compris le tarse. Les doigts et les orteils sont médiocrement alongés, mais très-aplatis, fort larges et réunis par des membranes dans lesquelles leur seule portion terminale ou celle qui est dilatée en disque ne se trouve pas engagée. Il faut cependant en excepter le second doigt, où, au bord interne, la palmure ne s'étend pas au delà de l'avant-dernière phalange. Les doigts offrent peu d'inégalité ; c'est le premier qui est le plus court, le troisième le plus long, le second tient le milieu entre ces deux là et le dernier est presque aussi étendu que l'avant-dernier. Les orteils augmentent graduellement de longueur à partir du premier jusqu'au quatrième, tandis que le cinquième est plus court que le troisième. Les renflements sous-articulaires sont peu développés. La peau des parties supérieures est semée çà et là de petites verrues coniques, mais principalement sur la région cervicale et sur les flancs; chez les sujets adultes, la gorge en offre souvent qui sont toujours plus petites et plus nombreuses que sur le dessus du corps. Le ventre et la face inférieure des cuisses sont couverts de glandules granuliformes. Une petite crête festonnée règne tout le long du bord externe de l'avant-bras et du tarse des individus assez avancés en âge. La peau de l'aisselle s'étend en une sorte de membrane triangulaire qui unit la région humérale à la moitié antérieure de la partie latérale du tronc.

Coloration. Rien n'est plus variable que le dessin brun foncé du dessus du corps, qui présente, tantôt sur un fond grisâtre, tantôt roussâtre, olivâtre ou violacé, des marbrures, des veinures de toutes sortes, dont il est impossible de donner la description. En général les membres sont coupés de bandes transversales noirâtres; le dessous du corps est marqué de taches ou de points de la même couleur.

Dimensions. *Tête.* Long. 1" 5'''. *Tronc.* Long. 3" 2'''. *Memb. antér.* Long. 3" 2'''. *Memb. postér.* Long. 7".

Patrie. Les diverses contrées de l'Amérique méridionale produisent ce Batracien, que nous avons reçu du Brésil, de Cayenne, de Surinam, etc.

Observations. M. Tschudi a fait de cette Rainette marbrée un genre particulier, qu'il a appelé Lophopode.

17. LA RAINETTE BRUNE. *Hyla fusca.* Daudin.

Caractères. Tête courte, épaisse; côtés du museau presque perpendiculaires, se rapprochant l'un de l'autre en angle obtus, comme tronqué au sommet. *Canthus rostralis* subaigu. Yeux assez grands, médiocrement saillants. Tympan petit, circulaire. Langue arrondie, épaisse, libre dans le tiers postérieur de sa longueur, offrant une échancrure anguleuse en arrière; dents vomériennes disposées en deux petits groupes un peu écartés, situés l'un à droite, l'autre à gauche, près du bord latéral interne de l'arrière-narine. Celle-ci médiocre, ovalaire. Trompes d'Eustachi assez petites. Un sillon longitudinal de chaque côté du sphénoïde. Doigts palmés à leur base seulement, les orteils dans les deux tiers de leur longueur. Un repli de la peau en travers de la poitrine. Parties supérieures lisses. Une vessie vocale sous-gulaire chez les mâles.

SYNONYMIE. *Hyla fusca*. Daud. Hist. Rain. Gren. Crap. pag. 40.

Hyla fusca. Id. Hist. Rept. Tom. VIII, pag. 5.

Calamita fuscus. Merr. Tent. Syst. Amph. pag. 170, n° 4.

DESCRIPTION.

FORMES. Le museau de cette espèce est court, épais; ses côtés, qui sont hauts et presque perpendiculaires, forment un angle obtus, plutôt tronqué qu'arrondi au sommet. Le chanfrein est plan, ainsi que l'espace inter-oculaire et l'occiput; le *canthus rostralis* est bien prononcé et presque aigu. On remarque un léger sillon allant de la narine sous l'œil, dont le diamètre est presque égal à la largeur de la région inter-orbitaire; le tympan est de moitié moins grand. Les côtés postérieurs de la tête sont verticaux. Le contour de la bouche est en demi-cercle un peu forcé. La langue ressemble à un disque circulaire offrant une échancrure anguleuse en arrière; elle n'est pas adhérente dans le tiers postérieur de sa longueur. Les dents vomériennes forment moins une rangée transversale interrompue au milieu, que deux petits groupes situés chacun assez près du bord latéral interne des arrière-narines. Celles-ci sont petites et de forme ovale; les trompes d'Eustachi leur ressemblent sous ces deux rapports. Les membres antérieurs ne sont pas tout à fait aussi longs que le tronc; la peau qui les recouvre offre une expansion triangulaire ou au pli du bras, à la face interne de l'articulation cubitale. Les doigts, palmés seulement à leur racine, sont un peu grêles, et leurs disques terminaux, aussi bien que ceux des orteils, offrent un diamètre distinctement moindre que celui du tympan. Les trois dernières phalanges du quatrième orteil et les deux dernières du premier, du second, du troisième et du cinquième ne sont pas engagées dans la membrane natatoire. Lorsqu'on étend les pattes de derrière vers le museau, elles le dépassent de la longueur du pied, non compris le tarse. Les renflements sous-articulaires sont médiocrement gros, et le dessous des métacarpiens et des métatarsiens présente de petites verrues. Il y a un petit repli cutané au-dessus du tympan et un autre assez large en travers de la région sternale. Toutes les parties supérieures sont lisses, ainsi que le dessous de la jambe et du tarse, le devant et le derrière des cuisses, mais la face inférieure de celles-ci et des membres antérieurs est granuleuse, comme le ventre, la poitrine et la gorge. Cependant, chez les mâles, la peau de cette dernière est lisse, et, de plus, très-large ou très-lâche, afin que la vessie vocale puisse se dilater.

Coloration. Une seule et même teinte d'un brun marron règne sur toutes les régions supérieures de l'animal, dont le dessous est blanchâtre.

Dimensions. *Tête*. Long. 1" 2"'. *Tronc*. Long. 3". *Memb. antér.* Long. 2" 5"'. *Memb. postér.* Long. 6".

Patrie. Nous ignorons quel est le pays qui produit cette espèce. Peut-être est-ce l'Amérique? Nous en possédons trois individus.

Observations. L'un d'eux a été observé par Daudin, qui en a fait mention, sous le nom de *Hyla fusca*, dans son Histoire des Rainettes et dans son Erpétologie générale. La *Hyla fusca* de Laurenti et le *Calamita fuscus* de Schneider nous paraissent appartenir à une autre espèce.

18. LA RAINETTE CUISSES-ZÉBRÉES. *Hyla zebra*. Nobis.

Caractères. Tête couverte de petites glandules. Doigts palmés dans le tiers de leur longueur, les orteils dans les quatre cinquièmes. Cuisses zébrées de noir et de blanc.

DESCRIPTION.

Formes. Les seules différences qui existent entre cette espèce et la précédente, consistent en ce qu'elle a le dessus de la tête revêtu de petites verrues poreuses; en ce que la membrane natatoire de ses mains est moins courte, et celle de ses pieds plus longue; en ce que ses dents vomériennes sont situées un peu plus en arrière ou à peu près au niveau du bord postérieur des arrière-narines; en ce que l'échancrure de sa langue est plus faible; en ce que le dessous de ses bras est lisse; enfin, en ce que ses parties supérieures ne sont pas uniformément brunes.

Coloration. On remarque effectivement de grandes taches noires sur les flancs, et de larges bandes de la même couleur en travers des cuisses; bandes qui alternent avec d'autres bandes ou de simples lignes blanches. Le dessous de la mâchoire inférieure et la région gulaire qui l'avoisine, sont lavés de noirâtre.

DIMENSIONS. *Tête*. Long. 1" 9'''. *Tronc*. Long. 4" 5'''. *Memb. antér*. Long. 4". *Memb. postér*. Long. 9" 5'''.

PATRIE. Les deux seuls sujets que nous possédions proviennent d'un envoi fait de Buénos-Ayres au Muséum, par M. d'Orbigny.

19. LA RAINETTE DEMI-DEUIL. *Hyla leucomelas*. Nobis.

CARACTÈRES. Tête déprimée, médiocrement alongée. Parties supérieures lisses. Tempes noires, liserées de blanc. Dessus du corps et des membres gris, piqueté de noir ; derrière des cuisses tacheté de la même couleur.

DESCRIPTION.

Cette Rainette a la langue, les oreilles et les membranes des pieds et des mains semblables à celles de la *Hyla fusca* ; tout le dessus de son corps est aussi parfaitement lisse. Cependant elle diffère de cette dernière par sa tête plus aplatie, par son museau moins court et moins obtus, par la position de ses dents vomériennes, qui, comme chez la Rainette à cuisses zébrées, arment le bord postérieur de l'entre-deux des arrière-narines.

COLORATION. Son mode de coloration n'est pas non plus le même que celui de la *Hyla fusca*, attendu que, loin d'avoir toutes ses parties supérieures uniformément colorées en brun, c'est au contraire une teinte grise, très-finement piquetée de noir, qui règne sur sa tête, sur son dos et le dessus de ses membres. Ses flancs et la face postérieure de ses cuisses sont semés de taches noires ; une raie noire aussi, mais liserée de blanc, parcourt le *canthus rostralis*, et une bande tout à fait pareille s'étend depuis le bord postérieur de l'œil jusqu'en arrière de l'épaule. Le dessous du corps est d'un blanc cendré.

DIMENSIONS. *Tête*. Long. 1" 5'''. *Tronc*. Long. 3". *Membr. antér*. Long. 2" 5'''. *Membr. postér*. Long. 7".

PATRIE. Les individus qui ont servi à notre description ont été recueillis à Montevideo par M. d'Orbigny.

2. LA RAINETTE BLEUE. *Hyla cyanea*. Daudin.

CARACTÈRES. Tête courte, épaisse; ses côtés formant un angle obtus, arrondi au sommet; *canthus rostralis* arrondi; régions frénales légérement creusées en arrière des narines. Langue elliptique, un peu libre et légèrement échancrée à son bord postérieur. Dents vomériennes disposées entre les arrière-narines, au niveau du bord postérieur de celles-ci, sur un rang transversal plus ou moins interrompu au milieu. Mains demi-palmées. Palmure des pieds entière. Parties supérieures du corps bleues ou violettes.

SYNONYMIE. *The blue Frog*. White. Journ. N. S. Wales, append. pag. 248, cum fig.

Rana Austrasiæ. Schneid. Hist. Amph. Fasc. 1, pag. 150.

Rana cærulea. Shaw. Gener. zool. vol. 3, pag. 113.

Rana cærulea. Daud. Hist. nat. Rain. Gren. Crap., pag. 70.

Hyla cyanea. Id. Hist nat. Rept. tom. 8, pag. 43.

Rana cærulea. Merr. Tentam. syst. amph. pag. 174.

Calamita cyanea. Fitzing. Neue classif. Rept. Verzeich. pag. 64.

La Rainette bleue. Cuv. Rég. anim. 2e Edit. Tom. 2, pag. 108.

Calamites cæruleus. Wagl. Syst. Amph. pag. 200.

Hyla cyanea. Schleg. Abbild. Amphib. Rept. pag. 26, tab. 9, fig 2.

Calamita cyanea. Tschudi, Classif. Batrach. Mém. Soc. scienc. nat. Neuchât. tom. 2, pag. 73.

DESCRIPTION.

FORMES. La Rainette bleue n'atteint pas à une taille moindre que la Rainette patte-d'oie et la Phylloméduse bicolore. Elle a la tête un peu moins longue qu'elle n'est large en arrière; le contour de la bouche en demi-cercle un peu forcé; les yeux à proportion moins grands, et bien moins saillants que chez la *Hyla palmata*; les narines situées sur les côtés et en haut du bout du museau, qui est arrondi; les régions frénales rapprochées l'une de l'autre en angle obtus ou sub-aigu, légèrement penchées en dedans, et un peu creuses en arrière des ouvertures nasales, qui sont ovales et dirigées obliquement en arrière; le *canthus rostralis* d'autant moins marqué et plus arrondi, que l'animal est plus âgé; enfin le dessus du crâne plan chez les jeunes sujets, un peu bombé à la partie postérieure chez les adultes. Le tympan est sub-elliptique et d'un quart ou d'un cinquième moins grand que l'ouverture de l'œil. La bouche est largement fendue, et son plafond bien moins profondément creusé de chaque côté du sphénoïde que chez les premières espèces de ce genre. Les arrière-narines, qui sont ovales, s'agrandissent beaucoup avec l'âge ; car, encore séparées du bord de la mâchoire par un certain espace dans les jeunes sujets, elles y touchent tout à fait chez les adultes, où les os palatins sont aussi plus saillants et même tranchants. C'est au niveau du bord postérieur des arrière-narines, et entre elles deux, que se trouvent placées les dents vomériennes, disposées sur une rangée transversale assez courte, à peine interrompue au milieu pendant le jeune âge, mais séparées en deux par un assez large espace chez la plupart des vieux individus. La langue est elliptique ou un peu plus étendue en long qu'en travers, arrondie aux deux bouts, avec une petite échancrure anguleuse à sa marge postérieure. Les trompes d'Eustachi ne sont pas tout à fait aussi grandes que les arrière-narines. Les membres antérieurs arrivent à l'extrémité postérieure du tronc, lorsqu'on les couche le long de celui-ci ; les postérieurs, portés en avant, dépassent le bout du museau, de la longueur du pied, y compris le tarse, le plus souvent. Les doigts sont fort aplatis, et les épatements discoïdaux qui les terminent, d'un diamètre à peu près égal à celui du tympan ; le premier et le second offrent un renflement sous-articulaire, le troisième et le quatrième en ont chacun deux. La membrane qui les réunit s'étend jusqu'à l'avant-dernière phalange. Les orteils présentent un peu moins d'aplatissement que les doigts; ils sont palmés jusqu'à la dernière phalange exclusivement, et le nombre de leurs renflements sous-articulaires est comme il suit : un au premier et au second, deux au troisième et au cinquième, trois au quatrième. Il n'y a pas d'autre tubercule à la face plantaire que celui qui est produit par le premier os cunéiforme. La peau fait un repli au-dessus du tympan. Les flancs, le ventre et les régions fémorales postérieures offrent des tubercules granuliformes ; mais toutes les autres parties du corps sont lisses. Les mâles sont pourvus d'une vessie vocale sous-gulaire interne, qui a ses orifices de chaque côté de la langue, orifices qui sont assez grands et longitudinaux.

Coloration. Un bleu clair ou foncé, quelquefois une couleur verte, d'autres fois une belle teinte violette règne sur le dessus et les côtés de la tête, sur le dos, la face supérieure des membres et la région gulaire. Assez ordinairement le bord de la mâchoire inférieure est parcouru par une raie blanche qui se prolonge un peu de chaque côté et en arrière de l'angle de la bouche ; en général aussi on voit s'étendre depuis la commissure postérieure des paupières jusque sur l'épaule, une ligne blanche, ayant au-dessous d'elle une ligne noire. On rencontre des individus avec une bordure blanche le long du tarse en dehors, et des taches de la même couleur sur le tranchant interne de la jambe. Fort souvent les jeunes sujets ont le haut des flancs et le derrière des cuisses d'une teinte purpurine. Les régions inférieures sont blanches.

Dimensions. *Tête.* Long. 4" 6"'. *Tronc.* Long. 9". *Memb. antér.* Long. 9". *Memb. postér.* Long. 19" 5"'.

Patrie. Cette espèce habite la Nouvelle-Hollande, la Nouvelle-Guinée et l'île de Timor. Nous possédons des échantillons provenant de ces trois pays; nous en sommes redevables aux soins de Péron et Lesueur et de MM. Quoy et Gaimard.

Observations. La première figure qui ait été publiée de cette Rainette se trouve dans le journal de voyage à la Nouvelle-Galles du Sud de White; mais cette figure est inexacte en ce qu'elle représente notre espèce avec quatre orteils au lieu de cinq qu'elle a réellement, comme tous les autres Hylæformes. Fitzinger, n'ayant pas reconnu l'erreur commise par le dessinateur de White à l'égard de la Rainette bleue, fit de celle-ci un genre particulier, sous le nom de *Calamita*, auquel il donna pour caractère d'avoir le même nombre de doigts aux pieds qu'aux mains.

Beaucoup plus tard, Wagler sépara aussi des autres Rainettes, la *Hyla cyanea*, non plus parce qu'elle manquait d'un cinquième orteil, mais parce qu'elle aurait eu, suivant lui, la tête semblable à celle des Astérodactyles ou Pipas et les mains dépourvues de membranes natatoires, ce qui n'est pas plus vrai que le nombre de quatre orteils indiqué dans la figure de White.

M. Tschudi fait aussi de la Rainette bleue un genre particulier qu'il appelle également *Calamita*, se fondant, non pas comme Fitzinger et Wagler sur des particularités d'organisation qui n'appartiennent pas à l'espèce dont il est question; mais sur des différences trop peu importantes pour autoriser son éloignement de notre genre *Hyla* ou *Dendrohyas*, ainsi que le nomme M. Tschudi.

La meilleure preuve que nous puissions fournir à l'appui de

notre opinion, c'est de rapporter textuellement les notes caractéristiques que M. Tschudi a données de ses genres *Dendrohyas* et *Calamita*. On verra clairement que c'est moins par le fond que par la forme qu'elles diffèrent l'une de l'autre, c'est-à-dire que ce sont presque exactement les mêmes caractères exprimés de deux manières différentes.

G. DENDOHYAS. — *Caput pressum, subspissum, rostrum rotundatum; dentes palatinos serie parvâ dispositos; linguam mediocrem, rotundam, ponè subliberam et vix bifidam; tympanum conspicuum; digitos palmarum vix basi membranâ connexos, scelidûm semipalmatos.*

G. CALAMITA. — *Caput permagnum, semicirculare, nares infrà canthum rostralem; oculòs mediocres; tympanum conspicuum; dentes palatinos paucos (utrinque octo) confertos; linguam mediocrem, ponè leviter excisam, papillosam, in parte posticâ liberam; anti pedes breves, crassos; digitos latissimos, depressos in disco magno dilatatos, semipalmatos. Scelides longas digitis palmatis.*

Nous ferons encore remarquer que les disques des doigts des *Calamita* ne sont pas proportionnellement plus dilatés que chez les *Dendrohyas*, et que la palmure des pieds de la plupart de celles-ci et de l'espèce type en particulier, la *Dendrohyas arborea*, est tout aussi développée que chez la *Calamita cyanea*.

Malgré sa grande taille, la Rainette bleue a beaucoup de traits de ressemblance avec l'espèce de notre pays.

21. LA RAINETTE DE JERVIS. *Hyla Jervisiensis*. Nobis.

CARACTÈRES. Tête courte, épaisse, ses côtés se rapprochant en angle sub-aigu, arrondi au sommet. Deux groupes de dents vomériennes, situés entre les arrière-narines, au niveau de leur bord antérieur. Parties supérieures d'un gris blanchâtre.

DESCRIPTION.

Cette espèce reproduit exactement le même ensemble de formes que la Rainette bleue, dont elle ne diffère que par les caractères suivants :

Les dents vomériennes, au lieu de former une rangée transversale, assez généralement à peine interrompue au milieu, et située au niveau du bord postérieur des arrière-narines, sont distribuées en deux groupes très-écartés, placés sur la ligne qui conduit de l'angle antéro-interne d'une arrière-narine à l'autre. L'espace inter-nasal n'est pas creusé en gouttière; les yeux, bien qu'assez gros, ne font pas de saillie au-dessus du crâne, qui est parfaitement plan. Il existe, de plus que chez la Rainette bleue, un petit cordon glanduleux en arrière de l'angle de la bouche.

COLORATION. Le *canthus rostralis* est marqué d'une raie brune; une bande de la même couleur s'étend longitudinalement sur la région tympanique. Toutes les parties supérieures offrent une teinte d'un gris blanchâtre; toutes les inférieures sont blanches.

DIMENSIONS. *Tête*. Long. 1" 5"'. *Tronc*. Long. 3" 2"'. *Membr. antér*. Long. 2" 8"'. *Membr. postér*. Long. 6" 1"'.

PATRIE. Ce Batracien provient du voyage de Péron et de Lesueur aux terres australes. La baie de Jervis est le lieu de la Nouvelle-Hollande où il a été recueilli par ces zélés naturalistes.

22. LA RAINETTE VERTE. *Hyla viridis*. Laurenti.

CARACTÈRES. Tête courte, épaisse; côtés du museau presque perpendiculaires se rapprochant l'un de l'autre en angle obtus, arrondi au sommet; régions frénales légèrement creuses en arrière des narines; *canthus rostralis* sub-aigu. Yeux assez grands, protubérants. Tympan médiocre, circulaire. Langue arrondie, épaisse, libre dans le tiers postérieur de sa longueur, un peu échancrée en arrière. Dents vomériennes, situées entre les arrière-narines, au niveau de leur bord postérieur, sur une rangée transversale courte, distinctement interrompue au milieu. Un sillon longitudinal peu profond de chaque côté du sphénoïde. Un petit repli de la peau au-dessus du tympan, et un autre en travers de la poitrine. Doigts palmés dans le cinquième de leur longueur, et les orteils dans les quatre cinquièmes. Parties supérieures lisses. Une vessie vocale sous-gulaire chez les mâles.

SYNONYMIE. *Ranunculus viridis sive rana calamites aut Dryopes*. Gesn. quad. ovip. lib. II, pag. 98, fig. et Aquat. lib. IV, pag. 808.

Calamites. Rondel. Pisc. palust. lib. I, cap. V, pag. 224.

Rainette. Rondel. Hist. poiss. anim. palust. chap. V, pag. 167.

Rana arborea. Schwenckf. Theriotroph. Siles. pag. 153.

Laubfrosch. Jonst. Hist. natur. quad. tom. II, pag. 133, tab. 75, fig. 1, 2, 3.

Ranunculus viridis. Aldrov. quad. ovip. lib. I, cap. III, p. 622.

Rana arborea seu Ranunculus viridis. Ray. Synops. Meth. anim. quad. pag. 251.

Rana arborea. Linn. Faun. Suecic. p. 180.

Rana arborea. Linn. mus. Adolph. Fred. tom. I, pag. 47.

Rana. Gronov. Mus. pag. 84, spec. 63.

Rana arborea. Roes. Hist. Ran. Sect. II, pag. 39, tab. 9-12.

Rana arborea. Linn. syst. natur. Edit. 10, tom. I, page 213, n° 16.

Rana arborea. Wulf. Ichth. Boruss. pag. 9.

Rana arborea. Linn. Syst. nat. Edit. 12, tom. I, page 357, n° 16.

Hyla viridis. Laur. Synop. Rept. pag. 33, var. *a.*

Rana arborea. Müll. zool. Dan. Prodrom. p. 35.

Ranochio verde. Cetti. Anfibi e pesci di Sard. tome III, pag. 39.

Rana arborea. Var. *a.* Gmel. syst. nat. Linn. Tom. I, pag. 111, pag. 1054, n° 16.

Raine verte. Daub. Encyclop. meth. anim. quad. ovip. tom. III, p. 667, n° 2.

Rana arborea. Razoum. Hist. Natur. Jorat. Tom. I, part. 101, n° 11.

Raine verte ou *commune.* Lacép. Quad. Ovip. tome I, pag. 550.

Hyla viridis. Bonnat. Encyclop. Meth. Erpét. pag. 9, tab. 47, fig. 5.

Rana arborea. Sturm. Deutschl. Faun. Abtheil. III, Heft 1.

Rana arborea. Donnd. zool. Beytr. Tom. III, pag. 57.

Calamita arboreus. Schneid. Hist. Amph. fasc. I, pag. 153.

Rana arborea. Latr. Hist. Salam. pag. XXXVIII.

Rana arborea. Shaw. gener. zool. Vol. III, part. 1, pag. 130, pl. 38. (Cop. Rœs.)

Hyla viridis. Latr. Hist. nat. Rept. Tom. II, pag. 169, fig. 1.

Hyla viridis. Dand. Hist. nat. Rain. Gren. Crap. pag. 14, Pl. I.

Hyla viridis. Dand. Hist. nat. Rept. Tom. VIII, pag. 23.

Rana arborea. Dwigubsky. Primit. Faun. Mosquens. pag. 47.

Hyla Savignyi. Aud. Expl. Pl. Rept. (Supplém.) Descript. Egypt. Hist. nat. Tom. I, pag. 161, pl. II, fig. XIII.

La Rainette commune. Cuv. Règn. anim. 1re édit., tom. II, p. 94.

Calamita arboreus. Merr. Tent. syst. Amph. Pag. 170, n° 9.

Calamita arborea. Risso. Hist. nat. Eur. mérid. tom. 3, pag. 92.

Hyla viridis. Fitzing. Neue classif. Rept. Verzeich. pag. 63, n° 5.

Hyla viridis. Gravenh. Delic. mus. Vratilav. Fasc. I, pag. 23.

Rainette commune. Cuv. Règ. anim. 2e édit. tom. 2, pag. 107.

Hyas arborea. Wagl. Syst. amph. pag. 201.

The tree frog. Griff. Anim. Kind. Cuv. vol. 9, pag. 396.

Hyla viridis. Eichw. zoolog. spec. Ross. Polon. tom. III, pag. 166.

Hyla arborea. Ménest. Cat. raisonn. Voyag. Cauc. pag. 74.

Hyla viridis. Dugès. Recherch. Batrac. pag. 7.

Hyla viridis. Ch. Bonap. Faun. Ital. fig. sans n°.

Hyla viridis. Bib. et Bory Saint-Vincent, Expéd. scient. Mor. Rept. pag. 74.

Hyla arborea. Krynicki. Observat. Rept. indigen. (Bullet. Soc. imper. natur. mosc. 1837, n° III, pag. 67).

Hyla arborea. Schinz. Faun. helvet. Nouv. mém. Sociét. helvét. Scienc. nat. tom. I, pag. 144.

Hyla arborea. Schlegel. Faun. Japon. Batrac., pag. 112, pl. 3, fig. 5 et 6.

Dendrohyas arborea. Tschudi. Classif. Batrach. Mém. Soc. Scien. nat. Neuch. tom. 2, pag. 74.

Raine, *Rainette*, *Rainette Saint-Martin*, *Grasset*, *Grenouilles d'arbres*. Vulg.

DESCRIPTION.

FORMES. La Rainette verte tient le milieu entre les espèces à formes les plus sveltes et les plus élancées, telles que la *Hyla palmata*, la *Hyla marmorata*, et celles qui sont au contraire les plus ramassées, les plus trapues, comme la *Hyla versicolor*, la *Hyla venulosa*. Elle a la tête un peu moins longue qu'elle n'est large en arrière; ses côtés se réunissent en angle obtus, arrondi au sommet et légèrement cintré à droite et à gauche. L'occiput, l'intervalle des yeux et le chanfrein forment ensemble un plan uni, un peu incliné en avant. Le *canthus rostralis* est assez aigu; les régions frénales sont hautes, fort peu penchées l'une vers l'autre ou presque perpendiculaires, et un tant soit peu creusées longitudinalement en arrière des narines, dont l'ouverture ovalaire et dirigée latéralement est située en pente sous l'extrémité antérieure du *can-*

thus rostralis, ou sur le côté du bout du museau. Les régions tympaniques sont verticales, et les yeux médiocrement saillants. Le contour de la bouche est en demi-cercle, et la circonférence du tympan d'un quart moindre que celle de l'ouverture des paupières. La langue ressemble à un grand disque arrondi, libre dans le tiers postérieur de sa longueur, offrant une petite échancrure angulaire en arrière. Les trompes d'Eustachi et les arrière-narines sont aussi petites les unes que les autres ; les dents vomériennes sont situées entre ces dernières, au niveau de leur bord postérieur, sur un rang transversal court, et assez largement interrompu au milieu. Le palais offre de chaque côté du sphénoïde un sillon longitudinal peu profond. Les mâles possèdent une vessie vocale sous-gulaire, susceptible de se dilater considérablement, à tel point que, quand elle est gonflée, elle ressemble à un goître au moins aussi gros que toute la tête, qui semble alors être posée sur une grosse vessie globuleuse. Les pattes de devant ont une étendue égale à celle du tronc; les membres postérieurs, lorsqu'on les couche le long des flancs, dépassent le bout du museau de la longueur du pied, y compris le tarse.

Il existe une membrane interdigitale, mais elle est excessivement courte, ou ne réunissant les doigts qu'à leur base ; cependant elle se prolonge en forme de bordure le long de leurs deux côtés. La palmure des pieds s'étend jusqu'à l'extrémité de l'avant-dernière phalange, le long du bord interne du cinquième orteil, et du bord externe du premier, du second et du troisième ; mais, le long du bord interne du second et du troisième, elle s'arrête où commence l'antépénultième phalange, et laisse libres les trois dernières du quatrième. Le diamètre des disques ou des petits épatements des doigts et des orteils, est égal à celui du tympan. On compte un tubercule sous-articulaire au premier et au second doigt, deux à chacun des deux autres, un aussi au premier orteil, au second et au cinquième, deux au troisième et trois au quatrième. La peau fait un petit repli au-dessus du tympan, et un très-grand en travers de la poitrine ; elle est lisse partout ailleurs qu'à la région gulaire, à la poitrine, au ventre, sous les bras et les cuisses, où des glandules granuliformes forment un pavé bien serré.

Coloration. La couleur ordinaire de cette espèce, ou celle qu'elle offre le plus généralement, est un vert tendre sur toutes les régions supérieures, excepté sur les doigts et les orteils qui présentent une teinte rosée ; en dessous elle est toute blanche. Tantôt cette couleur verte est tachetée de fauve ou de noir, tantôt de fauve et de noir ; parfois elle passe au bleuâtre, ou bien est remplacée, soit par un brun uniforme, soit par une teinte blanchâtre, grisâtre ou violacée avec ou sans taches plus foncées. Une bande noire, lisérée de blanc, s'étend depuis le bord postérieur de l'œil, en passant sur le tympan, jusque sur les côtés des hanches, où elle arrive souvent fort atténuée. Certains individus ont le *canthus rostralis* d'un brun foncé ; la gorge des mâles est quelquefois de la même couleur. Le contour de l'orifice anal est noir, pointillé de blanc. L'iris est doré, et la pupille noire et ovale ou en cercle allongé.

DIMENSIONS. Ce Batracien anoure est le plus petit de ceux de notre pays, après le Sonneur à ventre couleur de feu. Le mâle est toujours moins gros que la femelle.

Tête. Long. 1" 5'''. *Tronc*. Long. 3" 3'''. *Memb. antér*. Long. 2" 6'''. *Memb. postér*. Long. 7".

PATRIE et MOEURS. La Rainette verte est répandue dans toute l'Europe, excepté dans le royaume de la Grande-Bretagne. On la trouve aussi au Japon, et sur toute la côte méditerranéenne de l'Afrique.

Cette espèce se nourrit d'Insectes. Rœsel observe avec raison que ses allures pour les saisir ressemblent assez à celles du chat qui guette un oiseau ou une souris ; c'est effectivement en sautant quelque fois à un pied de distance, qu'elle s'élance sur sa proie ayant la gueule ouverte, et se servant de sa langue pour l'entraîner au fond du gosier. Elle paraît plus stupide que les autres Batraciens anoures, qui craignent et évitent le danger ; tandis que se fiant peut-être sur la couleur trompeuse de son corps, elle se laisse prendre sans quitter la place où elle était tapie.

La Rainette se tient sur les arbres, hors du temps de l'engourdissement et de l'époque où s'opère l'acte de la reproduction.

L'accouplement a lieu dans l'eau, de la fin d'avril au commencement de juin, suivant que la saison est plus ou moins avancée. Les mâles coassent beaucoup alors, principalement le soir, et le plus souvent pendant des nuits entières ; le son qu'ils produisent est si fort que, si le vent s'y prête, on les entend à plus d'une lieue de distance. Rœsel prétend, et nous avons été à même de le vérifier, que c'est à l'âge de quatre ans seulement qu'ils jouissent de cette faculté, qui est sans doute liée à celle de reproduire leur espèce.

Le mâle se place sur le dos de la femelle et s'y tient cramponné au moyen de ses pattes de devant, qu'il lui enfonce sous les aisselles avec tant de force qu'elles semblent être tronquées de toute la partie correspondante à la main. Les deux sexes demeurent dans cet état deux ou trois jours ; cela dépend, au reste, du temps que la femelle met à pondre ; il s'opère alors dans le ventre de celle-ci de vives contractions, absolument comme s'il renfermait un animal vivant ; car les mouvements ont lieu en tous sens de bas en haut, de haut en bas, de droite à gauche, de gauche à droite, tellement qu'on croirait que la peau de la région abdominale va se rompre, surtout au moment où le mâle rapproche son cloaque de celui de la femelle, lorsque les œufs commencent à sortir.

Les œufs de la Rainette verte sont réunis en groupes comme ceux des grenouilles, mais ne sont pas aussi gros. D'abord la glaire qui enveloppe chacun d'eux est peu apparente, mais après douze heures de séjour dans l'eau, ils ont avec cette glaire la grosseur d'un grain de vesce, et sans elle, celle d'un grain de moutarde.

La masse que composent les œufs, qui ne sont pas tous de la même couleur, car il y en a de bruns et de noirs foncés, tombe au fond de l'eau, si elle ne se trouve retenue par quelques plantes aux feuilles desquelles elle adhère.

Voici, d'après le savant observateur que nous citions tout-à-l'heure, la marche que suivent ces germes dans leur développement :

Trois jours après avoir été pondus, la tache brune arrondie était devenue pyriforme ; le huitième jour ils formaient deux parties; le dixième ou le onzième, l'animal paraissait se mouvoir brusquement, puis restait en repos; le douzième le têtard était bien formé, c'est-à-dire qu'on distinguait sur sa tête la place des yeux, celle de la bouche où étaient deux papilles. Il avait la queue transparente et musculeuse, il était libre, très-vif, nageait en tous sens, se fixant par la tête pour se soutenir à quelque corps résistant, puis se nourrissait de plantes aquatiques. Le seizième ou le dix-septième jour les branchies externes avaient disparu, la tête se confondait avec le ventre ; du vingt et un au vingt-neuvième jour on pouvait voir les rudiments des pattes postérieures ; le quarante-huitième jour les orteils étaient réunis par des membranes ; enfin le soixante-cinquième jour l'animal était parfait et pouvait vivre hors de l'eau.

23. LA RAINETTE FLANCS RAYÉS. *Hyla lateralis*. Daudin.

CARACTÈRES. Tête courte, déprimée ; côtés du museau presque perpendiculaires, se rapprochant l'un de l'autre en angle aigu, arrondi au sommet; *canthus rostralis* arrondi ; régions frénales légèrement creusées en arrière des narines. Tympan médiocre, circulaire. Yeux assez grands, peu saillants. Langue grande, subcordiforme ou disco-ovalaire, échancrée en arrière. Dents vomériennes formant une rangée transversale interrompue au milieu, située entre les arrière-narines au niveau du bord postérieur de celles-ci. Un sillon longitudinal de chaque côté du sphénoïde. Un petit repli de la peau au-dessus du tympan, et un autre plus fort en travers de la poitrine. Les doigts palmés dans le cinquième de leur longueur, et les orteils dans les quatre cinquièmes. Parties supérieures lisses. Une vessie vocale sous-gulaire chez les mâles.

SYNONYMIE. *Rana viridis arborea*. Catesb. Nat. Hist. Carol. vol. 2, pag. et Pl. 71.

Hyla viridis var. β. Laur. Synops. Rept. pag. 33.

Rana arborea var. γ. Gmel. Syst. nat. Linn. tom. 1, part. 3, pag. 1054.

Calamita Carolinensis. Penn. Zoolog. arctic. tom. 2, pag. 331.

Calamita cinereus. Schneid. Histor. amphib. Fasc. 1, pag. 174.

Rana bilineata. Shaw. Gener. zool. vol. 3, part. 1, pag. 136.

Hyla lateralis. Latr. Hist. nat. Rept. tom. 2, pag. 180.

Hyla lateralis. Daud. Hist. nat. Rain. Gren. Crap. pag. 16, Pl. 2, fig. 1.

Calamita lateralis. Merr. Tent. Syst. amph. pag. 171.

Hyla lateralis. Leconte. Ann. lyc. nat. hist. Newy. vol. 1, part. 2, p. 278.

Hyla lateralis. Harl. Journ. acad. nat. scienc. Philad. vol. 5, part. II, pag. 341.

DESCRIPTION.

FORMES. La Rainette à flancs rayés a les formes un peu plus sveltes et la tête proportionnellement moins courte que la Rainette verte. Les côtés de son museau, au lieu de se réunir en angle obtus, donnent la figure d'un angle aigu, arrondi au sommet ; sa langue est un peu plus étendue en longueur, et ses deux groupes de dents vomériennes sont moins forts, plus écartés l'un de l'autre et moins rapprochés des bords latéraux internes des arrière-narines.

Coloration. Vivante, elle est toute verte en dessus, et blanchâtre en dessous, offrant une raie jaune le long de la lèvre supérieure et du haut du flanc, puis une autre le long du mollet, et une troisième en dehors de la jambe, depuis le genou jusqu'au cinquième orteil ; morte, sa couleur verte devient brune et ses raies jaunes passent au blanc.

Dimensions. *Tête*. Long. 1" 5"'. *Tronc*. Long. 3" 2"'. *Memb. antér*. Long. 2" 8"'. *Memb. postér*. Long. 6" 6"'.

Patrie. C'est dans l'Amérique septentrionale que se trouve cette espèce qui semble y représenter la Rainette verte, comme la Grenouille halécine et la Grenouille des bois paraissent y tenir la place de la Grenouille verte et de la Grenouille brune.

Catesby dit qu'elle se tient de préférence sur les grands arbres, et que ce n'est que vers le soir qu'elle se met en mouvement pour chasser aux insectes, dont elle se nourrit ; son coassement, d'après le même auteur, serait la répétition fréquente et successive de la syllable *tschit*, fortement prononcée.

24. LA RAINETTE GENTILLE. *Hyla pulchella*. Nobis.

Caractères. Tête courte, épaisse; côtés du museau presque perpendiculaires, se rapprochant l'un de l'autre en angle aigu, fortement arrondi au sommet; régions frénales un peu creuses en arrière des narines. *Canthus rostralis* subaigu. Yeux assez grands, protubérants. Tympan médiocre, circulaire. Langue arrondie, libre dans le tiers postérieur de sa longueur, un peu échancrée en arrière. Dents vomériennes formant entre les arrière-narines et au niveau de leur bord postérieur une forte rangée transversale, courte et à peine interrompue au milieu. Un faible sillon longitudinal de chaque côté du sphénoïde. Un petit repli de la peau au-dessus du tympan, et un autre plus prononcé en travers de la poitrine. Doigts palmés dans le cinquième de leur longueur, et les orteils dans les quatre cinquièmes. Parties supérieures lisses. Une vessie vocale sous-gulaire chez les mâles.

DESCRIPTION.

FORMES. Voici une espèce qui ne diffère guère de la précédente que par un peu plus de grosseur dans la saillie osseuse sur laquelle sont implantées ses dents vomériennes, saillie qui, en outre, n'est pas distinctement interrompue au milieu; sa langue ressemble à celle de la Rainette verte, et son museau est aussi court, mais moins obtus que celui de cette dernière.

COLORATION. Les deux individus que nous possédons offrent un mode de coloration différent de celui de tous les sujets de la Rainette verte et de la Rainette à flancs rayés que nous avons été à même d'observer. Ils ont les parties supérieures d'un brun bleuâtre; leurs aines et la face postérieure de leurs cuisses sont tachetées de noir sur un fond blanc ou jaune orangé, couleur qui règne sur toutes leurs régions inférieures. Leur mâchoire supérieure porte une bordure blanche, finement lisérée de noir; il en existe une semblable, de chaque côté de la tête et du dos, depuis le bord postérieur de l'orbite jusqu'à la hanche et même jusqu'à la racine du membre abdominal.

DIMENSIONS. *Tête.* Long. 2" 3"'. *Tronc.* Long. 2" 9"'. *Memb. antér.* 2" 5"'. *Memb. postér.* Long. 6" 6"'.

PATRIE. La Rainette gentille est originaire de l'Amérique du Sud; nos sujets ont été recueillis à Montévidéo par M. Gaudichaud.

25. LA RAINETTE SQUIRELLE. *Hyla squirella*. Daudin.

CARACTÈRES. Tête courte, déprimée, assez élargie en arrière; côtés du museau se rapprochant l'un de l'autre en angle subaigu, arrondi au sommet. *Canthus rostralis* subaigu; régions frénales un peu penchées en dedans, distinctement concaves en arrière des narines; pourtour de celles-ci légèrement saillant. Yeux assez grands, protubérants. Tympan médiocre. Trompes d'Eustachi et arrière-narines assez petites, ovalaires. Langue grande, sub-circulaire, libre dans le tiers postérieur de sa longueur, faiblement échancrée en arrière. Dents vomériennes formant deux petits groupes isolés, situés sur la ligne qui conduit de l'angle postéro-interne d'une arrière-narine à l'autre. Un faible sillon longitudinal de chaque côté du sphénoïde. Un petit repli de la peau au-dessus du tympan, et un autre plus prononcé en travers de la poitrine. Membrane interdigitale excessivement courte ; pieds demi-palmés ; parties supérieures lisses ou très-faiblement mamelonnées. Une vessie vocale sous-gulaire chez les mâles.

Synonymie. *Hyla squirella*. Daud. Hist. nat. Rain. Gren. Crap. pag. 18, Pl. 3, fig. 2.

Hyla femoralis. Id. Loc. cit. pag. 19, pl. 3, fig. 1.

Hyla squirella. Latr. Hist. Rept. tom. 2, pag. 181.

Hyla femoralis. Id. Loc. cit. tom. 2, pag. 181.

Hyla squirella. Daud. Hist. Rept. tom. 8, pag. 34, Pl. 93, fig. 2.

Hyla femoralis. Id. Loc. cit. tom. 8, pag. 32, Pl. 93, fig. 1.

La Raine squirelle. Bosc. Nouv. Dict. d'hist. nat. tom. 28, pag. 543.

La Raine fémorale. Id. loc. cit.

Calamita squirella. Merr. Tent. Syst. Amph. pag. 171, n. 13.

Calamita femoralis. Id. loc. cit. n. 11.

Hyla squirella. Leconte, Ann. lyc. nat. hist. Newy. vol. I, p. 279.

Hyla femoralis. Id. loc. cit. pag. 280.

Hyla squirella. Harl. Journ. acad. nat. scienc. Philadelph. vol. 5, pag. 342.

Hyla femoralis. Id. Loc. cit. pag. 342.

? *Hyla squirella*. Gravenh. Delic. Mus. zool. Vratilav. Fasc. 1, pag. 28, n. 8, tab. 6, fig. 1.

Auletris squirella. Wagl. Syst. Amph. pag. 201.

Hyla squirella. Holbr. North. Amer. Herpet. vol. 1, pag. 105, Pl. 18.

DESCRIPTION.

Formes. La tête, en arrière, est au moins aussi large que longue ; les tempes et les régions frénales sont un peu penchées en dedans ; ces dernières, qui présentent une cavité bien distincte entre la narine et l'œil, forment, en se rapprochant l'une de l'autre, un angle aigu, légèrement arrondi au sommet. Le *canthus rostralis* se réunit aussi en angle aigu à son congénère, et cela tout à fait à l'extrémité du museau ; l'aire de cet angle aigu est plan et presque horizontal entre le front et les narines ; mais en avant de celles-ci, il est incliné en dehors et légèrement canaliculé. Le contour de la mâchoire supérieure est en demi-cercle assez forcé. Le tympan est circulaire ; sa circonférence est de la moitié moindre que celle de l'ouverture de l'œil, dont le diamètre est égal à la largeur de la région inter-orbitaire. La bouche est légèrement fendue, la langue grande, épaisse, ayant la forme d'un disque échancré à sa marge postérieure. C'est entre les arrière-narines et au niveau de leur bord postérieur, que se trouvent situées les dents vomériennes disposées en deux groupes isolés, ou, si l'on veut, sur une rangée transversale, courte, fortement interrompue au milieu. Les membres antérieurs, couchés le long du tronc, atteignent aux aines ; les pattes de derrière, étendues vers le museau, dépassent le bout de celui-ci de la longueur du pied, y compris la moitié ou la totalité du tarse. Les doigts et les orteils sont médiocrement allongés, déprimés, plutôt faibles que forts, à disques terminaux très-aplatis, dont le diamètre est moindre que celui du tympan de près d'un tiers. La palmure des mains est excessivement courte, mais elle s'étend en bordure le long des côtés des doigts. Les orteils ne sont réunis entre eux que dans la première moitié de leur longueur. Les paumes et les plantes sont tuberculeuses, et les renflements sous-articulaires des phalanges bien prononcés. En général, la peau des parties supérieures est lisse ; mais parfois, cependant, on rencontre des individus chez lesquels elle est semée de très-petites verrues. Un faible pli surmonte l'oreille, et il en existe un très-large, légèrement arqué, en travers de la poitrine ; le dessous des bras et des jambes est lisse, les régions inférieures de l'animal sont granuleuses. Les mâles ont, comme ceux de notre Rainette commune, un grand sac vocal sous la tête.

Coloration. Les individus conservés dans l'alcool sont en dessus d'une teinte fauve ou grisâtre, marbrés ou tachetés de brun, avec ou sans raie blanche le long du bord de la mâchoire supérieure, au-dessous de l'œil et du tympan. Quelquefois la face postérieure des cuisses est ponctuée de blanc ; telle est, en particulier, la variété qui a donné lieu à l'établissement de la Rainette fémorale. Les régions inférieures offrent toutes une couleur blanchâtre.

Voici, d'après M. Holbrook, le mode de coloration le plus ordinaire de la Rainette squirelle. Un vert olive est répandu sur le dos, qui présente des taches irrégulières d'une teinte olive foncée ; une bande brune coupe le vertex en travers ; la lèvre supérieure offre une raie blanche qui s'étend souvent jusqu'à l'épaule; une ligne brune règne sur le *canthus rostralis*, de la narine à l'œil; la mâchoire inférieure est presque blanche, la pupille noire, et l'iris doré. Les flancs sont gris en dessus; les membres sont colorés à peu près de la même manière que le dos, mais en dessous ils offrent une teinte carnée, et de chaque côté une bordure jaune; la face inférieure du corps est d'un blanc verdâtre en avant et d'une teinte plus foncée en arrière; la gorge est semée de petites taches brunes.

Cette espèce ne possède pas à un moindre degré que ses congénères la faculté de changer de couleur; car le savant erpétologiste de qui nous empruntons ces détails, ajoute qu'en un moment elle passe du vert uniforme aussi intense que celui de la *Hyla lateralis*, à une teinte cendrée ou à une couleur brune marquée de taches plus foncées, et que ces taches elles-mêmes varient considérablement sous le rapport du nombre et de la forme. Il paraît cependant qu'elle conserve assez constamment la raie blanche de la lèvre supérieure et la bande brune interorbitaire.

DIMENSIONS. *Tête*. Long. 1" 4"'. *Tronc*. Long. 2" 5"'. *Memb. antér*. Long. 2" 3"'. *Memb. postér*. Long. 5" 8"'.

Observations. Pour nous, il est bien évident que la Rainette fémorale de Daudin, que quelques erpétologistes ont rapportée à la Rainette bicolore du même auteur, doit l'être au contraire à la Rainette squirelle.

26. LA RAINETTE ROUGE. *Hyla rubra*. Daudin.

CARACTÈRES. Tête fort aplatie, plane et horizontale en dessus, un peu allongée, à peine rétrécie en avant; contour de la mâchoire décrivant un demi-ovale; régions frénales légèrement concaves, penchées en dedans, se rapprochant l'une de l'autre en angle aigu, arrondi au sommet. Yeux grands, protubérants. Tympan médiocre, circulaire. Langue grande, elliptique, ridée longitudinalement, faiblement échancrée en arrière. Dents vomériennes situées positivement entre les arrière-narines, sur un rang transversal à peine interrompu au milieu. Un sillon longitudinal de chaque côté du sphénoïde. Doigts sans palmure, à disques terminaux transverso-elliptiques. Orteils palmés dans les trois quarts ou les quatre cinquièmes de leur longueur. Parties supérieures lisses. Un sac vocal sous-gulaire chez les mâles.

Synonymie. *Hyla rubra*. Daud. Hist. nat. Rain. Gren. Crap. pag. 26, Pl. 9, fig. 1-2.

Hyla rubra. Latr. Hist. Rept. tom. 2, pag. 176, fig. 1.

Hyla rubra. Daud. Hist. Rept. tom. 8, pag. 53.

Calamita ruber. Merr. Tent. syst. amph. pag. 171.

Hyla X-signata. Spix. Spec. nov. Test. Ranar. Bras. pag. 40, tab. 11, fig. 3.

Auletris rubra. Wagl. Syst. amph. pag. 201.

Dendrohyas rubra. Tschudi, Classif. Batrach. Mém. sociét. scienc. nat. Neuch. tom. 2, pag. 74; exclus. synon. *Dendr. aurantiaca* (*Hyla aurantiaca*).

DESCRIPTION.

Formes. La tête est fortement déprimée, et un peu plus longue que large; son contour horizontal donne la figure d'une demi-ellipse; ses côtés, en arrière des yeux, sont perpendiculaires, mais en avant de ceux-ci ils sont penchés l'un vers l'autre et légèrement concaves. Le bout du museau est convexe; le chanfrein, l'entre-deux des orbites et l'occiput forment un seul et même plan uni, horizontal; le *canthus rostralis*, qui est arrondi, se rapproche de son congénère en angle aigu, tronqué au sommet. L'œil est saillant et son diamètre, à peu près égal à la largeur du front; le tympan a en circonférence la moitié de celle de l'ouverture oculaire. La langue est un peu échancrée en arrière et libre dans le quart postérieur de sa longueur; elle a une forme elliptique, et sa surface est creusée de plusieurs sillons longitudinaux. Les trompes d'Eustachi sont beaucoup plus petites que les arrière-narines, entre lesquelles sont situées les dents vomériennes, qui forment une courte et forte rangée transversale à peine interrompue au milieu. Le palais est creusé d'une gouttière, à droite et à gauche du sphénoïde; la peau du plafond de la bouche est épaisse, lâche ou peu adhérente aux os; celle de la gorge des mâles est susceptible de se dilater en forme de goître, mais à un degré moindre que chez la Rainette verte. La poitrine offre en travers un large pli légèrement arqué; il en existe un petit au-dessus de l'oreille. Lorsqu'on étend les membres dans un sens opposé, en les couchant le long du tronc, ceux de devant atteignent aux aines, et ceux de derrière dépassent le bout du museau, de la longueur du pied y compris la moitié ou la totalité du tarse. Les doigts et les orteils sont déprimés et assez étroits ; leurs disques terminaux, moins dilatés en long qu'en travers, ont une forme elliptique ; leur plus grand diamètre est presque égal à celui du tympan. Les doigts pourraient jusqu'à un certain point être considérés comme complétement libres, tant est courte la membrane qui les réunit ; les orteils offrent, au contraire, une palmure assez développée pour que les deux dernières phalanges du quatrième et la dernière du premier, du second, du troisième et du cinquième soient les seules qui ne s'y trouvent pas engagées. Les renflements sous-articulaires sont bien prononcés, et les paumes et les plantes offrent de très-petites verrues. Toutes les parties supérieures sont lisses ; tandis qu'en dessous il n'y a guère que la gorge et les quatre pattes, moins les régions fémorales, qui ne soient pas granuleuses.

Coloration. C'est une mauvaise dénomination que Daudin a choisie pour cette espèce en lui appliquant celle de *Rubra ;* car elle a moins souvent le fond de ses parties supérieures rouge ou plutôt roussâtre que d'une teinte d'un fauve cendré, grisâtre ou ardoisé ; il existe presque toujours une tache brune triangulaire entre les yeux ; quelques individus ont tout le corps semé de points de la même couleur ; d'autres offrent de grandes taches irrégulières, ou même des bandes longitudinales ; sur le dos et de chaque côté on en remarque ordinairement une, qui se courbe et se rapproche plus ou moins de sa congénère, de manière à représenter grossièrement la figure d'un X. C'est à cette particularité que Spix a voulu faire allusion en donnant le nom de *X - Signata* à la Rainette rouge de Daudin, espèce dont le voyageur bavarois a publié un mauvaise figure dans son ouvrage sur les Tortues et les Grenouilles du Brésil. Certains sujets et particulièrement ceux colorés en roussâtre portent une bande fauve à droite et à gauche, sur la partie latérale du dos. Il y en a dont les régions inguinales et les faces postérieures des cuisses présentent des marbrures blanches et noirâtres. Tous ou presque tous ont le dessus des pattes de derrière coupé de bandes brunes, transversalement, et le *canthus rostralis* parcouru dans toute sa longueur par une raie d'un brun foncé. Le dessous de l'animal est entièrement blanc.

Dimensions. *Tête.* Long. 1" 4"'. *Tronc.* Long. 2" 8"'. *Memb. antér.* Long. 2" 3"'. *Memb. postér.* Long. 5" 9"'.

Patrie. Cayenne et le Brésil sont les deux parties de l'Amérique méridionale d'où nous avons toujours reçu jusqu'ici cette espèce de Rainette. Nous possédons une suite nombreuse d'échantillons que nous devons aux soins de MM. Leprieur, Gaudichaud, Vautier, Leschenault et Doumerc.

Observations. Daudin a décrit et fait représenter sa Rainette rouge d'après un individu de notre Musée, qu'il a pris à tort pour le modèle de la figure n° 5, de la Pl. 68 du tome 2 de l'ouvrage de Séba ; car cet individu ne provient pas du cabinet de ce dernier. M. Tschudi s'est également trompé en réunissant à la Rainette rouge de Daudin la Rainette orangée du même auteur : celle-ci est la même que la Rainette lactée de l'erpétologiste français que nous venons de nommer, et dont M. Tschudi a, sans nécessité, fait un genre particulier sous le nom de *Sphænorhincus.*

27. LA RAINETTE DE LESUEUR. *Hyla Lesueuri.* Nobis.

Caractères. Tête courte, plate, élargie en arrière, à côtés antérieurs formant un angle obtus, arrondi au sommet ; régions frénales penchées en dedans; un léger sillon longitudinal au-dessous du *canthus rostralis;* celui-ci distinct, sub-aigu. Yeux assez grands et médiocrement saillants. Tympan petit, circulaire. Langue sub-circulaire, très-faiblement échancrée en arrière, libre dans le tiers postérieur de sa longueur. Trompes d'Eustachi plus petites que les arrière-narines ; entre celles-ci, deux rangs de dents vomériennes très-courtes, un peu obliques ou affectant la forme d'un chevron ouvert au sommet. Palais non creusé d'un sillon de chaque côté du sphénoïde. Pas de membrane inter-digitale ; palmure des pieds s'étendant presque jusqu'à l'extrémité des orteils. Un renflement glanduleux au coin de la bouche ; un autre, descendant du bord de l'orbite sur l'épaule, en s'élargissant; parties supérieures lisses; pas de vessie vocale.

Synonymie. *Hyla oculata.* Per. Les. M. S. S.

DESCRIPTION.

Formes. La tête est au moins aussi large que longue et très-déprimée ; sa face supérieure est plane et légèrement inclinée en avant. Les côtés de la mâchoire supérieure sont très-faible-

38.

ment arqués, ils se rapprochent l'un de l'autre en formant un angle peu obtus ou presque aigu, arrondi au sommet. Les tempes sont perpendiculaires, et les régions frénales un peu penchées en dedans; on remarque un léger creux longitudinal à leur bord supérieur ou sous le *canthus rostralis*, qui est aigu et qui s'étend jusqu'au bout du museau en passant au-dessus de la narine. Le museau est convexe. Le contour de la bouche est en demi-cercle un peu forcé. Les yeux saillent au-dessus du crâne; le diamètre de leur ouverture est égal aux trois quarts de la largeur de l'espace inter-orbitaire; celui du tympan, qui est presque ovalaire, n'a guère que la moitié de cette étendue. La langue a la forme d'une ellipse extrêmement courte; elle est adhérente dans les deux tiers antérieurs de sa longueur, et sa marge postérieure est plutôt légèrement infléchie en dedans que réellement échancrée. C'est positivement entre les arrière-narines que se trouvent situées les dents vomériennes, qui forment deux rangs obliques très-courts; si ces rangs étaient contigus, ils donneraient la figure d'un chevron ou d'un angle obtus, ayant son sommet dirigé en arrière. Les narines internes sont peu ouvertes, et les trompes d'Eustachi encore moins; les unes et les autres sont ovalaires. Couchées le long des flancs, les pattes postérieures atteignent au bout du museau par l'extrémité de la jambe; placés de la même manière, les membres thoraciques s'étendent un peu au delà du coccyx. Les doigts sont complétement libres, mais les orteils offrent une palmure qui ne laisse libres que les deux dernières phalanges du quatrième et la dernière seulement des quatre autres. Aux mains et aux pieds, les épatements du bout des doigts sont circulaires, et d'un diamètre deux fois plus petit que celui de la membrane tympanale. Les renflements sous-articulaires sont médiocrement développés; on ne voit de verrues granuliformes, ni aux faces plantaires, ni aux faces sous-palmaires. Tout le dessus du corps est lisse, le dessous est très-finement granuleux aux régions fémorales et aux abdominales. La peau de la poitrine fait un pli transversal; il existe un cordon glanduleux qui va toujours en s'élargissant depuis l'œil jusque sur l'épaule; puis on voit une protubérance de même nature derrière le tympan et l'angle de la bouche. Le bord externe du tarse porte un rudiment de membrane flottante.

On doit croire que cette espèce ne possède pas de vessie vocale; car, malgré tout le soin que nous avons mis à examiner l'intérieur de la bouche de deux individus qui sont évidemment du sexe masculin, nous n'avons pu y découvrir d'orifices communiquant avec la gorge. C'est jusqu'ici le seul exemple que nous ayons à citer à cet égard parmi les Rainettes.

COLORATION. L'un des deux sujets dont nous venons de parler a les parties supérieures d'un brun ardoisé. Le *canthus rostralis* est marqué d'une ligne noire, une bande de la même couleur s'étend de l'angle postérieur de l'œil à l'épaule. Le dos est irrégulièrement tacheté de brun très-foncé. Le derrière des cuisses est ponctué de blanc sur un fond d'un noir bleuâtre ; ces deux couleurs forment des marbrures sur les mâchoires. Toutes les régions inférieures sont d'un blanc jaunâtre. Chez notre second individu, le dos, bien certainement décoloré, est blanchâtre, et toutes les parties qui, dans le premier, offrent une couleur noirâtre, sont d'un brun marron.

Dimensions. Tête. Long. 1" 6'''. *Tronc.* Long. 2" 5'''. *Memb. antér.* Long. 2" 3'''. *Memb. postér.* Long. 7" 1'''.

PATRIE. Les deux seuls échantillons par lesquels cette espèce nous soit connue, proviennent du port Jackson ; l'un a été rapporté par Péron et Lesueur, l'autre par MM. Quoy et Gaimard.

28. LA RAINETTE D'EWING. *Hyla Ewingii.* Nobis.

CARACTÈRES. Dents vomériennes situées entre les arrière-narines au niveau de leur bord postérieur, sur une courte rangée transversale largement interrompue au milieu ; dessus de la paupière supérieure et haut des côtés du tronc, tuberculeux. Une vessie vocale chez les mâles.

DESCRIPTION.

FORMES. Les particularités exprimées dans la phrase précédente, sont les seules que présente la Rainette d'Ewing, examinée comparativement avec la Rainette de Lesueur.

COLORATION. Cependant son mode de coloration n'est pas non plus le même. Les parties supérieures offrent un gris verdâtre. A partir des yeux, la tête, en arrière, et toute la région dorsale sont marquées de petits points noirs si rapprochés les uns des autres, qu'on croirait voir une large bande noire s'étendant depuis le front jusqu'aux reins. Le museau porte, à droite et à gauche, une raie noire qui commence à sa pointe et se termine à l'angle antérieur de l'œil. La tempe est colorée en noir, et il existe une ligne blanche sous l'œil et le tympan. Le dessus des pattes est pointillé de brun foncé. Toutes les régions inférieures sont jaunâtres.

Dimensions. Tête. Long. 1" 4'''. *Tronc.* Long. 2" 4'''. *Membr. antér.* Long. 2". *Membr. postér.* Long. 4" 8'''.

PATRIE. Cette espèce se trouve à la terre de Van Diémen. Nous en possédons un échantillon qui nous a été donné par la société zoologique de Londres, dans le Musée de laquelle il y en a plusieurs autres qui proviennent d'un don fait par M. Ewing.

29. LA RAINETTE A BOURSE. *Hyla marsupiata.* Nobis.

CARACTÈRES. Tête courte, plate, élargie en arrière, à côtés antérieurs formant un angle obtus, arrondi au sommet; régions frénales penchées en dedans, légèrement canaliculées derrière les narines; *canthus rostralis* distinct, sub-aigu. Yeux assez grands, médiocrement protubérants. Tympan petit, sub-ovalaire. Langue grande, sub-circulaire, libre dans le tiers postérieur de sa longueur, un peu échancrée en arrière. Dents vomériennes formant une rangée transversale, à peine interrompue au milieu, située positivement entre les arrière-narines. Celles-ci médiocres, arrondies, ainsi que les trompes d'Eustachi. Palais creusé d'un faible sillon de chaque côté du sphénoïde. Un rudiment de membrane entre les trois derniers doigts seulement; palmure des pieds très-courte. Peau du dos glanduleuse; une poche sur la région lombaire.

DESCRIPTION.

FORMES. Cette espèce présente une particularité qui seule peut la faire reconnaître entre toutes ses congénères : c'est l'existence sur le milieu de la partie postérieure du dos ou de la région des lombes, d'un repli rentrant de la peau formant une poche cylindrique de près d'un centimètre de profondeur, dont l'ouverture regarde en arrière; ouverture qui s'agrandit ou se rétrécit en quelque sorte comme celle d'une bourse. Quel est l'usage de cette poche? Nous l'ignorons. Cependant, en y réfléchissant, on est porté à croire qu'elle est destinée à servir de réceptacle aux œufs pendant un temps plus ou moins long après la ponte. Et, en cela, il n'y aurait rien, ce nous semble, qui dût paraître plus extraordinaire que ce qui a été observé et bien reconnu depuis longtemps chez deux autres Batraciens anoures. En effet, l'*Alytes obstetricans* mâle, après avoir fécondé les œufs de la femelle au moment où ils s'échappent du corps de celle-ci, et les avoir ensuite enroulés en ∞ de chiffre autour de ses pattes de derrière, ne les porte-t-il pas ainsi pendant plusieurs semaines, avant d'aller les déposer dans les eaux où ils doivent éclore? La femelle du Pipa ne porte-t-elle pas les siens sur son dos dans des cellules où non-seulement ils éclosent, mais où le petit animal subit ses métamorphoses? Dans le cas où quelque chose d'analogue aurait lieu à l'égard de notre Rainette, ce serait le mâle qui, comme chez le Pipa, placerait les œufs dans la poche en question, car l'individu chez lequel nous l'avons observée est du sexe féminin; puis les œufs, contre l'ordinaire, seraient en très-petit nombre, vu le peu de capacité de cette poche si singulièrement située.

La Rainette à bourse a la tête plate et un peu plus large en arrière qu'elle n'est longue de l'occiput au bout du nez ; son contour, d'un angle de la bouche à l'autre en passant par le museau, donne la figure d'un angle obtus à sommet arrondi, et à côtés légèrement arqués. Les tempes et les régions frénales sont penchées en dedans, mais celles-ci, qui se rapprochent l'une de l'autre en angle aigu, le sont un peu moins que celles-là. Au-dessous du *canthus rostralis* est un sillon qui s'étend de la narine à l'angle antérieur de l'œil. Le bout du museau est convexe ; le chanfrein, le front et l'occiput forment ensemble un plateau uni, horizontal. Les yeux font peu de saillie sur le crâne; le diamètre de leur ouverture est double de celui du tympan, mais égal à la longueur de l'espace qui sépare la narine de l'orbite. Les membres antérieurs, placés le long du tronc, atteignent aux aines ; les pattes de derrière, étendues vers le museau, le dépassent de la longueur du pied, non compris le tarse. Les doigts et les orteils sont minces, étroits, et à pelotes terminales de moitié au moins plus petites en circonférence que le tympan. Il n'y a qu'un simple rudiment de membrane entre les trois premiers doigts. La palmure des orteils est si coute, qu'elle les laisse libres dans les trois quarts de leur étendue ; les trois premiers sont insérés sur une même ligne transversale, et les deux premiers plus en arrière, l'un après l'autre. Les faces palmaires sont tuberculeuses, et les plantaires lisses. Il y a des renflements sous-articulaires bien prononcés. Le dos et les flancs sont couverts de petites glandes aplaties, à pores bien distincts; la poitrine et le ventre en offrent de semblables; le derrière des cuisses est finement granuleux, et le reste des régions inférieures lisse. Il existe un petit bourrelet glanduleux au-dessus du tympan, et un renflement de même nature derrière la commissure des mâchoires.

COLORATION. Tout le dessus de l'animal est d'un gris foncé, nuancé de brun; la région anale et le dessous des tarses et des cuisses présentent de petits points blancs sur un fond noirâtre. L'abdomen est gris, vermiculé de brun clair; la gorge est grisâtre. Une raie noire parcourt toute la longueur du *canthus rostralis*.

DIMENSIONS. *Tête*. Long. 1" 5"'. *Tronc*. long. 3" 5"'. *Memb. antér.* Long. 3". *Memb. postér.* 7".

PATRIE. Nous n'avons encore vu de cette espèce qu'un individu trouvé à *Cuzco*, au Pérou, par M. Pentland, qui en a fait don au Muséum, avec plusieurs autres Reptiles fort intéressants des mêmes contrées.

30. LA RAINETTE PATTES-ORANGÉES. *Hyla citropa*. Péron et Lesueur.

CARACTÈRES. Langue épaisse, entière, exactement circulaire, libre dans le tiers postérieur de sa longueur. Dents vomériennes disposées sur deux rangs obliques, forts, très-courts, formant un V ouvert à sa base, et dont les branches touchent presque, chacune de leur côté, à l'angle postérieur interne des arrière-narines; celles-ci petites, arrondies. Trompes d'Eustachi au moins aussi petites, mais transverso-ovalaires. Doigts et orteils courts; ceux-là complétement libres, ceux-ci palmés seulement à leur racine.

SYNONYMIE. *Hyla citropa*. Pér. Les. M. S. S.

Dendrohyas citropa. Tschudi, Classif. Batrach. Mém. sociét. scienc. nat. Neuch. tom. 2, pag. 75.

DESCRIPTION.

FORMES. La tête est fort plate, parfaitement plane et unie en dessus; son contour ou plutôt celui de la mâchoire supérieure, décrit un demi-cercle régulier. Elle est un peu plus large que longue; les tempes sont verticales. Les régions frénales, qui sont hautes, presque perpendiculaires et légèrement concaves, se réunissent, en devant, en angle aigu, fortement tronqué au sommet. Le bout du museau est un peu convexe. Les narines s'ouvrent au haut et de chaque côté de ce dernier ; elles sont ovalaires, et dirigées obliquement en arrière. Le *canthus rostralis* est bien distinct, quoique arrondi ; la distance qui sépare les yeux l'un de l'autre est aussi grande que celle qui existe du bout du museau au bord antérieur de l'orbite. Les yeux sont forts grands et très-protubérants ; le diamètre de leur ouverture est égal à la largeur de la région inter-orbitaire, et elle a le double de celui du tympan, qui est circulaire. La tête offre un peu moins de largeur au niveau des oreilles qu'au niveau des yeux. Le palais est à peine concave à droite et à gauche du sphénoïde. Les membres antérieurs ont la même étendue que le tronc ; la jambe et la cuisse sont à elles deux aussi longues que ce dernier et la tête. Les doigts et les orteils, qui sont eux-mêmes très-déprimés, ont leurs disques terminaux fort aplatis, sub-quadrilatères, et d'un quart seulement moins grand que le tympan. Il n'y a pas de membranes interdigitales. La palmure des orteils les laisse libres dans un peu plus de la moitié de leur longueur ; les trois derniers sont attachés sur une même ligne transversale, le premier et le second plus en arrière, l'un devant l'autre. La paume des mains est tuberculeuse ; la plante des pieds est unie, mais toutes les phalanges offrent des renflements sous-articulaires. Un cordon glanduleux, élargi en arrière, s'étend au-dessus du tympan depuis l'orbite jusque sur l'épaule ; on voit aussi une protubérance poreuse à chaque coin de la bouche. Toutes les parties supérieures sont lisses, ainsi que le devant et le derrière des cuisses, le dessous des bras, des jambes et des tarses ; mais la peau du ventre, de la poitrine, d'une grande partie de la gorge et de la face inférieure des cuisses, est granuleuse. On remarque un très-faible repli cutané, en travers de la poitrine.

COLORATION. La belle teinte orangée, qui, dans l'état de vie, règne sur la région abdominale, sous les membres et sur le devant et le derrière des cuisses de cette Rainette, a complétement disparu chez le sujet que nous avons maintenant sous les yeux ; elle est remplacée par une couleur de paille. La gorge et la poitrine sont blanches. La tête et le dos présentent une teinte lie-de-vin claire ; le dessous des yeux, le dessus des membres et la région lombaire sont lavés de violet. Les renflements glanduleux des côtés du cou sont d'un brun-marron, couleur qui s'étend en bande longitudinale, depuis le bout du museau jusqu'à l'œil, en passant par la narine et en suivant le *canthus rostralis*. Les pattes sont clair-semées de petits points noirs.

DIMENSIONS. *Tête*. Long. 2" 1"'. *Tronc*. Long. 3" 6"'. *Membr. antér*. Long. 3" 5"'. *Membr. postér*. Long. 8" 5"'.

PATRIE. La Nouvelle-Hollande est le pays qui produit cette belle espèce d'Hylæforme. Le seul sujet que renferme notre Musée a été recueilli au port Jackson par Péron et Lesueur.

31. LA RAINETTE DE JACKSON. *Hyla Jacksoniensis*. Nobis.

CARACTÈRES. Tête allongée, plate, étroite, à côtés formant un angle aigu, arrondi au sommet; régions frénales légèrement concaves, fortement penchées en dedans; *canthus rostralis* subaigu. Yeux grands, protubérants. Tympan grand, ovalaire. Langue sub-circulaire ou elliptique, libre dans le tiers postérieur de sa longueur, offrant une très-petite échancrure en arrière. Arrière-narines médiocres, ovalaires; trompes d'Eustachi de même forme et de même grandeur que ces dernières, entre lesquelles sont situées les dents vomériennes, disposées sur deux rangs assez forts, courts, un peu obliques, ou affectant la forme d'un V à branches très-écartées, ouvert à sa base, qui est dirigée en arrière. Palais creusé d'un sillon, de chaque côté du sphénoïde. Pas de membranes interdigitales; palmure des pieds laissant libres les deux dernières phalanges du quatrième orteil et la dernière seulement des quatre autres. Parties supérieures lisses. Une glande au coin de la bouche, et un cordon glanduleux de chaque côté du dos. Une vessie vocale sous-gulaire chez les mâles.

SYNONYMIE. *Rana aurea*. Less. Voy. Coq. Zool. Tom. 2, 1re part., pag. 60, pl. 7, fig. 2.

Hyla Jacksoniensis. Nob. M. S. S.

Ranoidea Jacksoniensis. Tschudi. Classif. Batrach. Mém. Sociét. scienc. Neuch. tom. 2, pag. 79.

DESCRIPTION.

FORMES. L'ensemble des formes de cette espèce est exactement celui d'une Grenouille de notre pays. La tête, très-plate et un peu plus longue que large, est fort étroite, comparativement à celle des autres Rainettes. Son contour, d'un angle de la bouche à l'autre, en passant par le museau, donne la figure d'un angle aigu, arrondi au sommet. Le chanfrein, l'entre-deux des yeux et l'occiput forment ensemble une surface horizontale unie. Les narines sont situées à égale distance de l'œil et du bord antérieur du museau, dont le bout, en dessus, est légèrement convexe et un peu incliné en avant.

Les régions frénales sont fortement penchées l'une vers l'autre, et creusées longitudinalement au-dessous du *canthus rostralis*, qui s'arrête à la narine. Les yeux sont grands et assez fortement saillants ; le diamètre de leur ouverture est un peu plus étendu que l'intervalle qui les sépare, et celui-ci est égal à la distance qu'il y a de la narine au bord antérieur de l'orbite. Le tympan est ovalaire, et sa longueur un peu moindre que celle de la fente des paupières. Les côtés postérieurs de la tête sont légèrement penchés en dedans.

La bouche est largement fendue ; on voit dans son intérieur, à chacun de ses angles, le long de la branche sous-maxillaire, un orifice longitudinal qui donne entrée à l'air nécessaire pour gonfler le sac vocal situé sous la gorge. Nous ferons remarquer que ces orifices sont toujours placés plus en avant que chez les autres espèces du genre Rainette.

Les doigts et les orteils sont assez gros et très-déprimés; ceux-là sont libres, mais ils offrent néanmoins de chaque côté dans toute leur longueur, un rudiment de membrane en bordure. La palmure des pieds est forte et étendue jusqu'aux deux dernières phalanges du quatrième orteil, et jusqu'à la dernière du premier, du second, du troisième et du cinquième. Tous les disques terminaux sont très-aplatis, et de moitié moins grands que la membrane du tympan. Les phalanges présentent des renflements sous-articulaires bien prononcés ; la paume des mains est tuberculeuse, mais la plante des pieds est unie. Il existe une petite saillie cutanée le long du bord interne du tarse.

La tête, le dos et la face supérieure des membres sont lisses. Un cordon glanduleux, peu apparent chez les jeunes sujets, mais bien distinct chez les individus déjà d'un certain âge, s'étend en droite ligne, depuis le bord postérieur de l'orbite jusqu'à l'aine; il y en a un second qui va de l'angle de la bouche à l'épaule. La poitrine offre, en travers, un repli de la peau, qui se perd sous le bras, à droite et à gauche. Les régions fémorales inférieures, l'abdominale, la pectorale et quelquefois aussi la gulaire sont granuleuses.

Coloration. *Variété* A. Le dessus de la tête et celui du tronc sont colorés en brun marron, tantôt clair, tantôt foncé ; la face supérieure des membres leur ressemble quand elle n'est pas lavée de bleuâtre comme cela arrive quelquefois. Il part de la narine une raie noire ou d'un brun plus sombre que celui du dos, laquelle, après s'être beaucoup élargie en arrière de l'œil, par-dessus lequel elle passe, cotoie le haut des flancs jusqu'à la racine de la cuisse. Cette raie est d'autant moins sensible, que l'animal est plus âgé. Les cordons glanduleux sont blancs ; dans l'état de vie, ils offrent une belle couleur d'or. Les régions inférieures présentent une teinte blanchâtre.

Variété B. A l'exception des cordons glanduleux des côtés du dos, qui sont blancs, toutes les parties supérieures du corps présentent une seule et même teinte d'un gris bleuâtre.

Dimensions. *Tête*. Long. 2" 8'''. *Tronc*. Long. 5". *Memb. antér*. Long. 4" 5'''. *Membr. postér*. Long. 12" 4'''.

Patrie. Notre collection renferme une nombreuse et belle série d'échantillons, de cette espèce qui ont été recueillis au port Jackson par MM. Péron et Lesueur, Quoy et Gaimard, Garnot et Lesson.

Observations. C'est avec cette Rainette que M. Tschudi a formé son genre *Ranoidea*.

32. LA RAINETTE BEUGLANTE. *Hyla boans*. Daudin.

Caractères. Tête allongée, plate, à côtés formant un angle aigu, arrondi au sommet ; régions frénales peu penchées en dedans, faiblement canaliculées derrière les narines ; *canthus rostralis* aigu. Yeux très-grands, très-protubérants. Tympan médiocre, circulaire. Langue elliptique, à peine libre, mais distinctement échancrée à son bord postérieur. Arrière-narines grandes, ovalaires ; trompes d'Eustachi de moitié plus petites que celles-ci. Dents vomériennes distribuées sur une forte et longue rangée en demi-cercle, dont la convexité regarde en avant, et dont les extrémités touchent aux os palatins. Palais creusé d'un faible sillon longitudinal de chaque côté du sphénoïde. Un rudiment de membrane entre les trois derniers doigts. Palmure des pieds ne s'étendant pas jusqu'à l'extrémité des orteils. Parties supérieures lisses ; un cordon glanduleux linéaire au-dessus du tympan et en travers de l'épaule. Une vessie vocale sous-gulaire chez les mâles.

SYNONYMIE. *Hyla boans*. Daud. Hist. Rain. Gren. Crap. pag. 31, Pl. XI (exclus. Synon. *Rana boans*, Linn. *Calamita fasciata*, Schneid., etc., etc.)

Hyla boans. Latr. Hist. Rept. tom. 2, pag. 184, fig. 3.

Hyla boans. Daud. Hist. Rept. tom. 8, pag. 64.

Auletris boans. Wagl. Syst. amph. pag. 201.

Hypsiboas boans. Tschudi, Classif. Batrach. Mém. soc. scienc. nat. Neuch. tom. 2, pag. 72.

DESCRIPTION.

FORMES. Cette espèce a le corps allongé et fort étroit en arrière. Sa tête, d'un cinquième plus longue que large, est très-déprimée et tout à fait plane en dessus; ses côtés forment un angle aigu, arrondi au sommet. Les régions frénales sont hautes, presque verticales, et un peu creusées longitudinalement sous le *canthus rostralis*, qui est bien marqué. Les narines sont situées latéralement vers le premier tiers de l'étendue qui existe entre la pointe du museau et le bord antérieur de l'orbite; la largeur du crâne, entre les yeux, est égale aux deux tiers de cette même étendue; cette dimension est aussi celle de l'ouverture des yeux, mais le tympan est de moitié plus petit. Les côtés postérieurs de la tête sont perpendiculaires. Les mâles ont un sac vocal sous la gorge; les ouvertures par lesquelles l'air y pénètre sont longitudinales, et situées le long de la branche sous-maxillaire, immédiatement en avant de son point d'articulation avec le crâne. La jambe et la cuisse sont à elles deux aussi longues que le tronc et la tête; les membres antérieurs atteignent aux aines, lorsqu'on les couche le long des flancs. Le diamètre du disque, dans l'épaisseur duquel est cachée la dernière phalange, est d'un quart moindre que celui du tympan. Il n'y a pas de membrane entre le premier doigt et le second; mais il en existe une excessivement courte, il est vrai, entre le second et le troisième, ainsi qu'entre le troisième et le quatrième. La dernière phalange du cinquième orteil, et les trois dernières du quatrième, ne sont pas engagées dans la palmure des pieds; cette palmure s'étend jusqu'à la dernière phalange, exclusivement, du premier orteil, du second et du troisième, mais cela le long de leur bord externe seulement; car, le long de leur bord interne, elle ne va que jusqu'à l'avant-dernière. Les paumes des mains et les plantes des pieds sont verruqueuses; il y a des renflements hémisphériques sous les articulations des phalanges. On voit au-dessus du tympan un cordon glanduleux, étroit, rectiligne, qui commence au bord postérieur de l'orbite et qui finit derrière l'épaule. Toutes les régions supérieures sont lisses; à la face inférieure de l'animal, il n'y a de granuleux que le ventre et le dessus des cuisses. Chez les mâles, la peau de la gorge offre des séries transversales de très-petits plis en zigzags. Dans les deux sexes, la poitrine est coupée transversalement par un grand repli de la peau légèrement arqué.

Coloration. Nous ignorons quel est le mode de coloration de cette espèce à l'état de vie. Les individus conservés dans les collections offrent, en dessus, une teinte blanchâtre, fauve, violacée, olivâtre ou d'un brun marron clair, avec une ligne brune, qui s'étend longitudinalement depuis le milieu du bout du museau jusque sur la région lombaire, et des raies étroites de la même couleur, en travers du dos et des membres. Ils présentent presque tous une bande d'une couleur sombre, allant de l'extrémité antérieure de la région frénale à l'épaule, en passant par la narine, l'œil et le tympan; presque tous aussi ont le dessous du tarse brun, et son côté externe bordé de blanc, le contour de l'anus noirâtre, avec une raie blanche en travers du coccyx, et une bande d'un brun foncé le long de la jambe, en dehors. Quelques-uns sont parsemés de très-petits points noirs. Les très-jeunes sujets sont irrégulièrement tachetés ou rayés de brun sur un fond blanc, lavé de roussâtre. Les bords de la bouche sont blancs, et les branches sous-maxillaires colorées en brun à leur face inférieure. Le dessous de l'animal est entièrement blanc.

Dimensions. *Tête*. Long. 2" 3'''. *Tronc*. Long. 4" 8'''. *Memb. antér*. Long. 3" 6'''. *Memb. postér*. Long. 11".

Patrie. La Rainette beuglante nous a été envoyée de Surinam, de Cayenne et du Brésil, par MM. Leschenault et Doumerc, Leprieur et Galot.

Observations. Cette *Hyla boans* est bien celle de Daudin, mais à laquelle ne se rapporte certainement aucun des synonymes qu'on lui a donnés jusqu'ici, tels que ceux de *Rana boans*, Linné, *Calamitas fasciata*, Schneider, etc., etc. Il est du reste bien difficile, et pour ainsi dire impossible de reconnaître d'une manière précise quelles sont les espèces dont ces auteurs ont voulu parler, à cause du vague dans lequel nous laissent leurs descriptions trop peu détaillées, et qui ne portent que sur des caractères nullement propres à faire distinguer une espèce d'une autre, aujourd'hui que le nombre des Batraciens, connus de leur temps, est plus que centuplé.

33. LA RAINETTE LEUCOPHYLLE.—*Hyla leucophyllata.* Beiris.

CARACTÈRES. Tête épaisse, large, très-courte, à côtés perpendiculaires formant un angle obtus, faiblement tronqué au sommet. Narines situées latéralement, tout à fait au bout du museau; yeux grands, très-peu protubérants; tympan petit, circulaire; langue médiocre, circulaire, ridée, à peine libre et excessivement peu échancrée à son bord postérieur. Dents vomériennes, petites, situées positivement entre les arrière-narines, sur deux courtes rangées transversales placées sur la même ligne, mais laissant entre elles un assez grand espace. Arrière-narines, grandes, ovalaires. Trompes d'Eustachi un peu plus petites et sub-triangulaires. Palais profondément creusé d'un sillon longitudinal de chaque côté du sphénoïde. Mains demi-palmées, palmure des pieds complète. Parties supérieures lisses. Deux plaques rugueuses, ovalaires, sur la poitrine.

SYNONYMIE. *Hyla leucophyllata*. Beiris. Schrift. Berl. naturf. Freund. tom. 4, pag. 178, tab. 41, fig. 4.

Rana leucophyllata. Gmel. Syst. nat. tom. I, part. III, pag. 1055, n° 34.

Calamita leucophyllatus. Schneid. Hist. Amph. Fasc. 1 pag. 168.

Rana leucophyllata. Shaw. Gen. zoolog. vol. 3, part. I, pag. 127.

Hyla frontalis. Daud. Hist. nat. Rain. Gren. Crap. pag. 24, pl. 7.

Hyla frontalis. Latr. Hist. Rept. tom. 2, page 177.

Hyla frontalis. Daud. Hist. Rept. tom. 8, page 45.

Calamita leucophyllatus. Merr. Tent. syst. amph. page 173, n° 23.

Hyla elegans. Wied. Abbild. Naturg. Brasil. pag. et pl. sans n^{os}.

Hyla elegans. Id. Beitr. Naturgesch. Brasil. tom. I, page 529.

Hyla leucophyllata. Gravenh. Delic. Mus. zool. Vratil. Fasc. I, pag. 31.

Hypsiboas leucophyllatus. Tschudi. Classif. Batrach. Mém. sociét. scienc. nat. Neuch. tom. 2, page 72.

DESCRIPTION.

FORMES. Cette espèce s'éloigne de toutes celles décrites précédemment, par la brièveté et la forme de sa tête, qui est presque tout à fait plane en dessus, les yeux étant à peine saillants. A partir de ceux-ci, les côtés, qui sont verticaux, se rapprochent l'un de l'autre, en angle obtus, un peu arrondi au sommet. Celui-ci correspond au bout du museau, qui est lui-même vertical, et de chaque côté duquel, tout au haut, s'ouvrent les narines, dont le contour est circulaire et dirigé latéralement. La tête, en arrière des yeux, est un peu plus étroite qu'au niveau de ces derniers, où sa largeur est d'un cinquième plus étendue que sa longueur totale. Le *Canthus rostralis* est arrondi, et la région frénale un peu concave en arrière du trou nasal; tandis que la surface de la mâchoire supérieure est légèrement convexe. La longueur de la fente palpébrale est égale à la distance qu'il y a entre l'extrémité du museau et le bord antérieur de l'orbite. La circonférence du tympan, qui est moins distinct que chez les autres espèces, n'a guère que la moitié de celle de l'ouverture de l'œil. Le contour de la bouche est en demi-cercle. Le tronc, à moins qu'on ne l'observe chez des femelles dont les ovaires sont pleins, ce qui le rend fortement arrondi de chaque côté, conserve jusqu'aux hanches la même largeur que la partie postérieure de la tête, après quoi il se rétrécit brusquement en angle aigu. La longueur des membres thoraciques est la même que celle du tronc; étendus en avant, les membres postérieurs atteignent au bout du nez par l'extrémité de la jambe. Les mains sont palmées, mais non entièrement, car la membrane qui réunit les doigts entre eux, n'a guère, entre les deux premiers, que la moitié de leur longueur; et entre les trois derniers, elle ne s'étend que jusqu'à la pénultième phalange exclusivement. La palmure des pieds est plus développée, attendu qu'elle ne laisse libre que la dernière phalange des orteils. Le disque terminal de ceux-ci, de même que celui des doigts, est très-aplati et d'une largeur à peu près égale celle de la membrane du tympan. Les uns et les autres offrent des renflements sous-articulaires bien prononcés. Les faces palmaires et les plantaires sont lisses. Il n'y a ni glandes ni replis de la peau aux côtés de la tête et sur les parties supérieures du corps, qui sont conséquemment tout à fait lisses. On peut en dire autant des régions inférieures, autres que le dessous des cuisses, le ventre et l'abdomen, dont la peau est granuleuse. Il existe, en plus, à la partie postérieure de la poitrine, deux grandes plaques rugueuses de forme ovalaire et tout à fait analogues à celles qu'on observe à un ou plusieurs doigts des individus mâles de beaucoup d'espèces de Batraciens anoures, à l'époque où s'accomplit l'acte de la reproduction.

Coloration. Sous le rapport du mode de coloration, cette espèce produit deux variétés bien distinctes. Toutes deux, il est vrai, ont le fond de leurs parties supérieures d'un brun noirâtre ou marron, une grande tache triangulaire d'un blanc d'argent couvrant comme une sorte de calotte tout le dessus de la tête, en avant de l'entre deux des yeux, puis une large bande d'un blanc d'argent aussi, de chaque côté de la nuque et du dos; mais chez l'une, cette bande se réunit à sa congénère sur la région lombaire de manière à former un grand angle aigu, dont le sommet touche presque à l'orifice anal. Chez l'autre, au contraire, les deux bandes blanches en question sont même un peu plus écartées l'une de l'autre, en arrière, qu'elles ne sont espacées en avant, et l'on voit en outre sur le milieu de la région sacrée une énorme tache ovalaire du même blanc que les bandes des côtés du dos. Dans la première variété, tout le dessus de la jambe est argenté; chez la seconde, il ne l'est que près du genou et sur un petit espace vers son milieu, de sorte que sur cette région des membres postérieurs, il existe réellement deux taches d'argent oblongues. Tantôt les coudes et les genoux sont marqués chacun d'une petite tache argentée, tantôt ils n'en offrent pas, et le plus souvent le bras en porte une au dessus du poignet. Les côtés de la tête sont toujours de la même couleur que le milieu du dos, et les régions inférieures entièrement blanches, ainsi que les cuisses, aussi bien en dessus que devant et derrière.

Dimensions. Cette espèce est de très-petite taille; car il ne semble même pas qu'elle atteigne celle de notre Rainette verte commune.

Tête. Long. 1" 2"'. *Tronc*. Long. 2" 5"'. *Memb. antér*. Long. 2" 3"'. *Memb. postér*. Long. 5" 5"'.

PATRIE. Cette jolie espèce se trouve à Surinam, à Cayenne et au Brésil ; nous en avons un individu anciennement rapporté du premier de ces trois pays par Levaillant; deux qui nous sont venus du second par les soins de M. Leprieur, et cinq qui ont été recueillis à Rio-Janeiro, par MM. Gaudichaud et Vautier.

Observations. La *Hyla leucophyllata* a été placée par M. Tschudi. dans son genre *Hypsiboas*.

34. LA RAINETTE ORANGÉE. *Hyla aurantiaca*. Daudin.

CARACTÈRES. Tête petite, courte, plate, à côtés un peu penchés en dehors, formant un angle aigu en avant des yeux. Narines petites, situées latéralement presque au bout du museau. Yeux assez grands, très-peu protubérants. Tympan petit, circulaire, peu distinct. Bouche petite. Langue circulaire, épaisse, entière, libre dans le quart ou le cinquième postérieur de sa longueur, très-grande ou couvrant toute la face inférieure de la cavité buccale. Dents vomériennes, situées entre les arrière-narines, au niveau de leur bord postérieur, sur une rangée transversale largement interrompue au milieu. Arrière-narines médiocres, ovalaires; trompes d'Eustachi de même grandeur que celles-ci, mais de forme subtriangulaire. Palais creusé d'un sillon longitudinal de chaque côté du sphénoïde. Mains demi-palmées; pieds à palmure complète. Parties supérieures lisses. Une vessie vocale sousgulaire chez les mâles.

SYNONYMIE. *Hyla aurantiaca*. Daud. Hist. Rain. Gren. Crap. pag. 28, pl. 9, fig. 3 ; exclus. Synon.

Hyla lactea. Id. Loc. cit. pag. 30, pl. 10, fig. 2.

Hyla lactea. Latr. Hist. Rept. tom 2, pag. 178.

Hyla aurantiaca. Daud. Hist. Rept. tom 8, pag. 57.

Hyla lactea. Id. loc. cit. tom. 8, pag. 62.

Calamita aurantiacus. Merr. Tent. syst. amph. pag. 172, nº 15.

Calamita lacteus. Id. loc. cit. pag. 172, nº 20.

Dendrohyas rubra. Tschudi. Classif. Batrach. Mém. sociét. scienc. nat. Neuch. tom. 2, pag. 74.

Sphænorhynchus lacteus. Id. loc. cit. pag. 71.

DESCRIPTION.

FORMES. Ce qui frappe de suite dans la physionomie de cette espèce, c'est la petitesse de sa tête, le peu de largeur de sa bouche, la figure anguleuse de son museau, et la forme bombée de son dos, particularités qui l'éloignent de ses congénères, et qui la rapprochent au contraire du genre suivant, celui des Micrhyles auxquelles elle lie en quelque sorte le groupe générique dont elle termine la nombreuse série.

La Rainette orangée est la seule espèce du genre qui nous occupe, chez laquelle les côtés de la tête soient un peu penchés en dehors, et dont l'angle qu'ils forment n'ait pas le sommet tronqué ou arrondi, de sorte que le museau est réellement pointu, et de plus coupé obliquement en dessous. La longueur totale de la tête est moindre que sa largeur au niveau des oreilles; sa face supérieure serait parfaitement plane, sans les deux petites saillies qu'y font les yeux. Le diamètre de l'ouverture de ceux-ci est égal à la distance qui les sépare des narines, lesquelles sont situées latéralement un peu en arrière de la pointe du museau. Il y a une aussi grande étendue entre les yeux qu'entre l'extrémité de ce dernier et le bord antérieur de l'orbite. Le tympan, qu'on distingue assez bien, malgré l'épaisseur de la peau qui le recouvre, est de moitié plus petit que l'ouverture oculaire. Le contour de la bouche est en demi-cercle. La peau de la gorge et celle de la poitrine font chacune un pli en travers. C'est entre ces deux plis que se dilate le sac vocal dont le mâle est pourvu. Les membres antérieurs ne sont pas tout à fait aussi longs que le tronc ; lorsqu'on étend les pattes de derrière vers la tête, elles la dépassent de l'étendue du pied, le tarse non compris. Les disques terminaux des doigts et des orteils sont aussi grands que le tympan. Aux mains, les deux dernières phalanges se trouvent en dehors de la membrane natatoire ; aux pieds, c'est seulement la dernière. Les renflements sous-articulaires des phalanges sont peu prononcés ; en dessous, les métacarpiens et les métatarsiens sont verruqueux ; en dessus, l'animal est complétement lisse ; celles de ses régions inférieures qui offrent des granules glanduleux, sont les fémorales, l'abdominale et la thoracique. On n'observe ni glandes, ni verrues aux côtés du cou, mais on remarque une petite expansion de la peau, formant comme deux lobules assez épais, à droite et à gauche, et un peu au-dessous de l'orifice anal.

39.

COLORATION. L'épithète d'orangée que Daudin a imposée à cette espèce ne lui convient en aucune façon ; du moins, l'individu de notre musée, qu'il a décrit et fait représenter sous ce nom, est-il d'un brun roussâtre uniforme en dessus comme en dessous, si ce n'est le long du bord externe du tarse où il existe une raie blanche. Nous possédons un second sujet de cette espèce que son long séjour dans la liqueur alcoolique a complétement décoloré. Ce sujet est celui dont l'auteur que nous venons de nommer a fait sa Rainette lactée, qui est devenue pour M. Tschudi le type d'un genre particulier appelé Sphénorhinque.

DIMENSIONS. *Tête.* Long 1" 2"'. *Tronc.* Long. 3"'. *Memb. antér.* Long. 2" 4"'. *Memb. postér.* Long. 5" 5"'.

PATRIE. Cette espèce est très-probablement originaire de l'Amérique méridionale ; mais nous n'en avons pas la certitude, attendu que nous ignorons complétement d'où nous sont venus les deux individus que nous venons de décrire, les seuls que nous ayons encore été dans le cas d'observer.

Observations. Daudin a donné de sa Rainette orangée une synonymie qu'il faut rejeter tout entière, car elle se compose d'une liste d'espèces qui n'ont pas le moindre rapport avec celle du présent article. Nous avons peine à comprendre comment il a pu ne pas s'apercevoir que les deux individus décrits et figurés par lui, l'un, sous le nom de *Hyla aurantiaca*, l'autre, sous celui de *Hyla lactea*, appartiennent à la même espèce ; et ce qui nous surprend plus encore, c'est que M. Tschudi, à qui il a été loisible de les examiner tous deux comparativement, ait placé, l'un parmi ses *Dendrohyas*, et créé pour l'autre un genre à part, ou celui de *Sphœnorhincus*, dont nous parlions tout à l'heure.

Xe GENRE MICRHYLE. — *MICRHYLA* (1).
Tschudi.

Caractères. Langue très-longue ou s'étendant jusqu'au fond de la bouche, un peu moins étroite en arrière qu'en avant, libre dans sa moitié postérieure. Palais dépourvu de dents. Tympan caché; trompes d'Eustachi excessivement petites. Quatre doigts déprimés, complétement libres, et à disques terminaux assez dilatés. Pieds palmés ; saillie du premier os cunéiforme, faible, obtuse. Une vessie vocale interne sous la gorge des mâles. Apophyses transverses de la vertèbre sacrée élargies en palettes triangulaires.

Ce genre se reconnaît aisément entre tous les autres à l'invisibilité de son tympan, à son manque de dents au palais et à la forme de sa langue, qui ressemble tout à fait à celle des Crapauds proprement dits : c'est un large ruban en pointe très-obtuse en avant, offrant une fort petite échancrure anguleuse en arrière, et qui occupe toute la longueur du plancher de la cavité buccale. Les doigts, au nombre de quatre, déprimés et sans le moindre rudiment de membrane, sont, le premier assez court, le second et le quatrième un peu plus longs, et le troisième plus étendu que les trois autres. Les orteils sont déprimés aussi, mais les quatre premiers vont en augmentant graduellement de longueur, et le cinquième est un peu plus court que le troisième. Le premier os cunéiforme fait une légère saillie obtuse.

(1) μικρός, petit, et de ὑλαῶς, *Hyla*.—Rainette. Voyez la note pag. 542 du présent volume.

Les apophyses transverses de la vertèbre sacrée sont dilatées en palettes. La gorge des mâles renferme une vessie vocale dont les orifices sont situés de chaque côté de l'extrémité postérieure de l'attache de la langue.

La seule espèce de Micrhyle que nous connaissions, est celle dont la description va suivre.

M. Tschudi, qui a établi ce genre, a commis une erreur dans la caractéristique qu'il en a donnée. Il y est dit effectivement que la langue est large, quand au contraire elle est beaucoup plus étendue en long qu'en travers. M. Tschudi, en parlant des doigts, se sert aussi des expressions de *longissimos* et de *graciles*, qui, nous devons le dire, ne sont nullement propres à faire reconnaître le Batracien qu'il a eu en vue de caractériser, car les extrémités terminales des pattes des Micrhyles sont peut-être moins longues et moins grêles que celles des espèces appartenant au genre précédent. Nous n'avons pas non plus aperçu les petites dents qui, selon M. Tschudi, existeraient au palais de la *Micrhyla achatina*. Il est vrai que nous n'avons pu exercer notre examen que sur trois sujets, dont la bouche n'est pas dans un état parfait de conservation, et chez lesquels le manque de dents au palais est peut-être dû à un accident.

1. LA MICRHYLE AGATINE. *Micrhyla achatina*. Tschudi.

Caractères. Parties supérieures offrant une tache brune en travers du vertex, et une autre sur le dos et les reins, assez dilatée pour en couvrir une grande partie.

Synonymie. *Hylaplesia achatina*. Boié. Isis, 1827, pag. 294.

Hyla achatina. Mus. Ludg. Batav.

Microhyla achatina. Tschud. Classif. Batrach. Mém. Soc. scienc. nat. Neuch. tom. 2, pag. 71.

DESCRIPTION.

Formes. Les formes de cette espèce, bien que plus sveltes, rappellent cependant, dans leur ensemble, celles de l'*Engystoma ovalis*, dont la taille est presque double de la sienne. La tête est petite et légèrement convexe en dessus. Les côtés, qui sont perpendiculaires, forment un angle aigu dont le sommet est arrondi. Les yeux sont latéraux, d'une grandeur moyenne et nullement saillants. La bouche est médiocrement fendue, et le *canthus rostralis* arrondi; c'est à l'extrémité antérieure de celui-ci que se trouve située la narine, dont l'ouverture regarde en haut. Un renflement glanduleux s'étend de l'angle de la bouche à la racine du bras. Non-seulement il n'y a ni parotide ni pli au-dessus de la région tympanale, mais la peau est lisse partout, même sous le corps et les cuisses, excepté à la partie de celles-ci qui avoisine l'anus, où l'on remarque quelques petits mamelons glanduleux. Couchés le long du tronc, les membres antérieurs s'étendent un peu au delà de l'aine; les pattes postérieures sont de beaucoup plus longues, puisque, portées en avant, elles touchent par le talon au bout du museau. Il y a un renflement sous-articulaire au premier doigt et au second, et deux au troisième et au quatrième; la paume de la main offre un tubercule assez développé. La membrane natatoire des pieds ne réunit pas les orteils dans toute leur longueur, mais elle se continue en bordure, à droite et à gauche, jusqu'à leur extrémité; les orteils, de même que les doigts, présentent des renflements sous-articulaires, au nombre de trois au quatrième, de deux au cinquième et au troisième; le premier et le second en ont chacun un. Les faces plantaires sont lisses.

COLORATION. Un gris olivâtre forme le fond de couleur des parties supérieures, qui offrent une grande tache brune liserée de blanchâtre en travers du vertex; puis une autre beaucoup plus grande, brune et liserée de blanchâtre aussi, qui couvre le dos et les reins. Cette seconde tache, en T à sa partie antérieure, se rétrécit ensuite, puis se dilate en un très-grand disque ovalaire. L'épaule est coupée obliquement par une large bande noirâtre qui commence à l'angle postérieur de l'œil, et se termine sur le milieu du flanc. D'autres bandes de la même couleur se montrent en travers de la face supérieure des membres. Le dessous de l'animal est plus ou moins vermiculé de noir, sur un fond d'un blanc jaunâtre sale.

DIMENSIONS. *Tête*. Long. 8'''. *Tronc*. Long. 1" 2'''. *Memb. antér.* Long. 1" 1'''. *Memb. postér.* Long. 3" 3'''.

PATRIE. Cette espèce est originaire de l'île de Java; nous en possédons trois individus qui nous ont été envoyés du Musée de

Leyde, sous le nom de *Hyla achatina*. C'est la même que Boié avait proposé (Isis, 1827, pag. 294) de réunir à la *Hyla tinctoria* de Daudin, et à un autre Anoure auquel il donnait le nom spécifique de *Borbonica*, pour en former son genre *Hylaplesia*.

XIe GENRE CORNUFÈRE. — *CORNUFER* (1). Tschudi.

Caractères. Langue grande, circulaire, libre et faiblement échancrée en arrière. Des dents voméro-palatines. Tympan distinct; trompes d'Eustachi médiocres. Quatre doigts un peu déprimés, complétement libres, à disques terminaux assez dilatés. Orteils déprimés aussi, et à disques terminaux semblables à ceux des doigts, mais réunis à leur base par une membrane très-courte. Saillie du premier os cunéiforme, faible, obtuse. Apophyses transverses de la vertèbre sacrée non dilatées en palettes.

Ce genre fait en quelque sorte le passage des Rainettes aux Hylodes, car d'une part il ressemble encore aux premières par la forme circulaire de sa langue, par la faible dépression de ses doigts et de ses orteils, et le vestige de membrane qui existe entre ces derniers; et d'un autre côté il se rapproche déjà des secondes par la gracilité de ces mêmes doigts et de ces mêmes orteils, et la non dilatation des apophyses transverses de sa vertèbre sacrée, en même temps qu'il tient des uns et des autres par la situation de ses dents du palais, qui sont implantées à la fois sur le vomer et les palatins, tandis qu'elles ne le sont que sur celui-là chez les Rainettes, et sur ceux-ci dans les Hylodes.

(1) *Cornufer* ou *cornuger*, qui a des cornes, qui porte des cornes.

Le nom de Cornufère, imposé à ce genre par M. Tschudi, n'est pas, il faut l'avouer, heureusement choisi ; car il n'indique nullement un caractère générique, suivant nous du moins, qui sommes loin de regarder comme telle la petite corne molle qui surmonte l'œil de l'espèce type du genre Cornufère. On aurait effectivement tort de croire que la particularité à laquelle ce nom d'origine latine fait allusion, ait quelque analogie avec celle que présentent les Cératophrys et les Mégalophrys, chez lesquels la paupière supérieure offre une conformation si singulière, développée qu'elle est à son bord libre en un long appendice dont le but évident est de protéger l'œil dans certaines circonstances où l'animal est appelé à se trouver. Ici, c'est tout simplement un tubercule conique qui s'élève au-dessus de la paupière supérieure, comme on en voit d'ailleurs, qui sont peut-être un peu moins alongés, il est vrai, chez tant d'autres Batraciens Anoures ; aussi n'en avons-nous pas fait mention dans la caractéristique placée en tête du présent article.

1. LE CORNUFÈRE UNICOLORE. *Cornufer unicolor.* Tschudi.

Caractères. Un tubercule conique au-dessus de chaque œil. Parties supérieures et inférieures uniformément brunes.

Synonymie. *Hyla cornuta.* Mus. Lugd. Batav.

Cornufer unicolor. Tschudi, Classif. Batrach. Mém. Sociét. scienc. nat. Neuch. tom. II, pag. 28 et 71, n° 3.

DESCRIPTION.

Formes. Cette espèce a la tête très-déprimée, aussi longue que large, triangulaire dans son contour horizontal, creusée en gouttière au milieu, depuis l'occiput jusqu'au front, plane entre celui-ci et les narines, en avant desquelles le museau s'arrondit en s'abaissant vers la mandibule inférieure. Du fond de la gouttière du vertex s'élève une petite crête longitudinale se croisant, vers son extrémité antérieure, avec une seconde qui s'étend du bord d'une orbite à l'autre. Les narines sont situées sur les côtés du bout du museau, au-dessous du *canthus rostralis*, qui est distinctement anguleux et saillant en dehors; leur ouverture est ovale, et un peu penchée de côté. Les régions frénales sont hautes, fortement couchées l'une vers l'autre. Les yeux sont grands, protubérants et protégés par de grandes paupières, dont la supérieure porte près de son bord et un peu en arrière, une pointe molle, conique, légèrement comprimée. Le tympan a en diamètre les deux tiers de la longueur de la fente palpébrale. La langue est un grand disque faiblement échancré en arrière, comme spongieux en dessus, qui couvre toute la surface inférieure de la cavité buccale. Le vomer produit deux fortes saillies triangulaires dont un des côtés, qui s'appuie sur les palatins, est armé d'une rangée de petites dents : ces saillies sont bien distinctement séparées l'une de l'autre. Les arrière-narines sont longitudino-ovales et d'une moyenne grandeur; les trompes d'Eustachi sont de moitié plus petites. Placées le long du tronc, les pattes de devant s'étendent jusqu'à l'orifice du cloaque; celles de derrière, portées du côté opposé, dépassent le bout du museau du quart de la jambe et de toute l'étendue du pied. Les doigts sont longs, grêles, étroits, un peu déprimés, et renflés sous toutes leurs articulations; on fait la même remarque à l'égard des orteils. Ceux-là sont tout à fait libres et d'égale longueur, excepté le troisième, dont l'étendue est presque double; ceux-ci sont réunis à leur racine par une petite membrane qui se prolonge en bordure fort étroite le long de leurs parties latérales. Les quatre premiers orteils augmentent graduellement de longueur; mais le cinquième, qui s'insère sur la même ligne que le quatrième, est presque aussi court que le troisième. Les faces palmaires et les plantaires sont lisses. Les régions scapulaires et celles qui avoisinent l'oreille sont semées de petits mamelons glanduleux, entrecoupés de petits replis de la peau, dont un, plus fort que les autres, prend naissance derrière l'œil, contourne le bord supérieur du tympan, et va finir à l'angle de la bouche. Toutes les autres parties du dessus du corps sont lisses. En dessous, il n'y a que la gorge et les membres qui le soient; car partout ailleurs la peau est finement granuleuse.

Coloration. Un brun foncé règne sur toutes les parties supérieures, et une teinte plus claire sur les inférieures.

Dimensions. *Tête*. Long. 2" 8"'. *Tronc*. Long. 5". *Memb. antér*. Long. 4" 2"'. *Memb. postér*. Long. 13".

Patrie. Cet *Hylæforme* est originaire de la Nouvelle-Guinée.

XIIe GENRE HYLODE. — *HYLODES* (1). Fitzinger.

Caractères. Langue grande, oblongue, entière, ou très-faiblement échancrée en arrière, libre dans sa moitié postérieure. Des dents palatines. Tympan distinct; trompes d'Eustachi généralement petites. Doigts et orteils grêles, arrondis ou subarrondis, complétement libres, peu épatés à leur extrémité. Saillie du premier os cunéiforme faible, obtuse. Apophyses transverses de la vertèbre sacrée non dilatées en palettes.

Les Hylodes ont les mains et les pieds complétement dépourvus de palmure, caractère qui, joint à celui de l'existence de dents, non sur le vomer, mais sur les os palatins, les fait aisément reconnaître entre les genres qui précèdent et ceux qui suivent immédiatement. Ils ont le tympan bien visible; les dents du plafond de leur bouche sont situées en arrière des narines internes et disposées le plus souvent sur une rangée en zigzag; leur langue est longue, libre dans sa moitié postérieure, généralement plus large en arrière qu'en avant et rarement échancrée à sa marge qui regarde le fond de la cavité buccale. Leurs doigts et leurs orteils sont inégaux, arrondis plutôt que déprimés, et à épatements terminaux assez ordinairement d'un petit diamètre. Les apophyses transverses de la vertèbre sacrée ne sont pas élargies en palettes. Les mâles, au moins chez les espèces dont nous avons pu examiner des individus de ce sexe, offrent un sac vocal sous-gulaire, ayant ses orifices médiocres, longitudinaux, situés l'un à droite, l'autre à gauche de la langue, assez près de l'articulation des mâchoires.

---

(1) Υλωδης, *sylvestris*, qui est dans les bois.

Les Hylodes ont plusieurs points de ressemblance avec les Cystignathes, genre de la famille des Raniformes.

TABLEAU SYNOPTIQUE DES ESPÈCES DU GENRE HYLODE.

Extrémité des doigts	dilatée en disque plat : dos	lisse : pointe du museau	obtuse.	1. H. DE LA MARTINIQUE.
			aiguë. .	2. H. OXYRHINQUE.
		semé de petites verrues.		3. H. DE RICORD.
	simplement renflée à la face inférieure.			4. H. RAYÉ.

1. L'HYLODE DE LA MARTINIQUE. *Hylodes Martinicensis.* Tschudi.

(Voyez Pl. 89, fig. 2 et 2 a.)

CARACTÈRES. Bout du museau tronqué. Langue élargie, arrondie en arrière et très-faiblement échancrée. Dents palatines formant une rangée transversale largement interrompue au milieu, et ne s'étendant pas sur les côtés, au delà du niveau des arrière-narines. Une raie noire, le long du *canthus rostralis* et au-dessus du tympan.

SYNONYMIE. *Eleutherodactylus Martinicensis.* Nob. M. S. S.

Hylodes Martinicensis. Tschudi. Classif. Batrach. Mém. Sociét. scienc. nat. Neuch. tom. II, pag. 77, n° 21.

DESCRIPTION.

FORMES. Cet Hylode n'a pas les formes élancées de la plupart des Hylæformes. Il a la tête assez plate, aussi large que longue, et dont les côtés forment un angle aigu, arrondi au sommet. Les yeux sont grands, protubérants et les régions frénales presque perpendiculaires ou peu penchées l'une vers l'autre. Le *canthus rostralis* est subaigu, et le tympan fort petit ou n'ayant guère en diamètre que la moitié de celui de l'ouverture de l'œil. Les narines aboutissent sur les côtés du museau, tout à fait au bout. La langue est grande, oblongue, arrondie à ses deux extrémités; mais elle est moins large à l'antérieure qu'à la postérieure, qui, de plus offre au milieu une très-petite échancrure anguleuse. Les arrière-narines sont très-écartées, et un peu plus petites que les ouvertures des trompes d'Eustachi, dans lesquelles on pourrait à peine introduire la pointe d'une épingle ordinaire. Les dents qui arment les os du palais sont disposées sur deux rangs formant un chevron à branches très-écartées; le sommet de ce chevron est dirigé postérieurement, et l'écartement de ses branches n'excède pas celui des arrière-narines. Il y a une ou deux glandules à chaque angle de la bouche. La tête, le dos, la gorge, la poitrine, les pattes de devant, et les jambes, en dessus et en dessous, sont lisses; mais les flancs, le ventre et la face inférieure des régions fémorales ont l'apparence granuleuse. Les membres antérieurs sont aussi étendus que le tronc ; les postérieurs le sont plus d'un tiers que celui-ci et la tête. Les doigts et les orteils sont courts, peut-être un peu déprimés, à disques terminaux assez grands, convexes en-dessous, et plats en dessus. Ils offrent des renflements sous articulaires bien prononcés, au nombre de un au premier et au second doigt, de deux au troisième et au quatrième; de un aussi au premier et au second orteil, de deux au troisième et au cinquième, et de trois au quatrième. La paume de la main présente, outre une protubérance oblongue, au milieu, et une semblable sous le premier métacarpien, plusieurs petits tubercules hémisphériques assez rapprochés les uns des autres. Il en existe de semblables sous les métatarsiens. La saillie du premier os cunéiforme est excessivement faible; on en voit une autre encore moins sensible du côté opposé. Le premier doigt est plus court que le second, le second que le quatrième, et celui-ci que le troisième. Les orteils vont en augmentant de longueur, depuis le premier jusqu'au quatrième, le cinquième n'est pas tout à fait aussi court que le troisième. Les mâles ont une vessie vocale sous-gulaire interne.

Coloration. Le fond des parties supérieures est généralement d'un blanc grisâtre, assez souvent piqueté, réticulé ou nuagé de brun. Le derrière de la tête est couvert d'une grande tache brune sub-triangulaire contiguë à une large bande de la même couleur, que porte le dos; des barres, brunes aussi, coupent le dessus des membres en travers. Chez certains individus, la tache et la bande brunes dont nous venons de parler sont à peine apparentes. On en rencontre dont le dessus du corps est violacé, ayant une raie blanchâtre en travers du front, et quelques chevrons bruns sur la région dorsale. Tous ont le *canthus rostralis* bordé de noirâtre et un trait également noirâtre au-dessus du tympan. Les régions inférieures sont blanches.

Dimensions. *Tête*. Long. 1" 5'''. *Tronc*. Long. 2" 6'''. *Memb. antér*. Long. 2" 3'''. *Memb. postér*. Long. 5" 5'''.

Patrie. Cette espèce nous a été envoyée de la Martinique par M. Plée.

2. L'HYLODE OXYRHINQUE *Hylodes oxyrhyncus*. Nobis.

Caractères. Museau pointu. Langue longue, large, à bord postérieur formant un angle obtus, échancré au sommet. Dents palatines disposés sur une rangée en zigzag, occupant toute la largeur du plafond de la bouche.

DESCRIPTION.

Formes. L'ensemble des formes de cet Hylode est tel, qu'au premier aspect on le prendrait plutôt pour une grenouille que pour une espèce de la division des Hylæformes. La tête ressemble à une pyramide quadrangulaire, pointue au sommet. Elle est néanmoins un peu déprimée. Les narines, qui sont petites, s'ouvrent sous le *canthus rostralis*, vers le premier tiers de la longueur qui existe entre le bout du museau et l'angle antérieur de l'œil. Celui-ci est d'une grandeur moyenne et peu saillant ; la circonférence du tympan est d'un quart moindre que celle de l'ouverture oculaire. Les trompes d'Eustachi sont petites, et les arrière-narines aussi. Immédiatement après celles-ci se trouvent les dents palatines, qui occupent toute la largeur du plafond de la bouche sur une rangée en zigzag offrant trois angles, un médian, ayant son sommet dirigé en arrière, et deux latéraux ayant le leur dirigé en avant vers l'arrière-narine, dont il touche le bord. La langue a une longueur double de sa largeur ; elle est presque arrondie en avant, au lieu qu'en arrière elle présente un angle obtus, dont le sommet est divisé en deux pointes. Il y a deux glandules entre l'origine du bras et le tympan, et un vestige de pli cutané au-dessus de celui-ci, pli qui commence à la commissure postérieure des paupières, et se termine vers le milieu du flanc. Toutes les parties du corps sont lisses, à l'exception du ventre et du dessous des cuisses, qui offrent une surface granuleuse. Mises le long du tronc, les pattes de devant n'en atteignent pas tout à fait l'extrémité postérieure; les membres abdominaux sont bien plus longs, puisque lorsqu'on les étend vers la tête, le pied tout entier dépasse le bout du museau. Les doigts et les orteils sont presque arrondis et terminés chacun par un disque de petit diamètre, plat en dessus et légèrement convexe en dessous. Les uns et les autres sont élargis par un rudiment de membrane flottante, qui constitue une sorte de bordure à droite et à gauche dans toute leur longueur. L'inégalité des doigts et des orteils est la même que chez l'espèce précédente, et le nombre de leurs renflements sous-articulaires n'est pas non plus différent.

COLORATION. Tout le dessus de l'animal est nuagé de brun roussâtre sur un fond fauve; cependant cette teinte roussâtre semble se dilater en taches transversales à la face supérieure des membres, et en former une triangulaire, qui s'étend depuis le bord postérieur de l'œil jusqu'à l'épaule. Les régions inférieures sont lavées de blanc roussâtre.

DIMENSIONS. *Tête*. Long. 2". *Tronc*. Long. 3" 4"'. *Memb. antér.* Long. 2" 8"'. *Memb. postér.* Long. 8" 3"'.

PATRIE. Nous ignorons quelle est la patrie de cette espèce, qui ne nous est connue que par un seul individu, conservé depuis longtemps dans notre collection sans savoir d'où et par qui il a été envoyé au Muséum.

3. L'HYLODE DE RICORD. *Hylodes Ricordii*. Nobis.

CARACTÈRES. Langue grande, oblongue, entière, arrondie aux deux bouts, mais plus large en arrière qu'en avant. Dents palatines disposées sur une rangée en zigzag, s'étendant dans toute la largeur du palais.

DESCRIPTION.

FORMES. Cette espèce, si ce n'est qu'elle est plus svelte, plus élancée, a le même ensemble de formes que l'Hylode de St-Domingue. Sa tête est plate, aussi longue qu'elle est large en arrière, mais elle se rétrécit en angle aigu en s'avançant vers le museau, dont le bout est arrondi. Les narines s'ouvrent sur les côtés de celui-ci vers le premier quart de l'étendue qui existe entre sa pointe et le bord antérieur de l'orbite. L'occiput et l'espace inter-oculaire sont plans, mais le chanfrein est légèrement convexe. Les régions frénales sont médiocrement hautes et si peu penchées l'une vers l'autre, qu'on peut les considérer comme à peu près verticales. Les yeux sont assez saillants et leur ouverture est grande; le diamètre du tympan est d'un tiers moindre que la longueur de la fente des paupières. Les arrière-narines sont petites, circulaires et très-écartées l'une de l'autre; les trompes d'Eustachi sont moins ouvertes que ces dernières. La langue est grande, fort large, entière et arrondie en arrière, de même qu'en avant; mais là elle offre un peu moins de largeur. Les dents palatines constituent une rangée aussi étendue que chez l'espèce précédente, et brisée aussi en angles obtus, à trois endroits, mais d'une manière moins prononcée. Placées le long du tronc, les pattes de devant en dépassent l'extrémité postérieure; celles de derrière sont d'un tiers plus longues que la tête et le corps. Les doigts et les orteils sont grêles, minces, subarrondis; ils offrent des renflements sous-articulaires aussi développés et en même nombre qne chez l'Hylode de St-Domingue. Leurs disques terminaux sont médiocres et transverso-ovalaires. Les paumes des mains offrent de gros tubercules inégaux; les plantes en ont de très-petits qui sont clair-semés. La saillie du premier os cunéiforme est oblongue; du côté opposé à celui où elle est située, on voit une petite protubérance hémisphérique. Il y a quelques petites glandules aux angles de la bouche, et un double repli de la peau borde le derière du tympan. La tête et le dos sont couverts de très-petites verrues granuliformes, mais le dessus des membres et les régions inférieures de l'animal sont lisses, excepté pourtant vers les parties du ventre qui avoisinent les flancs et les aines, ainsi que sous les cuisses où la peau présente des rides réticulaires.

Coloration. Toutes les parties supérieures sans exception, sont marquées de nombreuses taches noirâtres, sur un fond d'un fauve grisâtre ou blanchâtre. Celles de ces taches qui occupent le dessus des membres sont plus petites que les autres, et affectent une forme arrondie, au lieu que celles du dos et de la tête sont irrégulières et souvent confluentes. Le dessous du corps est d'un blanc sale.

Dimensions. *Tête*. Long. 1" 5'''. *Tronc*. Long. 2" 8'''. *Memb. antér*. Long. 2" 8'''. *Memb. postér*. Long. 6" 4'''.

Patrie. Nous devons la connaissance de cette espèce à M. Alexandre Ricord, qui l'a recueillie à l'île de Cuba.

4. L'HYLODE RAYÉ. *Hylodes lineatus.* Nobis.

CARACTÈRES. Bout du museau tronqué. Langue entière, oblongue, arrondie à ses deux extrémités; mais plus large en arrière qu'en avant. Dents palatines formant un V à branches écartées et cintrées en dehors.

SYNONYMIE. *Rana lineata.* Schneid. Hist. Amph. Fasc. 1, p. 138.

Rana fusca. Id. loc. cit. pag. 130.

Rana castanea. Shaw. Gener. zool. vol. 3, part. 1, pag. 128.

Bufo lineatus. Daud. Hist. Nat. Rain. Gren. Crap. pag. 105, nº 28.

Bufo lineatus. Id. Hist. Rept. tom. 8, pag. 188.

Bufo albonotatus. Id. loc. cit. pag. 185.

Rana Schneideri. Merr. Tent. syst. amph. pag. 177.

Rana lineata. Gravenh. Delic. Mus. Vratilav. Fasc. 1, pag. 44, tab. 8, fig. 2.

DESCRIPTION.

FORMES. Cette espèce se distingue au premier aspect de ses trois congénères par la forme distinctement arrondie de ses doigts et de ses orteils, ainsi que par le petit diamètre et la forte convexité, à leur face inférieure, des disques qui les terminent. Les uns et les autres sont minces, grêles, et ont des renflements sous-articulaires très-prononcés. Le premier doigt, le second et le quatrième sont égaux, le troisième n'est qu'un peu plus long qu'eux; les quatre premiers orteils sont étagés et le cinquième est seulement un peu plus court que le troisième. La paume de la main présente deux gros tubercules ovalaires; la plante des pieds n'en offre qu'un seul, petit, situé du côté opposé à celui qu'occupe la saillie du premier os cunéiforme, qui est elle-même assez faible. Étendus vers le museau, les membres postérieurs dépassent celui-ci de la longueur des orteils, y compris le métatarse; les pattes de devant, couchées le long des flancs, atteignent l'extrémité postérieure du tronc.

La tête est quadrangulaire, peu déprimée, rétrécie en angle aigu en avant; le bout du museau est plutôt tronqué qu'arrondi.

La circonférence du tympan est la même que celle de l'ouverture de l'œil, qui saille à peine au-dessus du crâne. Les narines sont percées sur les côtés de l'extrémité terminale de la tête. Les régions frénales sont hautes et peu penchées l'une vers l'autre. Les trompes d'Eustachi sont extrêmement petites, mais les arrière-narines sont assez grandes, obliques, ovalaires et séparées par un très-grand espace. Les dents palatines sont situées entre ces dernières, à peu près au niveau de leur bord postérieur, disposées sur deux rangées transversales contiguës, ou presque contiguës, légèrement arquées et de manière que c'est leur partie concave qui regarde le fond de la bouche. La langue a la même forme que celle de l'Hylode de Ricord; elle est entière, large en arrière, plus étroite en avant et arrondie aux deux bouts. Un petit repli de la peau surmonte le tympan. La peau des parties supérieures n'est pas lisse comme elle le paraît au premier aspect, car en l'examinant avec plus d'attention, on reconnaît très-bien qu'elle est semée d'un nombre considérable de tubercules coniques, pointus, excessivement fins. Le dessous des cuisses, qui est granuleux, est la seule région inférieure de l'animal qui ne soit pas lisse.

Coloration. Une teinte bleue est répandue sur toutes les régions supérieures; la tête et le dos portent de chaque côté une raie jaunâtre ou blanchâtre qui prend naissance au-dessus de la narine, traverse la paupière supérieure et va finir dans l'aine; celle-ci est marquée de grandes taches roses, ainsi que le dessus de la cuisse, le dessous de la jambe et la face externe du tarse. L'aisselle offre aussi une tache semblable à celles-là. La gorge, la poitrine et le ventre sont lavés de bleuâtre; le dernier est ponctué de jaune, couleur qui se montre également sous forme d'anneaux autour des doigts et des orteils. Tel est du moins le mode de coloration que présente l'individu que nous avons maintenant sous les yeux. M. Gravenhorst en a décrit et fait représenter un, chez lequel la couleur bleue du nôtre est remplacée par une teinte d'un brun-marron, et dont les cuisses offrent deux bandes transversales blanchâtres, au lieu de taches roses. Cet individu, modèle de la description et de la figure publiées par M. Gravenhorst, est celui même que Schneider a fait connaître sous le nom de *Bufo lineatus*, individu qui, du musée de Lampi, où il avait été observé par ce dernier auteur, est passé dans le muséum zoologique de la ville de Breslaw.

Dimensions. *Tête*. Long. 1" 8'". *Tronc*. Long. 4". *Memb. antér*. Long. 3" 2'". *Memb. postér*. Long. 6" 8'".

Patrie. Cette espèce est originaire de l'Amérique méridionale; l'échantillon que nous possédons a été envoyé de Cayenne par M. Leprieur.

XIIIe GENRE. PHYLLOMÉDUSE. — *PHYLLOMEDUSA* (1). Wagler.

Caractères. Langue grande, allongée, pyriforme, entière, libre dans sa moitié postérieure. Des dents vomériennes. Tympan distinct ; trompes d'Eustachi médiocres. Doigts et orteils faiblement déprimés, sans membranes natatoires et à disques terminaux assez dilatés. Le premier doigt et les deux premiers orteils opposables aux trois autres. Point de saillie tuberculiforme à la base du premier métatarsien, saillie qui, dans les autres genres, est produite par le premier os cunéiforme. Apophyses transverses de la vertèbre sacrée, élargies en palettes triangulaires. Une vessie vocale sous-gulaire interne, chez les mâles.

Le caractère le plus remarquable des Phylloméduses est sans contredit celui qui réside dans la faculté dont elles jouissent d'opposer le premier de leurs quatre doigts aux trois suivants, et leurs deux premiers orteils aux trois derniers ; de telle sorte que ces Anoures Hylæformes peuvent, à leur volonté, comme certains mammifères, tels que les Singes, étendre leurs doigts et leurs orteils horizontalement, ou en former une espèce de pince propre à saisir, à embrasser les branches des arbres, séjour habituel de ces Batraciens, qu'on pourrait presque qualifier de quadrumanes.

Les Phylloméduses ont une langue bien développée et plus étendue dans le sens longitudinal que dans le sens transversal de la tête ; cet organe, large et arrondi en arrière, se rétrécit peu à peu en angle aigu en s'avançant vers la symphyse de la

(1) De φυλλον, *frons*, feuillage; et de μεδῶ, *curo*, *impero*, je garde, je commande : je garde les feuilles.

40.

mâchoire inférieure ; il n'offre pas la moindre échancrure et il est libre dans sa moitié postérieure. Le vomer est armé de dents qui, chez l'espèce encore unique de ce genre, sont disposées sur deux rangées très-courtes affectant la forme d'un chevron ouvert à son sommet, lequel est dirigé en arrière.

La membrane du tympan est bien visible au travers de la peau qui la recouvre, et les trompes d'Eustachi sont d'une moyenne grandeur. Les doigts, médiocrement gros, peu, mais distinctement déprimés, sont complétement libres et renflés sous leurs articulations ; le disque qui termine chacun d'eux est grand, mince et légèrement convexe à sa région supérieure comme à sa face inférieure ; le premier est le plus court des quatre, le second est un peu allongé, le quatrième l'est plus que celui-ci, mais moins que le troisième. Les trois premiers sont insérés sur une ligne oblique, le quatrième l'est juste à côté du troisième.

Les orteils sont à proportion moins forts et moins étendus que les doigts, et la dilatation discoïdale de leur extrémité est certainement moins grande que celle de ceux-ci ; les trois derniers s'attachent sur une seule et même ligne transversale ; le premier et le second sur une ligne oblique et beaucoup plus bas ; le quatrième est le plus long, ensuite le cinquième et le troisième, qu'une très-courte membrane unit ensemble à leur racine ; les deux premiers, qui sont égaux et les plus courts, sont tout à fait libres. Les orteils offrent, de même que les doigts, des renflements sous-articulaires ; mais, ce qui est une exception à la règle générale, le premier os cunéiforme, s'il existe toutefois, ne fait pas de saillie à la base du premier métatarsien.

La tête est considérablement élargie en arrière par deux énormes parotides qui prennent naissance, l'une à droite l'autre à gauche, à l'angle postérieur de l'orbite, et s'étendent tout le long du haut du flanc jusqu'à l'aine, après s'être dilatées sur toute la région scapulaire.

Les apophyses transverses de la vertèbre sacrée sont élargies en palettes triangulaires.

De chaque côté de la langue, chez les mâles, on remarque une fente longitudinale qui donne entrée à l'air destiné à gonfler le sac vocal situé sous la gorge, mais qui n'est point apparent au dehors.

Les Phylloméduses se rapprochent bien évidemment des Crapauds par la forme de leur langue et la présence sur les parties latérales de leur tête de ces grosses glandes appelées parotides, dont nous venons de parler tout à l'heure.

1. LA PHYLLOMÉDUSE BICOLORE. *Phyllomedusa bicolor*. Wagler.

(Voyez Pl. 90, n° 2. *a. b. c.*)

CARACTÈRES. Deux courtes rangées obliques de dents vomériennes situées entre les arrière-narines. Parties supérieures de couleur bleue. Cuisses et régions latérales du corps tachetées de blanc.

SYNONYMIE. *Rana bicolor*. Boddaert. Monogr. de Ran. Bicol. fig. 1-3.

Rana bicolor. Id. Schr. der Berl. naturf. tom. 2, pag. 459.

Rana bicolor. Gmel. Syst. nat. Linn. tom. 1, part. 3, pag. 1052, n° 29.

Calamita bicolor. Schneid. Histor. Amph. Fasc. 1, pag. 156.

Blue and yellow Frog. Shaw. Naturalist's Miscell. vol. 10, pl. 367.

Rana bicolor. Id. Gener. zool. vol. 3, part. 1, pag. 126.

Hyla bicolor. Latr. Hist. Rept. tom. 2, pag. 174, fig. 2.

Hyla Hypochondrialis. Id. Loc. cit. pag. 177.

Hyla bicolor. Daud. Hist. nat. Rain. Gren. Crap. pag. 22, pl. 5-6.

Hyla Hypochondrialis. Id. Loc. cit. pag. 29, pl. 10, fig. 1.

Hyla bicolor. Id. Hist. Rept. tom. 8, pag. 40.

Hyla bicolor. Id. Loc. cit. pag. 60.

Calamita bicolor. Merr. Tent. syst. amph. pag. 170, n° 5.

Calamita hypochondrialis. Id. Loc. cit. pag. 170.

Hyla bicolor. Spix. Spec. nov. Test. et Ran. pag. 42, tab. 13, fig. 1-2.

Hyla bicolor. Fitzing. Neue classif. Rept. verzeich. pag. 63.

Hyla hypochondrialis. Id. Loc. cit.

Hyla bicolor. Gravenh. Delic. Mus. Vratilav. Fasc. 1, pag. 26.

Hyla hypochondrialis. Id. Loc. cit. pag. 28.

Hyla bicolor. Cuv. Règn. anim. 2e édit. tom. 2, pag. 108.

Hyla bicolor. Griff. Anim. Kingd. Cuv. vol. 9.

Hyla bicolor. Guer. Iconog. Règ. anim. Cuv. Rept. pl. 26, fig. 3.

Phyllomedusa bicolor. Wagl. Syst. Amph. pag. 201.

Phyllomedusa bicolor. Tschudi. Classif. Batrach. Mém. Soc. scienc. nat. Neuch. tom. 2, pag. 70; Exclus. Synon. *Hyla femoralis*. Daud.

DESCRIPTION.

Formes. La tête est très-grande, déprimée, aussi longue en totalité qu'elle est large au niveau des oreilles, à partir desquelles elle forme avec le tronc un quadrilatère allongé qui va en se rétrécissant et en s'amincissant un peu vers son extrémité; en avant des tympans, ses côtés donnent la figure d'un angle sub-aigu fort court, faiblement arrondi ou même tronqué au sommet. Le museau s'abaisse brusquement vers la mandibule inférieure, en dehors des narines, qui se trouvent situées de chaque côté de son extrémité et tout en haut. Le chanfrein étant plat et les régions frénales perpendiculaires ou à peine penchées l'une vers l'autre, le *canthus rostralis* est par conséquent bien marqué; celles-là ont autant de hauteur que de longueur. Les yeux sont grands, fort peu saillants au-dessus du crâne, latéraux et dirigés obliquement vers le bout du nez. La bouche est très-largement fendue; le palais offre un large sillon longitudinal, de chaque côté du sphénoïde. Le tympan a en diamètre la moitié de celui de l'ouverture de l'œil. Les membres sont très-grêles; ceux de devant excèdent un peu le tronc en longueur, lorsqu'on les couche le long des flancs; ceux de derrière, étendus vers la tête, en atteignent le bout par l'extrémité antérieure du tarse. Les bras sont moins gros que les avant-bras; les cuisses sont presque aussi maigres que les jambes et celles-ci plus que les tarses. Il y a un gros tubercule sous chaque articulation des phalanges; les paumes et les plantes en offrent plusieurs, pour le moins aussi forts. Le dessus du crâne, le dos et les reins forment ensemble un seul et même plan horizontal parfaitement uni; il existe sur toute la région scapulaire une parotide fort épaisse, qui donne un prolongement étroit au-dessus du tympan jusqu'à l'angle postérieur des paupières, et qui s'étend en arrière tout le long de la partie supérieure du flanc, jusqu'à la racine de la cuisse. Les pattes de devant sont lisses en dessus et en dessous; les membres postérieurs aussi, excepté à la face inférieure des cuisses dont la peau, comme celle du ventre, est couverte de petits tubercules glanduleux, qui lui donnent l'apparence granuleuse.

COLORATION. Une belle teinte bleue règne sur les parties supérieures et latérales de la tête et du tronc, ainsi que sur la région externe des membres. Fort souvent les doigts et les orteils offrent la même couleur, mais quelquefois ils sont blanchâtres ou jaunâtres, excepté à leur extrémité. Les flancs présentent de grandes ou de petites taches arrondies, blanches, cerclées de brun-marron; on en voit généralement de semblables aux régions fémorales, aux aisselles, sous les jambes et sous les tarses. Tantôt les parties inférieures de cet Hylæforme sont toutes blanches, tantôt elles sont diversement peintes de brun-marron, particulièrement sur la gorge et sur la poitrine. Une ligne blanche, liserée de brun parcourt le bord externe de l'avant-bras, de la jambe et du tarse. Chez les jeunes sujets, le derrière et le devant des cuisses sont rayés de brun en travers.

DIMENSIONS. *Tête*. Long. 3" 5"'. *Tronc*. Long. 8" 5"'. *Memb. antér*. Long. 8" 5"'. *Memb. postér*. Long. 14" 6"'.

PATRIE. Ce Batracien habite l'Amérique méridionale : nous l'avons souvent reçu du Brésil et quelquefois de Cayenne.

OBSERVATIONS. La Rainette hypochondriale de Daudin est le jeune âge de la Phylloméduse bicolore; mais sa *Hyla femoralis*, que M. Tschudi a considérée comme n'en étant pas non plus différente, appartient au contraire à une autre espèce.

XIVe GENRE ÉLOSIE. — *ÉLOSIA* (1). Tschudi.

Caractères. Langue grande, épaisse, disco-ovalaire, entière, adhérente de toutes parts. Des dents situées sur le bord postérieur du vomer. Tympan distinct; trompes d'Eustachi petites. Quatre doigts complétement libres, un peu déprimés, ainsi que les orteils, qui sont réunis à leur racine et bordés latéralement par une petite membrane; extrémités des uns et des autres dilatées transversalement en une grande papille subovalaire, convexe en dessous, divisée en deux petits disques à sa face supérieure. Saillie du premier os cunéiforme faible, obtuse. Apophyses transverses de la vertèbre sacrée non élargies en palettes. Une vessie vocale externe sous chaque coin de la bouche, chez les mâles.

Les Élosies ont une forme de tête que nous n'avons point encore rencontrée parmi les Hylæformes, mais que nous allons retrouver dans le genre suivant, l'avant-dernier de cette famille, ainsi que chez les Dendrobates, autre genre de Batraciens anoures, qui commence la famille des Bufoniformes ou des espèces dont les mâchoires et presque toujours le palais sont dépourvus de dents. Cette tête, à peine rétrécie dans sa partie antérieure, est tout à fait horizontale et parfaitement plane à sa face supérieure. Ses côtés sont perpendiculaires; son extrémité terminale est arrondie en travers et coupée obliquement de haut en bas, de telle sorte que le museau saille en dehors de la bouche, qui se trouve par conséquent placée en dessous, à peu près comme chez les Cécilies. Cette particularité, jointe aux caractères que nous avons énoncés plus haut, distingue suffisamment le genre Elosie de ceux qui en sont les plus voisins.

(1) De ἕλος, *palus*, marais?

Les doigts, tous quatre dépourvus de membranes et un peu déprimés, sont : le troisième un peu plus long que le quatrième, celui-ci que le second, et le second que le premier. Les orteils ont leurs bords frangés et un rudiment de membrane à leur racine; les quatre premiers sont étagés, et le cinquième est un peu plus court que le troisième.

Les Élosies mâles ont sous chaque coin de la bouche une vessie vocale dont l'orifice médiocre et longitudinal est placé en dedans, tout près de la commissure des mâchoires. Les conduits gutturaux des oreilles sont très-petits, quoique le tympan soit d'un certain diamètre et très-distinct. Les apophyses transverses de la vertèbre sacrée ne sont pas dilatées en palettes, et la phalangette des doigts et des orteils offre cette particularité bien remarquable d'avoir la forme d'un T.

Une seule espèce appartient à ce genre; c'est :

1. L'ÉLOSIE GRAND-NEZ. *Elosia nasuta*. Tschudi.

Caractères. Dents vomériennes situées entre les arrière-narines au niveau du bord postérieur de celles-ci, et implantées sur deux saillies osseuses affectant la figure d'un chevron ouvert à son sommet, qui est dirigé en arrière. Dos marbré de brun sur un fond d'une teinte plus claire.

Synonymie. *Hyla nasus*. Lichtenst. Verzeich. Doublett. zoolog. mus. Berl. Amph. pag. 106.

Hyla nasus. Fitzing. Neue classif. Rept. verzeich. pag. 63.

Elosia nasuta. Tschudi. Classif. Batrach. Mém. Sociét. Scienc. nat. Neuch. tom. 2, pag. 36 et 77, nº 19.

DESCRIPTION.

Formes. Cette espèce a la tête presque aussi épaisse en avant qu'en arrière, le museau arrondi en travers, les yeux peu saillants, bien que fort grands; ses paupières sont bien développées, et ses narines situées latéralement sous le *canthus rostralis*, à égale distance du bout du nez et de l'angle antérieur de l'orbite. La circonférence du tympan est d'un quart moindre que celle de l'ouverture oculaire. Les trompes d'Eustachi sont si petites qu'on y pourrait à peine introduire la pointe d'une épingle ordinaire. La langue n'est ni positivement ovale, ni absolument circulaire. Les arrière-narines sont deux petits trous arrondis, entre lesquels, au niveau de leur bord postérieur, il existe deux proéminences osseuses armées chacune de quelques petites dents coniques. Les pattes de devant, couchées le long du tronc, en dépassent un peu l'extrémité postérieure; celles de derrière, étendues vers le museau, l'excèdent de la longueur du pied. Il y a un renflement sous-articulaire au premier doigt et au second, et deux à chacun des deux autres. Le dessous des métacarpiens est renflé et creusé de petits sillons transversaux. La paume offre une grosse protubérance circulaire. Les renflements sous-articulaires des orteils se laissent compter de la manière suivante : un au premier et un au second, deux au troisième, trois au quatrième et deux au cinquième. Les orteils seuls ont leurs bords garnis d'une membrane chez les femelles; mais chez les mâles on en voit aussi aux doigts, qui du reste sont toujours libres, même à leur racine. On remarque un petit tubercule obtus, du côté opposé à la saillie du premier os cunéiforme, qui est peu prononcée. Le tarse porte une membrane flottante le long de son bord externe. Les faces plantaires sont lisses, ainsi que toute la peau de la tête, du dos et des pattes; sur les flancs et sur les côtés des reins se montrent épars quelques petits mamelons glanduleux. Le tympan est surmonté d'un repli cutané.

Coloration. Tantôt d'un brun roussâtre, tantôt d'un brun grisâtre, les parties supérieures offrent toujours de grandes tâches d'un brun foncé ou même noirâtres, quelquefois isolées, le plus souvent confluentes. Le dessus des membres postérieurs est zébré de brun. Les flancs présentent chacun une bande longitudinale brune, surmontée d'une raie blanchâtre. Un blanc pur, assez ordinairement parsemé de taches brunes, règne sur la gorge, la poitrine et le ventre; une teinte d'un blanc roussâtre est répandue sur la face inférieure des membres; les cuisses sont vermiculées de brun-marron et de blanchâtre.

Dimensions. *Tête.* Long. 1" 5"'. *Tronc.* Long. 2" 8"'. *Memb. antér.* Long. 2" 5"'. *Memb. postér.* Long. 5" 5"'.

Patrie. Cette espèce se trouve au Brésil, d'où elle a été rapportée au muséum par feu Delalande et M. Gaudichaud.

Observations. C'est à tort suivant nous que M. Tschudi cite la *Rana pygmæa* de Spix comme appartenant à cette espèce; rien même dans la figure qui la représente n'indique qu'elle appartienne à la sous-famille des Hylæformes.

XVe GENRE. CROSSODACTYLE. — *CROSSODACTYLUS* (1). Nobis.

Caractères. Langue médiocre, ovalaire, adhérente de toutes parts, couverte de rides irrégulières, confluentes. Palais dépourvu de dents. Tympan distinct; trompes d'Eustachi très-petites. Quatre doigts minces, faibles, un peu déprimés, complétement libres, dilatés à leur extrémité en un disque convexe en dessous, plat et uni en dessus. Orteils légèrement aplatis, élargis au bout de la même manière que les doigts et garnis de chaque côté dans toute leur longueur, ainsi que le bord externe du tarse, d'une membrane flottante. Saillie du premier os cunéiforme, médiocre, allongée, étroite. Apophyses transverses de la vertèbre sacrée non dilatées en palettes.

Les Crossodactyles sont, pour ainsi dire, des Élosies à palais sans dents, à doigts faibles, étroits, grêles, et dont l'épatement terminal n'a pas sa face supérieure partagée longitudinalement par un sillon; car du reste leur organisation est absolument la même que celle de ces dernières. Toutefois leurs phalangettes n'ont pas la forme d'un T.

Ce genre ne comprend non plus qu'une seule espèce.

1. LE CROSSODACTYLE DE GAUDICHAUD. *Crossodactylus Gaudichaudii.* Nobis.

Caractères. Dos olivâtre, dessus des jambes zébré de noir.

---

(1) De κροσσος, *fimbria*, *pannus*, frange et δακτυλος, *digitus*, doigt : doigts frangés ou à franges.

DESCRIPTION.

Formes. La tête est légèrement allongée et peu rétrécie en avant, ce qui donne un museau large, arrondi en travers, tout à fait au bout, et assez étroit entre les yeux et les narines. Celles-ci s'ouvrent de chaque côté, sous l'extrémité antérieure du *canthus rostralis*, qui est bien marqué, les régions frénales étant perpendiculaires et, de plus, un peu hautes. Le bout du museau est coupé obliquement; c'est-à-dire qu'il fuit vers la bouche, qui est assez largement fendue. La face supérieure de la tête est horizontale et légèrement convexe. Les yeux sont grands, mais peu saillants. Le diamètre du tympan est d'un quart moindre que celui de l'ouverture des paupières, qui sont très-développées. Les arrière-narines sont petites, circulaires et très-écartées l'une de l'autre. Couchées le long du corps, les pattes de devant s'étendent jusqu'à l'orifice du cloaque ; placés de la même manière, les membres postérieurs dépassent le museau, de la longueur du pied. Il y a un renflement sous-articulaire au premier doigt comme au second, et deux à chacun des deux derniers. On en compte également un au premier orteil et à celui qui le suit immédiatement, deux au troisième et au cinquième, trois au quatrième. La membrane flottante qui borde le tranchant externe du tarse, et les orteils à droite et à gauche est plus développée chez les mâles que chez les femelles. On remarque un petit tubercule du côté opposé à la saillie du premier os cunéiforme, laquelle est allongée et étroite. Les faces plantaires sont lisses, unies ; mais la paume offre un gros renflement hémisphérique, et le premier métatarsien en présente un de forme ovalaire. Il existe une glande en arrière de chaque coin de la bouche ; quelques petites verrues sont éparses sur les reins. Les autres parties du corps sont lisses.

Coloration. Tout le dessus de l'animal est teint d'olivâtre, nuagé obscurément de brun foncé, couleur qui s'étend en bandes transversales sur la face supérieure des pattes de derrière. Les régions inférieures sont lavées de jaunâtre.

Dimensions. *Tête*. Long. 1" 2'''. *Tronc*. Long. 2". *Memb. antér*. Long. 2". *Memb. postér*. Long. 3" 1'''.

Patrie. Cette espèce est une découverte faite au Brésil par M. Gaudichaud, savant botaniste auquel nous la dédions.

XVIe GENRE. PHYLLOBATE. — *PHYLLOBATES* (1). Nobis.

Caractères. Langue grande, subcordiforme, libre en arrière. Palais dépourvu de dents. Tympan visible ; trompes d'Eustachi très-petites. Doigts et orteils faiblement déprimés, complétement libres et dilatés à leur extrémité en un disque légèrement renflé à sa face inférieure et à sa région supérieure, mais ayant celle-ci creusée au milieu et sur sa longueur d'un petit sillon bien distinct. Saillie du premier os cunéiforme peu sensible. Apophyses transverses de la vertèbre sacrée non dilatées en palettes.

Les Phyllobates ont les doigts et les orteils conformés de la même manière que ceux des Élosies, et le palais dépourvu de dents, comme celui des Crossodactyles; mais chez eux, la langue est cordiforme au lieu d'être ovalaire, et les mains ni les pieds n'offrent le moindre rudiment de membrane natatoire.

Cette langue des Phyllobates est grande, rétrécie en angle aigu en avant, élargie en demi-cercle en arrière, où son bord offre, à son milieu, une petite échancrure anguleuse ; cet organe est libre dans sa moitié postérieure. Les doigts, au nombre de quatre, sont peu allongés, faiblement déprimés et assez forts; le troisième est seul un peu plus long que les autres. Les orteils ont la même forme que les doigts et ne sont pas à proportion plus développés; les quatre premiers vont en augmentant graduellement de longueur, mais le cinquième n'a même pas tout à fait l'étendue du

(1) De φυλλον, *folium*, feuille ; et βαινω, *incedo*, je marche ; je me tiens sur les feuilles.

troisième. Les disques qui terminent ces doigts et ces orteils ont leurs deux faces légèrement convexes, mais la supérieure est coupée en long et au milieu par un sillon qui s'élargit en s'avançant vers le bord libre du disque. Ici comme chez les Élosies, les phalangettes ont la forme d'un T. Les apophyses transverses de la vertèbre sacrée ne sont pas non plus dilatées en palettes. La peau qui recouvre le tympan n'est pas assez épaisse pour qu'on ne le puisse apercevoir au travers, mais les conduits gutturaux des oreilles sont très-petits.

Ce genre, par l'ensemble de sa structure, fait évidemment le passage des derniers Hylæformes aux premières espèces de la famille suivante, celle des Bufoniformes, chez lesquels il n'existe plus de dents du tout à la mâchoire supérieure et qui en manquent presque toujours au palais.

I. LE PHYLLOBATE BICOLORE. *Phyllobates bicolor*. Nobis.

Caractères. D'un fauve blanchâtre en dessus ; d'un brun foncé en dessous.

Synonymie. *Phyllobates bicolor*. Bib. Hist. de l'île de Cuba, par Ramon de la Sagra. Rept. Pl. 29 bis.

DESCRIPTION.

Formes. La tête et le tronc forment ensemble un quadrilatère allongé, à peu près aussi haut que large, excepté à ses extrémités, qui sont, l'antérieure surtout, distinctement moins épaisses et plus étroites que la région moyenne du tronc ; le museau est effectivement un peu déprimé et ses côtés se rapprochent en angle obtus, dont le sommet est fortement arrondi. Le *canthus rostralis* est aussi très-arrondi ; c'est immédiatement au dessous de lui, par conséquent sur les côtés et tout à fait au bout du museau, que s'ouvrent les narines. La région intermaxillaire fuit légèrement vers la bouche, qui est située un peu en dessous et médiocrement fendue. Les yeux sont grands, mais à peine saillants ; le diamètre du tympan est d'un quart moindre que la fente des paupières, qui sont bien développées. Portées en avant, les pattes de devant dépassent la tête, de toute la longueur du pied ;

couchées le long du tronc, celles de derrière s'étendent au delà de l'orifice anal. Il y a trois renflements sous-articulaires au troisième doigt, deux à chacun des trois autres, un au premier orteil et au second, deux au troisième et au cinquième, trois au quatrième. Les métacarpiens et les métatarsiens sont renflés longitudinalement, la paume l'est circulairement. Les faces plantaires sont unies et il existe une faible protubérance du côté opposé à la saillie du premier os cunéiforme. Un renflement glanduleux se fait remarquer à l'angle de la bouche. La peau de toutes les parties du corps, sans exception, est parfaitement lisse.

COLORATION. Rien de plus simple que le mode de coloration de cette espèce, dont toutes les régions supérieures offrent une teinte d'un fauve blanchâtre; tandis que les inférieures sont colorées en brun foncé ou en noirâtre.

DIMENSIONS. *Tête*. Long. 1" 4'''. *Tronc*. Long. 2" 8'''. *Memb. antér.* Long. 2" 6'''. *Memb. postér.* Long. 6" 5'''.

PATRIE. Cette espèce est originaire de l'île de Cuba; le seul sujet que nous ayons encore observé y a été recueilli par M. Ramon de la Sagra, dans la partie erpétologique de l'ouvrage duquel nous l'avons décrit et fait représenter.

Nous ne terminerons pas cette section du chapitre V, consacrée à l'histoire des Hylæformes, sans réparer l'omission que nous avons involontairement commise à l'article de la *Hyla venulosa* (pag. 560), en ne signalant pas comme se rapportant à cet anoure les figures 1 et 2 de la Pl. 71 du tome 1er de l'ouvrage de Séba; figures qui sont les types de la *Hyla tibiatrix* de Laurenti et de la plupart des auteurs qui ont écrit après lui, de la Raine flûteuse de Daubenton, de Lacépède, etc., et que Wagler a citées comme étant celles d'une espèce appartenant à son genre *Auletris* (1).

(1) Ce nom d'Αυλητρις, correspondant au mot de *Tibicina*, flûteuse.

SUITE DES ANOURES PHANÉROGLOSSES.

SECTION TROISIÈME. — FAMILLE DES BUFONIFORMES.

Considérations générales sur cette famille et sur sa distribution en genres.

L'établissement de la famille des Bufoniformes repose sur la seule considération que leur mâchoire supérieure est tout à fait dépourvue de dents, contrairement à ce qu'on observe dans les deux familles précédentes, celles des Raniformes et des Hylæformes.

A ce caractère négatif, d'après lequel se trouve instituée la troisième grande division des Anoures phanéroglosses, il faut en ajouter deux autres qui, bien que n'étant point généraux, ne sont pourtant pas sans quelque valeur, en ce sens qu'ils semblent être liés au premier, ou qu'ils lui sont en quelque sorte subordonnés. On remarque effectivement que, à une ou deux exceptions près, tous les Phanéroglosses sans dents maxillaires, n'ont ni le palais denté, ni la langue entaillée en arrière ; tandis que les Raniformes et les Hylæformes, ou les espèces qui ont des dents à la mâchoire supérieure, en offrent presque toujours à la voûte palatine et manquent rarement d'échancrure à la partie postérieure de leur langue, qui n'est pas généralement aussi longue que celle des Bufoniformes.

Ces derniers, ou du moins la plupart d'entre eux, ont d'ailleurs une manière de vivre, des habitudes qui s'éloignent un peu de celles des Phanéroglosses des deux premières familles. Il en est peu qui, comme les Grenouilles et les Rainettes, ne redoutent point la lumière du jour, qui osent s'exposer aux rayons du soleil; presque tous, au contraire, ne quittent leur retraite, ne se mettent à la recherche de leur nourriture, soit à terre, soit dans l'eau, qu'à l'approche de la nuit : et cette nourriture elle-même ne paraît pas être aussi variée, ne semble pas s'étendre pour les Bufoniformes, à un aussi grand nombre de petits animaux que pour les Raniformes et les Hylæformes. Les Anoures de ces deux groupes s'attaquent indistinctement, suivant leur force et leur grosseur, aux vers, aux Mollusques, aux Insectes, aux Crustacés, aux Poissons, aux Oiseaux aquatiques, à des petits Mammifères; la voracité des Grenouilles, des Cératophrys et des grandes espèces de Rainettes, est telle, que ces Anoures n'épargnent même pas leur propre race; au lieu que les Bufoniformes ne font guère leur proie que des espèces des dernières classes du règne animal. C'est au moins ce que nous sommes portés à penser d'après le résultat des observations qui nous ont été fournies par un très-grand nombre de sujets de divers genres, dans l'estomac desquels nous n'avons ordinairement trouvé que des débris de Mollusques et d'animaux articulés, auxquels étaient souvent mêlées des pierres d'une nature plus ou moins dure, et quelquefois des morceaux de charbon d'un certain volume, relativement à la grosseur des individus qui les contenaient.

Les Bufoniformes, autres que ceux des genres Crapaud et Phrynisque, n'offrent que de faibles inégalités à la surface de la peau; chez beaucoup d'entre eux, le tissu cutané est même entièrement lisse ou dépourvu de petits amas de cryptes formant de ces mamelons, de ces cordons glanduleux qui existent en plus ou moins grand nombre dans la plupart des Raniformes et des Hylæformes. Les seules espèces du genre *Bufo* portent de chaque côté de la partie postérieure de la tête de ces gros renflements criblés de pores, connus sous le nom de parotides ; c'est seulement aussi chez elles et chez les Dendrobates pourtant que la membrane du tympan est visible à l'extérieur.

Parmi les Bufoniformes, il y en a de plus ou moins sveltes et trapus. La tête est extrêmement variable, sous le rapport de sa grosseur et de sa forme : elle peut être très-petite ou fort grosse, plus étroite ou plus large que le tronc, pointue ou tronquée, conique ou anguleuse, unie ou relevée de crêtes et creusée de cavités plus ou moins profondes ; les yeux offrent tous les degrés entre le plus petit et le plus grand diamètre; la cavité buccale ne présente pas moins de différences, à l'égard de sa capacité, pour les termes extrêmes de laquelle on peut citer comme exemples l'énorme gueule des Cératophrys et la bouche si petite des Typhlops.

Quelques Bufoniformes ont, comme certains Raniformes, une sorte de petit bouclier osseux sur le dos.

Les membres sont au moins aussi variables en longueur que l'est la tête en grosseur; les antérieurs sont toujours terminés par quatre doigts libres, dont le premier est parfois caché sous la peau, les postérieurs par cinq orteils palmés ou non palmés, dont le premier n'est pas non plus distinct chez toutes les espèces. Ces doigts et ces orteils, généralement déprimés, rarement tout à fait cylindriques, quelquefois pointus et le plus souvent comme tronqués ou un peu renflés à leur extrémité, ont encore, dans quelques cas, cette même extrémité terminale aplatie ou dilatée en un disque subtriangulaire, comme dans quelques-uns des derniers genres de la famille des Hylæformes.

La plupart des Bufoniformes ont à la face plantaire un tubercule quelquefois très-développé, auquel sa position donne l'apparence d'un sixième orteil rudimentaire, mais qui est bien évidemment le prolongement externe du premier os cunéiforme.

Dans quelques genres, les apophyses transverses de la vertèbre sacrée ne sont pas dilatées en palettes triangulaires ; et les individus mâles de la majeure partie des espèces de cette famille sont pourvus d'une vessie vocale sous-gulaire communiquant avec la bouche par deux orifices, ordinairement longitudinaux, situés de chaque côté de la langue.

Les modifications que présentent la langue, les doigts et les orteils, dans leur forme palmée ou non palmée, et dans leur nombre ; la conformation et le développement variables des tubercules au talon ; la visibilité ou l'invisibilité du tympan au travers de l'enveloppe extérieure de la tête ; la présence ou l'absence d'une plaque osseuse sur le dos, l'existence ou l'absence de dents au palais, et de glandes dites parotidiennes aux côtés de la nuque ; enfin la disposition à peu près cylindrique ou la dilatation en palettes triangulaires des apophyses transverses de l'avant-dernière pièce vertébrale, sont les bases sur lesquelles reposent ces coupes génériques, que, d'après nos propres observations sur ces animaux mêmes, nous croyons devoir adopter ou établir parmi les Anoures de cette troisième famille des Phanéroglosses.

On remarquera qu'il y a deux de ces douze genres, ceux appelés Dendrobate et Hylædactyle, qui auraient naturellement appartenu à la grande division des

41.

Hylæformes, à cause de l'épatement en disque de la partie terminale de leurs doigts, si nous n'avions attaché moins d'importance à ce caractère qu'à celui tiré de l'état non denté de leur mâchoire supérieure; circonstance à laquelle ils doivent leur introduction dans la famille des Bufoniformes.

Il eût peut-être été beaucoup mieux, nous l'avouons, de ne les y point ranger et d'en former une quatrième famille de Phanéroglosses, qui se trouverait être aux Bufoniformes ou aux espèces sans dents et à doigts non élargis, ce que sont aux Raniformes ou aux espèces à mâchoire supérieure dentée et à doigts pointus, les Anoures Hylæformes, qui, comme ces derniers, ont des dents aux maxillaires supérieurs, mais dont le bout des doigts offre une dilatation discoïdale. Une telle séparation ou plutôt la création d'une nouvelle famille qui n'aurait renfermé que deux genres, ne comprenant eux-mêmes que quatre espèces nous a semblé pour le moins inutile, quant à présent; c'est au reste ce qu'on sera toujours à même de faire, lorsque, comme nous n'en doutons point, les recherches incessantes des amis de la science auront amené la découverte d'autres Anoures analogues aux Dendrobates et aux Hylædactyles ou ayant comme eux la bouche dépourvue de dents, et les extrémités des mains et des pieds garnies de larges papilles propres à favoriser leur marche sur les expansions foliacées des végétaux; car il est bien évident que ces deux genres de Bufoniformes ne sont pas moins Dendrophiles que les Hylæformes.

Nous donnons ci-après un tableau synoptique qui expose les différences les plus notables que présentent entre eux nos douze genres de Bufoniformes.

TABLEAU SYNOPTIQUE DES GENRES DE LA FAMILLE DES BUFONIFORMES.

Extrémité des doigts							Numéros des genres.		Nombre des espèces.	Pag.
dilatée en disque subtriangulaire : tympan	distinct						1.	DENDROBATE.	3.	649
	caché						7.	HYLÆDACTYLE.	1.	732
non dilatée : tympan	caché : museau	simple : un bouclier dorsal	distinct				6.	BRACHYCÉPHALE.	1.	726
			nul : orteils	palmés, au nombre de	cinq : talon à deux tubercules	petits, arrondis	5.	PHRYNISQUE.	2	722
						gros, oblongs : palais non denté	8.	PLECTROPODE.	1.	736
						gros, oblongs : palais denté	10.	UPÉRODONTE.	1.	746
					quatre : tête	très-petite	12.	RHINOPHRYNE.	1.	757
						de grosseur proportionnée	3.	ATÉLOPE.	1.	660
				complétement libres,	longs, grêles		9.	ENGYSTOME.	4.	738
					courts, gros		11.	BREVICEPS.	1.	752
		offrant un prolongement cutané					2.	RHINODERME.	1.	657
	distinct						4.	CRAPAUD.	18.	662

Nous allons rapporter ici, tels que nous les trouvons exposés dans le travail de M. Tschudi, sur la classification des Batraciens, dont nous avons déjà donné l'analyse dans ce volume, page 299, les caractères des trois genres de Bufoniformes établis d'après des espèces que nous n'avons pu encore étudier par nous-mêmes.

GENRE KALOPHRYNE. *Kalophrynus* (1). Tschudi.

Caractères. Tête médiocre; vertex plan; museau tronqué, cunéiforme; tympan visible; narines situées sur le *canthus rostralis;* paupières incomplètes; langue ovale, épaisse, légèrement bifide en arrière; point de dents; membres antérieurs allongés; doigts forts, libres, garnis de papilles à leur face inférieure; orteils à peine palmés; peau granuleuse.

Patrie. Sumatra.

Esp. *Kalophrynus pleurostigma.* Tschudi. page 86, n° 12.

Synon. *Bombinator pleurostigma.* Müller. Mus. Lugd. Batav.

GENRE CHAUNE. *Chaunus* (2). Tschudi.
(*Chaunus* et *Paludicola*, Wagler.)

Caractères. Tête petite, anguleuse; museau tronqué; narines supérieures; langue oblongue, entière, libre en arrière; point de dents; tympan caché; doigts libres; orteils réunis par une membrane à leur base; métacarpe fort grand; deux gros tubercules au métatarse; parotides à peine distinctes; corps ovale, épais.

Patrie. Amérique méridionale.

1re Esp. *Chaunus marmoratus.* Wagler.

Synon. *Bufo globulosus*, Spix. Spec. nov. Ran. Bras. page 49, Tab. 19, fig. 1.

Bufo albifrons, Id., loc. cit. page 48, Tab. 19, fig. 2.

Paludicola albifrons. Wagl. Syst. Amph., page 202 (3).

2e Esp. *Chaunus formosus.* Tschudi, page 87, n° 2.

Synon. *Bufo formosus.* Mus. Par. (4).

---

(1) Καλος, *pulcher*, *egregius*, beau; et φρυνος, *rubeta*, *bufo*, Crapaud.

(2) Χαυνος, *laxus*, *inflatus*, large, ample, enflé, gonflé.

(3) L'opinion de M. Tschudi, que nous sommes portés à croire parfaitement fondée, est que Wagler a formé deux genres différents (*Chaunus* et *Paludicola*), d'après deux individus spécifiquement semblables, ceux que Spix a fait représenter dans son ouvrage sous les noms de *Bufo globulosus* et de *Bufo albifrons*.

(4) Cette espèce est ontre *Phryniscus nigricans* ou plutôt celui de

GENRE FAUX-CRAPAUD. *Pseudo-Bufo*. Tschudi.

CARACTÈRES. Tête triangulaire; vertex et front aplatis; museau relevé ou comme retroussé; narines s'ouvrant sur celui-ci; langue circulaire; point de dents; point de parotides, tympan visible; doigts libres; orteils réunis jusqu'à leur extrémité par une membrane très-large et très-extensible; corps relevé de verrues très-serrées.

ESP. *Pseudo-Bufo subasper*. Tschudi, page 87, n° 3.

SYNON. *Bufo subasper*, Mus. Lugd. Batav.

DISTRIBUTION GÉOGRAPHIQUE DES BUFONIFORMES.

Le nombre des espèces de Bufoniformes qui nous sont connues aujourd'hui n'est que de trente-cinq c'est-à-dire beaucoup moindre que celui des Raniformes, dont la totalité est de cinquante et une, et moindre encore que celui des Hylæformes, qui est de soixante-quatre.

Néanmoins il en existe dans les cinq parties du monde, où elles sont réparties d'une manière non moins inégale que les espèces de Raniformes et d'Hylæformes et toujours aussi avec avantage pour l'Amérique, tandis que la plus faible part a été dévolue à l'Europe, qui n'a même pas une seule espèce en propre; car les deux qui s'y trouvent, le Crapaud commun et le vert, habitent aussi l'Afrique et l'Asie, qui produisent en plus, l'une, le Crapaud panthérin, et le Breviceps bossu, l'autre, le Plectropode peint, l'Engystome orné, l'Hylædactyle tacheté, l'Upérodonte marbré, et les Crapauds

---

Wiegmann, qui l'a le premier fait connaître : c'est à tort que M. Tschudi l'a rapportée à son genre *Chaunus*, dont elle ne présente certainement pas les caractères; car l'ensemble de ses formes est le même que celui des Crapauds proprement dits; ses narines sont latérales; elle manque complétement de parotides, et ses deux tubercules métatarsiens sont très-petits.

ensanglanté, rude, à deux arêtes, élevé, et rugueux.

L'Océanie, qui, après l'Amérique, est la mieux partagée en Hylæformes, et où l'on trouve encore deux Raniformes, n'a fourni jusqu'ici que le seul Bufoniforme appelé Phrynisque austral.

Enfin vient l'Amérique qui, outre ses dix espèces de Crapauds nommés : Goîtreux, Peltocéphale, du Chili, Agua, à Oreilles noires, Criard, Américain, Perlé, de d'Orbigny, et de Leschenault, nourrit aussi les Dendrobates à tapirer, peint, et sombre ; le Rhinoderme de Darwin ; l'Atélope jaunâtre ; le Phrynisque noirâtre ; le Brachycéphale porte-selle, et les Engystomes de la Caroline ovale, rugueux, et microps.

RÉPARTITION DES BUFONIFORMES D'APRÈS LEUR EXISTENCE GÉOGRAPHIQUE.

Genres.	Europe, Asie et Afrique.	Asie.	Afrique.	Amérique.	Océanie.	Total des espèces.
DENDROBATE	0	0	0	3	0	3
RHINODERME	0	0	0	1	0	1
ATÉLOPE	0	0	0	1	0	1
CRAPAUD	2	5	1	10	0	18
PHRYNISQUE	0	0	0	1	1	2
BRACHYCÉPHALE	0	0	0	1	0	1
HYLÆDACTYLE	0	1	0	0	0	1
PLECTROPODE	0	1	0	0	0	1
ENGYSTOME	0	1	0	3	0	4
UPÉRODONTE	0	1	0	0	0	1
BRÉVICEPS	0	0	1	0	0	1
RHINOPHRYNE	0	0	0	1	0	1
Nombre des espèces dans chaque partie du monde	2	9	2	21	1	35

Ier GENRE DENDROBATE. — *DENDROBATES* (1). Wagler.
(*Hylaplesia* en part. Boié, Tschudi.)

Caractères. Langue oblongue, entière, arrondie à ses deux extrémités, libre dans sa moitié postérieure. Palais dépourvu de dents. Tympan distinct; trompes d'Eustachi très-petites. Pas de parotides. Doigts et orteils déprimés, complétement libres, offrant au bout un épatement; ceux-ci au nombre de cinq et ceux-là de quatre. Deux tubercules faibles, obtus, au métatarse; un seul à la face palmaire. Apophyses transverses de la vertèbre sacrée non dilatées en palettes. Une vessie vocale sous-gulaire chez les mâles.

Les Dendrobates sont avec les Hylædactyles, dont ils diffèrent principalement par l'invisibilité du tympan et la non adhérence de la langue dans toute sa longueur, les seuls Anoures de cette famille des Bufoniformes qui offrent, comme les Hylæformes, un épatement à l'extrémité libre de tous leurs doigts. Cette partie dilatée des doigts est triangulaire et présente trois papilles renflées, une grande transverso-ovalaire en dessous, deux petites subcirculaires en dessus. Les pattes de devant ni les pattes de derrière ne présentent le moindre rudiment de membranes natatoires. Il existe un renflement sous chaque articulation des phalanges; il y en a aussi un à la paume de la main et deux sous le métatarse. Les doigts et les orteils sont faibles, étroits, légèrement déprimés; le quatrième de ceux-ci et le troisième de

(1) De δένδρον, arbre; et de βαίνω, je marche.

ceux-là sont toujours les plus longs. La langue des Dendrobates ressemble à un ruban oblong, plus ou moins épais, arrondi, entier à ses deux extrémités et libre dans la seconde portion de sa longueur ; leur palais est lisse et sans sillon longitudinal de chaque côté du *sphénoïde ;* leurs narines internes sont petites, arrondies et très-écartées l'une de l'autre ou situées tout à fait sur les côtés du palais et assez près de son bord antérieur ; leurs trompes d'Eustachi, qui sont également fort petites et arrondies, se trouvent placées un peu en arrière et au-dessus de la commissure des mâchoires ; toutefois le tympan est bien distinct. Les narines externes s'ouvrent positivement sur les côtés du bout du museau, qui est légèrement arrondi en travers. On remarque de chaque côté de la langue, chez les individus mâles, une fente longitudinale donnant entrée à l'air destiné à gonfler le sac vocal que renferme la gorge, dont la peau cependant n'est pas plissée, ce qui indique que cet organe producteur de la voix n'est pas susceptible d'une grande dilatation.

La vertèbre sacrée, de même que chez les Grenouilles proprement dites et plusieurs genres d'Hylæformes, n'a pas ses apophyses transverses développées en ailes ou en palettes.

Les Dendrobates ont les membres médiocrement allongés ; et généralement assez forts, la tête et le tronc confondus ensemble, étroits, tétragones ou aplatis sur quatre faces, celui-ci à peu près également, celle-là distinctement plus de haut en bas que de droite à gauche. La tête est peu rétrécie en avant des yeux, et obliquement tronquée à sa partie antérieure, ce qui donne un museau large, épais, faisant une légère saillie au-dessus de la bouche dont l'ouverture est peu considérable. Les yeux sont grands et tout à fait latéraux, ils ne forment pas de protubérances sensibles au-dessus du crâne. Aucune des trois espèces que nous connaissons n'a les régions pectorale et abdominale garnies de glandules granuliformes, ainsi que cela s'observe chez presque tous les Anoures de la famille des Hylæformes. On ne leur voit pas non plus sur les côtés du cou de ces renflements improprement appelés parotides, comme en ont la plupart des Batraciens à bouche complétement dépourvue de dents.

Les marques distinctives à l'aide desquelles on peut au premier examen reconnaître chacune des trois espèces de ce genre Dendrobate, se trouvent indiquées dans le tableau suivant :

TABLEAU SYNOPTIQUE DES ESPÈCES DU GENRE DENDROBATE.

Premier doigt	plus	court que le second. . .	1. D. A TAPIRER
		long que le second. . .	2. D. SOMBRE.
	aussi long que le second. . . .		3. D. PEINT.

Les Dendrobates vivent habituellement sur les arbres et les buissons.

Dès l'année 1827 (1), Boié avait proposé de former sous le nom d'*Hylaplesia* un groupe générique qui réunirait la *Hyla tinctoria* de Daudin, ou l'espèce type de notre genre *Dendrobate*, et deux autres Anoures à extrémités digitales épatées, que le premier de ces deux erpétologistes désignait par les appellations spécifiques de *Borbonica* et d'*Achatina*. Telle est, en quelque sorte, l'origine du genre *Dendrobate*, qui se trouvait alors déjà caractérisé par une bouche sans dents, une langue arrondie et entière, des doigts libres, et de plus par des pieds avec ou sans une demi-palmure.

En 1830, Wagler, qui n'avait pas eu occasion d'observer par lui-même la *Hyla borbonica*, ni la *Hylaplesia achatina*, ne crut sans doute pas devoir s'en rapporter à Boié, relativement au rapprochement que celui-ci avait fait de ces deux espèces; car, laissant de côté le genre *Hyla*-

(1) Isis, 1827, pag. 294.

plesia, après toutefois en avoir retiré la *Hyla tinctoria*, il créa pour cette dernière et les *Hyla trivittata* et *Hyla nigerrima* de Spix, le genre *Dendrobates* sous la caractéristique que nous avons rapportée dans l'analyse donnée plus haut de la classification du savant naturaliste bavarois.

Mais tout récemment M. Tschudi vient en quelque façon de rétablir le genre *Hylaplesia*, tel que l'avait créé Boié ; c'est-à-dire que, de même que ce dernier, il a appliqué la dénomination générique d'*Hylaplesia* aux deux espèces appelées *Borbonica* et *Tinctoria*, dont il a cependant éloigné celle nommée *Achatina*, pour en former avec juste raison un genre à part, ou celui d'*Orchestes* qui figure parmi nos Hylæformes sous le nom d'*Ixalus* (1).

Quant à nous, qui ne connaissons la *Hyla borbonica* que par les quelques mots bien insignifiants qu'en a dits Boié, nous nous sommes abstenus de la faire entrer dans un genre auquel, selon toute apparence, elle ne doit pas appartenir : c'est pourquoi nous avons préféré d'adopter le nom de *Dendrobates* pour le présent genre, afin de laisser disponible la dénomination d'*Hylaplesia* pour le cas où l'on reconnaîtrait que la *Hylaplesia borbonica* doit être séparée génériquement de la *Hyla tinctoria* de Daudin et des espèces que nous y réunissons.

I. LE DENDROBATE A TAPIRER (2). *Dendrobates tinctorius*, Wagler.

(Voyez Pl. 90, fig. 1 et 1*a*, la variété B, sous le nom d'Hylaplésie de Cocteau.)

Caractères. Premier doigt plus court que le second ; épatements des extrémités digitales au moins aussi large que le tympan. Dos tout à fait lisse.

(1) *Orchestes* était déjà employé pour désigner un genre d'insectes.

(2) Ainsi nommé parce qu'on prétend, à tort ou à raison, que lorsqu'on introduit du sang de ce Batracien dans les petites plaies qui existent à la surface de la peau des Perroquets verts dont on a arraché les plumes, celles qui renaissent offrent une couleur rouge ou jaune ; et l'on obtient ainsi ce qu'on appelle des *Perroquets tapirés*.

SYNONYMIE. *La Raine à tapirer*. Lacép. Quad. Ovip. tom. 1, pag. 566, Pl. 39.

La Raine rouge, var. *a*. Bonnat. Encyclop. méth. Erpet. pag. 10, Pl. 5 (cop. Lacép.).

Calamita tinctorius. Schneid. Histor. Amph. Fasc. I, pag. 175.

Rana tinctoria. Shaw. Gen. zool. vol. 3, part. I, pag. 135.

Hyla tinctoria. Latr. Hist. Rept. tom. 2, pag. 170, fig. 3.

Hyla tinctoria. Daud. Hist. Rain. Gren. Crap. pag. 25, Pl. 8.

Hyla tinctoria. Id. Hist. Rept. tom. 8, pag. 48.

La Rainette à tapirer. Cuv. Règn. anim. 1re édit. tom. 2, p. 94.

Calamita tinctorius. Merr. Tent. Syst. Amphib. pag. 169, nº 1.

? *Hyla trivittata*. Spix. Spec. nov. Ran. Bras. pag. 35, tab. 9, fig. 1.

? *Hyla aurata*. Wied. Rec. Pl. col. Anim. Bres. pag. et Pl. sans nos.

? *Hyla aurata*. Id. Beitr. naturgesch. Bras. tom. 1, pag. 531.

La Rainette à tapirer. Cuv. Règn. anim. 2e édit., tom. 2, p. 108.

Dendrobates tinctorius. Wagl. Syst. amph. pag. 202.

Dendrobates trivittatus. Id. loc. cit.

Hylaplesia tinctoria. Tschudi. Classif. Batrach. Mém. Sociét. scienc. nat. Neuch. tom. 2, p. 70.

Hylaplésie de Cocteau. Nob. M. S. S. Pl. 90, fig. 1 du prés. ouvrag.

DESCRIPTION.

FORMES. Cette espèce a le museau large, fort obtus, légèrement arrondi au bout et en travers ; les yeux assez saillants en dehors à leur partie supérieure ; la peau épaisse, parfaitement lisse, bien tendue partout, excepté le long du bas des flancs, où elle fait un pli qui s'étend de l'aisselle à l'aine. Le tympan a en diamètre le tiers ou au plus la moitié de celui de l'ouverture oculaire, qui est aussi grande que le museau est large à son extrémité. La langue est arrondie aux deux bouts et aussi étroite au milieu et en arrière qu'en avant; elle est complétement libre dans la seconde moitié de sa longueur. Couchés le long du tronc, les membres antérieurs s'étendent un peu au delà du coccyx ; les postérieurs, mis de la même manière, dépassent le museau de la longueur du pied, non compris le tarse. Les bouts des doigts et des orteils ont une largeur au moins égale au diamètre du tympan.

Coloration. *Variété A.* Elle est toute noire, excepté à la face supérieure de la tête, qui offre une tache blanche couvrant tantôt le museau seulement, tantôt toute la région crânienne; mais qui donne toujours naissance à droite et à gauche à une raie ondulée, plus ou moins élargie; cette raie passe sur l'œil, côtoie le dos et va se réunir sur les reins à sa congénère, avec laquelle elle se trouve déjà en rapport par le moyen d'une autre raie blanche qui coupe le dos en travers vers son milieu. Ces mêmes raies blanches latérales produisent assez ordinairement vers les régions scapulaires des ramifications qui s'étendent quelquefois sur les flancs. En général, le dessous du corps est semé de taches d'un noir beaucoup plus sombre que celui du fond.

Variété B. Celle-ci, au lieu d'être noire est d'un brun marron ou d'une teinte lie de vin, offre une tache d'un blanc jaunâtre sur le museau, une autre beaucoup plus grande et de forme ovalaire sur chaque flanc, puis un large bracelet de la même couleur autour de chaque bras et de chaque jambe. Assez souvent les taches des flancs se confondent sur la région abdominale.

A ces deux variétés que nous avons observées en nature, il faut sans doute en ajouter une troisième qui se distinguerait de la première par trois ou quatre bandes longitudinales jaunes sur le dos, mode de coloration que présentent la *Hyla trivittata* de Spix et la *Hyla aurata* du prince de Wied : nous présumons en effet que ces deux Anoures, qui ne nous sont connues que par les figures qu'en ont publiées les deux auteurs que nous venons de citer, ne diffèrent pas spécifiquement de notre *Dendrobates tinctorius.*

Dimensions. *Tête.* Long. 1" 2". *Tronc.* Long. 2" 5"'. *Memb. antér.* Long. 2" 6"'. *Memb. postér.* Long. 4" 5"'.

Patrie. Ce Dendrobate se trouve au Brésil et à Cayenne; M. Leprieur nous en a rapporté de ce dernier pays un certain nombre d'individus qu'il a lui-même recueillis épars sur le bord des chemins dans les grandes forêts.

Observations. Nous avions d'abord cru que la variété B était une espèce différente de la variété A, et c'est en effet comme telle, que nous l'avons fait représenter sur une des planches de cet ouvrage; mais une comparaison plus attentive nous a complétement convaincu du contraire. On devra donc substituer le nom de Dendrobate à tapirer, à celui de Hylaplésie de Cocteau que porte la figure première de notre planche 90.

2. LE DENDROBATE SOMBRE. *Dendrobates obscurus*. Nobis.

CARACTÈRES. Premier doigt plus long que le second; épatements des extrémités digitales beaucoup plus petits que le tympan. Dos mamelonné, offrant de chaque côté un léger pli glanduleux.

SYNONYMIE. ?? *Hyla nigerrima*. Spix. Spec. nov. Ran. Bras. pag. 36, tab. 9, fig. 2.

DESCRIPTION.

FORMES. Cette espèce diffère de la précédente par l'existence d'un faible cordon glanduleux de chaque côté du dos, par la présence d'un très-grand nombre de petites verrues sur celui-ci et sur la tête, par l'extrême petitesse de ses épatements digitaux dont la largeur égale à peine le quart du diamètre du tympan, par la gracilité de ses membres et la longueur relative de ceux de derrière, qui, portés en avant, dépassent le bout du museau de l'étendue du pied et de la moitié du tarse, enfin par la brièveté du second doigt, que le premier excède de quelques millimètres, ce qui est le contraire chez le Denbrobate à tapirer.

COLORATION. Toutes les parties de ce Batracien seraient d'un brun foncé, sans une légère teinte blanchâtre que présentent les cordons glanduleux qui s'étendent le long des côtés du dos.

DIMENSIONS. *Tête*. Long. 1" 4"'. *Tronc*. Long. 2" 8"'. *Memb. antér*. Long. 2" 5"'. *Memb. postér*. Long. 6".

PATRIE. Nous ignorons quelle est la patrie de ce Dendrobate, dont nous n'avons encore observé qu'un individu, appartenant à notre collection nationale.

Observations. Nous l'aurions volontiers considéré comme étant de la même espèce que la *Hyla nigerrima* de Spix, si la figure qui la représente n'indiquait pas que son second doigt est distinctement plus long que le premier; on a vu plus haut, que c'est au contraire le second doigt qui est plus court que le premier, chez le Dendrobate sombre.

3. LE DENDROBATE PEINT. *Dendrobates pictus.* Nobis.

CARACTÈRES. Premier doigt aussi long que le second ; épatements des extrémités digitales de moitié moins grands que le diamètre du tympan. Dos légèrement mamelonné, offrant un faible cordon glanduleux de chaque côté.

SYNONYMIE. *Hylaplesia picta.* Nobis. M. S. S.

Hylaplesia picta. Tschudi. Classif. Batrach. Mém. Sociét. scienc. nat. Neuch. tom. 2, pag. 71.

DESCRIPTION.

FORMES. Une langue proportionnellement plus large, un museau plus étroit, un tronc plus court, légèrement arrondi en dessus et de chaque côté, sont les caractères qui distinguent cette espèce de ses deux congénères, et particulièrement de celle appelée sombre; car, comme chez cette dernière, sa région dorsale est couverte de petites verrues, et bordée à droite et à gauche d'un renflement glanduleux. Les épatements de ses doigts sont aussi fort petits, ou d'une largeur moitié moindre que le diamètre du tympan, qui du reste est peu distinct. La peau qui enveloppe le corps est moins épaisse et moins tendue que celle des deux espèces précédentes.

COLORATION. La tête, le dos et les membres sont bruns; la gorge et les flancs noirs; le ventre est aussi de cette dernière couleur, mais il offre une marbrure blanche. Les aines, les aisselles et les jarrets sont colorés en rose, teinte qui s'étend en une large bande le long de la face postérieure des cuisses, et qui forme une raie autour de la mâchoire supérieure, ainsi que deux lignes correspondantes aux cordons glanduleux des côtés du dos.

DIMENSIONS. *Tête.* Long. 1". *Tronc.* Long. 1" 7"'. *Memb. antér.* Long. 1" 7"'. *Memb. postér.* Long. 3" 5"'.

PATRIE. Le Dendrobate peint nous est connu par plusieurs exemplaires recueillis au Chili par M. Dorbigny.

IIe GENRE. RHINODERME.—*RHINODERMA* (1). Nobis.

Caractères. Langue elliptique, libre dans le tiers postérieur de sa longueur, offrant une très-faible échancrure en arrière. Palais dépourvu de dents. Tympan caché; trompes d'Eustachi petites. Pas de parotides. Doigts et orteils courts, plats, palmés, ceux-ci dans la moitié de leur longueur, ceux-là à leur racine seulement; saillie du premier os cunéiforme à peine sensible. Apophyses transverses de la vertèbre sacrée dilatées en palettes triangulaires. Une vessie vocale sous-gulaire interne, chez les mâles. Un lambeau de peau au bout du museau.

Nous tirons le nom que nous imposons à ce genre de la particularité que présente le museau, dont la peau de l'extrémité se développe en une sorte de petite corne molle, horizontale, comprimée, pointue, ainsi que cela s'observe chez les Mégalophrys, groupe générique de la famille des Raniformes.

Qu'on ne croie pas toutefois que ce soit sur cette seule considération de l'existence d'un appendice cutané au bout du museau que nous nous fondions pour établir le genre Rhinoderme; nous le faisons reposer sur des marques distinctives d'une plus grande importance, à raison des organes par lesquels elles sont fournies.

Les Rhinodermes manquent de dents au palais comme les Dendrobates, mais ils n'ont ni le tympan visible, ni les doigts et les orteils complétement libres et épatés à leur

(1) Ῥιν, *nasus*, nez; δέρμα, *cutis*, peau.

extrémité terminale; leur langue est oblongue, il est vrai, mais elle est élargie et légèrement échancrée en arrière; enfin les apophyses transverses de leur vertèbre sacrée, au lieu d'être cylindriques ou à peu près cylindriques, comme dans le genre précédent, sont aplaties en forme d'ailes ou de palettes triangulaires, dont le mode d'articulation avec les os coxaux s'oppose un peu au mouvement de ces leviers, qui, dans d'autres cas, sont des pièces tout à fait mobiles pour les membres postérieurs, ainsi qu'on peut le voir d'une manière bien évidente dans les Grenouilles.

Les Rhinodermes ont les narines percées de chaque côté du bout du museau, immédiatement au-dessous du *canthus rostralis;* les orifices internes correspondants à celles-ci sont situés un peu en arrière de leur aplomb, au bord latéral du palais ou tout près du maxillaire. Les doigts et les orteils sont courts, faibles, pointus, très-déprimés et réunis par une membrane, les premiers à leur racine seulement, les seconds dans la moitié environ de leur longueur. Il n'existe pas de renflements sous les articulations des phalanges, et la saillie métatarsienne produite par le premier os cunéiforme est à peine apparente. Les trois premiers doigts et les quatre premiers orteils sont étagés; le quatrième des uns est un peu plus long que le second; le cinquième des autres a la même étendue que le troisième. La gorge des individus mâles renferme une vessie vocale dans laquelle l'air pénètre par deux fentes longitudinales placées, l'une à droite l'autre à gauche de la langue. Aucun point de la surface du corps ne présente de renflements glanduleux.

L'espèce suivante est encore la seule qui se rapporte au genre Rhinoderme.

1. LE RHINODERME DE DARWIN. *Rhinoderma Darwinii.* Nobis.

CARACTÈRES. Dos gris ; parties inférieures marquées de noir et de blanc.

SYNONYMIE ?

DESCRIPTION.

FORMES. Cette espèce a les formes sveltes, la tête allongée, étroite, déprimée, quadrilatère, ou tout à fait plane en dessus et en dessous, et perpendiculaire de chaque côté ; si ce n'était le petit appendice cutané qui la termine en avant, elle offrirait un museau tronqué comme celui des Dendrobates. Les yeux sont latéraux, non proéminents en dessus, mais un peu saillants en dehors du bord orbitaire supérieur. Les membres antérieurs ont une longueur égale à celle du tronc ; les postérieurs, portés en avant, dépassent la tête, de l'étendue du pied.

La palmure des orteils, qui est assez épaisse et poreuse, laisse libres les quatre premiers dans la moitié de leur longueur, mais elle tient uni le cinquième au quatrième, jusqu'à son extrémité. Les doigts ne sont palmés que dans le premier tiers de leur longueur. Toutes les parties du corps sont lisses.

COLORATION. Une seule et même teinte grise règne sur toutes les régions supérieures ; la gorge et la poitrine sont noires, les paumes des mains aussi ; le milieu du ventre est blanc, ainsi que le dessous des bras, mais celui des pattes de derrière est alternativement coloré en noir et en blanc depuis l'origine des cuisses jusqu'à la pointe des orteils.

DIMENSIONS. *Tête.* Long. 1". *Tronc.* Long. 2". *Memb. antér.* Long. 2". *Memb. postér.* Long. 4" 3"'.

PATRIE. Cette espèce est originaire du Chili. On en doit la découverte à M. Darwin, naturaliste distingué qui a accompagné le capitaine Beagle, dans le voyage de circumnavigation exécuté il y a quelques années par ordre du gouvernement britannique.

IIIe GENRE. ATÉLOPE.—*ATELOPUS* (1). Nobis.

Caractères. Langue allongée, sub-elliptique, de même largeur dans toute son étendue, entière, arrondie aux deux extrémités, libre dans le tiers postérieur de sa longueur. Palais dépourvu de dents. Tympan caché ; trompes d'Eustachi de moyenne grandeur. Point de parotides. Quatre doigts déprimés, complétement libres. Cinq orteils, dont un non distinct extérieurement ; les quatre autres aplatis, réunis à leur base par une membrane ; pas de tubercules à la racine du métatarse. Apophyses transverses de la vertèbre sacrée dilatées en palettes triangulaires. Une vessie vocale sous-gulaire interne, chez les mâles.

Les Atélopes sont intermédiaires aux Rhinodermes et aux Crapauds ; non-seulement ils se distinguent des uns et des autres en ce que leur tympan et leur premier orteil sont cachés sous la peau, mais ils diffèrent encore des derniers par le défaut de ces grosses glandes dites parotides, et des premiers par l'absence d'un développement cutané en forme de corne molle à l'extrémité du museau. Bien qu'ils aient les membres à proportion plus développés en longueur que ceux de la plupart des Crapauds, leurs doigts et leurs orteils sont courts ; on n'observe ni saillies tuberculiformes à leurs métatarses, ni renflements ou épatements sous leurs phalanges, ni verrues glanduleuses sur aucune partie de leur corps. La gorge des individus mâles renferme une poche vocale qui communique avec la bouche par deux orifices longitudinaux situés l'un à droite, l'autre à gauche de la langue.

(1) Ατελης, incomplet, imparfait, πους, pied.

1. L'ATÉLOPE JAUNATRE. *Atelopus flavescens*. Nobis.

CARACTÈRES. Premier doigt beaucoup plus court que le second. Parties supérieures jaunâtres, tachetées de brun fauve.

DESCRIPTION.

FORMES. L'ensemble des formes de cette espèce rappelle celles des Dendrobates. La tête, qui est très-déprimée et dont les côtés, parfaitement perpendiculaires, se réunissent à angle aigu en avant, offre une surface plane que le dos continue en arrière. Le tronc, qui est assez allongé et beaucoup moins haut que large, est quadrangulaire ou aplati sur quatre faces. Les yeux ne font qu'une très-légère saillie au-dessus du crâne; le diamètre de leur ouverture est égal à la moitié de l'espace qui sépare les orbites; leur paupière inférieure est courte. Le bout du museau, légèrement arrondi en travers et coupé obliquement de haut en bas, descend vers la bouche, dont le contour représente un angle aigu tronqué au sommet. On remarque une faible échancrure au bord antérieur de la mâchoire d'en haut, et deux plus faibles encore, séparées par une petite éminence, à celui de la mâchoire d'en bas. Les régions frénales sont un peu concaves. Les narines s'ouvrent immédiatement sous le *Canthus rostralis*, vers le premier tiers de sa longueur. Placés le long des flancs, les membres antérieurs dépassent l'orifice anal; l'étendue des pattes de derrière, non compris le pied proprement dit, est égale à celle de la tête et du tronc. Les doigts sont courts et très-aplatis; un rudiment de membrane les réunit à leur base; le troisième est le plus long des quatre; le second et le quatrième ont moitié moins de longueur que lui, et le premier est quatre fois plus petit. Les orteils sont à proportion aussi peu développés que les doigts, ils présentent la même forme aplatie et une inégalité de longueur pareille à celle de ces derniers. Les uns et les autres ont leur face inférieure parfaitement unie. La palmure des pieds laisse libre le quatrième orteil dans les deux tiers de son étendue, le troisième dans la moitié, et le cinquième aussi; mais le second est tout entier engagé dans cette membrane, et le premier ne se voit même pas ou presque pas. Toutes les régions inférieures de l'animal sont lisses, et il faut examiner les parties supérieures avec beaucoup d'attention pour s'apercevoir qu'il existe à leur surface un semis de tubercules, tant est grande la finesse de ceux-ci.

COLORATION. Un blanc pur règne partout en dessous; en dessus c'est une teinte jaunâtre qui domine, malgré les nombreuses petites taches d'un brun fauve ou roussâtre qui y sont répandues.

DIMENSIONS. *Tête*. Long. 1" 4'''. *Tronc*. Long. 3". *Memb. antér*. Long. 3" 2'''. *Memb. postér*. Long. 5".

PATRIE. Ce petit Batracien appartient à l'Amérique méridionale; la collection en renferme une douzaine d'individus qui ont été recueillis par M. Leprieur, sur les bords d'un ruisseau, dans une montagne près de Cayenne.

IVe GENRE. CRAPAUD. — *BUFO* (1). Laurenti. (*Bufo*, auct.; *Otilophus*, Cuvier, Tschudi.)

CARACTÈRES. Langue allongée, elliptique, généralement un peu plus large en arrière qu'en avant, entière, libre postérieurement dans une certaine portion de son étendue. Palais dépourvu de dents. Tympan plus ou moins distinct; trompes d'Eustachi de moyenne grandeur. Des parotides. Quatre doigts distincts, subarrondis ou déprimés, complétement libres; le troisième toujours plus long que les autres. Cinq orteils de même forme que les doigts, plus ou moins palmés; les quatre premiers étagés, le dernier plus court que l'avant-dernier. Un tubercule mousse, plus ou moins développé, à la base du premier orteil. Apophyses transverses de la vertèbre sacrée plus ou moins élargies en palettes triangulaires. Presque toujours une vessie vocale sous-gulaire interne, chez les mâles.

Les Crapauds sont les seuls Bufoniformes qui aient des parotides, nom fort impropre, mais consacré aujourd'hui, par lequel on désigne deux glandes de forme variable, si-

---

(1) Ce nom se trouve dans Virgile, Bucoliques, livre 1er, vers 183. *Inventus que cavis Bufo*.

tuées l'une à droite, l'autre à gauche de la partie antérieure du tronc correspondante au cou; glandes qu'on retrouve dans beaucoup d'Anoures des deux premières familles, mais rarement développées à un aussi haut degré que chez les espèces du genre dont nous allons traiter.

Les Crapauds ont tous la bouche largement fendue et complétement dépourvue de dents; leur tympan peut toujours être aperçu au travers de la peau qui le recouvre, bien que dans quelque cas, celle-ci soit fort épaisse; leurs trompes d'Eustachi varient de grandeur, c'est-à-dire que tantôt elles sont aussi grandes, tantôt plus petites que les orifices internes des narines, qui extérieurement aboutissent soit sur les côtés, soit à la face supérieure du museau.

La langue de ces Batraciens ressemble à un ruban épais, une fois aussi long que large, un peu rétréci en avant, mais arrondi aux deux bouts, libre et sans échancrure en arrière, dans une certaine portion de son étendue.

Les doigts et les orteils sont presque cylindriques ou plus ou moins déprimés, ceux-là au nombre de quatre et parfaitement libres, ceux-ci au nombre de cinq et unis entre eux par une membrane natatoire quelquefois rudimentaire, d'autrefois plus ou moins développée; mais les uns et les autres ont généralement leur extrémité terminale garnie d'une sorte de petite calotte de peau coriace, noirâtre, qui l'emboîte à la manière d'un dé à coudre. La région métatarsienne offre à sa face inférieure deux tubercules, dont l'un, ou celui qui est situé à la racine du premier orteil, est toujours plus développé et d'une forme oblongue plus prononcée que l'autre.

Les mâles de la plupart des espèces de Crapauds sont pourvus d'une vessie vocale sous-gulaire interne qui communique avec la bouche par deux petites fentes longitudinales situées l'une à droite, l'autre à gauche de la langue. Les apophyses transverses de la dernière vertèbre sont toujours élargies en palettes triangulaires, comme cela existe dans les genres *Pelobates*, *Alytes*, etc., de la famille des Raniformes; *Hyla*, *Trachycephalus*, etc., de la famille des Hylæformes.

Tous les Crapauds que nous avons eu occasion d'observer vivants, nous ont offert une pupille allongée d'avant en arrière, et très-dilatable, comme cela a lieu au reste chez les autres animaux vertébrés crépusculaires ou nocturnes; jamais en effet les Crapauds ne quittent, avant que le soleil ait disparu sous l'horizon, les petites cavités souterraines, les trous des vieux arbres, les crevasses des murs, le dessous des pierres qui leur servent ordinairement de retraite pendant la plus grande partie de l'année, ou hors de l'époque à laquelle ils se rendent dans les eaux stagnantes pour y accomplir l'acte de la reproduction.

Les Crapauds proprement dits faisaient originairement partie du genre *Rana* de Linné, qui, comme on le sait, y avait indistinctement réuni tous les Anoures.

C'est par Laurenti qu'ils en furent exclus, avec juste raison, pour être placés dans un nouveau genre qui fut appelé *Bufo*, du nom de l'espèce la plus connue qui s'y trouvait rangée, la *Rana Bufo* de Linné, laquelle devint alors le *Bufo vulgaris*. Mais ce groupe générique de la création de Laurenti ne renfermait pas que de vrais Crapauds : il comprenait aussi un *Ceratophrys*, un *Pelobates*, un *Alytes*, un *Bombinator* et une *Hyla*, c'est-à-dire la *Rana cornuta* de Séba, le *Bufo fuscus* de Rœsel, le *Bufo obstetricans* de Demours, le *Bufo igneus* de Rœsel, et la *Rana Surinamensis marmorata* de Séba, qui en furent successivement éliminés par Daudin, Merrem, Boié, et Wagler; en sorte que le genre *Bufo* ne se compose plus aujourd'hui que d'espèces parfaitement analogues au Crapaud commun de notre pays, parmi lesquelles nous comprenons aussi celle appelée *Bufo margaritiferus*, dont G. Cuvier avait fait le type de son genre Otilophe, d'après ce seul caractère que ses crêtes surciliaires sont très-élevées et se prolongent jusques aux parotides.

Le tableau ci-joint est l'exposé des principales différences que présentent entre elles les dix-huit espèces de Crapauds, dont nous donnons plus loin les descriptions dans l'ordre indiqué par les numéros contenus dans la première colonne.

TABLEAU SYNOPTIQUE DES ESPÈCES DU GENRE CRAPAUD.

Orteils

- presque libres. 2. C. de Leschenault. Pag. 666
- palmés
  - à moitié : saillies craniennes
    - distinctes,
      - deux sur le vertex, droites, en long. . . . . 16. C. a deux arêtes. 714
      - une sur chaque orbite
        - formant
          - un Y . . . . 10. C. de d'Orbigny. 697
          - un angle à sommet
            - tuberculeux. . . . . 8. C. Criard. 689
            - simple. . . . . 9. C. Américain. 695
        - en demi-cercle
          - faiblement prononcé : museau
            - obtus : parotides
              - allongées. . . . . 14. C. a oreilles noires. 710
              - en croissant. . . . 15. C. Peltocéphale. 712
            - pointu. . . . . 17. C. Goîtreux. 716
          - bien prononcé : museau
            - obtus : parotides
              - médiocres. . . . 11. C. Rude. 699
              - énormes. . . . 13. C. Agua. 703
            - pointu. . . . . 18. C. Perlé. 718
    - nulles : de chaque côté
      - une parotide
        - courte, subtriangulaire. . . . . 5. C. du Chili 678
        - elliptique,
          - bordée de noir. . . . . 4. C. Commun. 670
          - sans bordure : sur la jambe, glande
            - distincte. . . . . . . 6. C. Vert. 681
            - nulle. . . . . 7. C. Panthérin. 687
      - deux parotides . . . . 1. C. Ensanglanté. 665
  - entièremen parotides
    - courtes, subtriangulaires. . . . . 3. C. Apre. 668
    - longues, elliptiques. . . . . 12. C. Élevé. 702

(En regard de la page 664.)

1. LE CRAPAUD ENSANGLANTÉ. *Bufo cruentatus*. Mus. Lugd. Batav.

Caractères. Premier doigt moins long que le deuxième. Bords orbitaires supérieurs non saillants. Museau rétréci, tronqué obliquement. Peau du crâne épaisse, bien distincte. Deux parotides oblongues de chaque côté, l'une sur le cou, l'autre sur l'épaule. Tympan petit, peu distinct. Orteils grêles, palmés, les quatre premiers dans la moitié de leur longueur, les deux derniers à leur base. Pas de saillie cutanée le long du bord interne du tarse. Au talon, deux tubercules médiocres, l'un sub-circulaire, l'autre oblong. Des granules très-fins, épars sur le dessus du corps.

Synonymie. *Bufo cruentatus*. Mus. Lugd. Batav.

Bufo cruentatus. Tschudi. Classif. Batrach. Mém. Sociét. scienc. nat. Neuch. tom. 2, pag. 88.

DESCRIPTION.

Formes. A ne considérer que ses formes extérieures, qui sont sveltes, élancées, on prendrait cette espèce plutôt pour une Grenouille ou une Rainette que pour un Crapaud. Sa tête, plate et unie en dessus, coupée perpendiculairement de chaque côté, se termine par un museau en angle aigu, dont le sommet est tronqué obliquement de haut en bas. Les branches de la mâchoire inférieure et la fente de la bouche elle-même suivent un plan légèrement incliné d'avant en arrière. Les narines sont tout à fait terminales et situées au-dessous du *canthus rostralis*. Les régions frénales paraissent un peu concaves. L'œil est grand, ou d'un diamètre égal à la largeur de l'entre-deux des orbites ; il forme au-dessus du crâne une légère proéminence couverte de petits tubercules, et sa paupière inférieure, entièrement transparente, est très-développée. Le tympan, qu'on distingue difficilement au travers de la peau, n'a pas en circonférence le tiers de celle de l'ouverture oculaire. Il existe au-dessus de lui et un peu en arrière, une petite parotide allongée, sub-ovalaire, qu'un léger espace sépare d'une autre, à peu près pareille, située à la partie supérieure de la région scapulaire. Le dos est aplati, ainsi que le ventre, mais les flancs sont légèrement convexes. Les pattes de devant, étendues le long du tronc, dépassent un peu le coccyx; les pattes de derrière, dirigées du côté opposé, touchent au bout du museau, par l'extrémité de la jambe. Les doigts et les orteils sont presque cylindriques et distinctement renflés sous leurs articulations; les uns sont complétement libres, mais les autres offrent une palmure qui ne les réunit pas dans toute leur longueur. Le premier doigt est d'un quart plus court que le deuxième, le deuxième de moitié moins long que le troisième, qui est d'un tiers plus étendu que la quatrième; les quatre premiers orteils sont régulièrement étagés, et le cinquième est à peine plus long que le troisième. Toutes les régions inférieures sont lisses, tandis que les parties supérieures sont semées de tubercules granuliformes excessivement fins.

Coloration. L'individu que nous avons maintenant sous les yeux, le seul que nous ayons encore été dans le cas d'observer, présente, en dessus, une teinte noirâtre, marquée çà et là de taches que la liqueur alcoolique a rendues blanches, mais qui étaient d'un beau rouge dans l'état de vie. Cette dernière couleur était aussi, à ce qu'il semble, celle des aines, du dessous des membres et de la plus grande partie de la face inférieure du corps.

Dimensions. *Tête*. Long. 1" 2"'. *Tronc*. Long. 2" 2"'. *Memb. antér*. Long. 2" 3"'. *Memb. postér*. Long. 4" 8"'.

Patrie. Cette espèce est originaire de l'île de Java, nous n'en possédons qu'un exemplaire provenant du musée de Leyde.

2. LE CRAPAUD DE LESCHENAULT. *Bufo Leschenaultii*. Nobis.
(Voyez Pl. 91, fig. 1 et 1 *a*).

Caractères. Premier doigt plus long que le deuxième. Bords orbitaires supérieurs non saillants. Museau fortement tronqué. Peau recouvrant la tête, épaisse, lisse. Parotides grosses, subtriangulaires, rabattues sur les côtés du cou. Tympan assez grand, bien distinct. Orteils presque entièrement libres; une saillie cutanée, linéaire le long du bord interne du tarse; au talon, deux tubercules médiocres, l'un circulaire, l'autre oblong. Des pustules éparses sur les reins et sur les côtés du dos. Apophyses transverses de la vertèbre sacrée peu dilatées en palettes et dirigées obliquement en arrière.

SYNONYMIE. *Bufo Leschenaultii*. Nob. Mus. Par.

Bufo Leschenaultii. Tschudi. Classif. Batrach. Mém. Sociét. scienc. nat. Neuch. tom. 2, pag. 89.

DESCRIPTION.

FORMES. Cette espèce est la seule parmi toutes ses congénères, chez laquelle la palmure des pieds soit aussi courte : à tel point qu'on les en croirait dépourvus, si l'on n'y regardait avec quelque attention. Ses doigts sont gros, presque cylindriques, fortement renflés à leurs extrémités et sous leurs articulations ; le deuxième et le quatrième sont un peu plus courts que le premier, et celui-ci un peu moins long que le troisième. Le milieu de la face palmaire est occupé par un tubercule circulaire, légèrement convexe; on en voit un autre de forme ovalaire, à la base du premier doigt. Courts et un peu déprimés, les orteils ont, comme les doigts, des renflements hémisphériques en dessous; les quatre premiers sont en tuyaux d'orgue et le cinquième n'offre pas tout à fait la même longueur que le troisième. La saillie produite par le premier os cunéiforme est sub-cylindrique ; à la base du quatrième métatarsien, sous la plante, est un tubercule lenticulaire assez prononcé. La peau forme comme une espèce de petite crête ou carène le long du bord interne du tarse. Les membres thoraciques ne dépassent pas le tronc en arrière; les abdominaux, portés en avant, excèdent de fort peu l'extrémité du museau. La tête, dont les côtés sont perpendiculaires, est fortement et également aplatie d'un bout à l'autre ; séparée du tronc, son contour horizontal donnerait la figure d'un triangle équilatéral à sommet antérieur, ou celui correspondant au museau, largement tronqué et faiblement arrondi. Toute la surface de la tête est parfaitement unie ; le tissu cutané en est épais et lisse. Les yeux forment deux proéminences arrondies, à droite et à gauche de la surface crânienne. Le diamètre de leur ouverture est égal à la largeur du museau, de chaque côté de l'extrémité duquel aboutissent les narines. Le tympan est bien distinct et parfaitement circulaire ; sa circonférence a les deux tiers à peu près de l'ouverture oculaire. Entre les yeux, le crâne offre une largeur qui n'est pas tout à fait égale à la moitié de sa longueur totale. Les parotides, très-développées, assez épaisses, mais néanmoins aplaties, sont situées entre le tympan et l'arrière de l'épaule ; chacune occupe une surface ovalaire sur le bord externe du dessus du cou, et elle se rabat sur le côté de ce dernier , en formant un angle obtus. Les pores dont ces glandes sont percées sont grands et un peu espacés entre eux. Le crâne forme un rebord arrondi au-dessus du tympan, entre l'angle postérieur des paupières et la parotide. La surface de la tête tout entière et la première moitié du dos sont lisses, ainsi que la gorge, la poitrine, le ventre et le dessous des membres, à l'exception des régions fémorales inférieures, dont la peau présente un très-grand nombre de petits plis vermiculaires. Des pustules ayant l'apparence de lentilles sont éparses çà et là sur les parties latérales du dos, sur les reins et les pattes de derrière.

Coloration. Une teinte d'un brun marron règne sur la tête, le dos et le dessous du corps, qui est irrégulièrement tacheté de jaunâtre. Les régions latérales de la tête, les parotides et la face supérieure des membres sont noires ou d'un brun très-foncé.

Dimensions. *Tête*. Long. 2" 5"'. *Tronc*. Long. 6". *Memb. antér.* Long. 5". *Memb. postér.* Long. 8" 5"'.

Patrie. Ce Crapaud se trouve à la Guiane ; nous en devons la connaissance à MM. Leschenault et Doumerc.

3. LE CRAPAUD APRE. *Bufo asper*. Mus. Ludg. Batav.

Caractères. Premier doigt aussi long que le deuxième. Peau de la tête mince, intimement adhérente aux os. Crâne renflé autour du bord supérieur de l'orbite ; un fort renflement osseux entre cette dernière et la parotide. Celle-ci grosse, subtriangulaire. Tympan petit, bien distinct. Orteils entièrement palmés. Deux tubercules médiocres, oblongs, au talon. Un repli cutané mince, le long du bord interne du tarse. Parties supérieures hérissées de tubercules spiniformes. Apophyses transverses de la huitième vertèbre, droites.

Synonymie *Bufo asper*. Mus. Lugd. Batav.

Bufo asper. Gravenh. Delic. Mus. zool. Vratilav. Amph. p. 58.

Bufo asper. Tschudi, Classif. Batrach. Mém. Soc. scienc. nat. Neuch. tom. 2, pag. 88.

DESCRIPTION.

FORMES. Une des principales marques distinctives de ce Crapaud est d'avoir les orteils réunis entre eux jusqu'à leur extrémité par une grande et forte palmure. Ces orteils ont des renflements hémisphériques sous leurs articulations; ils sont légèrement déprimés et étagés à partir du premier jusqu'au quatrième, le cinquième est un peu plus court que le troisième. Le premier os cunéiforme fait une saillie subcylindrique, plus forte qu'un autre renflement, à peu près de même forme, qui existe au talon, du côté opposé. La face interne du tarse offre un rebord cutané, tranchant. Les doigts sont comme les orteils, un peu déprimés et pourvus de gros tubercules convexes sous leurs articulations, mais ils ne sont pas réunis les uns aux autres par une membrane natatoire; le premier et le second sont égaux en longueur, le quatrième est un peu plus étendu qu'eux et un peu moins que le troisième. La paume de la main offre un tubercule ovalaire, grand, mais légèrement convexe. Les pattes de devant, étendues le long du tronc, atteignent l'orifice anal; les membres postérieurs sont à proportion plus développés et moins gros que dans les espèces suivantes; portés vers le museau, ils le dépassent de la longueur du pied, y compris une partie du tarse.

La tête, considérée dans son contour horizontal, est un triangle équilatéral tronqué au sommet, à droite et à gauche duquel s'ouvrent les narines, immédiatement sous le *canthus rostralis*, qui est bien prononcé et arrondi; ses côtés sont perpendiculaires; en dessus, elle serait plane, sans un assez fort renflement osseux triangulaire, marqué de petites stries obliques, qui existe de chaque côté du vertex, sur le bord orbitaire. Ce renflement ne se développe qu'avec l'âge, car nous ne l'apercevons pas chez de jeunes sujets, ayant même la taille de notre Grenouille commune. Un autre renflement osseux, quadrangulaire, arrondi en dessus, se fait remarquer entre le bord postérieur de l'orbite et la parotide, qu'il lie en quelque sorte ensemble. Cette parotide, de forme triangulaire et très-renflée, est située obliquement sur le haut de la partie latérale du cou; elle est percée de petits trous assez éloignés les uns des autres, au nombre de quarante à cinquante. Le diamètre de l'ouverture de l'œil est au moins égal à la longueur du museau;

celui du tympan est de deux tiers plus petit. Le bord de la mâchoire supérieure offre au-dessous du nez une faible échancrure angulaire. La face supérieure du tronc présente un plan horizontal continu avec celui du crâne. La ligne moyenne et longitudinale du dos est creusée d'un sillon d'autant plus profond que l'animal est plus âgé. Le cou, le tronc et les membres, en dessus et sur les côtés, sont relevés de nombreux tubercules plus ou moins petits, plus ou moins gros, offrant la plupart une forme conique, ou ayant même l'apparence d'épines, particulièrement chez les jeunes sujets. En dessous, la peau présente aussi des tubercules, même en plus grand nombre qu'en dessus, et partout absolument; mais ils s'y montrent moins dissemblables entre eux sous le rapport de la grosseur et de la forme, qui est celle de cônes courts, à base élargie et à sommet très-pointu pendant le jeune âge, mousse chez les individus adultes ou voisins de cet état.

Coloration. Une teinte brune ou noirâtre est répandue sur toutes les parties supérieures; les régions inférieures sont roussâtres.

Dimensions Cette espèce parvient à une taille double de celle que présente le Crapaud commun dans notre climat.

Tête. Long. 3" 9"'. *Tronc*. Long. 10" 5"'. *Memb. antér*. Long. 9". *Memb. postér*. Long. 18".

Patrie. Le Crapaud âpre n'a encore été trouvé qu'à Java : les sujets que renferme notre Musée ont été recueillis dans cette île par M. Diard.

4. LE CRAPAUD COMMUN. *Bufo vulgaris*. Laurenti.

Caractères. Premier doigt de même longueur que le second. Bords orbitaires supérieurs non saillants. Tissu cutané recouvrant la tête épais, bien distinct. Parotides oblongues, elliptiques, s'étendant en ligne droite de l'œil à l'arrière de l'épaule. Tympan médiocrement distinct. Orteils demi-palmés; deux tubercules au talon, l'un circulaire, l'autre oblong très-fort ou presque cylindrique. Point de saillie cutanée le long du bord interne du tarse. Parties supérieures plus ou moins tuberculeuses, quelquefois comme couvertes d'épines. Parotides bordées de brun inférieurement. Pas de vessie vocale.

SYNONYMIE. *Rana rubeta*. Gesn. Hist. anim. quad. ovip. lib. 2, pag. 59.

Rubeta sive phrynum. Rondel. Palust. pag. 222.

Le Crapaud de terre. Id. édit. franç. Anim. Palust. pag. 165.

Bufo terrestris major. Schwenckf. Theriotroph. Siles, pag. 159.

Bufo. Jonst. Hist. nat. quad. ovip. lib. IV, pag. 131, tab. 75, fig. 9-13.

Bufo. Aldrov. Quad. digit. ovip. lib. I, cap. II, pag. 607.

Bufo. Charlet. Exercit. differ. nomin. anim. pag. 27.

Bufo seu rubeta. Ray. Synops. meth. anim. quad. pag. 252.

Bufo. Ruisch. Theat. anim. tab. 75, fig. 9.

Rana manibus tetradactylis fissis, etc. Linn. Faun. Suec. p. 101, n° 275.

Rana rubeta. Id. loc. cit. pag. 101, n° 276.

Die Feldkrote. Meyer. Thiere, tom. I, pag. 53.

Die Wasserkrote. Id. loc. cit.

Rana Bufo. Linn. Mus. Adolph. Fred. pag. 48.

Bufo terrestris dorso tuberculis exasperato, etc. Roesel, Hist. Ran. sect. V, pag. 85, tab. 20-21.

Rana Bufo. Linn. Syst. nat. édit 10, tom. I, pag. 210, n° 2.

Rana Rubeta. Id. loc. cit. n° 3.

Rana manibus tetradactylis fissis, etc. Gronov. Mus. II, p. 84, n° 65.

Rana Bufo. Wulf. Ichthyolog. Boruss. pag. 7.

Rana Bufo. Linn. Syst. nat. édit. 12, tom. I, pag. 354, n° 3.

Rana rubeta. Id. loc. cit. n° 4.

Bufo vulgaris. Laur. Synops Rept. pag. 28 et 125.

Rana Bufo. Müll. Zoolog. Danic. Prodr. pag. 35.

Rana rubeta. Id. loc. cit. pag. 35.

Rana Bufo Gmel. Syst. nat. Linn. tom. I, pag. 1047, n° 3; exclus. var. β, γ, δ.

Rana rubeta. Id. loc. cit. n° 4.

Le Crapaud commun. Daub. Dict. anim. pag. 612.

Le Crapaud commun. Lacép. Hist. nat. quad. ovip. tom. I, pag. 568.

La Pluviale. Id. loc. cit. pag. 534.

Rana Bufo. Razoum. Hist. nat. Jor. tom. I, pag. 96.

Le Crapaud commun. Bonnat. Erpét. Encyclop. méth. pag. 16, Pl. 6, fig. 1.

La Grenouille pluviale, Id. loc. cit. pag. 7, n° 15.

Rana Bufo. Meyer. Synops Rept. pag. 8.

Rana Bufo. Sturm. Deutschl. Faun. Abtheil. 3, heft. 1.

Bufo cinereus. Schneid. Hist. Amph. Fasc. 1, pag. 185.

Bufo rubeta. Id. loc. cit. pag. 227.

Le Crapaud commun. Latr. Hist. Salam. pag. XXXIX, nº 1.

Rana Bufo. Shaw, Gener. zool. tom. 3, part. 1, pag. 138, Pl. 40.

Bufo vulgaris. Latr. Hist. Rept. tom. 1, pag. 106, fig. 1.

Bufo Roeselii. Id. loc. cit. pag. 108, fig. 2.

Bufo ventricosus. Id. loc. cit. pag. 124.

Bufo vulgaris. Daud. Hist. nat. Rain. Gren. Crap. pag. 72, Pl. 24.

Bufo cinereus. Id. loc. cit. pag. 73, Pl. 25, fig. 1.

Bufo Roeselii. Id. loc. cit. pag. 77, Pl. 27.

Bufo ventricosus. Id. loc. cit. pag. 83, Pl. 30, fig. 2.

Rana Bufo. Dwigubsky. Primit. Faun. Mosquens. pag. 46.

Le Crapaud épineux. Bosc. Dict. d'hist. nat. tom. 6, pag. 488.

Bufo vulgaris. Daud. Hist. Rept. tom. 8, pag. 139.

Bufo cinereus. Id. loc. cit. pag. 141.

Bufo Roeselii. Id. loc. cit. pag. 150, Pl. 96.

Bufo spinosus. Id. loc. cit. pag. 199.

Bufo ventricosus. Id. loc. cit. pag. 168.

Common toad. Shaw. Zool. lect. Pl. 91.

Le Crapaud commun. Cuv. Règn. anim. 1re édit. tom. 2, pag. 94.

Bufo ventricosus. Merr. Tent. Syst. Amph. pag. 181, nº 7.

Bufo cinereus. Id. loc. cit. pag. 182, nº 11.

Bufo cinereus. Risso. Hist. nat. Eur. mér. tom. 3, pag. 94, nº 34.

Bufo Roeselii. Id. loc. cit. nº 35.

Bufo ferruginosus. Id. loc. cit. nº 36.

Bufo tuberculosus. Id. loc. cit. nº 37.

Bufo vulgaris. Fitzing. Neue classif. rept. Verzeichn. pag. 65, nº 15.

Le Crapaud commun. Cuv. Règn. anim. 2e édit. tom. 2, pag. 109.

Bufo palmarum. Id. loc. cit. pag. 111.

Bufo cinereus. Gravenh. Delic. Mus. Zoolog. Vratilav. Batrach. pag. 62.

Bufo vulgaris. Guér. Iconog. Règn. Anim. Cuv. Rept. Pl. 27 fig. 1.

Bufo (*Rana Bufo*. Linné). Wagl. Syst. Amph. pag. 207.

Bufo vulgaris. Eichw. Zoolog. Spec. Ross. Polon. tom. pag. 67.

Bufo vulgaris. Dugès. Recherch. Métam. Batrac. pag. 7.

Bufo vulgaris. Bib. Bory St-Vinc. Commiss. Scient. Mor. Rept. pag. 75.

Bufo palmarum. Id. loc. cit. pag. 75, 3e série, Pl. 25, fig. 1.

Bufo vulgaris. Jenyns. Brit. Verteb. pag. 30.

Bufo vulgaris. Holandre. Fau. Départ. Moselle, pag. 223.

Bufo vulgaris. Schinz. Faun. Helvet. Nouv. Mém. Sociét. helvét. scienc. nat. tom. 1, pag. 144.

Bufo Alpinus. Id. loc. cit. pag. 145.

Bufo vulgaris Japonicus. Schleg. Faun. Japon. Batrac. pag. 106, Tab. II, fig. 5-6.

Bufo vulgaris. Tschudi. Classif. Batrach. Mém. Sociét. scienc. nat. Neuch. tom. 2, pag. 88.

Bufo vulgaris. Ch. Bonap. Faun. Ital. pag. et Pl. sans nos.

Bufo vulgaris. Bell. Brit. Rept. pag. 105, cum fig.

DESCRIPTION.

FORMES. Le Crapaud commun est une des espèces du genre auquel il appartient qui n'ont aucune saillie osseuse sur la tête, et dont la peau du crâne offre toujours une certaine épaisseur et n'adhère jamais intimement aux os, comme cela s'observe chez beaucoup d'autres de ses congénères. Il est le seul avec le *Bufo chilensis*, parmi tous les Crapauds dont nous avons pu examiner des individus des deux sexes (1), chez lequel les mâles soient privés de vessie vocale, comme toutes les femelles sans exception. Le Crapaud commun a ses parotides allongées ou une à deux fois plus longues que larges ; elles sont à peu près ovalaires et s'étendent en ligne droite depuis le bord supérieur du tympan (car un léger espace les sépare de l'œil) jusqu'à l'épaule ou presque au delà ; leurs pores sont bien distincts, même

(1) Nous n'avons d'exception à citer qu'à l'égard du *Bufo cruentatus*, du *Bufo Leschenaultii*, du *Bufo biporcatus* et du *Bufo d'Orbignyi*.

chez les sujets de petite taille, nous n'en avons jamais compté moins d'une trentaine. L'étendue longitudinale de la tête est un peu moindre que son diamètre transversal ; la ligne de son contour, d'un coin de la bouche à l'autre, en passant par le museau, représente un angle aigu ou sub-aigu, court, tronqué et légèrement arrondi au sommet; ses côtés sont légèrement penchés l'un vers l'autre ; sa face supérieure est plane et dominée à droite et à gauche par la petite proéminence que forme l'œil. Cet organe, ou plutôt son ouverture, offre un diamètre égal à l'intervalle des narines. Celles-ci s'ouvrent tout à fait au bout du museau, immédiatement au-dessous du *canthus rostralis*, qui est assez prononcé et arrondi. Il existe une très-faible entaille angulaire à l'extrémité antérieure de la mâchoire supérieure. Le tympan, dont la circonférence est d'un tiers ou d'un quart moindre que celle de l'ouverture oculaire, varie pour l'apparence, suivant que la peau qui le recouvre est plus ou moins tuberculeuse; on remarque que les sujets originaires du Japon sont ceux chez lesquels on le voit le mieux, tandis qu'on l'aperçoit difficilement chez ceux que produisent la Sicile et la Grèce ; il est généralement assez distinct chez les individus qu'on recueille en France, en Allemagne, en Suisse, en Italie, etc.

Le Crapaud commun est lourd, trapu ; ses membres sont robustes, particulièrement chez les mâles ; ceux de devant offrent à peu près la même étendue que le tronc ; ceux de derrière, couchés le long des flancs, dépassent le bout du museau de la longueur des orteils. Les doigts sont gros, un peu déprimés ou presque cylindriques ; le premier, le second et le quatrième sont égaux ou à peu près égaux en longueur ; le troisième est presque d'un tiers plus étendu qu'eux ; ils sont tous un peu renflés à leur extrémité et sous leurs articulations. La paume de la main offre un large tubercule circulaire, aplati ou très-légèrement convexe, et il y en a un autre plus épais, mais de moitié plus petit, à la base du premier doigt. Ce premier doigt et le second chez les mâles, à l'époque de l'accouplement, se couvrent d'aspérités noirâtres, formant une sorte de plaque ayant l'apparence d'une râpe. Les orteils sont plus déprimés que les doigts, mais pourvus, comme eux, de renflements sous leurs articulations ; ils sont, de plus, réunis par une membrane natatoire, tantôt dans la moitié de leur longueur seulement, tantôt presque jusqu'à leur extrémité ; les quatre premiers sont étagés, et le cinquième est un peu plus court que le troisième. Le talon présente deux tubercules ; l'un, de forme hémisphérique, est situé près du bord externe ; l'autre, presque cylindrique, est placé au côté opposé, c'est la saillie produite par le premier os cunéiforme.

Le milieu du crâne et le museau sont presque toujours lisses ; tandis que la face supérieure des pattes, le dos, les flancs et les côtés postérieurs de la tête sont couverts de tubercules, tantôt si peu sensibles qu'on en croirait la peau dépourvue, si on ne l'observait avec quelque attention ; tantôt, au contraire, ils sont bien distincts, mais développés à divers degrés ou fort inégaux entre eux, et se présentant soit sous la forme de pustules unies, ou hérissées de pointes très-fines, soit sous celle de cônes à sommet obtus, ou bien assez effilé pour leur donner l'apparence d'épines. Au reste, rien n'est plus variable et plus irrégulier que la manière dont ces tubercules sont répandus à la surface du corps. Tous les individus ont le dessus des yeux relevé de petits mamelons, et le dessous du corps et des membres en entier, comme pavé de glandules coniques ou hémisphériques, quelquefois surmontées chacune d'une petite épine, et séparées les unes des autres par de petits creux linéaires dessinant une sorte de réseau dont chaque maille embrasse une de ces glandules. Ces petits enfoncements linéaires sont le résultat de la contraction de la peau sur elle-même, car elles disparaissent complétement, lorsque l'animal distend celle-ci en dilatant ses énormes sacs pulmonaires.

COLORATION. Le Crapaud commun offre, comme marque distinctive de son espèce, une bande brune ou d'un noir plus ou moins foncé le long du bord externe de ses parotides ; car la présence de cette bande est constante chez tous les individus, quel que soit d'ailleurs leur mode de coloration, quels que soient leur âge et le pays d'où ils proviennent. Chez les sujets européens, il est rare que sa couleur soit bien foncée et qu'elle s'étende au delà de l'épaule, tandis que chez les individus originaires du Japon elle est d'un beau noir et se prolonge le long du flanc jusqu'à l'aine, souvent même en s'élargissant beaucoup. Il est à remarquer aussi que le dessin réticulaire brun ou noirâtre qui existe assez ordinairement sur le fond d'un blanc gris ou jaunâtre des parties inférieures de ce Crapaud, est également plus foncé chez les sujets japonais que chez les Européens.

Tels individus, parmi les Crapauds communs, ont le dessus du corps presque tout brun, d'autres l'ont d'un brun-cendré; il y en a de roussâtres et l'on en rencontre d'une teinte olivâtre; de plus, ces différentes variétés peuvent être ou n'être pas marquées de taches généralement d'un brun plus ou moins pâle, mais très-variables par leur nombre, leur forme, leur grandeur et leur mode de distribution : c'est ainsi que tantôt elles sont isolées, tantôt confluentes, et alors elles produisent soit une marbrure, soit une sorte de dessin vermiculaire ou géographique, etc., etc. On a vu de jeunes sujets avec des taches roses sur les côtés du tronc.

L'iris est doré et la pupille longitudinale.

DIMENSIONS. Ce Crapaud acquiert presque la plus grande taille à laquelle parviennent les Batraciens anoures, c'est-à-dire qu'il devient à peu près aussi gros que le Crapaud agua; toutefois, ce n'est pas dans tous les pays qui le produisent qu'il arrive à un pareil développement, mais seulement au Japon et dans le Midi de l'Europe, comme en Morée et en Sicile par exemple; partout ailleurs, en France, en Suisse, en Allemagne, en Italie, etc., son volume total est le même ou à peu près le même que celui de notre Grenouille verte. Voici les principales dimensions d'un sujet recueilli par nous-même en Sicile:

Tête long. 4" 3'''. *Tronc.* long. 11". *Memb. antér.* long. 10". *Memb. postér.* long. 18".

PATRIE ET MOEURS. Le Crapaud commun est répandu dans toute l'Europe; il se trouve aussi au Japon, de même que notre Rainette verte et nos deux Grenouilles indigènes, la verte et la rousse.

Observations. Il se nourrit d'insectes, de vers et de petits mollusques; nous avons souvent trouvé des pierres dans l'estomac des individus que nous avons ouverts. Le Crapaud commun se tient dans les jardins, dans les bois, recherchant de préférence les endroits humides; on le trouve quelquefois dans les caves, dans les celliers. Il se cache sous les pierres et se creuse même des galeries sous terre, à peu de profondeur, d'où il ne sort guère que le soir. Il fait alors entendre, lorsque le temps est beau, un son flûté qui a beaucoup d'analogie avec le chant du petit hibou (*Strix scops.* Linn.). Sur terre, ce Batracien ne change pas de place, en sautant comme le font les Grenouilles; ses pattes de derrière étant à proportion moins longues que chez ces dernières, il marche avec facilité et court même avec une certaine vitesse.

Au premier printemps, il recherche les eaux pour s'y livrer à l'acte de la reproduction. L'accouplement a lieu à la fin de mars ou pendant les premiers jours d'avril; quelquefois il commence à terre, car dès que le mâle rencontre la femelle il se place sur son dos et la serre fortement sous les aisselles avec ses pattes antérieures, et celle-ci le transporte de cette manière avec elle jusque dans l'eau, où ils restent huit à dix jours avant que la ponte s'exécute. Pendant l'accouplement ils font entendre de jour et de nuit une sorte de grognement qui a quelque rapport avec l'aboiement du chien.

Les œufs sont pondus de façon à former deux longs chapelets qui sortent en même temps du cloaque de la femelle et dont chacun peut atteindre quatre pieds. Tout ce travail s'opère en trois heures, et la ponte en totalité se fait par intervalles d'à peu près un quart d'heure ou en neuf fois. Les chapelets d'œufs au moment où ils sortent du cloaque ne sont guère plus gros qu'une tige de blé, mais ils grossissent dans la glaire, qui ne paraît pas être propre à chacun des germes. Ces germes, d'abord en rang simple, sont ensuite deux à deux et alternes en portion de rhombe.

Voici comment Rœsel rend compte de ses observations touchant le développement des œufs du Crapaud commun; développement qui, au reste, est à peu près le même que dans le Crapaud brun (*Pelobates fuscus*).

Le 12 et le 13 avril, le germe et la glaire d'œufs pondus le 11, avaient beaucoup grossi, et la couleur noire du germe s'était marbrée d'une teinte plus claire et blanchâtre. Le 16 et le 17, la forme du germe était tout à fait changée. Le 21 la plupart sortirent de leur glaire. Les petits Têtards se nourrissaient de plantes aquatiques; Rœsel leur donna de la laitue, ils paraissaient l'aimer beaucoup. Le 16 mai, le rudiment des pattes postérieures parut; l'ouverture pour la sortie de l'eau était toujours à gauche comme dans les autres espèces observées par l'auteur. Du 9 au 12 juillet, ces Têtards conservaient la même forme, mais leur couleur changea; ne voulant plus manger, ils maigrirent. Les pattes de derrière devinrent bien distinctes du 17 au 22 du même mois, mais ils conservaient encore leur queue. La couleur noire se changea en brun avec des taches plus foncées sur le dos et les pattes; la queue diminua sensiblement de longueur. Ces animaux étaient si petits qu'ils ne pouvaient en aucune manière être comparés pour la taille aux Grenouilles vertes, au moment où finit leur état de Têtard; ils faisaient des efforts pour sortir de l'eau, et dès lors ils se jetèrent avec avidité sur des mouches qu'on leur présentait vivantes.

Les Japonais appellent le Crapaud que nous venons de décrire FIKI ou FIKIKAHERU ; d'après M. Schlegel, ce dernier nom pourrait être assez exactement rendu par l'expression latine de *Rana pipiens*, Grenouille criarde. L'apparence pustuleuse de sa peau lui a valu de la part des Chinois la dénomination de LAY HIA MA, Grenouille galeuse. Chez ces deux peuples, le vulgaire considère sa chair comme un remède efficace contre toute sorte de maladies.

Observations. Daudin a publié dans son histoire des Rainettes, des Grenouilles et des Crapauds, la figure d'un Crapaud qu'il a appelé ventru, à cause du volume extraordinaire de son abdomen; ce Crapaud n'est point une espèce particulière, mais tout simplement un individu du Crapaud commun que la dilatation considérable de ses parois abdominales, par l'effet d'une insufflation forcée, avait rendu méconnaissable au savant erpétologiste français.

. LE CRAPAUD DU CHILI. *Bufo chilensis*. Nobis.

CARACTÈRES. Premier doigt aussi long que le deuxième. Bords orbitaires supérieurs non saillants ; peau recouvrant la tête, épaisse, bien distincte. Parotides courtes, sub-triangulaires, ne dépassant pas le niveau du bord antérieur du bras. Tympan bien distinct. Orteils demi-palmés; deux tubercules médiocres au talon. Pas de saillie cutanée le long du bord interne du tarse. Parties supérieures plus ou moins tuberculeuses, quelquefois comme couvertes d'épines. Ordinairement une tache noire à la région auriculaire. Pas de vessie vocale.

SYNONYMIE. ? *Rana thaul*. Molina. Hist. nat. Chil. pag. 194.

? *Rana lutea*. Gmel. Syst. nat. tom. I, part. 3, pag. 1050, n° 21.

? *Bufo thaul*. Schneid. Hist. Amph. Fasc. 1, pag. 227.

? *Yellow toad*. Shaw, Gener. Zool. vol. 3, part. 1, pag. 176.

? *Rana thaul*. Daud. Hist. Rain. Gren. Crap. pag. 69.

? *Rana thaul*. Id. Hist. Rept. tom. 8, pag. 136.

? *Bufo thaul.* Merr. Tent. Syst. Amph. pag. 181, nº 8.

Bufo thaul. Garn. et Less. Voy. Coq. Hist. nat. tom. 2, 1re part. pag. 64, Pl. 7, fig. 6.

Bufo chilensis. Nob. Mus. Par.

Bufo cinctus. Wied. Rec. Pl. Col. Anim. Bres. pag. et Pl. sans nos et Beitr. Naturgesch. tom. 1, pag. 564.

Bufo spinulosus. Wiegm. Act. Acad. Cæsar. Leop. Carol. Cur. vol. 17, pag. 265, tab. 22, fig. 3 *a*, *b*, *c*, *d*, *e*.

Bufo chilensis. Tschudi. Classif. Batrach. Mém. Soc. scienc. nat. Neuch. tom. 2, pag. 88.

Bufo spinulosus. Id. loc. cit.

DESCRIPTION.

Formes. Cette espèce, bien qu'originaire du Chili et du Pérou, se rapproche plus qu'aucune autre de notre Crapaud commun d'Europe.

La seule chose notable qui l'en distingue, c'est la forme de ses parotides, qui, au lieu d'être allongées, sont courtes et à peu près triangulaires, ou tenant le milieu entre cette forme et la circulaire. Ces glandes, qui sont très-renflées et percées de grands pores peu rapprochés les uns des autres, occupent les côtés du cou, de telle façon qu'un de leurs angles s'appuie sur le bord latéral de ce dernier, qu'un autre touche presque à la commissure postérieure des paupières, et que le troisième descend le long du devant de l'épaule. Il existe quelques glandules derrière chaque coin de la bouche. Le tympan est toujours bien apparent, il a en diamètre la moitié de celui de l'ouverture de l'œil. Tous les individus que nous avons examinés avaient la gorge, la poitrine et le ventre lisses, mais la peau du dessous de leurs cuisses était ridée. En dessus, les uns offraient un plus au moins grand nombre de pustules peu développées; d'autres en présentaient qui l'étaient davantage, et nous en avons remarqué, particulièrement parmi les jeunes, chez lesquels les mamelons glanduleux répandus à la surface du corps étaient tout hérissés de petites épines.

Coloration. Les parties supérieures de ce Crapaud sont ou roussâtres, ou fauves, ou olivâtres, ou bien même d'une teinte ardoisée, avec de grandes taches soit noirâtres, soit d'un brun foncé, tantôt isolées, tantôt confluentes. Sur le tympan commence une bande noire qui va se perdre sur le flanc au milieu d'un assemblage irrégulier de taches de la même couleur, imprimées sur fond d'un blanc plus ou moins pur. Une teinte blanche règne au-dessous de l'oreille et au-dessus du bras, ainsi que sur toutes les régions inférieures de l'animal, dont le ventre offre souvent de petites taches ou des lignes onduleuses d'un beau noir.

Le prince de Wied a donné dans son recueil de planches coloriées d'animaux du Brésil, deux figures d'un Crapaud appelé *Bufo cinctus*, qui selon toute apparence n'est pas d'une autre espèce que notre *Bufo chilensis*; ces figures le représentent d'une teinte olivâtre uniforme en dessus, avec ou sans une bande noire liserée de blanc, de chaque côté du corps, depuis la région auriculaire jusqu'à l'aine.

Dimensions. Tous les individus de cette espèce que nous avons été à même d'examiner ne présentaient pas une taille au dessus de celle à laquelle parvient le Crapaud commun des environs de Paris, comme on peut le voir par les mesures suivantes :

Tête. Long. 2" 5"'. *Tronc*. Long. 5" 8"'. *Memb. antér*. Long. 4" 8"'. *Memb. postér*. Long. 9" 5"'.

Patrie. Ce Crapaud se trouve au Pérou et au Chili ; nous avons reçu plus de vingt individus de ce dernier pays par les soins de MM. Gay, Gaudichaud, Eydoux et d'Orbigny. Si, comme nous le croyons, le *Bufo cinctus* du prince de Wied est un *Bufo chilensis* il habiterait également la partie orientale du Brésil, où il a été recueilli par ce savant voyageur.

Observations. Il nous paraît bien évident que le *Bufo spinulosus* de M. Wiegman n'est qu'un *Bufo chilensis* à tubercules glanduleux ayant l'apparence d'épines ; et nous pouvons assurer que le petit Batracien anoure décrit et représenté, sous le nom de Crapaud thaul, par MM. Lesson et Garnot dans la partie erpétologique de l'histoire du voyage de circumnavigation de la corvette la Coquille, est également un jeune sujet du Crapaud du Chili. L'individu qui a servi de modèle à leur figure et à leur description est déposé dans notre musée national ; nous l'avons examiné avec soin, et nous devons avouer qu'il ne nous a offert aucune trace, aucun reste des nombreux points rouges, dont les parties supérieures de son corps, d'après la figure, auraient été ornées lorsqu'il était vivant; nous n'avons non plus rien observé de semblable chez les autres jeunes sujets que nous possédons.

Il se pourrait que la Grenouille thaul de Molina fût la même espèce que celle du présent article.

6. LE CRAPAUD VERT. *Bufo viridis.* Laurenti.

CARACTÈRES. Premier doigt aussi long que le deuxième. Bords orbitaires supérieurs non saillants. Peau recouvrant le crâne, épaisse, distincte. Parotides elliptiques, s'étendant en ligne droite, depuis le tympan jusqu'à l'arrière de l'épaule. Tympan médiocre, presque toujours bien distinct. Orteils demi-palmés; au talon, deux tubercules médiocres, l'un lenticuliforme, l'autre ovalaire. Une grosse glande semblable aux parotides, sur chaque jambe. Une très-faible arête cutanée le long du bord interne du tarse. Apophyses transverses de la huitième vertèbre dirigées transversalement ou un peu obliquement en avant. Une vessie vocale sous-gulaire interne chez les mâles. Dos marqué ou non marqué d'une raie longitudinale jaune. Iris d'un vert jaune, vermiculé de noir.

SYNONYMIE. *Bufo terrestris fetidus.* Rœsel. Hist. Ranar. sect. 7, pag. 107, tab. 24.

VARIÉTÉ A RAIE DORSALE JAUNE.

Bufo calamita. Laur. Synops. Rept. pag. 27, t. 1, fig. 1.

Natter Jack. Penn. Brit. Zool. vol. 3, pag. 19.

Rana fetidissima. Herm. Tab. affinit. anim. pag. 260.

Rana Bufo. Var. β. Gmel. Syst. nat. Linn. tom. 1, part. 3, pag. 1047.

Le calamite. Daub. Dict. Anim. Encyclop. Méth. Hist. nat. tom. 3, pag. 296.

Le calamite. Lacep. Quad. Ovip. tom. 1, pag. 592.

Le Crapaud calamite. Bonnat. Encyclop. Méth. Erpét. pag. 18, Pl. 6, fig. 4.

Rana portentosa. Blumenb. Handb. pag. 243.

Rana portentosa. Sturm. Deutschl. Faun. Abtheil. 3, Heft. 1.

Bufo cruciatus. Schneid. Hist. Amph. Fasc. 1, pag. 193.

Bufo calamita. Latr. Hist. Salam. pag. XLI.

Rana mephitica. Shaw. Gen. zool. vol. 3, part. 1, pag. 149, Pl. 43 (Cop. Rœs.).

Bufo calamita. Latr. Hist. Rept. tom. 2, pag. 114.

Bufo calamita. Daud. Hist. Rain. Gren. Crap. pag. 77, Pl. 28, fig. 1.

Bufo calamita. Id. Hist. Rept. tom. 8, pag. 153.

Le Crapaud des joncs. Cuv. Règn. Anim. 1re édit. tom. 1, pag. 95.

Bufo calamita. Merr. Tent. Syst. Amph. pag. 182.

Bufo rubeta. Flem. Brit. Anim. pag. 159.

Le Crapaud des joncs. Cuv. Règn. Anim. 2e édit. tom. 2, pag. 109.

Bufo calamita. Gravenh. Delic. Mus. Zool. Vratilav. Batrach. pag. 65.

Bufo calamita. Wagl. Syst. Amph. pag. 207.

Bufo calamita. Eichw. Zool. spec. Ross. Polon. tom. 3, pag. 167.

Bufo calamita. Dugès, Recherch. Batrac. pag. 7.

Bufo calamita. Jenyns, Brit. Verteb. pag. 302.

Bufo portentosus. Schinz, Fauna Helvet. Nouv. mém. Sociét. helvét. scienc. nat. tom. 1, pag. 144.

Bufo calamita. Tschudi. Classif. Batrach. Mém. Sociét. scienc. nat. Neuch. tom. 2, pag. 88.

Bufo calamita. Ch. Bonap. Faun. Ital. cum fig.

Bufo calamita. Bell. Brit. Rept. pag. 116, cum fig.

VARIÉTÉ SANS RAIE DORSALE JAUNE.

Botta ortense d'un verde livido. Vallisn. Istor. del Camel. pag. 145, art. 6.

Bufo Schreberianus. Laur. Synops. Rept. pag. 27, n° 7.

Bufo viridis. Id. loc. cit. pag. 27 et 111, tab. 1, fig. 1.

Rana palmis tetradactylis, plantis pentadactylis muticis, corpore suprà rufescente atque nigro vario. Lepech. Reis. Provinz. Russ. tom. I, pag. 318, tab. 22, fig. 6.

Rana Bufina. Müll. Prodr. Zool. Danic. pag. 293.

Rana Bufina. Retz. Faun. Suec. pag. 283, n° 2.

Rana sitibunda. Pall. Reis. Provinz. Russ. tom. 1, pag. 458.

Botta. Cetti. Anf. Sard. tom. 3, pag. 40.

Rana variabilis. Pall. Spicil. Zool. Fasc. 7, pag. 1, tab. 6, fig. 1 et 2.

Rana Bufo. Var. γ. Gmel. Syst. nat. Linn. tom. 1, part. 3, pag. 1047, n° 3.

Rana sitibunda. Id. loc. cit. pag. 1050, n° 23.

Rana variabilis. Id. loc. cit. pag. 1051, n° 26.

Le Crapaud vert. Daub. Dict. Anim. Quad. Ovip. Encyclop. Méth. pag. 696.

Le Rayon-vert. Id. loc. cit. pag. 668.

Le Crapaud vert. Lacep. Quad. Ovip. tom. 1, pag. 586.

Le Rayon-vert. Id. loc. cit. pag. 588.

Le Crapaud vert. Bonnat. Erpét. Encyclop. Méth. pag. 17, n° 13.

Le Crapaud rayon-vert. Id. loc. cit. pag. 12, n° 1.

Bufo bufina. Id. loc. cit. pag. 17, n° 12.

Rana sitibunda. Pall. Voy. Russ. Traduct. Franc. Gaüt. de Lapeyr. Append. tom. 8, pag. 89, n° 90.

Rana variabilis. Sturm. Deutschl. Faun. Abtheil. 3, Heft. 2.

Bufo viridis. Schneid. Hist. Amph. Fasc. 1, pag. 200.

Bufo sitibundus. Id. loc. cit. pag. 225.

Le Crapaud vert. Latr. Hist. Salam. pag. XLI.

Rana viridis. Shaw. Gener. zool. vol. 3, part. 1, pag. 153.

Le Crapaud vert. Latr. Hist. Rept. tom. 2, pag. 115.

Bufo viridis. Daud. Hist. Rain. Gren. Crap. pag. 79, Pl. 28, fig. 2.

Bufo viridis. Id. Hist. Rept. tom. 8, pag. 156.

Le Crapaud coureur. Id. loc. cit. pag. 164.

Le Crapaud variable. Cuv. Règn. Anim. 1re édit., tom. 2, pag. 96.

Bufo variabilis. Merr. Tent. Syst. Amph. pag. 180, n° 1.

Bufo variabilis. Riss. Hist. natur. Eur. mérid. tom. 3, pag. 93.

Le Crapaud variable. Cuv. Règn. Anim. Cuv. 2e édit. tom. 2, pag. 110.

Bufo variabilis. Gravenh. Delic. Mus. Vratilav. Batrach. pag. 63, n° 11.

Bufo variabilis. Wagl. Syst. Amph. pag. 207.

Bufo variabilis. Eichw. Zool. spec. Ross. Polon. Pars poster. pag. 167, n° 3.

Rana variabilis. Menest. Catal. Raisonn. Zool. pag. 74, n° 242.

Bufo viridis. Bib. et Bory de St-Vinc. Expédit. scient. Mor. Rept. pag. 75, Pl. 15, fig. 2-3.

Bufo variabilis. Krynicki. Observat. Rept. indigen. Bullet. Sociét. Impér. Natur. Mosc. 1837, n° 3, pag. 67.

Bufo variabilis. Tschudi. Classif. Batrach. Mém. Sociét. scienc. nat. Neuch. tom. 2, pag. 88.

Bufo variabilis. Schinz. Faun. Helv. Nouv. Mém. Sociét. sc. Helv. t. 1, p. 145, n° 3.

Bufo viridis. Ch. Bonap. Faun. Ital. cum, fig.

Bufo viridis. Génè, Synops. Rept. sard. Mem. acad. scienz. Torin. Ser. II, vol. I, pag. 280.

DESCRIPTION.

FORMES. Dugès avait parfaitement raison lorsqu'il disait (1) que le *Bufo viridis* ou *variabilis* des auteurs pourrait bien n'être qu'un Crapaud calamite sans raie jaune sur le dos. Ces deux prétendues espèces ne sont effectivement que deux simples variétés l'une de l'autre, ainsi que nous nous en sommes assurés en examinant comparativement plus de trente individus de chacune d'elles.

Nous les désignons par le nom spécifique de *viridis*, qui indique la couleur dominante de leurs parties supérieures, préférablement à la dénomination de *calamita*, qui pourrait induire en erreur sur les habitudes de ce Batracien ; car, de même que le Crapaud commun, il passe la plus grande partie de sa vie à terre ; et s'il se tient au milieu des joncs ou des roseaux, ce n'est absolument qu'à l'époque où le mâle recherche la femelle pour en féconder les œufs.

Le Crapaud vert ne devient jamais aussi gros que le Crapaud commun ; rarement il dépasse la taille à laquelle celui-ci parvient dans les contrées septentrionales de notre Europe. En tous points semblable à lui, quant à l'ensemble des formes, il n'en diffère guère, dans les détails de son organisation, que par la présence d'une grosse glande ovalaire sur la face supérieure de chaque jambe, par l'existence d'un sac vocal sous-gulaire interne chez les mâles, et par son mode de coloration. Comme chez le Crapaud commun, ses parties supérieures sont tantôt presque lisses, tantôt parsemées, tantôt couvertes de verrues lenticuliformes ou coniformes, quelquefois très-petites, d'autres fois plus ou moins grosses, égales ou inégales entre elles, et qui parfois aussi sont hérissées d'une infinité de petites pointes ayant l'apparence d'épines. Toutes ces verrues sans exception sont criblées de pores généralement très-distincts sans le secours de la loupe. En dessous, la peau offre des rides irrégulièrement distribuées en long et en travers, mais qui simulent néanmoins une sorte de réseau au milieu de chaque maille duquel il existe un petit mamelon poreux. La vessie vocale du mâle communique avec la bouche par deux fentes longitudinales

(1) Recherches sur les métamorphoses des Batraciens, p. 11.

situées, l'une à droite l'autre à gauche, le long de la moitié postérieure de la branche sous-maxillaire. C'est donc à tort que Rœsel a avancé que ces orifices s'ouvraient dans la gorge à l'entrée de l'œsophage. Fort souvent il n'existe qu'un seul de ces orifices, tantôt celui du côté droit, tantôt celui du côté gauche.

Coloration. Des différentes couleurs, telles que le blanc, le gris, le brun grisâtre, le fauve, l'olivâtre, le jaune, le rouge et le vert de diverses nuances, qui sont toutes ou en partie répandues sur les régions supérieures du corps de ce Crapaud, la dernière est celle qui prédomine généralement : elle s'y montre toujours sous la forme de taches irrégulières plus ou moins dilatées, tantôt isolées, tantôt simplement contiguës, tantôt confluentes, dont l'ensemble produit soit une moucheture analogue à celle de certains mammifères du genre *Felis*, soit une marbrure ou un dessin représentant jusqu'à un certain point des cours d'eau entrecoupés d'îles ; car le fond sur lequel reposent ces taches est toujours d'une teinte plus claire que la leur. Ordinairement c'est le blanc, le gris ou le fauve qui forme ce fond de couleur, où le rouge se trouve fort souvent jeté par gouttelettes. Chez certains individus et particulièrement chez ceux que produisent l'Angleterre, le nord, l'est et l'ouest de la France, la tête et le dos sont ornés d'une bande ou d'une ligne jaune longitudinale. D'autres manquent de cette bande ou de cette ligne jaune, et ce sont principalement ceux qui habitent l'Espagne, la France méridionale, l'Autriche, l'Italie, la Grèce, la Turquie et le nord de l'Afrique. Il y en a peu qui n'offrent quelques petites taches noires éparses à la face inférieure de leur corps, laquelle est toujours d'une teinte blanche ou grisâtre. A l'époque de l'accouplement, la gorge du mâle, lorsqu'il la gonfle, prend une couleur bleuâtre. La pupille, dont la forme est longitudino-ovalaire, est d'un brun très-foncé et l'iris d'un beau jaune, comme strié ou vermiculé de noir.

La couleur verte des parties supérieures du corps devient brune ou olivâtre après la mort, le jaune blanchit et les taches disparaissent tout à fait.

Dimensions. *Tête*. Long. 2" 3"'. *Tronc*. Long. 6" 2"'. *Memb. antér*. Long. 5". *Memb. postér*. Long. 9" 5"'.

Patrie et moeurs. Le Crapaud vert est répandu dans toute l'Europe ; on le trouve également dans la plupart des contrées occidentales de l'Asie, ainsi que dans le nord de l'Afrique. Il est très-commun en Angleterre, en France, en Suisse, en Allemagne. Nous l'avons reçu d'Espagne, de plusieurs points de l'Italie, de la presqu'île de Morée et des principales îles de la Méditerranée. M. le comte Anatole Démidoff nous en a donné plusieurs individus provenant du Taurus. Il nous en a été envoyé de l'Algérie par M. Guyon, et de Tripoli de Barbarie par M. Dupont.

C'est pendant la nuit que le Crapaud vert se livre à la recherche de sa nourriture, qui consiste principalement en insectes. Durant le jour il se tient caché dans les trous des pierres ou dans les fentes des murs, même à une certaine élévation; on en trouve dans des murailles perpendiculaires à plus d'un mètre de hauteur. Nous avons déjà fait connaître dans ce volume, page 90, quels sont les moyens qu'il emploie pour parvenir à se loger ainsi dans des endroits qui paraîtraient devoir lui être inaccessibles avec une organisation en apparence si peu en rapport avec de pareilles habitudes. Cette espèce se soutient aisément sur ses quatre membres; aussi court-elle assez vite, mais à de très-petites distances les unes des autres. Lorsqu'on la saisit ou qu'on l'excite, elle laisse échapper de toutes les parties de sa peau une très-forte odeur qui rappelle celle du sulfure d'arsénic ou de l'orpiment que l'on frotte après l'avoir chauffé, ou bien encore à celle qu'exhalent les pipes dont on a fait un long usage. Le coassement du Crapaud vert a beaucoup d'analogie avec celui de la Rainette verte commune, qui peut être exprimé par les syllabes *crac-crac*.

C'est au mois de mai que le mâle recherche la femelle; ils se rendent dans les eaux après le coucher du soleil, au milieu des roseaux où l'accouplement a lieu. La fécondation s'opère en une heure. Les œufs sortent du corps de la femelle en formant deux longs chapelets; ils sont placés à la file l'un de l'autre et non en rhombes, comme cela s'observe chez quelques autres espèces.

Au bout de quatre jours, on peut déjà distinguer les Têtards au travers de la glaire qui les enveloppe; le cinquième jour ils se meuvent, ne tardent pas à être libres et à chercher à se nourrir de végétaux. A la fin de septembre la métamorphose est complète.

Si l'on place de ces jeunes Batraciens dans des bocaux, on les voit grimper le long des parois de ceux-ci, à la manière des Rainettes, en faisant le vide sous la partie moyenne de leur ventre, qui produit l'office d'une ventouse, puis en s'élevant à l'aide des pattes antérieures.

7. LE CRAPAUD PANTHÉRIN. *Bufo pantherinus*. Boié.

CARACTÈRES. Premier doigt plus long que le second. Bords orbitaires supérieurs non saillants ; peau recouvrant le crâne épaisse, bien distincte. Parotides oblongues, elliptiques, s'étendant en droite ligne depuis le haut du tympan jusqu'à l'arrière de l'épaule. Tympan grand, sub-ovale, très-distinct. Orteils demi-palmés ; pas de grosse glande semblable aux parotides sur la face supérieure de la jambe ; au talon, deux tubercules assez forts, l'un sub-circulaire, l'autre ovalaire. Une saillie linéaire de la peau le long du bord interne du tarse. Dos offrant ordinairement une rangée de grandes taches ovales noires, liserées de jaune ou de blanchâtre, de chaque côté d'une raie longitudinale de l'une ou de l'autre de ces deux dernières couleurs. Une vessie vocale sous-gulaire interne, chez les mâles. Apophyses transverses de la huitième vertèbre à bords amincis ou tranchants, dirigées obliquement en avant.

SYNONYMIE. *Grenouille ponctuée*. Geoff. Descript. Égypt. Hist. nat. Rept. pl. 4, fig. 1-2.

Bufo pantherinus. Boié. Mus. Lugd. Batav.

Bufo arabicus. Rüppel. Atl. Reis. Noerdl. Afrik. Rept., pag. 20, tab. 3, fig. 2.

Bufo regularis. Reuss, Mus. Senckenb. tom. 1, pag. 60.

Bufo pantherinus. Tschudi, classif. Batrach. Mém. Sociét. scienc. nat. Neuch. tom. 2, pag. 88.

DESCRIPTION.

FORMES. La plupart des contrées de l'Afrique produisent une espèce de Crapauds qui a les plus grands rapports avec celle que nous venons de faire connaître dans l'article précédent. Voici les seuls caractères qui l'en distinguent : d'abord la grandeur de son tympan, dont le diamètre est égal à la longueur de la paupière supérieure ou aux deux tiers de la longueur de la fente palpébrale, tandis que chez le Crapaud vert cette membrane est toujours moins large que la paupière supérieure ; puis l'inégalité qui existe entre le second et le premier doigt, celui-ci étant un peu plus long que celui-là ; ensuite l'aplatissement bien plus prononcé des apophyses transverses des quatre pénultièmes vertèbres, et comme tranchantes à leurs bords antérieur et postérieur, et parmi lesquelles celles qui appartiennent à la huitième pièce vertébrale sont distinctement dirigées obliquement en avant ; enfin cet autre caractère, qui est négatif, ou tiré de l'absence, sur le dessus de chaque jambe, d'une plus grosse glande analogue à celles appelées parotides qui occupent les parties latérales de la nuque. Les parotides du Crapaud panthérin ressemblent tout à fait à celles du Crapaud vert et du Crapaud commun ; en un mot elles sont arrondies aux deux bouts et une fois plus étendues en long qu'en travers. La variation de la peau relativement au nombre, à la forme et à la grosseur des tubercules qui la surmontent n'est pas moindre chez le Crapaud panthérin que chez les deux espèces que nous citions tout à l'heure ; comme chez le Crapaud vert, les mâles sont pourvus d'une vessie vocale dont les ouvertures sont longitudinales et situées de chaque côté de la langue le long des branches sous-maxillaires.

Coloration. Le mode de coloration de cette espèce n'est pas moins variable que celui du Crapaud vert et du Crapaud commun. Cependant, dans le plus grand nombre de cas, il consiste en une raie jaune ou blanchâtre s'étendant en long sur le milieu du dos et de la tête, flanquée des deux côtés d'une série de trois ou quatre grandes taches noires, ovalaires, à bordure étroite ou élargie de la même couleur que la raie dorsale ; puis en d'autres taches à peu près semblables à celles-ci ou affectant la forme de bandes transversales, sur la face supérieure des membres. Avec ce dessin, les parotides sont noires liserées de jaunâtre. Il y a des individus chez lesquels ces dernières sont roses, ainsi que le centre de grands cercles noirs qui remplacent sur le dos et le dessus des pattes les taches de la variété précédente. Certains sujets sont entièrement olivâtres à leurs régions supérieures ; d'autres présentent la même teinte, mais dans le nombre on en remarque qui sont, les uns irrégulièrement et largement maculés de rose, les autres ornés de taches pareilles à celles de la première variété, avec ou sans raie médio-longitudinale. Enfin il en est qui rappellent exactement les diverses variétés de notre Crapaud vert après la mort, ou lorsqu'il a séjourné quelque temps dans l'alcool ; comme ces derniers sont aussi des échantillons conservés dans l'eau-de-vie, il se pourrait, qu'étant en vie, ils lui eussent ressemblé. Il est rare que la teinte blanchâtre qui règne sur les régions inférieures de ce Crapaud soit marquée de petites taches noires.

Dimensions. *Tête*. Long. 4" 4"'. *Tronc*. Long. 8". *Memb. antér*. Long. 7". *Memb. postér*. Long. 15".

On voit par ces dimensions que le Crapaud panthérin approche de la taille du Crapaud commun.

Patrie. Le Crapaud panthérin habite l'occident de l'Asie, ainsi que le sud-ouest et le nord de l'Afrique. Il est très-commun dans tous les pays de la pointe australe de cette partie du monde, où feu Delalande et M. Jules Verreaux, son neveu[1], en ont recueilli une belle suite d'échantillons, qui sont déposés dans notre musée national. Le même établissement en a reçu un certain nombre du Sénégal par les soins de MM. Heudelot, Leprieur et Delcambre; M. Alexandre Lefebvre nous en a donné plusieurs qu'il avait rapportés d'Égypte; grâce au zèle et à la générosité de M. Guyon, chirurgien en chef de notre armée d'Afrique, nous en possédons de magnifiques exemplaires récoltés par lui dans les environs de Bone et d'Alger; enfin nous en avons deux provenant de l'Arabie Pétrée, que nous avons obtenus de M. Rüppel, par échange.

Observations. Cette dernière circonstance nous donne la certitude que le Batracien représenté sous le nom de *Bufo arabicus*, sur une des planches de l'atlas du Voyage de M. Rüppel dans le nord de l'Afrique, est bien sûrement de la même espèce que le Crapaud panthérin, ce dont on aurait pu douter, attendu le peu d'exactitude que l'artiste a mis dans l'exécution de son dessin.

8. LE CRAPAUD CRIARD. *Bufo musicus*. Bosc.

Caractères. Premier doigt un peu plus long que le second. Bords orbitaires supérieurs formant chacun deux fortes arêtes arrondies, réunies en arrière sous un angle droit ayant son sommet tuberculeux. Peau recouvrant la tête, mince, fortement adhérente aux os. Parotides elliptiques, s'étendant en ligne droite depuis le dessus du tympan jusqu'à l'arrière de l'épaule. Tympan très-grand, bien distinct. Orteils demi-palmés. Deux tubercules au talon, l'un médiocre, sub-circulaire, l'autre très-gros, subcylindrique. Pas de saillie cutanée le long du bord interne du tarse. Pas de grosse glande ovalaire, semblable aux parotides, sur la face supérieure de la jambe. Une vessie vocale sous-gulaire interne, chez les mâles. Apophyses transverses de la huitième vertèbre dirigées un peu obliquement en avant. Bouche très-grande ; longueur de la mâchoire supérieure égale au tiers de la tête et du tronc.

SYNONYMIE. *Rana terrestris*. Catesb. Nat. Hist. Carol. vol. 2, pag. et pl. 69.

Land Frog. Bart. Travels in Carol. Flor. etc. pag. 279.

Rana lentiginosa. Shaw. Gener. Zool. vol. 3, part. 1, pag. 173, pl. 53 (Cop. Catesb.).

Bufo musicus. Bosc. Nouv. Dict. Hist. nat. Déterv. tom. 6, p. 490.

Bufo musicus. Latr. Hist. Rept. tom. 2, pag. 127.

Bufo musicus. Daud. Hist. Rain. Gren. Crap. pag. 9, pl. 33, fig. 3; exclus. Synon. *Rana musica*, Linn.; le *Criard*, Lacép.; *Bufo clamosus*, Schneid. (Spec. ??).

Bufo musicus. Id. Hist. Rept. tom. 8, pag. 190 ; exclus. Synon. *Rana musica*, Linn. Gmel.; *Bufo clamosus*, Schneid.; le *Criard*, Daub. Lacép. (Spec ??).

Le Crapaud criard. Bosc. Nouv. Dict. Hist. nat. tom. 8, pag. 380, pl. B. 35, n° 8.

Bufo musicus. Merr. Tent. Syst. Amph. pag. 185, n° 4.

Bufo musicus. Harl. North Amer. Rept. Journ. acad. nat. scienc. Philad. vol. 5, part. 2, pag. 344 ; exclus. Synon. *Rana musica*, Linn. Gmel.; *Bufo clamosus*, Schneid. ; le *Criard*, Daub. Lacép. (Spec. ??).

Bufo musicus. Gravenh. Delic. Mus. Zool. Vratilav. Fasc. 1, pag. 59.

Bufo clamosus. Holb. North Amer. Herpet. vol. 1, pag. 79, pl. 11 ; exclus. Synon. *Bufo clamosus*. Schneid. (Spec. ??).

Bufo musicus. Tschudi. Classif. Batrach. Mém. Sociét. scienc. nat. Neuch. tom. 2, pag. 88.

DESCRIPTION.

FORMES. Voici un Crapaud à formes trapues comme la plupart de ses congénères, entre la physionomie duquel et celle du Cératophrys granuleux il nous paraît exister une certaine ressemblance ; ressemblance qui tient particulièrement à ce que le Crapaud criard, de même que ce dernier, a la bouche énormément fendue, la tête fort élargie en arrière, très-déclive de chaque côté, et creusée en dessus, et au milieu, d'une large gouttière longitudinale que bordent, l'une à droite, l'autre à gauche, deux grosses arêtes arrondies.

La tête est assez déprimée ; sa longueur est d'un cinquième moindre que sa largeur, qui est égale aux cinq huitièmes de l'étendue totale du tronc. Cette partie du corps du Crapaud criard est d'un septième plus large et d'un quart plus longue que celle de l'espèce suivante, le Crapaud américain, qui lui ressemble considérablement. Le contour de la bouche, dont l'ouverture, ainsi que nous le disions tout à l'heure, est très-grande comparativement à celle des autres espèces du même genre et particulièrement à celle du Crapaud américain, c'est-à-dire de près d'un quart, présente la figure d'un angle obtus arrondi au sommet. Le museau, bien que coupé presque verticalement, est néanmoins un peu arrondi ; les narines s'ouvrent de chaque côté de son extrémité, immédiatement au-dessous du *canthus rostralis*. Celui-ci, qui est plus court que la fente palpébrale, fait une forte saillie arrondie qui se rapproche en angle aigu de sa congénère. Leur intervalle ou le chanfrein forme une gouttière qui se continue en arrière jusqu'à l'occiput ; assez étroite à son origine, elle s'agrandit peu à peu en s'avançant vers la nuque, où sa largeur est égale à celle du front. Nous avons déjà vu que cette gouttière, dans sa portion qui s'étend de l'entre-deux des narines à ce dernier, est bordée à droite et à gauche par une saillie arrondie correspondante au *canthus rostralis ;* dans le reste de son étendue, elle l'est également par deux grosses carènes, arrondies aussi, mais rectilignes, qui, chacune de leur côté, s'unissent à angle droit à une autre carène moins forte s'élevant transversalement derrière l'œil, et dont l'extrémité externe se dirige par une courbure vers la parotide ; de plus, les deux carènes latérales à la gouttière sus-crânienne se terminent postérieurement en massue. Il est bon de remarquer que ces crêtes osseuses qui garnissent la tête du Crapaud criard sont d'autant plus développées que les individus qu'on observe sont plus âgés, et que toujours elles le sont proportionnellement plus que celles à peu près pareilles qui existent aussi chez le Crapaud américain, espèce tellement voisine de celle du présent article, qu'au premier aspect on ne saisit pas parfaitement bien les caractères qui les distinguent l'une de l'autre. Le Crapaud criard a de grands yeux, mais ils sont peu proéminents ; la longueur de leur ouverture est à peine moindre que leur écartement à la région frontale. Le tympan a la même dimension, mesuré dans son plus grand diamètre ou de haut en bas, car il est ovale. Le bord de la mâchoire

44.

supérieure offre une petite échancrure à son milieu. Les mâles ont sous la gorge, entre la peau et les muscles, un sac vocal dont les deux ouvertures, qui sont longitudinales, donnent dans la bouche, de chaque côté de la langue, le long du dernier tiers ou du dernier quart de la longueur de la branche sous-maxillaire. Ovales ou elliptiques, quelquefois réniformes, les parotides sont situées sur le bord du dos en travers de l'épaule; les pores dont elles sont percées sont nombreux, assez petits, mais néanmoins bien distincts à la vue simple; elles n'ont jamais en longueur le double de leur largeur.

Les membres antérieurs, couchés le long des flancs, n'atteignent généralement pas l'extrémité du tronc; les postérieurs, portés en avant, dépassent le bout du museau, de la longueur du quatrième orteil. Les doigts sont légèrement déprimés; le premier et le dernier sont un peu plus longs que le deuxième; le troisième l'est de près de la moitié. Leur face inférieure est granuleuse, ainsi que la paume de la main, au milieu de laquelle il existe un tubercule sub-circulaire ou ovale, assez grand, mais médiocrement renflé. Les orteils sont un peu plus aplatis que les doigts, et comme ceux-ci granuleux en dessous; le deuxième a le double de la longueur du premier, le troisième de celle du second, et le quatrième de celle du troisième, le cinquième est égal au troisième; ils sont tous réunis par une membrane, les trois derniers presque jusqu'à leur extrémité, le premier dans la moitié de sa longueur et le quatrième dans le tiers seulement. Il existe deux tubercules au talon: l'un est médiocre et à peu près circulaire, l'autre est très-gros et presque cylindrique. La peau de la tête n'est que sur les carènes osseuses dont elle est relevée et sur la grande gouttière qu'elle offre au milieu; les autres régions de cette partie du corps sont semées de granules assez petits sur le museau et les joues, un peu plus gros et coniques sur les paupières, particulièrement en arrière. De grosses pustules, entremêlées de plus petites, sont éparses sur le dos. Des tubercules coniques, pointus, généralement très-serrés, hérissent les épaules, les flancs et le dessus des membres; sur ces derniers, ils ont souvent l'apparence de petites épines. Toutes les régions inférieures, sans exception, sont couvertes de très-petits granules parmi lesquels on en remarque de coniques; c'est ordinairement à la poitrine et sous les cuisses qu'ils offrent cette dernière forme.

Coloration. Le dos offre dans toute sa longueur une bande médiane d'un blanc jaunâtre ou orangé, et il est, ainsi que les flancs, irrégulièrement marqué de taches noirâtres, sur un fond brun olive ; le dessus des membres présente le même mode de coloration, à cette seule différence près, que les taches sont dilatées en travers. Un brun jaunâtre règne sur la mâchoire supérieure, l'inférieure est blanche. Le tympan est brun, la pupille noire, cerclée de jaune, l'iris réticulé de noir et d'or. Toutes les régions inférieures sont d'un blanc sale, lavé de jaune.

Ces couleurs, qui sont celles de l'animal vivant, perdent considérablement de leur vivacité par suite du séjour des individus dans la liqueur alcoolique.

Dimensions. La taille de cette espèce est à peu près la même qne celle de nos Crapauds communs des environs de Paris.

Tête. Long. 3". *Tronc*. Long. 6" 5"'. *Memb. antér*. Long. 5" 8"'. *Memb. postér*. Long. 10" 6"'.

Patrie et moeurs. Cette espèce est originaire de l'Amérique du Nord ; elle a été trouvée dans les Carolines, la Géorgie, les Florides et l'Alabama. Nous en possédons quelques individus que nous avons reçus de M. le major Leconte, et une trentaine d'autres qui nous ont été donnés par M. Henry Delaroche fils, du Havre.

Ce Crapaud est timide et a des habitudes extrêmement paisibles ; durant le jour, il se tient caché dans quelque endroit obscur, d'où il ne s'aventure à sortir qu'à l'approche de la nuit pour se mettre en quête de sa proie, qui consiste en toutes sortes d'Insectes. Il paraît qu'il ne les saisit que lorsqu'ils sont en vie, et qu'ils témoignent de cet état par des mouvements quelconques.

Catesby prétend qu'il recherche de préférence les Fourmis et les Vers luisants, et qu'on l'a vu quelquefois, sans doute trompé par l'apparence, se jeter sur de petits charbons ardents et les avaler.

C'est au mois de mai que la présence des femelles est recherchée par les individus de l'autre sexe : alors on peut les voir par centaines dans les étangs et les marais, qu'ils quittent aussitôt après y avoir déposé et fécondé les œufs, pour rester à terre jusqu'à l'année suivante. Les mâles, à l'époque de leur réunion avec les femelles, produisent un coassement très-bruyant ; mais en tout autre temps, ils sont silencieux ; seulement, lorsqu'ils sont inquiétés ou qu'on les prend, ils font entendre un léger cri analogue à celui d'un moineau qui pépie.

M. Holbrook, de qui nous empruntons ces détails, rapporte avoir observé un individu vivant qu'on conservait déjà depuis longtemps, et qui était devenu très-familier. Pendant les mois d'été, il se retirait en un coin de la chambre, où on l'avait placé, dans une petite habitation qu'il s'était lui-même préparée au milieu d'un petit tas de terre déposé là à son intention; vers le soir, il allait çà et là dans cette chambre et s'emparait avidement des insectes qu'il rencontrait sur son passage. Un jour chaud de juillet, M. Holbrook ayant eu l'idée d'exprimer sur la tête de ce petit animal une éponge imbibée d'eau, il le vit revenir le lendemain à la même place avec l'apparent désir qu'on répétât l'ablution de la veille, ce qui fut fait, et à sa grande satisfaction, à ce qu'il paraît, puisqu'il recommença souvent le même manége pendant tout le temps que durèrent les chaleurs.

Observations. Il existe une mauvaise figure du Crapaud criard, sous le nom de Grenouille terrestre, dans l'ouvrage de Catesby : c'est la première qui en ait été publiée ; la seconde, qui n'est pas non plus très-bonne, l'a été par Daudin dans son Histoire des Rainettes, des Grenouilles et des Crapauds, d'après un jeune individu que Bosc avait rapporté de la Caroline, et qui est encore exposé à présent dans notre collection. Ce dernier auteur ayant cru reconnaître, dans son Crapaud, la *Rana musica* de Linné, le désigna, dans la 1re édition du Nouveau Dictionnaire d'histoire naturelle de Déterville, par le nom de *Bufo musicus*, qui fut adopté par Daudin, et que nous-mêmes avons conservé par la raison seule que l'usage l'a consacré aujourd'hui. Mais, hâtons-nous de le dire, c'est à tort que Bosc et Daudin ont cru retrouver la *Rana musica* dans leur *Bufo musicus;* car il y a deux faits énoncés dans la description donnée de l'une par Linné, qui ne sont nullement applicables à l'autre : c'est que la *Rana musica* est originaire de Surinam, au lieu que le Crapaud criard habite l'Amérique du Nord, et il n'est pas à notre connaissance qu'une seule des espèces de Reptiles découvertes jusqu'ici dans cette partie du Nouveau-Monde ait été aussi observée dans les contrées méridionales du même continent ; en second lieu, c'est que Linné dit positivement que sa *Rana musica* avait cinq doigts à chaque main, tandis que le Crapaud criard n'en a réellement que quatre, de bien distincts au moins, car le cinquième existe à l'état rudimentaire, comme chez tous les Anoures. Seulement ici, comme c'est le cas le plus ordinaire, il est caché sous la peau, et nullement apparent au dehors sous la forme d'un tubercule plus ou moins développé, ou tel que cela s'observe dans un certain nombre d'espèces, et particulièrement chez les mâles des Discoglosses et de quelques Cystignathes, etc.

On peut voir d'après cela qu'il n'y aurait rien d'extraordinaire à ce que la *Rana musica* de Linné fût une de ces espèces qui ont un pouce rudimentaire ou tuberculiforme, et que ce n'est pas par erreur, ainsi qu'on l'a objecté, que l'illustre auteur du *Systema naturæ* aurait signalé l'existence de cinq doigts aux pattes antérieures du Batracien de Surinam dont il est ici question.

Nous pensons donc que la *Rana musica* de Linné est une espèce particulière que les naturalistes n'ont pas eu occasion d'observer depuis lui, et avec laquelle le *Bufo musicus* n'offre d'autre ressemblance bien constatée que celle qui réside dans la présence des parotides chez ces deux Batraciens, et que conséquemment Bosc, Daudin et plus récemment M. Holbrook, ont donné du Crapaud criard une synonymie fautive en y introduisant la dénomination de *Rana musica* (Linné).

Schneider, se fondant sur ce que la *Rana musica*, dont il s'est borné à reproduire la description donnée par Linné, était pourvue de glandes parotidiennes, l'a rangée parmi les Crapauds, en substituant un autre nom spécifique à celui qu'elle avait reçu de Linné : il l'a appelée *Bufo clamosus*.

M. Holbrook, à qui l'on doit une bonne figure de l'espèce du présent article, lui a appliqué le nom par lequel Schneider avait désigné la *Rana musica* de Linné.

9. LE CRAPAUD AMÉRICAIN. *Bufo Americanus*. Leconte.

CARACTÈRES. Premier doigt un peu plus long que le second. Bords orbitaires supérieurs formant chacun deux arêtes arrondies, médiocres, réunies en arrière à angle droit dont le sommet n'est pas tuberculeux. Peau recouvrant la tête, mince, fortement adhérente aux os. Parotides elliptiques, ovalaires ou réniformes, une fois aussi larges que longues, s'étendant en ligne droite depuis le dessus du tympan jusqu'à l'arrière de l'épaule. Tympan grand, très-distinct. Orteils à moitié palmés ; deux tubercules au talon, l'un médiocre, circulaire, l'autre très-gros, sub-cylindrique ; pas de saillie cutanée le long du bord interne du tarse; pas de grosse glande ovalaire semblable aux parotides, sur la face supérieure de la jambe. Une vessie vocale sous-gulaire interne, chez les mâles. Apophyses transverses de la huitième vertèbre dirigées un peu obliquement en avant. Bouche médiocre; longueur de la mâchoire égale au tiers, plus un cinquième, de la longueur totale de la tête et du tronc.

SYNONYMIE. *Bufo americanus*. Leconte. M. S. S.

Bufo musicus. Harl. Journ. Acad. Nat. Scienc. Philad. vol. 5, pag. 344.

Bufo americanus. Holbr. North. Amer. Herpet. vol. 1, pag. 75, pl. 9.

DESCRIPTION.

FORMES. Le Crapaud américain, quoique fort voisin du Crapaud criard, en diffère cependant bien évidemment par le développement beaucoup moins prononcé de ses carènes sus-crâniennes, dont le sommet de l'angle qu'elles forment de chaque côté n'est point renflé en tubercule; il en diffère aussi par les dimensions de sa tête, qui est proportionnellement moins large et moins longue, et par la petitesse relative de sa bouche, qui est effectivement d'un sixième moins fendue en long, et de près d'un cinquième en travers.

COLORATION. Le mode de coloration de cette espèce est, pour ainsi dire, le même que celui du Crapaud criard: en effet, on remarque seulement que la bande médio-longitudinale d'un blanc sale qui parcourt son dos est généralement plus marquée que celle qui existe chez ce dernier; il semble aussi que les taches brunes de diverses formes et de diverses grandeurs qui sont répandues sur le fond olivâtre de ses parties supérieures sont plus distinctes les unes des autres, et que parmi elles il y en a toujours un certain nombre qui affectent une disposition en séries longitudinales, de chaque côté de la ligne médiane du corps.

DIMENSIONS. *Tête*. Long. 2" 8'''. *Tronc*. Long. 6" 1'''. *Memb. antér*. Long. 5" 5'''. *Memb. postér*. Long. 12" 2'''.

PATRIE ET MOEURS. Ce Crapaud est un des Batraciens anoures les plus communs dans l'Amérique du Nord; nous l'avons reçu de presque tous les points de cette partie du Nouveau-Monde, par les soins de MM. Milbert, Lesueur, Leconte, Harlan, Holbrook, Barabino et Henri Delaroche fils, du Havre.

Sa manière de vivre, ses habitudes sont les mêmes que celles du Crapaud criard; il s'apprivoise aisément, et jusqu'à ce point, à ce qu'il paraît, de venir prendre dans la main les insectes qu'on lui présente.

Au premier printemps, les individus des deux sexes, conduits l'un vers l'autre par ce besoin impérieux de propager leur race, se rendent de toutes parts dans les flaques d'eau, les mares, les étangs, où ils se livrent, le jour aussi bien que la nuit, à des chants tels que ceux que sont susceptibles de produire des animaux de l'ordre auquel ils appartiennent. On prétend cependant que leur coassement n'est pas absolument désagréable lorsqu'il est entendu d'une certaine distance; on le compare à une sorte de roulement prolongé, qui est toujours exécuté par plusieurs individus à la fois.

10. LE CRAPAUD DE D'ORBIGNY. *Bufo d'Orbignyi.* Nobis.

Caractères. Premier doigt un tant soit peu plus court que le second. Bord orbitaire supérieur élevé, tranchant, donnant naissance en arrière à deux arêtes semblables, écartées l'une de l'autre à la manière des branches d'un Y. Bord libre de la mâchoire supérieure fortement aplati, ou formant un rebord tranchant tout autour, en dedans et en dehors. Peau du crâne mince, intimement adhérente aux os. Parotides subtriangulaires, situées derrière les oreilles et couvertes de petits tubercules peu différents de ceux qui sont répandus à la surface du corps. Tympan médiocre, peu distinct. Deux tubercules médiocres au talon, l'un ovalaire, l'autre sub-ovalaire. Point de saillie cutanée le long du bord interne du tarse. Apophyses transverses de la huitième vertèbre dirigées latéralement.

DESCRIPTION.

Formes. Voici une espèce que l'on distinguera aisément de toutes celles du même genre, si l'on fait attention à la forme régulièrement arquée de sa tête, à partir d'une oreille à l'autre en passant par le museau, et aussi à la particularité que présente sa mâchoire supérieure, dont le bord, comme celui de la bouche de certaines coquilles et particulièrement des Hélices, offre un fort aplatissement et conséquemment une saillie ou un rebord en dedans et en dehors.

La tête du Crapaud de d'Orbigny est d'un quart ou d'un cinquième moins longue que large. Elle offre en dessus, à partir du front jusqu'à l'occiput, une forte excavation produite par l'élévation en carène, amincie à son sommet, de l'un et de l'autre bord orbitaire supérieur, carène qui se bifurque ou forme une fourche derrière l'œil, au-dessus du tympan. Le museau est extrêmement court, arrondi au bout, et un peu étranglé en arrière des narines, qui sont latéro-terminales. Une saillie osseuse tranchante s'élève perpendiculairement du bord de la mâchoire supérieure vers l'angle antérieur des paupières. Le diamètre de l'ouverture de celles-ci est égal à la largeur du front ; celui du tympan est à peu de chose près le même. Les parotides sont situées, l'une à droite, l'autre à gauche, sur la région scapulaire, qu'elles couvrent tout entière ; leur forme est subtriangulaire et leur surface hérissée de tubercules coniques très-serrés.

Les membres sont moins développés que chez aucune autre espèce de Crapauds ; ceux de devant, couchés le long des flancs, atteignent les aines, et ceux de derrière, étendus vers le museau, n'arrivent pas tout à fait jusqu'à celui-ci. Les doigts sont courts, déprimés et pointus; les orteils aussi, et de plus réunis entre eux par une membrane natatoire qui ne s'étend pas jusqu'à leur extrémité. Le second doigt et le quatrième sont égaux; le premier est à peine un peu plus court, tandis que le troisième est presque de moitié plus long. Les paumes offrent chacune deux tubercules, un grand et un petit; il en existe également deux à chaque plante, à peu près égaux en grosseur. Tout le dessus du corps est couvert de verrues, les unes coniques, les autres simplement convexes ; sur le dos, celles de cette dernière forme sont un peu plus fortes que les autres ; en dessus, les membres, comme le tronc et la tête, sont garnis de glandes granuliformes extrêmement fines et très-serrées.

Coloration. Les parties supérieures sont d'une teinte olivâtre, relevée d'une raie jaune qui s'étend depuis le bout du museau jusqu'à l'orifice anal ; les régions inférieures sont blanches.

Dimensions. *Tête*. Long. 2". *Tronc*. Long. 5". *Memb. antér*. Long. 3". *Memb. postér*. Long. 5" 5"'.

Patrie. Le seul individu de cette espèce que nous ayons encore observé a été recueilli à Montévidéo par M. d'Orbigny.

11. LE CRAPAUD RUDE. *Bufo scaber*. Daudin.

Caractères. Premier doigt un peu plus long que le second. Bord supérieur de l'orbite fortement saillant. Peau recouvrant la tête, mince, intimement adhérente aux os. Mâchoire supérieure à bord aplati ou reployé en dedans. Parotides grosses, ovales, elliptiques ou réniformes, s'étendant directement jusqu'au delà de l'épaule. Tympan grand, bien distinct. Orteils à moitié palmés; deux tubercules sub-ovalaires au talon, l'un médiocre, l'autre plus fort. Pas de saillie cutanée, mais une série de petits tubercules coniques le long du bord interne du tarse. Dessus du corps hérissé de pustules généralement coniques et ayant le plus souvent l'apparence d'épines. Apophyses transverses de la huitième vertèbre très-aplaties, dirigées obliquement en avant. Une vessie vocale sous-gulaire interne, chez les mâles.

Synonymie. *Bufo melanostictus*. Schneid. Hist. amph. Fasc. 1, pag. 216.

Bufo scaber. Daud. Hist. nat. Rain. Gren. Crap. pag. 94, Pl. 34, fig. 1.

Bufo Bengalensis. Id. loc. cit. pag. 96, Pl. 35, fig. 1.

Bufo scaber. Latr. Hist. Rept. tom. 2, pag. 134.

Bufo scaber. Daud. Hist. Rept. tom. 8, pag. 194.

Bufo Bengalensis. Id. loc. cit. pag. 197.

Le Crapaud du Bengale. Less. Voy. Bel. Ind. Orient. zool. Rept. pag. 335.

Bufo melanostictus. Gravenh. Delic. mus. Vratilav. Amph. pag. 57.

Bufo scaber. Tschudi, Classif. Batrach. Mém. sociét. scienc. nat. Neuch. tom. 2, pag. 88.

DESCRIPTION.

Formes. Cette espèce a un ensemble de formes exactement semblable à celui du Crapaud commun; mais elle est du nombre de celles dont la peau du crâne est excessivement mince et intimement unie aux os. Elle offre cela de remarquable, que sa mâchoire supérieure, au lieu d'être tranchante à son bord libre, est comme aplatie, celui-ci étant reployé en dedans; cette même mâchoire est à peine échancrée en avant ou comparativement beaucoup moins que chez la plupart des Crapauds. La tête, tout à fait en arrière, est d'un tiers plus large qu'elle n'est longue du bout du museau à l'un des angles de la bouche ; ses côtés, qui sont distinctement déclives, se rapprochent l'un de l'autre de manière à former un angle aigu dont le sommet se trouve être le bout du museau. Les narines s'ouvrent de chaque côté de ce dernier. En dessus, la tête est fortement concave à partir de l'occiput jusqu'au front, en avant duquel elle l'est aussi, mais beaucoup moins. Le bord orbitaire supérieur forme une grosse arête arrondie, renflée à son extrémité postérieure ou entre l'œil et la parotide, et dont l'autre extrémité est contiguë à une saillie correspondante au *canthus rostralis;* celui-ci, en suivant une direction oblique, va se réunir à son congénère sur le bout même du museau, qui est légèrement obtus. Le bord orbitaire antérieur fait également une saillie, mais elle est moins forte que les arêtes supérieures dont nous venons de parler. Toute la région concave du dessus de la tête, limitée à droite et à gauche par les arêtes des orbites et du chanfrein, est en général parfaitement unie; si l'on y observe quelques petits granules, ce qui est assez rare, ce n'est guère que chez les sujets adultes. La longueur de la fente palpébrale est égale à la largeur du front; la paupière supérieure est couverte de petites verrues granuliformes ; elle offre à son pourtour un petit bourrelet faiblement crénelé, qui, à l'angle antérieur de l'œil, se recourbe sur celui-ci en prenant un peu plus de développement en hauteur. Le tympan est ovale et à peu près de même grandeur que l'ouverture oculaire.

Les ouvertures du sac vocal des mâles sont longitudinales, et situées de chaque côté de la langue, entre celle-ci et la seconde portion de la longueur de la branche sous-maxillaire. Situées en travers du haut de l'épaule et contiguës à ce petit prolongement que forme au-dessus de l'oreille la saillie orbitaire, les parotides ont ordinairement l'apparence réniforme, mais assez souvent aussi elles sont elliptiques ou près d'une fois et demie plus longues que larges, et arrondies aux deux bouts, dont le postérieur est quelquefois plus étroit que l'antérieur. Ces glandes sont très-renflées et présentent à leur surface des rides vermiculiformes dans les interstices desquelles on distingue très-bien des pores en nombre variable, suivant les individus. Les membres du Crapaud rude, sous le rapport de leur longueur et de leur grosseur, ressemblent à ceux du Crapaud commun. Le premier doigt, qui est aussi long que le quatrième, l'est un peu plus que le second, qui est près de moitié plus court que le troisième. Le dernier orteil, qui est deux fois plus court que le pénultième, est inséré à côté de lui; les quatre autres le sont sur une ligne oblique, le premier étant de moitié moins long que le second, le second que le troisième, et celui-ci que le quatrième; la palmure qui les réunit les laisse tous libres dans leur moitié terminale, excepté le quatrième, dont les deux tiers et quelquefois les trois quarts de son étendue se trouvent en dehors de cette membrane. Ces doigts et ces orteils ont leur extrémité garnie d'une enveloppe coriace ou plutôt cornée, de couleur noirâtre, dans laquelle elle est emboîtée exactement comme dans un dé à coudre. La même chose s'observe au reste chez la plupart des espèces du présent groupe générique.

Le dos, à partir de la nuque, offre une double, quelquefois une quadruple série de grosses pustules, plus souvent arrondies que coniques, qui, sur les reins, sont entremêlées d'autres beaucoup plus petites, ayant l'apparence d'épines, ou tout à fait pareilles à celles qui hérissent les flancs, les épaules et le dessus des membres; seulement sur ces derniers elles sont plus serrées, et leur volume est encore moindre que sur les autres régions du corps, si ce n'est pourtant à la face inférieure de celui-ci, où partout, jusque sous les doigts, il en existe de très-petites, et pressées les unes contre les autres. Nous ne devons pas omettre de dire que la saillie que fait le premier os cunéiforme est tellement forte qu'on serait tenté, au premier aspect, de la considérer comme un sixième orteil.

Coloration. Il est peu d'individus de cette espèce qui n'aient les bords de la bouche, le pourtour des oreilles, les carènes céphaliques et le sommet des tubercules du corps colorés en noir. La plupart présentent une teinte fauve ou roussâtre à leurs parties supérieures; quelques-uns les ont brunes, et quelques autres d'une jolie teinte rose. Ce dernier mode de coloration semble être celui des jeunes sujets.

Dimensions. *Téte.* Long. 3" 5"'. *Tronc.* Long. 9" 3"'. *Memb. antér.* Long. 7" 3"'. *Memb. postér.* Long. 14" 3"'.

Patrie et moeurs. Cette espèce a pour patrie les Indes orientales, dont elle paraît habiter toutes les parties; elle est surtout très-commune au Bengale, où MM. Dussumier, Alfred Duvaucel, Belanger, et Reynaud en ont recueilli une suite nombreuse d'individus de tout âge; M. Leschenaut nous en a aussi envoyé plusieurs de la côte de Coromandel et de Java.

Les notes laissées par ce savant voyageur nous apprennent qu'on rencontre abondamment le Crapaud rude dans toutes les rues de Pondichéry pendant la saison des pluies; il entre dans les cours et dans les maisons.

Observations. Cette espèce est bien certainement la même que celle qui a été brièvement décrite sous le nom de *Bufo melanostictus* par Schneider. Le Crapaud du Bengale de Daudin n'en est pas non plus différent.

Le *Bufo scaber* de Spix appartient au contraire à une autre espèce, qui est américaine.

12. LE CRAPAUD ÉLEVÉ. *Bufo isos*. Lesson.

Caractères. Premier doigt de même longueur que le second. Bord supérieur des orbites médiocrement saillant. Peau du dessus de la tête, mince, intimement adhérente aux os. Mâchoire supérieure à bord libre tranchant et légèrement échancré au milieu. Parotides plus de deux fois aussi longues que larges, presque pointues en arrière, arrondies en avant et s'étendant directement un peu au delà de l'épaule. Tympan grand, bien distinct. Orteils entièrement palmés; deux tubercules ovalaires au talon, l'un médiocre, l'autre un peu plus fort; pas de saillie cutanée, mais une série de petits tubercules le long du bord interne du tarse. Apophyses transverses de la huitième vertèbre sub-cylindriques, dirigées un peu obliquement en avant.

Synonymie. *Bufo isos*. Less. Voy. Bel. Ind. Orient. Zool. Rept. pag. 333, Pl. 7.

DESCRIPTION.

Formes. Bien que la forme du corps de cette espèce ne justifie nullement le nom qu'elle a reçu, nous le lui conservons pour ne point grossir par une nouvelle dénomination le nombre déjà beaucoup trop considérable des termes qui composent aujourd'hui le vocabulaire erpétologique.

Le Crapaud élevé n'a effectivement le dos ni plus bombé, ni moins aplati que ses congénères, et particulièrement que le Crapaud rude, espèce à laquelle il ressemble à tant d'égards qu'il faut une certaine attention pour ne pas le confondre avec elle. Les particularités qui l'en distinguent sont les suivantes : chez le Crapaud élevé, le bord libre de la mâchoire supérieure est tranchant au lieu d'être aplati ; le premier doigt n'est pas plus long que le second ; la palmure des orteils ne s'arrête pas à la moitié de leur longueur, mais s'étend jusqu'à leur extrémité ; non-seulement les parotides se prolongent au delà de l'épaule, mais elles se terminent en pointe obtuse ; enfin les apophyses transverses de la huitième vertèbre sont presque cylindriques, tandis qu'elles sont excessivement minces chez le Crapaud rude. Nous pouvons même ajouter que les crêtes surciliaires du *Bufo isos* sont distinctement moins élevées que celles de ce dernier.

Coloration. Les deux seuls sujets que nous ayons été à même d'observer étaient en dessus d'une couleur brune uniforme ; et leurs régions inférieures, autres que la gorge et la poitrine, où régnait une teinte lie de vin foncée, offraient un blanc grisâtre lavé de brun violacé.

Dimensions. *Tête*. Long. 3" 8"'. *Tronc*. Long. 9" 2"'. *Memb. antér*. Long. 7" 5"'. *Memb. postér*. Long. 14".

Patrie. Les deux individus dont il vient d'être question ont été rapportés du Bengale au Muséum d'histoire naturelle, l'un par M. Belanger, l'autre par M. Reynaud, chirurgien attaché à la marine royale.

13. LE CRAPAUD AGUA. *Bufo agua*.

Caractères. Premier doigt un peu plus long que le deuxième. Bord orbitaire faisant dans les trois quarts de son pourtour, c'est-à-dire en avant, au-dessus et en arrière de l'œil, une forte saillie arrondie, à laquelle viennent se souder par une de leurs extrémités deux autres saillies ou carènes osseuses, également arrondies, dont l'une très-courte est située en long au-dessus du tympan, et l'autre, deux fois plus longue et oblique, occupe, à partir du bout du museau, toute la ligne du *canthus rostralis*. Bord libre de la mâchoire supérieure tranchant, faiblement échancré au milieu. Parotides énormes, rhomboïdales ou ovalaires, placées obliquement en travers des épaules. Tympan grand, bien distinct. Une double série de pustules plus fortes que les autres sur la région dorsale. Orteils demi-palmés. Deux tubercules au talon, l'un petit, sub-circulaire, l'autre médiocre, sub-ovalaire ou elliptique. Une très-faible saillie cutanée le long du bord interne du tarse. Une vessie vocale sous-gulaire interne, chez les mâles.

VARIÉTÉ A. *Caractères*. Parotides rhomboïdales, presque aussi larges que longues.

SYNONYMIE. ? *Cururu*. Pison. Hist. nat. Ind. lib. 5, pag. 298, cum fig.

Bufo agua. Latr. Hist. Rept. tom. 2, pag. 13, fig. 1.

Bufo agua. Daud. Hist. Rain. Gren. Crap. pag. 99, pl. 37.

Bufo horridus. Id. loc. cit. pag. 97, pl. 36.

Bufo agua. Id. Hist. Rept. tom. 8, pag. 209.

Bufo horridus. Id. loc. cit. pag. 201.

Bombinator horridus. Merr. Tent. Syst. Amphib. pag. 179.

Bufo agua. Cuv. Règn. anim. 1re édit. tom. 2, pag. 97.

Bufo agua. Spix. Spec. nov. Test. Ran. Bras. pag. 44, tab. 15.

Bufo maculiventris. Id. loc. cit. pag. 43, tab. 14, fig. 1.

Bufo Lazarus. Id. loc. cit. pag. 45, tab. 17, fig. 1.

Bufo stellatus. Id. loc. cit. pag. 46, tab. 18, fig. 1.

Bufo scaber. Id. loc. cit. pag. 47, tab. 20, fig. 1.

? *Bufo albicans*. Id. loc. cit. pag. 47, tab. 18, fig. 2.

Bufo agua. Wied. Reise nach Bras. tom. 1, pag. 52, et tom. 2, pag. 241.

Bufo agua. Wied. Rec. Pl. color. anim. Brés. pag. et pl. sans numéros.

Bufo agua. Id. Beitr. naturgesch. Bras. tom. 1, p. 551.

Bufo agua. Cuv. Règn. anim. 2e édit. tom. 2, pag. 111.

Bufo marinus. Gravenh. Delic. Amus. zool. Vratilav. Amph. pag. 54.

Bufo agua. Tschudi, Classif. Batrach. Mém. sociét. scienc. nat. Neuch. tom. 2, pag. 88.

VARIÉTÉ B. *Caractères*. Parotides rhomboïdales, plus de deux fois aussi longues que larges, rétrécies ou formant un angle aigu en arrière.

SYNONYMIE. *Rana marina americana*. Séba, tom. 1, pag. 120, tab. 76, fig. 1.

Rana marina. Linn. Syst. nat. édit. 10, tom. 1, pag. 210, n° 7, et édit. 12, tom. 1, pag. 356, n° 8.

Rana marina. Gmel. Syst. nat. Linn. tom. 1, pars III, pag. 1049, n° 8.

Rana marina. Laur. Synops. Rept. pag. 31, n° 21.

L'épaule armée. Daub. Dict. anim. pag. 624.

L'épaule armée. Lacép. Hist. quad. ovip. tom. 1, pag. 539.

La Grenouille épaule armée. Bonnat. Encyclop. méth. Erpét. pag. 6, Pl. 3, n° 2. (Cop. Séba).

Bufo marinus. Schneid. Hist. amph. Fasc. 1, pag. 219.

Marine toad. Shaw. Gener. Zool. tom. 3, part. 1, pag. 155, Pl. 44. (Cop. Séba.)

Bufo humeralis. Daud. Hist. Rept. tom. 8, pag. 205.

Bufo marinus. Merr. Tent. syst. amph. pag. 182; exclus. synon. *Bufo scaber* et *Bufo Bengalensis.* Daud. (*Bufo scaber.*)

Bufo marinus. Gravenh. Delic. mus. zool. Vratilav. Amph. pag. 54.

VARIÉTÉ C. *Caractères.* Parotides elliptiques, de deux à trois fois aussi longues que larges.

SYNONYMIE. *Bufo ictericus.* Spix, Spec. nov. Testud. Ran. Bras. pag. 44, tab. 16, fig. 1.

Bufo ornatus. Id. loc. cit. pag. 45, tab. 16, fig. 2.

Bufo ictericus. Gravenh. Delic. mus. zoolog. Vratilav. Amph. pag. 54.

Bufo ornatus. Id. loc. cit. pag. 61.

DESCRIPTION.

FORMES. Ce Crapaud, mentionné depuis longtemps dans les ouvrages d'erpétologie, sous les diverses dénominations de *Bufo marinus*, *Bufo agua*, *Bufo humeralis*, etc., etc., est de tous les Batraciens anoures aujourd'hui connus, celui qui acquiert la plus grande taille et dont les parotides présentent comparativement aussi le plus grand volume; il est également le seul chez lequel ces organes de nature glanduleuse n'aient pas une forme semblable ou à peu près semblable dans tous les individus. Il existe même à cet égard des différences si grandes entre certains sujets, que nous aurions peut-être été tentés de les considérer comme spécifiquement distincts, si d'autres sujets intermédiaires à ceux-ci, quant à la forme de leurs parotides, n'eussent été là pour nous démontrer de la manière la plus évidente, que contrairement, nous le répétons, à ce que nous avions toujours observé dans le genre Crapaud, la configuration des glandes parotidiennes varie considérablement chez les individus de l'espèce appelée *agua.* On s'en fera aisément une idée si nous disons que les parotides de cet Anoure peuvent offrir toutes les nuances possibles entre les trois sortes de formes, il est vrai le plus ordinairement existantes, que nous avons indiquées en tête de cet article, ou la rhomboïdale, la rhomboïdale fort allongée et l'elliptique ; nous possédons même un sujet dont la parotide gauche offre cette dernière forme, tandis que la droite a la figure d'un rhombe.

Le Crapaud agua, quel que soit l'âge auquel on l'observe, a le même ensemble, le même port que le Crapaud commun. Sa tête, assez aplatie et d'un tiers au moins plus large que longue, est triangulaire dans son contour horizontal; les côtés en sont presque verticaux ou excessivement peu déclives. En dessus, elle est concave et relevée tout autour, excepté à son bord occipital, d'une forte arête osseuse, arrondie qui, de chaque côté, commence sur le bout du museau, au milieu. Cette arête se dirige diagonalement en dehors vers l'angle antérieur de l'œil où elle produit une branche qui descend obliquement au-devant de celui-ci; puis elle suit le contour de l'orbite pour aller finir assez au-dessous du coin postérieur des paupières, après avoir donné naissance, vers le dernier tiers du bord orbitaire supérieur, à un renflement osseux creusé de petits sillons longitudinaux qui s'étend par un plan incliné dans la direction de l'occiput. Ce renflement, plus ou moins prononcé suivant les individus, n'est pas toujours très-apparent chez les jeunes sujets. Le museau est coupé perpendiculairement. Les narines s'ouvrent à droite et à gauche de son sommet, immédiatement au-dessous de l'arête qui borde le chanfrein. L'œil est grand et le tympan aussi, c'est-à-dire que le diamètre de l'un n'excède que d'un tiers le diamètre de l'autre. Le bord libre de la mâchoire supérieure, un peu échancré au milieu, n'est pas reployé en dedans comme chez le *Bufo scaber* et le *Bufo peltocephalus*. Les parotides couvrent toujours les épaules, quelle que soit leur forme : rhomboïdales et presque aussi larges que longues; rhomboïdales et deux à trois fois plus étendues en long qu'en travers; ou elliptiques et plus ou moins allongées. Leur grande épaisseur donne une largeur considérable à la partie antérieure du tronc; les pores dont elles sont percées ne se trouvent pas très-rapprochés les uns des autres; enfin ordinairement ces parotides sont lisses, mais quelquefois cependant leur surface est hérissée de petites épines ou de petits tubercules pointus. Les parotides de la troisième variété, ou celles dont la forme est elliptique, ressemblent, jusqu'à un certain point, chacune à un demi-cylindre, tant elles sont renflées; chez certains individus, elles s'étendent sur le flanc jusqu'au niveau du coude; la même chose, au reste, s'observe chez presque tous ceux de la seconde variété, ou celle à glandes parotidiennes ayant quatre côtés inégaux dont les deux postérieurs plus longs que les autres forment un angle aigu, arrondi au sommet. C'est à tort qu'on a décrit ou représenté cette espèce comme ayant les organes dont nous venons de parler d'une forme circulaire ou à peu près circulaire; jamais nous ne les avons vus autrement qu'ils ne viennent d'être décrits; nous n'entendons pas dire pourtant que les angles qu'ils présentent n'ont pas leur sommet arrondi, ce qu'on voit au contraire généralement, excepté chez quelques très-jeunes sujets.

Les membres de l'Agua ne sont proportionnellement ni plus ni moins développés en longueur et en grosseur que ceux du Crapaud commun. Il y aurait aussi ressemblance parfaite entre les mains et les pieds de ces deux espèces, si le premier doigt chez l'Agua n'était pas un peu plus long que le second, et s'il n'existait pas le long du bord interne du tarse une faible saillie cutanée, qui manque dans le Crapaud commun.

Tous les Crapauds aguas, jeunes et vieux, que nous avons été dans le cas d'examiner, nous ont offert une rangée de grosses pustules circulaires ou elliptiques, quelquefois légèrement aplaties, d'autres fois un peu coniques, de chaque côté de la région correspondante à l'épine dorsale; ils nous en ont montré de pareilles, mais irrégulièrement disposées, sur les flancs et les membres postérieurs, et d'autres plus petites, mais aussi variées dans leurs formes, répandues sur toute la surface des parties supérieures du corps. Néanmoins la troisième variété présente assez ordinairement une exception à cet égard, dépourvue qu'elle est presque toujours sur le dos de mamelons glanduleux, autres que ceux de la double série médio-longitudinale. Comme chez la plupart des Crapauds, ces verrues du dessus du corps, grosses ou petites, peuvent être lisses ou garnies de très-petites épines d'une substance cornée. C'est, disons-le en passant, dans un de ces individus spinifères que Spix avait cru reconnaître le *Bufo scaber* de Daudin, qui, comme on le sait, est une espèce des Indes orientales bien différente de celle-ci sous beaucoup d'autres rapports.

La peau du dessous du corps du Crapaud agua est comme

celle de la plupart de ses congénères, ridée ou plissée en petites mailles, au centre desquelles sont de très-petits mamelons ; et lorsqu'elle est distendue elle paraît lisse.

Coloration. Le mode de coloration du Crapaud agua n'est pas moins variable que celui des autres espèces du même genre. Pourtant la majeure partie des individus conserve pendant assez longtemps la livrée sous laquelle ils naissent, et qui paraît être à peu près la même pour tous. Elle consiste en un nombre plus ou moins grand de taches brunes ou noirâtres à plusieurs pans inégaux, disséminées ou rapprochées les unes des autres de chaque côté de la ligne moyenne du corps et de la tête, sur un fond d'un brun clair, relevé d'une raie médio-dorsale blanche ou jaunâtre ; puis en d'autres taches dilatées en bandes transversales sur la face supérieure des membres, qui du reste sont de la même teinte que la région dorsale, où l'on voit quelquefois répandues çà et là des gouttelettes blanchâtres. Quelques individus parviennent à l'état adulte sans abandonner cette livrée que d'autres, également adultes, offrent un peu modifiée; c'est-à-dire que chez eux la raie blanche ou jaunâtre du milieu du dos s'est considérablement élargie, et que les taches des parties latérales forment alors deux grandes bandes brunâtres. Certains sujets, plus ou moins âgés, sont tout bruns; on en rencontre d'entièrement olivâtres; puis il y en a de gris, de fauves, de roussâtres uniformément ou ayant leurs tubercules dorsaux et fémoraux d'une teinte plus claire ou plus foncée que le reste de leur corps. Ceux qui sont hérissés de petites épines, ont ces épines peintes en noir ou en brun très-sombre. Presque tous ont leurs régions inférieures, et particulièrement la poitrine et le ventre nuagés, tachetés, marbrés ou vermiculés de brun sur un fond blanc.

Dimensions. *Tête*. Long. 5" 5"'. *Tronc*. Long. 17". *Memb. antér.* Long. 13" 5"'. *Memb. postér.* Long. 25".

Il paraît que le temps nécessaire au Crapaud agua pour accomplir ses métamorphoses est assez court; car nous possédons des individus parfaits qui n'ont guère plus de deux centimètres de long, non compris les membres postérieurs, il est vrai.

Patrie. Nos avons reçu cette espèce, en grand nombre, des principaux points des côtes orientale et méridionale de l'Amérique du Sud et des Antilles ; c'est un des Batraciens anoures les plus communs à la Guyane et au Brésil ; ceux de nos individus qui proviennent de ces deux pays y ont été recueillis par MM. Leschenault, Leprieur, Vautier, Gaudichaud, Gallot, Menestriés et Delalande. Trois d'entre eux ont été envoyés de Buenos-Ayres par M. d'Orbigny et quelques-uns, de la Martinique par M. Plée.

Observations. La dénomination d'Agua par laquelle on désigne généralement aujourd'hui ce Crapaud lui a été donnée pour la première fois par Daudin, qui le croyait être, mais à tort, de la même espèce qu'un Anoure représenté sous le nom d'*Aguaquaquan* dans l'ouvrage de Séba (1), Anoure que Daubenton d'abord, Lacépède et Bonnaterre ensuite, en le mentionnant dans leurs livres, ne nommèrent plus *Aguaquaquan*, mais tout simplement *Agua*.

Ainsi, le Batracien qui porte le nom d'Agua dans les ouvrages antérieurs à ceux de Daudin, n'est pas le même que l'Agua dont nous venons de donner la description, mais bien l'*Aguaquaquan* de Séba, qui, suivant nous, n'est qu'un Crapaud commun, autant toutefois que deux figures aussi mauvaises que celles qui le représentent peuvent permettre d'en juger. En tous cas, elles n'ont certainement pas été dessinées d'après un Crapaud agua; car Séba, qui se plaisait à exagérer dans ses figures d'animaux la moindre particularité un peu extraordinaire, n'aurait pas omis de représenter les parotides si remarquables par leur grosseur chez l'espèce de l'Agua; or, il n'en existe pas la plus petite trace dans les deux figures en question, et l'on n'y voit non plus ni saillies orbitaires, ni gros tubercules sur la face supérieure du corps.

Mais l'ouvrage de Séba (2) renferme une autre figure qui est bien évidemment la représentation d'un Crapaud agua du présent article; figure qui a été citée sous le nom de *Rana marina* par Linné, Gmelin et Laurenti; sous celui de Grenouille épaule-armée par Daubenton, Lacépède et Bonnaterre; de *Bufo marinus* par Schneider et Shaw; et de *Bufo humeralis* par Daudin, dans son Histoire des Reptiles seulement, car dans l'Histoire des Rainettes, des Grenouilles et des Crapauds, il l'avait rapportée, avec juste raison, à son Crapaud agua.

Cette même *Rana marina* de Séba est aussi le type du *Bufo marinus* de Merrem, qui y a faussement réuni le *Bufo Bengalensis* et le *Bufo scaber* de Daudin, lesquels sont d'une espèce tout à fait différente, originaire des Indes orientales.

(1) Tome 1, Pl. 73, fig. 1 et 2.
(2) Tom. 1, Pl. 76, fig. 1. *Rana marina.*

Le *Bufo horridus* de ce dernier auteur est un véritable *Agua*, ainsi que le *Bufo maculiventris*, le *Bufo Lazarus*, le *Bufo stellatus*, le *Bufo scaber*, le *Bufo ictericus*, le *Bufo ornatus*, et peut-être même le *Bufo albicans* de Spix, auteur qui voyait pour ainsi dire une espèce particulière dans chacun des Reptiles qu'il observait.

Enfin, M. Gravenhorst, qui a substitué le nom de *Marinus* à celui d'*Agua*, sous lequel notre Crapaud est connu et étiqueté dans la plupart des Musées, en a aussi séparé, à l'exemple de Spix, comme formant une espèce distincte, appelée *Ictericus*, les individus à glandes parotidiennes elliptiques.

14. LE CRAPAUD A OREILLES NOIRES. *Bufo melanotis*. Nobis.

Caractères. Premier doigt un peu plus long que le second. Bord orbitaire supérieur légèrement saillant. Peau recouvrant le crâne, mince, mais n'y adhérant pas intimement. Parotides petites, ovalaires, placées obliquement en travers du haut de l'épaule. Tympan grand, bien distinct, coloré en brun très-foncé, ainsi que les régions qui l'entourent. Pas de grosses pustules sur la ligne moyenne du dos. Orteils grêles, palmés, les deux derniers à leur racine seulement, les trois autres à peine dans leur première moitié. Pas de saillie cutanée, mais une série de très-petits tubercules coniques le long du bord interne du tarse. Deux tubercules au talon, l'un petit, sub-ovalaire, l'autre médiocre, ovalo-cylindrique. Parties supérieures semées de tubercules excessivement petits, ayant l'apparence d'épines. Un sac vocal sous-gulaire interne, chez les mâles.

Synonymie? *Bufo dorsalis*. Spix. Spec. nov. Testud. Ran. Bras. pag. 46, tab. 17, fig. 2.

Bufo dorsalis. Prince de Wied. Recueil pl. color. Anim. Brés.

DESCRIPTION.

Formes. Cette espèce, qu'on pourrait prendre au premier aspect pour un Crapaud agua, en diffère cependant à plusieurs égards, ainsi qu'il est aisé de le reconnaître dès qu'on les examine comparativement. Le Crapaud à oreilles noires a ses bords orbitaires bien moins saillants que le Crapaud agua ; ses parotides, au lieu d'être très-grosses, sont très-petites, c'est-à-dire moins développées à proportion que celles du Crapaud commun ; la forme de ses glandes est ovalaire ou subtriangulaire, toujours plus ou moins obtusément pointues en arrière ; elles sont situées un peu obliquement en travers de la région supérieure de l'épaule, ou séparées de l'origine du bras par un plus grand espace que chez l'Agua. Les parties supérieures de ce dernier offrent un nombre variable de verrues arrondies, lisses ou hérissées d'épines, parmi lesquelles on en remarque toujours de plus fortes que les autres et qui sont disposées en une double série sur la région dorsale; tandis que chez le Crapaud à oreilles noires on ne voit jamais à la surface du corps et des membres que des tubercules coniques, pointus, excessivement petits et peu inégaux en grosseur. Les doigts et les orteils du Crapaud à oreilles noires sont plus grêles que ceux de l'Agua, et la palmure qui réunit ces derniers est aussi plus courte, c'est-à-dire qu'elle laisse libres le quatrième et le cinquième dans la presque totalité de leur longueur, et le premier, le second et le troisième dans un peu plus de la moitié.

La gorge, la poitrine, le ventre, et le dessous des pattes offrent un pavé de très-petits granules. A l'extrémité postérieure de la parotide commence une série de tubercules coniques qui se termine vers le milieu du flanc; on en observe une autre beaucoup plus courte derrière l'angle de la bouche.

Coloration. Tous les sujets appartenant à cette espèce, que nous avons maintenant sous les yeux ont les côtés postérieurs de la tête colorés en brun très-foncé ; la plupart sont en dessus d'un brun plus ou moins olivâtre et portent sur la région moyenne du dos une ligne longitudinale d'un blanc sale; plusieurs offrent de chaque côté du dos, sur un fond fauve, une rangée de taches noires, et une raie de la même couleur au-dessous de l'une et de l'autre parotide ; des taches brunâtres dilatées transversalement sont imprimées sur la face supérieure de leurs membres. Les régions inférieures de tous ces individus sont d'un blanc grisâtre, nuagé ou non nuagé de noir.

Dimensions. Nous ignorons si cette espèce devient aussi grande que l'Agua, car nous n'avons jamais vu d'individus dont les dimensions s'élevassent au-dessus de celles de notre Grenouille verte commune.

Tête. Long. 2" 5"'. *Tronc*. Long. 5". *Memb. antér*. Long. 4" 8"'. *Memb. postér*. Long. 9" 7"'.

Patrie. Notre collection renferme une vingtaine de Crapauds

à oreilles noires qui ont été recueillis à Cayenne et au Brésil par MM. Leprieur, Gaudichaud, Gallot, d'Orbigny et Vautier.

Observations. Nous croyons reconnaître, mais non d'une manière bien certaine, notre Crapaud à oreilles noires dans la figure du *Bufo dorsalis* de Spix; et si la figure du *Bufo ornatus*, donnée par le prince de Wied dans son recueil de planches coloriées des animaux du Brésil, est exacte, sous le rapport de la petitesse des parotides, on doit croire qu'elle représente aussi un Crapaud de l'espèce dont nous venons de faire la description.

15. LE CRAPAUD PELTOCÉPHALE. *Bufo peltocephalus.* Nobis.

Caractères. Premier doigt de même longueur que le second. Tissu cutané du dessus et des côtés de la tête excessivement mince chez les jeunes sujets, confondus avec les os, qui sont rugueux, chez les adultes. Crâne concave et dépourvu d'arêtes depuis le museau jusqu'à l'occiput. Bords orbitaires et *canthus rostralis* relevés en saillies en général irrégulièrement crénelées; ce dernier séparé de l'orbite par une échancrure. Bord de la mâchoire supérieure aplatie. Parotides ovales ou elliptiques, légèrement arquées, placées un peu obliquement sur le devant de l'épaule, très-renflées, hérissées de tubercules coniques et percées de grands pores. Orteils pas tout à fait à moitié palmés. Deux tubercules au talon, l'un petit subovalaire, l'autre assez gros, de même forme, mais plus allongé. Une saillie de la peau excessivement faible, quelquefois même à peine distincte le long du bord interne du tarse. Parties supérieures toutes parsemées de petites verrues coniques.

Synonymie. *Bufo peltocephalus.* Nob. Mus. Par.

Bufo peltocephalus. Tschudi. Classif. Batrach. Mém. Sociét. scienc. nat. tom. 2, pag. 89.

Bufo peltocephalus. Nob. Hist. île de Cuba, Ram. de la Sagra, Hist. nat. Rept. Pl. 30.

DESCRIPTION.

Formes. Cette espèce de Crapauds, comme plusieurs de celles de la famille des Raniformes, tels que le Céphalopeltis de Gay, le Pélobate brun et le Cultripède, et quelques Hylæformes du genre Trachycéphale, a les os de la tête recouverts d'un tissu cutané tellement mince et qui y adhère si intimement qu'il est, pour ainsi dire, confondu avec eux. Nous devons dire cependant qu'il n'en est absolument ainsi que chez les sujets adultes, car dans les jeunes la peau des parties latérales de la tête, quoique fort peu épaisse, est encore bien distincte. Alors on n'aperçoit pas non plus à la surface des os les petits creux, les petites entailles vermiculiformes qui sont au contraire très-apparentes chez les vieux individus. La tête, quant à son ensemble, ressemble à peu près à celle du Crapaud commun, excepté qu'elle est plus aplatie et que le museau est plus comprimé; mais elle en diffère dans ses détails, en ce que les bords orbitaires sont saillants et irrégulièrement crénelés ou comme déchiquetés, ainsi que le *canthus rostralis*, entre l'extrémité postérieure duquel et l'orbite on remarque une espèce d'entaille plus ou moins profonde. Il est à noter que les crénelures des saillies orbitaires et du *canthus rostralis* sont plus prononcées chez les sujets d'âge moyen que chez les jeunes et les vieux individus.

Le Crapaud peltocéphale se rapproche du Crapaud du Chili par la situation de ses parotides qui ne s'avancent pas sur les régions scapulaires, comme dans la plupart des autres espèces; ces glandes, fortement renflées, percées de grands pores et hérissées de petits tubercules coniques, sont presque réniformes et placées sur le devant de l'épaule un peu diagonalement par rapport à celle-ci. Le diamètre du tympan est au moins égal aux deux tiers de la longueur de la fente palpébrale; cette membrane est surmontée d'un rebord osseux qui touche d'un côté à l'orbite, de l'autre à la parotide. Le bord libre de la mâchoire supérieure est reployé en dedans, de même que chez le *Bufo scaber*, mais il est distinctement échancré au milieu, ce qui n'existe pas dans ce dernier Les membres sont peu développés, puisque ceux de devant s'étendent à peine au delà des aines, et que ceux de derrière ne sont guère plus longs que le tronc et la tête. Les doigts et les orteils sont presque cylindriques et assez grêles; une membrane palmaire réunit ceux-ci dans presque la moitié de leur longueur, excepté pourtant le quatrième, qui est libre dans plus des trois quarts de son étendue. Il existe des petites verrues coniques assez serrées les unes contre les autres, sur les paupières, les parotides, le dos, les flancs et les membres. En dessous, la peau est simplement ridée, chez les vieux sujets; tandis qu'elle est finement granuleuse chez les jeunes.

Coloration. Un de nos individus, le plus grand, a ses parties supérieures veinées de blanc bleuâtre sur un fond roussâtre, et ses régions inférieures sont blanches ; les autres, en dessus, sont olivâtres, avec de très-larges marbrures brunes sur le dos et des bandes de la même couleur en travers des pattes ; leur dessous est d'un blanc jaunâtre sale.

Dimensions. *Tête.* Long. 4". *Tronc.* Long. 9". *Memb. antér.* Long. 7" 3"'. *Memb. postér.* Long. 12" 6"'.

Patrie. Le Crapaud peltocéphale se trouve dans l'île de Cuba ; nous sommes redevables des échantillons que nous possédons à M. Alexandre Ricord et à M. Ramon de la Sagra.

16. LE CRAPAUD A DEUX ARÊTES. *Bufo biporcatus.* Mus. Lugd. Batav.

Caractères. Premier doigt plus long que le second. Chanfrein concave, relevé de chaque côté d'une carène réunie à angle aigu en avant à sa congénère ; crâne bordé à droite et à gauche d'une crête rectiligne. Bord libre de la mâchoire supérieure tranchant. Peau recouvrant la tête, très-mince, fortement adhérente aux os. Parotides petites, ovales, placées obliquement en travers du sommet de l'épaule. Tympan grand, bien distinct. Orteils palmés dans les deux tiers de leur étendue, le quatrième excepté ; deux tubercules médiocres au talon, l'un subcirculaire, l'autre elliptique. Point de saillie cutanée le long du bord interne du tarse. Dos parsemé de petites verrues ; flancs et dessus des membres épineux.

Synonymie. *Bufo biporcatus.* Mus. Lugd. Batav.

Bufo biporcatus. Schleg.

Bufo biporcatus. Tschudi, Classif. Batrach. Mém. Sociét. scienc. nat. Neuch. t. 2, p. 88.

Bufo biporcatus. Gravenh. Delic. Mus. Zool. Vratilav. Amph. pag. 53.

DESCRIPTION.

Formes. Ce Crapaud se fait principalement remarquer par les deux crêtes rectilignes qui bordent son crâne à droite et à gauche, d'un bout à l'autre ; crêtes qui, en avant, sont contiguës chacune à la forte carène que forme le *canthus rostralis.* La tête est d'un quart plus longue que large dans son contour horizontal ; le museau est comprimé et coupé perpendiculairement ; en dessus il est canaliculé. La mâchoire supérieure n'a pas son bord libre reployé en dedans, ainsi que cela s'observe chez le *Bufo scaber*. Le tympan offre un diamètre égal à celui de l'ouverture de l'œil ; il est surmonté d'un rebord osseux qui d'un côte touche à l'orbite et de l'autre à la parotide. Cette glande est petite, très-renflée, ovalaire ou plutôt pyriforme ; elle occupe le sommet de l'épaule en travers duquel elle est placée obliquement, son extrémité pointue dirigée en arrière.

Placés le long du tronc, les membres antérieurs atteignent le coccyx ; ceux de derrière portés en avant dépassent le museau de la longueur des orteils. Ceux-ci sont palmés dans les deux tiers de leur étendue, à l'exception toutefois du quatrième, qui, étant beaucoup plus long que les autres, ne l'est que dans la moitié. Ces orteils sont légèrement déprimés, de même que les doigts dont le premier est d'un quart à peu près moins court que le second. Il y a comme à l'ordinaire deux tubercules à l'origine de la plante, l'un d'un côté, l'autre de l'autre, et dont la forme est elliptique pour celui qu'on doit regarder comme étant le premier os cunéiforme, et subcirculaire pour celui qui lui est opposé.

De nombreuses verrues, petites et inégales entre elles, sont répandues à la surface supérieure de l'animal ; la plupart de ces verrues sont coniques, et toutes celles des flancs et des membres hérissées d'épines assez fortes relativement à la grosseur des renflements glanduleux qui leur donnent naissance.

En dessous, la peau est partout garnie de tubercules arrondis, offrant aussi de petites pointes ou de petites épines solides.

COLORATION. Un brun assez foncé colore uniformément toutes les régions supérieures, tandis que les inférieures sont irrégulièrement tachetées de la même couleur sur un fond blanchâtre.

DIMENSIONS. *Tête*. Long. 1" 8"'. *Tronc*. Long. 3" 8"'. *Memb. antér*. Long. 3" 7"'. *Memb. postér*. Long. 6" 6"'.

PATRIE. L'île de Java est la patrie de ce Crapaud, dont nous ne possédons qu'un exemplaire qui nous a été envoyé du Musée de Leyde.

17. LE CRAPAUD GOITREUX. *Bufo strumosus*. Daudin.

Caractères. Premier doigt aussi long que le second. Peau recouvrant la tête, très-mince et intimement adhérente aux os, chez les adultes seulement. Bords orbitaires saillants. Surface du crâne concave. Museau étroit, arrondi au bout, creusé d'un sillon en dessus. Régions frénales concaves et très-déclives. Parotides subcirculaires ou subtriangulaires, tout à fait latérales. Tympan assez grand, bien distinct. Orteils à moitié palmés; deux tubercules médiocres au talon, l'un circulaire, l'autre subcylindrique. Une saillie cutanée ou une série de petits tubercules le long du bord interne du tarse. Parties supérieures et inférieures couvertes de verrues granuliformes. Une vessie vocale sous-gulaire, interne, chez les mâles.

Synonymie. *Bufo gutturosus*. Latr. Hist. Rept. tom. 2, pag. 135.

Bufo gutturosus et strumosus. Daud. Hist. nat. Gren. Rain. Crap. pag. 82, Pl. 34, fig. 2.

Bufo gutturosus. Id. Hist. Rept. tom. 8, pag. 166.

Bombinator strumosus. Merr. Tent. Syst. Amph. pag. 179, n° 6.

Bufo granulosus. Spix. Spec. nov. Test. Ran. Bras. pag. 51, tab. 21, fig. 2.

Bufo strumosus. Gravenh. Delic. Mus. zool. Vratilav. Amph. pag. 59, tab. 9, fig. 3.

DESCRIPTION.

Formes. Cette espèce a quelque chose de caractéristique dans la forme de son museau, qui, par son étroitesse en arrière des narines et le léger renflement de son extrémité, rappelle en quelque sorte celui des Mammifères quadrumanes du genre Lori; à tel point que si le Crapaud goîtreux avait le front plus élevé, sa face avec ses grands yeux dirigés en avant ressemblerait beaucoup à celle du Lori grêle (*Stenops gracilis*).

La tête de ce Crapaud est aplatie, d'un quart plus large que longue, et rétrécie en angle aigu d'arrière en avant; les côtés sont verticaux en arrière des orbites, mais très-déclives à partir du bord postérieur de ceux-ci jusqu'au bout du museau, qui est arrondi et un peu bombé. La partie comprise entre le devant de l'œil et l'orifice nasal est concave, ainsi que la région du crâne qui sépare les orbites. Les bords de celles-ci, excepté inférieurement, sont assez saillants et comme amincis. Le chanfrein est canaliculé et bordé à droite et à gauche par une légère arête qui forme un angle aigu avec sa congénère ; c'est de chaque côté du sommet de cet angle que se trouvent situées les narines, qui sont longitudinales et percées de haut en bas. Les yeux sont grands et très-protubérants ; le tympan, que surmonte un rebord osseux, a un diamètre d'un tiers moindre que celui de leur ouverture. Le bout de la mâchoire supérieure se recourbe fortement en dessous, et son bord, à peine échancré au milieu, est un peu reployé en dedans. Les parotides sont grosses, à peu près circulaires ou subtriangulaires, largement criblées de pores et le plus souvent relevées de petites verrues semblables à celles du dos ; elles occupent, l'une à droite, l'autre à gauche, toute la région comprise entre le bord postérieur de la partie latérale de la tête et l'épaule, sur laquelle elles s'avancent même assez, et se reploient un peu sur la nuque.

Les membres antérieurs, couchés le long des flancs, n'atteignent pas tout à fait l'extrémité du tronc ; les postérieurs, portés en avant ou vers le museau dépassent celui-ci de la longueur du quatrième orteil. Les doigts et les orteils sont médiocrement longs, un peu gros et légèrement déprimés. Le premier et le second de ceux-là sont égaux ; les trois premiers et le dernier de ceux-ci sont palmés dans la moitié ou un peu plus de leur longueur ; le quatrième l'est à peine dans la moitié. Le tubercule produit par le premier os cunéiforme est de moyenne grosseur et ovalaire, celui qui est situé du côté opposé est plus petit et circulaire.

Toutes les parties supérieures, excepté le milieu du crâne chez les adultes, sont couvertes de petites verrues arrondies ou coniques, plus ou moins serrées, ayant le plus souvent l'apparence d'épines sur les pattes de derrière ; en dessous, la peau est partout finement granuleuse.

Coloration. Il existe de grandes taches brunes, irrégulières, inégales, isolées ou confluentes, sur le fond grisâtre, roussâtre, fauve ou d'un blanc jaunâtre du dessus de l'animal, dont les régions inférieures sont blanches uniformément ou marbrées de noirâtre.

Dimensions. Cette espèce est de petite taille, ainsi qu'on peut le voir par les dimensions suivantes qui sont celles d'un individu que nous avons tout lieu de croire assez avancé en âge.

Tête. Long. 2" 2'''. *Tronc*. Long. 4" 5'''. *Memb. antér*. Long. 3" 8'''. *Memb. postér*. Long. 6" 5'''.

PATRIE. On trouve ce Batracien anoure au Brésil, à la Guyane et dans les Antilles; M. Gaudichaud nous l'a rapporté de Rio-Janeiro ; M. Leschenault de Cayenne, et M. Alexandre Ricord de Saint-Domingue.

Observations. Les figures qu'on a publiées de ce Crapaud sont toutes fort reconnaissables ; les ouvrages qui les renferment sont ceux de Daudin, de Spix et de M. Gravenhorst.

18. LE CRAPAUD PERLÉ. *Bufo margaritifer*. Daudin.

CARACTÈRES. Premier doigt un peu plus court que le second. Museau pointu. Crâne offrant de chaque côté, depuis le bord antérieur de l'orbite jusqu'à la parotide, une crête à peine sensible chez les très-jeunes sujets, mais qui se développe peu à peu avec l'âge en une lame osseuse verticale, à bord libre arqué, presque aussi haute que la tête. Parotides petites, subovalaires, pointues en arrière, légèrement comprimées, situées un peu obliquement en travers du haut de l'épaule. Tympan assez grand, bien distinct. Un pincement de la peau s'étendant le long du flanc depuis la parotide jusqu'au genou. Orteils palmés dans la moitié ou plus de la moitié de leur longueur ; deux tubercules au talon, l'un médiocre, subcirculaire, l'autre plus gros, subcylindrique. Pas de saillie cutanée le long du bord interne du tarse. Un sac vocal sous-gulaire interne, chez les mâles.

SYNONYMIE. *Bufo Brasiliensis margaritis veluti conspersus*. Séb. tom. 1, pag. 114, tab. 71, fig. 6-7.

Bufo Brasiliensis granis veluti conspersus. Id. loc. cit. pag. 114, tab. 71, fig. 8.

Bufo Brasiliensis minor maeulatus. Id. loc. cit. pag. 115, tab. 71, fig. 9.

Bufo Americanus minor maculatus. Klein. Quad. disposit. pag. 120.

Bufo Brasiliensis veluti conspersus. Id. loc. cit. pag. 120.

? *Rana typhonia*. Linn. syst. nat. édit. 10, tom. 1, pag. 211, nº 8, et édit. 12, tom. 1, pag. 356, nº 9.

Rana margaritifera. Laur. Synops. Rept. pag. 30, nº XV.

Rana margaritifera. Gmel. Syst. nat. tom. 1, pars III, pag. 1050.

? *Rana typhonia*. Id. loc. cit. pag. 1052.

La Grenouille perlée. Lacép. Quad. ovip. tom. 1, pag. 545.

La Grenouille perlée. Bonnat. Encyclop. méth. Erpét. pag. 4. Pl. 4, fig. 1.

Bufo typhonius. Schneid. Hist. Amph. Fasc. 1, pag. 207.

Bufo nasutus. Id. loc. cit. pag. 217.

Mitred toad. Shaw. Gener. zoolog. tom. 3, part. 1, pag. 159. Pl. 45.

Bufo margaritifer. Latr. Hist. Rept. tom. 2, pag. 118.

Bufo margaritifer. Daud. Hist. Rain. Gren. Crap. pag. 89. Pl. 33, fig. 1.

Bufo margaritifer. Id. Hist. Rept. tom. 8, pag. 179.

Le Crapaud perlé. Cuv. Règn. anim. 1re édit. tom. 2, pag. 97.

Bufo typhonius. Merr. Tent. syst. amph. pag. 181, n° 3.

Bufo naricus. Spix. Spec. nov. Test. Ran. Bras. pag. 49, tab. 16, fig. 2.

Bufo nasutus. Id. loc. cit. pag. 50, tab. 16, fig. 3.

Bufo acutirostris. Id. loc. cit. pag. 52, tab. 21, fig. 3.

Bufo oxyrhincus. Wied. Rec. Pl. color. anim. Bras. pag. et pl. sans numéros.

L'Otilophe perlé. Cuv. Règn. anim. 2e édit. tom. 2, pag. 112.

Bufo typhonius. Gravenh. Delic. mus. zool. Vratilav. Amph. pag. 53.

Otilophus typhonius. Tschudi. Classif. Batrach. Mém. Sociét. scienc. nat. Neuch. tom. 2, pag. 89.

DESCRIPTION.

Formes. La peau de la partie postérieure du corps du Crapaud perlé est tellement lâche ou si peu adhérente aux muscles que l'arrière du tronc et les cuisses ont l'air d'être contenus dans une sorte de sac, qui, de chaque côté, fait un pli horizontal, s'étendant directement de la parotide au genou.

La tête est d'un cinquième plus large que longue; ses côtes, peu déclives en avant, le sont beaucoup en arrière, et se rapprochent l'un de l'autre à angle aigu. Lorsque les individus sont jeunes, leur tête offre une très-grande ressemblance avec celle du Crapaud goîtreux, c'est-à-dire qu'elle est fort aplatie dans toute sa longueur, et très-rétrécie à son extrémité antérieure ou à la partie formant le museau, qui est court, en pyramide quadrangulaire, tronqué au sommet, dont la ligne médiane présente un renflement cutané perpendiculaire. Avec l'âge, les bords orbitaires supérieurs se développent peu à peu, chacun de leur côté, en une lame osseuse verticale, presque aussi haute que la tête elle-même, et qui se prolonge en arrière jusqu'à la parotide; cette lame osseuse, dont le sommet est arqué et souvent granuleux, a beaucoup plus d'élévation au-dessus du tympan qu'au-dessus de l'œil, au niveau duquel, et en dedans, sa base donne naissance à une arête osseuse qui se dirige obliquement vers l'occiput, où l'on remarque plusieurs petits tubercules osseux.

Il est à remarquer que ces crêtes latéro-crâniennes n'ont pas un égal développement dans les deux sexes, et que c'est chez les mâles, contrairement à ce qu'on observe généralement, qu'elles le sont moins, la grosseur des individus étant bien entendu la même.

Il existe aussi de chaque côté du chanfrein une petite crête osseuse réunie sur le bout du museau à angle aigu avec sa congénère. Le contour de la bouche donne également la figure d'un angle aigu, mais fortement arrondi au sommet; chacune de ces commissures s'éloigne du cou en formant un angle obtus. Le dessus du crâne au milieu est concave, mais les régions frénales ne le sont point, ainsi que cela a lieu au contraire chez le Crapaud goîtreux. Les narines sont deux petits trous arrondis situés l'un à droite, l'autre à gauche du sommet du museau, immédiatement au-dessous du *canthus rostralis*. Le diamètre du tympan est égal, ainsi que celui de l'embouchure oculaire, à la largeur du front. Les parotides sont petites, allongées, déprimées chez les jeunes sujets, comprimées chez les vieux individus, au bord postérieur de la crête surciliaire desquels elles adhèrent par leur extrémité antérieure, tandis que leur extrémité postérieure se confond avec le pli cutané qui règne tout le long du flanc, pli qui a toujours pour bordure une série de tubercules coniques.

Les membres, bien qu'assez courts, sont plus grêles que chez le commun des Crapauds; les antérieurs, étendus le long du tronc, atteignent le coccyx, et les postérieurs, dirigés vers le museau, le dépassent de toute la longueur du quatrième orteil. Les doigts sont grêles et presque cylindriques; le premier est un peu plus court que le suivant, le quatrième un peu plus long que le second, tandis que le troisième a une étendue double de celui qu'il précède. Les orteils offrent la même forme que les doigts, et la palmure qui les unit entre eux les laisse libres, tantôt dans les deux tiers, tantôt dans la moitié, tantôt dans le quart seulement de leur longueur. La face inférieure de ces doigts et de ces orteils, qui sont comme dentelés à leurs bords, offre de nombreux et assez gros tubercules arrondis, parmi lesquels, à chaque paume, on en remarque un de forme oblongue, un peu en dos d'âne, et de quatre à cinq fois plus fort que les autres.

La ligne médiane du dos est surmontée, dans la première moitié de son étendue, d'une suite de cinq ou six tubérosités divisées longitudinalement en deux portions souvent inégales, qui sont des prolongements externes des apophyses épineuses. De petites verrues arrondies couvrent la région supérieure du tronc; il y en a de coniques ou même de spiniformes sur les membres, et de convexes, très-fines ou granuliformes sur toutes les parties inférieures de l'animal.

Coloration. Beaucoup d'individus sont uniformément olivâtres en dessus; d'autres sont fauves, roussâtres ou d'un brun clair, avec ou sans quelques grandes taches noires de chaque côté de la ligne médio-longitudinale du crâne et du dos, laquelle est généralement ornée d'un ruban blanchâtre. Des marbrures brunes se voient ordinairement sur les parties latérales de la tête, et des bandes de la même couleur en travers de la face externe des membres. La gorge, la poitrine et le ventre sont entièrement blanchâtres ou variés de gris, de blanc et de brun très-foncé.

Dimensions. *Tête*. Long. 2" 4'''. *Tronc*. Long. 5". *Memb. antér*. Long. 5". *Memb. postér*. Long. 8" 3'''.

Patrie. Le Crapaud perlé est originaire de l'Amérique méridionale; la Guyane et le Brésil sont les deux contrées de ce continent d'où nous avons reçu les échantillons au nombre d'une vingtaine que nous possédons, et dont nous devons la plus grande partie à M. Leprieur; quelques-uns ont été recueillis par MM. Leschenault et Doumerc, et quelques autres par M. Vautier.

Observations. Spix a représenté, dans son ouvrage sur les Reptiles du Brésil, trois jeunes Crapauds perlés, sous trois noms différents, ou comme étant des espèces distinctes: ce sont ses *Bufo naricus*, *Bufo nasutus*, et *Bufo acutirostris*.

C'est avec ce Crapaud perlé que G. Cuvier avait formé le genre Otilophe, d'après cette seule considération que ses crêtes surciliaires sont plus élevées et plus prolongées en arrière que chez les autres Batraciens, ses congénères. Le peu d'importance que nous semble avoir le développement plus considérable de certains os du crâne chez cette espèce que chez quelques autres Crapauds, nous a déterminés à ne l'en point séparer.

C'est ici, à la suite du Crapaud perlé, qu'il conviendrait de placer le *Bufo proboscideus* de Spix (1), dont Fitzinger a fait son genre *Rhinella* (2), adopté par Cuvier (3), si l'on était certain que cette espèce soit différente du *Bufo margaritiferus*, ce dont nous doutons au contraire beaucoup. En tout cas, si ce *Bufo proboscideus*, qui ne nous est connu que par la figure de Spix, était réellement une espèce distincte, elle ne différerait guère des jeunes du Crapaud perlé (qui, comme on sait, n'ont pas encore de crêtes surciliaires), que par un museau un peu plus long et plus pointu.

Vᵉ GENRE. PHRYNISQUE. — *PHRYNISCUS*. Wiegmann (4).
(*Chaunus* en part. Tschudi.)

Caractères. Langue allongée, elliptique, entière, libre dans sa moitié postérieure. Pas de dents au palais. Tympan caché. Pas de parotides. Quatre doigts distincts, complétement libres; le troisième plus long que les autres. Cinq orteils distincts, peu ou point palmés; deux tubercules mousses au métatarse. Apophyses transverses de la vertèbre sacrée dilatées en palettes triangulaires. Une vessie vocale sous-gulaire interne chez les mâles.

Rien ne distingue le genre Phrynisque de celui des Crapauds, que les deux caractères négatifs suivants : absence

(1) Spec. Nov. Testud. et Ran. Brasil. pag. 52, tab. 21, fig. 4.
(2) Fitzinger. Neue Classif. Rept. pag. 39.
(3) Cuvier, Règne anim. 2ᵉ édit. tom. 2, p. 112.
(4) De φρύνος. *Bufo*. Crapaud, et de ισικος. *Farcimen*. Mélange.

complète de parotides et non apparence de la membrane tympanale au travers de la peau.

Les Phrynisques sont de très-petits Anoures dont nous ne connaissons encore que deux espèces, l'une originaire de la Nouvelle-Hollande, l'autre de la partie méridionale du Nouveau-Monde.

Ce genre a été créé par M. Wiegmann (1), d'après l'espèce américaine à laquelle il a donné le nom de *Phryniscus nigricans;* espèce que M. Tschudi a eu le tort de ranger dans son genre *Chaunus*, avec l'épithète de *formosus*, sans savoir, à ce qu'il paraît, qu'elle avait déjà été tout autrement désignée par le savant professeur de Berlin, en établissant le genre *Phryniscus*.

TABLEAU SYNOPTIQUE DES ESPÈCES DU GENRE PHRYNISQUE.

Orteils	à moitié palmés.	1. P. Noiratre.
	complétement libres.	2. P. Austral.

1. LE PHRYNISQUE NOIRATRE. *Phryniscus nigricans.* Wiegmann.

Caractères. Parties supérieures finement granuleuses et semées de petites épines. Doigts et orteils déprimés, ceux-ci à moitié palmés. Pas de crêtes surciliaires; peau recouvrant la tête, épaisse, bien distincte, non adhérente aux os.

Synonymie. *Bufo formosus.* Mus. Lugd. Batav.

Phryniscus nigricans. Wiegm. Nov. act. Leop. (1834), tom. 17, part. 1, pag. 264.

Chaunus formosus. Tschudi. Classif. Batrach. Mém. Sociét. scienc. nat. Neuch., tom. 2, pag. 87.

(1) Nov. Act. Leop. part. 1, tom. 17, pag. 264.

46.

DESCRIPTION.

Formes. Cette espèce, ou du moins les individus par lesquels elle nous est connue, individus qui n'ont pas trois centimètres de long, reproduisent exactement, en petit, le port, les formes, la proportion des membres de notre Crapaud commun. Leurs narines, comme celles de ces derniers, sont percées sur les côtés de la partie terminale du museau. Ils ont les doigts et les orteils déprimés, ceux-ci à moitié palmés, et ceux-là complétement libres ; mais les uns et les autres sont un peu renflés au bout et garnis en dessous d'un grand nombre de petites proéminences granuliformes. Leur premier doigt est plus court que le second, le second égal au quatrième, et le troisième le plus long de tous ; eurs orteils vont en augmentant de longueur depuis le premier jusqu'au quatrième, et le cinquième est plus court que le troisième. Le dessous du poignet offre un assez gros tubercule sub-rculaire ; on en voit deux de forme presque ovale, l'un à droite, l'autre à gauche de la face inférieure de la région métatarsienne. La peau de toutes les parties supérieures, sans exception, est finement granuleuse et semée de petites verrues coniques, surmontées chacune d'une petite épine ; ces épines sont plus fortes sur les cuisses et sous le tarse que partout ailleurs. Des grains excessivement fins couvrent la surface du tissu cutané des régions inférieures, à l'exception du dessous des cuisses qui présente de petits mamelons glanduleux.

Coloration. En dessus, ces petits Batraciens sont d'un noir très-foncé ; en dessous aussi, excepté aux paumes, aux plantes et aux cuisses, qui offrent une teinte d'un blanc carné ; quelques taches de la même couleur sont répandues sur les côtés du ventre et de la poitrine.

Dimensions. *Tête*. Long. 1". *Tronc*. Long. 1" 9"'. *Memb. antér*. Long. 1" 3". *Memb. postér*. Long. 2"'.

Patrie. Cette espèce a été trouvée à Montevideo, d'abord par M. d'Orbigny, ensuite par M. Darwin, voyageurs, à chacun desquels nous sommes redevables de plusieurs beaux échantillons.

2. LE PHRYNISQUE AUSTRAL. *Phryniscus australis*. Nobis.

Caractères. Parties supérieures lisses, offrant quelques petites verrues sur les côtés du dos. Doigts et orteils cylindriques, complétement libres. Pas de crêtes surciliaires; peau recouvrant la tête, épaisse, bien distincte, non adhérente aux os.

Synonymie. *Bombinator australis*. Gray. Proceed. zoolog. Sociét. Lond., part III (1835), pag. 57.

DESCRIPTION.

Formes. Cette espèce diffère principalement de sa congénère, par la forme arrondie de ses doigts et de ses orteils, par l'ab sence complète de membrane entre ceux-ci, et par l'état lisse ou à peu près lisse de la peau de ses parties supérieures et de ses régions inférieures; car on n'y voit de verrues, et encore en très-petit nombre, que sur les côtés du dos, et de petits mamelons glanduleux, que sous les cuisses; partout ailleurs le tissu cutané est parfaitement uni, tandis qu'il est finement granuleux chez l'espèce précédente.

Le Phrynisque austral a aussi le crâne plus déprimé, et le bout du museau plus arrondi que le Phrynisque noirâtre; en un mot, sa tête, quant à l'ensemble de la forme, bien entendu, ressemble plus à celle d'un *Bombinator igneus*, qu'à celle d'un Crapaud commun.

Coloration. Tout le dessus de ce petit animal est teint d'olivâtre; ses régions inférieures sont blanches, avec des marbrures ou des dessins, vermiculiformes de couleur brune, sur l'abdomen et sous les cuisses.

Dimensions, *Tête*. Long. 1". *Tronc*. Long. 2". *Memb. antér.* Long. 1" 5"'. *Memb. postér.* Long. 2" 5"'.

Patrie. Le Phrynisque austral, ainsi qu'on a voulu l'indiquer par ce nom, habite l'Australie et particulièrement la Nouvelle-Hollande, où ont été recueillis, par MM. Péron et Lesueur, les sujets que renferme notre Musée.

Observations. C'est, sans aucun doute, ce petit Batracien que M. Gray, trompé par sa ressemblance apparente avec le *Bombinator igneus* de notre Europe, a mentionné, il y a quelques années, dans les *Proceedings* de la Société zoologique de Londres, comme une espèce offrant tous les caractères essentiels du genre *Bombinator*, et ne différant même du *Bombinator igneus* que par quelques légères nuances dans le mode de coloration.

Ceci est évidemment une erreur; car, si on veut bien se le rappeler, le *Bombinator igneus* a des dents à la mâchoire supérieure et au palais, sa langue est circulaire et presque complétement adhérente, ses orteils sont déprimés et palmés, ses parties supérieures sont couvertes de verrues souvent épineuses; caractères, comme on le voit, qui sont tous en opposition avec ceux que nous venons de donner pour le Phrynisque austral.

VIe GENRE. BRACHYCÉPHALE. — *BRACHYCEPHALUS* (1). Fitzinger.

(*Ephippifer*, Cocteau.)

Caractères. Langue allongée, elliptique, entière, libre dans sa moitié postérieure. Pas de dents au palais. Tympan caché; trompes d'Eustachi très-petites. Pas de parotides. Quatre doigts; les trois premiers bien distincts, libres; le dernier rudimentaire, à peine visible. Cinq orteils; les trois médians bien distincts, libres; les deux latéraux rudimentaires, à peine visibles. Un petit bouclier osseux sur le milieu du dos. Pas de tubercules aux métatarses. Apophyses transverses de la vertèbre sacrée faiblement dilatées en palettes triangulaires.

Les Brachycéphales sont, comme les Phrynisques, des Bufoniformes de très-petite taille qui manquent de parotides et chez lesquels la membrane tympanique n'est point visible extérieurement. Mais une de leurs principales marques distinctives, c'est d'avoir la région dorsale protégée

---

(1) Βραχυς, *brevis*, court; κεφαλη, *caput*, tête. — Tête courte.

par une sorte de petit bouclier osseux comparable jusqu'à un certain point à celui des Cératophrys, genre fort remarquable de la famille des Raniformes. Ils offrent encore cette autre particularité que leurs pattes n'ont chacune que trois de leurs doigts bien développés ; attendu que le quatrième des extrémités antérieures, le premier et le cinquième des extrémités postérieures sont rudimentaires ou n'existent que sous la forme de tubercules excessivement petits; tellement que Spix, Fitzinger et Wagler lui-même ont décrit les Brachycéphales comme étant des Batraciens réellement tridactyles, ce qui serait un exemple unique parmi les Anoures, qui ont tous quatre doigts aux membres de devant et cinq aux membres de derrière. Ce nombre normal de quatre doigts et de cinq orteils qui, au premier abord, ne paraît pas, il est vrai, exister chez les Brachycéphales, devient toutefois bien évident, si l'on observe ces petits animaux avec plus d'attention, et si surtout on examine leur squelette; c'est ce qui a été parfaitement démontré par notre savant ami feu Théodore Cocteau dans l'excellente dissertation qu'il a écrite sur ce genre fort intéressant de Batraciens Anoures.

Voici quelle est dans ses détails la conformation des pieds et des mains des Brachycéphales : celles-ci, ainsi que nous l'avons dit tout à l'heure, ont trois de leurs doigts bien distincts, c'est-à-dire le premier, qui est pourtant très-court, le second qui l'est moins et le troisième qui est une fois plus étendu; mais le quatrième est à peine sensible, ce qui tient, comme l'a fort bien remarqué Cocteau, à ce qu'il est étroitement maintenu par la peau qui le recouvre, le long du bord externe du plus grand doigt. Aux pieds, les trois orteils du milieu sont bien apparents et étagés, à partir du second, qui est le plus court, jusqu'au quatrième, qui est le plus long; mais les deux latéraux sont presque entièrement cachés dans la peau. Le premier doigt se compose d'un métacarpien et d'une phalange terminale, le second d'un métacarpien et des deux phalanges, le troisième d'un métacarpien et de trois phalanges, le quatrième d'un métacarpien et d'une phalange terminale, de même que le premier. Le premier orteil est composé d'un métatarsien assez long et d'une phalange terminale, le second d'un métatarsien et de deux phalanges, le troisième d'un métatarsien et de trois phalanges, le quatrième d'un métatarsien et de quatre phalanges, enfin le cinquième d'un métatarsien et d'une seule phalange rudimentaire.

Il n'existe pas le moindre rudiment de membrane entre les doigts, ni entre les orteils, qui sont les uns et les autres obtusément pointus, légèrement déprimés et parfaitement lisses; il n'y a pas non plus de tubercules aux faces palmaires, ni aux régions plantaires.

La plaque osseuse ou la petite carapace qui recouvre en grande partie le dos des Brachycéphales est le résultat d'une expansion transversale très-considérable des apophyses épineuses des six vertèbres intermédiaires aux deux premières et aux deux dernières ; car, y compris le coccyx, on en compte dix en tout, comme chez le commun des Batraciens Anoures. Ce bouclier dorsal, au-devant duquel est une autre petite plaque produite aussi par l'aplatissement des apophyses épineuses des deux premières vertèbres, laisse entre lui et les apophyses transverses placées au dessous, un espace que remplissent les muscles lombo-costaux de Cuvier ou transverso-spinaux de Dugès; il est à remarquer que, parmi ces apophyses transverses, celles de la quatrième vertèbre et de la cinquième sont les seules dont les extrémités terminales soient soudées au bord de la plaque osseuse protectrice du dos.

La surface du crâne et le haut des tempes de ces petits Batraciens paraissent être aussi cuirassés; attendu que les os de ces parties de la tête sont absolument comme ceux qui constituent la carapace, fort épais, granuleux, et sans tissu cutané distinct.

La langue des Brachycéphales ressemble exactement à celle des Crapauds et des Phrynisques; elle est entière, allongée ou plus étendue en long qu'en travers, arrondie aux deux bouts, et libre dans sa moitié postérieure.

Leur bouche est complétement dépourvue de dents, ainsi que nous nous en sommes assurés par l'examen de plus de quarante individus parfaitement conservés ; examen auquel nous avons apporté d'autant plus de soin, que Cocteau, observateur aussi consciencieux qu'habile, avait cru reconnaître que la mâchoire supérieure et le palais de ces petits Anoures étaient dentés. Mais Cocteau, moins favorisé que nous, n'avait eu l'occasion d'étudier que des sujets desséchés et qui par suite de cet état présentaient sans doute aux principales parties de leur bouche des inégalités qui en auront imposé à cet erpétologiste distingué. C'est ce qui fait qu'il a considéré les petits Batraciens, objets de ces observations, comme différents de l'espèce type du genre *Brachycephalus* de Fitzinger et de Wagler, à laquelle ces naturalistes n'avaient pas trouvé de dents du tout; et qu'il a proposé d'en former un genre particulier auquel il a donné le nom d'*Ephippifer*. Aujourd'hui qu'il est bien constaté que les genres *Brachycephalus* et *Ephippifer* ne doivent en former qu'un seul, nous lui conservons la dénomination qui lui a été appliquée la première, c'est-à-dire celle de *Brachycephalus*.

Ce genre ne renferme encore que l'espèce suivante.

1. LE BRACHYCÉPHALE PORTE-SELLE. *Brachycephalus ephippium*. Fitzinger.

CARACTÈRES. Parties supérieures fauves ou orangées, avec ou sans tache dorsale noire.

SYNONYMIE. *Bufo ephippium*. Spix. Spec. nov. Test. Ranar. Brasil. pag. 48, tab. 20, fig. 2.

Brachycephalus ephippium. Fitz. Neue classif. Rept. pag. 39.

Brachycephalus (Bufo ephippium, Spix). Wagl. Syst. Amph. pag. 207.

Ephippipher Spixii. Coct. Magaz. zool. Guér. class. III, page sans n°, pl. 7 et 8 (1835).

Ephippipher aurantiacus. Id. loc. cit.

Brachycephalus ephippium. Tschudi. Classif. Batrach. Mém. Sociét. scienc. nat. Neuch. tom. 2, pag. 87.

DESCRIPTION.

Formes. Cette espèce, quant à l'ensemble de ses formes, est construite sur le modèle d'un Crapaud ordinaire. Sa tête, ainsi que paraîtrait cependant l'indiquer le nom générique de Brachycéphale, n'est donc pas en disproportion avec le volume de son corps; elle est au contraire bien proportionnée, et sous ce rapport, le Brachycéphale éphippiphère diffère essentiellement des Anoures appartenant aux genres suivants, chez lesquels la tête est beaucoup plus petite qu'elle ne semblerait devoir l'être, comparativement à la grosseur du tronc. Cette tête du Brachycéphale porte-selle, déjà fort plate en arrière, s'amincit de plus en plus en s'avançant vers le museau, dont les côtés forment un angle obtus, arrondi au sommet. Sa face supérieure est tout à fait plane, et ses parties latérales sont bien distinctement perpendiculaires. Les ouvertures des narines sont situées à droite et à gauche, immédiatement au-dessous du *canthus rostralis*, à égale distance de l'œil et de l'extrémité du museau; elles ont la forme d'une petite fente verticale un peu penchée en avant. Les yeux sont médiocrement grands, tout à fait latéraux, et très-peu proéminents. La bouche est fendue jusque sous l'aplomb de la commissure postérieure des paupières; ses bords sont simples et offrent à leur milieu ou tout à fait en avant, le supérieur une très-faible échancrure, l'inférieur une petite saillie correspondante à celle-ci.

Les pattes de devant s'étendent jusqu'au coccyx, lorsqu'on les couche le long des flancs; celles de derrière dépassent un peu le bout du museau, quand on dirige vers lui leur extrémité. Les tempes proprement dites sont légèrement renflées et comme recouvertes d'un encroûtement osseux, hérissé de granules très-fins, semblables à ceux qui existent sur toute la surface du crâne dont les os sont pour ainsi dire à nu, tant leur tissu cutané est mince et y adhère intimement. On remarque la même chose à l'égard de la plaque dorsale ou de la petite carapace, que sa forme a fort justement fait comparer à une selle, attendu qu'elle est plus étendue dans le sens transversal que dans le sens longitudinal du dos, et qu'elle est un peu rabattue de chaque côté;

elle présente quatre bords, et par conséquent quatre angles, qui sont arrondis. Ce petit bouclier est quelquefois un peu échancré en arrière, et il existe toujours au-devant de lui, c'est-à-dire au milieu de l'espace qui le sépare du crâne, une petite plaque circulaire ou ovale, offrant aussi à sa surfaee un grand nombre de très-petits granules osseux. Les cuisses présentent d'assez gros grains glanduleux à leur partie postérieure et à leur face interne; mais toutes les autres parties du corps, sans exception, sont parfaitement lisses.

Coloration. Ce Batracien est généralement d'une teinte fauve ou d'une couleur orangée uniforme, plus pâle en dessous qu'en dessus; mais quelquefois son crâne et son bouclier dorsal sont ensemble ou séparément colorés soit en brun, soit en noir plus ou moins foncé.

Dimensions. Cette espèce est certainement la plus petite de toutes celles qui appartiennent au sous-ordre des Batraciens anoures; car s'il en est quelques-unes parmi les Raniformes et les Hylæformes, dont la longueur de la tête et du tronc ne soit pas au-dessus de la leur, elles ont des membres postérieurs bien plus allongés.

Tête. Long. 8'''. *Tronc*. Long. 1'' 3'''. *Memb. antér*. Long. 1''. *Memb. postér*. Long. 2'' 3'''.

Patrie. Le Brésil et la Guyane sont les deux contrées de l'Amérique méridionale où l'on a trouvé le Brachycéphale porte-selle. Notre collection renferme une suite nombreuse d'échantillons de cette espèce, qui ont été donnés au Muséum par MM. Eydoux et Leprieur.

VIIe Genre. HYLÆDACTYLE. — *HYLÆDACTYLUS*. Tschudi (1).

Caractères. Langue disco-ovalaire, grande, épaisse, entière, libre à ses bords latéraux seulement. Des dents au palais. Tympan caché; trompes d'Eustachi très-petites. Pas de parotides. Quatre doigts libres, à extrémité terminale élargie et coupée carrément. Cinq orteils non élargis à leur extrémité terminale, mais réunis à leur base par une très-petite membrane; deux tubercules mousses sous l'articulation tarso-métatarsienne. Apophyses transverses de la vertèbre sacrée dilatées en palettes triangulaires.

Ce genre que la non apparence de son tympan, la forme presque circulaire de sa langue et le développement en palettes triangulaires des apophyses transverses de sa vertèbre sacrée, distinguent nettement des Dendrobates, qui ont, comme lui, le bout des doigts dilaté en travers, peut aisément, à l'aide de cette dernière marque caractéristique, se faire reconnaître entre tous les autres Bufoniformes; car elle ne se représente chez aucun d'entre eux.

Les Hylædactyles ne sont plus, comme les Brachycéphales et les Phrynisques, des espèces construites pour ainsi dire sur le type des Crapauds, dont ils s'éloignent par l'ensemble de leur structure, autant qu'ils se rapprochent sous ce rapport des Engystomes et des Breviceps.

Ils ont déjà le corps court et bombé, la tête petite et fort peu distincte du tronc. Leur bouche n'est pas à beaucoup près aussi grande que celle des genres précédents. On

(1) L'auteur emploie à tort le nom de *Hylædactyla*. Il aurait dû dire *Hylædactylus*, doigt de Rainette, et faire le nom masculin.

y voit, immédiatement après les arrière-narines, qui sont situées tout à fait en avant, deux lignes osseuses saillantes, arquées et contiguës; de telle sorte qu'elles représentent un V dont les branches seraient très-ouvertes et légèrement cintrées en dehors : c'est sur ces deux arêtes osseuses que sont implantées les dents en très-petit nombre qui arment le palais. Les trompes d'Eustachi sont si petites qu'il faut regarder avec beaucoup de soin pour pouvoir les découvrir.

La langue, qui n'est libre qu'à ses bords latéraux, et qui serait parfaitement circulaire, si elle n'était un peu anguleuse en avant, offre une assez grande épaisseur, une longueur qui lui permet de s'étendre jusqu'au gosier, et une largeur telle que l'espace, qui, de chaque côté, la sépare de la branche sous-maxillaire, est très-peu considérable ; la surface de cet organe a l'apparence spongieuse.

Les narines s'ouvrent sur les côtés du museau. Les yeux sont protégés par des paupières qui n'offrent rien de particulier ; mais il n'y a pas la moindre apparence d'oreilles à l'extérieur. Il n'existe pas de parotides proprement dites; mais on remarque sur chaque épaule une glande assez forte qui semble se continuer sous forme de cordon le long du haut du flanc.

Les membres de devant se terminent par quatre doigts très-aplatis et complétement libres, et ceux de derrière par cinq orteils aplatis aussi, mais réunis à leur base par un rudiment de membrane. Les doigts offrent cela de remarquable, qu'ils sont plus longs et plus élargis que les orteils, et qu'en outre, au lieu d'être aussi étroits à leur extrémité terminale que dans le reste de leur étendue, ils s'élargissent brusquement à partir de l'articulation de la pénultième phalange avec la dernière, dont le bout est coupé carrément; d'où il résulte que cette partie dilatée des doigts, qui est légèrement renflée en dessous, présente une forme triangulaire. Le premier os cunéiforme fait une assez forte saillie à la racine du premier orteil, et il en existe une autre moins développée, sous les deux derniers métatarsiens.

Les apophyses transverses de la vertèbre sacrée présentent un aplatissement et une dilatation en palettes triangulaires, comme cela s'observe au reste chez la plupart des genres de la famille des Bufoniformes.

On ne connaît encore qu'une espèce qui puisse être rapportée à ce genre Hylædactyle, dont on doit l'établissement à M. Tschudi.

I. LE HYLÆDACTYLE TACHETÉ. *Hylædactylus baleatus*. Tschudi.

CARACTÈRES. Parties supérieures brunes ; aines et cuisses largement tachetées de blanc.

SYNONYMIE. *Bombinator baleatus*. Müll. Verhandelingen van het Batav. Genostch., etc., 16te. Deel. Batav. (1836) pag. 96.

Bombinator plicatus et rugosus. Mus. Francofurt.

Hylædactyla baleata. Tschudi. Classif. Batrach. Mém. Sociét. Scienc. nat. Neuch. Tmo. 2, pag. 85.

DESCRIPTION.

FORMES. La tête est tellement courte qu'elle semble être enfoncée entre les épaules, ce qui au reste est vrai jusqu'à un certain point ; car en examinant le squelette, on voit que les omoplates, qui sont excessivement dilatées, s'avancent presque jusqu'aux orbites. Cette tête, déprimée, plus étroite que le tronc et légèrement convexe en dessus, décrit un demi-cercle, à partir d'une tempe à l'autre en passant par le museau ; celui-ci est obtus, arrondi et si court que la distance qui sépare son extrémité du bord antérieur de l'orbite est tout au plus égale au diamètre de l'œil. Les narines sont tout à fait terminales, peu écartées l'une de l'autre et dirigées en avant ; le *canthus rostralis* est à peine distinct. Les régions frénales sont un peu déclives, les yeux assez grands et leurs paupières bien développées. Le profil de l'animal, depuis le bout du nez jusqu'au coccyx, suit une ligne légèrement, mais néanmoins distinctement arquée. Le dos est convexe et le ventre renflé de chaque côté ; mais en dessous celui-ci est plat. La peau fait un énorme pli horizontal, qui s'étend depuis le haut du flanc, vers son milieu, jusqu'au genou ; on en voit un autre, beaucoup moins développé, en travers de la poitrine. Mises le long du tronc, les pattes antérieures atteignent l'orifice anal; placées de la même manière, les pattes postérieures dépassent la tête de toute la longueur des orteils. Ceux-ci sont réellement plus faibles et plus courts que les doigts; ils augmentent graduellement et régulièrement de longueur à partir du premier jusqu'au quatrième, tandis que le cinquième est d'un tiers plus court que le troisième. Tous sont réunis à leur base par une membrane assez épaisse et peu extensible. Le troisième doigt est d'un tiers plus long que le second et le quatrième, qui sont égaux; si le premier paraît plus court que ces deux-ci c'est parce qu'il se trouve inséré un peu plus en arrière. On remarque un petit renflement sous chaque articulation des phalanges. L'un des deux tubercules qui existent vers le milieu de la plante est plus fort que l'autre, ovalaire, aplati, couché en dedans et à tranchant mousse, c'est l'interne; l'autre est circulaire et légèrement concave. Quelques petits mamelons glanduleux sont répandus sur la partie antérieure du dos, et le milieu de l'épaule est occupé par un amas de cryptes de forme oblongue, qui, chez certains individus, se prolonge en cordon le long du flanc. Partout ailleurs la peau nous paraît lisse, excepté pourtant à la région postérieure des cuisses, où elle présente des rides réticulaires.

COLORATION. Une teinte brune ou noirâtre règne sur toutes les parties supérieures du corps, dont le dessous est comme vermiculé ou nuagé de fauve sur un fond de couleur de suie. Chaque aine est marquée d'une très-grande tache blanchâtre; il y en a deux semblables à la face postérieure de l'une et de l'autre cuisse, et quelques-unes plus petites sur les mollets, ou les parties musculaires de la jambe.

DIMENSIONS. *Tête.* Long. 1' 5'''. *Tronc.* Long. 3'' 3'''. *Memb. antér.* Long. 3''. *Memb. postér.* Long. 4'' 5'''.

PATRIE. Cette espèce est originaire de l'île de Java; c'est à M. Diard que le Muséum est redevable des échantillons qu'il possède.

VIIIe Genre. PLECTROPODE. — *PLECTROPUS.* Nobis (1).

Caractères. Langue allongée, sub-elliptique, libre dans le tiers postérieur de sa longueur, rétrécie en pointe obtuse en avant, et offrant en arrière un bord coupé carrément et un peu infléchi en dedans. Pas de dents au palais. Pas de parotides. Tympan caché; trompes d'Eustachi très-petites. Quatre doigts complétement libres. Cinq orteils palmés à leur base; deux tubercules sous-métatarsiens aplatis, solides. Apophyses transverses de la vertèbre sacrée dilatées en palettes triangulaires.

Les Plectropodes sont du petit nombre des Bufoniformes dont la langue offre une légère échancrure à son bord postérieur; langue qui du reste est semblable à celle des Crapauds, c'est-à-dire plus étendue en long qu'en large et obtusément pointue en avant. Ils ont la bouche bien moins fendue que celle des Crapauds, des Phrynisques et des Brachycéphales, mais encore plus grande que celle des genres qui vont suivre, tels que les Engystomes, les Upérodontes, etc. Leur tête est petite et confondue avec le tronc, qui est ovale, bombé et court; attendu que les vertèbres, au nombre de neuf comme à l'ordinaire, non compris le coccyx, sont très-minces, particulièrement les quatre ou cinq dernières. Les apophyses transverses de celle dite sacrée sont bien développées et élargies en palettes triangulaires. Les doigts ni les orteils de ces Batraciens ne sont élargis en disques à leur extrémité terminale,

(1) Πλῆκτρον, *calcar*, éperon; πους, οδος, *pes*, pied.

comme cela s'observe dans le genre Hylædactyle ; les uns, au nombre de quatre, sont parfaitement libres, et les autres, au nombre de cinq, sont au contraire réunis entre eux à leur base par une petite membrane natatoire. Il y a deux saillies osseuses, aplaties, tranchantes, une petite et une grosse, sous l'articulation tarso-métatarsienne.

Nous ne connaissons encore qu'une seule espèce du genre Plectropode.

1. LE PLECTROPODE PEINT. *Plectropus pictus.* Nobis.

Caractères. Premier doigt plus court que le second. Dos brun, nuancé de noirâtre.

Synonymie. *Plectropus pictus.* Eydoux et Souleyet. Voy. de la Bonite. Zool. Rept. Pl. 9, fig. 2.

DESCRIPTION.

Formes. La tête et le tronc forment ensemble un corps ovale, moins haut que large, plat en dessous, convexe en dessus, et obtusément pointu en avant, car le museau est rétréci et arrondi à son extrémité; celui-ci est d'ailleurs fort court, légèrement et régulièrement arqué en travers; les narines s'ouvrent à gauche et à droite de sa pointe. Les yeux sont assez grands, mais peu saillants; il n'y a pas la moindre trace d'oreilles à l'extérieur; à l'intérieur de la bouche on voit les orifices des trompes d'Eustachi, qui sont fort petits et situés tout à fait sur les côtés, un peu au-dessus et en arrière de la commissure des mâchoires. Le palais est dépourvu de dents, mais la membrane qui le tapisse, fait, vers le dernier tiers de sa longueur, un repli transversal assez épais et dentelé, sorte de voile du palais qu'on retrouve plus développé encore dans un des genres suivants, celui des Upérodontes.

Étendus le long des flancs, les membres de devant atteignent le coccyx ; portés dans le sens opposé, les membres de derrière dépassent le bout du museau de la longueur du quatrième orteil. Les doigts et les orteils sont grêles, subcylindriques, renflés sous leurs articulations; les uns vont en augmentant de longueur depuis le premier jusqu'au troisième, tandis que le quatrième est aussi court que le second ; les autres sont étagés à partir du premier jusqu'au quatrième, au lieu que le dernier a moins d'étendue que le troisième. L'une des deux saillies osseuses qui arment la plante du pied est oblongue, assez forte et située immédiatement en arrière du premier orteil; l'autre, qui est un peu élargie et plus petite, est placée à côté et en dedans de l'extrémité postérieure de sa congénère. La membrane qui réunit les orteils à leur base, s'étend en bordure le long de leurs faces latérales et presque jusqu'au bout.

Le dessus et le dessous de l'animal sont lisses; chacun de ses côtés porte, à partir de l'épaule jusqu'à l'aine, un pli glanduleux, légèrement oblique et atténué à son extrémité postérieure.

Coloration. Les parties supérieures de ce Batracien présentent une teinte d'un brun marron, relevée de grandes taches noires ou noirâtres, plus ou moins confondues entre elles ou formant une sorte de marbrure. Les régions inférieures sont vermiculées de brun sur un fond blanchâtre ; la gorge est toute brune.

Dimensions. *Tête*. Long. 1" 4"'. *Tronc*. Long. 2" 5"'. *Memb. antér*. Long. 2" 5"'. *Memb. postér*. Long. 4" 6"'.

Patrie. Le Plectropode peint a été trouvé à Manille par MM. Eydoux et Souleyet.

IXe GENRE. ENGYSTOME. — *ENGYSTOMA* Fitzinger (1).

(*Microps* (2) Wagler ; *Stenocephalus* (3). Tschudi.)

Caractères. Langue allongée, elliptique, entière, libre seulement à son extrémité postérieure. Pas de dents au palais. Tympan caché; trompes d'Eustachi très-petites. Pas de parotides. Quatre doigts et cinq orteils complétement libres. Un ou deux petits tubercules mousses au talon. Apophyses transverses de

(1) De εγγυς, rétrécie, et de στομα, bouche.
(2) De μικρος, petit, et de ωψ, oculus, œil.
(3) De στενος, étroite, et de κεφαλη, tête.

la vertèbre sacrée dilatées en palettes triangulaires. Une vessie vocale sous-gulaire interne chez les mâles.

Les Engystomes sont des espèces chez lesquelles la bouche offre fort peu de largeur; cependant elle n'est pas encore réduite à ce degré de petitesse qu'elle présente dans deux des trois genres qui suivent immédiatement, les Breviceps et les Rhinophrynes, où la fente buccale s'arrête au-dessous du milieu de l'œil; tandis que chez les Engystomes elle s'étend encore jusqu'à l'aplomb du bord postérieur de ce dernier organe.

Étroite et d'un très-petit volume à proportion de la grosseur du tronc, la tête des Engystomes se confond complétement avec celui-ci, qui est plus ou moins convexe en dessus, et légèrement arrondi de chaque côté; elle est généralement pointue en avant. Les yeux sont latéraux et très-petits, plus petits que chez aucun autre Batracien sans queue; mais ils sont encore protégés par des paupières, organes dont il n'existe plus, pour ainsi dire, que le vestige, dans le genre Pipa, le dernier du sous-ordre des Anoures. La pupille est circulaire. Les narines sont deux très-petits trous placés, l'un à droite, l'autre à gauche du museau, un peu en arrière de son extrémité. La langue, qui est plus longue que large et dont les deux bouts sont entiers et arrondis, présente une forme elliptique; elle est un peu libre de chaque côté et en arrière et s'enfonce assez profondément dans la bouche, dont elle couvre presque entièrement le plancher inférieur. Les orifices internes des narines et les conduits gutturaux des oreilles sont excessivement petits. Le bord de la mâchoire supérieure n'offre aucune échancrure, mais on en remarque deux assez profondes à celui de la mandibule. Il existe de chaque côté de la langue des mâles une petite fente qui communique avec un sac vocal sous-gulaire, que son gonflement seul rend apparent au dehors. La membrane du tympan n'est nullement distincte. Aucune partie du corps, pas même la tête sur ses parties latérales, n'offre de renflements de nature glanduleuse.

Les pattes sont courtes, mais assez fortes ; toutes quatre se terminent par des doigts cylindriques, renflés sous leurs articulations, complétement libres, au nombre de quatre en avant et de cinq en arrière ; aux mains, c'est le premier qui est le plus court, et le troisième le plus long, les deux autres, c'est-à-dire le second et le quatrième, étant égaux ; les quatre premiers orteils sont régulièrement étagés, mais le cinquième est plus court que le troisième. Il y a toujours trois tubercules ovales à chaque paume, tandis qu'il n'en existe qu'un ou deux sous le milieu de la plante.

Les Engystomes ont les apophyses transverses de leur vertèbre sacrée aplaties et allongées triangulairement.

Ce genre est un démembrement de celui appelé *Engystoma* par Fitzinger, qui y rangeait les Breviceps de Merrem et la *Rana ovalis* de Schneider (1), espèce dont Wagler a fait son genre *Microps*, M. Tschudi son genre *Stenocephalus*, et qui devient pour nous le type du genre Engystome, composé aujourd'hui des cinq espèces indiquées dans le tableau synoptique suivant.

TABLEAU SYNOPTIQUE DES ESPÈCES DU GENRE ENGYSTOME.

Plante à	deux tubercules.				5. E. Orné.
	un seul tubercule : yeux	très-petits.			4. E. Petit oeil.
		médiocres : peau	lisse : une bande blanche fémorale	distincte.	1. E. Ovale.
				nulle.	2. E. de la Caroline.
			rugueuse.		3. E. Rugueux.

(1) Cuvier, dans une des notes de la page 112 du tome 2 du Règne animal (2e édit.), dit que l'*Engystoma ovale* de Fitzinger est un Dactylèthre : c'est une erreur, puisque Fitzinger donne comme synonyme

1. L'ENGYSTOME OVALE. *Engystoma ovale*. Fitzinger.

Caractères. Un seul tubercule sous-tarso-métatarsien. Museau en angle aigu, arrondi au sommet. Peau lisse. Yeux médiocres. Une raie blanche le long de la face postérieure de la cuisse.

Synonymie. *Rana ovalis*. Schneid. Histor. Amph. Fasc. 1, pag. 13.

Rana ovalis. Shaw. Gener. zool. vol. 3, part. 1, pag. 3.

Bufo surinamensis. Daud. Hist. Rain. Gren. Crap. pag. 91, Pl. 33, fig. 2.

Bufo ovalis. Id. loc. cit. pag. 92.

Bufo surinamensis. Id. Hist. Nat. Rept. tom. 8, pag. 184.

Bufo ovalis. Id. loc. cit., pag. 187.

Rana bufonia. Merr. Tent. Syst. Amph. pag. 177, n. 21.

Engystoma ovalis. Fitzing. Neue classif. Rept. pag. 65.

Oxyrhincus bicolor. Valenc. collect. Mus. Par.

Oxyrhincus bicolor. Guér. Iconog. Règn. anim. Cuv. Rept. Pl. 27, fig. 2 et 2 a.

Microps unicolor. Wagl. Syst. Amph. pag. 200, Isis, 1828, p. 744.

Stenocephalus microps. Tschudi. Classif. Batrach. Mém. Sociét. Scienc. Nat. Neuch. tom. 2, pag. 86.

DESCRIPTION.

Formes. La tête et le tronc forment ensemble un ovale obtus en arrière, pointu en avant; celui-ci est assez gros, bien distinctement bombé en dessus et plat en dessous; celle-là est proportionnellement très-petite, très-déprimée, légèrement convexe à sa face supérieure, plane à sa partie inférieure, et ses côtés se rapprochent tellement l'un de l'autre en s'avançant vers le museau, qu'ils présentent la figure d'un angle fort aigu, arrondi au sommet. La longueur de la tête entre pour un peu plus du quart dans l'étendue totale du corps. Sa largeur, en arrière des yeux, est un peu moindre que sa longueur, et son épaisseur a

---

de son *Engystoma ovale*, la *Rana ovalis* de Schneider; mais ce qui est vrai, c'est que Fitzinger a rangé fort à tort dans son genre *Engystoma*, le *Pipa lisse* de Daudin, qui est véritablement un Dactylèthre.

tout au plus la moitié de cette même longueur. Le museau, qui est tout à fait plat en dessous, s'avance un peu au-devant de la bouche, dont la fente s'étend jusque sous l'aplomb du milieu de l'œil. Les narines s'ouvrent de chaque côté du museau, fort près de son extrémité. Les yeux, qui sont très-peu proéminents, ont un diamètre égal à la moitié de l'étendue qui existe entre chacun d'eux et le bout du museau; la pupille est circulaire. Les pattes antérieures sont trop courtes pour atteindre les aines, lorsqu'on les couche le long des flancs. Les membres postérieurs, portés en avant, dépassent l'extrémité terminale de la tête de la moitié de la longueur du quatrième orteil. Il n'y a qu'un seul tubercule sous chaque plante, c'est la saillie produite par le premier os cunéiforme, saillie qui est fort petite, ovale et légèrement convexe. La surface entière de l'animal est complétement lisse. La peau offre une ride parfaitement marquée en travers de la nuque.

Coloration. Ce petit Batracien présente deux modes de coloration bien distincts : tantôt toutes ses parties supérieures sont d'une teinte marron, et les régions inférieures entièrement blanches (1); tantôt les premières sont colorées en brun ardoisé de bleuâtre, et les secondes marbrées ou vermiculées, quelquefois même ponctuées de fauve et de brun roussâtre. Certains individus, peut-être les mâles, ont la gorge noire; mais chez tous il existe à la face postérieure de la cuisse une raie ou une bande longitudinale blanchâtre; fort souvent on remarque des taches de la même couleur dans les aines et sous les aisselles.

Dimensions. *Tête*. Long. 1". *Tronc*. Long. 3". *Memb. antér.* Long. 1" 6'''. *Memb. postér*. Long. 4".

Patrie. L'Engystome ovale habite l'Amérique méridionale; nous possédons des sujets recueillis à Surinam par MM. Leschenault et Doumerc, et d'autres qui ont été envoyés de Buenos-Ayres, par M. d'Orbigny.

(1) C'est d'après un semblable individu qu'a été faite la figure publiée sous le nom d'*Oxyrhincus bicolor*, dans l'Iconographie du Règne animal, par Guérin.

2. L'ENGYSTOME DE LA CAROLINE. *Engystoma Carolinense.* Holbrook.

CARACTÈRES. Un seul tubercule sous-tarso-métatarsien. Museau en angle obtus, arrondi au sommet. Peau lisse. Yeux médiocres. Pas de raie blanche le long de la face postérieure de la cuisse.

SYNONYMIE. *Engystoma Carolinense.* Holb. North. Amer. Herpet. vol. 1, pag. 83, pl. 2.

DESCRIPTION.

FORMES. L'espèce d'Engystomes décrite dans l'article précédent appartient à l'Amérique méridionale. L'Amérique septentrionale en produit deux autres que M. Holbrook paraît avoir confondues sous le nom d'Engystome de la Caroline, nom que nous conservons à l'une d'elles, ou à celle que nous allons faire connaître ici, tandis que nous donnerons à l'autre, qui sera le sujet de l'article suivant, la dénomination de rugueuse, à cause des inégalités que présente la surface de sa peau.

L'Engystome de la Caroline ressemble considérablement à l'Engystome ovale, à tel point qu'on ne peut guère l'en distinguer qu'à ses formes plus trapues et à son museau distinctement plus court et plus obtus, mais néanmoins toujours arrondi au sommet, au lieu que celui de l'espèce suivante est bien évidemment tronqué.

COLORATION. On peut aussi signaler l'absence constante d'une bande blanche à la partie postérieure de la cuisse de l'Engystome de la Caroline, comme un caractère propre à le faire distinguer de l'Engystome ovale, chez lequel, au contraire, il en existe toujours une à cette région du membre abdominal.

L'Engystome de la Caroline a ses parties supérieures uniformément colorées en brun olivâtre ou marron, ou bien finement tachetées de noirâtre; les mêmes teintes, mais plus pâles et mélangées de gris et de blanc, se représentent sur les parties inférieures, où elles forment une sorte de marbrure. Quelquefois la gorge et les flancs sont noirs, piquetés de blanc.

DIMENSIONS. *Tête.* Long. 8'''. *Tronc.* Long. 1'' 9'''. *Memb. antér.* Long. 1'' 3'''. *Memb. postér.* Long. 3''.

PATRIE. Cette espèce ne se trouve, à ce qu'il paraît, que dans les parties méridionales de l'Amérique du Nord; nous en possédons des échantillons recueillis en Géorgie, dans la Caroline du Sud, et à la Nouvelle-Orléans.

3. L'ENGYSTOME RUGUEUX. *Engystoma rugosum*. Nobis.

Caractères. Un seul tubercule sous-tarso-métatarsien. Museau en angle aigu, fortement tronqué au sommet. Peau rugueuse. Yeux médiocres.

DESCRIPTION.

Formes. Cet Engystome est encore plus ramassé, plus trapu que le précédent; mais il en diffère principalement, ainsi que de l'Engystome ovale, en ce que sa tête est à proportion plus petite; que son museau, au lieu d'être arrondi au sommet, est fortement tronqué ou coupé carrément, et que, la tête exceptée, toute la surface de son corps offre de petites aspérités et de petits enfoncements vermiculiformes, semblables à ceux qu'on observe sur les carapaces desséchées des Chéloniens du genre Trionyx ou Gymnopode.

Coloration. Son mode de coloration est à peu près le même que celui de l'Engystome de la Caroline; seulement on remarque que le brun marron est la teinte qui règne le plus ordinairement sur les parties supérieures.

Dimensions. *Tête*. Long. 9'''. *Tronc*. Long. 2''. *Memb. antér*. Long. 1'' 2'''. *Memb. postér*. Long. 3''.

Patrie. L'Engystome rugueux est, comme le précédent, originaire des parties méridionales de l'Amérique du Nord.

4. L'ENGYSTOME PETIT-OEIL. *Engystoma microps*. Nobis.

Caractères. Un seul tubercule sous-tarso-métatarsien. Museau en angle très-aigu. Peau lisse. Yeux extrêmement petits.

DESCRIPTION.

Formes. Cette espèce ne provient pas de l'Amérique du Nord, comme les Engystomes rugueux et de la Caroline, mais des contrées méridionales du nouveau monde, de même que l'Engystome ovale, dont elle se rapproche plus que d'aucun autre. Cependant il est très-aisé de la reconnaître à l'extrême petitesse et à la forme tout à fait pointue de sa tête, ainsi qu'à la grandeur considérablement moindre de ses yeux, qui ont tout au plus en diamètre le quart de l'étendue qui existe entre chacun d'eux et l'extrémité terminale du museau. Les membres de l'Engystome petit-œil sont aussi plus forts que ceux de l'Engystome ovale.

COLORATION. En dessus, il est tout brun; en dessous, il est d'une teinte plus claire, irrégulièrement tachetée de blanchâtre.

DIMENSIONS. *Tête*. Long. 1". *Tronc*. Long. 2" 6'". *Memb. antér*. Long. 1". *Memb. postér*. Long. 3" 3'".

PATRIE. L'Engystome petit-œil habite le Brésil; c'est une nouvelle espèce dont nous devons la connaissance à M. Gaudichaud.

5. L'ENGYSTOME ORNÉ. *Engystoma ornatum*. Nobis.

CARACTÈRES. Deux tubercules sous-tarso-métatarsiens. Museau en angle aigu, fortement tronqué et légèrement arrondi au sommet. Peau lisse. Yeux médiocres.

DESCRIPTION.

FORMES. Cette espèce est la seule du genre Engystome qui ne soit pas Américaine; elle a pour patrie les Indes orientales. C'est avec l'Engystome rugueux qu'elle offre le plus de ressemblance par la conformation de la tête, qui est néanmoins plus petite, plus courte, et dont l'extrémité terminale surtout est considérablement plus obtuse. Aussi la forme de la tête de l'Engystome orné tient-elle un peu de celle des Crapauds; la bouche est même un peu plus grande que chez les autres Engystomes, c'est-à-dire qu'elle est fendue jusque sous l'aplomb du bord postérieur des yeux. Ceux-ci sont assez grands et distinctement proéminents.

Les plantes des pieds offrent chacune deux tubercules mousses, un à la racine du premier orteil, et un autre sous le quatrième métatarsien. Il y a comme un rudiment de membrane entre ces orteils; mais si court, qu'il faut beaucoup d'attention pour l'apercevoir.

Pour ce qui est des autres détails de son organisation, l'Engystome orné ressemble complétement à ses quatre congénères.

COLORATION. Le dos est agréablement peint d'orangé et de

noirâtre, celui-ci se détachant de celui-là en une large bande dont les deux bords sont festonnés. Une autre bande, mais d'un noir très-foncé et liserée de blanc à sa partie supérieure, s'étend obliquement en travers de l'épaule, qu'elle dépasse en avant pour toucher à l'œil, et en arrière pour arriver presque jusqu'à l'aine. Les membres sont zébrés de noir sur un fond de couleur pareil à celui du dos. Le ventre est blanc, orné à droite et à gauche d'une série de points noirs qui s'avance sur la poitrine. La gorge elle-même est noire et comme saupoudrée de blanc.

Dimensions. *Tête.* Long. 8'''. *Tronc.* Long. 2''. *Memb. antér.* Long. 1''. *Memb. postér.* Long. 2'' 8'''.

Patrie. Cette espèce de Bufoniformes, si bien colorée, a été trouvée à la côte Malabar par M. Dussumier.

X. GENRE. UPÉRODONTE. — *UPERODON*. Nobis (1).

Caractères. Tête peu distincte du tronc; bouche petite. Langue grande, subcirculaire, entière, libre de chaque côté seulement. Des dents au palais. Tympan caché ; trompes d'Eustachi excessivement petites. Pas de parotides. Quatre doigts subcylindriques, complétement libres. Cinq orteils un peu déprimés, à moitié palmés ; deux tubercules sous-métatarsiens solides, comprimés. Apophyses transverses de la vertèbre sacrée dilatées en palettes triangulaires. Une vessie vocale sous-gulaire chez les mâles.

Nous voici arrivés à un genre chez lequel la tête n'est presque plus distincte du tronc, tête qui est par conséquent fort courte et qui, au lieu de former une pointe en avant des yeux comme dans les Engystomes, est au contraire tout à fait arrondie. Le museau quoique fort court est encore bien

(1) De υπερωα, *oris palatum*, le palais, et de οδους, οδοντος, *dens*, dent.

apparent, tandis que nous ne le verrons plus pour ainsi dire chez le genre qui va suivre immédiatement, celui des Bréviceps, dont les angles antérieurs des yeux se trouvent être presque de niveau avec l'extrémité terminale de la tête. L'ouverture de la bouche est en rapport avec le volume de la tête, c'est-à-dire qu'elle est petite, ou de moitié moins grande à proportion que chez le commun des Crapauds proprement dits. Cette bouche est armée de quelques dents vomériennes disposées entre les arrière-narines, sur une rangée transversale assez courte et interrompue au milieu. A peine peut-on apercevoir les conduits gutturaux des oreilles, tant ils sont petits. Les orifices internes des narines sont au contraire assez grands et de forme ovale oblique. La langue est circulaire et entière; elle adhère au plancher de la bouche dans toute sa portion médio-longitudinale, mais elle est libre à ses parties latérales; cet organe est plus grand que ne semblerait devoir le comporter la cavité buccale, car il pénètre jusqu'au fond du gosier. Vers le milieu du palais, en travers de la région sphénoïdale, il existe un petit repli, une saillie épaisse et crénelée, produite par la membrane qui tapisse la bouche, et dont l'apparence est telle, qu'au premier aspect on croit voir un rangée de dents palatines. On retrouve quelque chose d'analogue dans le genre Plectropode. Les mâles sont pourvus d'un sac vocal, susceptible d'une assez grande extension, ainsi qu'on le reconnaît à la laxité de la peau de leur gorge, qui sous ce rapport ressemble à celle des individus du même sexe dans la Rainette verte commune. Ce sac vocal communique avec la bouche, comme c'est l'ordinaire dans les Bufoniformes, par deux fentes longitudino-obliques, situées l'une à droite l'autre à gauche, sous le bord de la langue, et tout près de la commissure des mâchoires

Les Upérodontes ont encore d'assez grands yeux, tandis que nous allons voir ces organes devenir de plus en plus petits dans les genres suivants. Leurs narines ne s'ouvrent pas sur les parties latérales du museau, mais de chaque côté de sa face supérieure, un peu au-dessus du niveau de l'angle antérieur des paupières, qui sont bien développées. Il n'y a pas la moindre apparence de tympan à l'extérieur, et on ne voit pas non plus de glandes parotidiennes.

Les membres, quant à leur longueur et à leur grosseur, présentent un développement qui n'est pas moindre que celui des mêmes organes chez les Crapauds ordinaires; mais la jambe et le pied sont à vrai dire les seules parties des pattes postérieures qui soient distinctes, car la peau du corps est si large en arrière, que les cuisses s'y trouvent renfermées avec l'extrémité du tronc comme dans une sorte de sac. D'après cette disposition, on doit croire que les Upérodontes sont des Anoures encore bien moins sauteurs que les Crapauds. Le bras, ou plutôt la partie correspondante à l'humerus, est encore bien détachée du corps, ce qui n'existera plus dans le genre *Breviceps*, où le membre antérieur, à sa partie supérieure, est enfoncé sous la peau du tronc, jusqu'au coude Les doigts sont au nombre de quatre, et les orteils de cinq; les uns et les autres offrent un léger aplatissement, mais il n'y a que les premiers qui soient complétement libres, les seconds étant réunis par une membrane dans la moitié de leur longueur. Le dessous du métatarse est armé de deux tubercules osseux, un petit et un grand, comprimés, à bord tranchant, et un peu couchés en dehors, ce qui indique évidemment que ces Batraciens sont des animaux fouisseurs, comme les Pélobates, les Scaphiopes et autres, chez lesquels on retrouve une conformation des pieds à peu près semblable. L'examen du squelette montre que la dilatation des apophyses transverses de la huitième vertèbre est en forme de palettes triangulaires et très-considérable.

Nous ne connaissons encore qu'une espèce qui puisse être rapportée au genre Upérodonte.

1. L'UPÉRODONTE MARBRÉ. *Uperodon marmoratum*. Nobis.

CARACTÈRES. Dos olivâtre, marbré de brun.

SYNONYMIE. ? *Rana systoma*. Schneid. Histor. Amph. Fasc. 1, pag. 144.

? *Rana systoma*. Shaw. Gener. Zool. vol. 3, part. 1, pag. 171.

? *Bombinator systoma*. Merr. Tent. Syst. Amph. pag. 178.

Engystoma marmoratum. Cuv. Règn. anim. 2e édit. tom. 2, pag. 112.

Engystoma marmoratum. Iconog. Règn. anim. Guér. Rept. Pl. 27, fig. 3.

Systoma Leschenaultii. Tschudi. Classif. Batrach. Mémoir. Soc. Scient. Nat. Neuch. tom. 2, pag. 86.

DESCRIPTION.

FORMES. On peut se faire une idée assez juste de l'ensemble des formes de l'Upérodonte marbré, en se représentant un Crapaud commun de moyenne taille, qui aurait tout le dessus du corps convexe, la tête très-petite et enfoncée entre les épaules presque jusqu'aux yeux, le museau très-court et tout à fait arrondi, et les cuisses cachées, perdues pour ainsi dire, sous la peau fortement distendue de l'extrémité postérieure du tronc.

La tête offre en arrière une largeur à peu près égale à sa longueur totale, laquelle entre pour le quart environ dans l'étendue de l'animal, mesuré depuis le bout du museau jusqu'à l'orifice anal; sa face supérieure est légèrement convexe et assez déclive en avant; ses côtés forment un angle obtus très-fortement arrondi au sommet. Les yeux sont latéraux et proéminents; le diamètre longitudinal de leur ouverture est égal à la largeur que présente le crâne entre les orbites, ou, ce qui est la même chose, à la moitié de la longueur totale de la tête. La partie de celle-ci, qui se trouve située en avant des yeux, est d'un tiers moins longue que la fente des paupières. Le museau est par conséquent très-court, d'où il résulte que l'ouverture de la bouche, qui s'arrête au-dessous du milieu de l'œil, est elle-même très-peu considérable. Le bord de la mâchoire supérieure est simple, mais celui de la mandibule présente deux entailles assez fortes, à sa région correspondante au museau. Les narines sont circulaires et situées positivement sur le milieu de la ligne qui va directement du coin de l'œil à l'extrémité du nez.

Couchées le long du tronc, les pattes de devant s'étendent un peu au delà des aines; celles de derrière, dirigées dans le sens opposé, dépassent le boutdu museau, de la moitié de la longueur du quatrième orteil.

Si les doigts n'étaient pas un peu déprimés, ils seraient cylindriques, car ils ne sont pas pointus; ils ont tous un léger renflement sous chacune de leurs articulations; le premier s'insère un peu en arrière des autres, aussi est-il le plus court; après lui c'est le quatrième; vient ensuite le second; en sorte que c'est le troisième qui est le plus long des quatre. Les orteils sont distinctement plus aplatis que les doigts, et se rétrécissent légèrement en s'éloignant du tarse; comme la membrane qui les réunit est assez courte, et qu'elle l'est également entre eux tous, et que les quatre internes augmentent graduellement de longueur, tandis que l'externe est aussi court que le second; il en résulte que le premier est presque entièrement engagé dans cette membrane, mais que le second, ainsi que le cinquième, ne l'est que dans la moitié de son étendue, le troisième dans le tiers et le quatrième dans le quart seulement.

Les deux pièces osseuses en forme de plaques tranchantes et un peu couchées en dedans qui arment la région sous-métatarsienne sont placées obliquement à la suite l'une de l'autre; la première, qui est la plus forte, est presque aussi longue que le second orteil et située sous le premier métatarsien; la seconde, qui est deux fois plus petite, est placée à la racine des deux premiers métatarsiens.

On pourrait considérer la peau comme étant partout parfaitement lisse, si l'on ne voyait éparses sur le dessus du tronc un certain nombre de verrues glanduleuses d'un assez grand diamètre relativement à la grosseur de l'animal, mais fort peu saillantes ou à peine convexes.

Coloration. Les parties supérieures de ce Batracien présentent sur un fond olivâtre après la mort, peut-être vert pendant la vie, d'énormes taches brunes plus ou moins allongées, plus ou moins élargies, mais toutes confluentes ou s'anastomosant diversement, de manière à former une sorte de marbrure. Toutes les régions inférieures sont blanches, excepté cependant chez les mâles, dont la gorge est colorée en noir.

DIMENSIONS. *Tête*. Long. 1" 8"'. *Tronc*. Long. 4" 8"'. *Memb. antér*. Long. 3" 5"'. *Memb. postér*. Long. 6" 2"'.

PATRIE. Cette espèce a été découverte par M. Leschenault, à *Montavalle*, dans l'intérieur de la Péninsule de l'Inde.

Observations. Nous n'osons pas affirmer que la *Rana systoma* de Schneider soit positivement la même espèce que notre Upérodonte marbré; mais nous croyons bien qu'elle en est beaucoup plus voisine que le *Breviceps gibbosus*, auquel la plupart des auteurs l'ont rapportée. Nous nous fondons pour cela sur ce que Schneider dit positivement : 1° que sa *Rana systoma* a les orteils réunis par une courte membrane, ce qui est effectivement le cas de notre Upérodonte marbré, et non celui du Bréviceps bossu; 2° qu'elle est marbrée de brun en dessus, mode de coloration qui se retrouve chez l'Upérodonte et non chez le Bréviceps. D'un autre côté il nous semble que Schneider, qui a si justement fait remarquer que les cuisses de sa *Rana systoma* sont cachées sous la peau du tronc, n'aurait pas omis de signaler que la même chose existait pour le haut du bras, si c'eût été un Bréviceps qu'il décrivait; or l'Upérodonte a le bras libre dans toute sa longueur; puis la patrie de cette espèce est la même que celle de la nôtre; enfin, pour qui sait apprécier le talent d'observation qui se montre à chaque page dans les écrits de Schneider, il est évident que cet habile naturaliste, qui a décrit d'après nature et sa *Rana breviceps* et sa *Rana systoma*, ne les aurait pas séparées si elles n'eussent été des espèces différentes.

XIe GENRE. BREVICEPS (1). — *BREVICEPS* Merrem.

(*Engystoma*, en part. Fitzinger; *systoma*, Wagler, Tschudi.)

Caractères. Tête complétement confondue avec le tronc; pas de museau distinct; bouche très-petite. Langue ovale, entière, libre à son extrémité postérieure. Pas de dents au palais. Tympan caché; trompes d'Eustachi excessivement petites. Pas de parotides. Les cuisses et les bras proprement dits non distincts extérieurement. Quatre doigts et cinq orteils tout à fait libres; deux tubercules sous-métatarsiens. Apophyses transverses de la vertèbre sacrée dilatées en palettes triangulaires. Une vessie vocale sous-gulaire chez les mâles.

Le Phanéroglosse qui a donné lieu à l'établissement de ce genre est sans contredit un des plus singuliers du sous-ordre des Batraciens Anoures : ce qui le rend tel, c'est, nous dirions presque, l'imperfection de sa structure externe, laquelle, par comparaison avec celle généralement compliquée dans sa forme et dans ses détails qui nous est offerte par les autres Reptiles de la même division, ne semble réellement être qu'une sorte d'ébauche.

En effet, la conformation des Bréviceps considérés extérieurement, est si simple que l'ensemble de ces animaux peut être défini, une petite masse ovoïde, un peu aplatie en dessous, à l'extrémité rétrécie de laquelle on ne reconnaît

(1) *Caput breve*, tête courte.

l'existence de la tête, tant elle est peu distincte du corps, qu'à la présence de deux petits yeux latéraux et d'une petite fente transversale qui est l'ouverture de la bouche; puis du tronc sortent brusquement à droite et à gauche, assez loin l'un de l'autre, deux membres grossièrement conformés et en apparence incomplets, car à celui de devant, on ne distingue que l'avant-bras et la main, et à celui de derrière que la jambe et le pied; la même peau qui recouvre le tronc renfermant aussi comme dans une sorte de sac, le bras proprement dit et la cuisse.

La tête des Bréviceps est non-seulement remarquable par sa petitesse relativement au volume du corps de ces Batraciens, mais encore par la brièveté considérable du museau; ce qui fait qu'elle a l'air d'avoir été tronquée perpendiculairement coupée ou immédiatement au-devant des yeux, et qu'ici, la face est plus courte que chez aucun autre Reptile, et nous pourrions même dire aussi aplatie que chez certains mammifères quadrumanes.

Les yeux, bien que situés sur les parties latérales de la tête, sont dirigés obliquement en avant; les narines sont percées sous le bout même du museau à une petite distance l'une de l'autre. La bouche est fort petite, attendu que ce dernier est très-court et qu'elle n'est pas fendue au delà de l'œil; le palais est comme les mâchoires tout à fait dépourvu de dents; la langue est assez grande, ovalaire, entière et libre seulement à son extrémité postérieure; comme elle s'enfonce assez profondément dans le gosier et que l'ouverture buccale est très-étroite, on ne peut la voir entièrement qu'en élargissant celle-ci à l'aide d'un instrument tranchant.

Extérieurement, il n'y a pas la moindre apparence d'oreilles. Les parties latérales de la nuque n'offrent pas de glandes parotidiennes.

Les doigts et les orteils, ceux-ci au nombre de cinq, ceux-là au nombre de quatre, sont presque cylindriques et parfaitement séparés les uns des autres. Sous la région métatarsienne, il existe un tubercule, en outre de celui un peu allongé et comprimé qui est produit par la saillie que fait au-dehors le premier os cunéiforme.

Dans ce genre, comme chez les précédents, la hüitième vertèbre a ses apophyses transverses très-dilatées, mais beaucoup plus en long qu'en large; leur forme est triangulaire.

Nous n'avons pas pu reconnaître l'existence d'une vessie vocale chez les mâles.

Le genre *Breviceps*, appelé *Systoma* par Wagler et par M. Tschudi ne doit encore renfermer aujourd'hui que la seule espèce pour laquelle il a été créé par Merrem, c'est-à-dire la *Rana gibbosa* de Linné ou la *Rana breviceps* de Schneider; car la *Rana systoma* de ce dernier auteur, regardée par Wagler et par M. Tschudi comme spécifiquement semblable à la *Rana gibbosa*, nous paraît être au contraire un Batracien tout différent et peut-être de la même espèce que notre Upérodonte marbré, décrit dans l'article précédent.

Merrem, en signalant son genre *Breviceps* comme ayant des dents aux mâchoires, a commis une erreur; car il est bien évident que le *Breviceps gibbosus* n'a de dents sur aucune partie de la bouche; ainsi M. Tschudi s'est également trompé à l'égard de cette espèce dont il a fait le type de son genre *Systoma*, auquel il donne entre autres caractères, celui d'avoir des dents palatines.

1. LE BRÉVICEPS BOSSU. *Breviceps gibbosus*. Merrem.

CARACTÈRES. Dos granuleux, de couleur brune, offrant une longue bande fauve, dentelée sur ses bords.

SYNONYMIE. *Rana rubeta Africana*. Séb. tom. 2, pag. 37, fig. 3.

Rana palmis tetradactylis, etc. Linn. Amœnit. Acad. tom. 1, pag. 286.

Bufo acephalus. Klein. Quad. disposit. pag. 121.

Rana gibbosa. Linn. Mus. Adolp. Freder. pag. 48.

Rana gibbosa. Linn. Syst. nat. édit. 10, tom. 1, pag. 211.

Rana corpore ventricoso, etc. Gronov. Zoophyl. pag. 15.

Rana gibbosa. Linn. Syst. nat. édit. 12, tom. 1, pag. 355.

Bufo gibbosus. Laur. Synops. Rept. pag. 27.

Rana gibbosa. Gmel. Syst. nat. [Linn. tom. 1, Pars. III, pag. 1047.

Le Crapaud bossu. Daub. Dict. anim. pag. 594.

Le Crapaud bossu. Lacép. Hist. quad. ovip. tom. 1, pag. 599.

Le Crapaud bossu. Bonnat. Encyclop. méth. Erpét. pag. 17, pl. 6, fig. 7.

Rana breviceps Schneid. Hist. Amph. Fasc. 1, pag. 140.

Rana breviceps. Shaw. Gener. zool. vol. 3, part. 1, pag. 170, pl. 52.

Le Crapaud bossu. Latr. Hist. Rept. tom. 2, pag. 119, fig. 3.

Bufo gibbosus. Daud. Hist. Rain. Gren. Crap. pag. 80, pl. 29, fig. 1 et pl. 35, fig. 2.

Bufo gibbosus. Id. Hist. Rept. tom. 8, pag. 158.

Breviceps gibbosus. Merr. Tent. Syst. Amph. pag. 178.

Engystoma gibbosa. Fitzing. Neue classif. Rept. pag. 65.

Engystoma dorsatum. Cuv. Règn. anim. 2e édit. tom. 2, p. 112.

Engystoma granosum. Id. loc. cit.

Breviceps gibbosus. Gravenh. Delic. Mus. Zool. Vratilav. Fasc. 1, Amph. pag. 69.

Systoma (*Breviceps gibbosus.* Merr.). Wagl. Syst. Amph. pag. 205.

Systoma breviceps. Tschudi Classif. Batrach. Mém. Sociét. Scienc. nat. Neuch. tom. 2, pag. 86.

DESCRIPTION.

Formes. Cette espèce, ainsi qu'on a voulu l'indiquer par sa double dénomination de Bréviceps bossu, a la tête excessivement courte et le dos fortement bombé, deux particularités qui peuvent, il est vrai, la faire reconnaître au premier aspect, mais qui, peut-être, ne sont pas aussi caractéristiques que la ressemblance, sans doute un peu éloignée, que présente sa face avec celle des petits singes appelés Sajous. En effet, cette face du Bréviceps bossu, assez large et assez haute, et nullement proéminente en avant, présente au milieu un petit museau arrondi, au-dessus duquel la convexité du crâne simule un front bas et qui fuit en arrière; la bouche, qui se trouve immédiatement au-dessous, est fort petite, et les yeux, bien que placés sur les côtés, sont dirigés obliquement en avant. Ces derniers organes, ou plutôt le

48.

diamètre longitudinal de leur ouverture, est d'un tiers moindre que la largeur du front. Les narines, qui ressemblent à deux petits trous percés avec la pointe d'une aiguille, sont tout à fait au bout du museau, un peu écartées l'une de l'autre. La fente de la bouche, dont les deux angles sont un peu abaissés, décrit une portion de cercle. Les mâchoires sont simples.

Les membres, déjà fort courts par le fait, paraissent l'être plus qu'ils ne le sont réellement, attendu que les pectoraux ont leur partie supérieure, à partir du coude ou un peu au-dessus, et les abdominaux leur cuisse tout entières cachées sous la peau, dans laquelle le corps est renfermé comme dans un sac; aussi n'ont-ils que des mouvements très-bornés; les jambes ne peuvent s'étendre qu'en arrière, et les bras qu'en avant et un peu latéralement. Les doigts sont à proportion moins courts que les orteils; le dernier est le plus petit des quatre que l'on compte à chaque main; après lui c'est le premier, qui n'est pas tout à fait aussi long que le second, lequel l'est moitié moins que le troisième; la jambe proprement dite, qui est très-grosse, n'est pas plus longue que l'avant-bras; le tarse et le métatarse réunis ont à peu près la même longueur; les quatre orteils internes sont étagés, et le cinquième est tout aussi court que le premier. Le tubercule allongé ou ovalaire, légèrement comprimé, que nous considérons comme l'analogue du premier os cunéiforme, s'étend tout le long du dessous du métatarsien externe, et un peu obliquement; en dedans de son extrémité postérieure est un autre tubercule moins fort, légèrement convexe, et presque circulaire.

La peau du Bréviceps bossu est généralement lisse, quelquefois pourtant elle ne semble semée de granules assez fins.

Coloration. En dessus, ce Batracien offre une couleur roussâtre, qui devient noirâtre sur les côtés du dos, dont la région moyenne porte dans toute sa longueur une large bande fauve à bords profondément dentelés; puis on voit une raie blanche qui coupe également par le milieu cette bande fauve, d'un bout à l'autre. Il existe sous chaque œil une tache noire qui se prolonge quelquefois jusque fort près du bras. Toutes les régions inférieures sont d'un blanc fauve ou roussâtre.

Les sujets qu'on a décrits comme presque entièrement blanchâtres avaient été décolorés par leur long séjour dans la liqueur alcoolique.

Dimensions. *Tête*. Long. 1". *Tronc*. Long. 3" 8"'. *Avant-bras et mains*. Long. 2". *Jambes et pieds*. Long. 2" 8"'.

Patrie. Le Bréviceps bossu habite l'Afrique australe ; les sujets que nous possédons ont été recueillis par Delalande, aux environs du cap de Bonne-Espérance.

Observations. L'*Engystoma granosum* de Cuvier est tout simplement un Bréviceps bossu, sur la peau duquel la contraction de son tissu, causée par la liqueur trop forte dans laquelle l'animal a été plongé, a fait naître de petites saillies qui ont rendu sa surface tout à fait rugueuse.

XIIe GENRE. RHINOPHRYNE (1). — *RHINOPHRYNUS*. Nobis.

Caractères. Tête très-petite, confondue avec le tronc, formant comme un petit boutoir aplati en avant. Langue? Pas de dents au palais. Tympan caché ; trompes d'Eustachi excessivement petites. Pas de parotides. Membres très-courts, très-épais, terminés par quatre doigts réunis à leur racine seulement, et par cinq orteils palmés, dont le premier est comprimé comme le premier os cunéiforme, et garni d'une enveloppe cornée marquée de stries transversales. Apophyses transverses de la vertèbre sacrée dilatées en palettes triangulaires.

Les Rhinophrynes ont la tête encore plus petite et moins distincte du tronc que les Bréviceps; cette tête, au lieu d'être tronquée immédiatement en avant des yeux, comme chez ces derniers, offre au contraire un grand museau déprimée, mais à surface convexe et dont les côtés forment un angle aigu fortement arrondi au sommet (2). Les yeux paraissent être

(1) De ριν, nez, et de φρυνος, Crapaud.

(2) Le Rhinophryne à raie dorsale, représenté sous le no 2 de notre planche 91, a le museau beaucoup trop pointu.

situés en dessus plutôt que sur les côtés, ce qui tient à ce que la tête, quoique légèrement convexe à sa face supérieure, est réellement aplatie. On ne voit ni tympan, ni parotides. La peau qui enveloppe le corps des Rhinophrynes est bien plus ample, bien plus distendue que chez les Bréviceps; tellement que l'espèce de sac qu'elle constitue renferme les membres avec le tronc, non pas seulement jusqu'au dessus du coude et jusqu'au genou, de même que dans le genre précédent, mais presque jusqu'au poignet et jusqu'au delà du talon. Les pattes elles-mêmes sont excessivement courtes, plus courtes que dans aucun autre Batracien Anoure; celles de devant se terminent par quatre doigts que réunit à leur base une très-courte membrane; et celles de derrière présentent chacune cinq orteils palmés, dont l'interne est revêtu d'un étui cartilagineux, un peu comprimé, marqué de stries transversales; un étui semblable à celui-là, mais plus grand, protége la saillie que fait au dehors le premier os cunéiforme, la seule au reste qui existe sous la région métatarsienne.

Les apophyses transverses de la vertèbre sacrée sont dilatées en palettes triangulaires, mais un à un degré moindre que dans les Bréviceps.

1. LE RHINOPHRYNE A RAIE DORSALE. *Rhinophrynus dorsalis*. Nobis.

(Voyez Pl. 91, fig. 2 et 2 *a*.)

CARACTÈRES. Dos brun, coupé longitudinalement par une raie jaune.

DESCRIPTION.

FORMES. Un gros corps rectangulaire, plat en dessous, excessivement bombé en dessus, ayant à chaque angle une patte très-courte et grossièrement conformée, puis en avant une très-petite tête considérablement déclive, convexe et rétrécie en angle aigu, fortement arrondi au sommet, telle est à peu près l'idée qu'on se peut faire de l'ensemble des parties du Rhinophryne à raie dorsale.

La tête n'est réellement distincte qu'à partir des yeux. Ceux-ci paraissent situés en dessus, à cause de la convexité du crâne; mais, en réalité, ils sont latéraux comme dans tous les autres Anoures; ils sont très-petits, plus petits même à proportion que chez les Engystomes, mais également protégés par des paupières bien conformées. L'intervalle qui sépare ces organes de la vision est grand, c'est-à-dire égal à la distance qu'il y a entre chacun d'eux et l'extrémité terminale de la tête. C'est sur le milieu du chanfrein, à égale distance du bout du museau et d'une ligne transversale supposée tirée du coin antérieur d'un œil à l'autre, que s'ouvrent les narines; elles ressemblent à deux très-petits trous ovalaires qu'un espace égal à la longueur de la paupière supérieure sépare l'un de l'autre. Les angles de la bouche se trouvent sous leur aplomb, comme dans les Bréviceps; mais néanmoins la bouche est plus grande que chez ces derniers; car le museau des Rhinophrynes est beaucoup plus long que le leur.

Il n'existe certainement pas de dents au palais, mais nous ignorons quelle est la forme de la langue, car cet organe manque chez le seul Rhinophryne que nous ayons encore été dans le cas d'observer.

Cette espèce a les doigts légèrement aplatis, très-courts et peu inégaux; le premier est le moins long; le troisième est celui qui l'est le plus; le second et le quatrième offrent la même longueur; ils sont retenus entre eux à leur base par une membrane excessivement courte et fort épaisse. Tous sont lisses en dessous; il y a un petit tubercule arrondi au milieu de la paume, et un autre très-gros ovalaire placé en long à la face inférieure du poignet. Le pied est fort épais; les orteils sont tout à fait plats et pointus; à l'exception du quatrième, qui est le plus long et dont la moitié terminale est libre, ils sont tous engagés dans une membrane épaisse, qui n'en laisse voir que la pointe; ils vont en se raccourcissant graduellement à partir du quatrième jusqu'au premier, que le cinquième n'excède pas beaucoup en longueur; ce même premier orteil offre cela de remarquable qu'il est revêtu d'un étui cartilagineux ou d'apparence cornée, ayant une forme allongée et un peu comprimée, et dont la surface est creusée de petits sillons transversaux. Le premier os cunéiforme, qui fait saillie au dehors, est semblable à celui des Pélobates, quant à sa forme, qui est celle d'une lame épaisse et à tranchant mousse et un peu cintré; il est situé obliquement à la suite du premier orteil, et il est enveloppé comme lui d'une couche cartilagineuse, striée en travers. On ne voit aucun petit renflement sous les phalanges ni sous les métatarsiens.

La peau est unie sur toute la périphérie de l'animal.

COLORATION. Un brun verdâtre est répandu sur les parties supérieures, tandis qu'une teinte blanchâtre règne sur les régions inférieures. Une raie d'un blanc jaunâtre s'étend sur le milieu du corps, depuis le bout du museau jusqu'au coccyx ; on voit quelques marbrures de la même couleur sur les côtés du tronc.

DIMENSIONS. *Tête*. Long. 1" 2"'. *Tronc*. Long. 3" 2"'. Longueur du *bras*, depuis le coude jusqu'au bout du troisième doigt 1" 6"'. Longueur de la *jambe*, depuis le genou jusqu'au bout du quatrième orteil 3" 8"'.

PATRIE. Ce Batracien est originaire du Mexique ; l'unique exemplaire que renferme notre Musée a été envoyé de la Vera-Cruz par madame Salé.

IIe GROUPE. PHRYNAGLOSSES.

FAMILLE DES PIPÆFORMES.

Considérations générales sur cette famille et sur sa distribution en genres.

Ce second groupe du sous-ordre des Anoures est appelé Phrynaglosses, parce que les espèces qu'il renferme sont complétement dépourvues de langue, tandis que cet organe existe, avec un plus ou moins grand degré de développement, chez toutes celles qui appartiennent au premier groupe, nommé à cause de cela Phanéroglosses.

Mais les Phrynaglosses présentent une autre particularité qui peut encore aider à les distinguer de ces derniers, particularité qui consiste en ce que les oreilles ne communiquent avec l'intérieur de la bouche que par une seule ouverture située au milieu et à la partie postérieure du palais ; au lieu que dans les Phanéroglosses les trompes d'Eustachi ont chacune leur orifice bien distinct et placé latéralement, très-souvent l'un fort éloigné de l'autre. Le groupe des Phrynaglosses ne se compose que d'une seule famille dans laquelle il n'entre que deux genres, qui eux-mêmes ne comprennent chacun qu'une espèce. L'une de ces deux espèces, le Dactylèthre du Cap, est assez nouvellement acquise à la science ; l'autre, le Pipa est au contraire un des Batraciens les plus anciennement connus, en même temps que des plus célèbres par la singularité que présente son mode de reproduction dans plusieurs de ses détails.

1er GENRE. DACTYLÈTHRE. — *DACTYLETHRA* (1). Cuvier.

(*Leptopus*, Mayer; *Xenopus*, Wagler.)

Caractères. Tête aplatie, arrondie en avant. Des dents à la mâchoire supérieure, mais pas au palais. Tympan caché; orifice unique des trompes d'Eustachi grand, sub-circulaire, situé au milieu et à la partie postérieure du palais. Pas de parotides. Quatre doigts coniques, pointus, complétement libres. Cinq orteils de même forme que ceux-ci, mais entièrement et très-largement palmés, et les trois premiers ayant leur extrémité terminale garnie d'un étui conique et corné qui l'emboîte à la manière d'un dé à coudre. Apophyses transverses de la vertèbre sacrée élargies en palettes triangulaires.

Les Dactylèthres ont le port des Raniformes du genre Pseudis et des espèces de Grenouilles qui s'en rapprochent le plus, telles que la *Rana cutipora* et la *Rana Leschenaultii*, par exemple : ce sont par conséquent des Anoures de moyenne taille, à corps aplati, à tête peu distincte du tronc, plus déprimée que celui-ci et fortement arrondie en avant; à membres antérieurs faibles, grêles, et à membres postérieurs au contraire très-robustes, pourvus de membranes natatoires très-développées, ayant en un mot une structure qui annonce que ce sont de puissants organes de natation.

Il n'existe certainement pas de langue chez les Dactylèthres; c'est un organe qui leur manque complétement; à moins qu'on ne veuille considérer comme tel un grand

(1) Δακτυληθρα, dé à coudre.

disque formé par la peau un peu épaissie qui tapisse le plancher inférieur de la bouche, disque qui n'est réellement distinct que par le petit repli rentrant qui en dessine la circonférence ; dans tous les cas, ce serait loin d'être, comme M. Cuvier l'a dit, « une langue oblongue, charnue et fort grande, attachée au fond de la gorge ; » ils présentent aussi cette autre particularité fort remarquable de n'avoir qu'un orifice commun pour la communication des oreilles par les trompes d'Eustachi avec la bouche, orifice qui est grand, à peu près circulaire, et situé à l'extrémité postérieure de la région sphénoïdale, c'est-à-dire tout à fait en arrière et au milieu du palais. Extérieurement, il n'y a pas la moindre trace d'organe de l'ouïe. Les narines traversent le bout du museau presque perpendiculairement ; leurs ouvertures internes, aussi bien que les externes, sont allongées en travers et placées à côté l'une de l'autre, séparées par un assez petit espace ; mais celles-ci sont plus petites que celles-là et garnies d'une petite membrane à leur bord postérieur. La mâchoire supérieure de ces Phrynaglosses est armée de petites dents coniques, semblables à celle des Phanéroglosses Raniformes et Hylæformes.

Les Dactylèthres ayant la tête fort aplatie quoique distinctement convexe en-dessus, leurs yeux se trouvent être, comme on le dit, verticaux ou a peu près verticaux, c'est-à-dire placés de manière à recevoir presque perpendiculairement les rayons lumineux. Malgré cela leur paupière supérieure est très-courte et nullement susceptible de s'abaisser sur l'œil pour le recouvrir ; l'inférieure, transparente en partie, comme à l'ordinaire, est seule chargée de cet office en s'élevant vers le bord supérieur.

Ainsi que nous l'avons déjà dit plus haut, les deux paires de membres sont en disproportion pour la force et la grandeur, les pattes de devant étant assez courtes et assez minces, tandis que celles de derrière sont très-longues et très-fortes. Celles-ci sont aussi les seules qui soient bien conformées pour le nager ; car les cinq orteils qui les terminent, au lieu d'être libres ou séparés les uns des autres comme les doigts, sont réunis entre eux jusqu'à leur extrémité par une membrane excessivement large et très-extensible. Les doigts sont coniques, très-effilés, pointus et à peu près égaux ; ils se caractérisent encore par leur mode d'insertion, qui se fait sur une seule et même ligne transversale ; en sorte qu'ils ne sont pas plus profondément fendus l'un que l'autre. Les orteils sont longs, très-forts et légèrement déprimés ; ils vont en augmentant de longueur à partir du premier jusqu'au quatrième, et le cinquième est aussi long que celui-ci, mais le second et le troisième sont un peu moins profondément fendus que les trois autres. Les trois premiers offrent ce singulier caractère d'avoir leur pointe enfoncée dans un petit étui conique, une sorte de petit sabot de substance cornée, emboîtant cette pointe à la manière d'un dé à coudre, d'où le nom de Dactylèthre donné par G. Cuvier à ces singuliers Batraciens.

Il est important de noter qu'il n'existe pas un seul tubercule ou renflement quelconque aux paumes, ni aux plantes, ni à la face inférieure des doigts et des orteils, ce qui est une exception rare chez les Anoures.

Nous croyons que les mâles manquent de sac vocal, aussi bien que les femelles.

Le squelette des Dactylèthres se rapproche de celui des Pipas, plus que d'aucun autre Batracien Anoure. On y compte de même dix vertèbres, dont les deux dernières, ou celles appelées pelvienne et coccygienne, sont articulées l'une avec l'autre d'une manière fixe, et confondues latéralement par la réunion de leurs apophyses transverses (car ici comme chez le Pipa le coccyx a des apophyses transverses aussi bien que les vertèbres précédentes) qui forment une énorme palette triangulaire plus longue que large, laquelle s'appuie sur les deux branches des os du bassin. Comme chez le Pipa aussi, les apophyses transverses de la huitième, de la septième et de la sixième vertèbre sont courtes, pointues et dirigées obliquement en avant ; celles de la cinquième sont également pointues, courtes, mais dirigées transversalement. Celles de la quatrième et de la troisième sont fort longues, légèrement arquées et tournées en arrière; celles de la seconde sont courtes, élargies en dehors et placées dans la direction transversale du corps; mais ce qui n'est plus, comme dans le Pipa, c'est que la première vertèbre, au lieu d'être confondue avec la seconde, en est bien distincte, bien séparée, ou plutôt elle ne s'y articule pas d'une manière absolument fixe.

Bien que ce genre portât déjà les noms de *Leptopus* et de *Xenopus* avant que M. Cuvier lui eût donné celui de *Dactylethra*, nous avons adopté ce dernier préférablement aux deux autres, parce qu'il semble avoir prévalu aujourd'hui.

1. LE DACTYLÈTHRE DU CAP. *Dactylethra Capensis*. Cuvier.
(Voyez Pl. 92, fig. 1 et 1 *a*).

CARACTÈRES. Parties supérieures d'un brun cendré, veiné de noirâtre.

SYNONYMIE. *Bufo levis*. Daud. Hist. nat. Rain. Gren. Crap. pag. 85, pl. 30, fig. 1.

Bufo levis. Id. Hist Rept. tom. 8, pag. 171.

Pipa levis. Merr. Tent. Syst. Amph. pag. 180, n° 2.

Pipa Bufonia. Id. loc. cit. n° 3.

Leptopus oxydactylus. Mayer. Anal. pag. 34.

Engystoma levis. Fitz. Neue Classif. Rept. pag. 40.

Dactylethra Capensis. Cuv. Mus. Paris.

Xenopus Boiei. Wagler. Isis (1827). pag. 726.

Dactylethra Capensis. Cuv. Règn. anim. 2e édit. tom. 2, pag. 107, pl. 7, fig. 3.

Xenopus Boiei. Wagl. Syst. amph. pag. 199.

Dactylethra Boiei. Tschudi. Classif. Batrach. Mém. Sociét. scienc nat. Neuch. tom. 2, pag. 90.

DESCRIPTION.

Formes. La tête et le tronc du Dactylèthre du Cap offrent ensemble dans leur contour horizontal, la forme d'un ovale assez allongé, tronqué en arrière, c'est-à-dire à l'endroit où se fait l'insertion des membres postérieurs. L'une et l'autre sont assez fortement déprimés, mais néanmoins distinctement convexes en dessus, tandis qu'ils sont parfaitement plats inférieurement. La tête est un peu moins étendue en long qu'en travers ; sa largeur, entre les yeux, est le tiers de sa longueur totale. La mâchoire supérieure, au lieu d'être verticale, est au contraire un peu penchée en devant; de sorte que l'ouverture de la bouche se trouve placée un peu sous le museau, dont les côtés forment un angle obtus fortement arrondi au sommet. C'est positivement à l'extrémité de celui-ci et en dessus que sont situées les narines, à peu de distance l'une de l'autre. Le diamètre de l'ouverture des yeux est égal à la moitié de l'intervalle qui les sépare l'un de l'autre.

Les membres antérieurs sont d'un tiers moins longs que le tronc. La main offre la même longueur que l'avant-bras, le bras est d'un quart plus court ; le quatrième doigt n'est pas tout à fait aussi long que le premier et le troisième, qui sont eux-mêmes à peine plus courts que le second. Étendus le long du tronc, les membres postérieurs dépassent le bout du museau de la longueur du quatrième orteil ; les cuisses sont très-fortes et les jambes bien musclées ; le tarse est d'un tiers moins long que celles-ci, mais les orteils ont la même longueur que la jambe et le tarse, lorsqu'ils sont écartés les uns des autres ; la largeur de leur palmure est presque égale à la moitié de la longueur du membre tout entier. Il n'existe sur les parties supérieures du corps aucune de ces verrues glanduleuses comme on en voit chez la plupart des Batraciens Anoures ; mais on observe de petites lignes transversales de cryptes, qui forment un cercle sur les paupières, tout autour de l'œil, et une série longitudinale de chaque côté du corps depuis ce dernier jusqu'au coccyx. Sur toute la région inférieure de l'animal, la peau est parfaitement lisse.

Coloration. En dessous, le Dactylèthre du Cap est toujours blanc ; en dessus, il offre tantôt une teinte brune, tantôt une teinte roussâtre, tantôt une couleur cendrée, avec ou sans petites taches blanchâtres; mais on y voit généralement des veinules noirâtres, ou d'un brun très-foncé.

DIMENSIONS. *Tête*. Long. 2" 5''' *Tronc*. Long. 7" *Membr. antér*. Long. 4" 2''' *Membr. postér*. Long. 11' 8'''.

PATRIE. L'Afrique australe est la patrie de ce Batracien Anoure, qu'on trouve assez communément aux environs du cap de Bonne-Espérance. Notre musée en renferme un certain nombre d'échantillons qui proviennent des récoltes faites en ce pays par notre zélé et habile collecteur Delalande.

IIe GENRE. PIPA. — *PIPA* (1) Laurenti.

(*Leptopus*, Mayer; *Asterodactylus*, Wagler, Tschudi.)

CARACTÈRES. Tête courte, large, très-aplatie, triangulaire. Pas de dents aux mâchoires ni au palais. Tympan caché; orifice unique des trompes d'Eustachi excessivement petit, situé sur la ligne médiane du palais à peu près au milieu. Pas de parotides. Quatre doigts complétement libres, coniques, divisés en quatre petites branches à leur extrémité terminale. Cinq orteils coniques aussi, mais non divisés à leur pointe et entièrement palmés. Apophyses transverses de la vertèbre sacrée dilatées en palettes triangulaires.

Les Pipas sont des Anoures à tronc rectangulaire, fortement aplati, portant en avant, confondue avec lui, une tête très-mince dont les côtés, dès leur naissance, se rapprochent l'un de l'autre pour former un grand angle obtus au sommet duquel sont situées latéralement deux narines

(1) Nom du pays. On l'appelle aussi *Tédon*.

tubuleuses. Aux quatre angles de ce tronc s'insèrent les pattes dont les postérieures sont beaucoup plus fortes et plus grandes que les antérieures, celles-ci étant d'ailleurs également et profondément divisées en quatre doigts coniques assez grêles, celles-là terminées au contraire par une énorme membrane natatoire que soutiennent dans son épaisseur cinq gros et longs orteils arrondis et pointus.

Les Pipas n'ont point de langue et manquent complétement de dents au palais, aussi bien qu'aux mâchoires, qui sont tout à fait aplaties. Extérieurement, on ne leur voit aucune trace d'organe de l'audition, et à l'intérieur de la bouche il n'existe qu'un seul orifice commun, excessivement petit, auquel aboutissent les trompes d'Eustachi; cet orifice, dans lequel on pourrait à peine introduire la pointe d'une grosse épingle, est situé à peu près au milieu et sur la ligne médiane de la voûte palatine.

Les yeux sont d'une petitesse extrême; tellement qu'ils n'ont même pas la grosseur d'un grain de chènevis chez les individus d'une taille presque égale à celle du Crapaud Agua adulte. Les paupières, que nous avons toujours vues bien développées, sont réduites ici à un simple rudiment qui laisse le devant du globe de l'œil complétement à découvert, de la même manière que cela s'observe chez les Sauriens des genres Abléphare et Gymnophthalme.

Les narines, prolongées chacune extérieurement en un petit tube cutané, traversent presque horizontalement le bout de la mâchoire supérieure pour aboutir en dedans tout près du bord de celle-ci, où leurs orifices semblent être protégés par un bourrelet que forme en cet endroit la membrane qui tapisse le plafond de la bouche.

Les membres des Pipas sont conformés à peu près de la même manière que ceux des Dactylèthres. Les antérieurs sont grêles, arrondis; le bras est bien distinct de l'avant-bras, mais celui-ci ne l'est pas du tout de la main, avec laquelle il se confond pour ainsi dire; car il n'y a rien au dehors qui décèle l'articulation du cubito-radial avec le carpe ; autrement dit, il n'y a pas de poignet. Les doigts, qui tous sont droits comme des baguettes, présentent une particularité bien singulière dans les quatre petites pointes cylindriques et bifides qui les terminent, pointes qui sont épanouies ou écartées les unes des autres comme les pétales ou les sépales d'une fleur, ou mieux encore comme les divisions que les enfants pratiquent à l'une des extrémités d'un chalumeau de paille dont ils veulent se servir pour faire des bulles de savon. Les pattes de derrière des Pipas se font remarquer par la brièveté de la cuisse et du tarse, par la grosseur des muscles de la jambe et surtout par le développement considérable de la membrane qui réunit entre eux les orteils, dont l'extrémité terminale n'offre rien de particulier. On retrouve ici ce que nous n'avons pas observé dans les Dactylèthres, une saillie tuberculeuse du premier os cunéiforme, à la racine de l'orteil interne.

Telles sont les dispositions caractéristiques du genre Pip auxquelles nous aurions eu à ajouter celles que présente le squelette, si nous ne les avions fait connaître, au commencement de ce volume, en traitant de l'organisation générale des Batraciens (1).

Les premières notions sur l'existence et les singularités du mode de génération du Pipa ou Tédon de Surinam que la science ait inscrites dans ses fastes, ont été consignées dans l'ouvrage de mademoiselle SIBYLLE DE MÉRIAN sur les métamorphoses des insectes de ce pays, dans l'édition hollandaise publiée en 1705. Elle y a joint une figure bien grossière de ce Reptile. C'est ce mauvais dessin qui a été cependant copié plusieurs fois. Il a été reproduit dans l'édition latine qui a paru à Amsterdam, en 1719, in-fol., pl. 59. L'auteur a cru que ce *Crapaud*, ainsi qu'on le nomme dans ce pays, produisait ses petits par la peau du dos. D'ailleurs les détails fournissent peu de renseignements ; ils disent que cet ani-

(1) Pages 64, 65, 66, 67, 70, 73, 74.

mal hideux se trouve dans les eaux marécageuses, et que les esclaves nègres en mangent la chair.

En 1710, le célèbre anatomiste hollandais Fred. RUISCH donna de ce Reptile deux meilleures figures dans la description de son cabinet. (*Thesaurus animalium*, Amsterdam, in-4°, tab. IV, pag. 19 et 40.) On y voit en effet deux individus femelles conservés dans la liqueur. L'auteur déclare qu'il les a préparés lui-même, de manière à faire voir que, sous la peau du dos dont les lambeaux, disséqués avec soin, sont réfléchis en dehors, il n'existe aucune communication entre la cavité du ventre et les téguments, ni avec les cellules dans lesquelles on distingue les petits Pipas ayant leurs pattes bien développées et pas de queue, comme en ont ordinairement les Têtards. On retrouve la copie de ces mêmes figures dans l'Amphithéâtre zootomique de VALENTINI, première partie, page 208, pl. 42. Mais comme cet ouvrage petit in-f° a été publié en 1720, l'auteur a pu y insérer l'extrait d'une observation imprimée en 1715 dans les *Ephémérides des curieux de la nature*, centurie IV, n° 172, page 393, publiée par *Rosinus* LENTILIUS, archiâtre du duché de Wurtemberg, à Stuttgard, sous le titre curieux de *Rana ex dorso pariens*.

VALLISNIERI, dans son histoire du Caméléon, publiée en Italie et adressée à l'académie des sciences de Bologne, en 1715, avait cru reconnaître dans un Pipa, qui cependant portait des petits dans des cellules dorsales, que ce n'était pas une femelle, mais bien un mâle, d'après les recherches qu'il avait faites sur sa structure. Dans cette hypothèse, il fait des conjectures à ce sujet, et, se fondant sur les remarques de Ruisch dont malheureusement il ne connaissait pas les figures, il adopta l'idée que c'était la femelle qui pondait les œufs sur le dos du mâle, et au lieu de donner les dessins de l'anatomiste qu'il cite, il a fait copier celui de mademoiselle de Mérian, qui est détestable.

En 1726, *Levinus* VINCENT publia, à Harlem, un petit volume in-4° en latin, avec figure, sous le titre de *Descrip-*

tio Pipæ; mais il ne fait que répéter ce qui avait été dit avant lui, seulement il indique un caractère propre à fair reconnaître les sexes des individus, les mâles portant une ligne noire sur la région moyenne du ventre.

SÉBA a fait représenter, en 1734, sur la double planche n° 77 de son grand ouvrage sur la collection *Thesaurus animalium*, tome I, quatre Pipas de grandeur naturelle, avec beaucoup de jeunes hors des cellules et d'autres qui y sont encore contenus. Il y a joint une description faite à sa manière, c'est-à-dire ne répétant que ce qui s'observait à la simple vue des objets conservés dans la liqueur. Cependant ces figures sont exactes et ont été copiées dans le plus grand nombre des ouvrages.

Les observations réelles n'ont été faites sur le vivant et dans les lieux mêmes qu'en 1762, par le docteur *Philippe* FERMIN qui exerçait la médecine à Surinam, et qui a publié à Mastreicht une petite brochure in-8°, intitulée *Développement parfait du mystère de la génération du fameux Crapaud de Surinam*. Il a été témoin de la ponte de la femelle, qui était plus grosse que le mâle. Il a vu celui-ci placer les œufs pondus sur le dos de sa femelle et les féconder. Il donne des détails bien circonstanciés sur cette opération : il a suivi le développement des germes et il s'est assuré que les petits sortent de l'œuf quand tous leurs membres sont capables de leur servir, ce qui n'arrive que quatre-vingt-deux jours après que les œufs ont été pondus. La plupart de ces faits, comme nous le dirons par la suite, ont été vérifiés par l'examen d'un assez grand nombre d'individus rapportés en Europe.

Nicolas LAURENTI, recueillant les observations indiquées ci-dessus, introduisit dans son *Synopsis reptilium*, imprimé à Vienne en Autriche en 1768, un genre particulier sous le nom de Pipa, et il le caractérisa assez nettement. Cependant on voit aujourd'hui qu'il a commis quelques erreurs : ainsi il met en doute les métamorphoses qu'il ne croit pas être les mêmes que celles des autres Anoures, puisque les petits sortent de l'œuf sous une autre forme que celle des Têtards ; il donne aussi comme caractère l'existence d'ongles crochus au bout de chacun des doigts des pattes antérieures.

Charles BONNET, en 1780 et 1782, dans plusieurs mémoires adressés aux sociétés savantes, qui ont été ensuite réimprimés dans ses œuvres, tome V, partie 1, pages 372 et 393, in-4° avec figures, rend compte des dissections d'un Pipa femelle qu'il a faites sous les yeux et avec l'aide de SPALLANZANI et de TREMBLEY. Ces célèbres naturalistes se sont bien assurés que les œufs des Pipas sortaient par le cloaque de la femelle, très-probablement comme chez les autres Anoures, avant d'avoir été fécondés. L'auteur a donné d'excellentes figures de diverses parties du corps du Pipa, et en particulier des appendices cutanés et mous, au nombre de quatre, qui terminent les doigts antérieurs, ce qui a donné l'idée par la suite de désigner ce genre sous le nom d'Astérodactyle ou de doigts étoilés.

En 1799, Blumenbach et Camper, le premier dans son Abrégé d'anatomie comparée, puis dans ses Éléments d'histoire naturelle, a donné une très-bonne figure du Pipa et du développement de son Têtard, d'après les observations qui lui avaient été communiquées par Camper pour être insérées dans les Ephémérides de Gœttingue, où on les trouve en effet imprimées in-8°, art. 156, Pl. 36.

Dans cette même année 1799, SCHNEIDER *Gottlieb*, dans le premier volume ou fascicule de son Histoire littéraire et naturelle des Amphibies que nous avons souvent citée, décrit le Pipa page 121 sous le nom de *Rana dorsigera*. Il en présente l'histoire abrégée et il en donne aussi le squelette qu'il avait depuis longtemps fait dessiner avec détail et dont il décrit plusieurs particularités, comme un anatomiste très-exercé ; malheureusement la gravure en a été exécutée par un artiste peu exercé à ce genre de reproduction qui doit être faite au miroir; cette circonstance ayant été négligée pour les deux planches, les épreuves ont reproduit à droite ce qui doit être à gauche, ce que l'auteur a d'ailleurs la précaution d'indiquer. On y trouve quelques détails sur le larynx du mâle, mais la pièce conservée était en mauvais état et véritablement ces parties, déjà indiquées par Camper et par Schneider, n'ont été bien connues que par la dissertation de Breyer dont nous allons parler.

La Dissertation académique de BREYER *Fred. Guill.* a été imprimée à Berlin en 1811. C'est une thèse in-4° avec deux planches ayant pour titre : *Observationes anatomicæ circà fabricam Ranæ pipæ* soutenue sous la présidence de Rudolphi. L'auteur, après un historique très-abrégé, décrit le squelette, le cœur, les vaisseaux, les voies pulmonaires, les viscères. Les faits les plus curieux qui s'y trouvent bien établis sont la structure du larynx et de ses appendices cartilagineux, la disposition des poumons, les rapports que ce Batracien semble plus particulièrement établir avec les Chéloniens et un peu avec les Oiseaux par le larynx osseux. Au reste cette dissertation n'est fort remarquable que sous le rapport de l'anatomie comparée.

1. LE PIPA AMÉRICAIN. *Pipa americana*. Laurenti.

(Voyez Pl. 92, fig. 2 a et 2 b.)

CARACTÈRES. Parties supérieures brunes ou olivâtres ; ventre blanchâtre.

SYNONYMIE (1). *Pipa*. Mérian. Insect. Surin. Tab. 59.

Bufo, sive Pipa americana. Séb. tom. 1, pag. 121, tab. 77, fig. 1-4.

Bufo americanus, Pipal. Klein. Quad. disposit. pag. 121.

Rana pipa. Linn. Mus. Adolph. Freder. pag. 121, n° 1.

Rana manibus tetradactylis fissis apicibus digitorum quadrifidis, etc. Gronov. Amph. anim. pag. 84.

Rana pipa. Linn. Syst. nat. édit. 10e, tom. 1, pag. 210, n° 1.

Pipa. Ferm. Hist. Franc. Equinox. pag. 25.

Rana pipa. Linn. Syst. nat. tom. 1, pag. 354, n° 1.

(1) Pour les auteurs qui ont écrit sur l'anatomie de ce Batracien, voyez la liste alphabétique, pag. 247, du présent volume.

Pipa americana. Laur. Synops. Rept. pag. 25.

Rana pipa. Gmel. Syst. nat. Linn. tom. 1, part. 3, pag. 1046, n° 1.

Le Pipa. Daub. Dict. anim. Encyclop. méth. pag. 662.

Le Crapaud pipa. Lacép. Qnad. Ovip. tom. 1, pag. 600.

Le Crapaud pipa. Bonnat. Encyclop. Méth. Erpét. pag. 14, Pl. 7, fig. 2.

Rana dorsigera. Schneid. Hist. Amph. Fasc. 1, pag. 121, tab. 1-2.

Rana pipa. Shaw. Gener. Zool. vol. 3, part. 1, pag. 167, Pl. 50-51.

Bufo dorsiger. Latr. Hist. Rept. tom. 2, pag. 120.

Bufo dorsiger. Daud. Hist. Rain. Gren. Crap. pag. 85, Pl. 31-32, fig. 2.

Bufo dorsiger. Id. Hist. Rept. tom. 8, pag. 172.

Pipa (*Rana pipa*, Linn.) Cuv. Règn. anim. 1re édit. tom. 2, pag. 98.

Pipa tedo Merr. Tent. Syst. Amph. pag. 179.

Pipa curururu. Spix. Spec. Nov. Test. Ran. Bras. pag. 53, tab. 22, fig. 1-2.

Pipa dorsigera. Fitz. Neue Classif. Rept. pag. 65.

Pipa (*Rana pipa* Linn.). Cuv. Règn. anim. 2e édit. tom. 2, pag. 113.

Leptopus asterodactylus. Mayer. Anal. pag. 34.

Pipa dorsigera. Gravenh. Delic. Mus. Zool. Vratilav. Fasc. 1, Batrach. pag. 70.

Asterodactylus (*Rana pipa*. Linn.). Wagl. Syst. Amph. pag. 199.

Asterodactylus pipa. Tschudi. Class. Batrach. Mém. Soc. Scienc. nat. Neuch. tom. 2, pag. 90.

DESCRIPTION.

Formes. La tête du Pipa américain a beaucoup de ressemblance, dans son ensemble comme dans ses détails, avec celle de la Chélyde matamata, espèce de Chéloniens de la sous-famille des Elodites pleurodères. Elle est presque d'un tiers plus large que longue et excessivement aplatie. On voit au sommet du grand angle obtus que forment ses côtés, ou, si l'on veut, à l'extrémité du museau, les trous des narines, qui sont fort grands et percés horizontalement d'avant en arrière; sous cette même région du nez, est suspendu un petit lambeau de peau qui a son extrémité libre, élargie et ses bords irrégulièrement dentelés ; il pend aussi un petit barbillon du milieu de chaque côté de la mâchoire supérieure, et il existe à l'un et à l'autre coin de la bouche un appendice cutané en forme de palette, pendant à la manière d'une oreille de chien.

Les yeux, qui sont tout à fait verticaux, sont placés fort près du bord de la mâchoire, vers le milieu de l'étendue d'un de ses côtés. Le rudiment palpébral est surmonté d'un petit tubercule conique.

Le dos est peu bombé chez les mâles et chez les femelles qui n'ont pas encore pondu ; mais il se renfle de plus en plus chez ces dernières, à mesure que les germes, placés sur cette partie de leur corps par les mâles, grossissent, se développent dans les alvéoles qui s'y produisent alors par suite d'une inflammation considérable de la peau (1). Nous avons compté plus de cent vingt de ces alvéoles sur la partie supérieure du tronc de certaines femelles ; et nous avons remarqué que ce sont toujours celles de ces loges qui se trouvent le plus au milieu qui sont débarrassées les premières, parce que sans doute elles se sont formées, ou, si l'on veut, elles ont été occupées les premières. Au moment où cette singulière gestation finit, le dos des malheureuses femelles ressemble exactement à la peau d'un crible.

Les pattes de devant n'ont guère plus de longueur que le corps n'en présente entre l'aisselle et l'aine, et celles de derrière ne sont pas plus longues que le tronc et la tête réunis. Le second doigt est le plus long des quatre, après lui c'est le troisième, ensuite le premier, puis le dernier, qui est par conséquent le plus court. Le troisième orteil et le quatrième sont égaux et les plus longs, le second et le cinquième le sont un peu moins, et le premier est d'un quart plus court environ.

Il n'existe de renflement sous aucune articulation des phalanges.

Les téguments du Pipa ne ressemblent en rien à ceux des Batraciens, c'est une peau d'un tissu serré qui n'offre aucun amas de

(1) Voyez pour les détails relatifs au mode de reproduction du Pipa, page 218 de ce volume.

cryptes dans son épaisseur. Comme celle des Caméléons, et mieux encore de certaines Raies, telle que la Séphen, par exemple, elle est couverte de grains solides excessivement fins, au milieu desquels sont épars de petits tubercules coniques de nature cornée ou squammeuse : ces tubercules, en grand nombre, et de moyenne grosseur sur le dos, sont plus rares et plus forts sur les membres, et au contraire plus petits et plus multipliés sur la région abdominale. Ordinairement on en remarque sur le tronc quatre séries parallèles qui sont là plus développés que partout ailleurs.

COLORATION. Ce Batracien offre en dessus une couleur uniforme d'un brun olivâtre ou fauve, ou bien noirâtre; en dessous, il est quelquefois tacheté de noir sur un fond à peu près semblable à la couleur des parties supérieures, mais tirant assez ordinairement sur le blanc grisâtre, teinte que présente presque toujours le ventre et la région inférieure des cuisses.

DIMENSIONS. *Tête*. Long. 4" 3"'. *Tronc*. Long. 12". *Membr. antér*. Long. 8" 8"'. *Membr. postér*. Long. 15" 5"'.

PATRIE. Le Pipa habite les marais, dans les bois de la Guyane et du Brésil et probablement dans toute l'Amérique méridionale.

Observations. Le Pipa cururu de Spix n'est pas une espèce différente de celui-ci, non plus que celle que Cuvier a appelée Pipa lisse; ce prétendu Pipa lisse n'est autre qu'un individu trop bourré ou mal empaillé du Pipa américain.

SUR QUELQUES DÉBRIS FOSSILES DE BATRACIENS ANOURES OU SQUELETTES DE GRENOUILLES PÉTRIFIÉS.

On ne connaît encore que trois exemples d'espèces fossiles provenant de cet ordre de Batraciens, ou plutôt de cette famille de Reptiles. Ils ont été observés sur des plaques de schistes marneux qui avaient été extraits de la carrière d'Œningen située sur la rive droite du Rhin, un peu avant la ville de Stein, dans le grand-duché de Bade.

C'est ce même gisement qui a procuré à l'Allemagne un si grand nombre de Poissons fossiles, qui tous paraissent avoir appartenu à des espèces qui vivaient dans les eaux douces ou dans les lacs non salés, ainsi que les restes de la Salamandre gigantesque décrits d'abord par Scheuzer et que nous ferons connaître par la suite en terminant l'histoire des Batraciens Urodèles.

Le premier naturaliste qui a reconnu des débris de Grenouille parmi les autres fossiles tirés de cette carrière intéressante, est M. d'André qui, en 1763, en fit mention dans ses lettres sur la Suisse (1), en les considérant comme provenant d'une sorte de Crapaud; mais ce même morceau fut mieux analysé par M. le comte de Razoumowski dans le troisième volume des Mémoires de l'Académie de Lausanne en 1788. Puis il fut de nouveau décrit et représenté dans le tome XV des Nouveaux Actes des curieux de la nature, par M. Goldfuss, avec les os d'un Têtard d'Anoure pl. XII, *fig.* 1, 5 et 6. G. Cuvier et M. Tschudi on fait encore

(1) Briefe aus der Schweiz nach. Hannover Geschrieben, tab. 15, fig. 6.

connaître et figurer ces mêmes morceaux, le premier dans le tome V, partie 2e de son grand ouvrage sur les ossements fossiles, Pl. XXV, *fig.* 5; le second auteur sur la Pl. I de son mémoire, si souvent cité, sur la classification des Batraciens, inséré dans le tome second de la société des sciences de Neuchatel en Suisse. Là il donne à quelques débris informes d'un squelette qu'il a fait représenter, le nom de *Palæophilus Agassizii* qu'il dédie ainsi à l'habile naturaliste auquel on doit en attribuer la découverte, car il l'avait fait connaître dans le tome 1er, page 27 des mémoires de la société précédemment nommée, et il l'avait appelé *Bombinator Œningensis.*

Quant à l'autre morceau fossile, beaucoup plus reconnaissable et mieux conservé, il a été représenté par M. de Tschudi. C'est celui qui était déposé dans le cabinet de Lavater et qui a donné lieu à toutes les descriptions et aux copies nombreuses qui en ont été faites par tous les paléologistes. M. de Tschudi l'a fait figurer sous le nom de *Palæophrynos Gesneri.* C'est réellement le type principal d'un Batracien fossile, celui dont M. Hermann von Mayer a présenté la synonymie complète à la page 118 de sa *Palæologia.*

FIN DE L'HISTOIRE DES BATRACIENS ANOURES.

TABLE ALPHABÉTIQUE

DES NOMS

D'ORDRES, DE FAMILLES ET DE GENRES,

ADOPTÉS OU NON (1),

COMPRIS DANS CE VOLUME.

A

Accoucheur. 291, 467
Acris. 506
Aglosses. 36
Alytes. 42, 465
Amphibiens. 1
Amphibies. 28
ANOURES. 15, 291
Aquipares. 296
Astérodactyle. 36, 767
Astérophrys. 322
Atélope. 660
Auletris, 38, 298, 494, 593

B

Batrachophides. 29, 45
BATRACIENS. 1
Bombinator. 42, 485
Bombinatoroïdes. 31
Boophis. 515, 517
Brachycéphale. 43, 726
Bréviceps. 27, 752
Bufonoïdes. 31, 298
Bufo. 42, 662
Burgeria. 515, 521

C

Caducibranches. 29, 47
Calamita. 37, 543, 577, 629
Calamites. 37, 543, 581
Calyptocéphale. 447
Cécilie. 272
CŒCILOÏDES. 48, 259
Ceratophrys. 40, 428, 458
Crapaud. 42, 662
Chaunus. 41, 299, 646, 722
Cornufère. 616
Crinia. 392, 416
Crossodactyle. 635
Cryptobranche. 46
Cryptobranchoides. 31
Cultripède. 475, 483
Cycloramphe. 452
Cystignathe. 39, 392

D

Dactylèthre. 726
Dendrobate. 39, 298, 496, 650
Dendrohyas. 538, 542, 567
Dérotremata. 47
Discoglosse. 422
Dorsipares. 296
Doryphore. 392

E

Eleuthérodactyles. 620
Elophile. 517
Elosie. 632
Engystome. 738
Ephippifer. 726
Enydrobius. 39, 298, 496
Epicrium. 285
Eucnemis. 525

F

Fluteuse. 38, 639

(1) Ces derniers noms sont indiqués en caractères italiques.

G

Grenouille. 335
Gymnophides. 29

H

Hemiphractus. 40, 298, 430
Hyas. 38, 542
Hylædactyle. 300, 732
HYLÆFORMES. 50, 303, 491
Hylaplésie. 614, 616, 650,
Hylarana. 510
Hylode. 619
Hypsiboas. 38, 298, 493

I

Ibyara. 273
Ichthyophis. 285
Ixale. 523

J

Jackie. 330

K

Kalophryne. 646

L

Léiupère. 420
Lepthyle. 504
Leptobrachium. 322
Leptodactyle. 392
Limnodytes. 510
Litorie. 503
Lophope. 542, 571

M

Mégalophrys. 40, 456
Micrhyle. 613
Microps. 37, 738

O

Obstetricans. 463, 467
OPHIOSOMES. 259
Orchestes. 523
Otilophe. 709
Oxydozyga. 332
Oxyglosse. 332
Oxyrhincus. 731

P

Palœophrynos. 778
Paludicola. 42, 299, 646
Pélobate. 42, 475
Pélodyte. 460
Peltocéphale. 447, 450
PÉROMÈLES. 47, 259
PHANÉROGLOSSES. 37, 49, 317
Phrynisque. 722
Phrynocéros. 428, 440
PHRYNAGLOSSES. 49
Phyllobate. 637
Phyllodyte. 39, 542
Phylloméduse. 38, 495, 627
Pipa. 767
PIPÆFORMES. 49
Pipoides. 31
Pithecopsis. 454
Plagiodonte. 757
Pleurodesme. 392, 410
Pneumobranchiens. 12
Polypédate. 515
Pseudis. 39, 327, 330
Pseudo-Bufo. 647
Pyxicéphale. 442

R

Raine ou Rainette. 542, 583
RANIFORMES. 50, 303, 317
Ranines. 45
Ranoides. 30, 297, 602
Ranoidea. 542
Rhacophore. 530
Rhinatrème. 288
Rhinoderme. 657
Rhinophryne. 757
Rhomboglosse. 332

S

Salamandroides. 31
Sauteurs. 26
Scaphiope. 471
Sclérophrys. 300
Scynax. 38, 298, 495, 542
Siphonops. 281
Sonneur. 485
Sphénorhinque. 542, 595, 610
Sténocéphale. 300, 738
Stombus. 428, 432, 437
Strongylope. 335
Systoma. 41, 300, 749, 752

T

Telmatobius. 322, 332
Théloderme. 300, 409
Tomopterne. 443
Trachycéphale. 534

U

Upérodonte. 746
URODÈLES. 15

X

Xenopus. 37, 49, 762

TABLE MÉTHODIQUE

DES MATIÈRES

CONTENUES DANS CE HUITIÈME VOLUME.

LIVRE SIXIÈME.

DE L'ORDRE DES GRENOUILLES OU DES BATRACIENS.

CHAPITRE PREMIER.

DES CARACTÈRES DES REPTILES BATRACIENS ET DE LEUR DISTRIBUTION EN FAMILLES NATURELLES ET EN GENRES.

Pag.

Caractères généraux des Reptiles de cet ordre. 2

Rapports des Batraciens avec les Poissons et avec les autres ordres des Reptiles. 8

Classifications et principaux systèmes proposés. 10

Laurenti, Lacépède, Linné. 11

Brongniart, Schneider, Latreille. 12

Daudin, Duméril. 13

Oppel. 25

Merrem. 26

Fitzinger. 29

Cuvier, G. 32

Wagler. 36

Bonaparte. 44

Müller. 47

Classification adoptée. 48

Tableau synoptique de cette classification. 53

CHAPITRE II.

DE L'ORGANISATION ET DES MOEURS DANS LES REPTILES BATRACIENS.

Pag.

Considérations générales. 54

§. I. Des organes du mouvement. 60

1° Dans les Anoures. 62

Des os en général et du squelette. 64

Des muscles. 78

Du saut. 82

Du nager. 85

De l'action de marcher. 88

2° Dans les Urodèles ou Batraciens à queue. 91

Dans les Atrétodères ou Salamandrides. 92

Dans les Exobranches ou Protéides. 94

Dans les Pérobranches ou Amphiumides. 96

3° Dans les Péromèles ou Céciloïdes. 97

§ II. Des organes de la sensibilité. 98

Considérations générales : découverte du galvanisme. 99

Du cerveau, des nerfs et des sensations. 103

1° Du toucher, la peau, les sacs sous-cutanés; les muscles. 108

2° De l'olfaction et des narines. 118

3° Du goût et de la langue. 119

4° De l'audition et de l'oreille. 121

5° De la vue et des yeux. 123

§ III. Des organes de la nutrition en général. 124

1° De la digestion. 125

2° De la circulation dans les Batraciens adultes. 145

3° De la respiration dans les Batraciens adultes. 155

4° De la voix. 163

5° De la résistance à la chaleur et au froid. 165

6° De l'absorption et de l'exhalation de l'eau par la peau. 170

Pag.
7° Sécrétions diverses. 176
De la sécrétion urinaire. 177
De la poche regardée comme vessie urinaire. 178
Des sécrétions cutanées. 181
8° De la reproduction des membres. 184
§ IV. De la propagation et des organes générateurs. 186
1° Des organes génitaux dans les Batraciens Anoures.
A. Dans les Grenouilles femelles et autres genres voisins. 192
B. Dans les mâles des Grenouilles. 194
2° Des divers modes de la fécondation dans les Anoures. 195
3° Du développement et des métamorphoses des Têtards. 205
4° Particularités de la fécondation dans quelques espèces.
1° De la prétendue Grenouille qui se change en Poisson. 216
2° Du Crapaud accoucheur. 217
3° Du Pipa dont la femelle porte ses œufs sur le dos. 218
4° De la phosphorescence de quelques Batraciens Anoures. 219
5° Des prétendues pluies de Crapauds et de Grenouilles. 223
II. Des organes génitaux dans les Batraciens Urodèles. 234
1° Du mode de fécondation. *ibid.*
2° Des changements que subissent les Têtards. 237
3° Des Urodèles qui continuent de vivre sous la forme de Têtards. 239
4° De quelques particularités offertes par les espèces. 242

CHAPITRE TROISIÈME.

DES AUTEURS QUI ONT ÉCRIT SUR LES BATRACIENS, PARTIE HISTORIQUE ET LITTÉRAIRE. 245

Pag.
Indication des auteurs généraux suivant l'étude anatomique ou physiologique. 245
Liste par ordre alphabétique des principaux auteurs et des ouvrages spéciaux sur les Batraciens. 247

CHAPITRE QUATRIÈME.

Premier sous-ordre des Batraciens.
Les PÉROMÈLES. Famille unique : les OPHIOSOMÉS ou CÉCILOÏDÉS. 259
Distribution géographique des Céciloïdes. 269
Des genres et des espèces de cette famille. 270
Tableau synoptique des genres. 271
Ier Genre. CÉCILIE. 272
Tableau synoptique des espèces de ce genre. 274
1re Espèce. Cécilie lombricoïde Tête et bouche. (Pl. 85, 2.) 275
2. Espèce. Cécilie ventre blanc. (Écailles, Pl. 85, 3.) 276
3. Espèce. Cécilie queue comprimée. 278
4. Espèce. Cécilie museau étroit. 279
5. Espèce. Cécilie oxyure. 280
IIe Genre : SIPHONOPS. 281
1. Espèce. Siphonops annelé. (Pl. 85, 1.) 282
2. Espèce. Siphonops Mexicain. 284
IIIe Genre : EPICRIUM. 285
1. Espèce. Epicrium glutineux. 286
IVe Genre : RHINATRÈME. 288
1re Espèce. Rhinatrème à deux bandes. Ses écailles. (Pl. 85.) 289
Observations critiques sur cette famille. 290

CHAPITRE CINQUIÈME.

Second sous-ordre des Batraciens, les Anoures. 291
Notices sur les découvertes faites dans les sciences d'observation par l'étude de l'organisation des Anoures. 304

PREMIER GROUPE. Les PHANÉROGLOSSES.

Pag.

§ Ier. Famille. Des RANIFORMES. Considérations générales. 317

Tableau synoptique des genres. 321
Mœurs et distribution géographique. 323
Tableau de cette répartition. 326

Ier Genre. PSEUDIS (voyez planche 86, fig. 2, langue et dents). 327
1re Espèce. Pseudis Jackie ou de Mérian. 330

IIe Genre. OXYGLOSSE (voy. pl. 86, fig. 4, la langue). 332
1re Espèce. Oxyglosse lime. 334

IIIe Genre. GRENOUILLE. 335
Tableau synoptique des espèces. 338
1re Espèce. Grenouille cutipore. *ibid.*
2. Espèce. Grenouille de Leschenault. 342
3. Espèce. Grenouille verte. 343
4. Espèce. Grenouille des Mascareignes. 350
5. Espèce. Grenouille halécine. 352
6. Espèce. Grenouille des Marais. 356
7. Espèce. Grenouille rousse. 358
8. Espèce. Grenouille des bois. 362
9. Espèce. Grenouille du Malabar (voyez planche 86, fig. 1). 365
10. Espèce. Grenouille de Galam. 367
11. Espèce. Grenouille rugueuse. 368
12. Espèce. Grenouille mugissante. 370
13. Espèce. Grenouille criarde. 373
14. Espèce. Grenouille tigrine. 375
15. Espèce. Grenouille grognante. 380
16. Espèce. Grenouille macrodonte. 382
17. Espèce. Grenouille de Kuhl. 384
18. Espèce. Grenouille à gorge marbrée. 386
19. Espèce. Grenouille de Delalande. 388

Pag.

20e Espèce. Grenouille à bandes (pl. 86, fig. 3, sous le nom de Strongylope, la bouche). 389

IVe Genre. CYSTIGNATHE. 392

Tableau synoptique des espèces. 395

1re Espèce. Cystignathe ocellé. 396

2. Espèce. Cystignathe galonné. 402

3. Espèce. Cystignathe macroglosse. 405

4. Espèce. Cystignathe grêle. 406

5. Espèce. Cystignathe labyrinthique. 407

6. Espèce. Cystignathe de Péron. 409

7. Espèce. Cystignathe de Bibron (pl. 87, fig. 2 et 20, sous le nom de Pleurodème). 410

8. Espèce. Cystignathe à doigts noueux. 413

9. Espèce. Cystignathe rose. 414

10. Espèce. Cystignathe Géorgien. 416

11. Espèce. Cystignathe du Sénégal. 418

Ve Genre. LÉIUPÈRE. 420

1re Espèce. Léiupère marbré. 421

VIe Genre. DISCOGLOSSE. 422

1re Espèce. Discoglosse peint. 425

VIIe Genre. CÉRATOPHRYS. 428

1re Espèce. Cératophrys à bouclier. 431

2. Espèce. Cératophrys de Boié. 437

3. Espèce. Cératophrys de Daudin. 440

VIIIe Genre. PYXICÉPHALE. 442

1re Espèce. Pyxicéphale arrosé. 444

2. Espèce. Pyxicéphale de Delalande (pl. 87, fig. 1, 1 *a* et 1 *b*. 445

3. Espèce. Pyxicéphale américain. 446

IXe Genre. CALYPTOCÉPHALE. 447

1re Espèce. Calyptocéphale de Gay. 450

Xe Genre. CYCLORAMPHE. 452

1re Espèce. Cycloramphe fuligineux (pl. 87, fig. 3, la bouche). 454

Pag.

2e Espèce. Cycloramphe marbré. 455
XIe Genre. Mégalophrys. 456
1re Espèce. Mégalophrys montagnard. 458
XIIe Genre. Pélodyte. 460
1re Espèce. Pélodyte ponctué. 463
XIIIe Genre. Alytes. 465
1re Espèce. Alytes accoucheur. 467
XIVe Genre. Scaphiope. 471
1re Espèce. Scaphiope solitaire. 473
XVe Genre. Pélobate. 475
1re Espèce. Pélobate brun. 477
2. Espèce. Pélobate cultripède. 483
XVIe Genre. Sonneur. 485
1re Espèce. Sonneur à ventre couleur de feu. 487

Deuxième groupe. Des PHANÉROGLOSSES.

§ II. 2e Famille. Des HYLÆFORMES.

Considérations générales et distribution en genres. 491
Distribution géographique des Hylæformes. 500
Tableau de cette répartition. 501
Tableau synoptique des genres de cette famille. 502
Ier Genre. Litorie. 503
1re Espèce. Litorie de Freycinet (pl. 88, fig. 2). 504
2. Espèce. Litorie américaine. 506
IIe Genre. Acris. 506
1re Espèce. Acris Grillon. 507
2. Espèce. Acris nègre. 509
IIIe Genre. Limnodyte. 510
1re Espèce. Limnodyte rouge (pl. 88, fig. 1, sous le nom de Ranhyle). 511
2. Espèce. Limnodyte Chalconote. 513
3. Espèce. Limnodyte de Waigiou. 514
IVe Genre. Polypédate. 515
1re Espèce. Polypédate de Goudot. 517

50.

Pag.
2e Espèce. Polypédate à moustaches blanches. 519
3. Espèce. Polypédate à tête rugueuse. 520
4. Espèce. Polypédate de Burger. 521
Ve Genre. Ixale. 523
1re Espèce. Ixale à bandeau d'or. *ibid.*
VIe Genre. Eucnémis. 525
1re Espèce. Eucnémis des Seychelles. 527
2. Espèce. Eucnémis de Madagascar. 528
3. Espèce. Eucnémis vert et jaune. *ibid.*
4. Espèce. Eucnémis de Horstoock. 529
VIIe Genre. Rhacophore (pl. 89, fig. 1 et 1*a*). 530
1re Espèce. Racophore de Reinwardt. 532
VIIIe Genre. Trachycéphale. 534
1re Espèce. Trachycéphale géographique. 536
2. Espèce. Trachycéphale marbré. 538
3. Espèce. Trachycéphale de St.-Domingue. 540
IXe Genre. Rainette ou Raine. 542
Tableau synoptique des espèces de ce genre. 543
1re Espèce. Rainette patte d'oie. 544
2. Espèce. Rainette feuille morte. 549
3. Espèce. Rainette de Levaillant. 550
4. Espèce. Rainette de Doumerc. 551
5. Espèce. Rainette ponctuée. 552
6. Espèce. Rainette Leprieur. 553
7. Espèce. Rainette bordée de blanc. 555
8. Espèce. Rainette de Langsdorff. 557
9. Espèce. Rainette cynocéphale. 559
10. Espèce. Rainette réticulaire. 560
11. Espèce. Rainette vermiculée. 563
12. Espèce. Rainette de Daudin. 564
13. Espèce. Rainette naine. 565
14. Espèce. Rainette versicolore. 566
15. Espèce. Rainette de Péron. 569
16. Espèce. Rainette marbrée. 571
17. Espèce. Rainette brune. 573

Pag.

18e Espèce. Rainette cuisses zébrées. 575
19. Espèce. Rainette demi-deuil. 576
20. Espèce. Rainette bleue. 577
21. Espèce. Rainette de Jervis. 580
22. Espèce. Rainette verte. 581
23. Espèce. Rainette flancs rayés. 587
24. Espèce. Rainette gentille. 588
25. Espèce. Rainette Squirelle. 589
26. Espèce. Rainette rouge. 592
27. Espèce. Rainette de Lesueur. 595
28. Espèce. Rainette d'Ewing. 597
29. Espèce. Rainette à bourse. 598
30. Espèce. Rainette crocopode. 600
31. Espèce. Rainette de Jackson. 602
32. Espèce. Rainette beuglante. 604
33. Espèce. Rainette leucophylle. 607
34. Espèce. Rainette orangée. 610

Xe Genre. MICRHYLE. 613
1re Espèce. Micrhyle agathine. 614

XIe Gen re. ORNUFÈRE. 616
1re Espèce. Cornufère unicolore. 617

XIIe Genre. HYLODE. 619
1re Espèce. Hylode de la Martinique (pl. 89, n° 2). 620
2. Espèce. Hylode oxyrhinque. 622
3. Espèce. Hylode de Ricord. 623
4. Espèce. Hylode rayé. 625

XIIIe Genre. PHYLLOMÉDUSE (voyez pl. 90, n° 2, la tête et les pattes). 627
1re Espèce. Phylloméduse bicolore. 629

XIVe Genre. ÉLOSIE. 631
1re Espèce. Élosie grand nez. 633

XVe Genre. CROSSODACTYLE. 635
1re Espèce. Crossodactyle de Gaudichaud. 636

Pag.
XVIe Genre. PHYLLOBATE. 637
1er Espèce. Phyllobate bicolore. 638

TROISIÈME GROUPE, ou § III. Des PHANÉROGLOSSES.

3e Famille. Des BUFONIFORMES.

Considérations générales sur cette famille et sur sa distribution en genres. 640
Tableau synoptique des genres. 645
Distribution géographique des espèces de ces genres. 647
Tableau de cette répartition. 648
Ier Genre. DÉNDROBATÉ. 649
Tableau synoptique des espèces de ce genre. 651
1re Espèce. Dendrobate à Tapirer (voyez pl. 90, fig. 1). 652
2. Espèce. Dendrobate sombre. 655
3. Espèce. Dendrobate peint. 656
IIe Genre. RHINODERME. 657
1re Espèce. Rhinoderme de Darwin. 659
IIIe Genre. ATÉLOPE. 660
1re Espèce. Atélope jaunâtre. 661
IVe Genre. CRAPAUD. 662
Tableau Synoptique des espèces de ce genre. 664
1re Espèce. Crapaud ensanglanté. 665
2. Espèce. Crapaud de Leschenault. 666
3. Espèce. Crapaud âpre. 668
4. Espèce. Crapaud commun. 690
5. Espèce. Crapaud du Chili. 678
6. Espèce. Crapaud vert. 681
7. Espèce. Crapaud panthérin. 687
8. Espèce. Crapaud criard. 689
9. Espèce. Crapaud américain. 695
10. Espèce. Crapaud de d'Orbigny. 697
11. Espèce. Crapaud rude. 699
12. Espèce. Crapaud élevé. 702
13. Espèce. Crapaud Agua. 703

Pag.
14. Espèce. Crapaud à oreilles noires. 710
15. Espèce. Crapaud peltocéphale. 712
16. Espèce. Crapaud à deux arêtes. 714
17. Espèce. Crapaud goîtreux. 716
18. Espèce. Crapaud perlé. 718
Ve Genre. PHRYNISQUE. 722
1re Espèce. Phrynisque. 723
2. Espèce. Phrynisque austral. 725
VIe Genre. BRACHYCÉPHALE. 726
1re Espèce. Brachycéphale porte-selle. 729
VIIe Genre. HYLAEDACTYLE. 732
1re Espèce. Hylædactyle tacheté. 734
VIIIe Genre. PLECTROPODE. 736
1re Espèce. Plectropode peint. 737
IXe Genre. ENGYSTOME. 738
Tableau synoptique des espèces de ce genre. 740
1re Espèce. Engystome ovale. 741
2. Espèce. Engystome de la Caroline. 743
3. Espèce. Engystome rugueux. 744
4. Espèce. Engystome petit-œil. *ibid.*
5. Espèce. Engystome orné. 745
Xe Genre. UPÉRODONTE. 746
1re Espèce. Upérodonte marbré. 749
XIe Genre. BREVICEPS. 752
1re Espèce. Bréviceps bossu. 754
XIIe Genre. RHINOPHRYNE. 757
1re Espèce. Rhinophryne à raie dorsale (voyez pl. 91, fig. 2.) 758

DEUXIÈME GROUPE. **LES PHRYNAGLOSSES.** 761

Famille DES **PIPÆFORMES.**

Considérations générales sur cette famille et sur sa distribution en genres. *ibid.*
1re Genre. DACTYLÈTHRE. 762
1re Espèce. Dactylèthre du Cap (voyez pl. 92, fig. 1 et 1 *a*.) 765

Pag.

IIe Genre. Pipa. 767

1re Espèce. Pipa Américain (voyez pl. 92, fig. 2). 773

Sur quelques débris fossiles de Batraciens Anoures ou squelettes de Grenouille pétrifiés. 777

Table alphabétique des noms d'ordres de familles et de genres de Batraciens compris dans ce volume. 779

FIN DE LA TABLE DES MATIÈRES.